R. Létolle/M. Mainguet: Der Aralsee

Springer
Berlin
Heidelberg
New York
Barcelona
Budapest
Hongkong
London
Mailand
Paris
Santa Clara
Singapur
Tokio

René Létolle · Monique Mainguet

Der Aralsee

Eine ökologische Katastrophe

Übersetzt von Matthias Reichmuth

Mit 230 Abbildungen
davon 47 in Farbe

Springer

Prof. René Létolle
Laboratoire de Biogéochimie Isotopique
Université Pierre et Marie Curie
4, place Jussieu
F-75252 Paris Cedex 05

Prof. Monique Mainguet
Laboratoire de Géographie Zonale
Université de Champagne-Ardenne
57, rue Pierre Taittinger
F-51100 Reims

Übersetzer:
Matthias Reichmuth
Gerhart-Hauptmann-Str. 24
D-69221 Dossenheim

Titel der französischen Originalausgabe: Létolle/Mainguet: Aral, © 1993, Springer-Verlag France, Paris. Übersetzt von Matthias Reichmuth. Mit freundlicher Unterstützung des Ministère français chargé de la culture, Paris

ISBN 3-540-58730-6 Springer-Verlag Berlin Heidelberg New York

Die Deutsche Bibliothek – CIP-Einheitsaufnahme
Létolle, René:
Der Aralsee: eine ökologische Katastrophe/René Létolle; Monique Mainguet. [Übers. von Matthias Reichmuth]. – Berlin; Heidelberg; New York; Barcelona; Budapest; Hongkong; London; Mailand; Paris; Santa Clara; Singapur; Tokio: Springer, 1996
Franz. Ausg. u.d.T.: Létolle, René: Aral
ISBN 3-540-58730-8
NE: Mainguet, Monique:

Einbandgestaltung: E. Kirchner, Heidelberg
SPIN 10465286 30/3136-5 4 3 2 1 0 – Gedruckt auf säurefreiem Papier

Geleitwort

Was wissen wir über die ökologische Krise des Aralsees wirklich, über ihre Ursprünge in der Umwelt, ihre historischen, politischen und gesellschaftlichen Wurzeln? Was wissen wir über Geographie, Geologie und Ökologie des Aralbeckens, von den Entwicklungsansätzen seit der Vorgeschichte und von den zahlreichen Problemen, die sich aus seiner Wirtschaft und seiner Bevölkerung ergeben? Zahlreiche Presseartikel, Radio- und Fernsehsendungen mahnen die Notwendigkeit an, den ökologischen Schaden des Aralsees zu verstehen, jedoch gibt es bisher zum Thema keine vollständige Synthese, die sowohl die Ursachen des Problems, seine Mechanismen und seine Folgen untersucht als auch die vorgeschlagenen Gegenmaßnahmen einordnet. Daher ist es mir eine Freude, den Leserinnen und Lesern dieses Buch von zwei renommierten französischen Forschern vorstellen zu können, Prof. René Létolle und Prof. Monique Mainguet. René Létolle, der für seine Forschungen in der Biogeochemie bekannt ist, ist sicherlich der fähigste Mann, um die so schwierigen geochemischen Verhältnisse des Aralbeckens zu klären. Monique Mainguet ist eine der bekanntesten Forscherinnen unter denjenigen, die sich mit trockenen Ökosystemen beschäftigen. Sie leitete beim UNEP das Zentrum der Programme zum Kampf gegen die Desertifikation. Ich hatte das Vergnügen, mit ihr im Bereich des Aralsees zusammenzuarbeiten und habe ihre Sachkenntnis dabei schätzen gelernt. Auch gehört sie zu den Initiatorinnen des Internationalen Öffentlichen Kommitees der Frauen des Aralbeckens.

Dieses gemeinsame Werk eines Biogeochemikers und einer Geographin stellt in der Tat eine interdisziplinäre Synthese zu einer Umweltfrage dar, die vom topographischen Umfeld bis zu den biochemischen und kulturellen Aspekten reicht und den Aralsee wieder in den geographischen Rahmen des gewaltigen Flachlandes von Turan einordnet, in den klimatischen Rahmen des ariden bis semiariden Ökosystems und in den geologischen Rahmen an der Schwelle zwischen Asien und Europa. Ein ganz einmaliges Kapitel ist den hydrologischen Schwankungen des Aralsees gewidmet. Es ist den Autoren gelungen, mehrere natürliche Austrocknungsphasen des Sees nachzuweisen, die tatsächliche Existenz des legendären Flusses Usboi (des ehemaligen Oxus) aufzuzeigen, der den Aralsee mit dem Kaspischen Meer verband, und die Kenntnisse zu beschreiben, die die Menschen lange vor der heutigen Zeit bereits hatten, um den großen Fluß Amu-Darja mit den bescheidenen Mitteln ihrer Zeit umzulenken oder diese Umlenkung zurückzunehmen.

Das Buch beschreibt auch die Welt der Lebewesen, von den Böden bis zur Flora und Fauna des Festlands und des Sees, die ja zugleich Grundlage für Tierzucht und Fischfang, für die ländliche und industrielle Entwicklung darstellt.

Schließlich wird das gegenwärtige Drama des Aralsees behandelt. Abgesehen von der Größe des Problems wollten die Autoren vor allem dessen Komplexität herausstellen; Komplexität, weil die Umweltverschmutzung alle Elemente der Umwelt betrifft: die Luft, das Wasser, die Böden, die Pflanzen und die Menschen. Komplexität auch deshalb, weil sich alle Parameter zugleich verändern: die Oberfläche und der Salzgehalt der Wasserfläche, die Böden im Umkreis, Wasserstand und Qualität der Grundwasserschichten, die Vegetation und die Tierwelt.

Erstmals in der Menschheitsgeschichte verschwindet als Folge menschlichen Handelns eine Wasserfläche, die größer ist als manches Land. Die verschlechterten Umweltbedingungen führen bei der Bevölkerung zum Anstieg der Morbidität und der Kindersterblichkeit; sie führt auch zu tiefgreifenden Störungen des Wirtschaftslebens in der Region.

So ist im Aralbecken ein wahres Geflecht von komplexen - ökologischen, wirtschaftlichen und sozialen - Problemen aufgetreten, die sich gegenseitig bedingen, und genau darum wurde die Aufmerksamkeit der Wissenschaftler und der öffentlichen Meinung erregt.

Das letzte Kapitel geht auf die Gegenmaßnahmen ein: Zunächst werden die großangelegten Konzepte wie der Wassertransport aus anderen Einzugsbereichen über Wasserscheiden hinweg oder Polder am Südufer des Sees behandelt, anschließend die bescheideneren Lösungen wie die allmähliche Wiederherstellung der vorhandenen Strukturen, die Reparatur der Kanäle, das Einsparen von Wasser durch Auswahl von Pflanzenarten, die weniger Wasser brauchen. Das vernünftige Ziel liegt darin, die ökologische Erneuerung in einen Rahmen zu integrieren, in dem die Nutzer des Landes und die Forscher gemeinsame Entscheidungen treffen. So wie es in der vorliegenden Arbeit durchscheint, bevorzugen die Autoren die bescheideneren Lösungen und mahnen so zur Vorsicht.

Die Probleme, die im Bereich des Aralsees aufgetreten sind, sind auch für viele andere Gegenden der Welt typisch. Daher hoffe ich, daß dieses ausgezeichnete Buch Folgen hat, die sich nicht auf die Untersuchung des Problems Aralsee beschränken. Es kann durchaus zum besseren Verständnis der ökologischen Probleme in anderen Trockenräumen der Erde beitragen.

Nicht nur die ökologischen Katastrophen haben das 20. Jahrhundert geprägt. Glücklicherweise ist im Laufe dieses Jahrhunderts auch das Bewußtsein gewachsen, wie gefährdet die Biospäre ist, daß alles auf der Welt global vernetzt ist und daß sich alle Menschen auf der Erde vereinen sollten. Die Werke zweier Denker, des Franzosen Pierre Teilhard de Chardin und des Russen Wladimir Wernadsky haben dazu viel beigetragen, und es ist mein Wunsch, daß auch dieses Buch zu jener edlen Aufgabe beitragen kann.

Professor Nikita Glasowski

Erster beigeordneter Direktor des Geographischen Instituts der Akademie der Wissenschaften von Rußland
Mitglied des Rates bei der russischen Regierung zur Analyse kritischer Situationen und für Lösungsprojekte der Regierung

Inhaltsverzeichnis

Anmerkung des Übersetzers zur Transskription

Eigennamen von Autoren und Autorinnen oder geographische Namen, die sich normalerweise mit kyrillischen Schriftzeichen schreiben, werden international mit deutlich abweichender Rechtschreibung zitiert (mehrere Transskriptionssysteme stehen hier zueinander in Konkurrenz). Die hier verwendete Transskription entspricht der deutschen Aussprache am besten. Falls sich etwa im Literaturverzeichnis unter einem an anderer Stelle angegebenen Namen das gesuchte Werk nicht finden läßt, so wird empfohlen, folgende Buchstabenkombinationen ggf. auszuwechseln:

Ä (wird meist als E wiedergegeben)
CH (wird oft als KH, gelgegentlich als H oder als K wiedergegeben)
DSCH (wird auch als DSH, oft als DZH oder DŽ wiedergegeben)
G (wird gelegentlich als GH oder GU wiedergegeben)
J (wird häufig als Y oder als I wiedergegeben)
JE (wird meistens nur als E wiedergegeben)
JI (wird oft auch nur als I wiedergegeben)
JO (wird oft als O, als E oder als ë wiedergegeben)
S (wird meistens als Z wiedergegeben, falls es stimmhaft ist)
SCH (wird auch als SH, CH oder Š wiedergegeben)
SCHTSCH (wird auch als SHCH, CHTCH, ŠČ oder STSCH wiedergegeben)
SH (wird meistens als ZH, außerdem als Ž oder SCH wiedergegeben)
TSCH (wird auch als CH, TCH oder Č wiedergegeben)
U (wird auch als OU wiedergegeben, v. a. in französichem Kontext)
W (wird meistens als V wiedergegeben)
X (wird meistens als KS wiedergegeben)
Y (wird gelegentlich auch als I wiedergegeben)
Z (wird häufig als TS oder C wiedergegeben).

1 Einleitung

"Wo das Wasser endet, endet auch die Welt"
Usbekisches Sprichwort

Der Aralsee - wieviele Menschen hierzulande hätten ihn auf einer Karte ausmachen können, als die Medien, begünstigt durch die Perestroika, vor sieben Jahren erstmals zu diesem verlassenen Ort inmitten der mittelasiatischen Steppen Zugang erhielten? Die Musik von Borodin ließ an wilde Völker mit rauhen Sitten denken. Die Reise von Michail Strogoff, der das weiter nördlich gelegene Land der Tataren[1] durchquerte, führte zum Bild eines ebenen Landes voller großer Steppen, welche von Reiterzügen an endlosen Horizonten durchzogen wurden. Wenn man eine Karte von diesem Teil Asiens studiert, den die Sowjets erst vor kurzem Mittelasien nannten, sieht man, daß dieser Aralsee gewissermaßen eine zentrale Stelle war. Rings um den See machten die nacheinander von Osten angerückten Menschen Halt, bevor sie zur Eroberung des Westens aufbrachen: Hunnen, Awaren, Mongolen und auch die Türken (in Anatolien seit dem 14. Jh.).

Der Aralsee, der einst, je nach Zeitalter, von der Oberfläche her der drittgrößte oder viertgrößte See der Welt war, hat auch die Fernsehzuschauer durch den Anblick verrosteter Schiffe beeindruckt, die auf einem sandigen Horizont lagen, der sich ins unermeßliche erstreckte. Magie des Bildes. An zahlreichen Stränden von Meeren mit Gezeiten bietet sich bei Niedrigwasser das gleiche Bild von aufgelaufenen Schiffen, die auf die Flut warten. Nur hier, am Aralsee, hat sich das Wasser zurückgezogen und ist niemals wiedergekehrt...

Das Interesse der westlichen Welt am Aralsee ist vielleicht auch ein unbewußter Reflex, der zunächst die mythischen Regionen von Sogdien und Baktrien in Erinnerung ruft, dann die kühnen Streifzüge von Alexander in diesen unbekannten Gegenden vor mehr als 2000 Jahren... Die Gegend am Aralsee war die geradezu zwangsläufige Begegnungsstätte zwischen den uralten und seßhaften Zivilisationen dieser beiden Landstriche und den wesentlich bewegteren der russisch-sibirischen Steppe. Einige Schriftdeuter haben den Namen der "Kelten" mit

---

[1]Wie es J.-P. Roux in "Geschichte der Türken" (1984, erschienen bei A. Fayard) sehr treffend bemerkt, hat der Westen diesen Namen an den Tartarus, die römische Hölle, angelehnt sowie an das Wort "Barbar", den Fremden mit den störenden Sitten, den Menschen von anderswo.

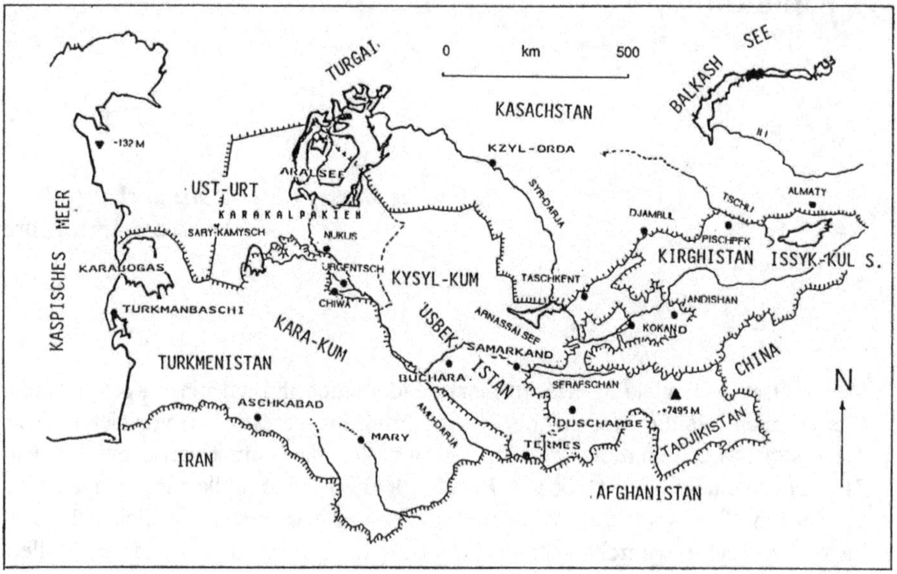

Abb. 1.1. Übersichtskarte des Aralbeckens. Man beachte die extremen Höhenunterschiede von 132 m unter NN bis 7495 m über NN

dem der Stätte der sehr alten "Kelteminar-Kultur" in Verbindung gebracht, die noch erwähnt werden wird. Gibt es eine Beziehung? Es geht bei dieser heftig diskutierten Frage um den Ursprung der indoeuropäischen Sprache angesichts des mittlerweile bekannten Umfelds von jungsteinzeitlichen und frühen bronzezeitlichen Kulturen.

Und die Zukunft? In einigen Jahrzehnten wird das Problem des Aralsees vielleicht vergessen sein, wenn die Menschheit insgesamt mit dem Anstieg der Weltmeere konfrontiert sein wird. Dies wird ein anderes Problem von ganz anderer Tragweite sein. Das Beispiel des Aralsees muß ein Alarmsignal für die Bewahrung des Planeten sein.

Die Suche nach Unterlagen erwies sich als schwierig, insbesondere nach den ältesten oder nach denjenigen unter den neueren, die nur in wenigen Exemplaren in verschiedenen Institutionen der betroffenen Republiken vorhanden waren. Es ist mühsam, festzustellen, wo dies der Fall ist und an wen man sich wenden muß, wenn man nicht vor Ort ist. Zudem veröffentlichen die Forscher der ehemaligen Sowjetunion wenig, häufig ließen sie in ihren Beschreibungen etwas aus, aus einer Eigenheit heraus oder ungewollt. Viele Rohdaten blieben unveröffentlicht und somit unzugänglich. Andere sind widersprüchlich: Insbesondere sind die veröffentlichten Wirtschaftsstatistiken häufig erfunden. Wir werden Beispiele dafür sehen. Somit wurde teilweise eine Überprüfung der Daten nötig, was zu einem Mosaik führte, dessen Zusammenstellung nicht leicht war. Diese in etwa vollständige Monographie der Aral-Region (Abb. 1.1) soll für einen

Abb. 1.2. Reliefkarte von Turan. Für die Höhen wurde ein logarithmischer Maßstab verwendet, um auch die Oberfläche der zentralen Ebene erkennbar darstellen zu können. Zur Bezeichnung der Orte s. Abb. 2.1 und 2.2

größtmöglichen Leserkreis verständlich sein, ohne dabei den wissenschaftlichen Inhalt für alle diejenigen, die dem Problem mehr auf den Grund gehen wollen, aufzugeben. Sie versucht ein Gleichgewicht herzustellen zwischen einem allzu technischen Buch, das zu widerborstig wäre, und einem populärwissenschaftlichen Werk, das in die Vereinfachung abgleiten würde.

Allgemeine Werke über die Sowjetunion und über Turkestan haben nützliche Hinweise gebracht, zudem eine reichhaltige Bibliographie, die hier nicht wiedergegeben wurde.

Das vorliegende Werk stellt kurz den geographischen, geologischen, klimatischen, geschichtlichen und ökologischen Rahmen des Turanbeckens vor. Es behandelt anschließend die moderne Entwicklung der Aral-Region im 19. und 20. Jh., bevor es zum Ablauf der Aralseetragödie kommt und die Gegenstrategien, die ins Auge gefaßt wurden, darstellt. Der Leser wird sich bewußt werden, wie komplex die Frage ist, die uns dazu geführt hat, im Gewirr gewisser vorherrschender Parameter die Ursachen, Mechanismen und Folgen des Dramas in verschiedenen Facetten zu erhellen.

Möge diese Synthese dem Leser, der mehr über das gewaltige Problem des Aralsees erfahren möchte[2], genügend Informationen geben, damit er sich selbst seine Meinung bilden kann: Katastrophe oder nicht?

---

[2]Wir empfehlen, einen detaillierten Atlas zu verwenden (besser noch ausgezeichnete russische Atlanten, die zu beschaffen allerdings leider sehr schwierig ist).

2 Zwischen Europa und Asien: der geographische und geologische Rahmen des Aralbeckens

2.1 Turkestan (Turan)[3] und die Aral-Region: Die Flachländer Mittelasiens

Politisch gesehen stellt die Aral-Region eine Begegnungsstätte für fünf der neuen GUS-Republiken dar, die im Dezember 1991 mit der Auflösung der Sowjetunion entstanden: Kasachstan im Norden und Nordosten, Usbekistan an den übrigen Seiten des Aralsees; Turkmenistan, das weiter südlich liegt und wirtschaftlich stark vom Aralsee abhängt, aber keinen Zugang dorthin hat; Tadschikistan und Kirgisien[4], die weiter am Rande liegen, aber am globalen Problem des Aralsees beteiligt sind, da die Einzugsgebiete der Flüsse und somit ihre gesamten Wasservorräte hier liegen. Wir werden von diesen verschiedenen Republiken keine allgemeine Beschreibung geben: Diese läßt sich leicht an anderer Stelle finden[5]. Innerhalb dieses Buches werden hingegen einige Wirtschaftsstatistiken dieser Republiken zitiert, wenn sie in engem Zusammenhang mit dem Problem des Aralsees und seinen Ursachen stehen.

Diese ausgedehnte Region von Turan (Abb. 2.1) von etwa 3,5 Mio. km^2 ist im Südwesten und im Osten von hohen Gebirgsketten begrenzt, sowie durch die Berge des Hindukusch und des Pamir (7495 m) und weiter im Norden des Tien-Schan (7440 m). Diese Berge finden im Westen ihre Verlängerung im Alai und im Ala-Tau, die durch breite Täler getrennt werden. Sie öffnen den Zugang nach Indien und China, sei es durch die hohen Pässe im Karakorum, oder durch wesentlich niedrigere Schwellen unter 300 m (Irtyschtal, Schwelle der Dsungarei) — letztere waren ständig Invasionswege und sind noch heute strategische Durchgänge.

Im Norden ist das Turanbecken weit nach Sibirien hin geöffnet, und die Begrenzung der hydrographischen Becken in weniger als 200 m Höhe ist sehr undeutlich (Tiefland von Turgai): Im Süden senkt sich der Gebirgsgürtel zwischen

---

[3]Diesen geographischen Namen werden wir gegenüber dem Namen Turkestan, der eher einem historisch-politischem Konzept entspricht, im folgenden bevorzugen.
[4]Kirgisien wird seit 1992 Kirgistan genannt.
[5]Die Zusammenfassung von Camena (1932) ist noch immer aktuell.

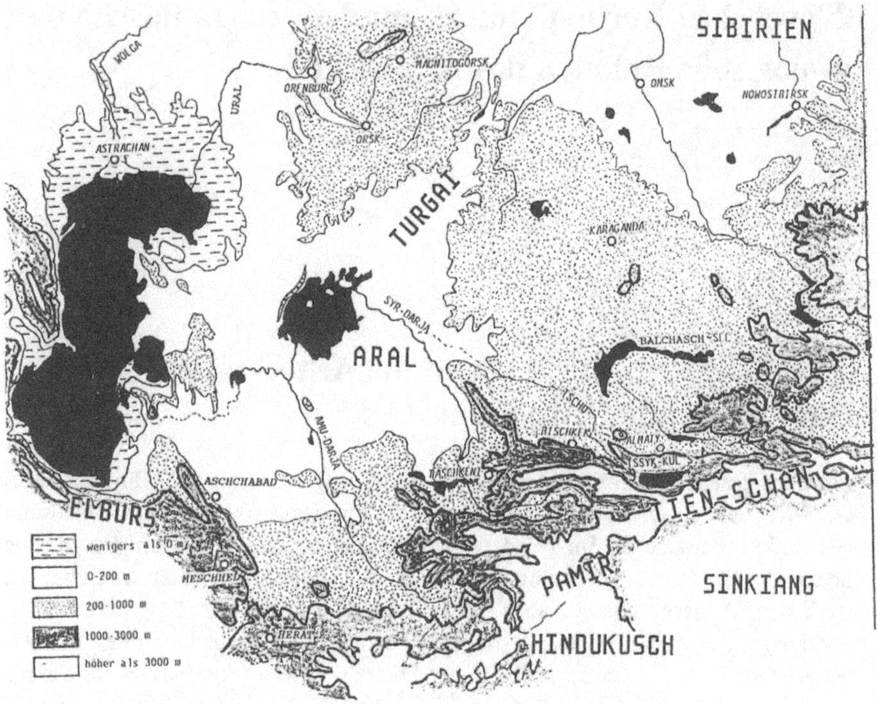

Abb. 2.1. Der Gebirgsgürtel im Süden und Osten Turans

Iran und Afghanistan auf etwa 2000 m ab, und durch diese Passage kann ein Teil des Monsuns vom Indischen Ozean die Gebirgsketten des Tien-Schan und des Alai beregnen.

Die Topographie senkt sich unmerklich über Hunderte von Kilometern zum Mittelpunkt des Aralbeckens hin ab (Abb. 2.2). Aber der Aralsee ist nicht der tiefste Punkt: Im Westen sinkt der Grund des Kaspischen Meeres auf 1000 m unter dem Meeresspiegel ab; auch andere Senken unterschreiten Normalnull: Die Senke von Karagije (- 132 m) nahe dem Kaspischen Meer, die mit der von Turfan (- 154 m) in Sinkiang um den Tiefenrekord wetteifert; die Senken von Goklenkui (Kara-Sor) mit - 28 m, von Akschakaja mit - 82 m im Südwesten des Aralsees, nahe der des Sary-Kamysch-Sees mit - 42 m, und in der Wüste des Kysyl-Kum die Senke von Mynbulak südöstlich des Aralsees (- 12 m). Der Aralsee hat seine tiefste Stelle bei - 15 m. Im ganzen ist das Gelände flach, mit einigen Hügelketten, die als Verlängerung der Ketten des Himalaya jedoch einige hundert Höhenmeter nicht überschreiten. Lediglich die Ränder der Kalkhochflächen, Dünengürtel und einige Erdhügel aus dem Tertiär, die die unendliche Ebene um einige zehn Meter überragen, machen eine gewisse Unterschiedlichkeit der Höhenverhältnisse auf den Millionen von Quadratmetern Turans sichtbar, das ansonsten durch manchmal steile Abhänge der Flußbetten einiger Flüsse aus paläoklimatischer Zeit zerschnitten wird.

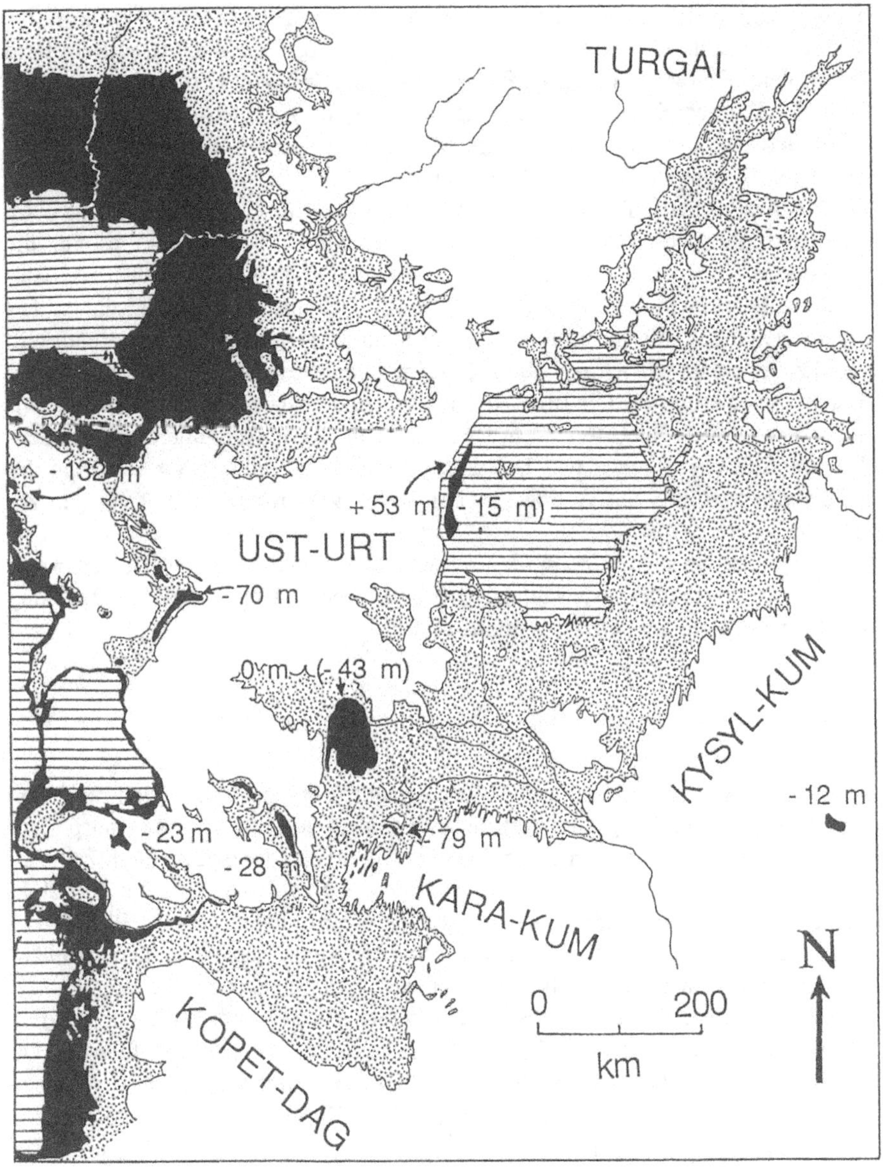

Abb. 2.2. Die tiefstgelegenen Gebiete des Beckens von Turan. *Schwarz:* Höhen unter dem Meeresspiegel; *gepunktet:* Höhen über 100 m; *schraffiert:* Aralsee und Kaspisches Meer

Die Geographen vom Ende des 18. und Beginn des 19. Jh., insbesondere Humboldt, begeisterten sich für die Erforschung dieser vom Ozean weit entfernten und doch bis unter den Meeresspiegel reichenden Gegenden. Man kannte damals kaum eine andere derartige Senke als das Tote Meer (- 392 m), und Humboldt dachte, daß ganz Innerasien eine riesige Senke bis in die Mitte Chinas bilde, denn Reisende (wie etwa Pallas zwischen 1768 und 1774) hatten sich bereits der Dsungarei und dem Sinkiang genähert. In Wahrheit sind die kontinentalen Bereiche mit Höhen unter dem Meeresspiegel wesentlich enger begrenzt, als es die Geographen der damaligen Zeit glaubten.

Das Aralbecken läßt sich in 5 Naturräume gliedern (Abb. 2.1 und 2.2). Im Norden zunächst eine trockene Gegend mit monotoner Topographie: es sind die subborealen Wüsten Kasachstans, die in unmittelbarer Nachbarschaft des Aralsees die Barsuki-Sandwüste bilden; im Süden die subtropischen Wüsten mittelasiatischen Typs, die ihrerseits wieder in mehrere große Sandbereiche unterteilt werden: die Sandwüsten der Kara-Kum im Südwesten, die der Kysyl-Kum im Osten; im Westen die tonartige Hochebene von Ust-Urt, die den Bereich zwischen dem Kaspischen Meer, dem Ural und dem Aralsee einnimmt; und schließlich die Schwemmebenen und Deltas des Amu-Darja und des Syr-Darja[6] in der Mitte. So setzt sich das Aralbecken aus 80 % Ebenen und 20 % Gebirgen zusammen.

Wir stellen an dieser Stelle die drei Wüstenbereiche von Ust-Urt, von Kara-Kum und Kysyl-Kum vor, während wir die beiden anderen mit der Betrachtung der Ufer des Aralsees selbst zusammenfassen.

Ust-Urt

Die Kette des Ural setzt sich nach Süden hin durch bescheidene Hügel, die Berge von Mugadjar (635 m) fort, welche abgerundete Rücken aus Metamorphitgesteinen bilden, überragt von einem felsigen Durcheinander und zerfurcht von tiefen Schluchten, in denen es nicht selten Wasser gibt. Nach Südosten hin sinkt das Relief ab, wenn man sich dem Aralsee nähert, und macht breiten Tälern Platz, deren Flüsse lediglich durch die Schneeschmelze gepeist werden. Allmählich gelangt man in die vollkommen ebenen breiten Senken, die den Turgai-Durchlaß bilden, das Bett eines gleichnamigen Flusses, der einst den Aralsee speiste und diesen mit dem Tal des Tobol verband, einem Nebenfluß des Ob (Abb. 2.1). Diese Senken sind zu bestimmten Zeiten mit Seen übersät, in denen sich häufig eine Sumpfvegetation ansiedelt. Von Nordwesten nach Südosten geht die Baumsteppe zunehmend in eine Grassteppe über, deren Landschaftsbild sich je nach dem Vorherrschen von Ton oder Lehm im Boden wandelt, bevor sie in der Sandwüste der Ergs des Großen Barsuki im Nordwesten des Aralsees, des Kleinen Barsuki im Norden und der Region nordöstlich von Aralsk endet, der Stadt des Raumfahrtzentrums von Tjuratam. Diese Ergs sind von kleinen Zeugenbergen übersät, die im Südwesten den Ust-Urt und im Nordosten das mittlere Kasachstan verlängern.

---

[6]Das Wort Darja stammt vom altpersischen *Drajah*, auf pahlevi *Drayak* ab; es bedeutet "Meer" und auch "großer Wasserlauf"; Darja-i-Chasar: das Kaspische Meer.

Der Ust-Urt ist eine gewaltige Hochebene, die unmerklich von der Steilküste des Kaspischen Meeres im Westen bis zum Aralsee ansteigt, wo sie ihren höchsten Punkt mit 250 m an einem Steilrand (dem Tschink) erreicht, der ihn im Südosten bis südlich der Bucht von Karabogas-Gol begrenzt. Dort läuft er auf eine Gebirgskette mit sehr steilen Hängen zu, den Großen Balchan (1880 m), der einer anderen geologischen Struktur angehört.

Der Große Balchan verlängert im Nordwesten die Kette des Kopet-Dag, von der er durch die pliozäne Senke des ausgetrocktneten Tals des unteren Usboi getrennt wird. Dazwischen liegt ein Zeugenberg aus Kalk, der Kleine Balchan (1000 m), der ebenso kahl wie der Große Balchan ist.

Im Nordwesten endet der Ust-Urt mit einem anderen Steilrand, der die gewaltige Sand- und Sumpfebene an der Küste des Kaspischen Meeres überragt und weiter südlich vom Massiv der Halbinsel Mangischlak durch eine tektonische Senke getrennt wird, die teilweise unter die normale Meereshöhe hinabreicht. Diese Halbinsel stellt eine nur wenig markante Hügelkette dar, da sie fast völlig erodiert ist. Ihre Tiefenstruktur, die alte Gesteine bis hin zum Perm an der Oberfläche erscheinen läßt, setzt diejenige des kleinen, aber geologisch sehr alten Massivs des Sultan-Dag (Paläozoikum) zum Choresm hin fort (vgl. Abb. 2.5). In seinem Westteil erreicht sie am Berg Betshoky eine Höhe von 556 m.

Die Oberfläche der Hochebene besteht aus einer leicht gewellten Kalk- und Gipsdecke aus der Zeit des Tortonian, auf der eine gewisse Zahl von flachen abflußlosen Becken wie das von Barsa-Kelmes[7] (südöstlich des Aralsees) zugleich durch den Karst und durch den Wind entstanden sind. Einige etwas höhere Reste der Hügelkette (350 m) bilden Cuestas (vgl. Bildtafel Nr. 24). Der oberste Teil der Hochebene verkarstete während der feuchteren Zeiten seiner geologischen Geschichte (Schächte, Schratten) stark; das aride Klima trug den Rest dazu bei, daß die Oberfläche des Ust-Urt heute eine praktisch vegetationslose Hamada (Wüste mit kantigen Steinen) ist. Dünen gibt es nicht. Die Senken haben versalzene Tonböden (Takyrs) oder solche, in denen Chloride und Sulfate, manchmal Karbonate vorherrschen, die einige Pflanzen und etwas Gras nach Regenfällen dulden. Häufig handelt es sich um Dolinen. Das vorwiegend im Neogen gebildete Karstsystem ist noch aktiv. Es gibt Schächte von 90 m Tiefe und sogar unterirdische Seen, die durch die geringen Niederschläge gespeist werden und in denen eine echte Höhlenfauna lebt (Zeiberlik 1992). Beim Kontakt mit der salzwasserführenden Grundwasserschicht (10 - 15 g/l), die dieses Kalkmassiv durchzieht (vgl. Abb. 2.12), erfolgt eine entsprechende Vermischung mit diesem Süßwasser .

Bei 44° Nord und 57°30' Ost befand sich ein Atomwaffentestgelände etwa hundert Kilometer nordwestlich des Aralsees (Spot, Satellitenaufnahmen von 1992).

[7] Barsa-Kelmes: "Hingehen ohne Rückkehr".

Die Wüste Kara-Kum

Der nördliche Teil der Wüste Kara-Kum, Saungus genannt, wird vom Ust-Urt durch das Trockental des Usboi[8] getrennt, von dem später noch die Rede sein wird. Noch hier stößt er auf eine Böschung von 50 - 100 m Höhe, die als Verlängerung des Tschink praktisch bis zum Kaspischen Meer reicht (vgl. Abb. 2.2 und 6.14). Mit einer sehr sanften Steigung erhebt sich der Saungus im Osten bis zum Amu-Darja, der die Grenze zur Wüste Kysyl-Kum darstellt. Auf einer fast ebenen Oberfläche, die kaum 100 Höhenmeter übersteigt (außer in der Nähe des äußersten Amu-Darja-Deltas im Osten) und die aus Kalk des ausgehenden Tertiärs (sarmatisch) gebildet ist, reihen sich kleine Zeugenberge von etwa 30 m Höhe in die Gürtel aus Longitudinaldünen ein, die sich in Nord-Süd-Richtung erstrecken und etwa ebenso hoch sind. Der Sand von dunkler, fast schwarzer Farbe bedeckt etwa 30 % der Hochebene. Zwischen diesen Gürteln erlaubten Korridore von weniger als 100 m Breite, die am Grund oft tonbedeckt waren und ein wenig Vegetation aufwiesen (Takyrs), den Karawanenverkehr; diese Korridore können Längen von mehreren zehn Kilometern aufweisen, und man verkehrt von einem zum anderen über kleine Pässe, die über den Sand führen.

Etwa 300 km südlich des Aralsees endet diese Gegend schlagartig mit einem neuen Steilhang, der sich vom Usboi fast bis nach Tschardshou am Amu-Darja erstreckt. Er ist etwa 40 m hoch, und zahlreiche Schluchten und Sporne bilden Einbuchtungen, die in Nord-Süd-Richtung verlaufen, tonige Wände haben und in typische *Badlands* zerschnitten sind. Auf seiner hohen Seite, im Norden, wird die Böschung von kleinen kegelförmigen Zeugenbergen gesäumt. Südlich der Böschung existiert eine Reihe von Trockensenken und Brackwasserseen ohne nennenswerte Vegetation, der Ungus. Die Basis dieser Senken sinkt von Osten nach Westen im Verlauf von über 450 km allmählich von 120 m auf 50 m ab. Der Ungus entspricht einem sehr alten Verlauf des Amu-Darja (Paläo-Oxus), als dieser zum Kaspischen Meer floß, was mit mit Sicherheit am Ende des Tertiärs (vor 4,5 Mio. Jahren) der Fall war. Zwischen der Ungus-Senke und dem Usboi-Tal gibt es sichtbare Parallelen, aber die erstere hat in geschichtlicher Zeit (d.h. seit etwa 1000 Jahren) niemals fließendes Wasser gekannt.

Der südliche Teil der Kara-Kum, von der Kette des Kopet-Dag bis zum Amu-Darja, hat keinen besonderen Namen. Das Relief erhebt sich langsam bis zum Fuß des Kopet-Dag[9]. Es ist völlig eben und von Dünenketten wie im Saungus

---

[8] Usboi: "das weiße Wasser".

[9] "Von den Bergen an, die die Wüste von Charism [Koresm: Kara-Kum] begrenzen, ist die Natur des Bodens sandig und salzig. Dieser leichte Erdboden ist an vielen Orten von einer Salzkruste bedeckt, in welcher man bis zum Knöchel einsinkt. Hier und da ein wenig Vegetation, anderswo befinden sich Dünen aus sehr feinem und beweglichem Sand. Zwischen dem Korassan und den Ufern des Oxus vertrocknet die Vegetation am Ende des Frühlings, lediglich die tiefwurzelnden Büsche vegetieren noch und widerstehen dem Wassermangel. Man findet in dieser Wüste auch nicht den kleinsten Kieselstein" (de Couliboeuf, 1865, der erste Franzose, der die Kara-Kum sah).

bedeckt, der östliche Teil enthält jedoch viele Wanderdünen in der Form von Barchanen. Letztere haben die Form eines Halbmonds und rücken unter dem Einfluß der vorherrschenden Winde mit einer Geschwindigkeit vor, die 10 m pro Jahr überschreiten kann. Man vermutet, daß ihr Sand von Longitudinaldünen stammt, die wieder in Bewegung gesetzt wurden, nachdem ihre Vegetationsdecke - wie spärlich sie auch war - verschwunden war. Barchane bilden sich nur, wenn die verfügbare Menge an Sand niedrig ist; andernfalls gibt es komplexe querverlaufende Ketten (wie Wellen auf dem Wasser), die zu Longitudinaldünen werden können, sobald die Sandabtragung vorherrscht. Die Barchane sind im allgemeinen 5 - 8 m hoch und setzen eine ebene und zusammenhängende Topographie voraus. In der Vergangenheit haben diese Dünen in Choresm und in den Deltas des südlichen Turkmenistans alte Kulturen zugedeckt. 1871 führte Muschketow die Unterscheidung zwischen "alten" und "jungen" Sandwüsten ein[10].

In der Kara-Kum bedeckt der Sand 350 000 km^2, womit diese die größte Wüste Turans ist (in der Kysyl-Kum sind es 250 000 km^2, im Mujunkum südlich des Flusses Tschu 57 000 km^2, im Aral-Karakum im Nordosten des Sees 40 000 km^2, und nördlich und nordwestlich des Sees in den beiden Wüsten von Barsuki 15 000 km^2).

Woher kommt der Sand? Der Amu-Darja und die anderen Wasserläufe, die aus dem Iran, dem Murgab und westlich davon aus dem Tedshen sowie aus den Regionen, die nördlich der Kara-Kum liegen, kommen (Abb. 2.3 a, b), schwemmen von dort Material an; seit der Zeit, in der sich das Wüstenklima einstellte - vor einigen Millionen Jahren - entsteht der Sand im wesentlichen dadurch, daß der Wind diese angeschwemmten Materialien aussiebt. Im Sand findet man die charakteristischen Minerale der Felsen und Bergketten, in denen die genannten Flüsse entspringen. Der Übergang vom Piedmont zur Plattform der Kara-Kum hat sich durch die Schwemmkegel der zeitweise auftretenden Sturzbäche, die aus dem Kopet-Dag und den inneren Deltas von Tedshen und Murgab hervorkommen, in der Landschaft verfestigt. Zwischen den Dünen der Kara-Kum befinden sich Hunderte von elliptisch geformten Windabtragungssenken, deren Größe von nur einigen Metern bis zu 30 km Länge und 2 km Breite reicht; sie sind dabei mehrere Meter tief und von "Takyrs" übersät. Diese mehr oder weniger parallel zum Kopet-Dag verlaufenden Takyrs stellen bis zu 50 % der Oberfläche dar. Die starken Frühjahrsgüsse und die Hochwasser machen aus ihnen zeitweise Seen, die in Ausnahmefällen mehrere Jahre überdauern können. Ihr Grund ist tonig und schluffig[11], und das Wasser dringt kaum ein. Ursprünglich süß, wird es salzig und von Diatomeen und Blaualgen besiedelt. Sobald es verdunstet ist, zerspringt der glatte und harte Boden ("er klappert unter den

---

[10] vgl. Mainguet (1991, S. 119) zur russischen Klassifizierung der mittelasiatischen Wüsten.

[11] Der Schluff ist ein Sediment, dessen Korngröße zwischen der von Lehm ($> 2\ \mu$m) und der von Feinsanden ($< 63\ \mu$m) liegt, und der sich beispielsweise auf dem Grund verdunsteter Wasserflächen ablagert.

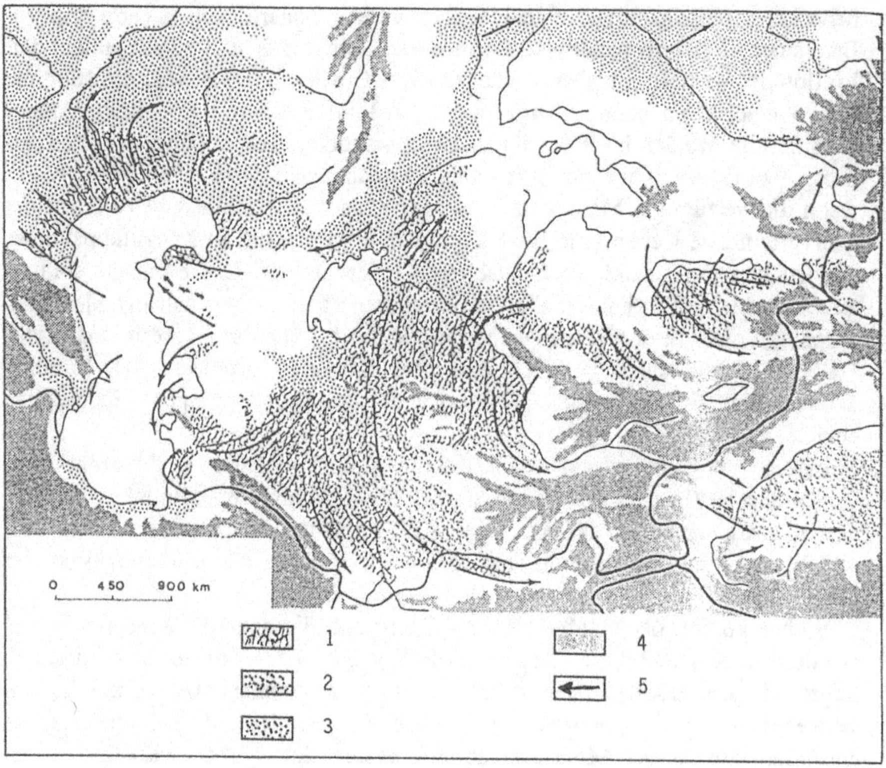

Abb. 2.3.a. Allgemeiner Entwurf der Dünensysteme in Turan und Modell der Luftbewegungen in Turan; *1* Longitudinaldünen, *2* Barchane, *3* Tiefländer, *4* Berge, *5* allgemeine Windrichtung

Pferdehufen") in große Polygone (vgl. Bildtafel 14). Jährlich kommt eine millimeterdünne undurchlässige Schicht hinzu, die letztlich eine Decke bildet, welche 20 cm Dicke erreichen kann. Ein Sor oder Schor ist ein Takyr, der ein wenig schmutziges Salzwasser behält. Wir werden später noch auf die Takyrs zu sprechen kommen, denn die moderne Planung hat sich für sie interessiert.

Die Wüste Kysyl-Kum

Die grauschwarzen Sanddünen der Kara-Kum sind vom Amu-Darja-Tal an, das die Grenze bildet, mit den roten Sanden der Kysyl-Kum-Wüste verbunden. Diese Übergangszone von einigen Kilometern überlagert die allgemeine Struktur der Region, die sich mit den gleichen Kennzeichen weiter östlich fortsetzt, wo sie unmerklich in die Kysyl-Kum übergeht. Von dort erheben sich einige niedrige Hügelketten, die sich vom Pamir aus bis zum Aralsee hinziehen; sie teilen die ganze Region zwischen Amu-Darja und Syr-Darja in zwei Sandwüsten, zwischen

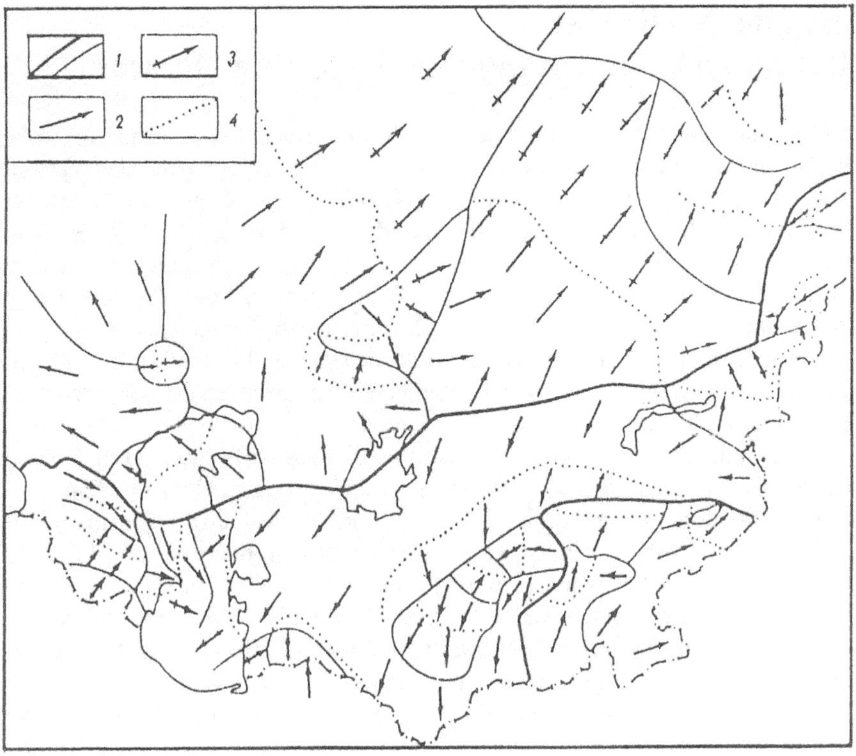

Abb. 2.3.b. Anderes Modell der Luftbewegungen. *1* Grenze der Einwirkungsbereiche; *2* Bewegungsrichtung von den Hochdruckgebieten aus und *3* zu den Tiefdruckgebieten; *4* Grenze der Bereiche, in denen die Bewegung am wirkungsvollsten ist

denen ein Nordwest-Südost ausgerichteter Steppenstreifen verläuft. Dieser hat einen steinigen Tonboden, auf dem vereinzelt Gebüsch wächst. Der Rest des Gebietes bis zum Syr-Darja ist wie in der Kara-Kum von Longitudinaldünen bedeckt, allerdings von anderer Farbe wegen der unterschiedlichen Herkunft der Sande. Die Sandformen gleichen sich indes. Die Sandwüste schmiegt sich in alle tiefergelegenen Gebiete ein und fügt sich nahtlos an die kiesige Glacisfläche der Nuratau-Berge an. Dieser auch aus dem Pamir stammende Sporn weist verschiedene steinige und sandige Böden auf, die von einer mit zahlreichen Salzsenken vom Takyr- und Solontschak-Typ übersäten Steppe bedeckt sind. Im Westen endet die Kysyl-Kum unmerklich am Südostufer des Aralsees, der in dem Maße, wie er austrocknet, von ihr erobert wird.

2.2 Das Aralbecken: Ein ausgedehntes abflußloses Gebiet im Quartär

Die geologische Tiefenstruktur bestimmt die allgemeine Beckenform von Turan, deren Mittelpunkt der Aralsee (Abb. 2.4) einnimmt. Die mesozoischen Bergketten, die die großen flachen Becken von Kara-Kum und Kysyl-Kum umrahmen, bestehen aus alten Blöcken, die gefaltet und über die ausgedehnten Ebenen hinaus angehoben und von diesen durch Verwerfungen getrennt sind. Die Geologie der Region bedingt die Grundzüge der Geomorphologie des Aralbeckens und eine Reihe von Bodenschätzen (Erdöl) und Vorräten an Grundwasser.

Die ersten regionalen geologischen Übersichten von Bubnoff (1924) und von Leuchs (1935) enthalten im wesentlichen bereits die strukturellen Grundzüge der Region (Abb. 2.5).

Die Geschichte der aralisch-kaspischen Senke ist alt. Der große Tethys-Ozean trennte den arabisch-indisch-afrikanischen Block von alten Platten (Abb. 2.7); diese stellten auf der Nordseite des Tethys ein Mosaik unzusammenhängender Blöcke dar, die von älteren Gesteinen (vom Archaikum bis zum Ende des Erdaltertums vor etwa 200 Mio. Jahren) gebildet wurden. Im Tethysmeer - ebenso wie in den anderen kontinentalen Randmeeren, die diese alten festen Platten bedeckten - setzten sich mächtige Sedimente ab, und zwar vom Ende des Erdaltertums an, während des gesamten Erdmittelalters (Jura und Kreide) und noch im Tertiär, bis das Tethysmeer, von der Hebung des arabisch-indisch-afrikanischen Blocks erfaßt, beinahe verschwunden war: Es blieb davon nur der Teil übrig, der später das Mittelmeer und seine östlichen Verlängerungen ergab (Schwarzes Meer, Kaspisches Meer, Aralsee) (Abb. 2.7). Die Sedimente bestehen aus Tonen, Kalkstein und viel Sandstein, hinzu kommen Spuren alter Evaporitgesteine: Steinsalz, Gips und sogar Kalisalz. Die Verschiebung der Kontinente nach Norden zerscherte diese alten Blöcke, die miteinander verschmolzen, dabei zerbrachen und sich aufwölbten; währenddessen bildeten die Sedimente und der Sockel vom Grund des alten Tethysozeans, die zwischen diesen Platten auf der einen Seite, dem Iran und Arabien auf der anderen Seite zusammengeschoben wurden, die großen Himalaya-Ketten des Pamir, des Karakorum, des Hindukusch und des Tien-Schan, die heute den tektonischen Begrenzungsrahmen mehrerer relativ waagerechter Becken bilden. Diese Ketten aus sehr altem Gestein (präkambrisch und paläozoisch) bilden die Grenzen dessen, was einst das Russische Turkestan hieß. Zwischen den kleinen alten Platten bildeten die Meeresböden auch untergeordnete Ketten, die des Kopet-Dag zwischen der iranischen und der Kara-Kum-Platte und im Nordwesten die beiden Ketten des Kleinen Balchan und des Großen Balchan, die den Kopet-Dag verlängern. Letzterer bildet das gefaltete Gerüst der Halbinsel von Krasnowodsk[12] im Kaspischen Meer. Er setzt sich unter dem Kaspischen Meer fort, so daß man ihn wieder in den Bergen des Kaukasus antrifft, die sich ihrerseits bis in die südliche

[12] heute: Turkmanbashi.

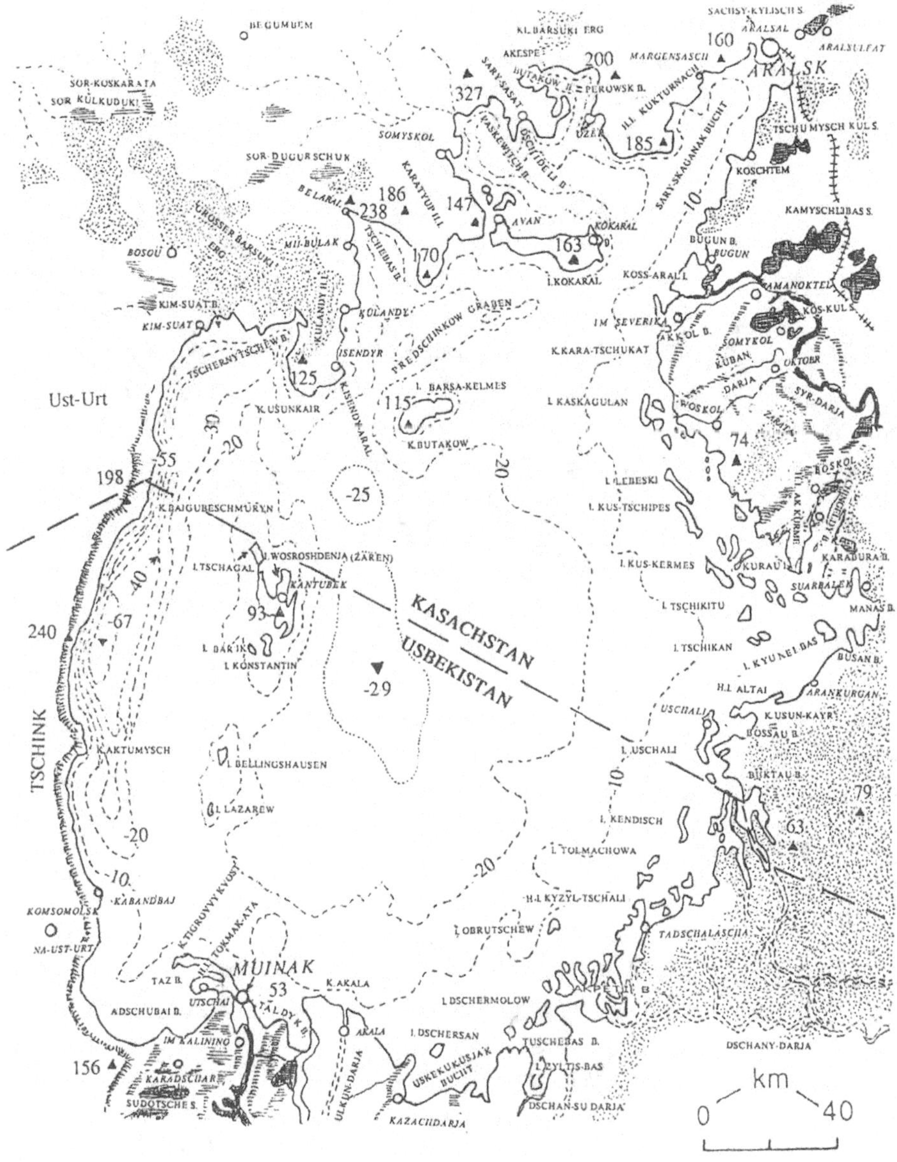

Abb. 2.4. Allgemeine Karte des Aralsees (nach Dokumenten von 1905, 1947, 1964 und 1989): *Gepunktet:* Sandgebiete; *senkrechte Streifen:* Sümpfe; *waagerechte Streifen:* Solontschaks. Die Tiefenangaben beziehen sich auf einen Seespiegel von 53 m, die Höhenangaben an Land sind auf den Meeresspiegel bezogen

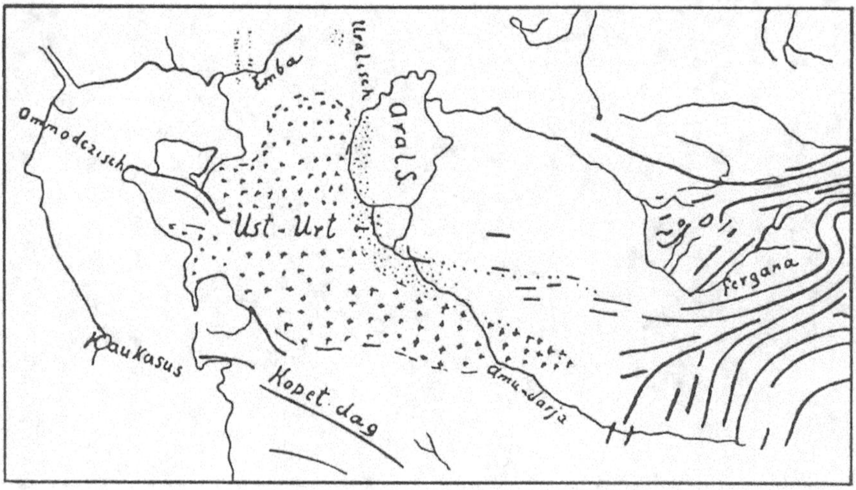

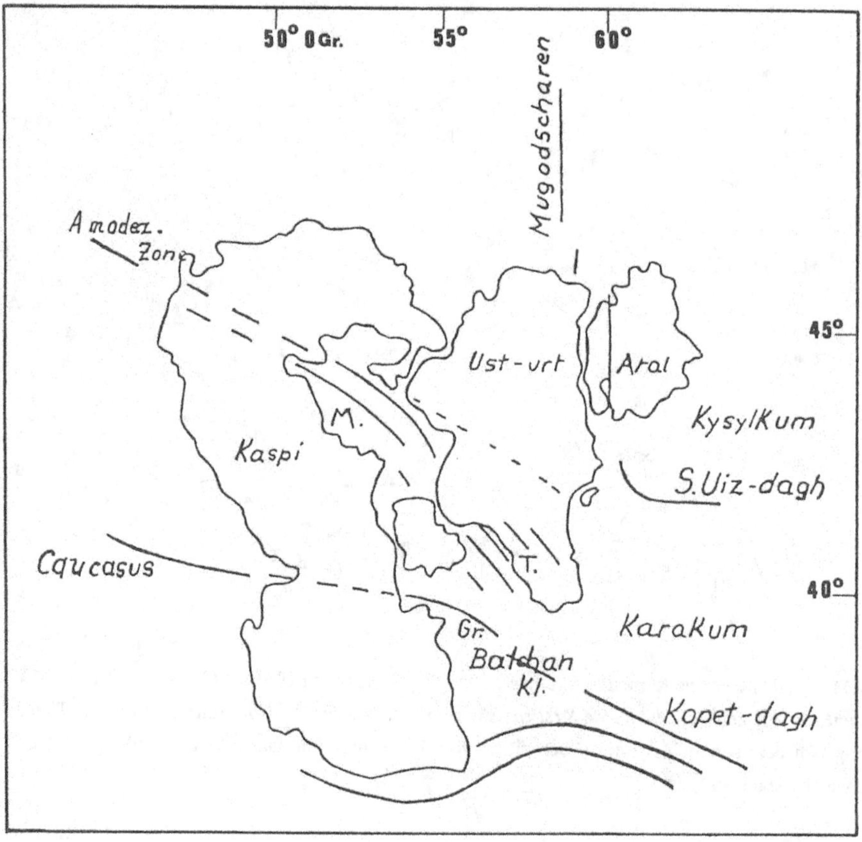

Abb. 2.5. Zwei alte geologische Entwürfe: Anschluß der Strukturen des Kaukasus an Altai und Pamir (Bubnoff 1924 und Leuchs 1935)

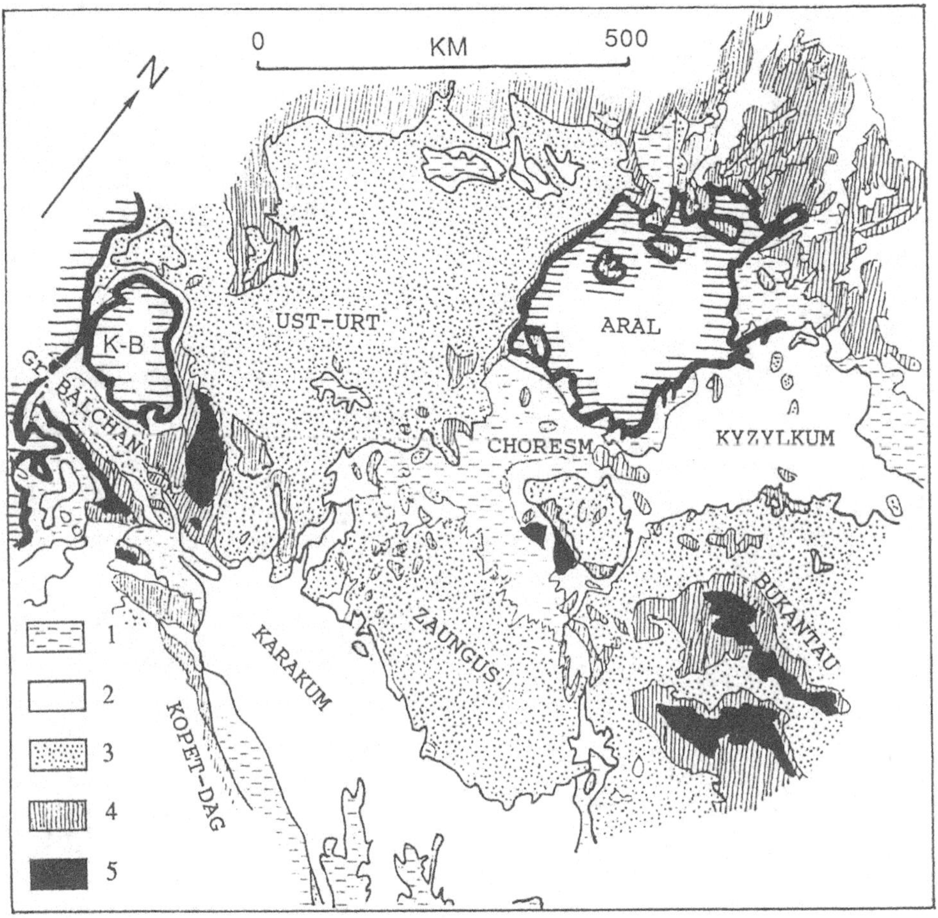

Abb. 2.6.a. Synthetische geologische Karte von Turan. *1* jüngeres Quartär, *2* älteres Quartär, *3* Neogen, *4* Paläogen und Kreide, *5* ältere Schichten

Krim fortsetzen. Weiter im Norden wird die Halbinsel von Mangischlak von einer Bergkette gebildet, die zwischen zwei alten Platten, dem nördlichen und dem südlichen Ust-Urt, verläuft. Unter der Kara-Kum und dem Süden des Usboi verschwindet sie in der Tiefe. Im Südosten des Aralsees liegen die Hügelketten von Bukantau und von Kusulktau. Sie trennen den Amu-Darja von der Wüste Kysyl-Kum, und verlängern sich in der Kette des Sultan-Uis-Dag (473 m)(vgl. Abb. 2.8 und 2.41.b), der die Gegend von Choresm beherrscht, bis in die Nähe des Deltas. Noch weiter im Nordosten erstreckt sich die lange parallele Kette des Karatau (2176 m), die den Syr-Daja von der Mujunkum-Wüste trennt, bis zum Balchaschsee.

Mit Hilfe von Studien der Tiefenseismik und Erdölprobebohrungen konnte eine Karte des alten Untergrunds der Region erstellt werden, der von präkambri-

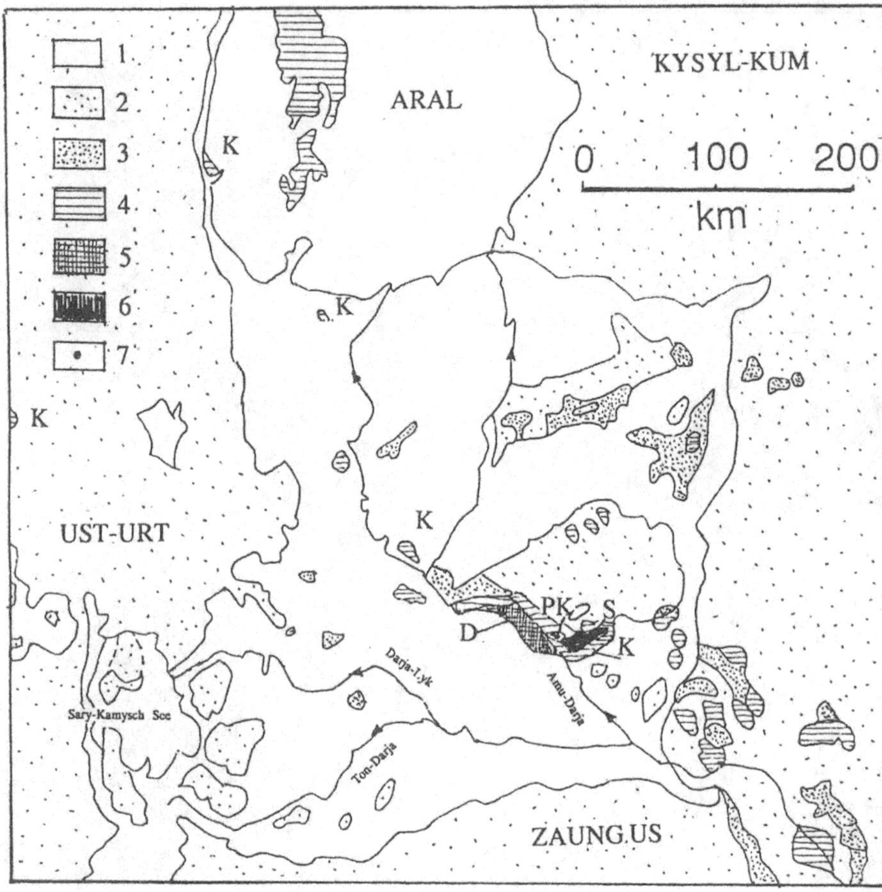

Abb. 2.6.b. Ausschnitt aus der Geologie des Amu-Darja-Deltas (1990)

Abb. 2.7. Paläogeographische Entwicklung der mittelasiatischen Region. Vor 75 Mio. Jahren *(unterer Entwurf)* war der eurasische Kontinent vom arabisch-afrikanischen Block durch den Tethys-Ozean noch weit getrennt. *Kreuzschraffur:* die aus dem Meer emporgehobenen (kontinentalen) Teile; *gepunktet:* die kontinentalen Randmeere mit ihren (meist kalkhaltigen) Sedimenten. Vor 4 - 5 Mio. Jahren *(oberer Entwurf)* zerscherte der Arabische Block schließlich die Reste des Tethysmeers (Paläotethys), wobei er seinen Basaltboden extrudierte, was die "grünen Felsen" *(schwarz)* und zahlreiche Vulkane *(Sternsymbole)* an den Rändern der angehobenen Berge ergab, die ihrerseits die Reste des sarmatischen Meeres im Inneren Südwestasiens abtrennen ▸

schen (älter als 460 Mio. Jahre) bzw. herzynischen Gesteinen (mehr als 250 Mio. Jahre) gebildet wird (Abb. 2.8). Die Bereiche jüngeren (mesozoischen) Ursprungs, die nicht so stark gefaltet wurden, bedeckten die alten tektonischen Platten. Sie haben ihrerseits örtliche Faltungen erfahren, bei denen sie von ihrem Sockel abgeschert wurden; dadurch entstanden gewölbte Strukturen, erhaben

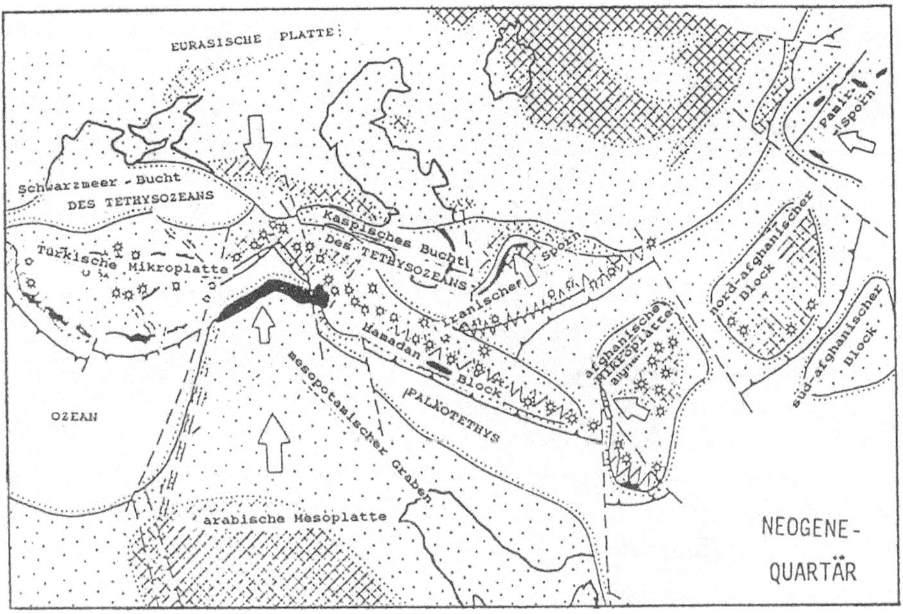
EURASISCHE PLATTE
Schwarzmeer - Bucht
DES TETHYSOZEANS
Türkische Mikroplatte
Kaspisches Bucht
DES TETHYSOZEANS
iranischer Sporn
Pamir-Sporn
nord-afghanischer Block
süd-afghanischer Block
afghanische Mikroplatte
Hamadan Block
PALÄOTETHYS
mesopotamischer Graben
OZEAN
arabische Mesoplatte
NEOGENE-
QUARTÄR

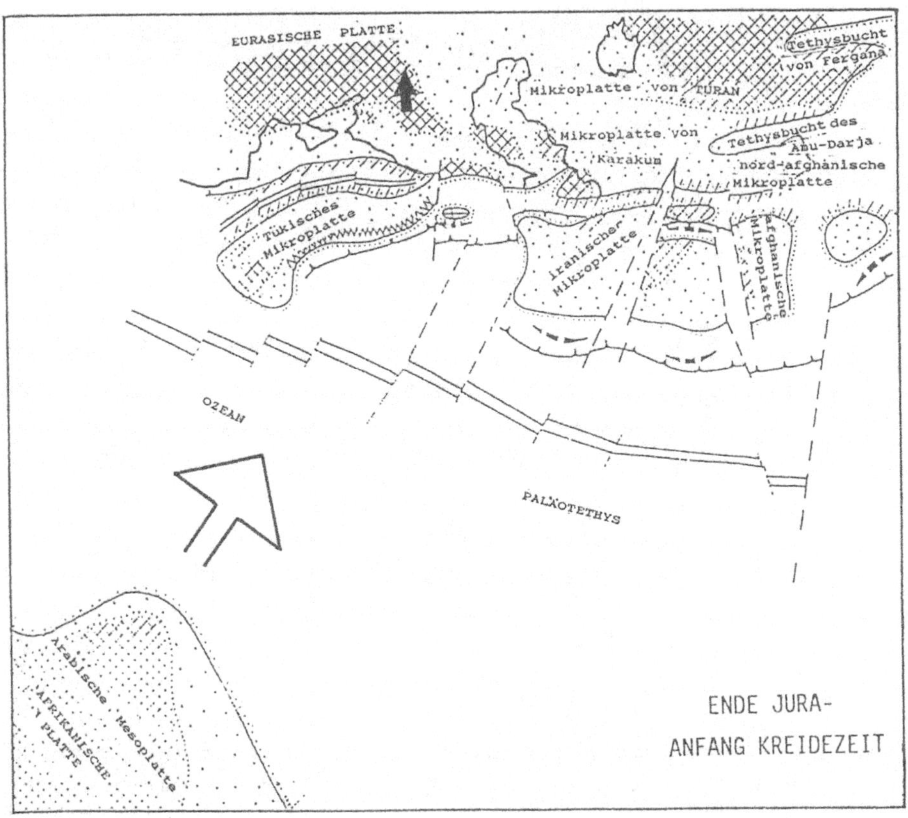
EURASISCHE PLATTE
Tethysbucht
von Fergana
Mikroplatte von TURAN
Mikroplatte von
Karakum
Tethysbucht des
Amu-Darja
nord-afghanische
Mikroplatte
Tükisches Mikroplatte
iranische Mikroplatte
afghanische Mikroplatte
OZEAN
PALÄOTETHYS
Arabische Mesoplatte
AFRIKANISCHE PLATTE
ENDE JURA-
ANFANG KREIDEZEIT

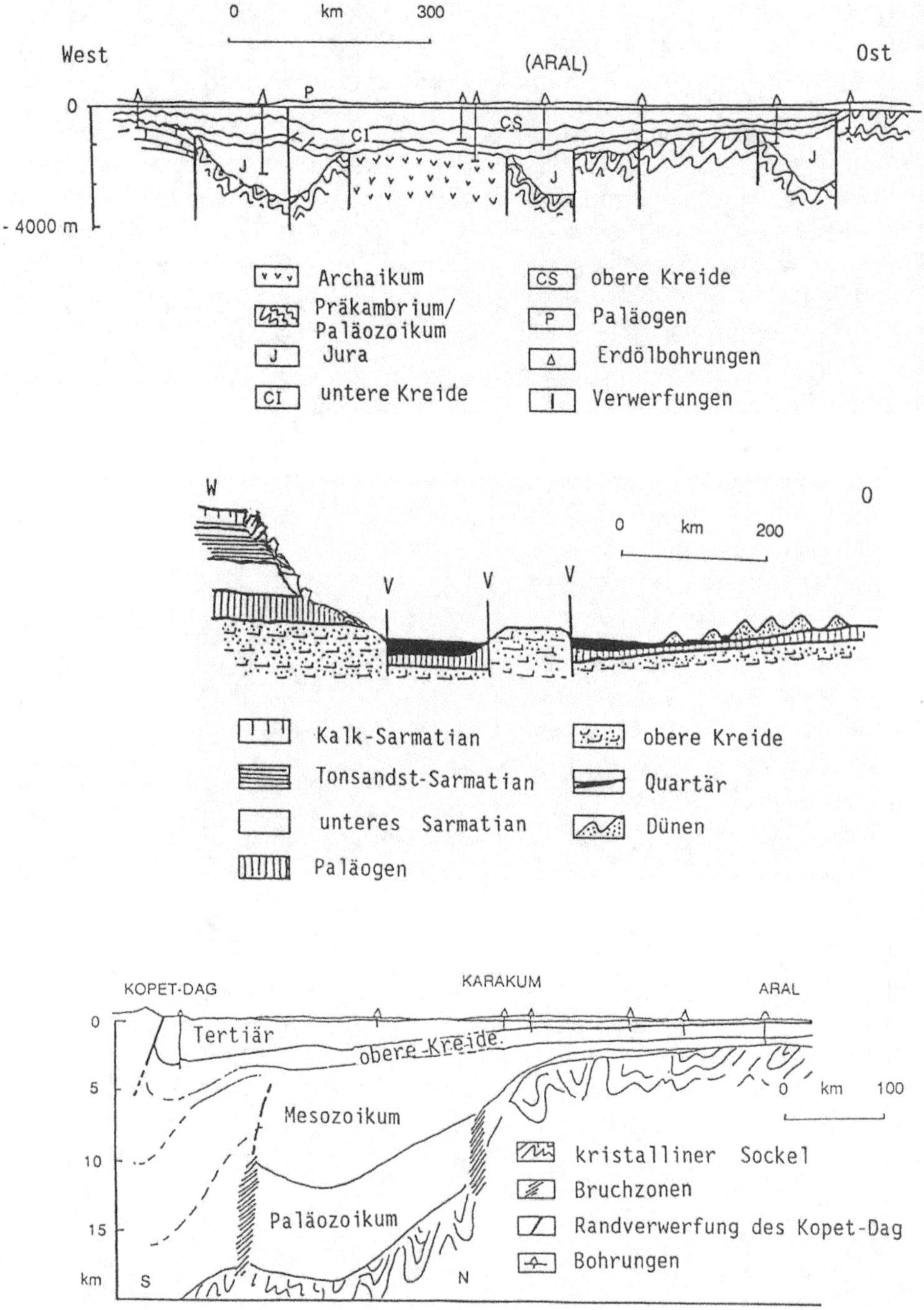

Abb. 2.8. Geologische Schnitte durch Turan. Oben: Tiefenstruktur des Beckens (West-Ost-Schnitt); Mitte: West-Ost-Schnitt durch den Aralsee (stark überhöht); unten: SW-NE-Schnitt durch den Aralsee (nördlicher Teil)

oder in Muldenform, die von den Geologen als Brachyantiklinale bzw. Brachysysnklinale bezeichnet werden. In anderen Abschnitten, in denen der alte Sockel nicht zerlegt wurde, blieben diese Schichten mehr oder weniger waagerecht erhalten und folgten lediglich dem Sockel bei seinen vertikalen Bewegungen. So bilden diese Sedimente ausgedehnte Plattformen; diese entsprechen verschiedenen Teilen der großen Ebenen oder subhorizontalen Hochebenen, aus denen sich die Regionen von Ust-Urt, Kara-Kum und Kysyl-Kum zusammensetzen.
Nach dem Oligozän erstreckte sich ein ausgedehntes Meer vom Mittelmeer, dem Schwarzen und dem Kaspischen Meer (die verbunden waren) über den größten Teil der Senke von Mittelasien und erreichte beinahe die Ausläufer der großen Gebirgsketten an der chinesischen Grenze (Altai, Tien-Schan), die nun aufragten. Dieses, das sogenannte Sarmatische Meer, hinterließ verschiedene Sedimente; in der Nähe der Küsten setzten sich Sedimente fluvialen Ursprungs ab, die von den Wasserläufen mitgebracht wurden; diese waren die Vorläufer der heute bekannten Flüsse und trugen die Berge, die das gleiche Alter wie die Alpen haben, schon vom Beginn ihrer Hebung an ab. Die auf dem Grund dieses ehemaligen Meeres abgelagerten sarmatischen Sedimente enthalten Ton, Sand, Sandstein, Konglomerate und Kalk sowie kleine Spuren von Evaporiten, was man dahingehend interpretierte, daß bereits zu dieser Zeit ein arides Klima herrschte. Luppow (1963) zufolge sollen die Sande des Ungus aus dem frühen Miozän stammen und somit nicht mit der äolischen Zufuhr aus der Eiszeit in Verbindung stehen. Vertikale Bewegungen, die den alten Verwerfungen folgten, erfaßten auch diese jüngeren Gebiete und die Deckplatte aus dem Tertiär (Kalk aus dem Miozän) und bildeten den Seitenhang der Hochflächen, der allgemein von den örtlichen Völkern "Tschink" ("Böschung" auf Türkisch) genannt wird (Bildtafel 5 und Abb. 6.14). Ein Überbleibsel dieses Meeres bestand im Süden Turans weiter (s. Tabelle 2.1), während der Norden der Senke bereits aus dem Meer aufgestiegen war.

Das Meer kam später, zur Zeit des Pliozän (vor 6 - 4 Mio. Jahren), zurück, wobei es allerdings nicht so weit wie das Sarmatische Meer reichte. Es war nördlich des Kaukasus, an der Stelle des heutigen Manytsch-Tals, noch mit dem Schwarzen Meer durch eine eher flache Passage verbunden. Diese Verbindung läßt sich durch die Fossilien des Kaspischen Meeres dieser Zeit belegen, die mit denen des Schwarzen Meeres übereinstimmen. Ein enger Meeresarm füllte die Senke südlich der Hochebene von Ust-Urt aus, die ein alter Wasserlauf, der "Paläo-Oxus", gegraben hatte, den man im Quartär wiederfindet. Dieser pliozäne Wasserlauf war es, der die älteren Schichten bereits weitgehend zerlegt und den Tschink, die Grenze der Hochebene von Ust-Urt und der Wüste Kara-Kum im Südosten, geschaffen hatte. Er hinterließ ein heute funktionsloses Tal inmitten der Wüste, den Ungus, indem er auch dort einen Einschnitt kleinerer Breite schuf, der die Wüste in zwei Teile schneidet: den Saungus zwischen Aral und Ungus und die eigentliche Kara-Kum im Süden des Ungus. Diese Grenze entspricht in der Tiefe einer großen Verwerfung, die die Verlängerung der Mangischlak-Bergkette darstellt.

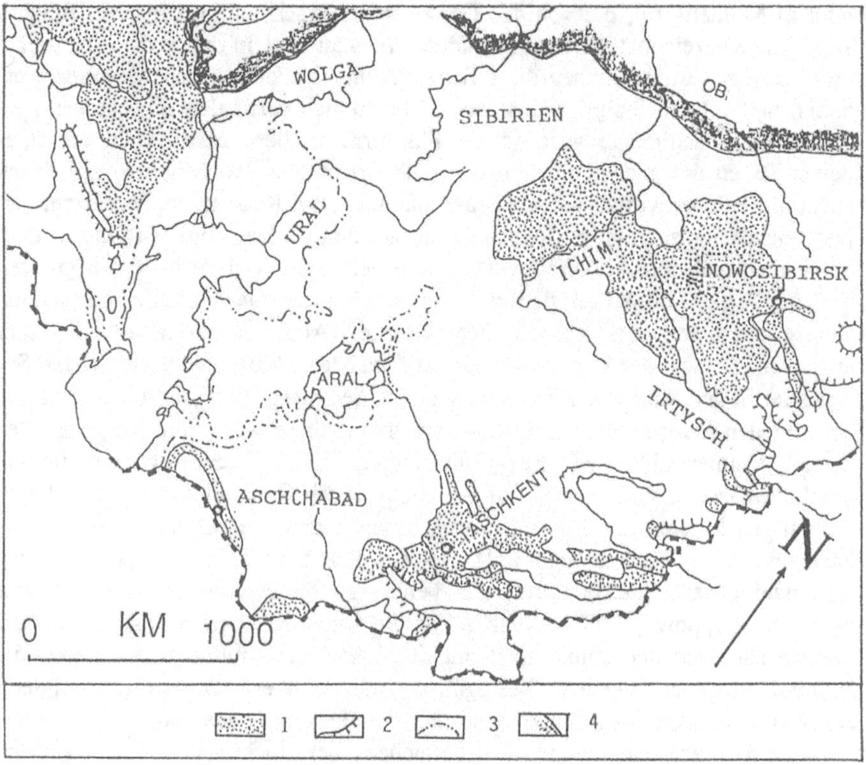

Abb. 2.9. Die Lößablagerungen aus den Eiszeiten, mit dem Rand des äußersten Eisvorstoßes. *1* Löß, *2* Gebirgsgletscher, *3* größte Ausdehnung des Kaspischen Meeres, *4* größte Ausdehnung der Eiskappe

Die tektonischen Bewegungen setzten sich im Pliozän fort, indem sie einige Bereiche anhoben und absenkten. Die Aral-Senke und andere kleinere Senken wie die des Sary-Kamysch stammen zweifellos aus dieser Zeit vor 3 - 5 Mio. Jahren (Kes et al., 1970; Pschenin et al., 1984). Diese Bewegungen veränderten den allgemeinen Verlauf der Flüsse, so daß der Paläo-Oxus auf noch wenig bekannte Weise durch den Ungus, den Usboi oder den Schelif-Darja nahe der afghanischen Grenze (Abb. 2.39) floß, bevor er sich vor etwa 150 000 Jahren endgültig dem Aralsee zuwandte. Die Wasser des Paläo-Oxus teilten sich somit zwischen Usboi und Aral auf.

Zu dieser Zeit war das allgemeine Windsystem, das vom winterlichen Hochdruckgebiet in Sibirien beherrscht wurde, bereits vorhanden, und das Klima war arid. Die großen Flüsse, die im Himalaya entsprangen, wo die Hebung anhielt, schwemmten enorme Mengen von unzusammenhängenden Gesteinstrümmern, Sand und Ton, die die Winde losgerissen hatten, mit sich und bildeten so das

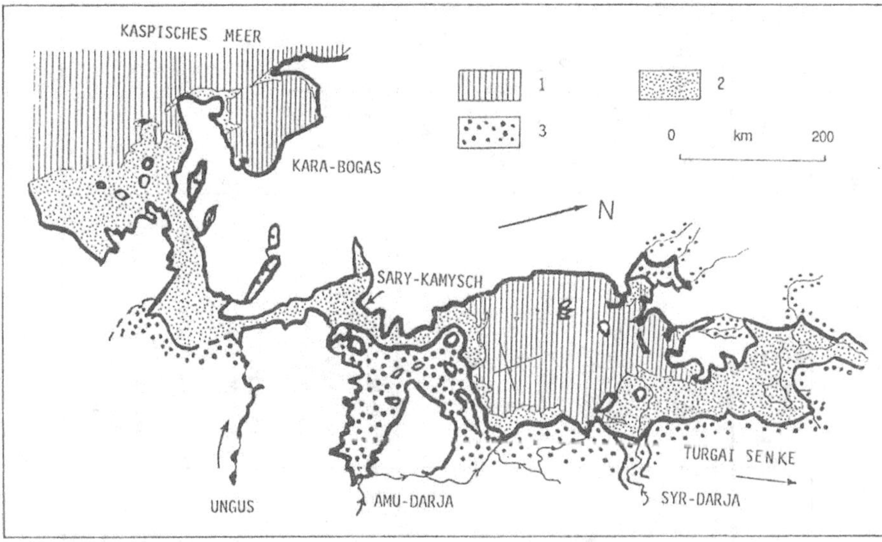

Abb. 2.10. Quartäre Ablagerungen im aralischen Golf des Kaspischen Meeres. *1* Wasserfläche (1960), *2* Ablagerungen des Aralsees und des Kaspischen Meeres, *3* fluviale Ablagerungen

Dünenmaterial, welches sich in Ergs[13] anhäufte. Der Wind siebte die feinsten Teilchen dieses Materials aus und schuf den fruchtbareren Löß; der dann durch den entstehenden Humus stabilisiert wurde (Abb. 2.9).

Das Turanbecken kann also als ein Mosaik beinahe ebener Landstriche betrachtet werden, die durch Ketten von gefalteten Sedimenten getrennt werden. Häufig treten alte Gesteinen (sogar Granit) auf, die das Gerüst dieser Ketten bilden.

Die Einzugsbereiche des Aralsees und des Sary-Kamysch-Sees im Südwesten, die zwischen zwei Störungssystemen eingeschlossen sind, entsprechen einem eingesunkenen Teil des Sockels, den man Chiwa-Bereich nennt; er beginnt fast an der afghanischen Grenze und setzt sich nach Norden bis weit jenseits des Aralsees in eine ausgedehnte längliche Senke hin fort, die ihn mit der Ebene der großen sibirischen Flüsse wie dem Irtysch verbindet (Abb. 2.10). Der ursprüngliche Sockel befindet sich unter dem Aralsee in etwa 2 km Tiefe. Bedeckt wird er von Material aus dem Mesozoikum und Alttertiär, aus der Zeit vor der alpinen Faltung um 45 Mio. Jahre vor heute; diese faltete auch das Material unter dem Delta und dem Meer leicht und schuf so Ölfallen. Diese Schichten, in Pitnjak (am Mittellauf des Amu) 2000 m dick - also wesentlich dicker als im Delta - streichen in den kleinen Massiven von Sultan-Uis-Dag und den Hügeln von Tuarkir, die von Verwerfungen begrenzt werden, hie und da aus; ferner im Verlauf des Amu, in Tachjatash und in Tjuja-Min, wo sie den Unterbau des

[13] Ein Erg ist eine große Gruppe von Dünen verschiedener Art. Ein Dünenfeld dagegen wird nur von einer einzigen Art Dünen gebildet.

Tabelle 2.1. Versuch einer zusammenfassenden Chronologie der bedeutenden Ereignisse im mittelasiatischen Raum (basierend auf den zitierten Werken, verschiedene Quellen)

	Geologisches oder archäolog. Zeitalter	Amu-Darja Usboi	Syr-Darja	Aralsee und Kara-Kum	Kaspisches Meer
	Gegenwart		kleine tektonische Bewegungen		(hier: Höhe über NN)
	Skythische Eisenzeit	Niederterrassen des Amu-Darja, Usboi	(1000 J.)		
Nowokaspian (Q4)	frühe Bronzezeit (Atlantikum)	Seespiegel des Sary-Kamysch	marines Aralian (Cerastoderma edule)	Bildung der Deltas von Kelif-Darja, Murgab und Tedshen	(4000 v.h.)
					Transgression
	Kelteminar, Dsheitun (boreales) Neolithikum	(5000 J.) 2. Terrasse des Amu-Darja	Delta des Darja-Lyk	Aralsee wird abflußlos	(8000 v.h.)
					(9000 v.h.)
Unteres	Mesolithikum		(9500 J.)		
	Kelteminar-Kultur?		10 000 J.		Mangyschlakian Pegel: -48, -50 m
Oberes		3. Terrasse des Amu-Darja: Erstmals (?) fließt der Amu-Darja in den Aralsee		erste Ackerbauern	höchster Seespiegel ≈ 0 m
				ehemalige Deltas von Murgab und Tedshen	Seespiegel -16 bis -17 m
		Usboi-Delta			
Chwalynian (Q3)		Sary-Kamysch-Delta	der Mensch in der Hungersteppe (30 000 v.h.)	oberes Proluvium des Kopet-Dag	
(=Kulkudukian)	Aurignacian (Thyrrenian)	40 000 J.		"heutiger" Aralsee (130 000 J.)	
Unteres	ausgehendes Musterian	Musterianische Fundstätte 170 (± 50) Tsd. J.		Maximales Vordringen des Kaspischen Meeres zum Aralsee hin	

Oberes Mittleres Chasarian (Q2) Unteres	Musterian Acheulean (Milazzian)	Oberes Kasakian (altes Schwemmland des Amu-Darja)	und Sary-Su 0,35 Mio.J.? Untergrenze des Löß	ehemalige Deltas von Murgab und Tedshen Terrassen von Tschu Löß von Taschkent Vorstoß des Kaspischen Meeres zum Aralsee hin	
Oberes Mittl. Baku (Q1) (=Aitmian) Unteres	Acheulean Chellean "Pleistozän"	Unteres Kasakian (altes Schwemmland)	Wüste Kysyl-Kum (0,7 Mio. J.)	Vorstoß des Kaspischen Meeres zum Aralsee hin Ehemalige Deltas von Murgab und Tedshen	
Apscheronian	Emilian (1 Mio. J.)		1,5 Mio. J.		1 Mio. J.
Oberes Akschagylian (Ak) mittleres Unteres	(Kalabrian) "oberes Pliozän" 1,8 Mio. J. (Villafranchian)		5,5 oder 3,5 Mio. J.?	erneute Verbindg. (brackig) Trennung vom Kaspischen Meer Überrest des Sarmatischen Meeres	Kaspisches Meer = + 35 m 1,8 Mio.J.
Pontian	"unteres Pliozän" (Messinian) 7 Mio. J.	Pliozäne fluviale Ablagerungen unter dem Sand von Kara-Kum und nördlicher Kysyl-Kum		Der Aralsee	
oberes unteres Meotian	(Tortonian)	Die Ströme fließen nach Westen. Hebung der Berge 9,5 Mio. J.		existiert noch nicht	
Sarmatian	Miozän	Sarmatisches Meer, mit Nordküste entlang dem Ostabfall des Ust-Urt, erstreckt sich bis Aschchabad nach Süden			

In Klammern: entsprechende Schichten am Mittelmeer.

letzten Stauwehrs oberhalb des Deltas darstellen. Auch ein kleiner Granitdom tritt unmittelbar westlich von Nukus zutage.

Das Quartär

Im Quartär (Beginn vor 4 Mio. Jahren) begannen die großen Vereisungen. Der Wechsel zwischen kalten (und außer im Frühjahr auch trockenen) und gemäßigten Perioden (in den Bergen feuchter, aber in der Ebene arider) läßt sich recht genau an den Ablagerungen ablesen, die in den Gebirgsmulden des Ferganatals, von Tadschikistan und in den Tälern von Taschkent und Samarkand erhalten sind. Aber die Stratigraphie reicht zeitlich nicht sehr weit zurück. Dagegen haben die Vorstöße und Rückzüge des Kaspischen Meeres marine Sedimente hinterlassen, zwischen denen sich Schichten mit fluvialen oder aus Deltas stammenden Ablagerungen aus den Regressionszeiten finden. Tabelle 2.1 versucht, die verstreuten Elemente der Literatur zum Quartär den archäologischen Entsprechungen gegenüberzustellen, sofern solche vorhanden sind.

Wegen des Interesses an Erdöl und Mineralien beschäftigten sich die sowjetischen Geologen in ihren Arbeiten nämlich wesentlich stärker mit den tiefen und/oder alten geologischen Strukturen.

Die Morphologie der flachen Gebiete aus dem Umkreis des Aralsees kann man letztlich durch die Abfolge der folgenden Zeitabschnitte erklären:

- Teilweise Auffüllung des Grabens im Osten des Beckens, der bereits ein sehr ebenes Profil besaß, durch die Sedimente des Paläo-Oxus und Paläo-Jaxartes[14] vor den Eiszeiten; der westliche Graben, der durch die kreidezeitliche Faltung der Lasarew-Wosroshdenija-Inseln (Abb. 2.4) geschützt war, wurde nur in seinem Südteil angefüllt.

- die Sandformen der Ergs von Kara-Kum im Süden und Kysyl-Kum im Osten der Bergketten des Sultan-Dag und des davon nördlich gelegenen Butantau nehmen diese Ebenen ein.

- Bildung der Flußdeltas des Choresm, die während der Zwischeneiszeiten die teilweise versandeten Gegenden überschwemmten; am unteren Oxus wurde dieser Auffüllungsvorgang fast vollendet, weil dieser wesentlich umfangreichere Schwebstofffrachten als der Jaxartes mitführte. Im Zusammenhang mit den Senken von Sary-Kamysch und Usboi werden wir darauf zurückkommen. Im Osten teilte sich der Jaxartes in den gleichen Zeiträumen in zahlreiche Seitenarme und brachte nur recht wenig klastisches Material in den Graben östlich des Aralsees, so daß sein Delta wesentlich weniger umfangreich ist und das Dünensystem nicht völlig zugedeckt wurde.

Die Gräben nördlich des Aralsees wurden kaum angefüllt und haben die Morphologie aus der Voreiszeit behalten, denn die Sedimente des Jaxartes stießen auf die Sperre der Insel Kokaral, und die Zuflüsse aus der Turgai-Region lagerten

---

[14] Der Jaxartes, Sai-hum der Araber, Jao-Scha oder Sin-Tschu-He auf chinesisch, Yinku-Ungus der Alttürken (Barthold 1914); heute Sir-Daria oder Syr-Darja.

den Großteil ihrer Schwebstofffracht bereits lange vor dem Erreichen des Aralsees ab (Gorodetskaja 1970).

Tatsächlich ist die Stratigraphie des Aralsees im Detail höchst kompliziert, ihre Untersuchung steht noch ganz am Anfang. Zusammenhänge zwischen verschiedenen Bohrungen, die im übrigen eher selten sind, lassen sich schwer herstellen.

Für den eigentlichen Aralsee reicht die seismisch festgestellte Dicke der quartären Sedimente von 20 - 140 m. Man weiß auch, daß das Kaspische Meer beim Anstieg über das Usboi-Tal die Senke des Aralsees mindestens zweimal überschwemmte. Bei ca. 60 m oberhalb des derzeitigen Seespiegels von 27 m unter NN existiert eine Terrassenstufe des Aralsees. So konnte sich das Meer weit nach Norden bis zur Senke von Terekol am Rande Sibiriens ausdehnen; was bestimmten Autoren zufolge vor 5000 Jahren der Fall war, wahrscheinlicher aber zwischen 15 000 und 8000 v.Chr. während des Eisrückgangs. Im Osten wurden die früheren Ufer des Kaspischen Meeres (von 1960) nie wesentlich mehr als ein paar Dutztend Kilometer überschritten. Den genannten quartären Vorstößen ist das Auftreten der heute charakteristischen Tier- und Pflanzenarten des Aralsees zu verdanken. Was geschah mit der Aralsenke zwischen diesen "Meeresepochen"? Es ist wahrscheinlich, daß während der Zeiten der Eisschmelze viel Süßwasser in die Senke gelangte, bevor sich das aride Regime erneut einstellte und das Kaspische Meer und den Aralsee zugleich absinken ließ. Es liegen jedoch nur wenige gesicherte Daten vor, da veröffentlichte Ergebnisse von Tiefenbohrungen fehlen. Wir werden später noch auf die Frage zurückkommen, wie alt der derzeitige Aralsee ist.

Geologie des Bergbaus und Hydrogeologie

Im Rahmen der Lagerstättenerkundung für Bergbau und Erdölförderung wurden von Geologen und Geophysikern zahlreiche Forschungen durchgeführt, so daß der tiefe Untergrund und die Struktur dieser ganzen weiten Region jetzt sicher zu den am besten bekannten der Welt zählen. Die Region, die uns interessiert, verfügt über umfangreiche Gas- und Ölreserven, die sich in verschiedenen Tiefen befinden und sich in den nach oben gewölbten Bereichen (den Antiklinalen) häufen. So gut wie alle dieser in Nordwest-Südost-Richtung aufgereihten Vorkommen bergen Öl in sich; diese Richtung entspricht dem Kopet-Dag und den Balchans, der Halbinsel Mangischlak und ihren Verlängerungen in der Tiefe (Abb. 5.14).

Rechts des Amu-Darja erforderte die Ausbeutung des gewaltigen Vorkommens von Gaslik (mit Reserven von 600 Mrd. m^3), das in den 60er Jahren entdeckt wurde, und weiterer, kleinerer Vorkommen unter den Wüstengebieten der Kara-Kum (Repetek, Darwasa) und des Ust-Urt die Verlegung von Pipelines und die Errichtung weiterer beträchtlicher Anlagen (Abb. 5.14). Bemerkenswerte Metallvorkommen gibt es in den Sedimentationsgebieten nicht, aber in den aus

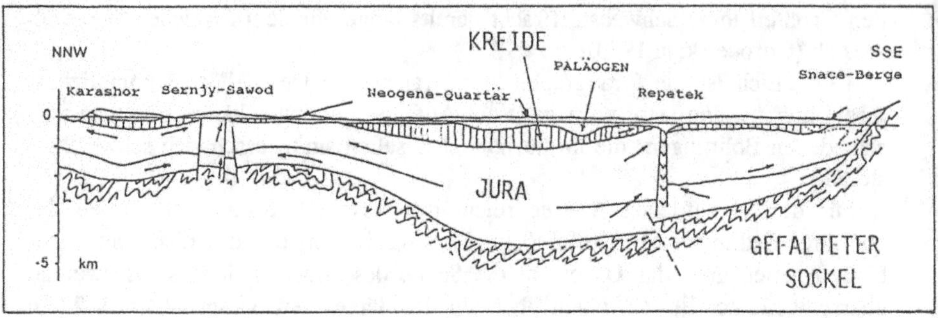

Abb. 2.11. Allgemeine Fließrichtungen des Grundwassers in der mittleren Senke der Kara-Kum (Länge des Profils ca. 1300 km)

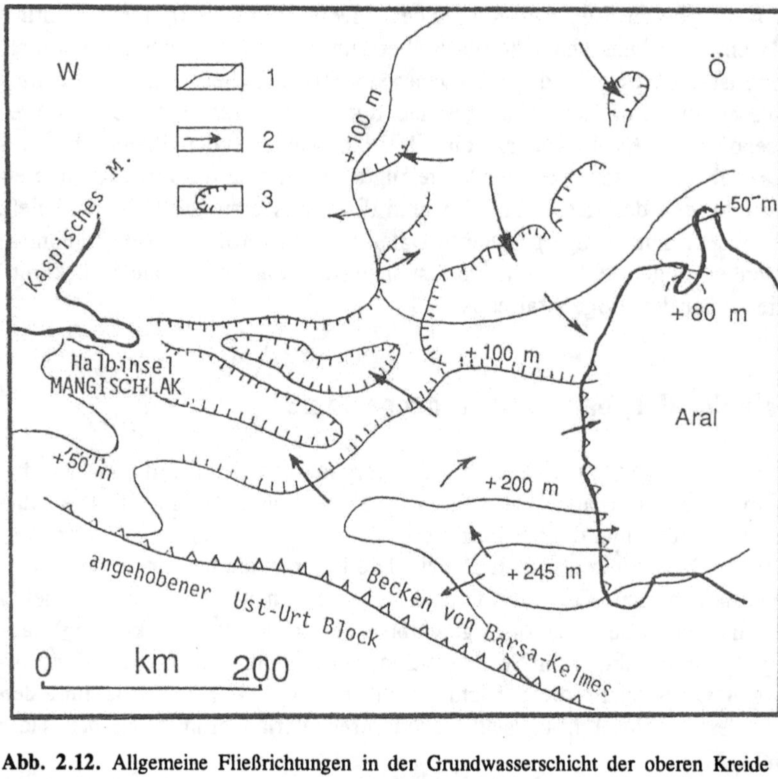

Abb. 2.12. Allgemeine Fließrichtungen in der Grundwasserschicht der oberen Kreide unter der Hochebene von Ust-Urt. *1* Höhe der Grundwasserschicht (über NN), *2* Fließrichtung, *3* Rand der Becken

getrockneten Seen werden seit sehr langer Zeit Gips, Steinsalz, Natriumkarbonat und -sulfat (hier hat die Region die weltweit größte Produktion), Natriumperborat, Kalisalz (v.a. in Turkmenistan), Ton und Löß zur Herstellung von Baumaterialien sowie - im Nordwesten des Aralsees - verschiedene Bauxitvorkommen in den Karstgebieten aus dem Jura des Ust-Urt abgebaut. Ein Vorkommen von sehr reinem elementarem Schwefel, der durch bakterielle Einwirkung auf den Gips entstand, wurde einst von Obrutschew entdeckt. Es befindet sich in Sernjy-Sawod am Ungus und wird auch heute noch ausgebeutet (1 Mio. t Reserven). Die alten Gesteine, die durch die Faltung des mittleren Tertiär emporstiegen, enthalten bedeutende Metallagerstätten: Gold, Nickel, Mangan, Kupfer, aber auch Kohle (in der Gegend von Usen auf der Halbinsel von Mangischlak und bei Utschkuduk im Bukantau).

Im Zusammenhang mit der Ölsuche wurden die wasserführenden Schichten untersucht, welche die Gesamtheit der unterirdischen Gesteine durchziehen und deren Ausbeutung zu verschiedenen Zwecken in Betracht gezogen wurde. Fast alle sowjetischen Autoren betrachteten diese Tiefengewässer als einen "unerschöpflichen Vorrat" (*sic*). Sofern sie süß oder salzarm sind, sollen diese Gewässer - für Turkmenistan und Kasachstan - einen Vorrat von 99 km^3 darstellen, von dem 45 km^3 durch Versickerungen erneuerbar seien[15] (Abb. 2.11). Die Isotopenanalysen (Wetschteyn et al. 1983) deuten auf Einsturzgesteine hin, während die Fährte der Oberflächengewässer heute noch zu ihrem Ursprung führt (gebietsweiser Regen oder Eisschmelze des Pamir) - mit einigen Abweichungen, je nach Intensität der Verdunstung (Abb. 2.12).

Die unterirdischen Gewässer, die am stärksten von Interesse sind, befinden sich in den Sandsteinen der oberen Kreide (Abb. 2.12) und bilden ein gewaltiges Grundwasserstockwerk, das sich vom Fuße der südöstlichen Bergketten bis zum Kaspischen Meer erstreckt.

Diese Grundwasserstockwerke besitzen veränderliche hydrochemische Eigenschaften. Sie gehören fast durchweg dem Kalziumchloridtyp an, außer in den Bereichen, in denen sie mit der Oberfläche in Kontakt stehen. Alle Gewässer der oberen Kreideserien nordwestlich und nordöstlich des Aralsees enthalten beispielsweise Kalziumsulfat und Kalziumkarbonat bzw. Magnesiumchlorid (Auswaschung des Geländes durch Niederschläge). Diese Gewässer enthalten keinen gelösten Sauerstoff. Sie dringen ein und fließen langsam nach Süden und Südosten ab, dabei werden sie kalziumchloridhaltig. Zugleich nimmt die Mineralisierung zu (von 1 - 10 g/l auf 100 - 200 g/l oder mehr): Sie reichern Brom an (von 1 - 2 mg/l auf 200 - 300 mg/l oder mehr), Jod (von 0 auf 200 mg/l) und Ammoniak (von 0 auf 50 mg/l oder mehr). Die Gewässer mit der geringsten Tiefe - aus dem Eozän und v.a. aus der oberen Kreide - behalten chemische Spuren der Oberflächenversickerung und Einträge von HCO_3^-, SO_4^{2-} und Ca^{2+}. Sie enthalten gelöste Gase, darunter Methan, das einen Partialdruck von 30 MPa erreicht. In den näher an der Oberfläche gelegenen Wasserschichten entsteht dieses Methan durch bakterielle Einwirkung (durch Austauschreaktion der organischen Stoffe, sofern Sulfat vorhanden ist), und die Gewässer des Eozän sind damit gesättigt. Jenseits davon zerstört die mit der Tiefe ansteigende Temperatur die or-

[15] Außerdem wird ein Gesamtvorrat von 61 km^3 mit einem Salzgehalt unter 5 g/l angegeben.

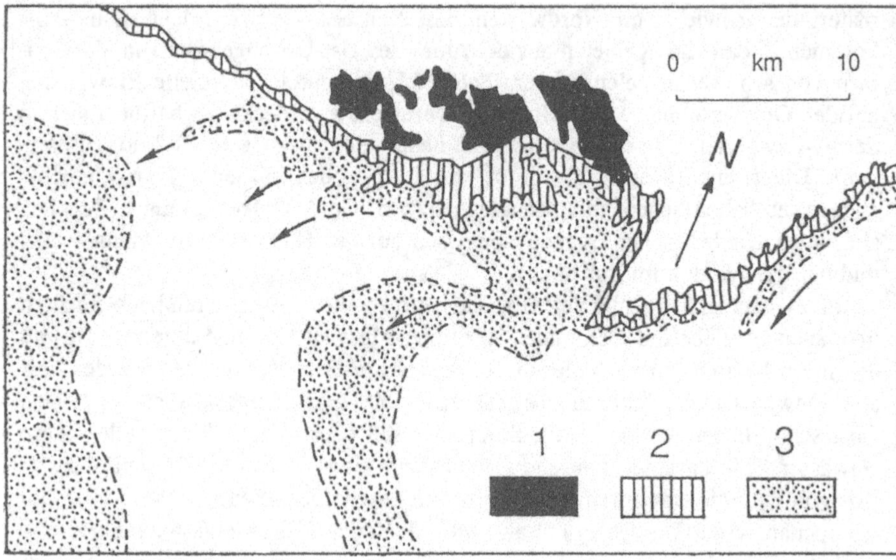

Abb. 2.13. Infrarotaufnahme des Auftretens von Wasser aus der oberen Kreide im Nordwestteil des Aralsees, Halbinsel Aksuek: *1* Kreideschichten; *2* kaltes Quellwasser; *3* Mischbereich mit Oberflächenwasser des Aralsees

ganischen Substanzen und setzt das Gas frei. Diese Entstehung von Methan aus zwei verschiedenen Quellen reicht offenbar in geologisch sehr alte Zeiten zurück. Von Natur aus gibt es keine Bewegung der tiefsten Gewässer, darüber jedoch besteht eine allgemeine sehr langsame Bewegung, die der Neigung der Sedimentschichten entspricht und die insbesondere zum Aralsee hin führt (Abb. 2.12).

Im Süden des Aralsees fließen die Tiefengewässer von der Zone am Fuße des äußeren Tien-Schan-Massivs an, in der sie an der Oberfläche gespeist werden, bis hin zum Aralsee nach NW hin abwärts, in die Becken der Kara-Kum und der Kysyl-Kum. Aufgrund von Verwerfungen kann ein Teil dieser Gewässer in artesischer Form bis an die Oberfläche ansteigen, so daß es an der Oberfläche (salzige) Quellen gibt (Abb. 2.13), wie etwa im Ust-Urt und der Ungus-Senke, wo sie Brackwasserseen speisen, oder auch im Sary-Kamysch. Das Wasser dieser Seen stammt also aus zwei verschiedenen Quellen: Die Winterregen, die die oberflächennächsten Schichten auswaschen (die ausgewaschenen Stoffe reichern sich dann aufgrund der Verdunstung im Wasser an), und jene Gewässer aus der Tiefe.

Tabelle 2.2. Abschätzung der unterirdischen Wasserzufuhr zum Aralsee (nach Glasowski 1990)

Autor	Region	Geologischer Ursprung	Abfluß (km^3/Jahr)
Akmedsafin et al. (1961)	N und E	Kreide	5,5
Ostrowsky (1963)	SE	Kreide	0,05
Tschernenko (1965)	Gesamt	alle wasserführenden Schichten in 1 km Tiefe	5,5
Zwonkow (in Chodsibajew, 1968)	Gesamt	"	4,4
Chodsibajew (1968)	Gesamt	"	3
Paschkowski (1969)	SE	Kreide	0,01
Tschernenko (1970)	Gesamt	alle wasserf. Schichten	3,4
Formirowanie... (1970)	E und S	Paläogen und Kreide	0,31
Chodsibajew und Miraljew (1968)	Gesamt	Kreide	0,2-0,4
Formirowanie... (1973)	SE	insgesamt	0,6-0,7
Glasowski (1976)	Gesamt	Paläogen und Kreide	0,07-0,27
Tschernenko (1983)	Gesamt	alle wasserf. Schichten	3,2

Das Grundwasser im Kalkstein der oberen Kreide hat noch am ehesten für eine Ausbeutung günstige chemische Eigenschaften, und rings um den Aralsee wurden zahlreiche Bohrungen durchgeführt (Tabelle 2.2 und Kapitel 6)[16].

Über die genutzten Grundwasservorkommen liegen zahlreiche Veröffentlichungen vor. Babajew (UNEP-UNEPCOM 1980) faßt ihre Eigenschaften folgendermaßen zusammen:

- Mittlere Kara-Kum: Tiefe zwischen 10 und 30 m, Salzgehalt zwischen 3 und 10 g/l, mit Spitzenwerten bis 30 g;
- im Südosten der Kara-Kum in 100 - 200 m Tiefe: Salzgehalt zwischen 1,5 und 3 g/l mit Spitzenwerten bis zu 10 g/l;
- Kysyl-Kum: 30 bis 100 m Tiefe, Salzgehalt im Norden zwischen 3 und 10 g/l und im Süden zwischen 5 und 10 g/l;
- Ust-Urt: 30 m Tiefe, Salzgehalt zwischen 3 und 30 g/l.

Einer der entscheidenden Punkte ist die Erneuerungsdauer der tiefen Grundwasserschichten, denn die ausgebeuteten Wasservorräte werden nur sehr langsam wiederhergestellt: Es sind gewissermaßen fossile Gewässer. Die Erneuerung kann von einigen Jahrhunderten bis zu Millionen von Jahren dauern, und im wesentlichen stammen die Gewässer zumindest aus den Eiszeiten, die jüngsten entstanden also vor mehr als 20 000 Jahren. In der Region, wie fast überall in trockenen Ökosystemen, besteht ein Konflikt zwischen den Projekten

[16] Asarin (1975) gibt als Statistik an: Beitrag des Grundwassers zum Seezufluß 0,56 km^3/Jahr; zum Delta des Syr-Darja 0,02 km^3/Jahr; zu den Salzseen der Wüste Kysyl-Kum 0,06 km^3/Jahr; zu artesischen Brunnen 0,13 km^3/Jahr; zur Senke von Barsa-Kelmes (100 km südwestlich des Aralsees) 0,05 km^3/Jahr.

der wirtschaftlichen Erschließung und dem vernünftigen und vorsichtigen Umgang mit diesen Vorräten an Tiefenwasser.

Das Volumen des süßen Grundwassers ist begrenzt, denn es wird nur von schwachen Regenfällen gespeist und speist seinerseits nur temporäre, für die Nomaden wertvolle Quellen. In den Schwemmkegeln des Tedshen und des Murgab, in denen sich das Winterwasser des Kopet-Dag ansammelt, ist der Vorrat am reichhaltigsten und wurde zu allen Zeiten von den örtlichen Zivilisationen genutzt.

Die Grundwasserschichten, die von den seitlichen Sickerwässern der früher noch wasserführenden Flüsse oder eher oberflächlich durch die Winterregen gespeist wurden, wurden systematisch erfaßt und genutzt, meistens zur Bewässerung, die die Qualität der temporären Weiden auf den Hochebenen verbessern sollte, besonders im Ust-Urt. Wie sich zeigen wird, sind diese Grundwasserquellen in der Nachbarschaft der Wasserläufe seitdem praktisch versiegt.

Abb. 2.14 a-d. Zusammensetzung der Sedimente des Aralsees (vor 1960). **a** allgemeine Art des Seesediments: *1* Sand, *2* schluffiger Schlamm, 3 mergeliger Schlamm, *3* toniger Schlamm in den nördlichen Buchten, *4* toniger Schlamm der Deltas, *5* Oolith, *6* frühere Horizonte; **b** Korngrößen der Sandfraktion (Quarz): *1* Sand > 0,1 mm (Anteil > 10%); **c** Kalziumkarbonatgehalt (Massenanteil): *1* unter 10 %, *2* 10 - 30 %, *3* 30 - 40 %, *4* 40 - 50 %, *5* über 50 %, *6* keine neueren Sedimente; **d** Gehalt an organischem Kohlenstoff (Massenanteil): *1* < 0,3 %, *2* 0,3 - 1 %, *3* > 1 %

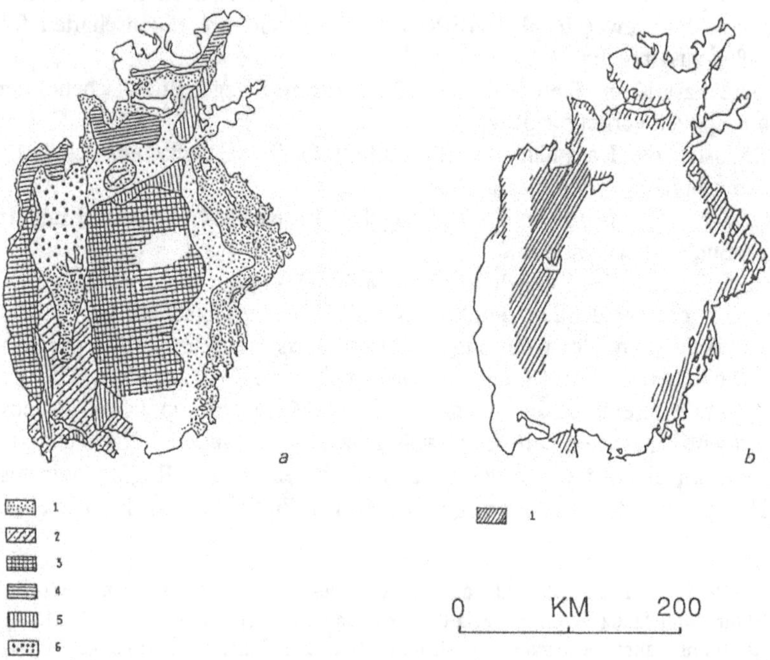

2.3 Die holozänen Sedimente am Aralsee: vorwiegend fluvial

Die Seesedimente der letzten Jahrtausende, die alle fluvialen Ursprungs sind, liefern wertvolle Informationen über den See und seine Umgebung. Sie waren noch nicht Gegenstand einer zusammenfassenden Monographie; wir werden an dieser Stelle versuchen, das Wesentliche der veröffentlichten Beobachtungen zusammenzufassen.

Im Amu-Darja-Delta beträgt die Mächtigkeit der Sedimente zwischen 35 und 140 m, von denen die obersten 12 - 15 m vermutlich aus dem Holozän (weniger als 10 000 Jahre) stammen, nach anderen Schätzungen jedoch zumindest jünger als etwa 15 000 Jahre (Gridnew 1959) oder 18 000 Jahre (Lopatin 1958) sind. Gebildet werden sie von komplexen Überlagerungen dünner Aufschüttungen der alten Stromrinnen, linsenförmigen Gebilden aus mittel- bis grobschluffigem Sand von mehreren Kilometern Länge und einem Kilometer Breite. Diese Gebilde sind durch dünne Betten aus schluffigem Ton getrennt, die von den Zeiten zeugen, als die Wasserläufe nur die feinsten Partikel transportieren konnten.

Eine im Norden des Deltas durchgeführte Bohrung führte unter einer Schicht von 28 m solcher Ablagerungen zur Entdeckung von Sedimenten aus akschagylischer Zeit (unteres Quartär, zwischen 4 und 1,5 Mio. Jahren v.h., vgl. Tabelle

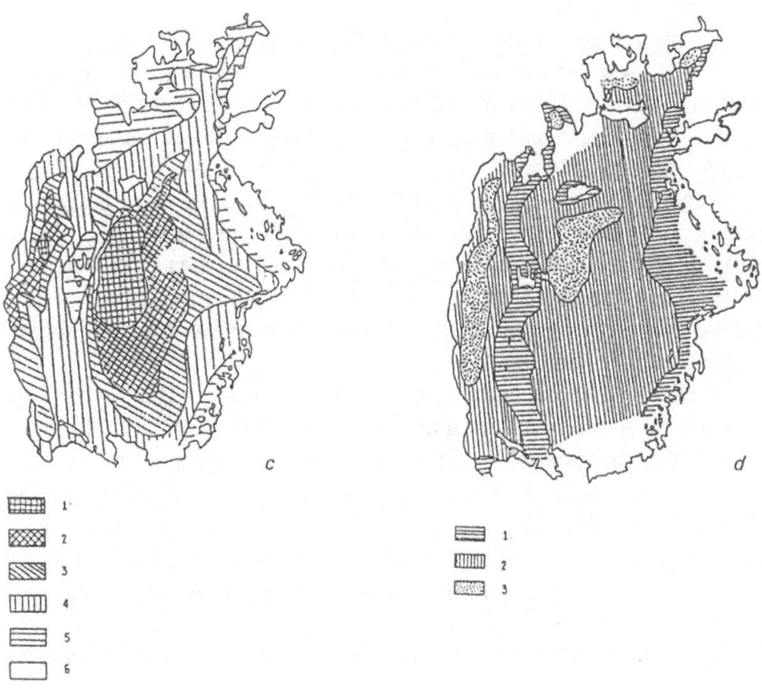

2.1), die 50 - 75 m dick sind und direkt auf tertiären Schichten liegen. Es gibt also keine Sedimente aus dem mittleren Quartär, was ein Zeichen dafür ist, daß der Amu-Darja damals nicht in den Aralsee floß. Dieses Akschagylian besteht aus abwechselnd mergel- und salzhaltigen Schichten (darunter Mirabilit, vgl. Kapitel 6), was beweist, daß damals ein salziger See in einer Senke ohne besonders mächtigen Zufluß bestand, wie es in der Gegend häufig vorkommt. Die Ebene von Ksyl-Orda am Syr-Darja war damals eine Senke gleicher Art.

Links des Amu-Darja sind die braunen bis grünlichen Tonablagerungen reich an Pflanzenresten. Im Westteil des Deltas wurden ehemalige Sümpfe mit blauen, grünen und roten Tonen aufgefüllt, die ebenfalls reich an Resten von Pflanzen und Süßwassermuscheln sind.

Die Zusammensetzung der oberflächlichen Sedimente des Sees selbst ist in Abb. 2.14 dargestellt. Sie wurden nie eingehend untersucht (1952 waren nur etwa 30 Bohrkerne gewonnen, die 1 m Tiefe erreichten), bevor wegen der Austrocknung des Aralsees wieder Untersuchungen einsetzten.

Vor der Austrocknung des Sees wurden die von den Wasserläufen mitgebrachten gelösten Karbonate sofort von den Weichtieren für ihre Schalen genutzt, deren Reste die Ufer bedeckten. Die Tone der Nordufer waren im wesentlichen lokalen Ursprungs und kamen von benachbarten Gebieten. Die anderen, die die Wasserläufe von weither angeschwemmt hatten, bildeten den Ausgangsstoff sehr reichlich vorhandener thixotropischer[17] Mergel. In der Nähe der Ufer waren diese Sedimente reich an Schilfwurzeln, deren Hohlräume sich mit Sulfiden oder Eisenoxid anfüllten. Aus diesen Sedimenten wurde Methan biologischen Ursprungs freigesetzt.

Im Graben westlich des Aralsees, dessen Wasser am Grund keinen gelösten Sauerstoff enthielt, war der Schlamm schwarz und von Löchern der Süßwasseralge Vaucheria durchsetzt. Sie reagierte auf den Schwefelwasserstoff, der durch die Aktivität von Bakterien entstand, welche den Sauerstoff der Sulfate für ihre Atmung nutzten und so Sulfidionen freisetzten. Eisensulfid (Hydrotroilit) wurde im Graben ausgefällt, denn die Wasserläufe brachten etwa 4 Mio. t Eisen jährlich, darunter 3 % in Lösung. Dieses Eisen ergab zu einem Teil Goethit (Eisenhydroxid) und zu einem anderen Teil Eisensulfid, welches in den Sedimenten Streifen oder runde Kugeln bildete, es entwickelte sich auch zu Eisenoxid, sobald es der Luft ausgesetzt war. Häufig dienten Sandkörner dafür als Kristallisationskerne.

Die Herkunft einer kleinen Menge ausgefällter Kieselsäure läßt sich mit der Fülle von Diatomeen erklären. Phosphor gab es im Sediment nur sehr wenig (wie auch im Wasser des Sees), was die karge Flora und Fauna erklärt.

Eine Besonderheit schließlich war die Bildung von Oolithen, kleinen Kalkkugeln mit einem Durchmesser von 1 mm, die sich um Sandkörner herum niedergeschlagen hatten. Zur Entstehung der Oolithen wird allgemein angenommen, daß in Gewässern, die mit Kalziumkarbonat übersättigt sind, - was beim

---

[17] So heißen Schlammsedimente, die sich verflüssigen, sobald sie Schwingungen ausgesetzt werden.

Aralsee der Fall war - diese Fällung in Form von Kugelschalen gleichen Durchmessers möglich ist. Das Wasser muß allerdings hinreichend bewegt sein, damit die Partikel dauernd in springender Bewegung gehalten werden und sich beim Absetzen auf den Grund nicht verformen.

Sienkowitsch (1947) schätzte die mittlere Sedimentierungsgeschwindigkeit im mittleren Teil der Einzugsbereiche des Aralsees auf 1,5 - 2 mm pro Jahr, zumindest für den Schluffanteil der Sedimente.

All das hat sich geändert. Die tonigen und schluffigen Ablagerungen auf dem Grund sind Takyrs geworden, die karbonathaltigen wurden Solontschaks (Senken mit salzigem Grund), und der Rest des Sandes wird seitdem äolisch bewegt.

2.4 Klimatologie eines trockenen Ökosystems[18]

Eines der Grundprobleme Turans ist das trockene Klima. Dieser Umstand rechtfertigt es, die Aridität, die Luftbewegungen und die Temperatur genauer zu untersuchen.

Wie jede Wasserbilanz ist auch die des Aralsees von zwei gegenläufigen Komponenten abhängig: Niederschläge und Oberflächenabfluß einerseits, Verdunstung andererseits: Im Fall des Aralsees sind erstere so gut wie versiegt, während die Verdunstung noch in beträchtlichem Ausmaß stattfindet. Turan kann im allgemeinen als semiarides Ökosystem oder Trockensteppe bezeichnet werden. Der größte Teil Turans läßt sich eher mit dem Sahelgebiet südlich der Sahara oder mit dem Saum südlich des Atlasgebirges vergleichen. Die (im wesentlichen klimatische) Definition einer Wüste basiert auf der Knappheit an Niederschlägen: unter 100 oder 150 mm jährlich. Je nach Autor konnte die Südgrenze der Sahelzone bei einem mittleren Jahresniederschlag von 500 - 700 mm festgelegt werden (aber auch in Mainz regnet es nur 550 mm jährlich). Die Spezialisten sprechen daher lieber von Aridität und haben einen Ariditätsindex I definiert, der sich auf das Verhältnis zwischen Niederschlägen (Regen, Schnee, Hagel, Tau) und der sogenannten potentiellen Verdunstung stützt[19]. Als potentielle Verdunstung wird diejenige Wassermenge definiert, die von einer Süß-

---

18 Die beste derzeit verfügbare allgemeine Zusammenfassung zum Thema: Autorenkollektiv (1990).

19 Die FAO (Food and Agricultural Organization) definiert:
- hyperarides Klima ($I < 0{,}03$): keine Vegetation außer wenigen Ephemeren und Xerophytengestrüpp in den Flußbetten
- arides Klima ($0{,}03 < I < 0{,}2$): spärliche Vegetation von dauerhaften oder einjährigen Pflanzen, Ackerbau ohne Bewässerung unmöglich, nomadische Weidewirtschaft möglich
- semiarides Klima ($0{,}2 < I < 0{,}5$): Steppe, unterbrochene Grasdecke, mehr Dauerpflanzen, Ackerbau und Viehzucht extensiv möglich (*dry-farming*)
- subhumides Klima ($0{,}5 < I < 0{,}7$): dichtere Vegetationsdecke, normalerweise durchgängig, Savanne oder lichter Wald, Ackerbau und Viehzucht dauerhaft möglich.

wasseroberfläche in Berührung mit der Atmosphäre - unter sehr strengen Randbedingungen - verdunstet, oder noch genauer über die Bilanz der vom Wasser aufgenommenen und/oder abgegebenen Energie.

Der so berechnete Ariditätsindex I ist für Turan im Mittel weniger extrem ausgeprägt als für die Sahara, denn die potentielle Verdunstung ist hier niedriger. Die nördlichere geographische Lage (fast 40°N) und die niedrigere Mitteltemperatur bewirken, daß die Region außer in einigen begrenzten Bereichen weniger arid als die Sahara ist, daß sie eine etwas dichtere Vegetation aufweist und daß sie stets von Nomaden durchzogen wurde. Die mittlere potentielle Verdunstung übersteigt 1 m jährlich nicht, wogegen aus der Sahara (Durand 1988, S. 48) - und selbst aus der Sahelzone - potentielle Verdunstungen gemeldet wurden, die 3 m übersteigen können.

230 cm pro Jahr erreicht die Verdunstung in Repetek, einer Station 100 km südwestlich von Taschaus. Über die tatsächliche Verdunstung über dem Aralsee selbst ist wenig bekannt. Es gibt erhebliche Schwankungen um den Wert von 1 m herum (1,45 m im Norden gegenüber 1,01 m im Süden; 0,95 m über dem Sary-Kamysch); selbstverständlich hängt sie von der Temperatur, vom Wind und vom Salzgehalt des Wassers ab (salziges Wasser verdunstet langsamer als Süßwasser).

Die mittlere Luftfeuchtigkeit ist in Turan wesentlich höher als in der Sahara (vgl. Abb. 2.20), wo sie sich dem Nullpunkt nähern kann. Das eher semiaride als aride Klima herrschte mit kleinen Abweichungen also seit mindestens einigen Jahrtausenden vor. In Kasachstan lassen sich 60 % der Böden als Wüstenböden einstufen, in Usbekistan 59 % und in Turkmenistan 67 %.

Ein Wort zur Umweltzerstörung

Die Entwicklung einer Halbwüsten- bis Wüstenregion wie Turan ist ein komplexes und ein Jahrtausendphänomen. Die natürlichen Klimaschwankungen hängen mit planetarischen Erscheinungen zusammen, welche die Wind- und Niederschlagsverhältnisse beeinflussen. Überlagert werden sie von topographisch bedingten Schwankungen: In einem so flachen Gebiet können die kleinsten Unebenheiten des Bodens die Wasserläufe und damit die Wasserzufuhr beträchtlich verändern, aber gleiches gilt auch für die Bereiche der Sedimentablagerung.

Was die Rolle des Menschen angeht, haben die Versuche in Schutzgebieten, von denen es überall auf der Welt einige gab, gezeigt, daß die natürliche Vegetation sich ihren Platz zurückerobert, sobald der Raum vor Beweidung geschützt ist und sofern die Niederschläge 250-300 mm jährlich übersteigen. Man konnte zeigen, daß die Zerstörung der Vegetationslandschaft schrittweise vorangeht, und zwar parallel zur Schafzucht, dann zur Ziegenhaltung und dann zur Haltung von Kamelen, welche die Büsche zerstören. Die Vegetation wird spärlicher und wird dann durch Arten ersetzt, die das Vieh nicht verzehrt.

Die unkontrollierte Überweidung war lange Zeit die Regel. Die etwas älteren Autoren ließen sich gerne über das Schauspiel im Frühjahr aus, wenn im Ust-Urt weite Bereiche ergrünten, in denen das Gras nach der Eisschmelze einige Tage lang wächst - das gleiche gilt in zahlreichen Regionen der Erde. Aber die vorzeitige Entfernung dieser jährlichen Vegetation verhindert, daß sich neue Samen bilden und führt darüber hinaus zu einem Verlust an organischen Bodenbestandteilen. Gerade diese bilden sonst den Humus, der für den strukturellen Zusammenhalt des Bodens wesentlich ist; anschließend übernimmt der Wind den Abtransport. Unter diesem Gesichtspunkt war das Verbot des Nomadismus in Mittelasien in den 20er Jahren - aus wenig ökologischen Gründen - durchaus günstig.

Die Winde und dic Trockenheit

Aufgrund seiner kontinentalen geographischen Lage, die es von den Ozeanen durch eine ganze Serie von Gebirgsbarrieren im Südwesten, Süden und Osten trennt, verfügt Turan also wohl über alle Voraussetzungen eines trockenen semiariden Klimas. Im Winter steht es unter dem Einfluß des sibirischen Hochdruckgebiets. Im Sommer kommt feuchtkalte Luft vom Nordatlantik und vom europäischen Nordmeer und bringt Feuchtigkeit in den Westen der Region. Im Süden wird der Monsun des Indischen Ozeans zum Teil von den hohen Bergen des iranischen Hochlands und vom Pamir abgehalten. Der Kernraum des Beckens von Turan ist im Sommer (aufgrund der hohen Temperaturen) ein Bereich allgemein niedrigen Luftdrucks, der für einen Bedarf an Luftzufuhr sorgt. Der Durchlaß zwischen dem Uralgebirge und dem Kaukasus ist der einzige Raum, durch den die Westwinde mit etwas Wasserdampf gelangen können, die ihren Nachschub teilweise aus dem Mittelmeer, aus dem Schwarzen Meer und zusätzlich noch aus dem Kaspischen Meer beziehen. Zudem erreichen auch die lauen Föhnwinde aus den Bergen die Region um den Aralsee.

Die im Aralbecken dominierenden Winde (Abb. 2.15) kommen von Westen (25 % im Sommer, 13 % im Winter), von Norden und Nordwesten (34 % im Sommer, 25 % im Winter) und aus Nordosten (25 % im Sommer, 25 % im Winter). Die Westwinde erfahren unmittelbar im Lee (d.h. im Osten) des Aralsees aufgrund der Wasserfläche eine Biegung und richten sich Nord-Süd aus (Abb. 2.16), d.h. im rechten Winkel zu ihrer ursprünglichen Richtung (Kitoh et al. 1993). Die örtlichen Tiefdruckgebiete führen zur Entstehung zahlreicher Wirbelstürme, v.a. von Januar bis April, die im wesentlichen südöstlich und südlich des Aralsees stattfinden und zum äolischen Teilchentransport beitragen. Nukus am Rande des Deltas erlebt im Jahresmittel 25 Staubstürme. Die Heftigkeit dieser Trockentornados (Bugajew 1957) ist so groß, daß 1882 der bewegte Sand die Kupferdrähte der Telegrafenlinie entlang der südlichen Transkaspischen Bahnlinie völlig zerrieb.

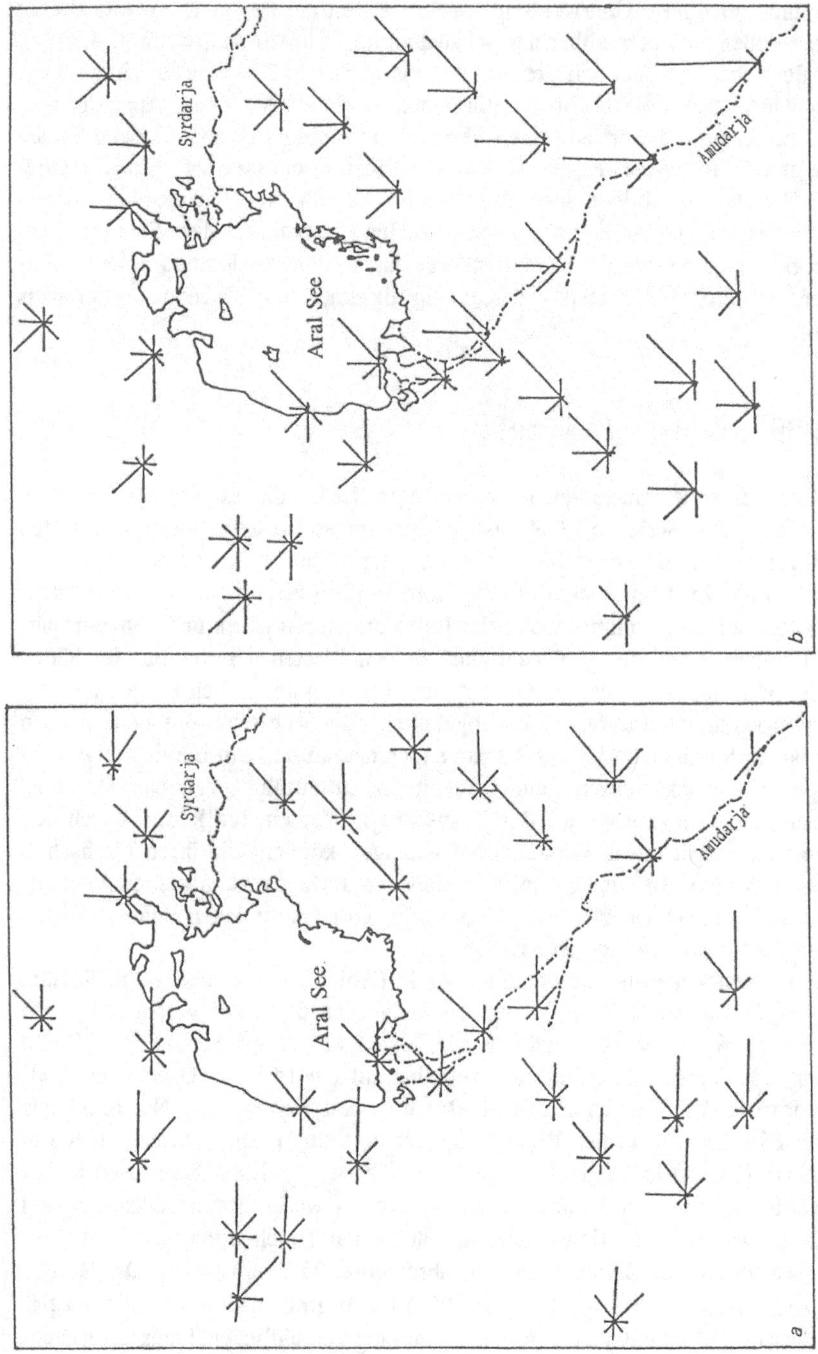

Abb. 2.15 a, b. Windrosen (Richtung und Häufigkeit der Winde) in Turan. a Windrosen im Januar; b Windrosen im Juli. (Nach Kabulow, 1990)

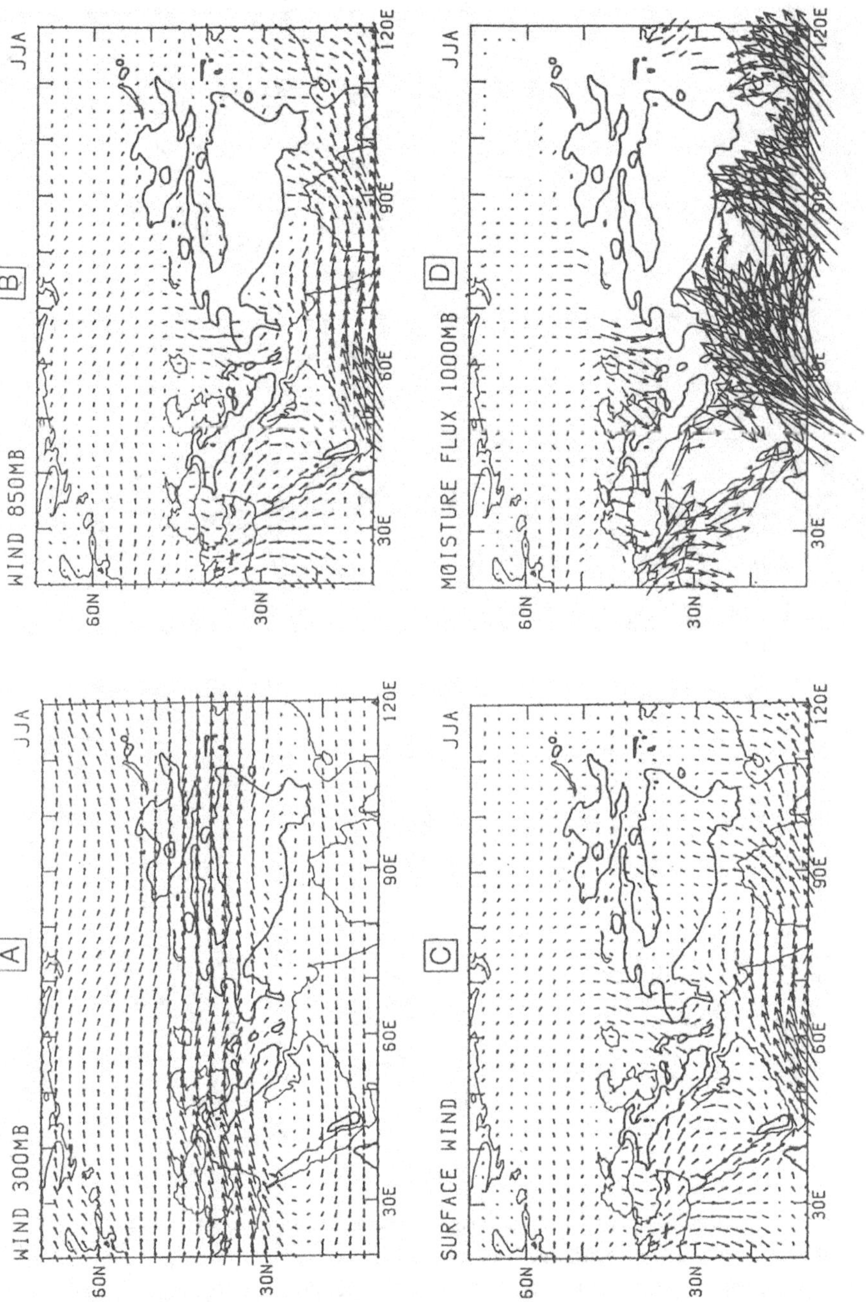

Abb. 2.16 A-D. Modellbildung der eurasischen Atmosphäre nach Kitoh et al (1993). **A-C** Vektoren der regionalen Windgeschwindigkeit in den Luftdruck-Höhenstufen des 300 hPa- , 850 hPa- und 1010 hPa-Niveaus (letzteres am Boden) für die Monate Juni, Juli und August; **D** Feuchtigkeitsfluß am Boden im gleichen Zeitraum.

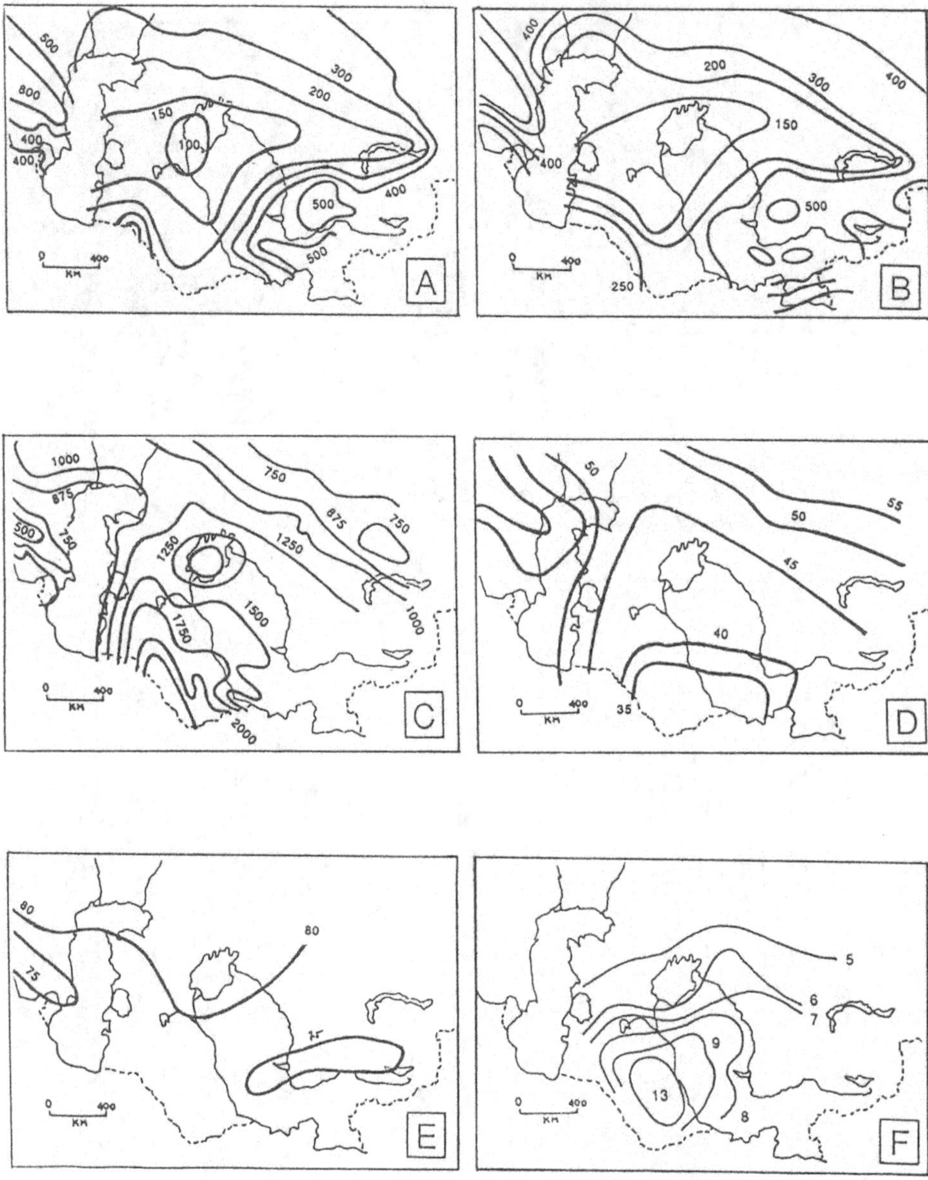

Abb. 2.17 A-F. Hydrometeorologische Karten; **A** mittlere Jahresniederschläge; **B** wirkliche Verdunstung (in mm/Jahr); **C** potentielle Verdunstung (in mm/Jahr); **D,E** relative Luftfeuchtigkeit (Sättigungsgrad) im Sommer und Winter; **F** Zunahme der relativen Luftfeuchtigkeit unter der Vegetationsdecke in %

Niederschläge und Luftfeuchtigkeit (Abb. 2.17)

Der Mangel an Luftfeuchtigkeit ist das wesentliche Merkmal des ganzen Raumes. Die jährlichen Niederschläge reichen von 200 mm jährlich in den nördlichen Grenzgebieten bis unter 30 mm in bestimmten Jahren in der Hungersteppe südöstlich von Taschkent. In den Ebenen liegen die mittleren jährlichen Niederschläge zwischen 90 und 120 mm, auf den Piedmontflächen zwischen 400 und 500 mm, an den Westhängen des Tien-Schan können sie 2000 mm übersteigen. Im Umkreis des Sees liegen sie in der Größenordnung von 100 mm. Die gemessene Luftfeuchtigkeit ist jedoch recht hoch[20], was an der intensiven Verdunstung liegt; vor den 60er Jahren soll der Aralsee in der Lage gewesen sein, die Luftfeuchtigkeit am Boden um 3 - 5 % (?) anzuheben und die Niederschläge örtlich um etwa 10 mm jährlich zu erhöhen. Aber selbst in diesem Fall trug das vor Ort verdunstete Wasser zu den Gesamtniederschläge nur knapp 4 % bei. Diese bewegen sich über dem Aralsee in der Größenordnung von insgesamt 100 mm und haben ein relatives Maximum im Februar/März sowie dann wieder im Oktober/November. Die Bewölkung ist immer niedrig (27 bis 41 %), und Turkestan ist bekannt für seine Zirruswolken.

Die Feuchtigkeit wird von Luftströmungen aus dem Westen herangeführt. Aber das Vorhandensein von Gletschern an den Südhängen der Berge von Pamir und Tien-Schan deutet auch auf eine Zufuhr von Süden hin, die mit dem Monsun des Indischen Ozeans verbunden ist. Sind es die Monsune, die in der Abbildung 2.15 auf den Januar-Windrosen von Südwesten her kommen?

Neuere meteorologische Untersuchungen haben gezeigt, daß der Aralsee durch seine Verdunstung eine Art Polster aus feuchterer Luft schuf, das - jahreszeitlich verschieden - 9 km Höhe erreichte, und dessen Einfluß bis mehrere hundert Kilometer südöstlich des Sees spürbar war (vgl. Tabelle 2.4). Die Wasseroberfläche des Aralsees führt durch ihren örtlichen Ausgleichseffekt zu Brisen, die das Klima bis zu einer Entfernung weit über den unmittelbaren Saum des Sees hinaus etwas milder machen.

Die Niederschläge (Tabelle 2.3) erreichen ihr Maximum im Norden im Mai (Kasalinsk: 15 mm), im Süden im März (6-7mm). Die Schwankungen zwischen den Jahren lassen sich nicht aus den Statistiken ableiten, da diese ja Mittelwerte aus sehr unregelmäßigen Jahresniederschlägen darstellen. In Mary schwanken sie zwischen 4,5 und 14,5 mm/Jahr; in Tschardshou (nordöstlich von Mary, am

---

20 Man unterscheidet die absolute Luftfeuchtigkeit (in Gramm Wasserdampf pro Liter Luft) und die relative Luftfeuchtigkeit (Sättigungsgrad in % als Verhältnis zwischen dem realen Gesamtdruck des betrachteten Dampfes und seinem Maximaldruck, der von der Temperatur abhängt - bei 30° C liegt letzterer bei etwa 30 mm Quecksilbersäule). Die relative Luftfeuchtigkeit liegt im Süden Kasachstans im Mittel bei 67 % (im Sommer 50 %), in Bajram-Ali nahe Merw bei 49 % (30 % im Sommer). In den Oasen ist sie ein wenig höher. An bestimmten Stationen (Repetek) kann sie, wie in der Sahara, auf 5 % absinken, Die Verdunstung über der freien Wasserfläche des Aralsees wurde je nach Autor auf 0,98 - 1,20 m im Jahresmittel geschätzt (Asarin 1975); die Niederschläge auf 0,10 m.

Tabelle 2.3. Niederschläge in mm/Jahr (1910-1955) (Zusammenfassung verschiedener Quellen)

	Frühling	Sommer	Herbst	Winter	insgesamt
Aralsee	26	25	31	23	105
Ksyl-Orda	37,5	15	22,5	31	107,5
Bajram-Ali	59	2	14	47,5	122,5
Kerki	70	1	17	75	162,5
Aschchabad	80	10	50	90	230
Turtkul					95
Nukus					77,5

Amu-Darja) zwischen 11 und 3 mm. 1917 fielen in Repetek in der Nähe von Tschardshou 24 mm Niederschlag, 1920 aber 313 mm; in Bajram-Ali bei Mary gab es zwischen 1940 und 1950 in den Monaten Juli bis September überhaupt keinen Niederschlag: Dies ertrugen selbst die widerstandsfähigsten Wüstenpflanzen nicht. Umgekehrt kann ein einziges Gewitter einen wesentlichen Anteil des Jahresniederschlages ausmachen: Im November 1902 brachte ein Regen in der Hungersteppe 100 mm Niederschlag (von 250 mm im Jahr); in Bajram-Ali brachte ein einziger Schauer 42,5 mm (von 122,5 im Jahr).

Manchmal schneit es[21]: im Süden Kasachstans durchschnittlich 6 cm, 2,5 cm in Nukus, weniger als 1 mm jährlich in Tschardshou; in Kisyl-Arwat (250 km nordwestlich von Aschchabad) schneit es durchschnittlich alle 10 Jahre einmal und in Kerki am Amu-Darja alle 50 Jahre, im Ust-Urt etwas häufiger, wo Reisende aus früherer Zeit berichten, daß ihre Karawane im Schneegestöber steckenblieb. Die mittlere Zahl von Schneetagen im Jahr beträgt in Aralsk 70, in Taschkent 37 und in Bajram-Ali 4.

Die Herden, die inmitten der Steppe überwintern mußten, litten sehr unter dem Schnee, der mit klirrender Kälte einherging. 1917 ließen heftige Schneefälle die Herden der Gebiete rings um den Aralsee praktisch verschwinden.

Starke Temperaturgegensätze (Tabelle 2.4 und 2.5; Abb. 2.18)

Aufgrund ihrer geographischen Breite und eines im allgemeinen klaren Himmels empfängt die Region viel Sonnenenergie (120 - 160 kcal pro cm^2; davon werden 40 - 60 als Rückstrahlung reflektiert, 20 dienen der Verdunstung und der Rest dem turbulenten Wärmetransport vom Boden zur Atmosphäre). Diese Energie wird zu einem großen Teil in die Atmosphäre zurückgestrahlt, so daß die Luft häufig überhitzt wird. In der Kysyl-Kum wurden mehr als 50°C (im Schatten) gemessen. Die Höchstwerte liegen fast immer bei über 40°C. Die Bodentemperatur kann bei Sandboden über 70°C liegen und selbst noch im

[21] Der Schnee stellt ein Zehntel einer gleich hohen Regenmenge dar.

Tabelle 2.4. Temperatur (t°C), mittlere absolute (a g/m³) und relative Luftfeuchtigkeit (f %) in der Gegend südöstlich des Aralsees von April bis Oktober (Zeitraum 1960-71, nach Kuzneschowa et al., 1980)

		Aralsee							Taschaus						
	Monat	IV	V	VI	VII	VIII	IX	X	IV	V	VI	VII	VIII	IX	X
Boden	t°C	9,3	18,1	22,9	25,9	23,6	17,2	7,8	14,2	22,3	26,5	28,5	26,0	19,6	11,4
	a	5,2	7,3	9,1	10,6	9,0	6,8	5,1	6,4	7,3	8,1	9,8	9,2	7,1	5,3
	f %	58	47	44	44	42	46	62	52	37	32	35	38	42	51
850-hPa-	t°C	4,1	9,7	14,2	16,9	14,8	9,1	1,8	6,5	13,5	17,5	19,6	18,1	12,7	6,3
Niveau	a	3,0	4,2	4,8	6,1	5,3	4,0	2,8	3,8	4,1	4,6	5,2	4,4	3,7	3,2
(1,5 km)	f %	47	46	39	43	42	45	52	50	35	31	31	28	33	44
700-hPa-	t°C	-3,0	-1,4	4,0	5,1	5,8	1,8	-3,4	-2,7	2,0	5,4	7,5	7,8	3,8	-1,3
Niveau	a	1,5	2,3	2,5	3,6	2,9	2,0	1,6	2,0	2,3	2,7	3,1	2,4	2,1	1,8
(3 km)	f %	38	52	51	54	45	42	38	50	43	39	38	29	33	40

		Ksyl-Orda							Tamdybulak[a]						
	Monat	IV	V	VI	VII	VIII	IX	X	IV	V	VI	VII	VIII	IX	X
Boden	t°C	12,1	20,2	24,6	29,7	24,0	17,1	8,1	18,5	26,3	31,5	33,7	31,7	24,7	15,9
	a	5,2	6,1	7,7	9,2	7,6	5,5	4,4	6,2	6,5	6,1	6,6	6,0	4,9	4,4
	f %	48	35	34	36	35	37	53	39	27	19	18	18	22	33
850 hPa-	t°C	5,6	11,9	16,2	18,6	17,0	10,8	4,1	8,1	14,2	18,9	21,1	19,2	13,5	7,0
Niveau	a	3,4	4,0	4,6	5,6	4,9	3,7	2,9	4,1	4,2	4,1	4,6	4,5	3,6	3,2
(1,5 km)	f %	48	37	34	35	34	37	44	49	34	26	25	28	30	41
700 hPa-	t°C	-3,4	-1,4	4,0	5,1	5,8	1,8	-3,4	2,2	2,6	2,5	3,1	2,9	2,1	1,8
Niveau	a	1,7	2,2	2,7	3,3	2,7	1,9	1,5							
(3 km)	f %	45	41	42	48	38	35	39	53	47	34	37	35	32	40

[a] Ort in der Kysyl-Kum 350 km östlich von Taschaus. Weitere Statistiken bei Mainguet (1991), S.100-101

Winter über 50°C. Die Tiere vergraben sich daher tief. Immerhin ist die Temperatur in 10 - 20 cm Tiefe ist bereits 20 - 30° C niedriger. Nachts kann die Abkühlung sehr stark sein, und die Temperatur kanninnerhalb von 24 Stunden von 40 auf -5°C abfallen (Tabelle 2.5). Diese Werte werden durch Bewässerung und die Vegetationsdecke gemildert (Baumwolle absorbiert 15 % der empfangenen Sonnenenergie), und Suchowei (wörtlich: Verwelkungen) gibt es auf den bewässerten Flächen - über denen die Luftfeuchtigkeit um 20 % höher als in den umliegenden Wüsten sein kann - nur selten.

In den extremen Jahreszeiten werden die großen Temperaturabweichungen auf den bewässerten Flächen nur wenig abgeschwächt, so daß sich die Frostdauer

Tabelle 2.5. Temperatur-Statistiken, Angaben in °C (verschiedene Quellen)

	Januar	März	April	Juli	September	November
Aralsee Nordufer	-12,9[a]			24	4	-2
Kasalinsk	-8,3	-1,7	9,5	26	6,7	2,2
Turtkul	-5	2	9	28	13	3
Bajram-Ali	0,3	4	11	29,9	16	7
Termes	1,6	5,5	13,5	32,5	18	11

Extremwerte der Temperatur	Kasalinsk	42,5 -32,8	Bajram-Ali	45,2 -25,5
Frostdauer		172 Tage		215 Tage
Wachstumsperiode einjähriger Pflanzen		204 Tage		208 Tage

Tagesschwankungen (Kasalinsk, April)	6h: 3°C	9h: 20°C	13h: 28°C	18h: 21°C	21h: 10°C

Temperaturvergleich Luft/Boden	Kara-Kum	Luft	33,5	Boden	64
	Repetek (nahe Tschardshou) (20.6.1915)	Luft	42	Boden	79,5

[a] wie in Archangelsk am weißen Meer

kaum verkürzt: Sie liegt bei 140 Tagen im Süden der Kara-Kum und bei 210 Tagen im Norden. Der Baumwollanbau erfordert eine mittlere Tagestemperatur von über 14°C. Diese Bedingungen herrschen im Süden nur 6 - 7 Monate im Jahr und in einem noch wesentlich kürzeren Zeitraum, wenn man sich dem Aralsee nähert; nordöstlich des Syr-Darja ist die warme Jahreszeit zu kurz.

Die Temperaturextreme sind in Tabelle 2.5 angegeben. Man kann feststellen, daß die großen Wassermassen sie etwas abmildern. In der Mitte des Aralsees ist die mittlere Lufttemperatur im Januar (-5°C) um 2° C höher als am Südufer und um 6° C höher als am Nordufer.

Zusammengenommen ist das meist trockene und kontinentale Klima weit von dem paradiesischen Zustand entfernt, den man häufig den legendären Oasen von Samarkand und Buchara zuschreibt. Insgesamt sind die klimatischen Bedingungen ebenso unwirtlich wie in der Sahara. Die dortige Sonneneinstrahlung bewirkt zwar wegen der geographischen Breite eine größere Trockenheit, doch sind die Mindesttemperaturen höher. Die Entwicklung der Turan-Region wurde

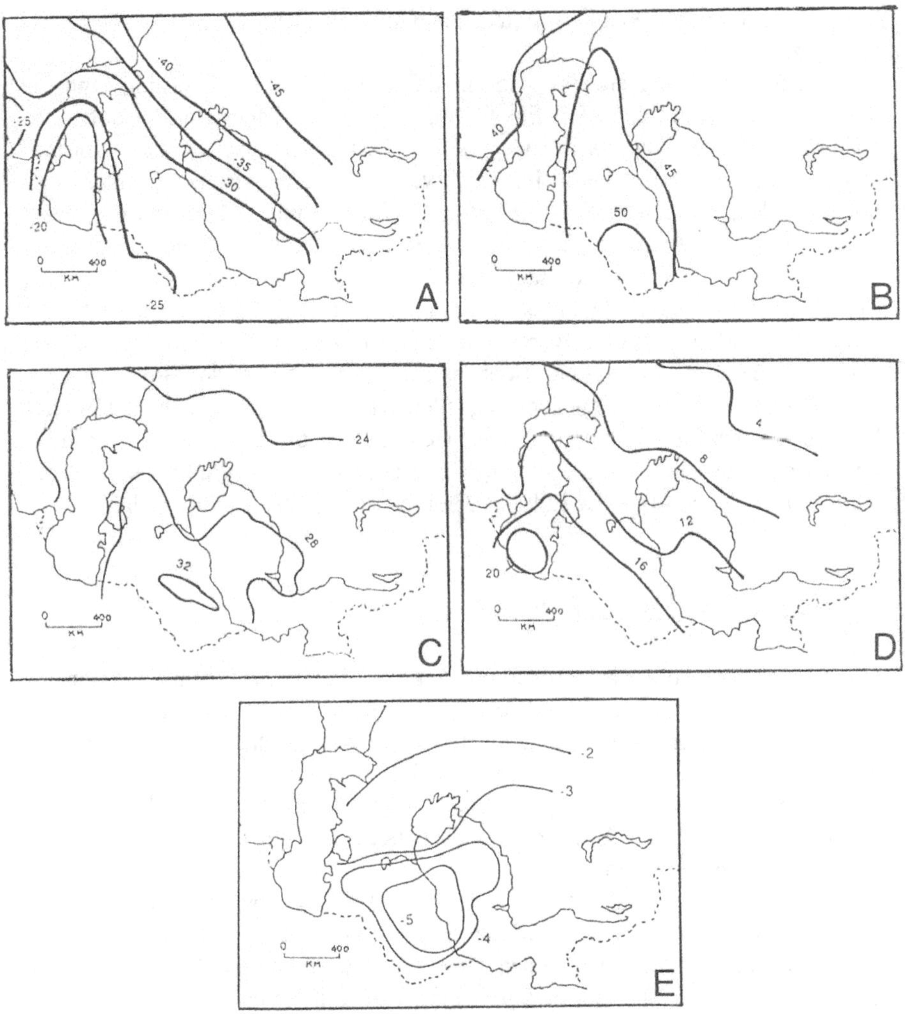

Abb. 2.18 A-E. Karten der Lufttemperatur; **A** absolute Minima; **B** absolute Maxima; **C,D** mittlere Temperatur im Sommer und Herbst; **E** Absinken der Temperatur unter der Vegetationsdecke

dadurch nicht einfacher. Wir werden sehen, wieviel Einfluß der Aralsee auf das Klima seiner Küste und selbst darüber hinaus hatte.

Darauf, daß in den Ebenen von Turkestan häufig besondere meteorologische Bedingungen, die Suchowei, herrschen, wurde oben bereits hingewiesen. Es handelt sich um eine Kombination aus Wassermangel im Boden, niedriger Luftfeuchtigkeit, hoher Temperatur der Atmosphäre und heftigen Winden. Die Pflanzen verdunsten das Wasser schneller, als sie es über die Wurzeln aufnehmen können. Die Suchowei können bei Pflanzen in der Wachstumsphase große

Schäden hervorrufen, denn sie treten mit aller Heftigkeit auf und können mehrere Tage dauern.

Ein anderes Phänomen, das sich als Folge der Trockenheit ergibt, sind die Staubstürme, die mit einer Häufigkeit von mehr als 25 Tagen im Jahr auftreten. Die stärksten kommen aus der Gegend nördlich des Aralsees[22]. Ein Trockengewitter lagerte in Aschchabad innerhalb von 8 Stunden zwischen 20 und 30 m^3 Staub pro Hektar ab. Der Staub reicht in Höhen von über 3 km, und der Nebel aus Staub in der Atmosphäre wurde von Reisenden seit alters her beobachtet. Der abgelagerte Staub bildet eine Art Löß. Der Löß allerdings, der im Quartär Turkestans in großer Mächtigkeit auftritt und aus den Eiszeiten stammt, war periglazialen Ursprungs und verdankte seine Entstehung Winden, die von den Eiskappen des Nordens und Nordwestens her wehten. Er wurde (durch katabatische Winde) in die südöstlichen Gegenden transportiert, in denen niedrigerer Luftdruck herrschte. Löß stammt aber auch aus den periglazialen Bereichen im Umfeld der Gletscher, die das Pamirgebirge bedeckten. Die größte Lößakkumulation findet sich am Fuß der südlichen Berge, wo sie über 200 m mächtig ist.

2.5 Die Ufer des Aralsees

Die beiden einzigen erwähnenswerten Wirtschaftszentren am Aralsee waren die Städte Aralsk im Nordosten und Muinak im Süden, hinzu kamen noch einige Fischerdörfer. In der Nähe dieser Städte jedoch wurden nach dem 2. Weltkrieg Hunderttausende Hektar Land erschlossen. Zuvor gab es an den Ufern des Aralsees nur Steppen auf Sand- oder Tonboden oder das undurchdringliche Gestrüpp der Deltas. Diese verschiedenen Landschaften, die wir nun zu beschreiben haben, sind verschwunden.

Das Westufer des Aralsees, das erst nach den Forschungsreisen von L. Berg 1824-26 (vgl. Abb. 3.13 und Bildtafel 5) bekannt wurde, bildet eine Steilküste mit einer von Norden nach Süden zunehmenden Höhe (der bereits genannte Tschink). Sie ragt 20 - 150 m über dem Wasser auf und trägt obenauf eine Schicht aus sarmatischem Kalkstein des Ust-Urt, welche das Regenwasser absorbiert (Bildtafel 5, oben). Es gibt dort einige Süßwasserquellen. Unter der Kalkplatte stellen die älteren Schichten (vgl. Abb. 2.8) aus Ton, Mergel und Sand einen Ausgangspunkt von Erdrutschen dar und lassen nur einen schmalen, praktisch unbewohnten Küstensaum zu. Die frühere Küste, die kein anderes Relief als Dünen von einigen Metern Höhe kannte, war von Schilf und Büschen bedeckt (Abb. 2.19). Die sehr flache Mündung der Amu-Darja-Arme war von

---

[22] Es scheint, daß diese Stürme durch das Austrocknen des Aralsees (der durch sein atmosphärisches "Feuchtigkeitskissen" diese Erscheinung auf ihrem Weg nach Süden aufhielt) seitdem eine südwestliche Richtung angenommen haben (vgl. Abb. 4.10; so Mainguet 1991, S. 102-103).

Abb. 2.19. Skizze nach einem alten Foto von der Mündung des Flußarms östlich von Muinak

äußerst beweglichen Sandbänken versperrt. Die Tugaivegetation[23] säumte die Stromrinnen bis zum See.
Im Süden schob sich das große Amu-Darja-Delta schnell vor, bis die Wasserausbeutung der jüngsten Zeit einsetzte. Das alte Delta des Amu-Darja zum Aralsee hin beginnt in Nukus, der Hauptstadt der autonomen Republik der Karakalpaken[24] (*Schwarzmützen*), in etwa 100 km Entfernung vom See und etwa 10 m oberhalb des derzeitigen Aralseespiegels. Es umfaßt einige kleine Zeugenberge älterer Schichten (aus Kreidezeit und Alttertiär), die von der Bevölkerung der Antike als Totenstädte benutzt (vgl. Kapitel 3) und von den Flußablagerungen des alten Oxus zugeschwemmt wurden. Der geringe Geländeabfall zwischen Nukus und dem See (8 - 10 m) erklärt, warum das Delta nur ein ausgedehnter Sumpf mit unsteten Armen war. Dieser war häufigen Überschwemmungen ausgesetzt, durch welche sich die Stromrinnen dauernd änderten, bis zu einer - heute nutzlosen - Flußregulierung in jüngster Zeit. Die geringen Transgressionen des Aralsees veränderten hier das Ufer erheblich (so bildete sich etwa 1878 die Bucht von Aibugir, Abb. 2.20 und 2.21). Das Delta mit seiner ursprünglichen

[23] Tugai: Baumformation aus Pappeln, Tamarix, *Eleagnus Halimodendron* und Halodendron über einer dichten Grasdecke.
[24] Karakalpak oder Karakalpakien wurde 1992 zu Karakalpakstan. Politisch gesehen umfaßt das Choresm, das zwischen Turkmenistan und Usbekistan geteilt ist, auch Karakalpakstan. Der usbekische Bezirk Urgentsch am linken Ufer des Amu-Darja gehört nicht zu Karakalpakstan.

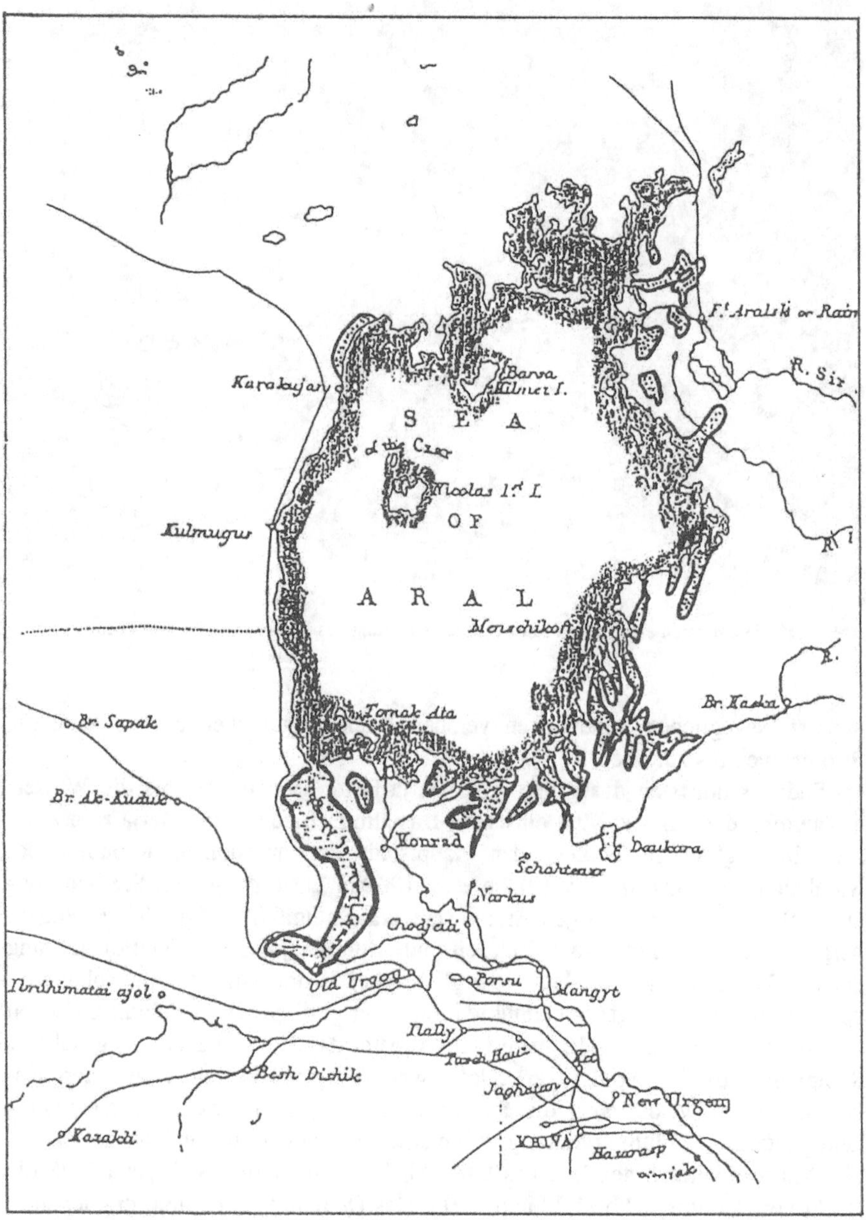

Abb. 2.20. Kartengrundlage von 1854 mit den seit 1780 historisch belegten Transgressionen des Sees. Der See Aibugir im Südwesten war ein Süßwassersee (Blanc 1891) und entstand nicht durch einen Anstieg des Aralsees, sondern auf einer Ausleitung aus dem Amu-Darja

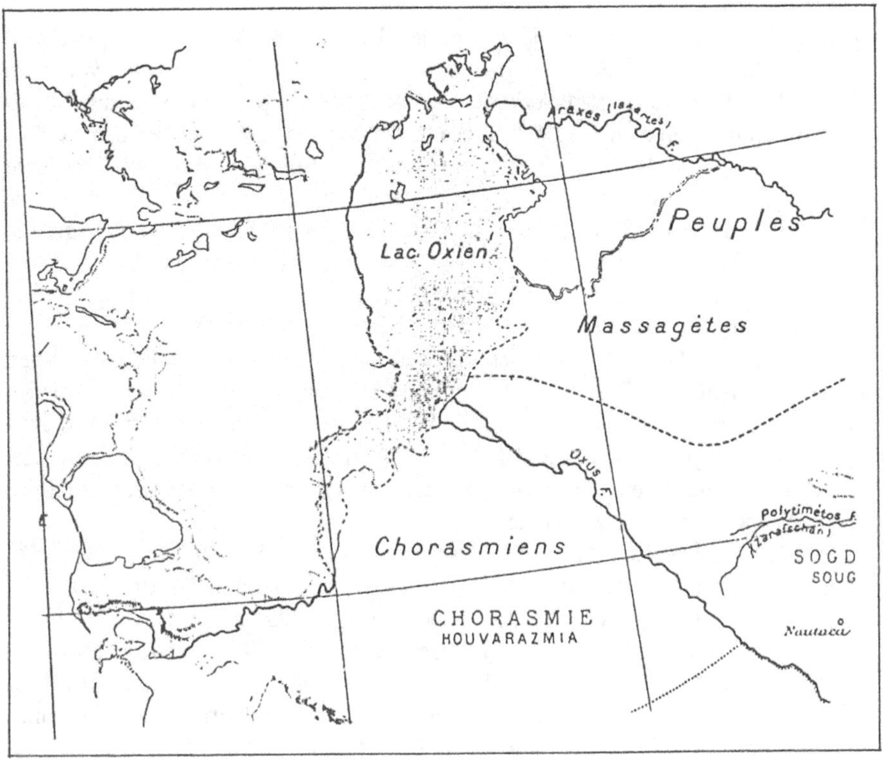

Abb. 2.21. Eine Vorstellung von Vidal de la Blache (1894) vom Aralsee zur Zeit der persischen Herrschaft

Baumformation am Ufer, dem Tugai (vgl. Kapitel 4), war noch bis vor kurzem ein berühmtes Jagdrevier. Alle Zivilisationen, die im Choresm[25] aufeinanderfolgten, haben es so genutzt.

Die Südostküste war erstmals 1902 bei L.S. Berg (1908) Gegenstand eingehenderer Untersuchungen. Es handelt sich um eine flache Dünenregion, in der die Transgressionen (Abb. 2.21) in kurzer Zeit weit vorstoßen; die Regressionen verlaufen dort ebenfalls schnell. Zwischen den Longitudinaldünengürteln liegen flache Gerinnebetten, und die teilweise überschwemmten Dünen bilden ein NNE-SSW-ausgerichtetes System von langen und schmalen Inseln, die höchstens einige Meter hoch sind. Der Anstieg des Grundwasserspiegels versorgte sie mit Wasser, so daß sich auf ihnen eine Busch- und Grasvegetation entwickelte, die den Salzgehalt tolerierte. Durch das Regenwasser, das sich in den darunterlie-

25 In der historischen Landessprache, einem Zweig des altpersischen, soll Choresm (altpersisch (X)uvarasmis, hu-ma-ri-iz auf babylonisch, Xvairizam auf awestisch) "niederes Land" (chwar samin) bedeuten. Vambery (1864) behauptet, daß dies auf persisch "diejenigen, die den Krieg lieben" bedeute.

genden Sandschichten ansammelte, wurde dieser vermindert. Es ist interessant festzustellen, daß diese Dünenkörper unterhalb einer (absoluten) Höhe von etwa 40 m, d.h. 12 m über dem Seeboden, nicht mehr auftreten, was darauf hinzudeuten scheint, daß sich die Kysyl-Kum in der Vergangenheit nicht über das Gesamtgebiet des Aralsees ausdehnte, und daß der See über das 1990 erreichte Rückzugsstadium hinaus nicht völlig trockengefallen war, als sich das Dünensystem der Kysyl-Kum bildete. Unter den Küstendünen existieren mergelige Sedimente, die reich an Resten von Wasserpflanzen sind und eine größere Ausdehnung des Sees in der Zeit vor der Bildung dieser Dünen anzeigen.

Mittlerweile erstreckt sich die Ebene 5 - 50 km in die Breite, vor allem an der Süd- und an der Ostküste; diese ist topfeben, so daß sich von ihr die ehemaligen Dünen abheben, die einst von flachen Mulden übersät waren. In ihnen wurden Gips und Steinsalz abgelagert (Solontschaks), so wie in den früheren Randlagunen. In den Regionen, die erst vor kurzem aus dem Wasser aufstiegen, erscheint noch das Bett der alten Wasserläufe aus den Zeiten, in denen der Seespiegel des Aralsees ebenso niedrig wie heute war.

Weiter nördlich hatte das ebenfalls sehr flache Delta des Syr-Darja eine einfachere Struktur als das des Amu-Darja. Es schob sich um ungefähr 100 m jährlich vor (nach der Statistik zwischen 1900 und 1948)[26], während das Delta des Amu-Darja unregelmäßig wuchs. War das Vorrücken gegen 1900 fast zum Stillstand gekommen, so betrug es zwischen 1943 und 1947 auf der Halbinsel von Muinak 2 km, vielleicht als Folge von Begradigungen einiger Flußarme und Trockenlegung von Sümpfen. Die Zeitreihe der Landkarten belegt ganz klar, daß die Fläche des Aralsees auch vor 1960 nach und nach schrumpfte (Abb. 2.23), allein schon durch die Anschwemmung aus den Flüssen. Der größte Teil des Syr-Darja-Deltas bestand aus Takyrs und Solontschaks; wie am Amu-Darja gab es Tugaigalerien, allerdings nicht so stark ausgeprägt. Berechnungen, die auf Arbeiten von Sedimentologen basierten (Hulsen 1911; Berg 1908; Wojekow 1909), haben übrigens gezeigt, daß unter den Bedingungen von vor 1960 die Sedimentzufuhr von 34 m^3 jährlich die Senke des Aralsees in 29 000 Jahren aufgefüllt hätte. Seit 1960 hat sich das natürlich alles geändert.

Rings um die Nordostecke des Sees (Golf von Sary Schkaganak) steigt das Ufer, das durch abgerundete Zeugenberge aus der Kreidezeit und dem unteren Tertiär geprägt wird, auf 30 - 50 m Höhe an. Durchzogen wird die Landschaft von zerfurchten Abhängen, die steppenhafte Vegetation ist spärlich. Die Hänge trennen im Nordwesten, Norden und Nordosten breite topfebene Durchlässe mit Sand- und Lehmboden - die früheren Täler aus dem Quartär der Flüsse, die aus den Piedmontbergen des Ural und aus der Turgaisenke stammten. Dünen, Sümpfe oder Böden ausgetrockneter Tümpel mit Takyrs und Solontschaks finden sich auch dort überall.

Die früheren Inseln im Norden und Westen des Sees aus der oberen Kreidezeit weisen wenige neuere (quartäre) Ablagerungen auf. Die nördlichen (Kokaral: 273 km^2 und Barsa-Kelmes: 133 km^2) ragen relativ hoch auf und prägen die

---

[26] Für die Zeit von 1848 - 1928 wird ein Vorrücken um 37 km^2 angegeben.

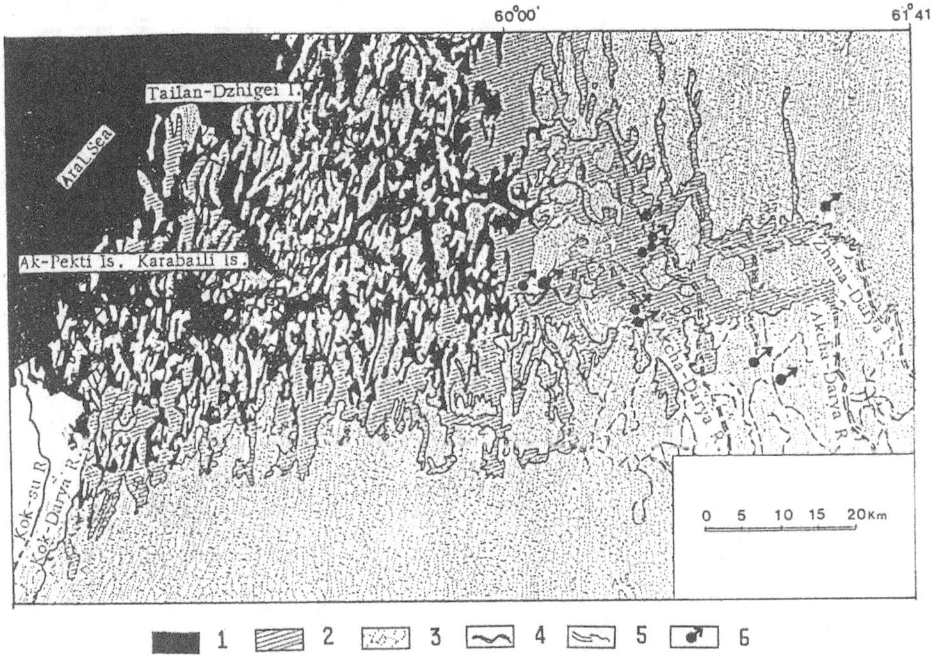

Abb. 2.22. Ausschnitt aus der südöstlichen Überschwemmungsküste des Aralsees: Bereich von Akpekti mit zahlreichen Buchten. *1* Seewasser, *2* früher überflutete Gebiete, *3* Sandwüste, *4* geflutete Flußbetten, *5* ausgetrocknete Flußbetten, *6* jungsteinzeitliche Fundstätten. (Nach Kes 1959)

Landschaft durch ihre steil abfallende Südküste, einer dem Tschink ähnlichen Steilküste, deren Erosion den heute trockengefallenen Strand mit Schluff versorgte. Die Inseln im Westen des Sees (Komsomol, Konstantin[27], Wosroshdenija: 216 km^2, Bellingshausen, Lasarew) sind wesentlich niedriger und aus alten Dünengürteln entstanden, die auf einem Untergrund aus der oberen Kreide aufsitzen. Sie sind mittlerweile mit dem Land verbunden.

Das Nordufer war von zahlreichen relativ tiefen Buchten mit abschüssigen Ufern zerschnitten, welche nach Senkowitsch (1947) aufgrund der Brandung bis zu 1 m jährlich zurückweichen konnten. Wie die Inseln Kokaral und Barsa-Kelmes bildet es manchmal ausgeprägte und abgerundete Reliefformen mit karger Steppenvegetation aus. Dazwischen liegen ehemalige Buchten, die zu Sümpfen oder Salzseen geworden sind. Die Ergs des Großen Barsuki im Nordwesten und des kleinen Barsuki im Norden füllen ehemalige mit einigen niedrigen Kuppen versehene Täler aus dem Quartär. Ihre Vegetation ist relativ dicht, da der Sand das Regenwasser zurückhält. Ein anderer Erg, "aralische Kara-

[27] Konstantin (Abb. 2.4) wurde nach der Oktoberrevolution 1917 aus Versehen nicht umgetauft! Entdeckt wurden diese Inseln 1848.

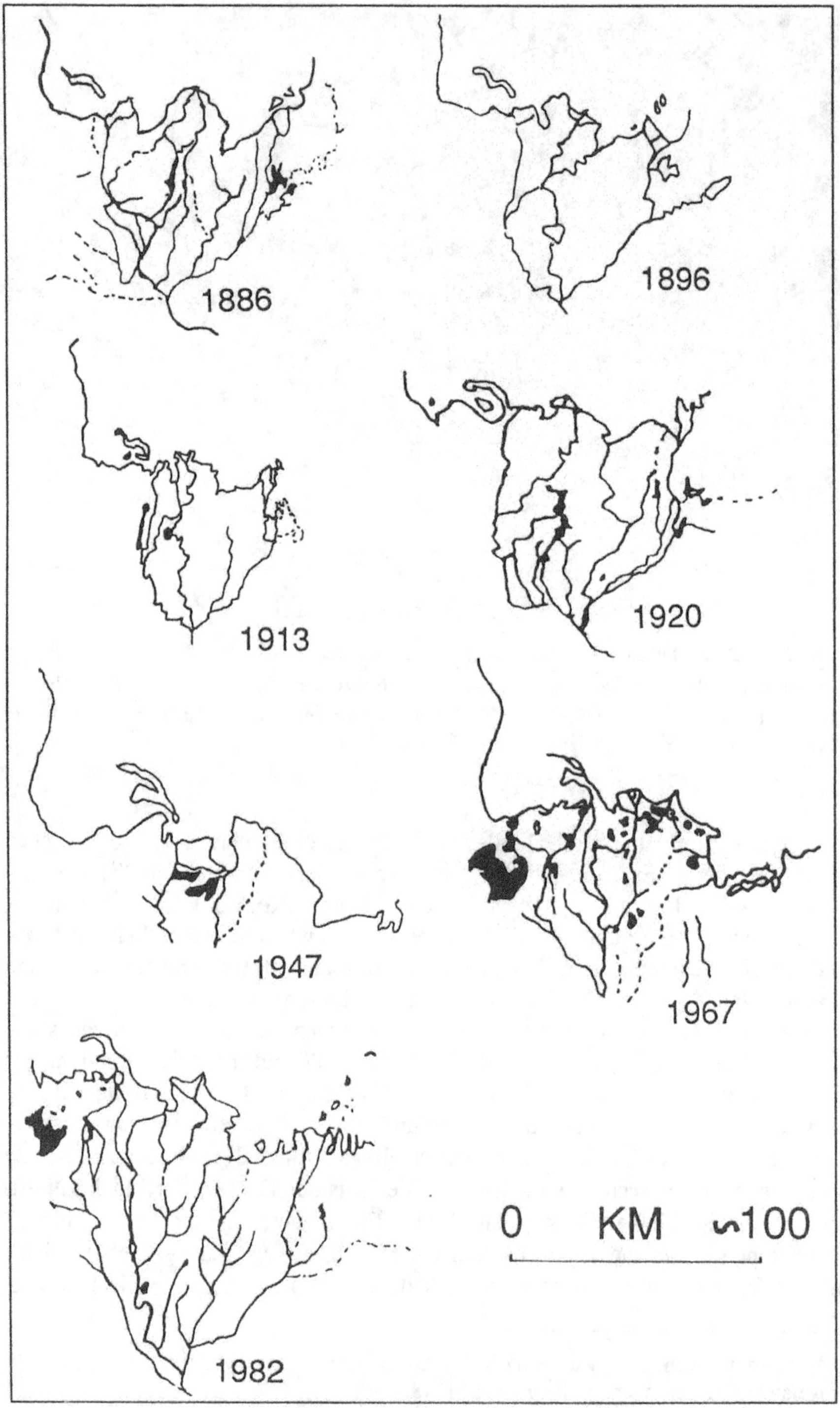
1886
1896
1913
1920
1947
1967
1982
0 KM ~100

Kum" genannt, nimmt die Gegend nordöstlich von Aralsk ein. Die allgemeine Nordwest-Südost-Orientierung der Ketten aus Longitudinaldünen in den Barsukis und in dieser Kara-Kum hat den Zügen der alten Karawanen, die vom Ural an den Syr-Darja zogen, die Richtung vorgegeben.
Im Norden erstreckt sich über mehr als 500 km die *Turgai-Senke*, eine semiaride Grassteppe, die von semipermanenten Seen übersät ist, deren größter der Solontschak Golkartenis ist. 250 km nördlich von Aralsk gelegen, wird sie durch den intermittierenden Fluß Turgai gespeist und befindet sich nur 3 m über dem Seespiegel des Aralsees. Man versteht so, daß sich die kleinste Transgression des Kaspischen Meeres in der Vergangenheit sehr weit ausdehnen konnte (vgl. Abb. 2.10). Bei Hochwasser kann es dort eine Wasserschicht von 1 - 2 m geben. Die Turgai-Senke geht unmerklich in das Tobol-Tal über, die Öffnung hin zur sibirischen Ebene, die für das Projekt eines Sib-Aral-Kanals genutzt werden sollte. Die Oberflächenformen des Turgai sind, wie im Norden des Aralsees, niedrige und zerklüftete Plateaus, die sehr breite Täler mit meist salzigem Boden voneinander trennen. Überall dominiert der Beifuß. Nur in einigen Schluchten ist die Vegetation mit Kreuzdorn und Heckenrosen etwas dichter.

Hier einige Eindrücke, wie sie Reisende erlebten, als sie an das Ostufer des Aralsees kamen:

> Die Ostküste ist sandig, mit Dünen aus Sand und Ton, die 25 m Höhe erreichen, und mit Saxaul-Büschen bedeckt, ebenso wie die Inseln in Küstennähe. Die Ufer und Inseln sind mit Schilfrohr bedeckt. Südlich von Kuwan-Darja (dem Südarm des Syr-Darja), der heute ausgetrocknet ist, gibt es zahlreiche Stromrinnen mit steilen Wänden, und ihre Mündung hat nur eine geringe Tiefe ... An zahlreichen Stellen am Strand fand ich frische Spuren von Tigertatzen; fast jedes Jahr töten unsere Soldaten oder die Kosaken drei oder vier von ihnen ... (A. Butakow 1872).
>
> ... Die letzten Ausläufer des Uralgebirges sind verschwunden. Nicht die kleinste Unebenheit im Gelände. Die Ebene bleibt die Ebene ... Um fünf Uhr abends geht die Sonne in einem brandartigen Auflodern unter. Sobald der Himmelskörper verschwunden ist, geht der rote Himmel ins Violette über, dann wird er hellblau; während einiger Minuten hängt in der Luft noch ein unentschlossenes Leuchten wie ein Abglanz des Tages, dann wird alles durch die Nacht ausgelöscht ...
>
> Terkli. Der Anfang der "schwarzen Sande" der Kara-Kum. Die Pferde, die nicht in der Lage sind, den Tarentass (einen zweirädrigen Karren) auf einem derartigen Gelände zu ziehen, werden durch Kamele ersetzt. Der Boden bietet ein ganz leichtes Gefälle nach Südwesten. In dieser Richtung kündigt ein langer Fleck aus dunklen Wolken das Herannahen des Aralsees an ... Während langer Stunden erwarte ich ungeduldig die Erscheinung dieser Wasserfläche. Endlich werde ich etwas anderes als Sand sehen, etwas anderes als diese un-

◂ **Abb. 2.23.** Entwicklung des Kartenbildes vom Amu-Darja-Delta. Man beachte die Anbindung der Insel Tokmak-Ata, die zur Halbinsel von Muinak wurde, und die große Veränderlichkeit der Seen im Delta, die 1982 verschwunden waren

endliche gelbe Perspektive! Oh weh, eine völlige Enttäuschung wartete auf mich. Am Ufer dieses Sees herrscht noch die gleiche wüstenhafte Aridität. Nirgends ein malerischer Fels, nirgends ein interessanter Horizont, nichts als Dünen und noch einmal Dünen ... Mit Schilfrohr bestandene Tonpyramiden leiten den Reisenden in dieser unendlichen Einförmigkeit ... Weiter entfernt beginnt ein Bereich von Schilfrohr, Saxaul und Büschen. Nach so viel Sand ruft dieses Grün einen angenehmen Eindruck hervor; es gibt fast den Eindruck eines irdischen Paradieses. (S. Hedin 1889).

Wir kamen nach Süden voran. Die Steppe machte allmählich einen weniger nackten Eindruck. Wir sahen einige Büsche, dann eine Uferausbuchtung, dann einen dunkelblauen Wasserstreifen. Wir waren am Ufer des Aralsees, fünfundachtzig Kilometer von Fort Kasale (Kasalinsk) entfernt ... Auf dem Strand hatten sich große Vögel niedergelassen, deren Federkleid auf dem Rücken schwarz, am Bauch weiß war; die Seemöwen flogen oder schwammen, und Entenscharen planschten vergnügt in den kleinen Buchten und den Tümpeln der Küste ... (B. Vereschaguine 1873)

... Wir verbrachten die Nacht in Ak-Djoulpasse (Aralsk) ... Das Meer, regungslos unter dem Druck des Winters bietet den Anblick einer gewaltigen Eisschicht ... (M. Ujfalvy 1879)

Ganz in der Ferne, zwischen zwei Hügelchen, der blauschwarze Streifen des Aralsees ... Am Ufer des Aralsees ist die Landschaft von grandioser Trostlosigkeit, grau vom Eis unter dem Grau des Himmels ... Das Wasser, das wir aus den Tiefbrunnen holen, ist so brackig, daß der Tee einer Medizin gleicht; anschließend, als wir an den Ufern des Aralsees ankommen, bringt Nurma (sein kasachischer Führer) einen Eisblock, um ihn schmelzen zu lassen, und im Vergleich erscheint er köstlich (Eis nimmt kaum Salz auf) ... Am Abend kehren wir den Schnee unter dem Bauch der Kamele fort; dort ist man geschützt ... Bei meinem Erwachen erlebe ich eine Überraschung: Ich finde mich unter einer weißen und transparenten Schneedecke begraben ... Nun, wo das Wasser knapp geworden ist, ist der Schnee nützlich, um den Durst unserer Tiere zu löschen; beim Laufen machen sie sich daran, davon zu essen ... Nun bin ich ganz nahe bei Kasalinsk und seinen kahlen Pappeln, die die Bewässerungskanäle säumen ... Die Morgenröte beginnt hervorzukommen, und ich bewundere die Farben, die sich in den Wolken einander ablösen: Grau, violett, orange, golden und weiß, so weiß schließlich wie der Boden unter meinen Füßen ... (E. Maillart 1932, 1951)

2.6 Der Aralsee: Hydrologie mit Schwankungen

Der Aralsee (*Sineje Morje; Blaues Meer*) hat seinen Mittelpunkt bei 45°N, 60°E, 400 km östlich des Kaspischen Meeres, das ja in Wirklichkeit auch ein See ist. Gegen 1960 maß er etwa 428 auf 284 km und war von der Oberfläche her mit 66 458 km^2 der viertgrößte See der Welt (davon entfielen 2345 km^2 auf die Inseln; Tabelle 2.6.). Die Oberfläche hing allerdings von den Schwankungen des Seespiegels ab. Wie alle abflußlosen Seen, reagiert (bzw. reagierte) auch der Aralsee auf Änderungen der Wassermenge seiner Zuflüsse sehr empfindlich.

Tabelle 2.6. Die flächengrößten Seen der Welt und ihr Salzgehalt (verschiedene Quellen)

See	Fläche (km^2)	größte Tiefe (m)	Volumen (km^3)	Salzgehalt (g/l)
Kaspisches Meer (GUS/Iran)	374 000	945	77 000	1 - 15
Oberer See (USA/Kanada)	82 500	407	12 240	0,072
Viktoria-See (Kenia/Tansania)	68 100	79	2 700	0,088
Aralsee (GUS, 1960)	66 500	67	970	10 - 11
Huron-See (USA)	59 600	237	1 680	0,160
Michigan-See (USA/Kanada)	58 000	282	4 900	0,200
Tanganjikasee (Zaire/Tansania)	31 900	1 470	19 000	0,52
Baikalsee (Rußland)	31 500	1 750	23 000	0,092
Großer Bärensee (Kanada)	31 100	180	1 300	0,12
Niassa-See (Malawi/Mosambik)	28 500 ?	706	8 400	0,20
Großer Sklavensee (Kanada)	27 800	614	1 800	0,145
Eriesee (USA/Kanada)	25 750	64	460	0,22
Winnipegsee (Kanada)	24 400	19	3 100	0,165
Tschadsee (Tschad/Nigeria) (1950)	22 600	12	24	0,386
Ladogasee (Rußland)	18 400	223	920	0,053
Balchaschsee (Kasachstan)	17 575	26	112	10 - 25

Tabelle 2.7. Hydrologische Eigenschaften des Aralsees, Oberfläche (km^2) und Volumen (km^3) (Nikolajewa 1969)

Höhe des Seespiegels (m)	Kleiner See		Mittleres Becken		West-Graben		Insgesamt	
	Fl.	Vol.	Fl.	Vol.	Fl.	Vol.	Fl.	Vol.
53	5992	79,7	13628	302,8	46466	681,2	66086	1063,7
51	5361	68,7	13364	275,9	40885	593,8	59610	938,4
48	4830	53,5	12962	236,3	37556	476,3	55348	766,1
43	3846	31,9	11385	175,2	31417	304,1	46648	511,2
33	1363	6,0	6203	85,0	15817	70,1	23383	161,1
23	-	-	2689	40,8	-	-	2698	40,8
13	-	-	1597	20,6	-	-	1597	20,6
3	-	-	954	8,6	-	-	954	8,6
-16	-	-	-	-	-	-	-	-

Gleiches gilt z.B. für den Ngami-See im südlichen Afrika oder für den Eyresee in Australien[28].

Der mittlere Seespiegel des Aralsees lag 1960 um 53 m über dem mittleren Meeresspiegel der Ozeane, d.h. 80 m über dem des Kaspischen Meeres. Diesen Unterschied hatte L.S. Berg 1826 auf 36 m geschätzt, Struve 1858 dann auf 58 m (zitiert in Berg, 1908). Erst in den 50er Jahren dieses Jahrhunderts wurde die

[28] Bonyton u. Mason (1953) sowie Kotwicki (1986).

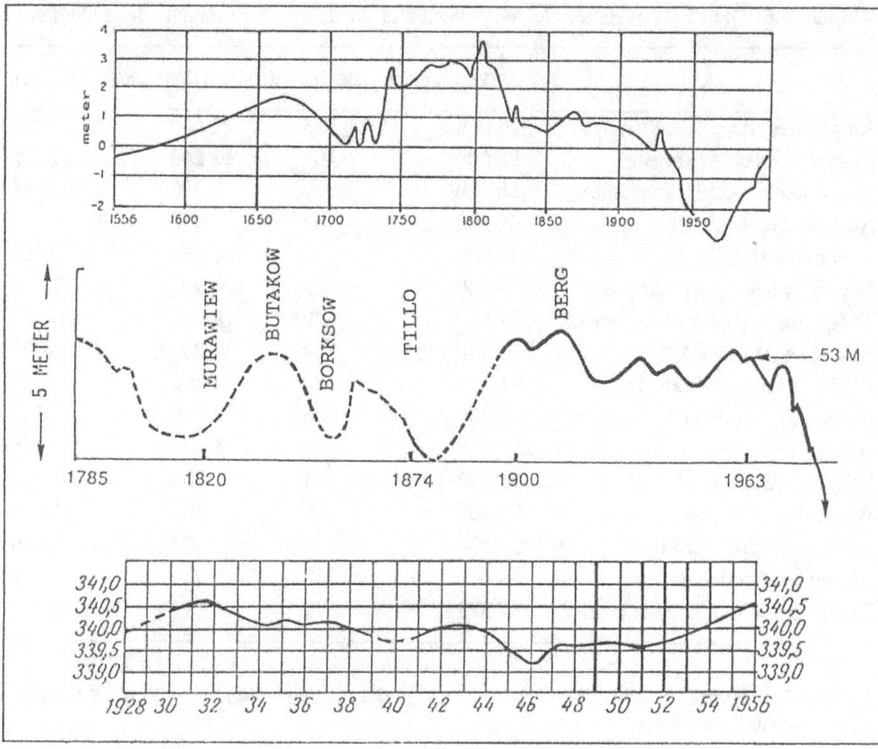

Abb. 2.24. Schwankungen des Wasserspiegels des Aralsees im Vergleich zum Kaspischen Meer *(oben)* und zum Balchaschsee *(unten)*

genaue Höhe des Seespiegels über dem Meer bestimmt, und man wird verstehen, daß die Ungenauigkeit der früheren Höhenmessungen Anlaß für zahlreiche Auseinandersetzungen über die Beziehungen zwischen dem Kaspischen Meer und dem Aralsee gab, wie später noch zu sehen sein wird. Wood vermutete 1874, die Wasserschicht von 0 - 10 m Tiefe stelle 31 % des Gesamtvolumens dar, die von 10 - 20 m Tiefe 44 %, die von 20 - 30 m Tiefe 22 % und die darunter nur 3 % (s. dazu auch Tabelle 2.7).

Tatsächlich betrug die mittlere Tiefe etwa 16 m, wobei die tiefste Stelle mit 68 m sehr nahe am Westufer lag, im mittleren Bereich waren es 29 m. Die beiden Gräben wurden durch eine Untiefe getrennt, von der Inselketten aufragten, die heute fast alle zu einer einzigen länglichen Landbrücke verbunden sind. Der nördliche Teil des Sees (*Kleiner See* oder *Maloje Morje*) war vom Südteil durch die große Wüsteninsel Kokaral beinahe getrennt und bildet mittlerweile (1990) einen eigenen See. Trotz seiner Größe enthielt der See kaum über 1000 km^3 Wasser. Es handelte sich also um eine gewaltige flache Pfütze, die starker Verdunstung unterworfen (1 m jährlich, was einem Volumen von 58 km^3 entspricht) und deren hydrologisches Gleichgewicht stets unsicher war. Vor 1960

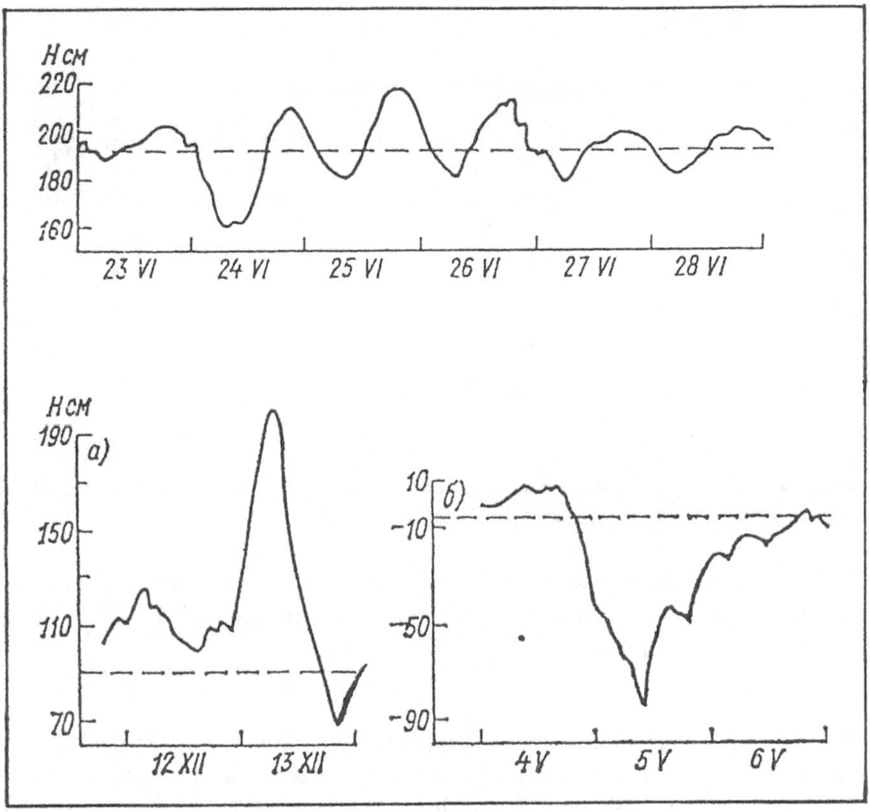

Abb. 2.25. Tägliche Schwankungen des mittleren Seespiegels einer hydrographischen Station (1961). Unten: extreme positive (a) und negative (b) Abweichungen des Aralsee-Wasserspiegels, die mit Schwankungen des Luftdrucks zusammenhängen

erhielt diese kaum mehr als den Zufluß aus den beiden Wasserläufen Amu-Darja[29] und Syr-Darja, welche zusammengenommen im Jahresmittel 53 km^3 Wasser heranführten, hinzu kamen 5,63 km^3 Niederschlag (10 mm pro Jahr)[30]. Der weitere Ausgleich der Bilanz (dazu Blinow, 1956) ergab sich aus dem Austausch mit den Küsten (Zustrom aus Quellen und Verluste durch Versickerung in die Sedimente) mit einem Gesamtbeitrag in der Größenordnung von 1,3 km^3 jährlich. Obwohl bescheiden, wurden die Zuflüsse der Grundwasserschicht aus der oberen Kreide durch Infrarotaufnahmen entdeckt (s. Abb. 2.13). Einen Abfluß hatte der Aralsee in historischer Zeit nicht, abgesehen vom Usboi, der zeitweise eine Verbindung zum Kaspischen Meer herstellte (vgl. Kapitel 3).

---

[29] Zu zwei Dritteln.
[30] Zum Vergleich: Die Elbe führt oberhalb von Hamburg etwa 22 km^3 Wasser pro Jahr.

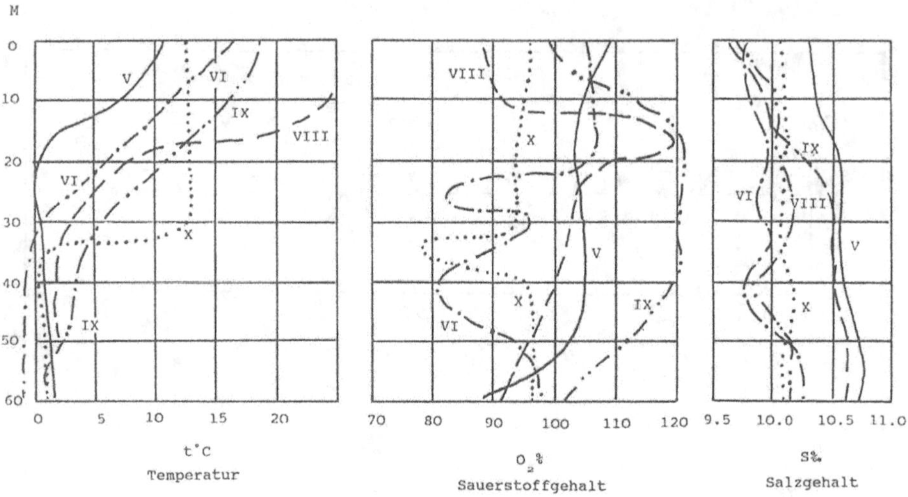

Abb. 2.26.a Temperatur, Sauerstoffsättigung und Salzgehalt im westlichen Graben des Aralsees; Ordinate Tiefe. (Nach dem russischen hydrographischen Atlas)

Abb. 2.26.b Einige hydrologische Parameter des Aralsees (nach dem Atlas der physischen Geographie): jahreszeitliche Schwankungen des Seespiegels, der Verdunstung, der Niederschläge sowie der Luft- und Wassertemperatur ▸

Der Seespiegel wies jahreszeitliche Schwankungen von etwa 30 - 35 cm auf, die von der Stärke der Hochwasser, den verdunstungsfördernden Winden und der Sonneneinstrahlung abhingen. Am höchsten war er von Mai bis September, am niedrigsten im Winter (vgl. Abb. 2.26.b). Die mittlere Höhe lag etwa 53 m über dem allgemeinen Meeresspiegel und zeigte einige Schwankungen, seitdem der See besser erforscht ist, d.h. seit 120 Jahren (Abb. 2.24). Wie alle großen Seen hat der Aralsee Seiches, eine Art kleiner Flutwellen mit einer Periode von 22 3/4 h und einer Amplitude von 24 cm, in besonderen Fällen bis zu 1 m, die auf atmosphärische Erscheinungen zurückgehen (Abb. 2.25). Am 6. Dezember 1904 war der Seespiegel in Aralsk um 1,30 m angestiegen. Angesichts des sehr schwachen Reliefs am südlichen und südöstlichen Ufer können die heftigen Winterwinde aus dem Norden und Nordosten die Wasserfläche sehr weit über diese Ufer treten lassen, der Höhenunterschied kann über 2 m betragen. Man sieht, daß dieses Seesystem mit der niedrigen mittleren Verweildauer von 16 Jahren (1000 km^3 Fassungsvermögen/ 59,36 km^3 Jahresdurchsatz) sehr rasch auf jede Veränderung in seiner Wasserbilanz reagieren mußte[31].

[31] Die mittlere Verweildauer wird für einen See mit gleichbleibendem Wasserspiegel als Verhältnis zwischen seinem Fassungsvermögen und der gesamten Wassermenge definiert, die pro Zeiteinheit zuströmt (Regen, Zuflüsse) oder abfließt (Abflüsse, Versickerung, Verdunstung).

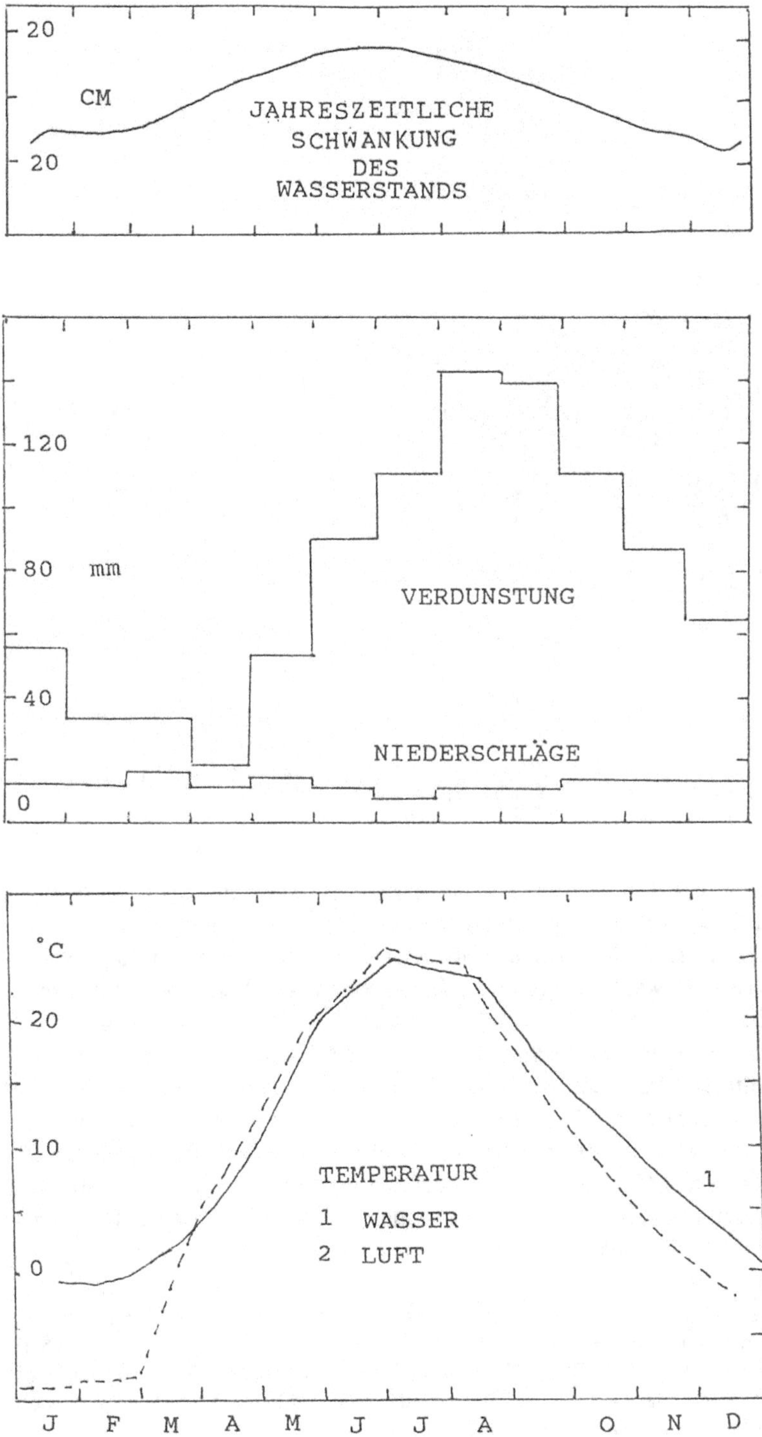
20
CM
JAHRESZEITLICHE
SCHWANKUNG
DES
WASSERSTANDS
20
120
80 mm
VERDUNSTUNG
40
NIEDERSCHLÄGE
0
°C
20
10
TEMPERATUR
1 WASSER
2 LUFT
1
0
J F M A M J J A O N D

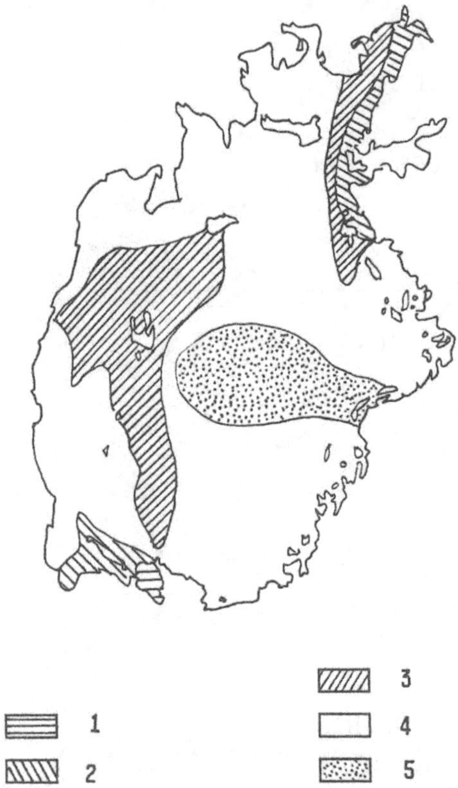

Abb. 2.27.a. Salzgehalt des Aralsees an der Oberfläche (1947); *1*: unter 8 g/l; *2*: bis 9 g/l; *3*: bis 10 g/l; *4*: 10 bis 10,5 g/l; *5*: über 10,5 g/l

Bezügliche der Temperatur war der Aralsee ein stark geschichtetes System, was auf den beträchtlichen Unterschieden zwischen Sommer und Winter beruhte. Im Sommer erreichte das Oberflächenwasser eine Temperatur von 26 - 26,5 °C bei einer Tagesschwankung von 5°C. Das Tiefenwasser blieb kälter (im westlichen Graben des Sees um 10°C in 23 m, um 18°C in 31 m Tiefe). Im Herbst wurde die Temperatur wieder sehr schnell in allen Wasserschichten homogen (im Durchschnitt 18,8°C Ende September)[32]. Im Norden und Nordosten fror der Aralsee im Dezember für 140 - 160 Tage zu; nur selten wurde er allerdings völlig von Eis bedeckt. An der Insel Kokaral wurde Eis bis zum Mai gesehen. Das Eis erreichte eine Stärke von 70 - 100 cm und unterbrach so jegliche Schiffahrt. Der Unterlauf des Syr-Darja fror von Dezember bis Ende März zu und der Amu-Darja unterhalb von Nukus 2 - 3 Monate lang; oberhalb fror der Amu-Darja nur

[32] Die Tiefe, bei der sich die Temperatur in einem geschichteten See schlagartig ändert, heißt "Thermokline". So lag diese im Aralsee am 11. August 1901: 0 m Tiefe: 22,6°C; 16 m: 17,8°C; 16,5 m: 16,9°C; 17 m: 4,8°C. Im November 1986 verschwand die Thermokline und bildete sich im Mai 1987 wieder neu. 1842 entdeckten Danilewsky und Basiner, daß der Aralsee im Winter friert (s. Kap.3).

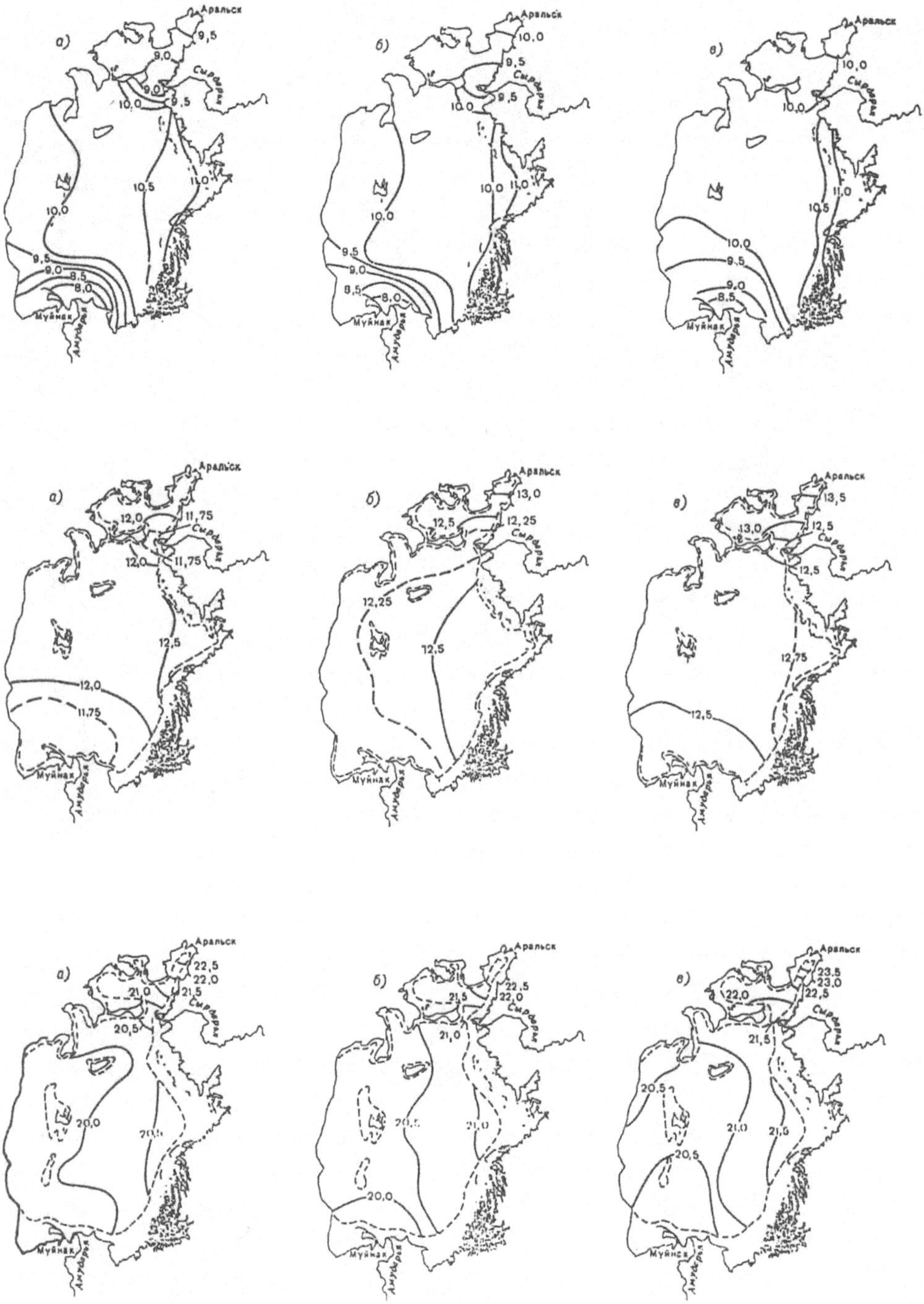

Abb. 2.27.b Jahreszeitliche Schwankungen des Salzgehalts (Frühjahr, Sommer, Herbst) für die Zeiträume 1956-1960 *(oben)*, 1971-1975 *(Mitte)*, 1981-1985 *(unten)*. (Autorenkollektiv 1990)

Abb. 2.28. Schwankung des pH-Wertes an der Oberfläche (gleiche Bezugszeiten wie bei Abb. 2.27.b)

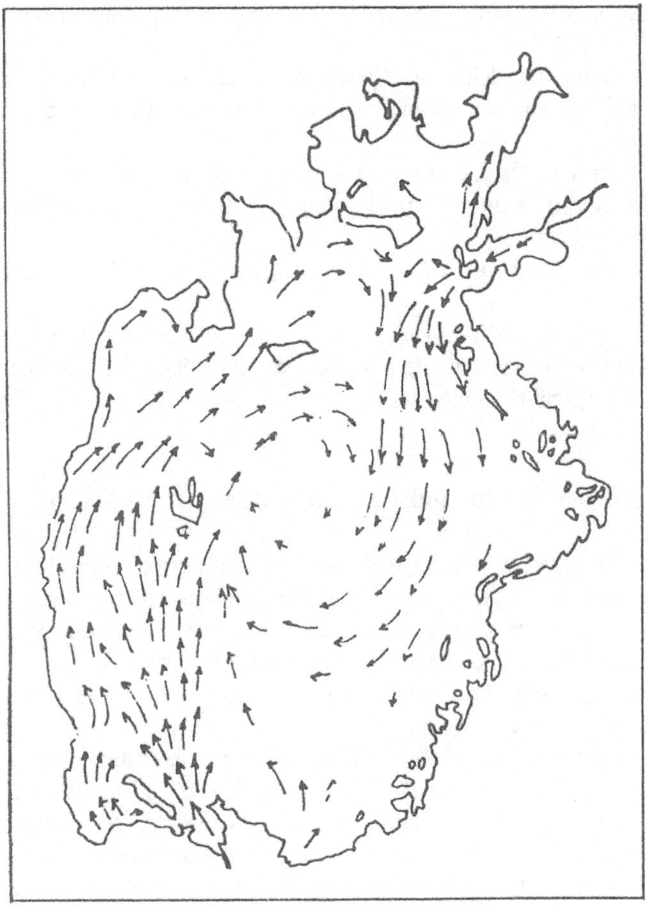

Abb. 2.29. Karte der Strömungen im Aralsee (Blinow 1956)

an seinen Ufern. Der Eisbruch begann an der Mündung des Syr-Darja durch den Zustrom wärmerer Wassermassen des Flusses.

Im Sommer war die Wasserfläche mit Sauerstoff übersättigt; am Grund des Westgrabens dagegen herrschte eine starke Untersättigung (Abb. 2.26.a).

Der Salzgehalt des Sees schwankte an der Oberfläche ein wenig, je nach Verdunstung und Wasserzufuhr über die Zuflüsse (Abb. 2.26.a und 2.27.a, b). Das Wasser war klar und man konnte ohne weiteres in 20 oder 25 m Tiefe den Grund sehen; seine Farbe war, von Ferne gesehen, ein Blau "wie das der Ägäis". Solange die Wasserläufe flossen, konnte man sehr gut den Übergang vom Salzwasser zum Süßwasser erkennen: Letzteres war beim Syr-Darja gelblich, beim Amu-Darja grün. Die chemische Zusammensetzung des Seewassers unterschied sich (und unterscheidet sich noch) sehr von der des Meerwassers, dabei waren die

Chloridionen im Verhältnis wesentlich schwächer vertreten als Sulfationen (vgl. Kapitel 6).

Der pH-Wert des Wassers war leicht alkalisch und änderte sich von Jahreszeit zu Jahreszeit, je nach Mineralienzufuhr und Photosynthese der Wasserpflanzen (Abb. 2.28 und 2.29).

Es gab ein System von Oberflächenstömungen (mittlere Geschwindigkeit zwischen 0,3 und 1 km/h, 3 km/h konnten erreicht werden). Am Grund lag die Geschwindigkeit bei etwa 0,2 km/h.

Diese Strömungen sind verschwunden, seitdem den See keine Zuflüsse mehr erreichen (Abb. 2.29).

Da der Aralsee oft sehr heftigen Winden ausgesetzt war, gab es auch plötzlich auftretende und gefürchtete Stürme mit Wellen, die 4 m Höhe erreichten und die Schiffahrt manchmal sehr gefährlich machten.

Die Schwankungen des Seespiegels im Lauf der Jahrhunderte

Zu Beginn des 19. Jh. betrachtete man den Aralsee noch als einen ehemaligen Golf des Kaspischen Meeres (s. Abb. 3.10), das seinerseits aus dem Sarmatischen Meer hervorging. Die Fortschritte der Erforschung durch Berg und v.a. die ersten barometrischen Höhenmessungen zeigten, daß die Ust-Urt-Wüste in Wirklichkeit eine topographische Barriere darstellte, die mit dieser von Humboldt noch vertretenen Hypothese unvereinbar war.

Welchen Schwankungen war der Aralsee vor der heutigen Zeit unterworfen (Kes 1959)? Die Forschungen der Quartär-Geologen haben ergeben, daß der Seespiegel manchmal auf einige Meter oberhalb der Bezugshöhe von 53 m angestiegen war (vgl. Tabelle 2.1) und daß eine Terrasse, die die gleichen Herzmuscheln (*Cerastoderma edule*, eßbare Herzmuschel) wie heute enthielt, sich von 53 - 64 m Höhe fortsetzte. Janshin (1953) zeigte, daß es sich um dieselbe Höhe handelte, die durch jüngere tektonische Bewegungen verändert wurde, je nach der Tektonik des Untergrunds wurde sie abgesenkt oder angehoben. Solche Bewegungen treten in einem Gebiet mit hoher Erdbebentätigkeit häufig auf (man wird sich an das Erdbeben von Taschkent 1966 erinnern, das den größten Teil der Altstadt dem Erdboden gleichmachte - der Wiederaufbau ist immer noch nicht abgeschlossen -, aber nur 26 Todesopfer forderte, weil es einen rechtzeitigen Voralarm gab. Dieser ging auf hochentwickelte sowjetische Vorhersagemethoden zurück, die hier nicht erläutert werden können). Eine Bodenhebung von einigen Metern in einem Jahrtausend, die ausschließlich auf Kräften des Erdinneren beruht, ist keinesfalls außergewöhnlich. Man sieht hier jedoch, daß die unzähligen Änderungen der Stromrinnen auf einem derart flachen Gelände (vgl. Abb. 2.39 und 2.41.a) auf andere Gründe als Versandung und Anschwemmungen zurückzuführen sein können, wie schon die frühen Autoren dachten (vgl. Kapitel 3).

Viele Autoren glauben an noch viel höhere Pegelstände des Aralsees. Lebedewa (1982) meint, die Vereisungen des Quartär hätten den Seespiegel nicht nennenswert verändert, Weynsberg et al. (1972) dagegen behaupten, daß der Spiegel vor 6000 Jahren bei 56,5 m und vor 25 000 Jahren bei 68 m lag. Organische Reste (mit Muscheln) wurden am Hang des Tschink gefunden und mit Hilfe der Radiokarbonmethode auf 24 800±800 Jahre v.h. datiert. Jedoch der Ursprung des Materials ist umstritten.

In der flachsten Gegend, d.h. am Südostufer des Sees, wurde der Sand am Ufer, wie bereits beschrieben, zu Dünengürteln geformt, die von Nord nach Süd verlaufen (vgl. Abb. 2.21). In den Talrinnen zwischen den Dünen setzt sich Schluff mit Herzmuscheln ab, auf den Dünen wächst eine karge halophile Vegetation. Aber weiter östlich findet man über einige zwanzig Kilometer hinweg die Sedimente der gleichen Stromrinnen, welche diesmal eine Süßwassermuschel, Anodonta, enthalten. Ihre Klappen sind geschlossen, was beweist, daß sie sich noch an ihrem Platz befindet. Diese fluvialen Stromrinnen entsprechen dem alten Bett des Jana-Darja, einem Arm des Syr-Darja, sowie denen des Akscha-Darja und des Kok-Darja, Seitenarmen des Amu-Darja. Der Wechsel von Transgression und Regression hat den Übergang zwischen Salzwasser- und Süßwasserbereich ständig verändert, da eine Änderung des Seespiegels um 1 m bereits zu einer horizontalen Verlagerung um einige Kilometer führte. So stellte man bei der Auswertung von Luftbildern fest, daß das Salzwasser zwischen 1953 und 1956 im Jana-Darja 22 km und in einem der Betten des Akscha-Darja um etwa 10 km vorangekommen war. Pisten erwiesen sich von einem Jahr zum anderen als brauchbar oder unbefahrbar, trockengefallene Senken verwandelten sich während nur einer Jahreszeit zu Solontschaks.

Nach Fairbridge (1968) ist der Höhepunkt der Transgression gegen 3000 v.Chr. eingetreten (was der Radiokarbondatierung der Herzmuscheln entspricht) und beim südlichen Aralsee um 1000 - 700 v.Chr.. Diese Werte entsprechen nicht genau denen, die die Archäologen annehmen.

Frühe Kulturen bewohnten diese unsicheren Ufer. Die Überreste der Kelteminar-Kultur (vgl. Kapitel 3) verteilen sich über fast 200 km von den Ufern des Jana-Darja bis zu denen des Akscha-Darja (Janshin, 1953); Tolstow (1960) datiert die an vergleichbaren Stellen gelegenen Fundorte am Akscha-Darja, die untersucht wurden, auf 700 - 1000 v.Chr. Sie liegen auf früher zwischen Stromrinnen gelegenen Dünen und sind so vor plötzlich auftretenden Hochwassern geschützt. Wahrscheinlich gab es in der Vergangenheit mehrere Transgressionen.

Man weiß, daß sich der Seespiegel des Aralsees bis 1961 zwei Jahrhunderte lang kaum verändert hatte (Abb. 2.24). Aufgrund von Zeitangaben über die Erbauung oder Aufgabe von Gebäuden auf den Inseln konnten die Historiker für den Zeitraum seit etwa 1500 einiges an Genauigkeit beitragen. Angesichts der sehr geringen Höhe dieser Inseln (1 - 2 m) scheinen diese Schwankungen von der Höhe, die Tillo 1874 und dann Berg ab 1901 (Berg 1908) präzise gemessen haben, höchstens einige Meter abgewichen zu sein. Die Hochterrassen, die Sewertsow in 61 m Höhe (1857) und dann Meyendorff (1878) und Mischenkow

Tabelle 2.8. Wasserbilanz des Aralsees in Abhängigkeit vom Klima. Die Berechnung basiert auf der Umrechnung der fließenden Wassermengen in die entsprechende Wassersäule. (Nach Schnitnikow 1973)

Derzeitige Wasserbilanz des Aralsees (Oberfläche 66 500 km²)			
Zufuhr (km^3)		Verluste (km^3)	
Niederschläge	8,64	Verdunstung	64,5
Zuflüsse	52,53		
insgesamt	61,17	insgesamt	64,5
Wasserbilanz in arider Phase (Oberfläche 55 000 km²)			
Zufuhr (km^3)		Verluste (km^3)	
Niederschläge	5,50	Verdustung	53,35
Zuflüsse	47,85		
insgesamt	53,35	insgesamt	53,35
Wasserbilanz in humider Phase (Oberfläche 72 000 km²)			
Zufuhr (km^3)		Verluste (km^3)	
Niederschläge	10,8	Verdunstung	64,8
Zuflüsse	63,0	Abfluß zum Sary-Kamysch	9,0
insgesamt	73,8	insgesamt	73,8

Anmerkung: Der Autor ist der Auffassung, daß die (fluvialen) Zuflüsse nur von natürlichen Klimaerscheinungen abhängen; die maximale Ausdehnung des Aralsees wird durch die Schwelle begrenzt, nach deren Überschreiten er zum Sary-Kamysch überläuft (vgl. Abb. 2.33).

(1871) über dem Aralsee ausmachten, stammen nicht aus dem Holozän, sondern wahrscheinlich aus Zeiten mit einem erhöhten Wasserstand, der mit dem Abschmelzen des Eises zusammenhing, ebenso wie die einst von Butakow beobachteten Spuren (vgl. Anhang VI). Die mittlere Höhe des Aralsees, die von Tillo mit 50 ± 2 m festgelegt worden war, wurde später (1930) auf $53 \pm 0{,}5$ m berichtigt. Seit 1800 verlagerte sie sich um etwa 2 m, bei einer jährlichen Schwankung um 0,34 m. Aber auch die sehr schwachen Höhenunterschiede ermöglichten schon vor 1960 starke Veränderungen des Ufers. Das Beispiel der Bucht von Aibugir wurde bereits oben genannt. Die Karte von Murawin und Gladischew von 1840 zeigt, daß die Bucht von Kamsybash (südlich von Aralsk) damals wassergefüllt war (vgl. Abb. 2.20). 1860 war sie ausgetrocknet, aber der Wiederanstieg des Seespiegels gegen 1900 überflutete sie erneut, so daß die gerade in Bau befindliche Eisenbahntrasse Orenburg - Taschkent verlegt werden mußte. Zu historischer Zeit gibt es keine Korrelation zwischen den Schwankungen des Kaspischen Meeres, des Balschach-Sees und des Aralsees (vgl. Abb. 2.24).

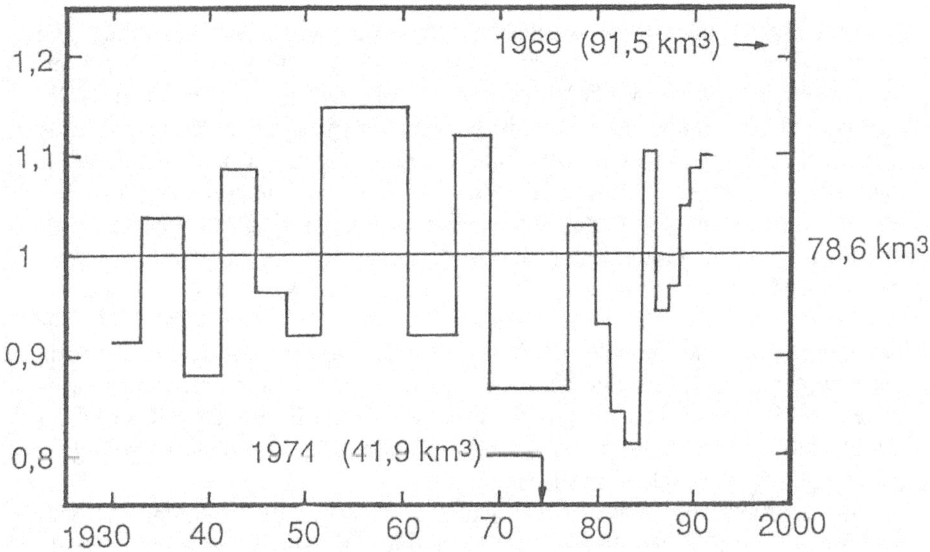

Abb. 2.30. Schwankungen des Gesamtzuflusses aus dem Einzugsgebiet des Amu-Darja. Im Piedmont liegt das langjährige Mittel bei 78,6 km^3

Trotzdem betrachtete noch ein Autor wie Schnitnikow (1973) ein periodisches System des Wasserhaushalts als gesichert, das sich über mehrere Jahre und Jahrhunderte erstrecken und die Schwankungen der großen asiatischen Seen in Einklang bringen sollte (s. Tabelle 2.8).
Die Ergebnisse der modernen Sedimentologie, die hier im folgenden entwikkelt werden, verbessern unsere Kenntnisse darüber, wie die Wasserläufe über ihre Ufer traten und über den Einfluß dieser Ereignisse auf den Wasserstand des Aralsees. Eines dieser Ergebnisse war die Feststellung, daß der See offensichtlich seit dem Auftreten des Menschen noch nie um mehr als etwa 15 m abgesunken war; letzteres war der Fall, als ihm ein Abfluß zum Kaspischen Meer am meisten Wasser entzog. Für die jüngste Zeit wurden die Pegelstände des Seespiegels von Berg (1932) und Sajkow (1946) für den Zeitraum von 1880 - 1940 untersucht. Zwischen 1880 und 1910 stieg der Spiegel um 3 m an und pendelte dann um diesen mittleren Höchststand mit Spitzenwerten in den Jahren 1907, 1915, 1925, 1935, 1936, 1945, 1955 und 1956. Diese Jahre waren überdurchschnittlich feucht und konnten die zunehmende Wasserentnahme zur Bewässerung ausgleichen (vgl. Abb. 4.1). Seitdem ist ein katastrophales Absinken des Wasserstands zu verzeichnen, das mit der restlosen Ausbeutung der Flüsse verbunden ist.

Die Schwankungen des vergangenen Jahrhunderts beruhen nicht auf einer Klimaänderung, sondern auf relativ bedeutenden Schwankungen der Verdunstung (durch Sonneneinstrahlung) und der Eisschmelze in den Bergen.

Daß die Wasserbilanz des Aralsees sehr instabil war, wurde bereits deutlich. Die Fluktuationen, die zuvor schon in historischer Zeit stattfanden, können allerdings kleinen Klimaschwankungen zugeschrieben werden (Atlantikum im Holozän, *Kleine Eiszeit* des Mittelalters in Westeuropa), jedoch wurde dies in Turan nur wenig untersucht. Es ist offenkundig, daß die große Veränderlichkeit des natürlichen Zulaufs der Flüsse (vgl. Abb. 2.30) in Verbindung mit den örtlichen klimatischen Bedingungen (Verhältnis zwischen Verdunstung und Niederschlag), die nicht notwendigerweise im gleichen Rhythmus auftraten, in der Vergangenheit umfangreiche Veränderugen dieser Ufer hervorrief[33]. Über ihre Bedeutung wurde viel spekuliert. Da aber nachgewiesenermaßen seit mindestens 2500 Jahren künstliche Umlenkungen zum Sary-Kamysch bestehen, erscheint die Theorie über regelmäßige Klimaschwankungen und die Suche nach Korrelationen zwischen den Wasserständen der großen Seen der Welt, z.B. zwischen Kaspischem Meer und Aralsee, ohne große Bedeutung, zumal die hydrologischen Eigenschaften dieser Seen sehr verschieden sind.

Um angesichts der meteorologischen Schwankungen die Stabilität des Seespiegels zu erklären, wurde auch der Puffereffekt in Betracht gezogen, den die Grundwasserschichten der Deltas mit sich bringen; diese waren vollständig mit Wasser getränkt, als der Aralsee von seinen Zuflüssen normal gespeist wurde (in Nukus und Nowokasalinsk wurden die Abflußmengen gemessen). Dieser beträchtliche Vorrat floß dem See diffus durch seine Ufer wieder zu und wurde nie wirklich abgeschätzt. Nach 1960 speiste er den See noch einige Jahre, verschwand dann aber nach dem zunehmenden Ausbleiben des Nachschubs durch die Uferböschungen des Amu-Darja und des Syr-Darja.

Auf dem Grund des Sees konnte man vor 1960 die mäandrierenden Betten der heutigen und der früheren Flußläufe verfolgen, heute findet man diese auf dem neuerdings trockengefallenen Gelände. Diese recht flachen Täler sind der Beweis für Zeiträume des Wassermangels, die ausreichend lang waren, um den Formen des Bodens im Freien genug Zeit zu ihrer Bildung zu lassen. In der Folge des Trockenfallens entdeckte man auch die Spuren alter Strandböschungen in verschiedenen Tiefen: Untersuchungen dazu lassen den Schluß zu, daß die Basis dieser früheren Flußbetten und Strände bei 38 m Höhe und somit um 15 m unter dem Bezugsniveau von 53 m lag. Wie wir feststellen werden, entspricht dies etwa dem Stand der künstlichen Austrocknung von 1985. Vielleicht handelt es sich um geschichtliche Zeiträume, in denen ein Teil des Amu-Darja zum Sary-Kamysch und zum Usboi umgelenkt war? Eine einfache Rechnung zeigt, daß der Salzgehalt des Aralsees damals in der Größenordnung von 20 - 25 g/l gelegen haben muß.

Eine andere quantitative Angabe über das Alter des heutigen Aralsees muß erwähnt werden. Schalow et al. (1966) haben die Sedimente zweier Bohrkerne mit einer hochauflösenden radiochronologischen Methode (Uran-Thorium-Datierung) analysiert. Der eine Bohrkern (100 cm lang) wurde im Westteil des

---

[33] Man beachte, daß manche Autoren schon die völlige Austrocknung des Aralsees während der Würm-Eiszeit in Betracht zogen (Kowalewsky 1933).

Sees entnommen, der andere näher am Delta des Syr-Darja. Die Forscher kommen zu dem Schluß, daß die Basis der untersuchten Sedimente (d.h. in 1 m Tiefe unter dem Grund des Sees) ein Alter von 139 000 $\pm$ 12 000 Jahre hat und - aufgrund geochemischer Ergebnisse - das Ausgangsmaterial nur aus dem Syr-Darja stammte. Zu dieser Zeit existierte der "Kleine See" nicht. Später erst soll der Amu-Darja zum Syr-Darja hinzugekommen sein, allerdings mit einem vergleichsweise geringeren Abfluß. Dabei sei über den Amu-Darja zunehmend mehr Wasser zugeflossen, allerdings mit Unterbrechungen im Zusammenhang damit, daß der Amu-Darja zeitweise in eine andere Richtung floß - d.h. ins Kaspische Meer über den Usboi, wie bereits angedeutet. Der "Kleine See" habe sich danach erst gebildet, als sich der Amu-Darja in den Aralsee ergoß, nach Einschätzung der Autoren vor 22 000 Jahren. Sie bekräftigen, ihre Ergebnisse stünden im Einklang mit den Vorstellungen der Aral-Sedimentologen, bleiben jedoch zurückhaltend. Was kann man davon halten?

Unter den heutigen Sedimenten des Aralsees wurden außerdem Gips- und Steinsalzschichten ausgemacht. Diese Schichten können Solontschaks entsprechen, die sich heute in den Bodenvertiefungen des ehemaligen Aralsees bilden (vgl. Abb. 6.7). Danach würde es sich um diskordante Formationen handeln. Das Schrifttum zu diesem Punkt ist nicht eindeutig. In jedem Fall würde das Ausfallen von Steinsalz im Hauptbecken des Sees eine Konzentration von Natriumchlorid voraussetzen, die etwa 350 g/l erreicht.

Im Nordteil des ehemaligen Aralsees unter dem Ton und in den Mergeln des westlichens Grabens existiert eine 5 cm mächtige Gipsschicht, die sich in 30 cm Tiefe unter dem oben beschriebenen Grund befindet. Im mittleren Teil des Sees findet man in der entsprechenden Tiefe eine Schicht Grobsand mit Herzmuscheln von 5 - 7 mm Mächtigkeit. In den Flußdeltas gibt es diese Schicht nicht.

Brodskaja hat diese Anomalie mit einem historischen Regressionsstand des Aralsees in Verbindung gebracht. Eine theoretische Berechnung zur Art der chemischen Sedimente, die sich bei der Verdunstung von Wasser mit der chemischen Zusammensetzung des (damaligen) Aralsees bilden, war 1950 ohne Computer nicht möglich. Statt dessen stellte Brodskaja (1956) im Experiment fest, daß der Gips auszufallen begann, sobald das Wasser des Aralsees einen Salzgehalt von 30 g/l erreichte. Die Existenz, Ausdehnung und Struktur der Schicht in 30 cm Tiefe lassen sich danach durch einen Zeitraum erklären, in dem der Aralsee deutlich kleiner und wesentlich salziger als 1950 war. Allerdings muß angemerkt werden, daß dies - im Gegensatz zu heute - zumindest einen zeitweise stabilisierten Seespiegel voraussetzt. Der Salzgehalt von 30 g/l, 1990 erreicht, wurde seither schnell überschritten (35 g/l 1992; somit lagert der Aralsee heute auf seinem Grund Gips ab). Der Wasserstand des offenen Wassers im Aralsee befand sich zur Zeit der Regressionen mit Gipsablagerung etwa 15 m unter dem Seespiegel von 1960.

Die feine jährliche Schichtung der Ablagerungen bezeugt, daß die Geschwindigkeit der Sedimentierung um 1950 im Kleinen See - dem Nordteil des Aralsees - zwischen 0,5 und 1,9 und im mittleren Teil zwischen 0,7 und 0,8 mm pro Jahr

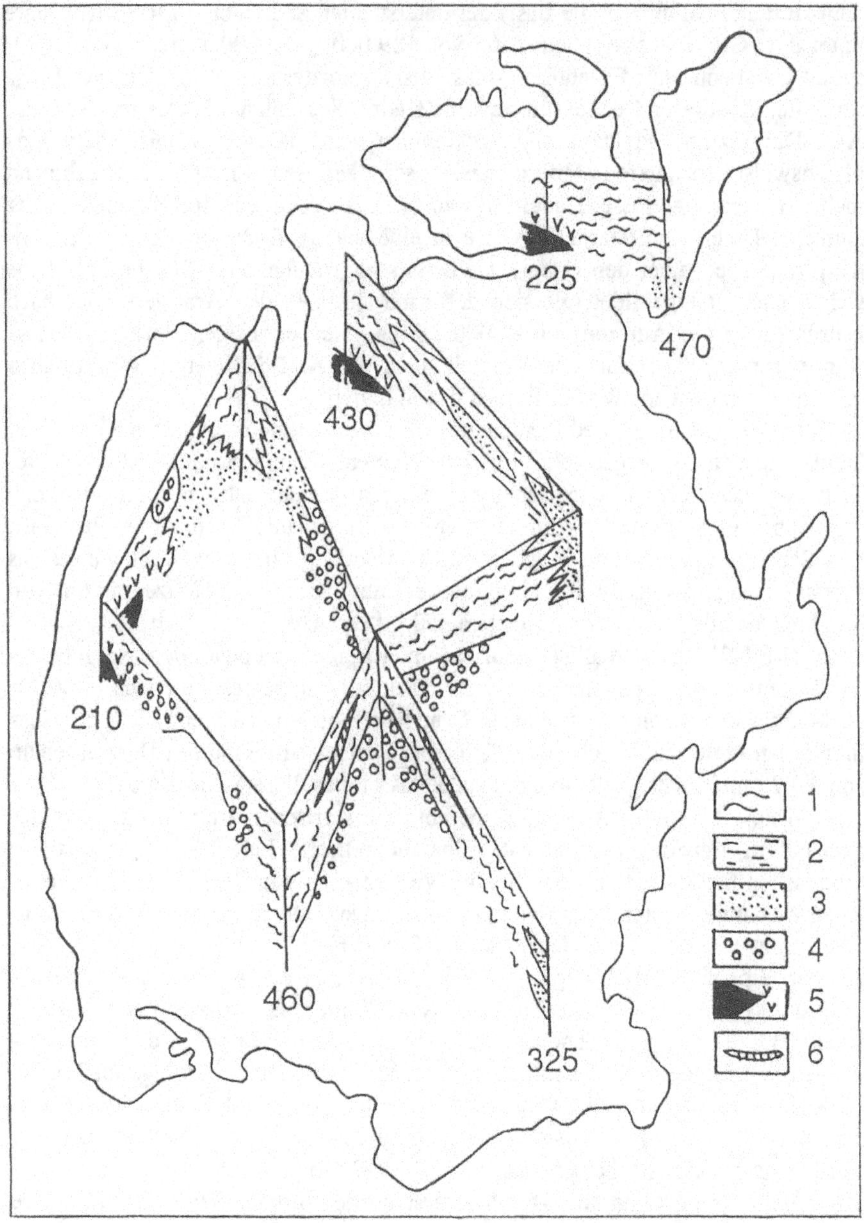

Abb. 2.31.a. Struktur der Sedimente des Aralsees, in denen die Position der Sulfatablagerungen im westlichen Graben erkennbar wird. *1* Karbonate; *2* schluffige Sedimente; *3,4* grobkörnigere Ablagerungen; *5* Mirabilit (schwarz) und Gips; *6* Spuren, die reich an organischen Bestandteilen sind; Tiefenangaben in cm

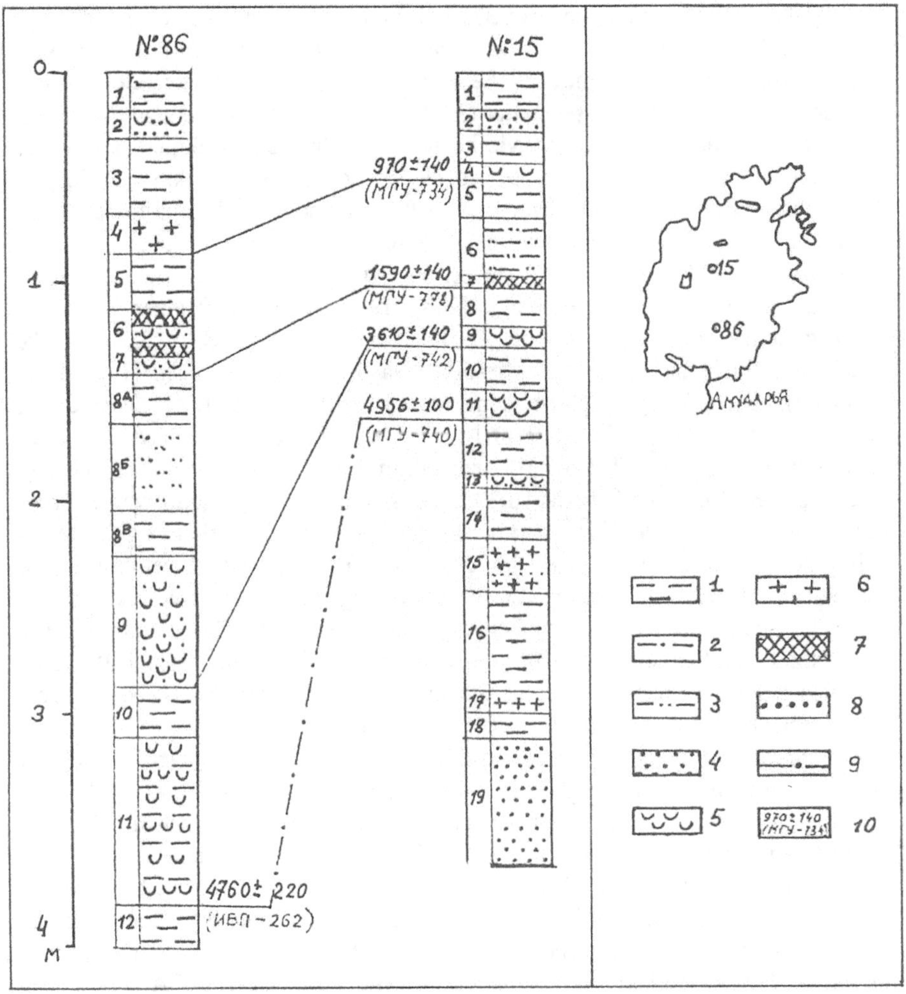

Abb. 2.31.b Lithologie zweier Bohrungen von Rubanow. *1* tonige Ablagerungen; *2* schluffige Ablagerungen; *3* tonig-schluffige Ablagerungen; *4* Sand; *5* Gips; *6* kohlenstoffhaltige Ablagerungen; *7* an organischen Bestandteilen reiches Torfsediment; *8* grobe angeschwemmte Ablagerungen; *9* heterogene Ablagerungen; *10* Alter nach der Radiokarbonmethode (Bezug: 1950 n.Chr.)

lag (in den Deltas liegt sie bei 10 mm pro Jahr)[34]. Die Gipsschicht und die entsprechende Sanddecke an den Ufern wären demnach in einem Zeitraum von 100 - 600 Jahren entstanden. Dies erinnert natürlich wieder an die Zeit, in der der Amu-Darja zum Usboi hin abgelenkt war. Es läßt sich leicht berechnen, daß

34 1908 hatte Berg berechnet, daß es 8000 Jahre dauern würde, bis die Sedimentierung bei ansonsten gleichbleibenden Umständen den Spiegel des Aralsees ausreichend angehoben haben würde, damit dieser wieder in die Sary-Kamysch-Senke übertritt.

der Aralsee ein Volumen von etwa 375 km^3 und eine Oberfläche von 38 000 km^2 haben mußte, um den Salzgehalt zu erreichen, der für eine Gipsablagerung notwendig ist (30 g/l)[35]. Um diese Werte aufrechtzuerhalten, bedurfte es einer jährlichen Zufuhr von Flußwasser in der Größenordnung von 34 - 42 km^3 (bei ähnlichen klimatischen Bedingungen wie heute, was sehr wahrscheinlich ist). Wenn also der Syr-Darja damals etwa seinen natürlichen Abfluß (15 km^3 jährlich) in den Aralsee einbrachte, so bedeutet das, daß etwas mehr als die Hälfte des Amu-Darja-Abflusses den Aralsee nicht mehr erreichte.

Rubanow (1974, 1982, 1987) steuert eine zusätzliche Information bei (Abb. 2.31.a, b). In den westlichen Gräben des Aralsees fand er in einer Tiefe von 2 - 4 m unter der Obergrenze des Sediments eine weitere etwa 50 cm dicke Zwischenschicht aus Gips und Mirabilit ($Na_2SO_4 \cdot 10\,H_2O$, auch Glaubersalz genannt). Diese Evaporitschicht kann als Resultat einer anderen bedeutenden Regressionsepisode des Sees interpretiert werden. Die Löslichkeit von Mirabilit bei 30°C beträgt 930 g/l, bei 10°C jedoch nur 110 g/l; für Natriumchlorid liegt sie zwischen 0 und 30°C bei etwa 335 g/l. Wie bereits festgestellt wurde, friert der Aralsee im Winter: Unter diesen Umständen wird die Löslichkeit des Mirabilits sehr schwach, und angesichts der - im Vergleich zum Meerwasser sehr unterschiedlichen - chemischen Zusammensetzung, die das Wasser des Aralsees erreicht hat (das gelöste Kalziumkarbonat hat es verloren), fällt paradoxerweise das Salz wesentlich leichter als der Gips aus, sobald das Wasser sehr kalt ist. Im Großen Salzsee in den Vereinigten Staaten läßt sich dieses Phänomen in jedem Winter beobachten. Normalerweise löst sich der Mirabilit wieder auf, wenn im Frühjahr die Temperatur wieder ansteigt[36]. Damit er erhalten bleibt, muß der wiederkehrende Wasserzufluß mit einer massiven Sedimentzufuhr verbunden sein, die eine kaum durchdringbare Schicht schafft und die löslichen Salze von der flüssigen Masse trennt; für den Gips gilt im übrigen das gleiche.

In seinen Bohrkernen traf Rubanow auf eine torfartige organische Schicht (aus Schilfresten), die sich im mittleren Becken des Aralsees über 5000 km^2 erstreckt und die er mit der Radiokarbonmethode auf 1580 ± 140 Jahre v.h. datiert hat. Dieser Wert entspricht recht gut demjenigen, der aus den Arbeiten von Brodskaja abgeleitet wurde, und zeugt von einem weniger markanten Rückzugsstadium des Sees um das 4. und 5. Jh. Diese Regression kann im Zusammenhang mit der Invasion der Hunnen stehen, die die Deiche des Amu-Darja zerstörten. Man kann sich vorstellen, daß sich der See auf Evaporitlagunen zurückgezogen hatte, die an ihrem südlichen und östlichen Ufer durch Pflanzenformationen gesäumt wurden, die denen der früheren Deltas von 1960 entsprachen.

Diese Schlußfolgerungen werden durch eine neuere Studie von Boomer (1993) vollkommen bestätigt, in der dieser zeigt, daß der Aralsee im Verlauf der letzten

---

[35] Dieser Wert wurde 1990 erreicht.

[36] A. Jauzein (persönliche Mitteilung) berichtet, daß "Mirabilit-Garben" im 20 cm tiefen Wasser an den Ufern der Sebkra Krialat bei Tataouine (Süd-Tunesien) in einer einzigen Nacht um über 10 cm wachsen und daß sie vollständig zu Thenardit-Staub zersetzt werden, nachdem sie 2 Stunden der (25°C warmen) Luft ausgesetzt sind.

Tabelle 2.9. Jährlicher Abfluß von Stoffen (in 1000 t) im Amu-Darja und im Syr-Darja (Mittelwert 1913-1949) (verschiedene Quellen)

Fluß	Wasser (km^3)	Ca^{2+}	Mg^{2+}	$Na^{+}+K^{+}$	HCO_3^-	SO_4^{2-}	Cl^-	Fe^{2+}	
Amu-Darja	48,18	4367	612	2765	7853	5878	4529	2023	gelöst
		3907	540	2086	7396	5059	3600	2774	Schwebstoffe
Syr-Darja	13,49	1211	289	642	2558	23220	567	13,5	gelöst
		1182	275	591	2510	2212	540	440	Schwebstoffe

etwa 1000 Jahre sicherlich zwei Regressionen erlebte; er stützt sich dabei im wesentlichen auf die Ostracodenfauna (kleine Schalentiere mit kohlensaurer Schale) und ihre chemische und Isotopenzusammensetzung. Danach scheinen diese Regressionen weniger dramatisch als die heute feststellbare ausgefallen zu sein. Dies bestätigt eine Folgerung, zu der man auch anhand anderer Argumente gelangen kann.

Die Zusammensetzung der tieferen Sedimente ist noch nicht bekannt, sie alleine würden eine genaue Datierung der früheren Zeitalter des Aralsees erlauben. Eine Datierung von Schalow haben wir bereits erwähnt, nach der das untere Ende der Bohrkerne in 1 m Tiefe 120 000 Jahre alt ist. Diese Zahl, die jahrelang als Eckwert festgehalten wurde, läßt sich jedoch mit folgenden Daten kaum in Einklang bringen: (1) mit der Gesamtmasse der fluvialen Sedimente und (2) mit den tatsächlich gemessenen Sedimentierungsgeschwindigkeiten. Die Mirabilitschicht, die von Rubanow in 2 - 4 m Tiefe gefunden wurde, könnte 1000 - 2000 Jahre alt sein. Aber warum enthalten die Sedimente des jüngsten Zeitabschnitts nur Gips? Angesichts der archäologischen Daten gibt es keinerlei Anzeichen einer merklichen Abkühlung in historischer Zeit. Dagegen ist es wahrscheinlich, daß sich die chemische Zusammensetzung des Wassers im Aralsee im Laufe der Zeit stark geändert hat, da ja der Amu-Darja (als größter Lieferant gelöster Salze) mehr oder weniger bzw. auch gar nicht in den See floß. Wie man sieht (Tabelle 2.9), ist das Wasser des Syr-Darja im Vergleich dazu wesentlich sulfatreicher und chloridärmer. Die Zusammensetzung der Evaporitsedimente hing in der Vergangenheit also auch vom Verhältnis der Wassermengen der beiden großen Zuflüsse ab. Und die beiden großen Rückzugszeiten, welche die Sedimentologie feststellen konnte, wären so die Vorläufer des Rückzugs, der 1960 begann.

Falls der Amu-Darja vollständig zum Kaspischen Meer hin umgelenkt gewesen sein sollte, so daß nur noch der Syr-Darja den Aralsee speiste, so hätte sich der Seespiegel bei 27 m ü.NN eingependelt: Nur der westliche Graben und einige Pfützen im Mittelbecken hätten dann weiterbestanden.

Nun konnte aber der Syr-Darja seinen Abfluß in den Aralsee niemals vollständig einstellen, selbst wenn der Amu-Darja vollständig umgelenkt werden konnte, was zweifelhaft ist. Auch unter Berücksichtigung tektonischer Bewegungen, scheint es nicht sicher zu sein, ob der Aralsee seit seiner Entstehung vor vielleicht einer Million Jahren seinen derzeitigen (1992) Regressionsstand bereits einmal deutlich unterschritten hatte; ausgenommen wären nur eventuell denkbare, aber kurze Zeiträume, in denen die beiden Flüsse zusammenströmen konnten, um dann in das Kaspische Meer zu fließen. Nichts davon ist sicher, zumal die Transgressionen des Kaspischen Meers, die es in früheren Zeiten mit Sicherheit gab, eine Wasserquelle für den Aralsee darstellten.

2.7 Das Salz im Aralsee

Die Beständigkeit und die Stabilität großer Wassermassen ohne Abfluß - wie etwa im Kaspischen Meer - wurde zu Zeiten, in denen die Bedeutung der Verdunstung noch nicht mengenmäßig erfaßt war, der Existenz unterirdischer Verbindungen zugeschrieben, die diese Seen mit dem Weltmeer, in diesem Fall dem Persischen Golf, verbinden. Noch zu Humboldts Zeiten galt diese Theorie für den Aralsee: Sie erklärte zugleich die Beständigkeit des Wasserspiegels und die des Salzgehalts. Von den 1860er Jahren an erwies sie sich jedoch endgültig als veraltet. Hinsichtlich des Salzgehalts stellte der Aralsee vor 1960 ein Paradoxon dar - wie auch der Tschadsee (Droubi et al. 1976) in einem durchaus ähnlichen Umfeld. Der Salzgehalt blieb seit 1871 bis zu den 60er Jahren praktisch unverändert, ebenso wie die Höhe des Seespiegels (vgl. Tabelle 2.10). Nun führten die beiden Flüsse, die den See speisten, jedoch ständig gelöste Salze mit sich, so daß man bei einer Verdunstung in der Größenordnung von 1 m jährlich eigentlich eine kontinuierliche Steigerung des Salzgehalts erwartet hätte (Tabellen 2.12 und 2.13). Alechin (1953) und Blinow (1947), Bortnik (1983) und Glasowski (1983) haben verschiedene Hypothesen aufgestellt: Salzverluste durch die Gischt, Absonderung durch natürliche Salzteiche usw. Blinow (1956) hat die gesamte Bilanz neu bearbeitet. Sehr sorgfältig schätzt er die Salzeinträge:

- Salzfracht der Zuflüsse,
- Zustrom über Grundwasserschichten,
- Eintrag aus der Atmosphäre

und die "Senken" (Abgänge) ein:

- Versickerung in die Ufer und in den Meeresgrund,
- Salz, das sich in Evaporitbuchten ansammelt (natürliche Salzteiche)
- Salz, das sich in den Sedimenten festsetzt,
- Salz, das vom Wind fortgetragen wird.

Auf diese Weise kann man einen Ausgleich zwischen Zugängen und Abgängen herstellen, wobei die Trägheit der Zugangs- und Abgangsphänomene zu berücksichtigen ist (vgl. Tabelle 2.11).

Tabelle 2.10. Salzgehalt und Wasserspiegel des Aralsees von 1942 - 1946. (Nach Blinow)

Jahr	Aralsee Pegel (cm)	Aralsee Salzgehalt (g/l)	Insel Wosroshdenija Pegel (cm)	Insel Wosroshdenija Salzgehalt (g/l)	Usun-Kari Pegel (cm)	Usun-Kari Salzgehalt (g/l)
1942	129	10,14	128	10,21	113	11,29
1943	138	9,17	134	9,51	139	9,91
1944	130	10,54	128	9,96	129	11,27
1945	137	9,54	-	-	132	11,27
1946	152	9,03	146	9,51	147	10,25

Tabelle 2.11. Auszüge aus der Phosphor-, Stickstoff- und Siliziumbilanz des Aralsees, in 1000 t pro Jahr. (Nach: Autorenkollektiv 1990)

Zeitraum	Fluviale Einträge			Atmosphärische Einträge		Verluste (Fischerei, Industrie)	
	P	N	Si	P	N	P	N
1911-60	56,0	82,0	29244	1,7	5,0	0,2	2,0
1961-65	61,4	59,3	24287	1,6	4,7	0,2	1,7
1966-70	115,5	112,1	45585	1,5	4,4	0,1	0,8
1971-75	37,7	36,5	14914	1,4	4,2	0,1	0,7
1976-80	14,5	14,3	5750	2,2	6,5	0,02	0,2
1981-85	1,5	1,4	588	2,0	5,7	---	---

Tabelle 2.12. Mittlerer jährlicher Ionenfluß. (Nach Blinow)

Amu-Darja (Zeitraum 1913-1949) (in 1000 t)

Ortschaft Schatli

Wassermenge (km^3)	Ca^{2+}	Mg^{2+}	Na+K+	HCO_3^-	SO_4^{2-}	Cl^-	Gesamt
48,09	3998	537,5	2089	3630	5052	3593	18 909

Ausfluß des Deltas (Summe der Mündungen)

Wassermenge (km^3)	Ca^{2+}	Mg^{2+}	Na+K+	HCO^{3-}	SO_4^{2-}	Cl^-	Gesamt
42,00	3379	574	2418,5	4158	3906	3308	17 743

Syr-Darja (Zeitraum 1937 - 1944), nahe der Mündung

Wassermenge (km^3)	Ca^{2+}	Mg^{2+}	Na+K+	HCO^{3-}	SO_4^{2-}	Cl^-	Gesamt
13,5	1183	278	591,5	1235	2219	554	6 051

Tabelle 2.13. Entwicklung der Nährstoffkonzentration im Syr-Darja und im Amu-Darja (in mg pro m³); (P-PO_4 Phosphat, P_{org} organischer Phosphor; N-NO_2 Nitrit-Stickstoff ; N-NO_3 Nitrat-Stickstoff; N-NH_4 Ammoniak-Stickstoff; N_{org} organischer Stickstoff; Si gelöstes Silizium. (Nach: Autorenkollektiv 1990)

Zeitraum	Jährl. Wasser-abfluß in km³	P-PO_4	P_{org}	N-NO_2	N-NO_3	N-NH_4	N_{org}	Si
Syr-Darja								
1911-60	14	6-11		1,4/1,6	624-666	34-61	550	4855-5300
1961-65	9,6	93	107	12	521	72	1690	5000
1966-70	10,6	48	51	12	458	400	798	5200
1971-75	5,3	43	85	14	799	683	1338	4200
1976-80	0,3	12	74	16	1348	291	1162	4400
Amu-Darja								
1911-60	43,6	10-13	20	0	253-286	52-57	400	4756-4949
1961-65	30,2	14	34	3	280	74	533	5800
1966-70	36,6	20	28	4	440	251	437	6000
1971-75	16,2	11	16	4	250	190	258	4000
1976-80	11,3	22	34	28	1440	269	531	4300
1981-85	2,0	-	-	14	1120	80	824	---

In Anbetracht der Besonderheiten bei der chemischen Zusammensetzung des Wassers im Aralsee[37], unter Berücksichtigung von Temperatur und der Kalziumkarbonat-Übersättigung errechnet Blinow, den wir als Autorität ansehen, daß 43,2 % bzw. 45,5 % der von Amu-Darja bzw. Syr-Darja mitgeführten Salze in Form von Kalziumkarbonat ausfallen (Tabelle 2.14).

Blinow schätzt, daß eine Salzzufuhr aus unterirdischen Quellen im Vergleich zu den Flüssen eine zu vernachlässigende Größe darstellt. Setzt man die gesamte vorhandene Salzmenge im Aralsee mit den Mengen in Beziehung, die jährlich durch die Flüsse eingebracht werden, sind 820 Jahre nötig, um den Salzgehalt von 1954 zu erreichen - wenn man von einer regelmäßigen Zunahme von jährlich 1 % seit 1871 ausgeht, was durch die Statistiken jedoch nicht belegt ist. Blinow berechnet außerdem, daß die äolische Zufuhr nur etwa 64 800 t jährlich ausmacht, was 5 % des fluvial eingebrachten Salzes entspricht.

Schließlich berechnet Blinow bei den Abgangsgrößen die Auswehung der Salze durch den Wind an der Wasseroberfläche und ermittelt 107 000 t/Jahr als

[37] Chemische Zusammensetzung in g/l (1947): Na^+:2,263; K^+:0,081; Mg^{2+}:0,49; Ca^{2+}:0,556; Cl^-: 3,502; Br^-:0,0025; SO_4^{2-}:3,13; HCO_3^-:0,194; pH=7,8-8. In Kapitel 7 wird beschrieben, wie sich die Konzentration im Wasser entwickelt.

Tabelle 2.14. Vergleich von Sedimentierungseigenschaften des Aralsees (vor 1960) und des nördlichen Kaspischen Meeres. (Nach Chrustaljow und Artjuchin 1992)

		Kaspisches Meer		Aralsee	
Insgesamt (in Mio. t)		91,6		125,8	
davon:					
Flußfrachten		31,2		81,3	
Küstenerosion		1,0		8,0	
Äolische Zufuhr		35,7		21,6	
Kohlensaure Kalkschalen		25,95		1,5	
Chemisch gefällte Karbonate		7,78		13,45	
Karbonatzufuhr		53,49		43,28	
davon:					
Fluviale Schwebstoffzufuhr		7,46		16,58	
Zufuhr in Lösung		37,66		14,98	
Küstenerosion		0		0,72	
Äolische Zufuhr		8,37		11,74	
Verteilung:					
Sand und Muscheln		31,3 %		8,5 %	der Gesamtmasse
	bedecken	81,2 %	und	28 %	der Gesamtoberfläche
Schluff und Schlamm		68,7 %		91,5 %	der Gesamtmasse
	bedecken	18,8 %	und	72 %	der Gesamtoberfläche

Tabelle 2.15. Schätzungen der Salzbilanz des Aralsees (vor 1960) in Mio. t/Jahr. (Nach Glasowski, 1990)

		Blinow (1956)	GOIN (1972)	Bortnik (1979)	Tschernenko (1983)	Glasowski (1976, 1983, 1987)
Gewinn	Flüsse	23,79	32,21	(Blinow)	(Blinow)	29,19
(Eintrag)	Grundwasser	0		1,4	23,7	0,7 - 3,3
	Atmosphäre	0,065		0,4	(Blinow)	3,9
	insgesamt	23,85		25,6	47,55	
Verlust	in die Atmosphäre	0,107	0,28 - 0,23	(Blinow)	(Blinow)	0,38 - 0,5
	in das Grundwasser	12,85		1,5	1,95	0,21
	in Salzsümpfe			12,9	34,6	14 - 16
	Ausfällung am Grund	10,94		(Blinow)	(Blinow)	13 - 15

Unterschied, was ausgesprochen wenig ist. Er beweist, daß die Wasserbilanz des Aralsees nicht ausgeglichen sein kann, wenn nicht der See selbst die Grundwasserschichten seiner Ufer mit Wasser speist, Wie es für das gleichgelagerte Beispiel des Balschach-Sees gilt. Für den Balschach-See bewegt sich das Wassersäulenäquivalent, das in die Grundwasserschichten abgeht, zwischen 60 und 210 mm jährlich bei gleichartigen klimatischen Bedingungen.

Der jahrhundertealte Überschuß des in diese großen Seen eingebrachten Salzes wird also teilweise durch den benachbarten Untergrund ausgeglichen. Französische Hydrologen, die Forschungen über den Tschadsee betrieben, sind zu analogen Schlußfolgerungen gekommen.

Sicher, Blinow verfügte für den Aralsee nicht über eine vollständige Statistik, aber er erfaßte dennoch genau die Komplexität seines Salzgleichgewichts. Auf diesen Punkt wird noch genauer eingegangen, wenn die Entwicklung des Sees seit 1960 behandelt wird (Kapitel 6 und 7). Neuere Schätzungen zur Bilanz gelöster Salze sind in Tabelle 2.15 wiedergegeben.

Schließlich seien noch die Untersuchungen erwähnt, die Fjodorow (1992) über den Gehalt des Aralseewassers an ^{18}O- und ^{2}H-Isotopen durchführte. Die Verdunstung reichert sie im Seewasser an, wie es in geschlossenen Becken ohne Abfluß die Regel ist. Fjodorow et al. (1993) untersuchten auch die Veränderung der Isotopenzusammensetzung des Schwefels und des Sauerstoffs in den Sulfaten seit dem Zeitpunkt, zu dem der Eintrag dieser Sulfate durch industrielle Zuflüsse und die Einleitung aus Entwässerungskanälen verändert wurde.

In einer neuen Arbeit (Létolle u. Mainguet, 1995) wurde eine Synthese aller vorliegenden Daten zur Geschichte des Aralsees versucht (von 15 000 v.Chr. bis heute). Bis ca. 5000 hatte der Aralsee einen regulären Abfluß, und erst als dieser Abfluß zum Kaspischen Meer nicht mehr bestand, unterlag er mehreren Episoden der Austrocknung.

2.8 Die allochthonen[38] Zuflüsse des Aralsees

Der Amu-Darja und der Syr-Darja stellen die Eckpfeiler des hydrologischen Systems dar. Die nachgeordneten Täler von Kaschka-Darja, Serafschan (in dem man Gold findet), Murgab, Tedshen, Tschu und Talas auf dem Gebiet der GUS-Staaten sowie von Hulm, Balch, Sary-Pul und Shirintagar in Afghanistan tragen auch zur Oberflächenentwässerung bei und erbringen mit Amu- und Syr-Darja zusammen einen geschätzten Jahresabfluß von 120 km^3. Genannt werden kann auch der Atrek (der Sideris bei Plinius), der die Grenze zum Iran darstellt, aber ins Kaspische Meer fließt und somit dem Aralbecken nicht angehört, obwohl auch er in die sowjetischen Bewässerungspläne einbezogen wurde.

Zur Orientierung liefert Tabelle 2.16 statistische Daten über die bedeutendsten Flüsse Turans, die hinsichtlich der Abflußmengen und der Chemie den Werten von vor 1956 entsprechen.

Die Richtungsänderung des Amu-Darja zum Kaspischen Meer haben wir erwähnt. Der Syr-Darja ist mit dem Amu-Darja vielleicht niemals zusammengeflossen - außer vielleicht unter außergewöhnlichen Umständen, aber dafür gibt es keinerlei klaren Beweis.

---

[38] Allochthon bedeutet für Flüsse, daß ihr Ursprung in einem anderen Ökosystem liegt als der größte Teil ihres Laufs.

Die Abflußmenge der beiden Flüsse ergibt sich - solange kein Wasser entnommen wird - aus den klimatischen und pedologischen Bedingungen einer besonderen Welt. Es gibt wenige Regionen auf der Erde, in denen so große Ströme in eine abflußlose Senke fließen: Zentralafrika mit dem Schari-Logone-System und dem Tschad-See, Sinkiang mit dem Tarim und dem Lob-Nor-See, das Kalahari-Becken, und vor allem eben das Land am Aralsee. Das Schicksal dieser Regionen hängt vom ungewissen Ausgleich zwischen Zufluß und Verdunstung ab. Die Klimakarten (vgl. Abb. 2.17 und 2.18) verdeutlichen, wie labil dieses Gleichgewicht ist.

Der Amu-Darja (Bildtafel 15)

Der Amu-Darja entsteht aus dem Zusammenfluß von Pjandsh und Wachsch in 1445 km Entfernung vom See. Seine Gesamtlänge unter Einbeziehung seines Hauptzuflusses beträgt 2540 km; so gesehen entspringt er im Pamir in Afghanistan nahe der chinesischen Grenze[39] in einer Höhe von 4900 m. Seinen Namen (nach der antiken Stadt Amulja nahe Tschardshou) trägt er erst wesentlich weiter flußabwärts. Sein Einzugsbereich umfaßt etwa 309 000 km^2. Der Hauptteil der Wassermengen stammt aus der Schmelze der Gletscher sowie des Schnees, der im Herbst in den niedrigeren Höhenlagen seines Einzugsbeckens fällt und von da an auch schmilzt. Das Wasser wird von vier großen Zuflüssen am rechten Ufer (Tadschikistan) herangeführt: dem Kysyl-Su, dem Wachsch, dem Kafirnigan und dem Surchan-Darja. 200 km östlich von Termes verläßt er in Tadschikistan den Pamir und dringt in eine Wüste vor, die eine Verlängerung der Kara-Kum darstellt. Zwei große Zuflüsse kommen aus Afghanistan, der Kokscha und der Kundus, sie bringen 20 - 30 % der gesamten Abflußmenge mit. Diese beiden Flüsse verbreitern sich in ihrem Unterlauf und bilden nicht weit von der Stadt Termes Schwemmebenen aus. Bei Termes endet der Bergabschnitt des Amu-Darja. Weiter westlich waren andere kleinere Flüsse (Chatm, Balchale-Darja, Safed, Shirintagao), die auch aus Afghanistan kommen, einstmals ebenfalls Nebenflüsse des Amu-Darja; wie der Murgab und der Tedshen jedoch ver-

---

[39] Genaueres zum oberen Oxus findet man bei Curzon (1896), Toeplitz-Mrozowska (1931) und Spuler (1977). Der Name Oxus, früher auch Uaxos, kommt vom altiranischen Wachsch (vgl. Wasser, water, woda), dem letzten großen Zufluß von der rechten Seite. Der Oxus "entspringt im Oaxus-See" (Plinius VI, 48). Die Existenz dieses Sees wurde von Mysliwiec in Pauly-Wissowa, Realenzyklopädie des Klassischen Altertums, bestritten (Suppl. XI, S. 1029). Unserer Auffassung nach kann dieser See nicht im Pamir liegen, der den Römern unbekannt war, sondern muß der Aralsee sein, sicherlich in seiner verkleinerten Form, falls der Amu-Darja zu dieser Zeit über den Usboi ins Kaspische Meer floß, was durch die Radiochronologie noch bewiesen werden muß. Andernfalls könnte es einer der Seen des Deltas sein (Kungrad- und Daukara-See, vgl. Abb. 2.20: heute ein kleiner Karameren-See; diesen Namen tragen zwei Seen im Delta. Aber sollte man damals den Aralsee nicht gekannt haben, obwohl Strabo vom "nördlichen Meer" spricht, in das der Oxus fließt (vgl. Fußnote 58)?

Tabelle 2.16. Hydrochemische Eigenschaften der wichtigsten Flüsse im Einzugsgebiet des Aralsees. (Nach Alechin und Brajnikowa 1964)

Name (und Station)	Einzugsbereich in km²	Abfluß in Mio. m^3/Jahr	in m^3/s	Gelöste Ionen (in kt/Jahr) Ca^{2+}	Mg^{2+}	$Na^{+}+K^{+}$	HCO_3^-	SO_4^{2-}	Cl^-	Summe der Ionen	Salzgehalt in mg/l
Flüsse des Südwestens											
Murgab	34700	1703	54	109	23,5	68,0	164	142	62	568	333,5
Tedshen	70600	1006	32	80,1	41,4	136	122	224	145	748	743,5
Atrek	26700	340	10,8	50,1	22,2	113	46,2	203	90,9	525	154,2
Einzugsbereich des Amu-Darja											
Amu-Darja (Schatli)	227000	49420	1567	3250	568	2940	3370	5770	3420	19300	390,5
Baksch-Golowiq (Zufluß des "Hauptkanals")	32200	20185	640	177	1040	1300	3020	1660	9140	453	?
Gunt (Korog)	15800	3061	97	65	11,5	20,7	101	60,1	16,8	276	90,2
Bartang (Schudjan)	24010	3499	111	219	29,7	45,1	224	339	28,7	886	253,2
Kafirnigan (Taryki)	9780	5308	168	197	40,4	56,9	340	139	44,8	818	154,1
Barsob (Da-Ata)	1360	1276	40,5	4,2	5,21	6,96	64,1	25,9	9,78	156	122,2
Liu-Schob (Duschanbe)	262	198	63	8,7	0,653	0,957	13,8	4,18	1,31	29,6	149,6
Kanaka (Ali-Begi)	362	336	10,6	1,7	1,49	2,09	18,6	6,07	1,69	41,6	123,7
Syrchan-Darja (Mangysar)	13600	2256	71,5	182	34,2	56,5	195	328	38,4	834	369,7
Typalang-Darja (Daschnabad)	3040	1376	43,6	58,8	7,47	16,9	76,2	57,3	5,57	222	161,3
Sangardak (King-Gisar)	920	387	12,3	22,6	3,85	4,01	26,3	28,6	2,56	87,9	227,3
Kodsha-Ipak (Karliuk)	794	196	*6,2	4,7	2,51	5,06	14,6	26,1	4,05	67	342,2
Einzugsbereich des Syr-Darja											
Syr Darja (Tjumen-Aryk)	218900	21502	682	2010	431	717	2180	3470	700	9510	442,3
Naryn (Usch-Kurgan)	58400	12452	395	634	117	219	891	689	213	2760	221,6
Jassi (Salamalik)	1240	611	19,4	26,8	2,71	4,74	37,7	15,1	6,44	93,5	153,0

Name (und Station)	Einzugsbereich in km²	Abfluß in Mio. m^3/Jahr	in m^3/s	Gelöste Ionen (in kt/Jahr) Ca^{2+}	Mg^{2+}	$Na^{+}+K^{+}$	HCO_3^{-}	SO_4^{2-}	Cl^{-}	Summe der Ionen	Salzgehalt in mg/l
Kurschab (Gulscha)	1860	396	12,6	3,2	2,61	3,3	31,9	40,0	3,87	115	290,4
Kurart-Sai (Dshirgital)	935	377	12	24,8	3,08	3,42	46,6	10,8	3,68	92,5	245,3
Kara-Ungur-Kischl (Scharwak)	1160	838	26,6	40,9	4,24	8,31	69,4	12,9	5,0	141	168,2
Maiili-Su (Bob)	579	181	5,74	9,0	1,32	1,90	13,4	3,24	1,98	30,8	170,4
Ak-Bura (Tuleken)	2530	548	17,4	29,9	4,14	5,9	41,8	27,0	3,91	113	206,1
Araban-Saii (Koschan)	1410	314	10	18,4	2,64	3,86	25,9	16,3	2,91	70,0	222,7
Padscha-Ata (Toss)	389	182	5,77	9,27	1,11	1,62	12,8	8,11	1,56	34,5	189,4
Isfaiiram-Saii (Usch-Korgon)	2230	593	18,8	38,2	6,69	5,94	43,9	52,6	4,82	152	256,5
Schakimardan-Sarii (Paulygan)	1520	320	10,15	23,9	4,72	4,58	23,6	43,1	2,56	102	319,1
Sok (Sari-Kanda)	2250	1361	43,15	58,4	8,66	13,3	75,1	68,8	7,74	232	170,5
Isfara (Isfara)	2810	428	13,6	18,2	5,21	4,27	27,9	20,7	2,40	78,7	183,7
Angren (Samarskoje)	5270	1053	33,4	61,7	11,2	20,0	99,6	56,2	11,7	260	246,9
Schirschik (Schinas)	14200	4056	128,6	219	35,6	37,7	332	169	29,7	823	202,9
Pskem (Ustije)	2830	2436	77,2	88,9	10,2	14,1	140,0	39,0	13,0	305	125,2
Schatkal (Scharwak)	6820	3513	111,4	125	17,7	17,9	224	51,6	18,4	455	129,5
Uram (Chodshikent)	869	649	20,6	29,4	1,98	3,42	43,9	9,96	3,57	92,2	142,0
Arys (Arys)	13200	1298	41,15	80,1	17,7	50,4	166	73,6	14,3	402	309,8
Sayram-Su (Blinkowo)	444	166	5,25	5,86	2,21	2,48	14,2	4,03	0,526	29,3	176

Flüsse aus dem Gebiet zwischen Amu-Darja und Syr-Darja

Schirabad-Darja (Schirabad)	2950	226	7,2	36,8	6,55	69,6	15,3	86,8	102	317	1400,8
Kaschka-Darja (Karatikon)	7530	784	24,86	50,0	13,4	15,5	82,4	59,2	7,79	228	290,7
Ak-Su (Kasak-Nau)	845	391	12,4	14,1	2,01	3,81	247	6,97	1,93	53,5	136,7

Tabelle 2.16. Hydrochemische Eigenschaften der wichtigsten Flüsse... (Fortsetzung)

Name (und Station)	Einzugsbereich in km²	Abfluß in Mio. m^3/Jahr	Abfluß in m^3/s	Gelöste Ionen (in kt/Jahr) Ca^{2+}	Mg^{2+}	$Na^+ + K^+$	HCO_3^-	SO_4^{2-}	Cl^-	Summe der Ionen	Salzgehalt in mg/l
Tankas-Darja (Atsching)	417	143	4,5	6,22	0,903	1,72	9,17	5,74	0,997	24,8	173,4
Jakkobar-Darja (Tatar)	504	225	7,13	17,4	1,33	1,90	13,3	27,4	1,42	62,8	278,9
Gusar-Darja (Jar-Tepe)	3170	173	5,5	36,7	7,49	22,9	13,8	107	24,3	212	1226,8
Kifik-Uruk (Kuly-Kischlak)	1660	41	1,3	13,5	5,27	19,2	3,84	60,5	25,4	128	3114
Serafschan (Brücke von Dupuli)	10200	4918	156	193	35,6	22,4	285	165	19,2	720	146,4
Serafschan (Fan-Darii)	3230	1865	59	62,6	15,4	14,1	123	36,8	5,1	257	137,8
Jagnob-Darja (Tokfan)	1450	954	30,25	33,4	8,82	3,56	63,1	16,7	5,69	131	137,4
Iskander-Darja (Istok)	781	594	18,8	13,5	2,54	2,70	25,2	5,56	1,23	50,7	85,3
Kschtuk-Kischl (Nishnij-Kschtuk)	792	229	7,25	11,1	1,30	3,02	17,5	6,88	1,69	41,5	181,2
Magian-Darja (Sudja)	1100	276	8,75	12,6	2,66	1,18	19,6	7,62	2,72	46,4	168,4
Trockene Flußbetten in Kasachstan											
Turgai (Tusum)	50930	78	2,5	8,07	5,32	172	10,2	54,2	221	471	6000
Irgis (Irgis)	28600	313	10	21,3	4,86	23,7	26,8	29,5	26,9	133	424,4
Dshaman-Sary-Su (Aii-Su)	7170	22	0,7	1,43	2,58	1,78	1,51	6,69	5,87	19,9	900,5
Nura (Romanowskoje)	40600	339	10,7	18,7	7,76	37,0	28,7	43,1	44,6	180	531,1
Einzugsbereich des Tschu											
Tschu (Furmanowo)	27100	1056	33,5	51,9	13,2	54,4	92,5	100,8	23,7	336	318,1
Kara-Kodshir (Sarii-Bylak)	1380	263	8,34	11,2	2,32	2,28	19,4	6,3	2,28	43,8	166,5
Issig Ata (Jurbewskoje)	455	227	7,2	8,5	0,878	1,77	10,5	6,36	2,06	30,0	132,2
Talas (Kirowskoje)	8350	1000	31,7	46,1	9,74	11,1	82,6	26,8	7,25	184	184,1
Ur-Maral (Oktjabrskoje)	660	294	9,3	10,8	1,73	5,94	20,6	10,2	1,99	51,3	174,8
Assa (Maiimak)	2850	130	4,1	18,2	3,23	6,51	35,3	10,0	1,82	75,1	227,8

Name (und Station)	Einzugsbereich in km²	Abfluß in Mio. m³/Jahr	in m³/s	Gelöste Ionen (in kt/Jahr) Ca^{2+}	Mg^{2+}	$Na^{+}+K^{+}$	HCO_3^{-}	SO_4^{2-}	Cl^{-}	Summe der Ionen	Salzgehalt in mg/l
Flüsse nordöstlich des Kaspischen Meeres											
Ural (Orenburg)	82300	3433	109	127	53,7	168	304	213	209	1070	311,7
Ural (Topoli)	194000	7925	251	608	112	164	665	337	420	2310	291,5
Or (Aschabutak)	16700	129	4,1	6,0	1,46	5,46	8,66	8,40	6,23	36,2	280,8
Sakmara (Sakmarsk)	28700	4341	137,6	226	59,0	79,8	323	287	95,7	1070	246,5
Schagan (Kamanii)	4000	178	5,6	7,38	0,23	2,67	9,13	5,16	6,84	31,4	176,2
Emba (Sharkamys)	26000	209	6,6	16,2	1,11	18,5	12,7	27,7	22,9	99,1	473,7
Temir (Leninskii)	5290	?	?	4,72	1,42	2,93	5,12	9,8	2,69	26,7	?

lieren sie sich heute in der Wüste südlich der Grenze. Der Amu-Darja führte jährlich zweimal Hochwasser: das erste im April/Mai, das von der Schneeschmelze herrührte und kurz und nicht besonders ergiebig war; das zweite im Juni/Juli (nach der Eisschmelze); im November stabilisierte sich der Wasserstand wieder. Die größte Wasserknappheit herrschte im März. Seit der Flußregulierung ist das erste Hochwasser beinahe vollständig nivelliert.

In Kerki (250 m Höhe), wo sich das Tal verengt, betrug der Abfluß[40] vor den großen Bauarbeiten, die seit 1954 unternommen wurden, im Durchschnitt 1850 m³/s. Bis zum Aralsee verbleiben noch 1260 km Fließstrecke (vgl. Abb. 2.30). Hier befinden sich nun die ersten bedeutenden Wasserentnahmestellen (flußaufwärts gibt es zwar auch welche, Afghanistan hat jedoch seine Wasserentnahmerechte aus dem Grenzfluß zur Bewässerung nie geltend gemacht). Etwas flußaufwärts zweigt der große Kara-Kum-Kanal (ehem. Lenin-Kanal) über 300 km³/Jahr ab. Am rechten Ufer in Muchry wird die Schwemmebene in der Umgebung von Karschi, Bezirks-(Oblast-)Hauptstadt der Kaskadarshinskaja-Steppe, mit Flußwasser bewässert; wegen des Höhenunterschieds wird das Wasser um mehrere Dutzend Meter hinaufgepumpt.

Der Amu-Darja bewegt beachtliche Partikelmengen: Viel Ton als Schwebstoff, etwas Sand u.a. (zwischen 1 und 3,5 kg/m³) führen dazu, daß der Fluß hinsichtlich seiner spezifischen Feststofffracht weltweit den zweiten Platz belegt, mit großem Abstand nach dem Huang He in China. In Kerki wurden zwischen

[40] Abfluß in Kerki (Werte von 1959 als Mittel über 50 Jahre): 1850 m³/s (1880 waren es 3300): Jan. 600, Feb. 600, März 700, April 1235, Mai 2000, Juni 2900, Juli 3376, Aug. 2930, Sept. 2300, Okt. 950, Nov. 720, Dez. 650. Plaschew und Schekmarew (1978) geben einen mittleren Abfluß von 2010 m³/s in Kerki an.

September 1912 und Oktober 1914 294 Mio. m^3 Partikel vorbeigeschwemmt, davon 92 % im Sommer; was einer Ablagerung von 25 cm Mächtigkeit entspräche. Gwosdetskij und Michilow (1978) geben einen Wert von 3,3 g/l an, was im Durchschnitt fünfmal mehr als in der Wolga wäre. Dieses sehr feine Sediment verfestigt sich schlecht, was die Geschwindigkeit erklärt, mit der der Fluß seine Terrassen formt[41], seine Stromrinnen eingräbt und verlegt. Deren Breite beträgt zwischen 500 und 2000 m, und oberhalb des Deltas werden sogar 3 - 5 km erreicht (1950). Ihre Tiefe ändert sich ständig im Bereich zwischen 0,75 und 7,5 m. Zur Zeit des Hochwassers ist das Wasser rot gefärbt. Bis Nukus bleibt das Gefälle des Flusses noch recht deutlich (Tschardshou liegt in 176 m Höhe, Turtkul in 100 m und Nukus in 65 m Höhe), und an gewissen Stellen fließt er über früher angeschwemmte noch bewegliche Ablagerungen, die er ununterbrochen und schnell umgestaltet (Erosionen der Uferböschung, die bis zu 2 m pro Minute vorrückten, wurden beobachtet!). Auf diese Weise entstehen katastrophale Überschwemmungen, welche Felder und Obstgärten verwüsten, v.a. am rechten Ufer[42]. Diese Auswüchse wurden zum größten Teil durch den Staudamm von Kelif, der den Fluß in den Kara-Kum-Kanal umlenkt, und den Staudamm von Pitnjak (See von Tjujamujun) reguliert. Dieser wurde auf den Stromschnellen direkt oberhalb von Chiwa und Urgentsch dort gebaut, wo eine Felsenschwelle aus Kreide sich aus dem Schwemmland heraushebt und den Flußlauf noch einmal verengt - von einer Breite zwischen 500 m und 3 km, die sich aus lebenden und toten, in zahlreichen Mäandern miteinander verflochtenen Flußarmen zusammensetzt, auf nur noch 300 m. Dieses letzte Stauwehr dient zur Regulierung der verbleibenden Hochwasser und zur Bewässerung des Choresm. Flußaufwärts, in Tschardshou, wird an einer Stelle auch Wasser für die Gegend von Buchara gefördert[43].

---

[41] Es existieren drei alte Terrassen: die erste (niedrigste) in 2 - 5 m Höhe über dem Fluß setzt sich abwechselnd aus Sand und Ton zusammen. Von Natur aus ist sie mit Gebüsch und Schilf bedeckt. Die zweite liegt in 5 - 10 m Höhe, die dritte und älteste (vgl. Tabelle 2.1) reicht von 16 - 20 m Höhe. Die beiden letzteren, die aus Ton und glimmerhaltigem Sand bestehen, sind nicht besonders fruchtbar und der äolischen Abtragung ausgesetzt.

[42] "Die Uferböschungen des Stroms werden in Folge des vom Wasser angeschwemmten Lehms von einer außerordentlich dichten Vegetation bedeckt und sind sehr reich an Wild; diese ständig ins Wasser getauchten Landstriche lehnen sich an den Fuß einer Art Felswand oder Düne an, die dem ganzen Flußlauf folgt und die (da sie sich an beiden Ufern gleichermaßen erhebt) das wahre Flußbett bestimmt und zur Wüste hin abgrenzt" (Benoist Méchin 1885). "1905 überquerte das Nordufer die Grenze der kleinen Ortschaft Chirim. 1915 befand sich Chirim am linken Ufer: Innerhalb von 10 Jahren hatte sich der Fluß um 10 km verlagert. Vor 20 Jahren führte er in 10 km Entfernung an Turtkul vorbei. Im Frühjahr 1936 bedrohte er die Stadtbefestigungen; am 18 Juni druchbrach er sie, mehrere Häuser stürzten ein, Baumwollpflanzungen und Gärten wurden überschwemmt" (Pierre George 1947, S.144). Diese Einstürze der Uferböschungen werden in der Gegend "Deighis" genannt und sind von der Bevölkerung sehr gefürchtet.

[43] Bis zum Anfang des 18. Jh. gab es dort keine Brücke über den Amu-Darja.

Die Strömung des Amu-Darja erreicht vor den Stromschnellen von Pitnjak 1 m/s und auf deren Höhe zu Hochwasserzeiten 3 m/s[44]. Der talabwärts verlangsamte Strom blieb jedoch bis hin zum Aralsee relativ schnell; damit läßt sich - zusammen mit der schwachen Kohäsion des Ufermaterials - die große Erosionskapazität des Flusses erklären.

Die gelösten Stoffe, die der Amu-Darja transportiert, belaufen sich in Kerki auf 22,5 Mio. t pro Jahr (Tabelle 2.12 und 2.13). Der Gehalt an diesen Stoffen beträgt (bzw. betrug) im Mittel 0,6 g/l, im Sommer lag er darunter (Verdünnung), im Februar am höchsten. Das Wasser ist sehr hart (kalkreich). Es enthält zwar organische Stoffe, jedoch wesentlich weniger als die großen russischen und sibirischen Stöme (5,5 mg/l 1985 im Amu-Darja bei Schatli gegenüber 2,5 mg/l im Syr-Darja, 20 mg/l im Dnjepr und 12 mg/l in der Wolga). Erklären läßt sich dies mit der Humusarmut der Böden im durchlaufenen Gebiet. Der Gehalt an gelösten Salzen hat in den vergangenen Jahren beträchtlich zugenommen (vgl. Tabelle 5.14), bedingt durch die Einleitung von Drainageabwässern, aber auch durch städtische Abwässer - für die Städte stellt der Fluß meistens den Vorfluter ihrer Abwasserkanäle dar.

Nach der afghanischen Grenze erreichen den Amu-Darja keine Nebenflüsse mehr. Der Serafschan (der Polytimetos des Altertums) mit 870 km Länge kommt aus den Bergen, die zwischen dem Ferganatal und dem Oberlauf des Amu-Darja liegen. Seine Hochwasser treten im gleichen Rhythmus wie die des Amu-Darja auf; der mittlere Abfluß liegt bei 160 m^3/s (30 m^3/s im Winter, 600 im Sommer), die mittlere Feststofffracht bei seinem Ausgang in die Ebene liegt bei 0,7 g/l. Er fließt durch Samarkand und Buchara und verliert sich gleich nach seinem Austreten aus dem Bergland in zahllose Kanäle, denn seit ewigen Zeiten wird er für die Bewässerung genutzt. Mehrfach wurde angegeben, daß er bei Hochwasser noch zu historischen Zeiten den Amu-Darja erreichen konnte. Mittlerweile leitet ein Kanal die Abwässer von Buchara bis zum Amu-Darja. Außergewöhnlichen Hochwasser konnten im Bereich querverlaufender Senken am linken Ufer in der Gegend von Tschardshou in die Kara-Kum und in den Ungus überlaufen (1878, 1969), was einst auch der Arm Kelif-Darja tat, der im Westen ebenfalls nahe der Grenze beginnt und teilweise für den Kara-Kum-Kanal wieder genutzt wurde[45].

Etwas weiter flußaufwärts erreichte der Kaschka-Darja, ein anderer Zufluß, der durch Karschi fließt, einstmals sogar über den unteren Serafschan auch den

---

[44] "Die Ufer sind steil und bestehen aus Kalksteinen, Mergeln, grünen Tonen und rötlichem Buntsandstein" (Wojekow 1914)

[45] 1907 floß der Kelif 100 km weit in die Kara-Kum. 1911 war er wieder ausgetrocknet. Spuler (1977) erörtert dieses Problem. Unseres Wissens ist de Rocca (1896) der einzige Autor, der diesen fossilen Fluß (grob) beschreibt: "Er trägt den persischen Namen Haft-Schor, was soviel wie "die vier Salzsümpfe" bedeutet; seine Breite und Tiefe entsprechen denen des Amu-Darja; seine steilen Uferböschungen aus Ton sind schroff; sein Grund ist von Salz ganz weiß. An seinen Ufern wächst eine üppige Vegetation von Eleagnus, Tamarisken und Saxaul auf den Dünen ..."

Amu-Darja. Beide Flüsse gelangten im 12. Jh. noch bis zum Hauptstrom (nach Mohammedjanow 1991).

Flußabwärts leiten am linken und rechten Ufer (heute regulierte) Abzweigungen das Wasser zur Bewässerung des oberen Deltas und des Choresm ab. Früher trennte sich ein Arm (der Akscha-Darja) im Südosten der Bergkette Sultan-Uis-Dag vom Hauptstrom und erreichte den Aralsee in der Höhe von Akpekti (Südostecke des Aralsees, vgl. Abb. 2.21 und Kapitel 3). In Nukus (120 km südlich des Aralsees) befand sich der Amu-Darja noch 10 m oberhalb des Seespiegels; das Gefälle bleibt also recht stark, wenn man es mit dem anderer Deltas wie etwa des Mississippi vergleicht. Das eigentliche Delta beginnt so in Wirklichkeit nur etwa 10 km vom Ufer (von 1960) entfernt, während alles übrige das alte Delta aus dem Quartär darstellt.

Im Verlauf des Flusses bis nach Nukus verdunstete fast 1 km^3 Wasser jährlich. Suslow (1961) schätzte den mittleren Gesamtverlust (Wasserentnahme und Verdunstung) auf 25 % des Abflusses (zwischen Kerki und Nukus, allerdings 8 % im Februar und 38 % im Mai). In Pitnjak bei Chiwa betrug der Abfluß um 1880 im Durchschnitt 3300 bis 3600 m^3/s. In Nukus lag der mittlere Abfluß 1880 noch bei 1600 m^3/s (mittleres Niedrigwasser 970 m^3/s; mittleres Hochwasser 4570 m^3/s; das Hochwasser von 1878 erreichte seinen Spitzenwert bei 27 400 m^3/s, mehr als der Mississippi). In Nukus fanden noch zwei Hochwasserspitzen statt, im April/Mai und im Juni/Juli; die niedrigsten Wasserstände gab es im Januar/Februar und dann wieder Ende Juli. Vom Ende des 19. Jh. an wurden die Wasserentnahme und die Verluste (durch Verdunstung und Versickerung) auf die Hälfte des in Kerki gemessenen Abflusses geschätzt, was Suslow widerspricht. In Nukus war der mittlere Abfluß auf 580 m^3/s mit einem Maximum von 2500 und einem Minimum von 200 m^3/s gefallen. Nach 1960 sank er auf durchschnittlich 60 m^3/s und betrug 1980 nur noch 20 m^3/s; mittlerweile hatte sich auch die Wasserqualität stark verändert. Nach 1980 fiel die Abflußmenge, die an der Mündung ankam, auf Null; seit 1985 stieg sie wieder auf 10 - 15 m^3/s an.

Unterhalb von Nukus verlor sich das Flußwasser im wesentlichen in den Sümpfen des Deltas. Während er sich dem See näherte, bildeten sich aus dem Amu-Darja zahlreiche Stromrinnen. Die Hauptrinne hat sich im Laufe der Zeit ständig geändert: 1713-14 im Osten des Deltas (es war der von Samoinow erforschte Ulkum-Darja), dann 1750 im Westen des Deltas (der Teldyk-Darja); sie kehrte wieder in den Ostteil zurück, bildete sich dann von neuem im Westen. In noch jüngerer Zeit, gegen 1950, wurde sie künstlich wieder nach Osten verlegt. Der Ischen-Dshiken genannte Arm war 1873 ohne Bedeutung - 1893 war er 200 m breit und 9 - 15 m tief; 1907 erreichte er kaum den See. Die meisten Abzweigungen fließen in das innere Delta des Choresm links des Stroms. Neuere Abzweigungen am rechten Ufer speisen nördlich und südlich des kleinen Gebirges Sultan-Uis-Dag die Kanäle, die in das holozäne ehemalige Bett des Akscha-Darja in Richtung Nordosten führen (vgl. Abb. 2.41.a). Das neuere Delta unterhalb von Nukus war von temporären Seen überzogen. Einige hatten jedoch

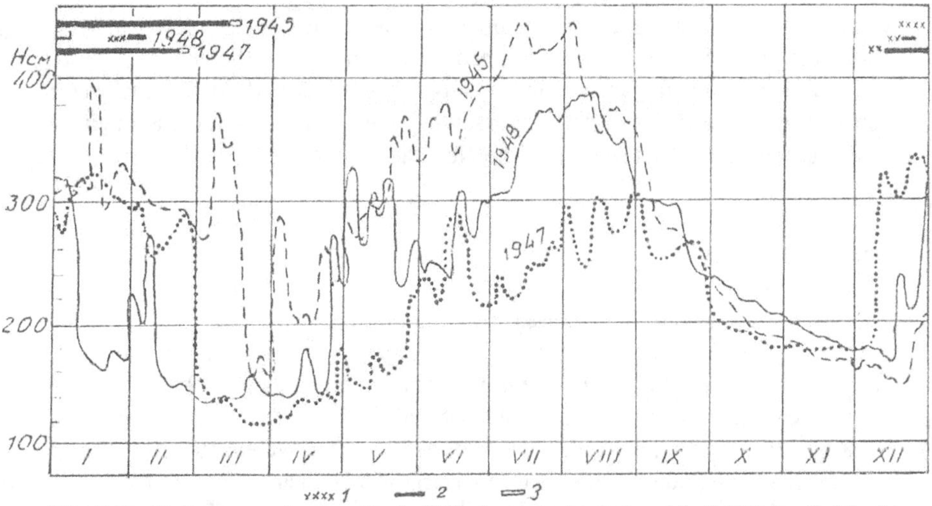

Abb. 2.32. Hydrogramme des Amu-Darja (Höhe in m) an der Station Schatli (150 km flußabwärts von Tschardshou) für die Jahre 1945, 1947 und 1948; *1 (Kreuze):* treibendes Eis (Eisgang), *2 (schwarzer Balken):* Eisbarriere; *3 (weißer Balken):* Eisbruch. (Rogow 1957)

durchaus längere Zeit Bestand: im Westen von Muinak der Sudotsche-See, der Nachfolger des Aibugir-Sees in veränderter Form (vgl. Abb. 2.20); im Osten des östlichsten Armes (Ischen-Dshiken) zwei große Seen (Kungrad und Daukara), die 1840 entdeckt wurden. Alle waren sehr flach (höchstens 3 - 4 m tief) und wiesen daher große Veränderungen ihrer Topographie je nach den Launen der Hochwasser auf (vgl. Abb. 2.23). Zur Urbarmachung wurden sie seit den 50er Jahren dieses Jahrhunderts trockengelegt und schließlich als Abwasserbecken der Entwässerungskanäle wieder aufgefüllt.

Zwischen Dezember und Februar können die Arme des Deltas von einer 30 cm dicken Eisschicht bedeckt werden. Flußaufwärts davon können lediglich die Ufer vereisen, und das auch nicht jedes Jahr. Diese Barriere aus Eisschollen führt flußaufwärts, bei der Eisschmelze dann flußabwärts zu Hochwasser (vgl. Abb. 2.32).

Der Amu-Darja ist (war?) nur schwer schiffbar. Das Delta war für Schiffe ab einer gewissen Größe unbefahrbar, und es war ein Ereignis, als 1874 die Perowski, eine Dampfschaluppe mit einem Meter Tiefgang, zur großen Überraschung der Anwohner nach Nukus gelangte, nachdem sie die erste vollständige Überquerung des Aralsees vollbracht hatte. Das Boot war in Teile zerlegt aus Rußland gebracht und in Kasalinsk wieder zusammengebaut worden. Flachboote mit geringem Tiefgang (70 cm) wurden von Nukus nach Kerki geschleppt und nutzten die Strömung für die Talfahrt. Der Verkehr erlangte nie eine größere Bedeutung, die Eisenbahn hat den Fluß rasch ersetzt. Selbst die traditionelle Schiffahrt war stets nur von untergeordneter Bedeutung. Die Arme des Deltas waren nicht schiffbar, und der Traum von Peter dem Großen, aus dem Amu-Darja eine große Wasserstraße zu machen, wurde nie verwirklicht.

Abgesehen von den jahreszeitlichen Schwankungen des Abflusses erschwerten mehrjährige Zeiträume der Wasserknappheit, die mit mehrjährigen Hochwasserperioden abwechselten, die Nutzbarmachung des Flusses.

Der Syr-Darja

Der einzige Zufluß des Aralsees neben dem Amu-Darja war der Syr-Darja. Seine Länge beträgt 2212 km, mit dem Naryn, seinem längsten Zufluß im Oberlauf gerechnet, 3019 km. Sein Einzugsbereich umfaßt 219 000 km^2. Er fließt durch das Fergana-Tal, das einstmals völlige Wüste war, und nimmt dort den Kara-Darja und einige andere Nebenflüsse wie den Weleje auf. Ein einziger bedeutender Nebenfluß erreicht den Syr-Darja in der Ebene, der Schirschik, der durch das Becken von Taschkent fließt. Er ist zwar nur 160 km lang, sein Abfluß beim Austritt aus dem Bergland beträgt jedoch 224 m^3/s. Die meisten dieser Wasserläufe verloren sich in der mittleren Wüste des Tals und bewässerten in ihrem Verlauf noch einige kleine Oasen (wie der Murgab und der Tedshen in Turkmenistan). Der Bau des großen Fergana-Kanals, der 1937 begonnen wurde, führte diese Gewässer mit dem Wasser des Syr-Darja zu Bewässerungszwecken zusammen. Zwei große Stauwehre (von Farchad und von Kairakum) halten die Hochwasser (die mit Drainageabwässern gemischt sind) oberhalb von Chodshend (ehem. Leninabad) zurück. Anschließend umläuft der Syr-Darja die Mogol-Tau-Berge und überquert die Stromschnellen von Bekawad. Vom Tschardara-Staudamm bei Taschkent (vgl. Abb. 5.12) wird er dann erneut zur Regulierung zurückgehalten. Der Stausee steht heute mit der Senke von Ajdarkul in Verbindung, die im übrigen als Auffangbecken für Drainageabwässer aus der Hungersteppe im Westen dient und auch als Überlaufbecken bei Hochwasser genutzt wird. Als küstlicher See von 300 km Länge und 20 km Breite - etwa zehnmal so groß wie der Bodensee - hat er jedoch nur eine Tiefe von 20 m. In Zeiten des Wassermangels kann sein Inhalt über einen Rückführungskanal wieder zum Syr-Darja zurückgeleitet werden. Von 230 m Höhe (in Tschardara) kommend fällt er bis in die Nähe von Tschimkent auf 190 m, bis Ksyl-Orda auf 125 m und bis Dshusali auf 100 m ab, er verliert also auf 900 km Strecke 175 m an Höhe. Flußabwärts von Tschimkent gibt es keine permanenten Nebenflüsse mehr, jedoch vor Ksyl-Orda noch ein Rückhaltebecken. Die Zuflüsse, die aus der Bergkette Kara-Tau hervorgehen, wurden bereits seit dem Mittelalter vollständig zur Bewässerung abgefangen. In Tscheli, 100 km flußaufwärts, bewässert ein Kanal auf der rechten Seite des Flusses die ehemaligen Sümpfe von Bakaly-Kona, während ein anderer sich im Norden im kleinen Terekol-See verliert, der einstmals bei Hochwasser vom aus Nordosten kommenden Tschu erreicht wurde. Im Delta, das bei Kasalinsk beginnt, fließt der Fluß über seinen alten Schwemmfächer (5 m Höhenänderung

Abb. 2.33. Die Einbrüche am Alluvialufer des Amu-Darja nach einer Luftaufnahme

ab einem Abstand von 15 km von der Mündung), was wie beim Amu-Darja zu gefährlichen Überschwemmungen führte. Im übrigen haben sich zahlreiche ehemalige Flußarme zu verschiedenen Zeiten ihren Weg gebahnt, der oft von Bewässerungskanälen aus heutiger Zeit wieder aufgegriffen wurde. Seit zwei Jahrhunderten jedoch hatte das Syr-Darja-Delta nur einen Hauptarm, der zum Aralsee führte. Erst einige Kilometer vom See entfernt gabelte er sich, so daß eine Insel namens Kos-Aral entstand, die mittlerweile mit dem Festland verbunden ist. Auf ihr befand sich die erste russische Siedlung der Region, die 1849 der Vorposten für Butakow bei seiner Forschungsreise war.

An den früheren Armen lagen zahlreiche Städte der Antike (vgl. Kap. 3). Der Syr-Darja konnte in Ausnahmefällen auch in den Amu-Darja münden. Eine eigene Mündung ins Kaspische Meer hatte er jedoch nie, dem stand das Relief des Ust-Urt entgegen (Wood 1875). Der Sultan Baher bestätigte in seinen Erinnerungen, daß sich der "Si-Hun" im 16. Jh. im Sand verlor. Ein Ast, der Jani-Darja oder "neue Fluß", trennte sich 12 km flußabwärts von Perowsk ab. Auch er ist gesäumt von Ruinenstädten. Im 14. Jh. floß er, 1740 war er trocken, er floß jedoch wieder von 1760 - 1770, und die Anwohner konnten neue Bewässerungskanäle eröffnen. Man sagte, daß er damals das Land der Karakalpaken bewässerte. 1820 schnitt ihm ein Staudamm das Wasser ab (Kaniekow 1851). 1848 wurde der Deich entfernt, der Jani-Darja begann wieder zu fließen und erreichte, bevor es durch den Ajdarkul-See zu einer Regulierung kam, bei starkem Hochwasser den Kuktscha-Dengis-See östlich des Amu-Darja-Deltas. Eine aus

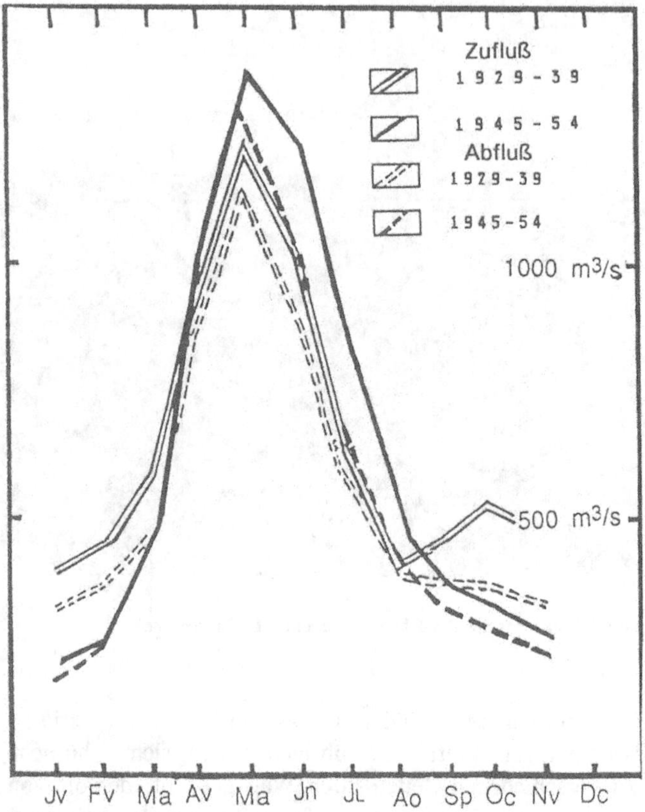

Abb. 2.34. Hochwasserregimes des Syr-Darja im Fergana-Tal. Man beachte die Entwicklung, die durch den Bau der Rückhaltebecken eintrat

getrocknete Stromrinne läuft übrigens um südlichen Aralsee herum und endet bei den Seen von Kungrad und Daukara. Ein anderer trockengefallener Arm weiter flußabwärts, der Kuran-Darja, führte 1857 noch Wasser, war 1910 jedoch vollständig ausgetrocknet. Diese ehemaligen Stromrinnen wurden nach 1960 für die Bewässerung wiederbelebt. Andere prähistorische Flußbetten wurden in der Wüste Kysyl-Kum ausfindig gemacht, ebenso zahlreiche Nebenflüsse, die in den Regionen von Taschkent und Tschimkent entsprangen. Seit langem schon wurden diese vollständig für die Bewässerung abgeleitet, sie sind von antiken Ortschaften und Städten gesäumt (Abb. 2.33 und 5.2).

Zu den Zeiten, in denen der Amu-Darja zum Kaspischen Meer floß, speiste der Syr-Darja den Aralsee allein. Sein Lauf richtete sich nach Südwesten und gelangte über die sogenannte Predschinkow-Senke am Seegrund in den westlichen Graben des Aralsees. Bei einem Zufluß von etwa 20 km^3 pro Jahr stabilisierte er den Seespiegel in einer ähnlichen Höhe wie heute (1995).

Verschiedene frühere Senken des Sees im Bereich des Syr-Darja-Deltas werden heute zum Auffangen von Drainageabwässern benutzt. Da sie im Vergleich zum Seeufer sehr niedrig liegen, unterliegen sie häufig einem Wechselspiel zwischen Austrocknung und Wiederauffüllung.

Im Unterschied zum Amu-Darja hat der Syr-Darja nur ein einziges Hochwasser im Sommer (nach der Schneeschmelze, denn in seinem oberen Einzugsbereich gibt es kaum Gletscher, Abb. 2.34). 1947 lag der mittlere Abfluß beim Austritt aus der Fergana-Ebene im Januar bei 436 m^3/s und im Juni bei 1640 m^3/s. Im Vergleich zum Amu-Darja transportiert der Fluß weniger Schwebstoffe (etwa 1 g/l), jedoch mehr Schlamm am Grund, so daß seine zugeschlämmten Ufer stabiler sind. Etwa 15 Mio. t neue Sedimente brachte er jährlich zum Delta. Im Winter gefriert der Wasserlauf, in Ksyl-Orda von Anfang Dezember bis Ende April, 240 Tage im Jahr bleibt er jedoch schiffbar. Vor der Flußregulierung bedeckte das Hochwasser regelmäßig einen Geländestreifen von 1 - 10 km Breite, wodurch die Inseln und Mäander völlig überflutet wurden, die den Nomaden im Sommer ausgezeichnete Weidegebiete boten. Die Binnenschifffahrt war durch Flußtiefen von 5 bis 10 m zwar leichter möglich als auf dem Amu-Darja, blieb jedoch bescheiden. Um 1900 brachte der Syr-Darja jährlich 17 km^3 Wasser in den Aralsee ein (gegnüber 50 km^3 vom Amu-Darja). 1980 war diese Menge auf Null abgefallen. Seit 1988 hat man in den unteren Abschnitt wieder etwas Wasser (aus der Entwässerung) fließen lassen und eine Umleitung nach Norden hin eröffnet, um den "Kleinen See", den Nordteil des Aralsees, etwas zu versorgen, der durch das Absinken des Seespiegels mittlerweile isoliert wurde. Der Spiegel des "Kleinen Sees" befand sich 1993 einen Meter oberhalb der Höhe des "Großen Sees", und ein kleines Rinnsal, das von ihm ausgeht, wurde (1992) gesichert und "Berg-Fluß" nach dem Namen eines Aralsee-Spezialisten vom Anfang des 20. Jh. genannt.

Der mittlere jährliche Gesamtabfluß aller Wasserläufe im Amu-Darja-Becken bewegt sich zwischen 65 km^3 1974 (ein Jahr mit Wasserknappheit) und 110 km^3 1969 (Hochwasserjahr)[46]. Für den Syr-Darja schwanken die entsprechenden Werte zwischen 20 km^3 (1983) und 70 km^3 (1969). Derartige Schwankungen machen jegliche Erschließung recht schwierig.

Der Syr-Darja erleidet starke Verdunstungsverluste und wird von der Landwirtschaft verschmutzt.

Trockene Flüsse und frühere Zuflüsse

Forschungsreisende zu Fuß, zu Pferd und zu Kamel, dann Piloten und Kosmonauten haben entdeckt, wie sehr die gesamte Umgebung des Aralsees seit Beginn des Quartärs geradezu ein Netz von Stromrinnen besaß (Abb. 2.35). Auf einer im ganzen flachen Geländeoberfläche, in der die einzigen Oberflächen

[46] Diese Werte weichen von denen ab, die in Abb. 2.30 angegeben werden.

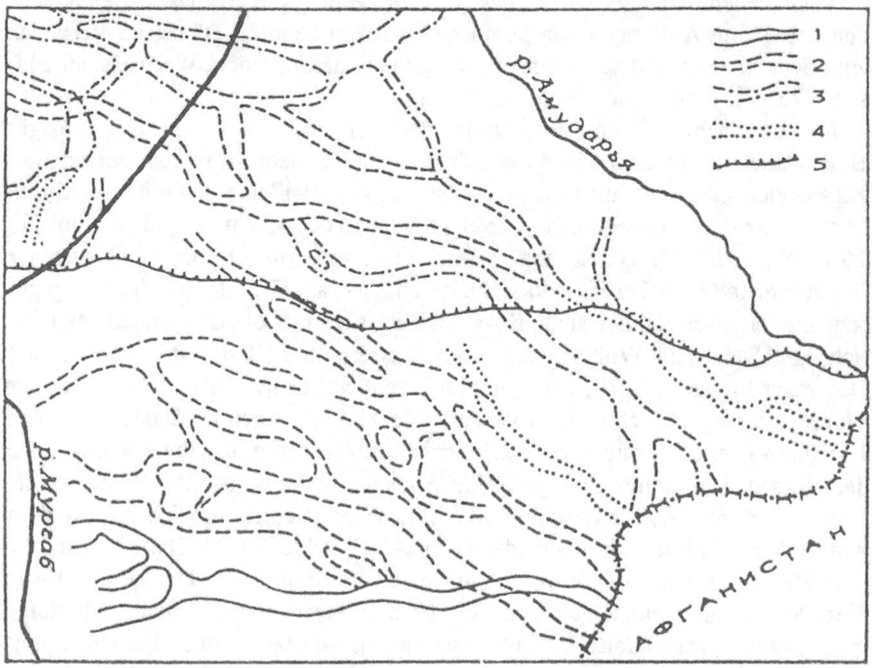

Abb. 2.35. frühere Flußbetten im Südosten Turans: *1* Pliozän (älter als 2 Mio. Jahre); *2* frühes Quartär; *3* mittleres Quartär; *4* Holozän (jünger als ca. 10 000 Jahre); *5* Kara-Kum-Kanal. (Nach Prischtschepa 1991)

formen auf die Häufung fluvialer Anschwemmungen zurückzuführen oder Dünengütel sind - abgesehen von einigen tektonisch bedingten Hügelketten -, stellt sich den Verlagerungen der Wasserläufe nichts in den Weg. Viele alte Flußbetten verschiedenen Alters wurden nachgewiesen.

Der Usboi: Mythos und Wirklichkeit

In der Höhe von Chiwa fließt der Amu-Darja in 100 m ü. NN (50 m über dem Pegel des 400 km entfernten Aralsees, 130 m über dem Kaspischen Meer in 1000 km Entfernung). Das eigentliche Delta beginnt bei Nukus in 60 m Höhe über dem Meeresspiegel. Der größte Teil des nunmehr funktionslosen Deltas (das die alten Araber "die Aral-Insel" nannten, wodurch auch der See seinen Namen erhielt) wurde im Pleistozän gebildet. Oberhalb des relativ flachen Moorgebietes gibt es noch kleine Zeugenberge; holozäne Ablagerungen findet man erst in der Nähe (10 km) des Seeufers von vor 1960. Der Amu-Darja fließt über einen paläomorphologisch konvexen Untergrund (vgl. Abb. 2.41.a und b), der aus der Eiszeit stammt und auf dem sich das Flußbett - wie auf jedem Schwemmkegel - seitlich verlagern kann. Daher läßt er sich auch leicht durch

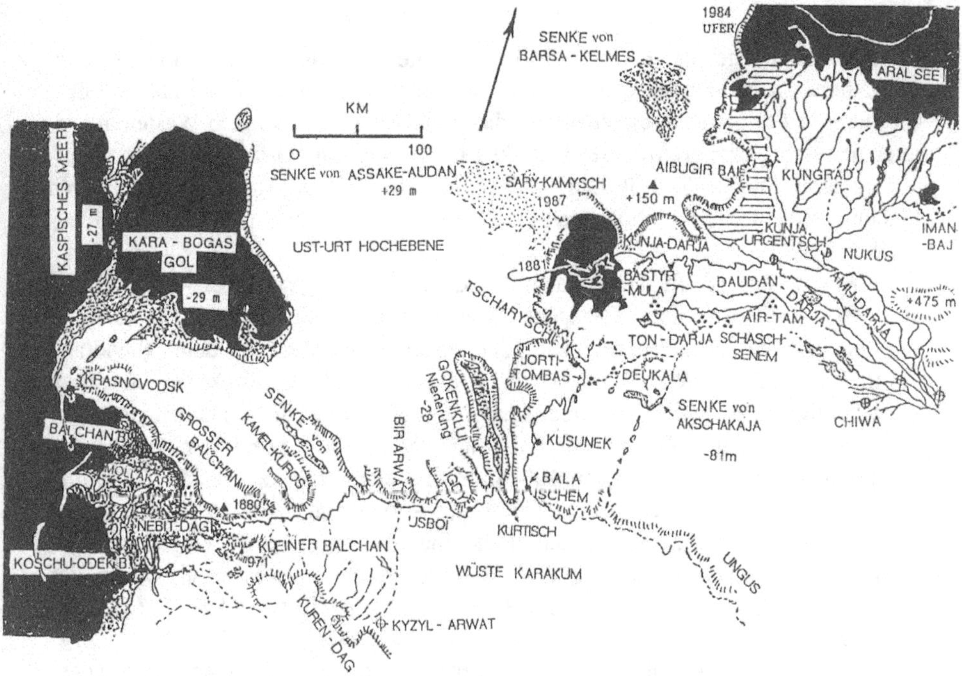

Abb. 2.36. Der Usboi. Die Ortsbezeichnungen der damaligen Zeit können von den heutigen abweichen. (Modifiziert und ergänzt nach Hermann 1913)

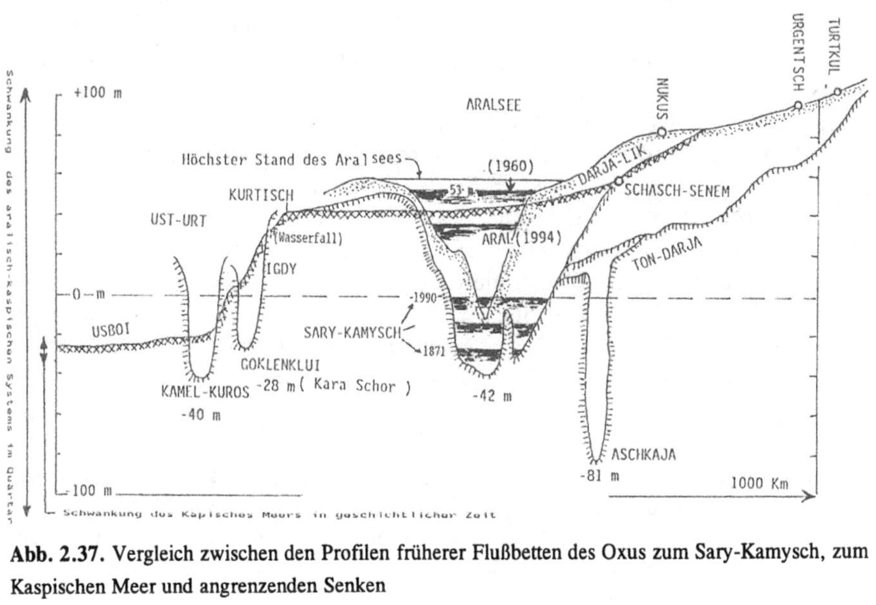

Abb. 2.37. Vergleich zwischen den Profilen früherer Flußbetten des Oxus zum Sary-Kamysch, zum Kaspischen Meer und angrenzenden Senken

den Menschen umlenken. Humboldt berichtete, daß dies in großem Umfang bereits zu den Fähigkeiten der geschickten Einwohner von Chiwa gehörte.

Am linken Ufer des Oxus erstreckt sich eine gewaltige geneigte Fläche, über die kleine Zeugenberge verstreut sind. Sie endet im Nordwesten in 250 km Entfernung in der Sary-Kamysch-Senke, dehnt sich jedoch auch nach Westen auf einer deutlich geringeren Höhe als Nukus bis in 300 km Entfernung recht unauffällig aus (Abb. 2.35, 2.36 und 2.37). Eine kleine Verlagerung, verstärkt durch Hochwasser, konnte durchaus den Oxus teilweise oder ganz nach Westen umlenken.

Seit Anfang des 18. Jh. kannte man den Usboi, das ausgetrocknete Tal, welches das Oxus-Delta mit dem Kaspischen Meer verband; mit seinen Mäandern und steilen Hängen hatte es Jenkinson, den ersten Reisenden aus dem Abendland (vgl. Kapitel 3 und Abb. 3.13), verblüfft[47]. Dieses Tal, das direkt der Böschung des Tschink folgt, wurde auf einer Länge von 600 km in die verschiedenen mergeligen und kalkigen Geländeabschnitte aus der Kreidezeit und dem Tertiär eingefurcht. Es hat eine Tiefe von 10 - 40 m und eine Breite zwischen 200 m und über einem Kilometer. Der obere Teil dieser Stromrinne trägt den Namen Darja-Lyk oder Aryk-Darja und ist lediglich einer der zahlreichen ausgetrockneten Arme des Amu-Darja-Deltas. Südlich des Sary-Kamysch-Sees haben Dünen das alte Bett des Usboi eingenommen, erst ab der Station Kurtish (Abb. 2.36) ist es wieder unberührt und von Seen und Sümpfen gesäumt.

1836 sowie 1838 floß im Usboi Wasser bis zu einer Entfernung von 5 Tagereisen zu Fuß vom Kaspischen Meer. 1840 erreichte das Wasser den Sary-Kamysch, stand dort jedoch niergends mehr als 2 m tief; es blieb dort 4 Jahre lang. Wie wir noch sehen werden, lenkten die Mongolen und die Turkmenen zu ihrer Zeit durch ihre Zerstörungen die Hauptrinne des Stroms zum Sary-Kamysch um und überfluteten so die Gegend. 1878 ließ ein gigantisches Hochwasser 875 m^3/s in den Aryk-Darja, den Zulauf zum Sary-Kamysch (vgl. Kapitel 3), fließen; davon erreichten nur rund 10 m^3/s die Senke, während sich der Rest im Schwemmland und in Seitenkanälen verlor. 1879, bevor die zerstörten Deiche und Schleusen repariert wurden, flossen noch etwa 40 m^3/s in den Darja-Lyk, in 213 km Entfernung vom Amu-Darja (von Heilmann, 1879). Die schnelle Regulierung des Flusses durch die Russen mittels Deich- und Kanalbauten ließ einen mittleren Abfluß von 400 m^3 in den Ebenen von Choresm zu und ermöglichte es, spätere Hochwasserereignisse von vergleichbarer Größenordnung unter Kontrolle zu halten. Das Hochwasser von 1878 brachte auch genug Wasser, um die Senke von Aibugir so weit zu überfluten, daß nur eine

---

[47] Jenkinson hatte im 16. Jh. bereits klar erkannt, daß die Umlenkung des Amu-Darja zum Aralsee hin von den Menschen gesteuert worden war. Er schreibt: "The water that serveth all that country is drawn by ditches out of the river Oxus, unto the great destruction of that river, for which cause ist falleth not into the Caspian Sea as it has done in times past, and in short time all that land is like to be destroyed and to become a wilderness for want of water when the river Oxus shall faile" (Jenkinson 1558). Dieser Satz stützt die Vermutung, daß zum Zeitpunkt seiner Reise diese Umlenkung des Amu-Darja zum Aralsee noch nicht sehr lange Bestand hatte. Natürlich kannte keiner der Forscher des 18. Jh. weder seinen Bericht noch die der arabischen Autoren, die erst zu Beginn des 19. Jh. bekannt wurden (vgl. Kapitel 3).

Handbreit zum Überlaufen in den Sary-Kamysch fehlte. Auf den Wasserstand des Aralsees hatte es jedoch kaum Einfluß: Alles verteilte sich in der Umgebung, die trockengefallenen Arme des Deltas und kleine Senken östlich des Deltas eingeschlossen. Ein erneuter Deichbruch im Jahre 1895 lenkte noch einmal einen Teil des Amu-Darja in den Sary-Kamysch, der dadurch beinahe gefüllt wurde[48]. Heute nimmt der Sary-Kamysch die Drainageabwässer aus den Bewässerungsgebieten längs des Amu-Darja auf, deren mittlere Abflußmenge liegt in der Größenordnung von 140 m^3/s.

Die Äußerungen von Wood (1875) wollen wir beiseite lassen: Er erklärte, daß sich der Ungus den Ureinwohnern zufolge einst nahe Tschardshou vom Oxus trennte, für historische Zeiten erscheint dies allerdings wenig glaubwürdig. Elisée Reclus, der geniale ungezügelte Vielschreiber, der in den 80er Jahren des 19. Jh. in Genf allein seine *Géographie Universelle* schrieb, widmete der Frage des Oxus und des Aralsees etwa 20 gut recherchierte Seiten (Reclus, 1881), die immer noch aktuell sind, denn er verweist auf die Schäden, die eine Umlenkung des Aralsees (d.h. seiner beiden Zuflüsse) zum Kaspischen Meer zur Folge hätte. Genau das war jedoch noch vor kurzem eines der bevorzugten Projekte in führenden russischen Kreisen.

Zum Usboi gab es gegen 1910 vier Theorien:

1. Konschkin (1897): Der untere Usboi, von Igdy bis Balai Ischem (Abb. 2.36), wurde lediglich vom Kaspischen Meer eingenommen; sein Verlauf wurde vom Überlaufen des Sary-Kamysch-Sees zu Zeiten sehr hoher Wasserstände vorgezeichnet.

Morgan (1878) bemerkt, daß die Wasserscheide für den Amu-Darja zwischen dem Kaspischen Meer und der Sary-Kamysch-Senke nicht eindeutig feststand und die Hochwasser des Amu-Darja gleichermaßen in beide Richtungen abfließen konnten.

2. Nach Walther (1898a, b) ist der untere Usboi, wie im übrigen auch der Ungus, ein ehemaliger Meeresarm, aber er versichert, daß der Wasserlauf niemals ein zeitweise fließender Wadi war. Im übrigen entdeckt er im Usboi keine Sedimente des Amu-Darja, und an den Ufern der Bucht bei den Balchans befindet sich kein Torf[49]. Die Bildung der Böschungsformen des Tschink und des Ungus schreibt Walther dem Wüstenklima zu und spricht arabischen Berichten über den Usboi als Flußtal jeglichen Wert ab; ihm zufolge haben die Reisenden das Kaspische Meer und Sary-Kamysch verwechselt.

3. Obrutschew (1890): Der berühmte russische Geologe durchzog zwischen 1886 und 1888 das gesamte Gebiet jenseits des Kaspischen Meeres, von dem der Teil zwischen Merw und Tedshen heute seinen Namen trägt (Obrutschew-Steppe). Gekränkt davon, daß die oben genannten Autoren ihn nicht erwähnen, fegt er die Theorie von Walther (1898) beiseite, der gravierende Fehler bei der Höhenmessung gemacht hatte. Er beschreibt die geologische Natur der Usboi-Ufer richtig, die beiden trockengefallenen Wasserfälle von Igdy und Kurtysch,

[48] Anonymus (1896), S. 515.

[49] Weiter im Süden gibt es Torf (Karpytschew 1990).

die Ruinen der Karawansereien, die Lagerhäuser und Bewässerungskanäle, die den Usboi säumen, und das angeschwemmte Material, in dem er Partikel findet, die aus dem Sary-Kamysch stammen. Er bringt seine Beobachtungen mit den Arbeiten von Barthold und Hermann (vgl. Kapitel 3) in Einklang: Die Schiffahrt im Altertum fand vom Kaspischen Meer bis zu den Wasserfällen statt, dazwischen fand ein Umladevorgang hin zum Oberlauf des Usboi statt und umgekehrt. In Kurtysch konnten Karawanen beladen werden und im Süden in wenigen Tagen Kisyl-Arwat und dann Khorasan erreichen.

Die Argumente von Obrutschew sind alle zutreffend, bis auf das eine: Der Sary-Kamysch kann den Usboi sicherlich nicht allein gespeist haben, denn eine Schwelle, die etwa 50 m ü. NN erreicht, trennt beide (Abb. 2.36). Die vollständige Auffüllung der Senke bis zu dieser Höhe setzt voraus, daß die gesamte Gegend westlich des Sary-Kamysch selbst überflutet gewesen sein muß (Abb. 2.37). Die ehemaligen Zuflüsse des Sary-Kamysch, von denen der Aryk-Darja der wichtigste ist, hinterließen in der Senke von Sary-Kamysch eine deltaartige Schrägfläche, die genau auf dieser Höhe liegt; seither hat der Aryk-Darja diese Schrägfläche bis fast auf die Höhe von 30 m eingekerbt[50]. Damit ist nicht gesagt, daß die Senke durchweg bis zum Rand mit Wasser gefüllt war, zu historischer Zeit gelangte selbst das große Hochwasser von 1878 nicht weiter als bis etwa 30 m unterhalb der Schwelle.

Einige Berechnungen können auf der Grundlage der Daten von Mansimow (1987), Nikitin (1985), Kikishew et al. (1990) und Sumanjasow (1978) angestellt werden. Sie folgten aus den Arbeiten, die seit 1961 durchgeführt wurden, um die Ebene zwischen Chiwa und dem Sary-Kamysch wirtschaftlich zu erschließen. Besonderes Augenmerk muß auf die Verdunstung gerichtet werden (1 m/Jahr). Für die derzeitige Oberfläche von 2250 km^2 und eine größte Tiefe von 40 ± 2 m hatte der See - ohne Ausfluß - seinen Gleichgewichtsstand 1988 erreicht, was einem Zustrom von etwa 80 m^3/s entspricht[51]. Es läßt sich errechnen, daß unter den gleichen Bedingungen mindestens 120 m^3/s nötig wären, um die

Abb. 2.38 A-C. Die Sary-Kamysch-Senke, Auffangbecken zwischen Amu-Darja und Usboi (alle drei Karten sind im gleichen Maßstab wiedergegeben). **A** Ausschnitt aus der Karte in Petermanns Mitteilungen 1887: Man beachte die knappe Darstellung der Topographie und die Ausdehnung der Seen, die nach der Überschwemmung von 1878 zurückblieben; **B** nach Kes (1987): *1* Ausdehnung des Sees in der Jungsteinzeit; *2* zwischen dem 13. und 15. Jh., die danebenliegende Senke von Assake-Audan (deren Boden 29 m ü. NN liegt) wird vom See eingenommen; *3* Zustand des Sees 1982; *4* verbliebene Salzseen (Zustand vor 1960: beachte die Abnahme seit 1887); *5* nach Tolstow (1960): Normal-Null entspricht in beachtlicher Weise dem Zustand des Sees von 1990; **C** Zustand des Sees 1985 und Topographie (50-m-Höhenlinie) ▸

[50] Heute weiß man, daß diese Auffüllung mit Wasser im Pleistozän stattfand, in einer Zeit vor dem Auftreten des Menschen.

[51] 1960 flossen vom Aralsee in Nukus am Anfang des Deltas bereits nicht mehr als 60 m^3/s im Amu-Darja zum Aralsee.

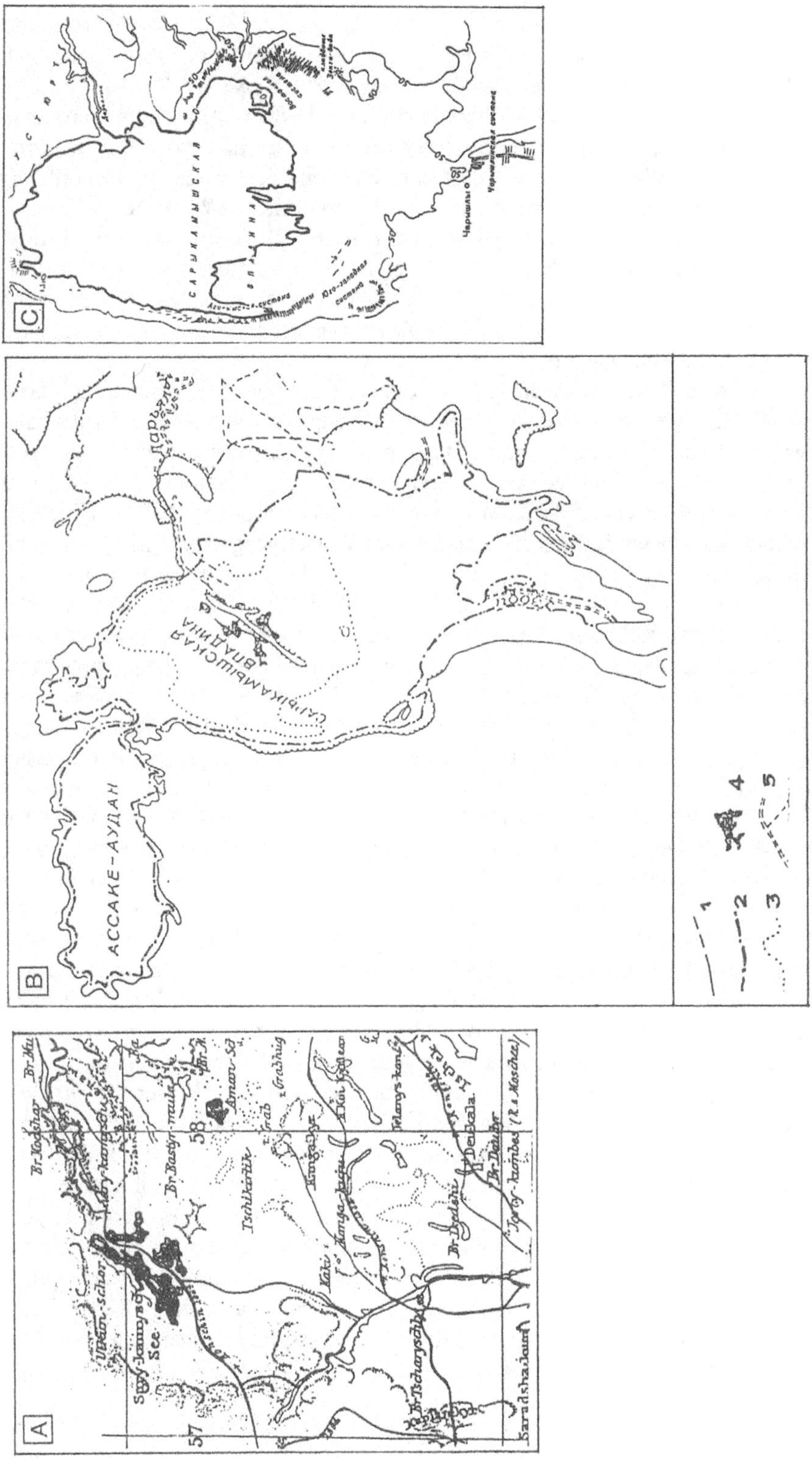
A
57
58
Sary-kamysch See
Tschikirtik
B
АССАКЕ-АУДАН
САРЫКАМЫШСКАЯ ВПАДИНА
1
2
3
4
5
C
САРЫКАМЫШСКАЯ ВПАДИНА

Senke von Sary-Kamysch bis zur Höhe der Schwelle (in 50 m Höhe ü. NN) aufzufüllen - und dabei ist der Abfluß in die große Senke im Westen (Assake-Audan), deren Boden in 29 m Höhe liegt (Abb. 2.38), noch nicht mitgerechnet. Die Gesamtwassermenge, die erforderlich ist, um die Höhe von 50 m zu erreichen und den Wasserstand dort aufrechtzuerhalten, liegt in der Größenordnung von 250 - 300 m^3/s. In der Vergangenheit wurde dieser Wert erreicht, er entspricht etwa dem, was heute in den Kara-Kum-Kanal abgezweigt wird. Um jedoch den Usboi bis zum Kaspischen Meer fließen zu lassen, wäre noch wesentlich mehr erforderlich, wenn man die Einbußen durch erhebliche Verdunstung und starke Versickerung, die auch die Grundwasserschichten im Schwemmland seiner Uferböschung speisen müßte, bedenkt.

Die Anwendung klassischer Abflußformeln kann uns eine Vorstellung davon vermitteln, wieviel Wasser der Usboi zum Zeitpunkt der größten Ausdehnung des Sary-Kamysch führen konnte, von dem er ja gespeist wurde: Für einen Querschnitt an der Mündung von 200 m Breite und 3 m Tiefe läßt sich beispielsweise ein Wasserzufluß von 200 m^3/s ins Kaspische Meer errechnen. Falls der Fluß im Verlauf seiner etwa 500 km die Hälfte seiner Wassermenge verlor, so konnte der Abfluß des Sary-Kamysch in Anbetracht der sehr flachen Geländeform z.B. einen Querschnitt von 2400 m auf 0,2 m haben. Ein derartiges System setzt einen Gesamtabfluß des Darja-Lyk von 1000 m^3/s voraus, was keineswegs unwahrscheinlich ist. In jedem Fall ist es schwer vorstellbar, daß die gesamte Wassermenge des Amu-Darja ausnahmlos zum Usboi hin umgelenkt gewesen sein könnte, es sei denn, dieser überflutete mit seinem Unterlauf die seitlich gelegenen ausgetrockneten Senken. Im Bereich des Möglichen ist ein derartiger Abfluß durchaus, wenn man arabische Autoren berücksichtigt, die schätzten, daß die Hälfte des Wassers aus dem Amu-Darja nach Westen hin abfloß. Im übrigen hat man den Verlauf des Strombettes am Ausgang des Sary-Kamysch rekonstruiert, an dessen Südseite die Choresm-Feldforschung eine Art Raststätte (Tscharschili) für die Karawanen entdeckte (Tolstow 1962, S. 263). Dieser Ausfluß erscheint jedoch - zumindest für den Zeitraum, in dem Tscharschili in Betrieb war - unzureichend, um den einige hundert Kilometer langen Usboi mit Wasser zu versorgen. Außerdem besitzt der Mittellauf des Usboi von Kusunek bis Tscharschili kein klar abgegrenztes Flußbett; dort blieb nur eine große Senke, die vom Sand eingenommen wurde und in der nur einige flache Seen bestehen blieben.

4. Eine andere mögliche Erklärung zur Herkunft des Wassers im antiken Usboi wurde von Wojekow 1909 in die Diskussion gebracht: Sie beruht darauf, daß südlich des Sary-Kamysch andere fossile Stromrinnen wie etwa der Ton-Darja und der Daudan-Darja existierten, die 100 km weiter südlich parallel zum Aryk-Darja bis nördlich der Ortschaft Kujunek im Süden des Sary-Kamysch flossen. Murawiew hatte 1817 mit ihrer Erforschung begonnen. 1881 fertigte General Glubowski, der diese Region kartographisch aufnahm - immer im Hinblick auf eine mögliche Umlenkung des Amu-Darja - eine Karte dieser Stromrinnen bis zum eigentlichen Bett des Usboi an. Sie wurden von einer gan-

zen Reihe von Ruinenstädten gesäumt, die er sie zwei verschiedenen Zeitaltern zuordnete (wobei das ältere das reichere war). Wir haben bereits erwähnt, daß es südlich des Sary-Kamysch enge und tiefe Senken gab (wie die von Akskaja), und auch angedeutet, daß sie von starken Überschwemmungen des Amu-Darja erreicht wurden, insbesondere natürlich von denen, die über diese Senken im 19. Jh. den Usboi erreichten. Viele dieser funktionslosen Flußbetten wurden dadurch fossil, daß die Dünenfelder der Kara-Kum seit mindestens 3500 Jahren mit großer Geschwindigkeit vorrückten.

Nach heutigen geologischen und geschichtlichen Kenntnissen (vgl. Tabelle 3.1) floß der Usboi in der Jungsteinzeit und vielleicht noch in der Bronzezeit. Einen eindeutigen Beweis hat man davon, daß er im 5. Jh. v.Chr. austrocknete. Etwa im 3. und 4. Jh. n.Chr. muß er erneut geflossen sein, wobei er möglicherweise südlich an der Sary-Kamysch-Senke vorbeifloß, die menschliche Besiedelung seiner Ufer blieb jedoch bescheiden. Mit Sicherheit floß er dann wieder gelegentlich vom 9. bis zum 16. Jh., denn aus dieser Zeit gibt es aus seiner nächsten Umgebung Spuren von Bewässerungskulturen. Später muß er wohl nur noch wenig Wasser enthalten haben, das für eine Bewässerung nicht mehr ausreichte, denn menschliche Siedlungen finden sich dann eher etwas östlich des Usboi und stellen Karawanenstützpunkte dar. Unlängst durchgeführte Arbeiten haben ergeben, daß es damals noch zeitgleich am Mittellauf des Usboi, insbesondere in Igdy, Siedlungen gab. Der Bericht von Jenkinson, auf den im dritten Kapitel ausführlich eingegangen wird, bezeugt, daß der obere Usboi damals endgültig verschwunden war; der Darja-Lyk speiste jedoch zeitweise den Sary-Kamysch, was er jetzt seit 1960 dauerhaft - aber künstlich - wieder tut.

Der Tschu

Dieser Fluß nordöstlich des Aralsees hat eine Länge von 1400 km. Er entspringt aus dem Terskei - Ala-Tau - Gletscher südlich des großen Gebirgssees von Issyk-Kul nahe Almaty (Kasachstan), läuft dann an diesem in geringem Abstand vorbei, ohne aus ihm einen Abfluß an der Oberfläche zu erhalten. Bei seinem Austritt aus den Tien-Schan-Bergen beträgt sein Abfluß 57 m^3 [52], und nach Bischkek (ehem. Frunse) - die dortige Gegend stellt eine ähnliche Oase wie diejenige von Fergana oder Samarkand (Gebiet von Semiritsche) dar - fließt er noch etwa 700 km weiter. Heute wird sein Wasser am Rande der Wüste Peski Mujunkum zurückgehalten, die nördlich des Syr-Darja das Gegenstück zur Wüste Kysyl-Kum darstellt, zu deren Wasserversorgung der Syr-Darja beiträgt. Anschließend zerteilt er sich in Tugai-Sümpfen, in denen er sich vollends verläuft, danach wird er zum trockenen Wadi. Sein Bett verliert sich in einer

[52] Nach George (1946, Berechnung korrigiert) betrug der mittlere Abfluß 42 m^3/s: In den drei kältesten Monaten lag er zwischen 25 und 30 m^3/s, in den Sommermonaten bei 60 bis zu einem Maximum von 156 m^3/s im Juli; 23 % des Wassers stammte aus der Schneeschmelze, der Rest aus der Eisschmelze der Gletscher. Der Salzgehalt betrug beim Austritt aus dem Gebirge 0,3 g/l (Alechin und Brajnikowa, 1964).

Reihe von Seen (Aksajkin, Aschikol) und endet in dem kleinen Terekol-See an derselben Stelle wie der Sary-Su (oder gelbes Wasser), der von Norden her kommt und auch fast ständig trocken ist. Einst stellte der Tschu einen rechten Nebenfluß des Syr-Darja dar, und in der Überlieferung heißt es, daß es ihm im Fall außergewöhnlich starker Hochwasser gelang, letzteren zu erreichen. Ein Kanal zur Umleitung von Drainage-Abwässern verbindet den Syr-Darja heute mit dem Terekol-See.

Nach der vollständigen Austrocknung des Syr-Darja 1978 wurde vorgeschlagen, das Wasser aus dem Issyk-Kul-See nahe der chinesischen Grenze zu fördern und es über den Tschu bis zum Unterlauf des Syr-Darja zu führen, um diesen zu ersetzen; ein Vorschlag, der zum Glück nicht verwirklicht wurde.

Zuflüsse von links des Amu-Darja

Westlich des Amu-Darja flossen einstmals zwei Flüsse, die im iranischen Khorasan entsprangen, über den Paläo-Oxus ins Kaspische Meer, beide über das Bett des Usboi...: Der Tedshen (bzw. Fluß von Meschhed oder Heri Rud auf iranisch), der beim Verlassen des Iran einen mittleren Abfluß von 15 m^3/s aufweist, sowie weiter östlich der Murgab (oder Weißes Wasser) mit einem Abfluß von 52 m^3/s, der die Oase von Mary in der Kara-Kum mit Wasser versorgt[53]. Diese antiken Flüsse mit unregelmäßigem Regime (im Frühjahr Hochwasser, im Sommer trocken) haben gewaltige Deltas im Binnenland ausgebildet, an denen sich die ältesten Zivilisationen der Region entwickelten. In ferner Vergangenheit waren sie Zuflüsse des Usboi. Ihr Wasser speiste die (genutzten) Grundwasserschichten und bei Hochwasser die Takyrs der südlichen Kara-Kum.

Vom 5. Jh. v.Chr. an hielten Staudämme dieses Wasser zurück. Heute werden diese Flüsse vollständig abgefangen und ihr Wasser, zu dem noch das des Kara-Kum-Kanals kommt, bewässert die großen Oasen von Tedshen, Aschchabad und Mary (Merw). Das gebrauchte Wasser wird selbstverständlich in die Takyrs am Rande der Kara-Kum geleitet.

Was frühere Zuflüsse auf afghanischer Seite angeht, so mußten sie zur Römerzeit geflossen sein, ein Beispiel wäre hier der Fluß von Baktra oder Balch (der "Zariastris" von Ptolemäus).

Andere Urtäler

Die Senken, die tektonischen Ursprungs sind oder auf Winderosion beruhen, die ehemaligen Flußtäler und die Senken zwischen den Dünen stellen häufig den Endpunkt temporärer Wasserläufe dar, die von den kurzen Winterregen gespeist

---

[53] Den Murgab kannten die Römer: "der Margus (Margos), dessen Wasser in den Zotha-See fließen..." (Plinius VI, 47); es ist wahrscheinlich, daß es sich hier um einen der ausgedehnten temporären Seen handelte, von denen in Zusammenhang mit den "Sor" die Rede war, die auf den Karten bis zum Ende des 19. Jh. häufig abgebildet waren. Der Tedshen wurde im Altertum "Arius" genannt.

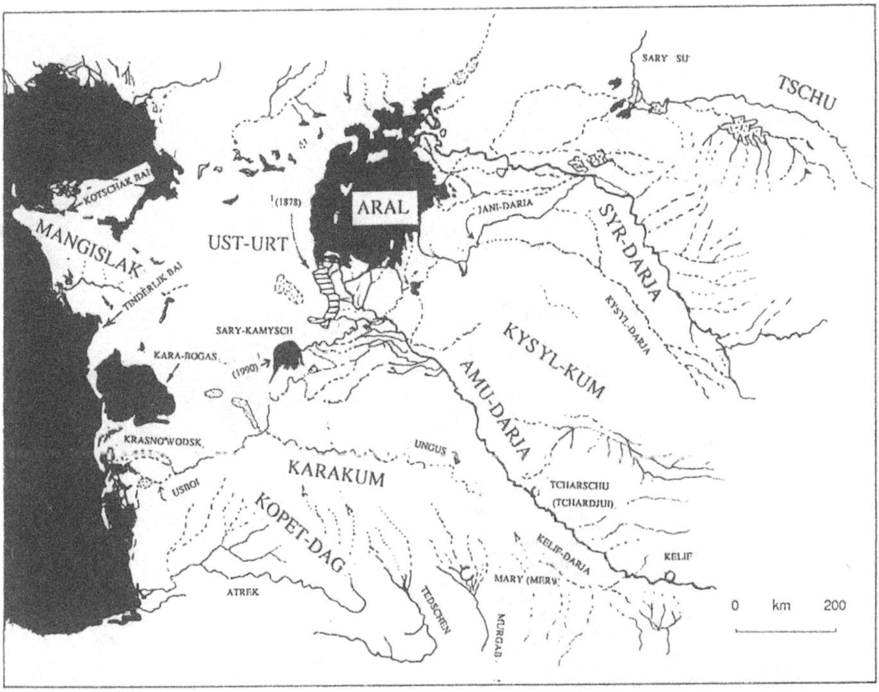

Abb. 2.39. Allgemeiner Überblick über vorzeitliche Flüsse in Turan, alle Zeitalter zusammen

werden, oder sie bilden das Ende solcher Flüsse wie des Tschu, die durch Versickerung, Verdunstung und Wasserentnahme zur Bewässerung den Aralsee nicht erreichen können. So endeten die Sturzbäche des Kopet-Dag in der Kara-Kum, bevor sie abgefangen wurden, ebenso wie die des Kara-Tau im Osten oder die am Südufer des Amu-Darja auf afghanischem Gebiet (Abb. 2.39). Takyrs und Solontschaks stellen den Grund solcher ausgetrockneter Auslaufseen dar[54]. Näher am Aralsee dienen viele dieser früheren Senken heute als Auffangbecken für Drainageabwässer. Die bedeutendsten sind der Sary-Kamysch (2260 km^2, 1987) und der Arnassai-See (in der Senke von Ajdarkul, 1290 km^2) am Syr-Darja nahe Taschkent.

In den Abbildungen 2.39 und 2.40 ist der Verlauf der ehemaligen Zuflüsse des Aralsees dargestellt, so wie er sich aus geomorphologischen Studien und den Abweichungsmöglichkeiten der Flüsse ergibt. Ihre Chronologie ist zum größten Teil noch nicht geschrieben, jedoch läßt sich abschätzen, daß die holozänen Deltas zwischen 17 000 und 18 000 Jahren zu ihrer Entstehung benötigten. Sie entstanden als Folge der beträchtlichen Zufuhr von Schwemmaterial, die beim Schmelzen der Gletscher des Pamir und des Alai-Gebirges einsetzte, sowie beim

[54] Das versickerte Wasser bringt jedoch manchmal Quellen unterhalb der Schwemmkegel hervor: die Kara-Su ("schwarze Wasser").

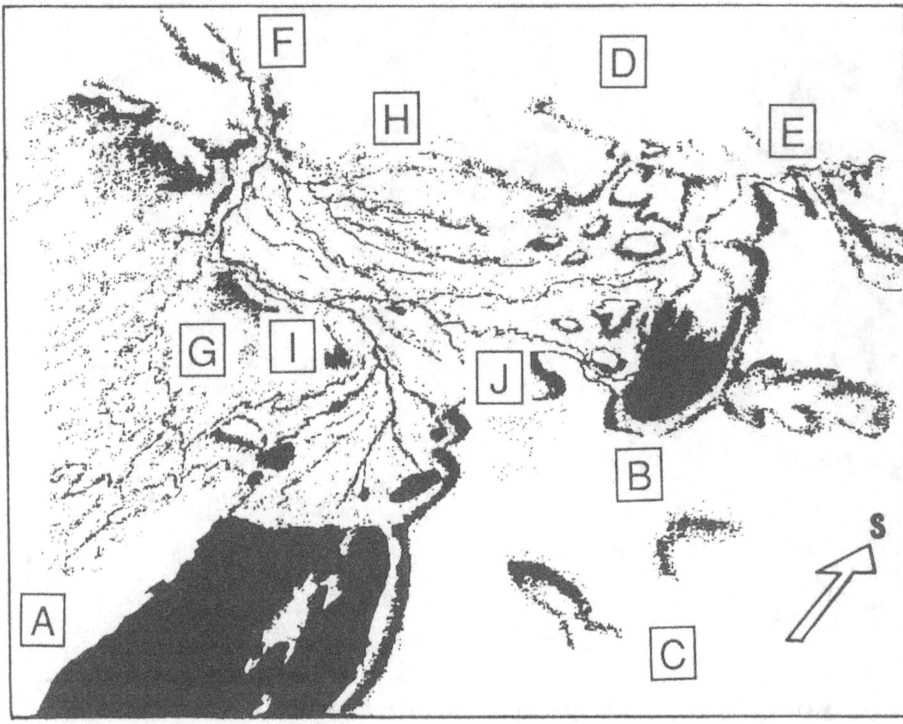

Abb. 2.40. Aufsicht auf den Südwesten des Aralbeckens, die die Möglichkeiten des Amu-Darja veranschaulicht, im Bereich seines Deltaschwemmkegels über die Ufer zu treten. **A** Aralsee; **B** Sary-Kamysch; **C** Ust-Urt; **D** Kara-Kum; **E** Usboi; **F** Amu-Darja; **G** Kysyl-Kum; **H** Saungus; **I** Sultan-Uis-Dag; **J** Tal des Darja-Lyk

Abschmelzen der Eiskappe, die die Gegend nördlich der Turgai-Senke bedeckte. Zu bemerken ist, daß Sary-Su und Tschu damals Nebenflüsse des Syr-Darja waren, während Serafschan, Murgab, Tedshen und die anderen aus Afghanistan kommenden Flüsse, die heute ausgetrocknet sind, damals Nebenflüsse des Amu-Darja waren. In der Abbildung 2.41.a kann man auch feststellen, daß der Aralsee während der Nacheiszeit (seit 17 000 Jahren vor unserer Zeitrechnung) die Höhe von 58 m nicht - wie gelegentlich vermutet - überschritten haben kann, wie immer seine Zuflüsse geflossen sein mögen. Damit werden alle Hypothesen zurechtgerückt, die man hinsichtlich seiner möglichen Ausdehnung seit dem Ende der Eiszeit anstellen konnte.

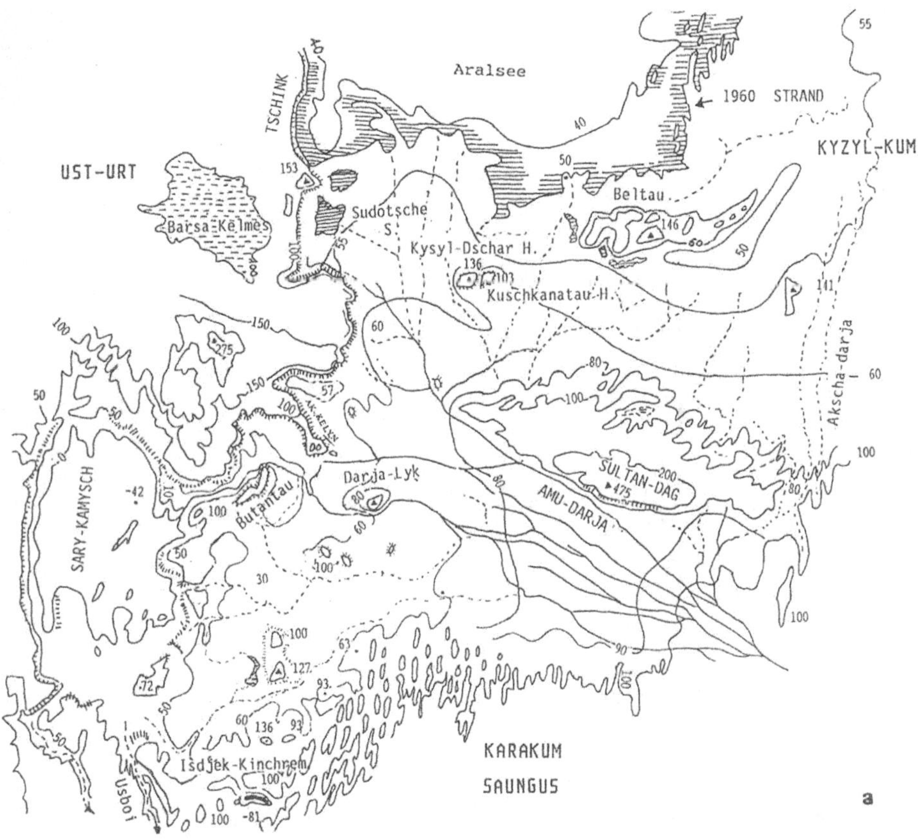

Abb. 2.41.a. Genaue Höhenkarte vom Unterlauf des Amu-Darja, die die natürliche Tendenz der Wasserläufe zeigt, nach Westen abzubiegen (Höhenangaben in Metern ü. NN); **b** Leicht konvexes topographisches Querprofil (W-E) des Amu-Darja-Deltas, vom Tschink bis nach Tachtakupyr. Man beachte die erheblichen Überschwemmungsmöglichkeiten, die von den Stromrinnen mit wulstförmigen Uferböschungen ausgehen

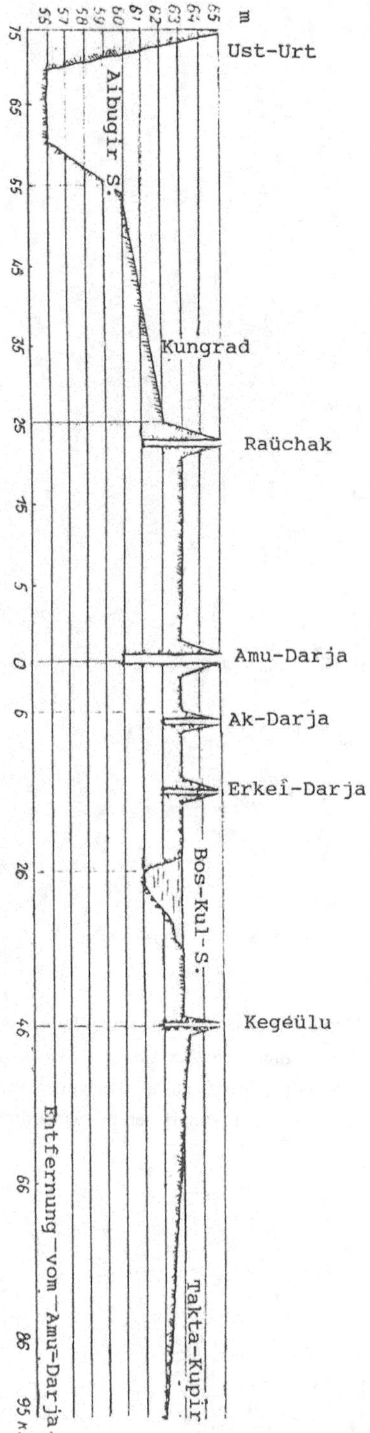
m
55
56
57
58
59
60
61
62
63
64
65
Ust-Urt
Aibugir S.
Kungrad
Raüchak
Amu-Darja
Ak-Darja
Erkeî-Darja
Bos-Kul-S.
Kegeülu
Takta-Kupir
75
65
55
45
35
25
15
5
0
6
26
46
66
86
95 km
Entfernung vom Amu-Darja

b

3 Geschichte der Aral-Region: Zivililsationen treffen aufeinander

3.1 Archäologie und Geschichte des Aral-Beckens

Die Region von Turan und mit ihr das Choresm (Charism, Khorazm, Chorsem), d.h. die fruchtbare Gegend nordwestlich von Chiwa zwischen dem Ust-Urt und dem Aralsee, ist der nördlichste Berührungspunkt zwischen den Steppenzivilisationen des Südens und der Taiga weiter nördlich. Für die Archäologie hat sich diese Region als Schatzkammer erwiesen (Übersichtstabelle 3.1 und Chronologie nach Kapitel 8).

In dieser Gegend trafen die Länder aufeinander, die durch Archäologie oder Geschichtsschreibung zumindest in ihren Grundzügen von alters her bekannt waren: Im Osten waren es China und seine westlichen Erweiterungen, die seit dem 11. Jh. gut erforscht sind und mit denen so verschiedene Namen verknüpft werden wie die von A. Stein, von Le Coq, Sven Hedin oder Paul Pelliot, den Entdeckern der antiken Zivilisationen des Sinkiang und seiner Umgebung; im Westen die Zivilisationen aller Zeitalter in Mesopotamien, im Südiran und in Anatolien mit ihren verschiedenen politischen und wirtschaftlichen Strukturen.

Was man seit einigen Jahrzehnten über die Völker weiß, die die Umgebung des Aralsees bewohnten, ergibt sich aus einer Arbeit vorwiegend sowjetischen Ursprungs, mit welcher der Name von Wadim Masson grundlegend verbunden ist. Von St. Petersburg (Leningrad) aus schuf er eine Schule der Archäologie Turans und bildete junge mittelasiatische Spezialisten aus, die mittlerweile selbst zentrale archäologische Einrichtungen der inzwischen selbständigen Republiken vorantreiben. P. Kohl (1984) und N. Adrianow (1985) haben in bemerkenswerten Veröffentlichungen diese Entdeckungen beschrieben und versucht, die Vorgeschichte des Landes zusammenzufassen, seither wurden nur noch Einzelheiten dieser Ergebnisse abgeändert. Wegen der Weite des zu erforschenden Gebiets weiß man jedoch wenig über seine Ur- und Frühgeschichte, die mit der Geschichte des Nordiran, Afghanistans, des Industals und des Sinkiang untrennbar verbunden ist.

Im Zuge der archäologischen Erforschung des Choresm, die 1937 begonnen, durch den Krieg unterbrochen und 1951 wiederaufgenommen wurde und an der noch gearbeitet wird, fand man zahllose Spuren dieser Zivilisationen, die von

Tabelle 3.1. zusammenfassende Zeittafel für die Aralsee-Region (Choresm)

Zeit	Quellen	Politik	Hydrologie
Neolithikum	Archäologie		Usboi fließt
Bronzezeit, Eisenzeit	"	Kleine Fürstentümer im Choresm	Usboi fließt unregelmäßig?
500 v.Chr.	Herodot und	unabh. Königreich von Chorasmien	Zerstörung der Deiche, Aus-
	Radiokarbondatierung		trocknung von Sary-Kamysch und Usboi
300 v.Chr.		griechisch-iranische Fürstentümer	Aralsee unbekannt
100 ?	Strabo, Ammianus		Zerstörung der Bewässerungssysteme
1./2. Jh. n.Chr.	Ptolemäus	griechisch-byzantinische Fürstentümer	kein Usboi?
1.-4. Jh.	arab., iran. und	Ende des Kushan-Reiches	
4.-5. Jh.	chines. Autoren,	thokarische Afrigiden-Dynastie	Usboi fließt unregelmäßig
	Archäologie	Hephtaliten und Hunnen	
712	"	Araber erobern Choresm	
10. Jh.	"	Choresm unabhängig	SE-Arm des Syr-Darja (Jana-Darja) und
12. Jh.	"	Choresm Großmacht	NE-Arm des Amu-Darja (Kaschka-Darja) fließen
1221	"	Dschingis Khan	Zerstörung des Choresm, Usboi fließt wieder, Aralsee trocknet aus
1379-1388	"	Tamerlan	ebenso
1440	De Clavijo	Chiwa Nachfolgerin von Kat und Urgentsch	Usboi fließt zum Kaspischen Meer, Aralsee halb ausgetrocknet
1504	Babur		"Syr-Darja verliert sich im Sand"
1558	Jenkinson		Usboi trocken, Aralsee füllt sich wieder?
1600-1700			Aralsee ansatzweise bekannt
			Austrocknung der Kanäle von Choresm und des Sary-Kamysch
1713-1715	Bekowitsch		Erkundung von Amu- und Syr-Darja:
			Usboi, moderne Karten des Aralsees
1730-1874	zahlreiche Forscher	allmähliche Eroberung von	Hochwasser bis zum Sary-Kamysch,
		Turkestan durch die Russen	der sich dadurch füllt (1878)
1900-1910, 1920	Berg	Ende des Khanats von Chiwa	höchster Stand des Aralsees
1925		Choresm wird zwischen Usbekistan	
		und Turkmenistan aufgeteilt	
1950		Stalin	Umlenkungsprojekt über den Usboi zum Kaspischen Meer
1960		Chruschtschow	Beginn der Umleitung des Amu-Darja zum
			turkmenischen Kanal und zum Sary-Kamysch
1984		Breschnjew	Ende des Amu-Darja als Zufluß zum Aralsee.
			Austrocknung des Aralsees

Jahrhundert zu Jahrhundert weiterbestanden, sich jedoch verlagerten; dies hing von abgelenkten Flußarmen, von Versandungen und zweifelsohne von der Versalzung der bewirtschafteten Böden ab. An den bekanntesten Fundstätten Tagisken (am Jana-Darja, südlich vom Unterlauf des Syr-Darja), Tasabagjab und Aminabad (am Akscha-Darja - vgl. Abb. 5.2) gab es bereits Bewässerungskulturen: Anlagen, die auf den sandigen Anhöhen zwischen den Flußarmen eingerichtet waren, später dann Städte, Dörfer, große Kanäle und Staudämme. Diese Forschungen waren Gegenstand zweier Monographien von Tolstow (1962) und Andrianow (1969), die außerhalb der UdSSR leider nicht verbreitet wurden, außer in Spezialistenkreisen. Sie beschreiben alle Endeckungen verlassener Stätten von der Jungsteinzeit bis zum 19. Jahrhundert.

Zur Arbeit der örtlichen Archäologen kommt die Arbeit von Amerikanern und Japanern sowie einer in Tadschikistan sehr aktiven Gruppe französischer Forscher hinzu.

Die prähistorischen Materialien dieser Region waren zweierlei Arten von Angriffen ausgesetzt: Einerseits konnten sie unter dem Schwemmaterial begraben werden, das die reißenden Flüsse aus dem Gebirgsbogen Turans mitbrachten, im Fall der ältesten Fundstätten konnten sie auch unter den eiszeitlichen Lößschichten verschwinden; andererseits waren sie in den Steppen- oder Wüstenebenen der Deflation ausgesetzt, d.h. der Ausblasung und Abtragung aller einfach gebauten oder auf den Boden gesetzten Materialien durch den Wind. Andernorts wird alles vom Sand bedeckt. In den Bewässerungsgebieten haben die Jahrtausende der Bodennutzung für Weidewirtschaft oder Ackerbau alle Spuren der Vergangenheit ausgelöscht. Diese Abläufe sind in allen Halbwüsten- und Wüstengebieten der Erde gleich, egal ob es sich um den Sinkiang, das Ahaggar-Tassili-Massiv oder den Süden des Atlas handelt.

Die ersten Spuren menschlicher Besiedlung, die man in Turan kennt, sind Werkzeuge aus dem unteren Paläolithikum, die zumeist im Gürtel der mächtigen Lößschicht entdeckt wurden, der die Ebene um den Aralsee nach Südosten hin begrenzt. Ihre Datierung (durch Thermolumineszenztechnik) stellt nur einen Näherungswert dar (zwischen 300 000 und 100 000 Jahren). Die Fundstätten entsprechen vermutlich den Lagern von Jägern, die weniger dem Nomadismus als der Transhumanz zuzurechnen sind, d.h. sie folgten regelmäßig denselben Routen.

Um 6000 oder 5000 v.Chr. gab es im Süden Turkmenistans am Fuße des Kopet-Dag-Nordosthangs und in den Gegenden, die später zu Sogdien und Baktrien wurden, eine gewisse Form von Tierzucht. Ab dem 5. Jahrtausend v.Chr. erscheint an denselben Stellen die durch seßhaften Ackerbau gekennzeichnete Dsheitun-Kultur, die diesen vielleicht aus den weiter westlich gelegenen Regionen Syriens und Anatoliens übernommen hatte. Die Bewässerungskultur war bekannt, und Ziegen wurden gehalten. Ausgehend von den Zivilisationen des Fruchtbaren Halbmonds (Palästina, Syrien, Mesopotamien), die schon

Weizen anbauen konnten, muß auch dieser zu jener Zeit eingeführt worden sein[55].

Innerhalb der Region, um die es hier geht, waren die inneren Deltas des Tedshen und des Murgab die am dichtesten besiedelten Gebiete. Die Gebäude dort sind von jüngeren Anschwemmungen bedeckt. Von 4000 v.Chr. an findet man in den Grabungsstätten häufig Knochenreste von Rindern, Schafen und Ziegen, Granatapfel- und Aprikosenkerne sowie Sicheln aus Knochen und Feuerstein. Spuren von Siedlungsverdichtungen (Urstädte) existieren (Abb. 3.1). Zur gleichen Zeit war der nördliche Saum Mittelasiens vom Kaspischen Meer bis zum Syr-Darja von Gruppen bewohnt, die zur neolithischen Kelteminar-Zivilisation gehörten. Sie lebten von der Jagd, vom Fischfang und von Muscheln, ihr Töpfereistil ist charakteristisch. Aus dieser Zeit fand man zahlreiche Reste von Lagerplätzen, die entlang dem Usboi und in den Tiefebenen südöstlich des Aralsees (Abb. 3.2.) verteilt sind, ebenso in den zahlreichen aufgegebenen Flußbetten des Akscha-Darja (ehemaliger Arm des Amu-Darja, der in der Höhe von Urgentsch nach Nordosten abzweigt) und entlang dem Darja-Lyk, einem anderen Arm, der zum Usboi hin und von dort weiter zum Kaspischen Meer floß.

Die Kultur von Saman-Baba in der Nähe von Buchara am unteren Serafschan, der damals floß, könnte den Übergang zwischen der Jungsteinzeit und dem Beginn der Bronzezeit darstellen.

Im 3. vorchristlichen Jahrtausend stellte nördlich des Aralsees die Zähmung des Pferdes und - vermutlich weiter östlich - des Kamels einen wichtigen Einschnitt dar. Sie war die Voraussetzung zur Entwicklung des Hirtennomadismus, für den schnelle Fortbewegungsmittel erforderlich waren. Die Karren mit Rädern wurden erfunden, dann Fahrzeuge mit zwei großen Rädern - wie die Kippkarren -, mit denen man verkehren konnte, ohne im unwegsamen Gelände einzusinken, vor allem nach den Regenfällen. Das Reiten scheint wenig später aufgekommen zu sein (Renfrew 1990, S. 236).

Die Völker, denen wir diesen Fortschritt verdanken, breiteten sich allmählich über die noch menschenleere Steppe bis südlich des Aralsees aus. Diese (nach einer Fundstätte im Nordwesten Kasachstans) Andronowo genannte Kultur wird gewöhnlich auf 1700 - 1200 v.Chr. datiert; sie dehnte sich von der unteren Wolga allmählich bis südlich des Aralsees aus. In Tasabagjab und in Kokscha (im Amu-Darja-Delta) findet man Gräber mit Holzdach, welche Pferdegebeine und Karrenreste beinhalten. Diese Zivilisation dehnte sich also langsam nach Süden aus und überlagerte sich im Choresm, im Ferganatal und am Serafschan mit dem Wirkungskreis der seßhaften Ackerbauern, die aus Süd-Turkmenien kamen, während die urstädtischen Gemeinschaften ihrer Herkunftsregion ver-

Abb. 3.1. Urstadt von Dsheitun (2. Ebene) (Süd-Turkmenistan) aus dem 4. Jahrtausend v.Chr. und Fundorte von Werkzeugen. *1* gehauene Feuersteine, *2* Nuclei und Fragmente, *3* Retuschierer, *4* Hammer ▸

[55] s. Autorenkollektiv (1993), Découvertes des Civilisations d'Asie Centrale.

Platform A
N
1
2
3
4
0
12 м

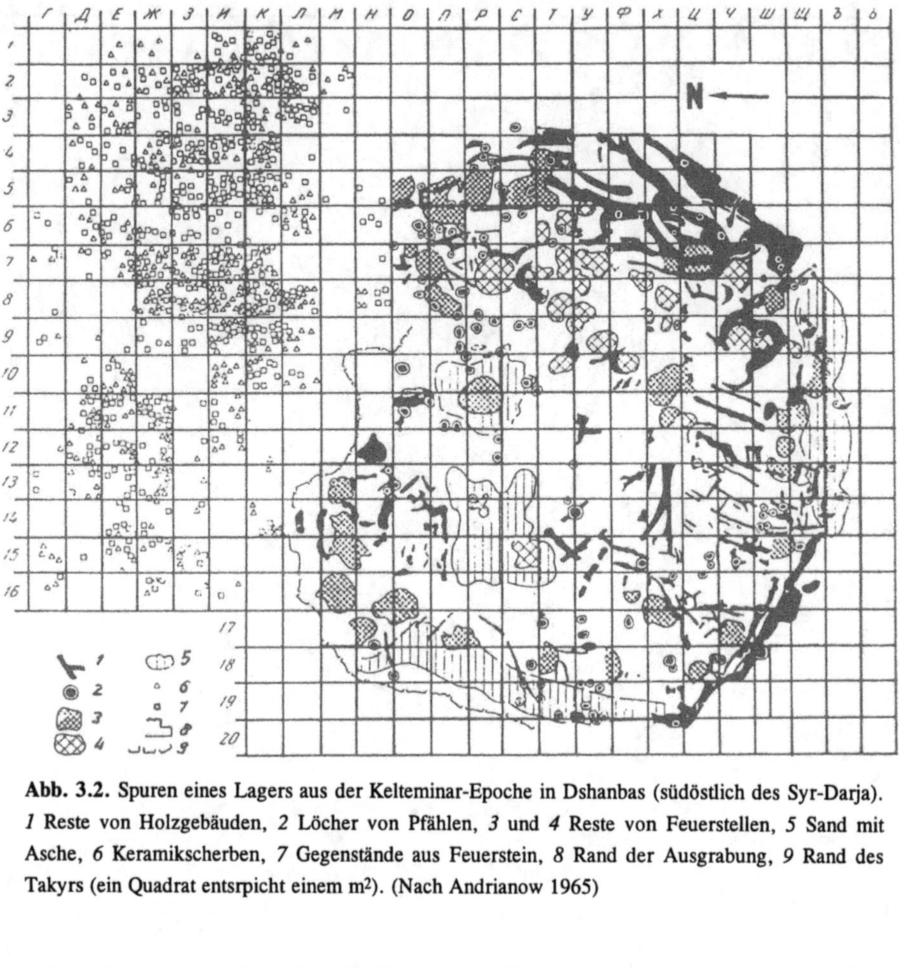

Abb. 3.2. Spuren eines Lagers aus der Kelteminar-Epoche in Dshanbas (südöstlich des Syr-Darja). *1* Reste von Holzgebäuden, *2* Löcher von Pfählen, *3* und *4* Reste von Feuerstellen, *5* Sand mit Asche, *6* Keramikscherben, *7* Gegenstände aus Feuerstein, *8* Rand der Ausgrabung, *9* Rand des Takyrs (ein Quadrat entsrpicht einem m^2). (Nach Andrianow 1965)

schwunden waren, sicherlich in Folge von Wassermangel. Man nimmt an, daß die Region zwischen 2000 und 700 v.Chr. eine deutliche Phase der Trockenheit erlebte. Die Bewegung dieser Nomadenvölker und die Verbreitung von Bestattungsgebräuchen und Kunstformen, die 2000 - 1500 v.Chr. parallel zum Vordringen der indoeuropäischen Sprachen nach Süden (Indien) verlief, führte zu der Auffassung, diese Völker seien die Urahnen der indoeuropäischen Völker. Mittlerweile wird die Parallelität zwischen diesen Wanderungen und der Ausbreitung der indoeuropäischen Sprachen in Zweifel gezogen oder gar verworfen (Autorenkollektiv 1985; Kohl 1984; Brachet 1983[56]; Renfrew 1990). Wahrscheinlich konnte sich die Weidewirtschaft, die feste Stützpunkte braucht, um

[56] In diesem Werk vgl. die Beiträge zu Alains, Anaou, Andronovo, Antioche de Margiane, Balakyk-Tepe, Geoksour, Huns, Indo-Européens, Karasouk, Koy-Krigan kala, Kourgan, Koushana, Namazga-Tepe, Oxus, Pendjikent, Samarkand, Tali-Barzou, Termez, Tok Kala, Toprak-Kale, Turcs, Yaz-Depe, Zaman Baba, Zang Tepe, Zar Tepe.

gewisse Nahrungsbedürfnisse (Getreide) zu befriedigen, nur dadurch wirklich entwickeln, daß sie sich an die seßhaften Gemeinschaften wie die des Choresm und des Syr-Darja anlehnte. In Karasuk hat man genau das bewiesen, dort machten im 11. Jh. noch die Nomaden halt, um sich zu versorgen, auch Grundstücke besaßen sie.

In der Bronzezeit wurden im Choresm bereits Tausende Hektar Fläche bewässert (Abb. 3.3), auf denen Getreide (Weizen, Hafer, Hirse), Baumwolle, Wein und Gemüse angebaut wurden. Netze von Kanälen mit bis zu 100 km Länge und 45 m Breite, Staudämme und Leitkanäle existierten bereits vom 1. Jahrtausend v.Chr. an (Andrianow 1985). Das läßt auf das Vorhandensein einer Zentralmacht schließen, um dieses komplexe System, in dem auch das Schöpfrad (*chigir*) schon bekannt war, zu leiten. Die Bewohner des Choresm beobachteten die Sterne, und das Erscheinen des Sterns Formalhaut am Südhimmel kündigte das Hochwasser des Amu-Darja an. Andrianow zufolge mußte es im ersten Viertel des 1. Jahrtausends v.Chr. im Choresm einen Staat gegeben haben: Baumwolle wurde angebaut, was bereits ausgeklügelte Bewässerungssysteme voraussetzte. Kurz nach dieser Zeit fand eine Invasion von historisch unbekannten Völkern statt und zerstörte dieses System.

Die Lebensweise der Nomadenvölker der gesamten Region entwickelte sich im Verlauf des langen Zeitraums zwischen 1500 v.Chr. und der Gegenwart anscheinend nur wenig weiter. Die Andronowo-Kultur ging allmählich in die von Kurganes[57] über - mit Grabhügeln, welche v.a. in den Ländern am Ural und bis in die Ukraine hin gut nachgewiesen sind. Unlängst wurde entdeckt, daß diese Nomadenvölker auch Brunnen gruben. Im Syr-Darja-Delta, wo im Vergleich zum Choresm weniger Spuren gefunden wurden, hat man in Karasuk die Reste einer Zivilisation zu Tage gefördert, die vom Jenissej her stammte.

Vom 7. Jh. v.Chr. an wird die Existenz von Nomadengruppen durch die Geschichtsschreibung belegt (Herodot). Zuvor gibt es darauf Anspielungen in den Rig-Weda, Hymnen, die auf alt-iranisch - einer indo-europäischen Sprache - geschrieben sind und vielleicht aus dem Jahr 1500 oder 1200 v.Chr. stammen. Mythische iranische Märchen, darunter die Reden des Zarathustra (7. Jh. v.Chr.), beschreiben Kämpfe zwischen den Ayra (seßhaften Bauern) und den

---

[57] vgl. V. Schiltz (1991)

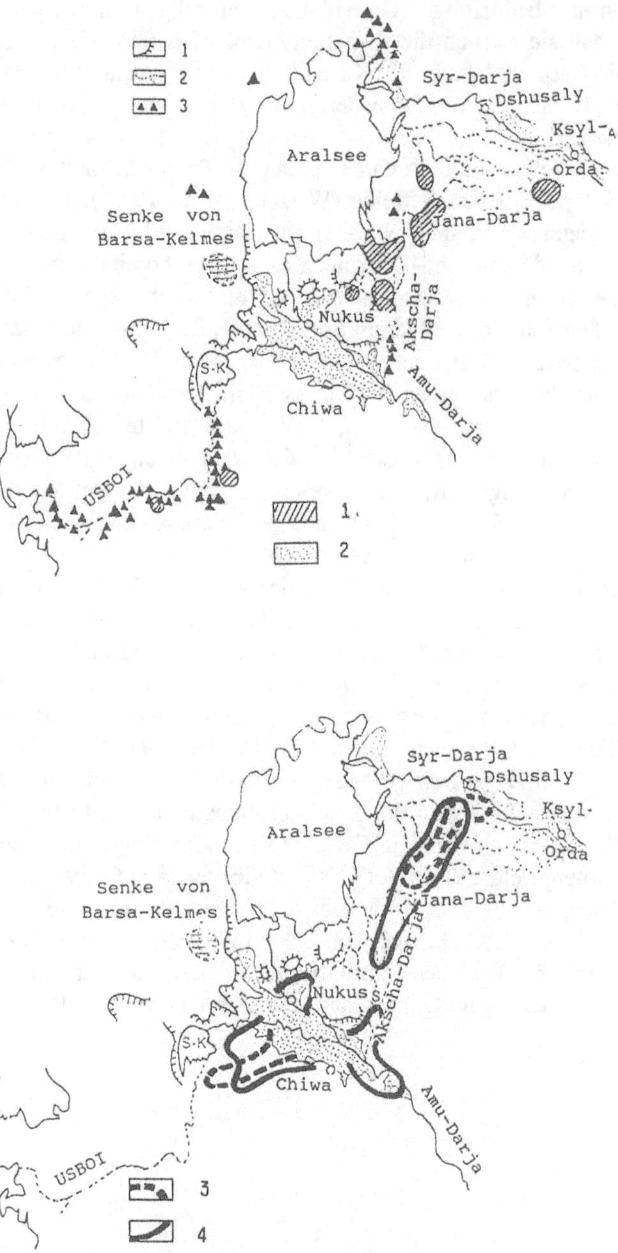

Abb. 3.3. Entwicklung der menschlichen Besiedlung aufgrund von archäologischen Erkenntnissen. *Ganz links oben: 1* Anhöhen, *2* alte Flußbetten, *3* jungsteinzeitliche Fundstätten; *Legenden jew. rechts unten: 1* bronzezeitliche Fundstätten, *2* 1970: bewässerte Flächen (archäologische Spuren

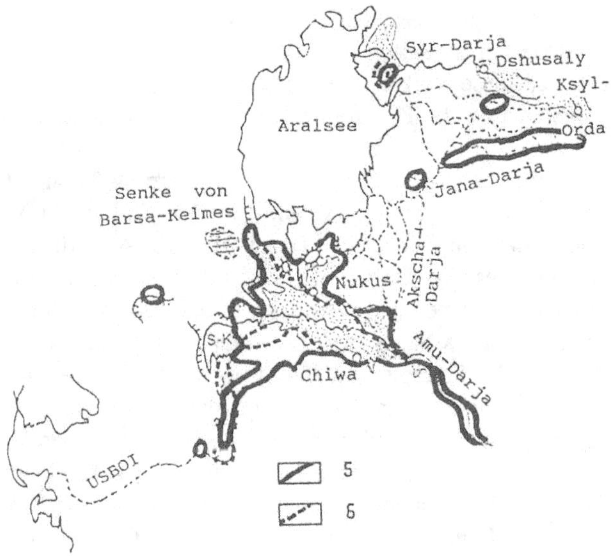

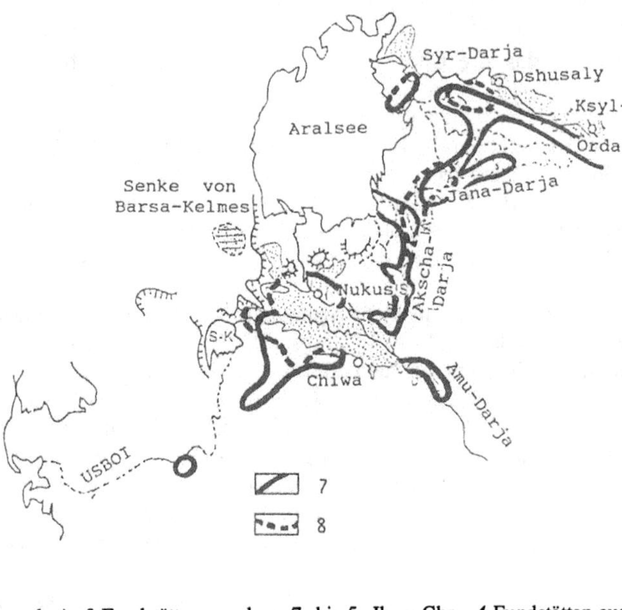

verschwunden), *3* Fundstätten aus dem 7. bis 5. Jh. v.Chr., *4* Fundstätten aus dem 4.Jh. v. Chr. bis zum 1. Jh. n. Chr., *5* Fundstätten aus dem 2. bis 4. Jh., *6* Fundstätten aus dem 5. bis 8. Jh., *7* Fundstätten aus dem 9. bis 13. Jh., *8* Fundstätten aus dem 14. bis 16. Jh.

Tura (Nomaden). Die Griechen berichten von den Skythen und Massageten[58], die Perser von den Saken oder Saka, die Chinesen von den Wu Sun. Die Archäologie zeigte, daß diese Völker, die von der alten Andronowo-Zivilisation abstammen, die lokalen und die Kulturen des nördlichen Kaukasus mit aufgenommen hatten.

In der Geschichte folgt als nächstes die Zeit der Eroberung Turans durch das Persische Reich (Abb. 3.4). Kyros der Große (um 558-528 v.Chr.) erreichte Choresm und zerstörte das alte Samarkand. Darius III. (521-486) dehnte das Gebiet bis jenseits des Jaxartes (Syr-Darja) aus. Was man über die persische Herrschaft weiß, ist spärlich: Satrapen (Gouverneure) in den großen Städten (Merw, Marakanda/Samarkand, Baktra/Balch und Kat/Kadj - eine zerstörte Stadt im Norden des Choresm in der Satrapie von Chorasmien) überwachten im wesentlichen das Eintreiben der Steuern. Ihr Verwaltungsgebiet grenzte an den Aralsee, und die unabhängigen Nomaden wurden in die Gebiete jenseits des Usboi und des Syr-Darja zurückgetrieben. Von dieser Zeit an nimmt der Anteil von Schaf- und Ziegenknochen in den archäologischen Fundstätten kontinuierlich zu, um dann im archäologischen Fundmaterial aus dem 10 Jh. n.Chr. 90 % zu erreichen; dies ist ein Beleg für die zunehmende Entwicklung einer stärker bäuerlichen Viehzucht als der der Rinder.

Barthold (1909-1937)[59] weist darauf hin, daß das Tal mit internationalem Status, das vom Fluß Akes (Amu-Darja) gebildet wurde, Herodot (III-117) zufolge den Charismiern bereits weit vor der persischen Herrschaft gehörte. Daraus schließt er, daß das alte Choresm in der Vergangenheit Mittelasiens ein

[58] "Die Fischer" auf Altiranisch: ein Zeugnis von der Herkunft dieser Völker? "Sie [die Massageten und Saken] leben weiter im Osten [des Kaspischen Meeres] und man bezeichnet sie mit dem Oberbegriff der Skythen, obwohl sie jeweils eigene Namen tragen; ihre Bevölkerung besteht jeweils überwiegend aus Nomaden" ... "Einige von ihnen bewohnen die Berge, andere die Ebenen, weitere die Sümpfe an den Flüssen, andere wieder die Inseln in diesen Sümpfen. Vor allem der Araxes (Oxus) überschwemmt, so sagt man, das Land, wobei er sich in mehrere Arme aufteilt und dann in ein anderes als das Kaspische Meer fließt, in das nördliche Meer; dies gilt für alle Mündungen des Flusses bis auf eine, die in den Golf von Hyrkanien führt." ... "Die Massageten, die auf den Inseln leben, ernähren sich von Wurzeln und wilden Früchten, da sie keine Körner zum Säen haben. Da sie auch kein Vieh beseitzen, kleiden sie sich in Baumrinde und kennen auch kein anderes Getränk als den Saft ihrer ausgepreßten Früchte. Diejenigen, die in den Sümpfen leben, ernähren sich von Fisch und kleiden sich mit Seehundsfell; die Seehunde sind, vom Meer her kommend, gegen die Strömung bis zu ihnen gelangt" [im Aralsee gibt es zumindest in moderner Zeit keine Seehunde, Anmerkung der Autoren]... "Eratosthenes gibt an, daß die Arachoten und Massagten entlang dem Oxus die Baktrier nach Westen hin begrenzen" ... "Die Massageten leben nördlich von Hyrkanien zwischen dem Oxus und dem Ochus (Strabo XI, 2 - 8). Der Ochus, dessen Identität nicht geklärt ist, könnte der alte Ostarm des Oxus, der Akscha-Darja sein.

[59] Artikel "Kath, Khwarzem, Khiva", Encyclopédie de l'Islam, 1. Ausgabe, S. 961. Herodot macht mehrere Andeutungen über Turan, seine Flüsse und seine Einwohner (I.202 - 205, III.93, III.117, IV.11 und 12, IV.22 und 23, VII.64 - 67); Strabo: Buch IX, Kapitel 7 und 8.

Bildtafel 1. *Oben*: Blick über Chiwa: Eine Stadt von Moscheen und Minaretten, die im 20. Jh. wiederaufgebaut wurden. Die Oase von Chiwa, die früher am Ufer des Amu-Darja lag und heutzutage 30 km von diesem Fluß entfernt liegt, wird zur Zeit wieder von Grund auf in Stand gesetzt, das Ziel dabei ist die Ausweitung des Tourismus (Aufnahme: M. Mainguet, 1990). *Unten*: In der Nähe des Marktes von Chiwa. Die Architektur ist typisch für die Oasen Mittelasiens und zeugt von dem Bemühen, kühle Stellen zu schaffen. Sie stellt die eckigen Formen der Flachdächer den Rundformen der gebrochenen Bögen, Kuppeln und Arkaden gegenüber (Aufnahme: M. Mainguet)

Bildtafel 2. *Oben*: Kunja Urgentsch oder Neu-Urgentsch. Riesiges Portal einer Moschee, die im 14. Jh. in Neu-Urgentsch gebaut wurde, nachdem die Mongolen bei ihrer Invasion Alt-Urgentsch zerstört hatten. Diese Architektur zeichnet sich durch die meisterhafte Beherrschung des gebrochenen Bogens, der Kuppeln, der Verwendung von Ziegelstein sowie durch Ornamente aus emaillierter Keramik aus und ist eines der Kernstücke islamischer Kunst in Asien (Aufnahme: M. Mainguet, 1990). *Unten*: Ogelli. Eine Siedlung aus dem 14. Jh., die infolge der Mongoleninvasion zerstört und später aufgegeben wurde, nachdem der eindringende Flugsand überhand genommen hatte (Aufnahme: M. Mainguet, 1990)

Bildtafel 3. *Oben*: Nukus, Hauptstadt von Karakalpakstan (in Usbekistan), wurde am rechten Ufer des Amu-Darja oberhalb seines Deltas erbaut. Die große Allee wird von offenen Entwässerungsgräben gesäumt, an denen Reihen von Erlen (*Alnus pumila*) und Tamarisken (*Tamarix hispida*) gepflanzt sind, was charakteristisch für das Bemühen um Kühle und Schatten in den mittelasiatischen Oasen ist. *Unten*: Tschimbaj, 90 km nordöstlich von Nukus, bietet das Bild eines traditionell islamischen Dorfes, in dem jede Familie ihren Alltag im Schutz der Mauern aus Strohlehm verbringt. Zu diesem Dorf gehört eine gewaltige Versuchsstation zur Erforschung von Baumwollarten (Aufnahmen: M. Mainguet, 1990)

Bildtafel 4. *Oben*: Muinak. Ehemaliger Fischereihafen mit Fischkonservenfabrik, der früher am Ufer des Aralsees lag, jetzt aber einige Dutzend Kilometer vom Ufer entfernt ist. Die Wasserfläche links im Bild ist nicht der See: Das Wasser stammt aus der Einleitung von Drainageabwässern. *Unten*: Ein Hotel, das früher am Seeufer lag. Man versuchte, die Verbindung zum See mit einem Kanal so lange wie möglich aufrechtzuerhalten; bewegliche Dünen führten jedoch zur Versandung. Hinter dem Hotel (*im Vordergrund*) sieht man, wie versucht wurde, den Sand festzuhalten (Aufnahmen: M. Mainguet)

Bildtafel 5. Der Tschink - die Steilwand, die die neogene Hochebene des Ust-Urt begrenzt.
Oben: Blick von Osten nach Westen über den Tschink auf den Ust-Urt. Diese Steilwand, die vor den 60er Jahren den Aralsee im Westen schroff begrenzte, beeindruckt durch ihre starke Zerfurchung in Form von tiefen Schluchten, die durch Bäche eingegraben wurden. Im Hintergrund zeigt die Geröllwüste des Ust-Urt ihre extreme Trockenheit (Schrägbild; Luftaufnahme: M. Mainguet). *Unten*: Von Westen nach Osten gesehen, das Abfallen der Ust-Urt-Hochebene, der Tschink und seine Einfurchungen sowie an dessen Fuß die Drainageabwässer, die heutzutage einen Teil des verlandeten Aralseebodens bedecken (Schrägbild; Luftaufnahme: M. Mainguet, 1990)

Bildtafel 6. *Oben*: Die großen Bewässerungsflächen im Amu-Darja-Delta. *Unten*: Die traditionellen Höfe mit Flachdach, die moderneren mit zweiteiligem Blechdach. Diese beiden Fotografien verdeutlichen die geometrischen Aspekte der landwirtschaftlichen Parzellen: Kanäle, die manchmal durch Baumreihen gesäumt werden, trennen die großen Baumwoll- oder Reisparzellen (Aufnahmen: M. Mainguet, 1990)

Bildtafel 7. *Oben*: Delta des Amu-Darja nördlich von Nukus. Das Foto zeigt die Größenordnung der Bauwerke, die für die Bewässerung angelegt wurden, sowie den Baumwoll- und den Reisanbau in diesem trockenen Ökosystem. *Unten*: Der Kanal wird gerade von einem Saugförderbagger ausgebaggert. Dieser schleudert das Schwemmaterial auf das Kanalufer. Dieses Foto zeigt gut, wie sehr die Umwelt im Bereich der Kanäle und der Bauten zur Bewässerung zerstört wurde (Aufnahmen: M. Mainguet, 1990)

Bildtafel 8. Bereich von Muinak. *Oben*: Im Vordergrund die Böschung, die vor den 1960er Jahren das Ufer darstellte; an deren Fuß der verlandete ehemalige Seegrund, hier sandig mit einer *Halyxylon-aphyllum*-Steppe, die sich im Laufe von drei Jahrzehnten entwickelt hat. *Unten*: Die gleiche Steppe mit *Halyxylon aphyllum* und *Salsola richteri* (Aufnahmen: M. Mainguet, 1990)

Bildtafel 9. Östlich von Muinak. *Oben*: Das verlandete Amu-Darja-Delta, eine Salzwüste, in der sich nunmehr eine Vegetation vorwiegend aus Tamarisken bildet und die von zahlreichen *"blowouts"* übersät ist, von denen eine Reihe *links* im Bild erscheint. *Unten*: Ein weiterer Blick auf diese Salzwüste mit einer ehemaligen Insel (Aufnahmen: M. Mainguet, 1990)

Bildtafel 10. *Oben*: Halophyten-Steppe, die erste Phase der pflanzlichen Besiedlung dieser Salzböden. *Unten*: Verlandeter nördlicher Teil des Aralsees (WNW von Aralsk) in der Nähe des ehemaligen Fischerdorfes Kulanda. Auf diesem Boden haben sich Salzkrusten entwickelt (Aufnahmen: M. Mainguet, 1990)

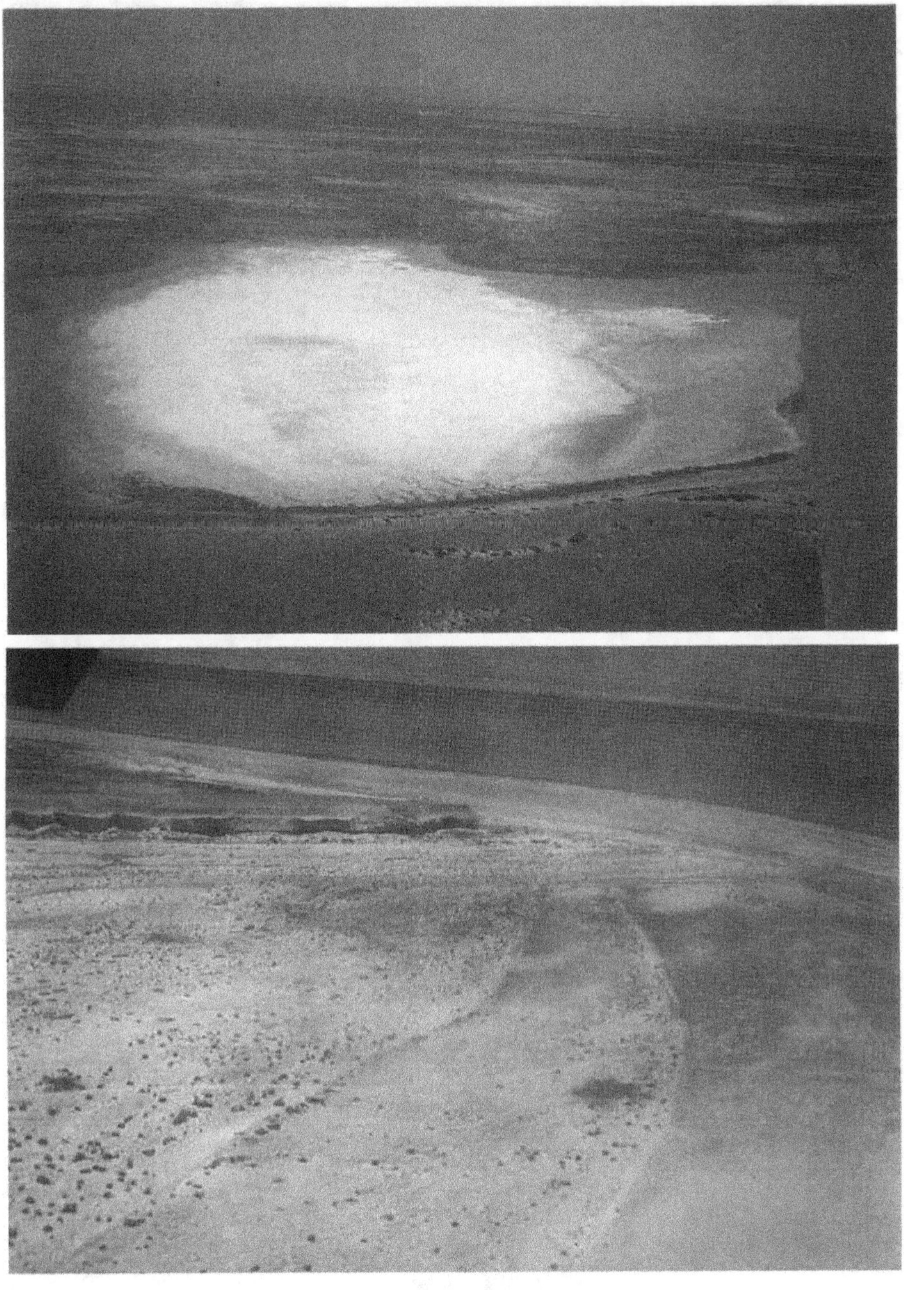

Bildtafel 11. Schräg-Luftbilder: Ansichten der seit Anfang der 60er Jahre verlandeten Bereiche des Aralsees östlich von Aralsk. *Oben*: Der ehemalige Grund einer abflußlosen Senke und seine Salzkruste. *Unten*: Die Salzwüste; eine Insel *in der oberen Hälfte links* im Bild und eine Stromrinne des Aralsees, die gerade austrocknet. Man sieht kranzförmig abgesetzt verschiedene Stufen der Versalzung (Aufnahmen: M. Mainguet, 1991)

Bildtafel 12. Amu-Darja-Delta - Ansichten des Bodens. *Oben*: Ansicht einer sekundären Versalzung auf einem aufgegebenen Feld in der Nähe des Solontschaks von Dautkul. *Unten*: Sekundäre Versalzung auf einem bewässerten Baumwollfeld in der Nähe von Nukus (Aufnahmen: M. Mainguet, 1990)

Bildtafel 13. *Oben*: Luftbild einer ehemaligen Festung in der heutigen Wüste Kara-Kum. Es ist interessant zu sehen, wie dieses runde Bauwerk nach und nach von den beweglichen Barchanen eingenommen wird. *Unten*: Luftbild des Topiatan-Sees im Bett des Usboi; *links* der Ust-Urt (Aufnahme: Andrianow)

Bildtafel 14. Ansichten des verlandeten Aralseebodens südlich der heutigen Wasserfläche. *Oben*: Takyr. *Unten*: Sandwüste mit großartigen Barchanen auf dem verlandeten Seegrund des Aralsees in der Nähe von Muinak (Aufnahme: Andrianow)

Bildtafel 15. Ansichten des Amu-Darja. *Oben*: Schräg-Luftbild, aufgenommen zwischen Muinak und Nukus im September 1990: Der Amu-Darja ist fast ausgetrocknet und auf eine Stromrinne reduziert, den Rest des großen Flußbetts nimmt eine Gruppe von beweglichen Transversaldünen ein. *Unten*: Eine andere Ansicht desselben Flusses zur gleichen Zeit östlich von Muinak: Das Flußbett ist ein breites Band aus Sand, während der Amu-Darja auf eine Rinne zusammengeschrumpft ist, die hier noch unterbrochen ist (Aufnahmen M.Mainguet, 1990)

Bildtafel 16. *Oben*: Steppe mit *Haloxylon aphyllum* in der Wüste Kara-Kum unweit der Versuchsstation von Repetek nordöstlich von Aschchabad (Aufnahme: M. Mainguet, September 1989). *Unten*: Stattlicher *Haloxylon aphyllum* (Schwarzer Saxaul) - einer der ältesten in diesem Wald im semiariden Ökosystem Mittelasiens in der Nähe der Versuchsstation von Repetek (Aufnahme: R.Létolle)

mächtiges Land war. Die Hauptstadt wird von Hekatäus Chorasmia genannt (Fragment 172-173), und nach Herodot (VII, 66) waren die Parther und Charismier in der gleichen Abteilung der Armee des Xerxes vereinigt. Barthold bezweifelt stark, daß Choresm mit Parthien oder Sogdien eine gemeinsame Satrapie bildete.

Darius III. wurde in Arbeles (331) von Alexander dem Großen besiegt und ging, so sagt man, auf einer Insel im Süden des Kaspischen Meeres elend zugrunde; Turan fiel dadurch unter die Herrschaft des Eroberers. Der Feldzug Alexanders nach Mittelasien ist zu bekannt, als daß man ihn an dieser Stelle im einzelnen ausführen müßte. Er blieb 4 Jahre in der Region (von 330 - 326 v.Chr.), empfing die örtlichen Könige, organisierte die persische Herrschaft um und schuf die berühmten Gebietseinheiten Sogdien, Baktrien, Parthien und Hyrkanien. Alexander sah sicherlich nie den Aralsee mit eigenen Augen. Die Grenzen seines Reiches liefen im Süden an der Kara-Kum und am Mittellauf des Amu-Darja entlang, so daß er den Aralsee anderen, noch kaum bekannten Herrschern überließ.

Zur Zeit Alexanders war Choresm also unabhängig: Wie sich dieser Staat so halten konnte, ist unbekannt. Im Frühjahr 328 v.Chr. empfing Alexander den Besuch des chorasmischen Königs Pharasmanes in Begleitung von 1500 Reitern. Pharasmanes soll versichert haben (Arrianus IV, 15, 4-5), daß sich sein Reich bis zur Krim erstrecke. Die Version des Quintus Curtius (VIII, I,8) spricht lediglich von einem Botschafter namens Phrataphernes. Beim Tode Alexanders zerfiel sein Reich, unabhängige Staaten bildeten sich in Baktrien (Diodotus I.) und in Parthien (Arsaces), am Kaspischen Meer und an den Grenzen des Iran[60].

Im 1. Jh. unserer Zeitrechnung waren die Kenntnisse über das Aralbecken kaum größer als bei Herodot; jedoch findet man einige interessante Einzelheiten bei Plinius dem Älteren (Strabo, vgl. Kap. 2).

Ptolemäus gibt an, daß die Charismier am rechten Ufer des Oxus wohnten, somit also nordöstlich des inneren Deltas; der Akscha-Darja mußte jedoch noch geflossen sein. Jedenfalls war dies die Lage der legendären Stadt Kat oder Kath an der Stelle des heutigen Sheik Abbas Ali, einem kleinen Dorf von (1913) 200 Häusern, 30 km von Turtkul und 7 km vom Amu-Darja entfernt. Es blieb dort lediglich das Mausoleum des heiligen Moslem, der dem Dorf seinen Namen gab, die Ruine eines Minaretts und Reste der Befestigungsmauern aus gebrannten Ziegeln. Nach den Überlieferungen des arabischen Geographen Al Biruni wurde die Zitadelle erst im Jahr 304 n.Chr. erbaut.

Sicherlich gab es im Choresm einige kleine Fürstentümer nach dem Ende des Alexander-Reichs. Man fand befestigte Städte aus der Zeit der Achämeniden (Kalaly-Ghir, Schirik-Robat, vom 5. - 2. Jh. v.Chr.). Es ist auch bekannt, daß Tok-Kala, 14 km nordnordöstlich von Nukus um das 4. oder 3. Jh. v.Chr. gegründet wurde. Die Bewässerungskultur scheint Mitte des 1. Jh. n.Chr. im Cho-

[60] Die fast völlig unbekannte Geschichte des Königreichs Parthien wurde durch Inschriften aufgedeckt, die bei den zahlreichen Expeditionen von V. Masson in Nizäa (Naka) bei Aschchabad gefunden wurden (Masson u. Sariandini 1972).

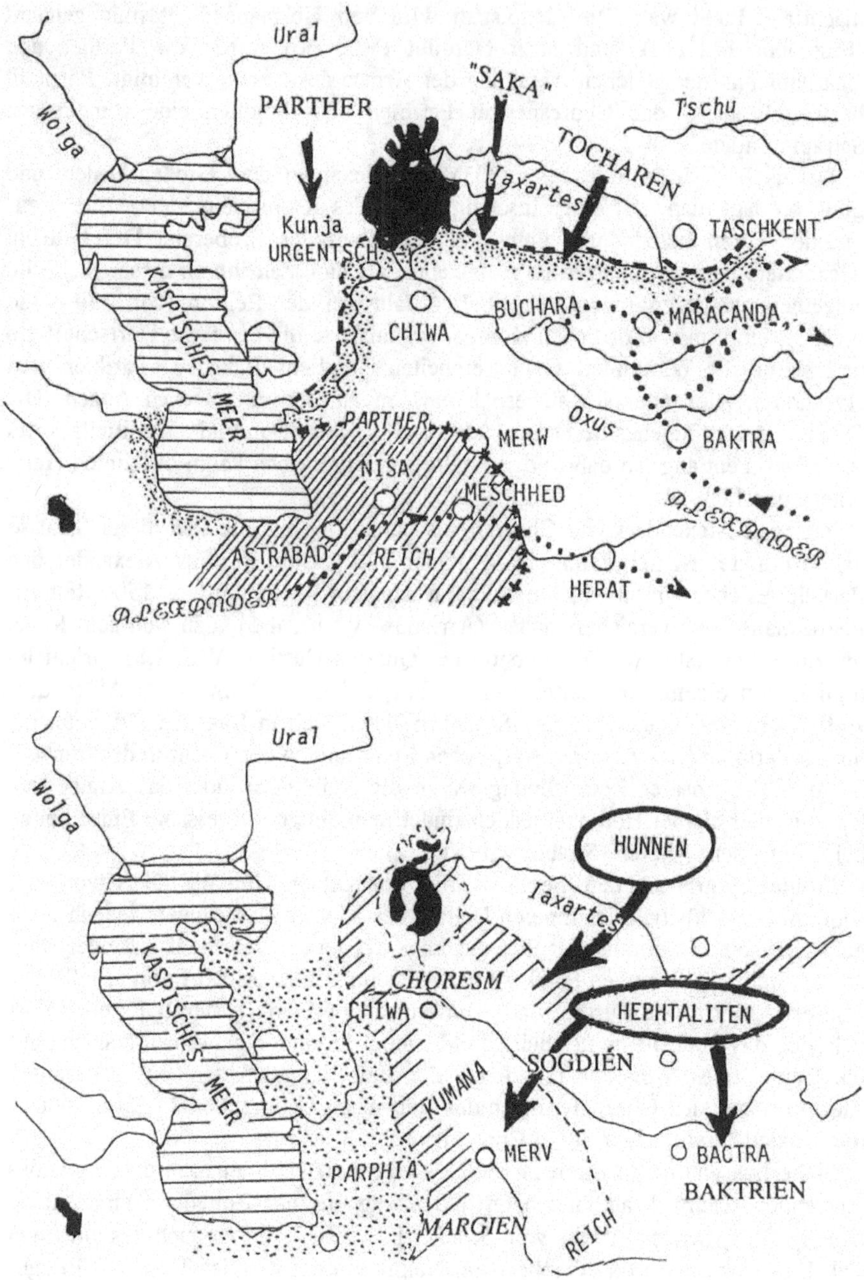

Abb. 3.4. Ausschnitte aus der Geschichte Turans. *1* das persische Sassanidenreich (um 350 v.Chr.) und der Feldzug Alexanders des Großen; Partherstaat (um 200 v. Chr.); *2* die Hunneninvasionen (um 400 n.Chr.);

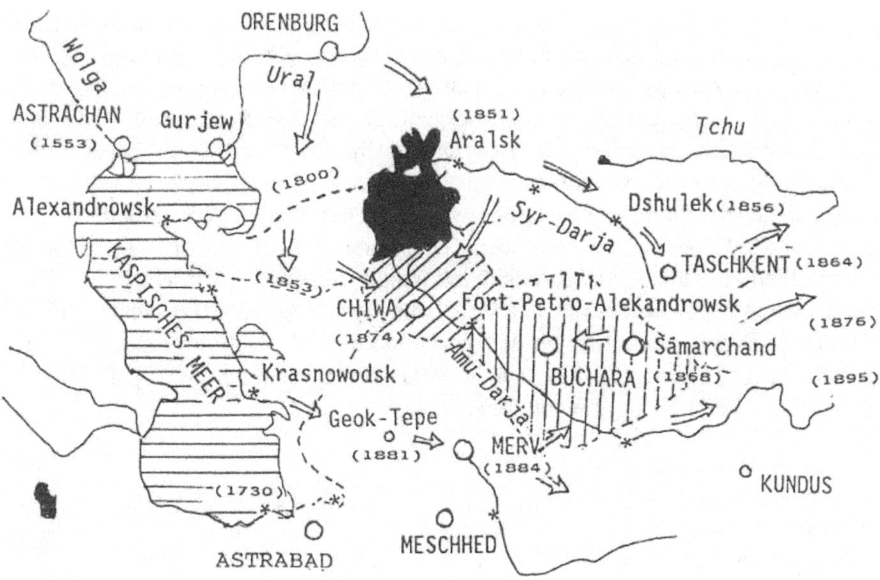

3 Mittelalter: die großen Karawanenstraßen; *4* das usbekische Reich (17. Jh.) und die russische Eroberung (*Sterne:* Festungen)

resm wie auch am unteren Serafschan aufgegeben worden zu sein, und die Schöpfräder wurden, vielleicht in Folge eines Krieges, zerstört.

Die folgenden Jahrhunderte waren in der Region durch den griechischen und den römischen Einfluß bestimmt[61]. Die byzantinischen Geschichtsschreiber kannten die Ufer des Aralsees nicht. Chinesische Chroniken aus dem 7. und 8. Jh. n.Chr. erwähnen das Land östlich von Balch (Baktra) an beiden Ufern des Oxus. Die Thokarer, die im 2. Jh. von Osten gekommen waren, eroberten die hellenistisch-baktrischen Staaten. Ob sie Choresm eroberten, ist nicht bekannt, ebensowenig weiß man, ob die Hunnen die Hephtaliten besiegten. Letztere hießen auch Haital oder bei den Chinesen Hiong-Nu, sie kamen um 200 v.Chr. am Oxus an, wo sie die iranisierten Saken oder Skythen vorfanden, und stürzten ohne Mühe die Herrschaft der letzten griechisch geprägten Baktrier.

Die Hauptstadt der Könige von Choresm, Toprak-Kala[62], die vermutlich aus der Zeit zwischen dem 1. und 3. Jh. v.Chr. stammt, besaß einen Palast mit monumentalen Skulpturen und Gemälden, die durch die Choresm-Feldforschung ausgegraben wurden (1939)[63]. Inschriften in altchorasmischer Sprache - eine Abart der aramäischen Sprachen - erwähnen den Namen des Herrschers des großen Kushan-Reiches (1. - 2. Jh. n.Chr.), das sich von Indien bis zum Amu-Darja erstreckte, zweifelsohne also bis zum Choresm (Ende des 4. Jh. verschwand dieses Reich auf ungeklärte Weise, vielleicht unter dem Druck der Sassaniden oder auch der Hunnen). Unter der Herrschaft der Kushan wurde auch der untere Syr-Darja erschlossen (Abb. 3.3). Nördlich des Aralsees erstreckte sich das Reich der Alanen[64] oder Aorsen, "große blonde Männer, so stark wie die Hunnen", die davon träumten, auf den Schlachtfeldern zu sterben, und die vor religiösen Gebäuden nicht zurückschreckten. Im Jahr 73 versuchten sie vergeblich, das Partherreich zu erobern. Nach dem Niedergang des Kushan-Reichs, wurde die Bewässerungskultur zwischen Amu-Darja und Syr-Darja von der Dynastie der Afrigiden beträchtlich weiterentwickelt.

Die Hunnen, die von Nordosten - vielleicht aus der Mongolei - kamen, bestimmen das Geschehen im folgenden Zeitabschnitt um 400 n.Chr. Sie zerstörten (vermutlich) Choresm. Ein *Tu-Kie-Reich* (so die chinesische Umschrift von Türken) entstand 552 östlich des Oxus, der die Grenze seines Herrschaftsbereichs darstellte. Dieses Reich trat mit der byzantinischen Zivilisation in Kontakt, verschwand aber in der 1. Hälfte des 8. Jh. unter den Stößen der uigurischen Chinesen und anderer Türken, die von Osten kamen[65].

---

[61] Nach der Schlacht von Carrhae-Harren in der Türkei zwischen den Römern und dem Partherkönig Orodes II. (53 v.Chr.), in der Crassus umkam, wurden 10 000 römische Gefangene als Sklaven in die Oase Merw verschleppt, wo sie Nachkommen hatten (Plinius II,47).

[62] Ein gewaltiges Schloß, das eine große befestigte Stadt noch um 25 m überragte (Tolstow 1962).

[63] Man macht dort westlich- östlich gemischte Einflüsse aus.

[64] Nach Ammianus Marcellinus (4. Jh.).

[65] s. Grousset (1939).

Später, als sie ihre Eroberungen ausdehnten, gelangten die Araber unter der Führung von Kuteiba zum Amu-Darja. 712 nahmen sie Chiwa ein, konnten sich damals allerdings weder der Stadt Samarkand noch Bucharas bemächtigen. In Sogdien und im Choresm drang die islamische Religion recht leicht vor, ohne erkennbare Gewaltanwendung, die Völker nördlich des Syr-Darja und ihre türkischen Anführer unterwarfen sich ihr jedoch weniger schnell. Etwa zu dieser Zeit wurde das rechte Ufer des Oxus aufgegeben (Akscha-Darja).

Al Beruni berichtet, daß die Zivilisation im Choresm im Jahr 1292 v.Chr. mit der Übernahme der Macht durch den legendären Gründer der späteren chorasmischen Dynastie ihren Anfang nahm (980 Jahre vor der Machtergreifung der Seleukiden). Al Beruni beschreibt den Stammbaum dieser Familie, die noch 712 bei der moslemischen Eroberung regierte. Chinesische Urkunden belegen Kontakte mit dem Choresm und bestätigen die Richtigkeit zumindest der jüngeren Zweige von Al Birunis Stammbaum.

Die iranischen Traditionen, die aus der Zeit der Seleukiden-Eroberung stammen, waren bis ins 8. Jh. bewahrt worden, die Religion des Zarathustra bis ins 11. Jh.[66]. Diese wurde, ebenso wie die Religion der Christen, die orthodox und nicht wie zur gleichen Zeit in China nestorianisch waren, durchaus geduldet.

Die Araber verstanden die Muttersprache der Charismier nicht, die sicherlich aus dem altiranischen hervorgegangen war, einer indoeuropäischen Sprache. Nach der Eroberung überließen sie der örtlichen Dynastie pro forma die Macht. 728 fand in Kurdar nahe am Aralsee ein Aufstand statt (Al Tabari, II, 1525). Wenig später wurde ein Teil des Choresm unabhängig, und das Fürstentum von Gurgendsh[67] wird 922 erwähnt. Sein Fürst eroberte das ganze Choresm bis nördlich des Aralsees. Dann folgten verschiedene Dynastien unter der Oberlehnsherrschaft der seldschukischen Fürsten aufeinander. In Urgentsch blieben das Mausoleum von Fakhr al Din al Razi (11.-12. Jhd) sowie ein Grabturm erhalten. Das untere Tal des Syr-Darja wurde in dieser Zeit (10. Jh.) durch Gruppen ogusischen Ursprungs (Mongolen) im Zuge der Seßhaftwerdung wieder intensiv bewirtschaftet (Abb. 3.5).

Die Türken nahmen Choresm 999 ein.

Ende des 12. Jh. wurde Choresm eine Großmacht[68]. Nach dem Sturz der Seldschuken konnten sich die *Choresmschah* als ihre Nachfolger betrachten und eroberten ganz Mittelasien vom rechten Ufer des Jaxartes an bis zu den Grenzen Irans und Mesopotamiens; ihre zumindest symbolische Oberlehnsherrschaft erstreckte sich bis in den Oman (im Südosten Arabiens).

Zum Teil war das Land bereits türkisch geprägt. Die Handelsbeziehungen des Staates erstreckten sich von Westeuropa bis nach Indien und China und brachten ihn zur politischen Vorherrschaft. Diese Macht forderte den Krieg mit Dschingis-Khan heraus, und damit den Sturz der Dynastie und die Zerstörung

---

66 Zahlreiche Grabbeigaben des Zarathustra-Kultes sind im wunderbaren Museum von Nukus ausgestellt.

67 oder Alt-Urgentsch (s. Karte).

68 s. Grousset (1939) und Bosworth (1979/80) zu Einzelheiten über diese Zeit.

Abb. 3.5. Erkundung aus der Luft über Adamli-Kala (südöstlich des Syr-Darja), 1949

des Königreichs (1221). König Muhammad floh auf eine Insel im Kaspischen Meer, auf der er starb.

Dschingis Khan, der von Otrar[69] her kam, zerstörte Choresm, die Deiche und Kanäle des Oxus, schleifte die alten Städte Wasir, Kat und Alt-Urgentsch und

[69] Die sehr alte Stadt Otrar am rechten Ufer des Syr-Darja, einige Kilometer von Tschimkent entfernt, hatte der Choresmschah Muhammad I. 1210 den von Osten gekommenen Kara-Kitai abgenommen. Einige Jahre danach eroberte Dschingis Khan diese Grenzstadt zurück, ohne sie zu zerstören. Von hier aus brach er 1218 zur Eroberung Turkestans auf. Für die Karawanen, die ins Ferganatal oder nach Nordchina zogen, war Otrar eine beinahe unumgängliche Station (auch Rubrouck zog durch sie). Pegoletti empfahl den Händlern, mit der Karawane über Astrachan, Ust-Urt und Mangischlak bis nach Urgentsch und Otrar zu ziehen, eine Route, die sicherlich einem Teil des Jani-Darja folgte, der im Mittelalter Wasser führte. Timur-Lang starb 1405 in Otrar.
Angemerkt sei noch die erstaunliche Tatsache, daß die Charismier, nachdem sie von der mongolischen Herrschaft gerettet waren, 1244 an der Eroberung von Gaza teilnahmen - dem Ereignis, das den Zusammenbruch des freien Königreichs von Palästina kennzeichnet. Anschließend verwüsteten sie Syrien und ließen sich dort nieder. Geleitet wurden sie von einem gewissen Qutus ("der Hund", ethymologisch gleicher Ursprung wie Kutusow), der von sich behauptete, mit Mohammed verwandt zu sein.

metzelte ihre Einwohner nieder. Mit der Austrocknung des Darja-Lyk und des Usboi vollzog sich das Vordringen der Wüste in das gesamte innere Oxus-Delta bis zum See Sary-Kamysch, wo man die oben genannten alten Städte findet. Urgentsch wurde später an anderer Stelle wiedererrichtet (Neu-Urgentsch, Bildtafel 2) und wurde als unumgänglicher Knotenpunkt zwischen dem Abendland und dem Fernen Osten schnell wieder sehr wohlhabend. Es wurde auch sehr prachtvoll, und seine Künstler und Handwerker waren weithin berühmt. Westliche Reisende wie etwa André de Longjumeau, der Gesandte des Königs Saint-Louis beim großen Mongolen-Khan (auf dem Weg zum Balchaschsee), zogen durch Gurgendsh (Urgentsch). 1334 gelangte der Franziskaner Pascal de Victoria nach Urgentsch, predigte dort und begab sich bis in das Ili-Tal im Nordosten. Andere Besucher, vor allem venezianische Händler, besuchten Choresm zu dieser Zeit ständig[70]. Papst Johannes XXII setzte in Urgentsch sogar einen Bischof ein.

Die chorasmischen Fürsten eroberten Kat und Chiwa von den Mongolen zurück (Bildtafel 1) - von diesen Städten blieben Reste der Stadtmauern aus dem 10. und 11. Jh. zurück. Nach einigen Jahrzehnten mit kleineren Konflikten, die auch durch die Pandemie der Pest (1339) geprägt wurden, erklärte Tamerlan[71], der unruhigen Charismier überdrüssig, ihnen den Krieg. 1379 eroberte er Choresm mit Mühe, 1388 dann erneut, und auch Neu-Urgentsch wurde geschleift, wie übrigens erneut auch Kat.

Von nun an verlor das Choresm an Bedeutung. Das Land, dessen Schwerpunkt auf den nördlichen Städten lag, verlor seine Rolle als Drehscheibe, die gegen 1500 wieder von Chiwa, etwas weiter südlich gelegen, übernommen wurde. 1512 hatte eine usbekische Dynastie das Land eingenommen und Chiwa zur Hauptstadt gemacht. Der Reisende Jenkinson, auf den wir noch zu sprechen kommen, staunt über diese Verlagerung der Einflüsse. Urgentsch und die beiden Kleinstädte Wasir und Aday wurden als Folge der gezielten Austrocknung des linken Amu-Darja-Arms sowie des Darja-Lyk (der in den Sary-Kamysch-See floß) aufgegeben. Ein neues Urgentsch wurde 30 km nördlich von Chiwa erbaut. Kat wurde aus dem gleichen Grund verlassen und 30 km nördlich von Neu-Urgentsch wiedererrichtet. Tschardshou, das weiter südlich lag, war zu dieser Zeit der Hauptübergang über den Amu-Darja. 1715 wurde diese Stadt von Bekowitschs Agenten als strategischer Punkt erkannt.

Nach der endgültigen Austrocknung des Darja-Lyk im 17. Jh., die zum Verschwinden der peripheren Siedlungen führte, stieg das Khanat von Chiwa zu Lasten des usbekischen Reichs auf. Im 18. Jh. wurde das Fürstentum des Khan von Chiwa (Beshkala oder die fünf Festungen) vom eigentlichen Oxus-Delta getrennt. Es war das *Archipel*: "Aral" ist das türkische Wort dafür. Der Schah von Persien eroberte Choresm 1740 zurück und gliederte es an sein Königreich an. Vergeblich hatte der Khan den Zaren gebeten, sein Vasall zu werden. Zur gleichen Zeit wurden die Stämme nördlich des Aralsees vom Khan von Chiwa ab-

[70] s. Grousset (1939), Heers (1983), Bosworth (1979/80), Barthold u. Brill (1978).
[71] oder Timur-Leng

hängig, während diejenigen, die Sibirien am nächsten waren, den Schutz Rußlands erbeten hatten. 1760 beherbergte Chiwa nur noch etwa 60 Familien und wurde wieder von Urgentsch und anderen Städten übertroffen, nachdem die Stadt ihren Sklavenmarkt verloren hatte (dort waren die Russen aufgrund ihrer Gestalt, ihrer Geschicklichkeit und ihrer Treue besonders geschätzt...). Später blühte zwar sie wieder etwas auf, aber anscheinend hat sie sich dabei etwas verschoben, wie häufig auch andere Städte der Region.

Zar Peter der Große hatte großartige Vorstellungen von Mittelasien. Seine noch zaghaften Versuche der Erforschung und Eroberung jedoch, die mit nur geringen Mitteln ausgerüstet waren, schlugen fehl. In den 1690er Jahren eroberte Peter der Große auf seiner Suche nach Zugängen in den Süden - die Straße der Inder fest im Blick - ohne größere Schwierigkeiten die Fürstentümer und iranischen Besitzungen auf der Westseite des Kaspischen Meers. 1722 eroberte er auch die ganze Südseite des Kaspischen Meers und das westliche Dagestan[72] im Südosten bis zur Stadt Astrabad (heute Gurgendsh). Zur gleichen Zeit besetzte er die strategischen Punkte an der Ostküste des Kaspischen Meeres. 1735 wurde das gesamte Gebiet vollständig geräumt, und die russiche Besatzungsmacht von 60 000 Mann ging um mehr als die Hälfte zurück1. Inzwischen hatte sich der Zar auch mit Turkestan beschäftigt, aus rein geographischen Gründen, wie Nolde (1927, Bd. 2, S. 333) versichert. Davon zeugt auch die Anweisung an Wolynski, den zukünftigen jungen Gouverneur der besagten Gebiete, aus dem Jahr 1715: "... festzustellen, welche großen Flüsse ins Kaspische Meer fließen, ... herauszufinden, bis zu welchen Stellen auf diesem Meer die Schiffahrt möglich ist, falls es keinen Fluß geben sollte, der aus Indien kommt und in dieses Meer fließt...". Nach Hopkirk hat man Peter dem Großen die Existenz von Goldlagern am Oxus mitgeteilt, die im Becken seines Oberlaufs und in dem des Serafschan auch tatsächlich vorkommen. Im Pamir gibt es auch Lagerstätten von Türkis, Lapislazuli und Rubin.

Gleichzeitig mit ihrer Niederlassung in Baku richteten die Russen ab 1714 provisorische Garnisonen am Ostufer des Kaspischen Meers ein, und zwar in der Nähe von Krasnowodsk und von Michailowsk (50 km östlich der Insel Tscheleken und heute aufgrund der Regression 50 km vom Kaspischen Meer entfernt). Zugleich begannen sie, Handelsniederlassungen auf der Halbinsel Mangischlak einzurichten, die ein Umschlagplatz zwischen dem Choresm und Astrachan war (Abb. 3.6).

Als die Russen langsam in das Gebiet südöstlich des Ural eindrangen, waren sie besonders vorsichtig, da die Baschkiren, dessen Gebiet dort lag, mit den Kalmücken und Karakalpaken des Choresm verbündet waren und ihnen zwischen 1710 und 1715 bereits einigen Ärger bereitet hatten. In diese Zeit gehört die Geschichte des "Zar-Saltan" - der später zum Helden in einer Oper von Rimsky-Korsakow wurde. Die erste Festung auf der Strecke nach Südosten wurde Samarsk (1727), erbaut von Kirilow, der die russische Herrschaft in der Region

[72] Türkisch: das Land der Berge.

endgültig festigte. Orenburg (1735), gelegen am oberen Ural (oder Jaik) wurde flußabwärts neu errichtet, die frühere Stelle wurde in der Folge zu Orsk.

1791 empfahl Sankt Genius, Berater von Katharina der Großen, einen Feldzug, um Buchara und danach Kabul zu erobern. Potemkin riet der Zarin davon ab, sich in dieses Abenteuer zu stürzen. 1801 begann Zar Paul I., der Beutezüge kasachischer Stämme in den Uralgebieten überdrüssig, einen Feldzug ins Choresm. Dieser stand unter der Leitung von Denisow, dem General-Ataman der Kosaken. Zu ihm gehörten nur 22 000 Mann, die gegen den eisigen Winter schlecht ausgerüstet waren und einen Monat brauchten, um das Nordufer des Aralsees zu erreichen. Ein Bote von Alexander I., dem neuen Zaren, teilte ihnen die Ermordung von Paul I. mit. Die Feldzug wurde abgebrochen und seine Teilnehmer entkamen so dem Schlimmsten.

Ein anderer, ebenfalls abgebrochener Feldzug fand 1839 unter der Leitung von General Perowsk statt. Er war besser ausgerüstet, litt jedoch unter der Härte des Winters (im Winter wird gereist, um die brennende Sonne und die Trockenheit zu umgehen) und hatte große Verluste. Er gelangte an die Mündung des Syr-Darja, sammelte aber schließlich, geplagt von den Nomaden, dem Skorbut, der Kälte und der Hitze, seine Reste in Orenburg. Der Khan von Chiwa jubelte. Auch die Engländer, die um Indien fürchteten, hatten bereits einige Kundschafter nach Turkestan geschickt, um sich ein Bild von diesem Land zu machen, das sie damals überhaupt nicht kannten[73].

Zu Beginn des 19. Jh., als sich die Russen zunehmend für die Region interessierten, hatte im Choresm eine neue Dynastie die Macht ergriffen, die Kungrats. Nach ihrer gesicherten Ansiedlung in Orenburg am Ural 1735 waren die Russen vorsichtig auf das Territorium der Kirgisen (bzw. Kasachen, eine Unterscheidung dieser Völker wurde damals noch nicht getroffen) in der Gegend nordwestlich des Aralsees vorgedrungen. Ihre Strategie bestand darin, nicht das Gelände zu erobern, sondern so wie einst die Römer im Nahen Osten oder in Nordafrika, dort Festungen zu bauen, mit denen sie die Verkehrswege schützten. Diese waren meistens nur bescheidene Vorwerke aus Erde und Holz mit einem Wachturm, einem Graben und einer kleinen Garnison Kosaken. Nach und nach genossen die steuerzahlenden Einheimischen so den Schutz der Russen vor den Vorstößen der Plünderer, die von Süden und Osten kamen.

---

[73] s. zu Einzelheiten Hopkirk (1990) und Cherrier (1856); bei N. Broc (1992) findet man die Biographie der französichen Reisenden des 19. Jahrhunderts im Turan mitsamt ihren Veröffentlichungen. "The whole country about Khiva or Orgunge [Urgentsch] is a desert, containing a widely scattered population of Kirghees. They possess no towns, excepting their capital; and no grain could be procured from them. Khiva is a poor place, supported by the trade of making slaves of foreigners on all sides of the desert, and selling them at Bokhara. Its inhabitants have no species of commerce except this, and the rude manufacture of the most ordinary domestic utensils. The only supplies afforded by the country are the produce of their scattered pastures. The inhospitable country Mr. Stirling seems to consider it necessary that either army or traveller should quit as soon as possible ..." (Analyse aus "Political state of the countries between Persia and India" von E. Stirling, J. Roy. Geogr. Soc., 1835, S.302).

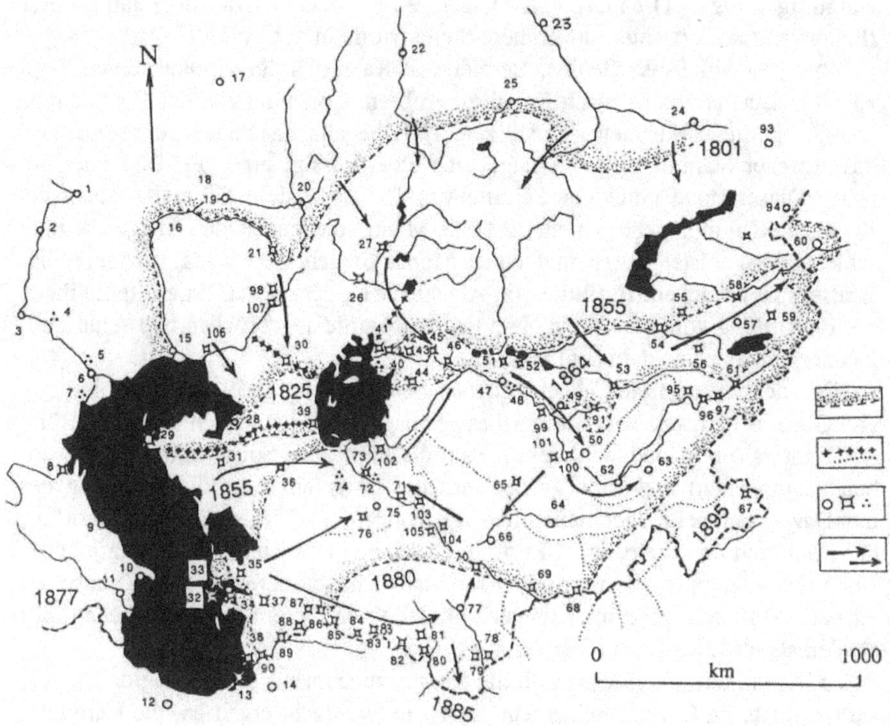

Abb. 3.6. Die russische Eroberung Turans. *A* Grenze der russischen Eroberungen (oder Einflußbereiche) 1801, 1855 und 1880; *B Kreuze:* Reihe der (1840-1850) von der russischen Armee gebohrten Brunnen; *C* gegründete oder eroberte Städte (Zeitpunkt der Gründung oder Eroberung); Festungen; aufgegebene frühere Städte; *D* Richtung der wichtigsten russischen Vorstöße. Ortsverzeichnis: *1* Samara (1589), *2* Saratow (1590), *3* Zaryzyn (Wolgograd) (1589), *4* Neu-Sarai, *5* Alt-Sarai, *6* Astrachan (1556/1589), *7* Itli, *8* Terka (Kislar, 1560), *9* Derbent (1797/1806), *10* Baku (1804), *11* Salshani (1830), *12* Rescht (1722-1735), *13* Fort Aschu-Kala (1781, 1830), *14* Astrabad (1723-1730), *15* Gurjew (1654), *16* Uralsk (Jaisk) (1617), *17* Ufa (1585), *18* Samarsk (1727), *19* Orenburg (1740), *20* Orsk (1735), *21* Aktjubinsk (1831), *22* Petropawlowsk (1680), *23* Jamischewsk (1715), *24* Semipalatiunsk (1718), *25* Akmolinsk (Zelinograd) (1824), *26* Irgis (1825), *27* Turgai (1845), *28* Nowo-Alexandrowsk (1820-1840), *29* Fort Alexandrowsk (Nikolejew) (1839), *30* Fort Tschuschkalkowsk (um 1835), *31* Fort Bish-Aki (um 1850), *32* Fort Bekowitsch (1720), *33* Krasnowodsk (Kysyl-Su) (1859), *34* Michailowsk (1856), *35* Fort Gesli-Ata (um 1870), *36* Fort Ilte-Disha (um 1870), *37* Kisyl-Arwat (1877), *38* Fort Tscharkish-Jar (um 1850), *39* Fort Tschinowi-Apolonowa (um 1860), *40* Dshan, *41* Fort Raim (1847), *42* Fort Aralsk (Nr.1, Kasalinsk) (1850), *43* Fort Mailibasch (1851), *44* Fort Schodscha-Nidshas (um 1852), *45* Fort Karmatschi (Nr.2) (1852), *46* Fort Perowski (Perowsk, Ksyl-Orda) (1853), *47* Dshulek (1863), *48* Otrar, *49* Turkestan (1864), *50* Taschkent (1864), *51* Fort Susak (1864), *52* Fort Tschulak-Kurgan (1864), *53* Auliet-Ata (1864), *54* Fort Merke-Kurgan (1859), *55* Fort Tschaldiwar (um 1860), *56* Bischkek (Frunse) (1874), *57* Wernje (Alma-Ata) (1850), *58* Fort Ilijsk (1864), *59* Borochudsir (Fort Tschunski) (1863), *60* Kuldja (1871-1881), *61* Fort Naryn (1864), *62* Chodshend (1869), *63* Kokand (1876), *64* Samarkand, *65* Fort Kara-Ata (1864), *66* Buchara (1867), *67* Pamirski-Post (1890), *68* Termes (1882), *69* Kerki (1867), *70* Tschardshou (1867), *71* Fort Petro-Alexandrowsk (Turtkul) (1874), *72* Kat, *73* Nukus (1874), *74* Alt Urgentsch, *75* Chiwa (1873), *76* Fort Kysyl-Kala (Fort Chiwien), *77*

Merw (1884), *78* Merutschah (1885), *79* Pendeh (1885), *80* Fort Serachs (1882), *81* Fort Ruschnabad (1882), *82* Fort Derbent-Nefte (1882), *83* Aschchabad (1882), *84* Fort Geok-Tepe, *85* Fort Orenburgskoje, *86* Fort Poltawskoje (1882), *87* Fort Chodshakala (um 1877), *88* Fort Duslu-Schum (um 1865), *89* Fort Tschat (um 1865), *90* Fort Jagly-Schum (um 1860), *91* Fort Sairam (1864), *92* Chopal (1846), *93* Sergiopol (1831), *94* Lepsinsk (um 1850), *95* Fort Ketmen Tube (1864), *96* Fort Togus-Taurau (1864), *97* Fort Kurtkal (1864), *98* Temirskoje (um 1810), *99* Fort Ust-Kajuk (1864), *100* Fort Jassugum (1864), *101* Fort Ikschawdari (1864), *102* Fort Basar-Klitsch-Kala (1874), *103* Fort Eschak-Riauat (1870), *104* Fort Kysyl-Riauat (1867), *105* Fort Agrabad (1867), *106* Fort Embinsk (1737), *107* Fort Issen-Beidy (um 1735), *108* Aktau (1825 ?), *109* Alexandrowsk (1714-15)

Der erste Stützpunkt der Russen am Aralsee war die Festung Aralsk (1847) (Abb. 3.6.). Weiter südlich hielten sie anschließend die Mündung des Syr-Darja mit dem Fort Nr. 1 (heute Kasalinsk) 1851, 1852 Fort Nr. 2 (Karmaktschi, heute Dshusali) und 1853 Fort Nr. 3 (Fort Perowsk, zur Erinnerung an den Feldzug von 1839, am linken Ufer des Syr-Darja, etwas westlich von Perowsk, heute Ksyl-Orda). An den unteren 200 oder 300 km des Flusses hatten sie so eine Machtposition inne, von der aus sie die Fürstentümer von Buchara und Samarkand angreifen konnten, die den Zugang nach Indien kontrollierten und deren mehr oder weniger zuverlässige Truppen die Karawanen überfielen, während andernorts die Nomadenstämme taten, was sie wollten.

Südöstlich des Kaspischen Meeres siedelten die Russen ab 1830 dauerhaft in der Nähe von Astrabad und beherrschten so eine strategisch sensible Gegend an der persischen Grenze. Nordöstlich des Kaspischen Meeres hatten sie 1820 Nowo-Alexandrowsk gegründet, das jedoch aufgegeben wurde, als 1839 an der Spitze der Halbinsel Mangischlak Fort Alexandrowsk gegründet wurde. Von den 1850er Jahren an sicherte eine Linie solcher Festungen zwischen diesem Fort und dem Südwesten des Aralsees die Herrschaft über den Ust-Urt (Abb. 3.6). Das russische Vordringen war auch nach Ostsüdosten gerichtet, zum Balchaschsee und dem Semiritsche (oder Land der sieben Flüsse)[74], zur Region von Alma-Ata (heute Almaty) und den chinesischen Grenzmarken. 1860 waren die Russen Sogdien so nahe gekommen, daß General de Batek 1865 Taschkent erobern konnte. Keinesfalls entmutigt, nahm der Khan von Buchara den Krieg 1867 erneut auf und verlor ihn endgültig. Fergana fiel 1876. Lediglich Choresm war zu bis zu dieser Zeit unabhängig geblieben, obwohl der Khan von Chiwa von 1854 an den Schutz der Russen gegen seine mächtigen Nachbarn im Südosten erbeten hatte[75]. Der Bau der Forts von Petro-Alexandrowsk (heute Turtkul, direkt oberhalb von Chiwa) und von Nukus ermöglichte die Kontrolle des Khanats von Chiwa.

---

[74] Diese fruchtbare Region stellt das nördliche Piedmontvorland der Gebirgskette Ala-Tau dar.

[75] Dies hatte im übrigen bereits sein Vorgänger zu Zeiten von Peter dem Großen getan - zu einer Zeit, als dieser sich noch nicht mit Mittelasien befaßte.

In den 1820er Jahren hatte der Khan Mohamed Rakim die Vereinigung des Choresm vollendet. In den 1850er Jahren jedoch hatten die Chiwaner die Kanäle am rechten Ufer des Amu-Darja vom Wasser abgeschnitten und so den Aufstand der Usbeken heraufbeschworen, die in der Region lebten. Die heutige Grenze zwischen Usbekistan und Turmkmenistan stammt aus dieser Zeit. 1873 setzten die Russen der Unabhängigkeit des Staates von Chiwa ein Ende. Auf einem sorgfältig geplanten Feldzug 1872/73, der von Orenburg, Krasnowodsk und Taschkent ausging, konnten sie Buchara problemlos einnehmen, wesentlich mühsamer dann auch Chiwa und das Choresm. Die russischen Truppen, die von Taschkent und Kasalinsk kamen, überquerten mitten im Winter bei -40°C die Wüste Kysyl-Kum und litten sehr, bis sie nach Chiwa kamen, das sie bereits vorzufinden, die bereits erobert von ihren Kriegskameraden vorfanden, die vom Kaspischen Meer aufgebrochen waren.

So blieben noch die Gebiete weiter südlich an der persischen und afghanischen Grenze zu erobern, auf die auch die Engländer bereits ein Auge geworfen hatten. Diese waren das Ziel eines Feldzugs 1881. 1871 hatten sich die Russen endgültig und fest an der Ostküste des Kaspischen Meeres in Michailowsk niedergelassen, anschließend noch 100 km weiter nördlich in Krasnowodsk, an einem Ankerplatz, der für große Schiffe besser zugänglich war. Die Turkmenen belästigten diese Stellung ständig, was die Russen dazu brachte, auch das Umland dieser Brückenköpfe zu besetzen. Von Krasnowodsk aus machten sie mit ihrer Artillerie die Turkmenen in Geok-Tepe nieder (150 km nordwestlich des heutigen Aschchabad), das im übrigen von den Engländern befestigt worden war, und verlegten unter der Leitung von General Annenkow in aller Eile eine strategische Bahnlinie direkt auf den Boden. Lediglich die Oase von Merw blieb unabhängig. Sie fiel im folgenden Jahr kampflos. Somit hielten die Russen das gesamte Gebiet bis zum Kopet-Dag und dem Oberlauf des Amu-Darja besetzt. Ende 1885 setzte ein erster Vertrag den englisch-russischen Gebietsstreitigkeiten ein Ende, wobei er jedoch der persischen und der afghanischen Nation eine - durchaus eingeschränkte - Unabhängigkeit ließ. Am 31. August 1907 setzte ein Vertrag die heutigen Grenzen Turkestans vom Kaspischen Meer bis China endgültig fest, indem er das russische und das britische Reich durch einen schmalen Streifen trennte, welcher dem obersten Amu-Darja-Tal entsprach und Afghanistan zugeschlagen wurde. Bis 1990 waren die Folgen dieser Verträge dauerhaft zu spüren.

Bei dieser Gelegenheit nahmen die russischen Topographen die gesamte Umgebung des Aralsees auf und erstellten die ersten genauen Landkarten. Ohne wirksame Transportmittel ließen sich diese riesigen Gebiete nicht unter Kontrolle halten, und der Bau der transkaspischen Bahnlinie von Merw nach Tschardshou (1886) und dann nach Buchara (1887) wurde in wenigen Monaten durchgeführt; dabei wurde durch die Sandwüste von Kara-Kum gebaut, was nicht ohne Probleme blieb, denn die Wüste war beweglich, hatte eine hohe Erosionskapazität, und - paradoxerweise - auch Überschwemmungen bedrohten die Bahnlinie. Samarkand wurde 1888 angeschlossen, Andishan im Osten des Ferganatals

1899. Verlängerungen von Merw nach Kukscha an der iranischen Grenze und von Buchara nach Termes an der afghanischen Grenze gingen 1898 bzw. 1916 in Betrieb. Von nun an wurde die transkaspische Eisenbahn unabhängig von den strategischen Notwendigkeiten der bevorzugte Verkehrsweg. Der Karawanenverkehr durch den Ust-Urt kam zum Stillstand; über Krasnowodsk und Baku konnte Taschkent in 10 Tagen von Moskau aus erreicht werden. Orenburg und das Choresm verloren ihre Bedeutung als Übergangsstation zwischen Rußland und Buchara; Chiwa wurde wieder eine kleine Provinzstadt. Auch die moslemischen Pilger nahmen auf ihrer Wallfahrt nach Mekka diesen neuen Verkehrsweg, der Batumi an der türkischen Grenze und dann Arabien mit dem Schwarzen Meer und dem Suezkanal verband und so die Gefahren der iranischen und der arabischen Wüste vermied. Die jüdische Gemeinschaft in Turan, die vor dem 1. Weltkrieg wirtschaftlich sehr aktiv war, benutzte die gleiche Strecke, um nach Jerusalem zu gelangen. Die Kontrolle des russischen Mittelasien wurde durch die Bahnlinie Orenburg-Taschkent über Aralsk verstärkt, die 1870 bereits geplant und Ende 1913 unter besseren Voraussetzungen als die Strecke im Süden vollendet wurde[76]. Frankreich finanzierte diese Arbeiten zum Teil, zumindest am Anfang: Es war die Zeit nach Fachoda, und man erwartete einen Krieg gegen die Engländer[77]. Nach der Niederlage der letzten Khans wurde das mittelasiatische Gebiet vollständig annektiert. Die Fiktion unabhängiger Khanate von Chiwa und Buchara wurde unter russischer Schutzherrschaft aufrechterhalten.

Das Vordringen der Russen nach Turkestan weist durchaus Parallelen mit der "Eroberung des Wilden Westens" in Amerika auf, die bereits von nordamerikanischen Autoren des 19. Jh. gezogen wurden: Die vorderen Stützpunkte, hier der Ural und dort die Kolonien an der Atlantikküste, die Steppe und die Nomaden, die Wüsten, die Hitze, die Kälte und der Hunger sowie das Ziel in der Ferne, Kalifornien einerseits und die Oasen Turkestans andererseits. Hier jedoch endet die Analogie, denn die Unternehmungen der Amerikaner beruhten zum großen Teil auf privater Initiative, während die Eroberung Turkestans (ebenso wie das Sahara-Epos der Franzosen) vor allem ein Ergebnis staatlicher Entscheidungen war.

Die bolschewistische Revolution nahm in Turkestan, das bis dahin unter Militärherrschaft gestanden hatte, besondere Formen an[78]. Die gespannten Beziehungen zwischen den Einheimischen und der europäischen Bevölkerung führten zu Zusammenstößen, die teilweise mit der bereits seit der Zeit vor dem 1. Welt-

---

[76] Eine dritte Bahnlinie zur Verbindung von Europa mit Mittelasien wurde am Amu-Darja entlang zum Aralsee vorangetrieben; die Arbeiten, die während des 2. Weltkriegs unterbrochen wurden, waren um 1955 beendet. Die Turksib-Strecke, die Mittelsibirien mit Taschkent verbindet, wurde 1931 fertiggestellt. Der Bau der Turksib-Bahn war 1929 auch Gegenstand eines Propagandafilms von Turin und Awon.

[77] Nach N. Werth (1984); s.oben.

[78] vgl. Buttino (1991) sowie Cagnat u. Jan (1990, Kapitel I), Park (1957) und v.a. die sehr bedeutende Bibliographie von Becker (1968), Kapitel 15 - 17. Einige Zusatzinformationen stammen von Janin (1933), Montandon (1923), Kostiaieff (1926) und Lenin (1921, Bd. 45 der gesammelten Werke).

krieg herrschenden Wirtschaftskrise zusammenhingen. Gerade diese verschärfte die Krise aufgrund der Verknappung der eingeführten Lebensmittel. Obwohl die Revolution eigentlich eine demokratische Teilung der Macht erlauben sollte, war es doch die Russische Minderheit, die die Macht ergriff und dabei die Interessen der Eingewanderten zu Lasten der Einheimischen bevorzugte. Nach dem Waffenstillstand 1917 kamen die russischen Soldaten mit ihren Waffen nach Hause, was die Zusammenstöße noch anfachte. Einem Dekret von Lenin (vom 8.11.1917) folgend wurde "die Erde dem, der sie bearbeitet" zur Losung, und eine Diktatur der russischen Einwanderer setzte sich durch, was für die Einheimischen, die zumindest am Anfang noch nicht organisiert waren, harte Folgen hatte. Mehr und mehr ließen sich Russischsprachige auf Land nieder, das sie sich unrechtmäßig von den Einheimischen angeeignet hatten (die Nomaden besaßen Land in den Oasen, das sie nur außerhalb der Wanderungszeiten aufsuchten). In den Köpfen sind von dieser ungerechten Situation aus den Revolutionsjahren ausgesprochen starke Spuren zurückgeblieben.

Im wesentlich dünner besiedelten und weniger verstädterten Choresm, das war, war die Lage weniger schlimm[79]. Seyyd Abdallah, der letzte Khan von Chiwa, dessen Macht innerhalb seines Reiches unangefochten blieb, regierte von 1918 bis 1920 und wurde bei der Gründung der Republik Chorasmien von der Roten Armee abgesetzt, die ihrerseits durch die *jungen Chiwaner* unterstützt wurde.

Die Geschichte der Bürgerkriegsjahre von der ersten Revolution 1917 bis hin zum endgültigen Sieg der Bolschewiken 1921 ist im Westen sehr wenig bekannt, obwohl es die sehr umfassende Zusammenfassung von Becker (1968) gibt, der wir den größten Teil der Dokumentation entnehmen. In Anbetracht der außerordentlich verwickelten Ereignisse, der Bündnisse und Verrätereien, beschränken wir uns hier darauf, in einigen Einzelheiten das zu erwähnen, was die unmittelbare Umgebung des Aralsees betrifft.

Vom Oktober 1917 an wurde Taschkent, die Hauptstadt der Reichsprovinz Turkestan, der Angelpunkt der bolschewistischen Stellungen, die mit Rußland über den schmalen Faden der Aralsee-Bahn und der sie begleitenden Telegrafenleitung verbunden waren. Die Königreiche von Chiwa und Buchara stellten Gebietseinheiten dar, die den Russen, von welcher politischen Seite diese auch immer waren, durch und durch feindlich gesinnt waren, und bildeten einen mehr oder weniger geschlossenen Schutzschild zwischen der transkaspischen Provinz (Hauptstadt Aschchabad) und Taschkent.

Während sich am Unterlauf und im Delta des Syr-Darja keine besonderen Ereignisse abgespielt zu haben scheinen, war die Situation im Süden des Choresm sehr schwierig: Hier flammten die Aufstände der Turkmenen wieder auf, und die mehr oder weniger Khan-treuen Chiwaner griffen die russischen Stellungen in Petro-Alexandrowsk an. Die Russen im Choresm waren eher antibolschewistisch, weil sie jedoch keine Bedrohung für die Bahnlinien darstellten, griff

[79] Gleiches schien für den Unterlauf des Syr-Darja zu gelten, wenn man diesbezüglich dem Appell Lenins von 1921 Glauben schenkt (vgl. Anhang VII).

die rote Regierung, die andernorts reichlich zu tun hatte, nicht unmittelbar ein. Ein Kriegsführer namens Dshunaid Khan hatte eine herausragende Bedeutung. Im September 1918 machte er eine Razzia durch die russischen Banken und Besitztümer von Urgentsch, ließ den Khan ermorden und griff die Russen (Bolschewiken) am Amu-Darja an, die ihn dann in Pitnjak besiegten. Die "jungen Chiwaner", gemäßigte Revolutionäre, hatten sich nach Taschkent geflüchtet und verschworen sich gegen die faktische Regierung von Chiwa. Während des Sommers 1919 rebellierte eine Schwadron Uralkosaken, die in Tschimbai im Amu-Darja-Delta stationiert waren, gegen Dshunaid. Unterstützt von den Karakalpaken übernahmen sie die Kontrolle über das Delta am Aralsee bis Nukus und schufen so für das bolschwistische Taschkent ein neues Problem. Im Süden des Choresm nahmen die Plünderungen der Turkmenen, der weißen Russen des Oberst Saizew und der Chiwaner von Dhunaid kein Ende; sie zogen sich am Amu-Darja bis Tschardshou hinauf. Dies war für die Roten die Stadt mit der strategischen Bedeutung zwischen Taschkent und dem transkaspischen Territorium.

Die Bahnlinie Orenburg-Taschkent wurde von den Kosaken des Ataman Dutow, der die Russen an den Unterlauf von Emba und Ural zurückgedrängt hatte, mehrmals unterbrochen. Wassiljewitsch Frunse (geboren 1885, in Bischkek 1885 bis 1925, dann Moskau) war der Meister, dem die Roten die endgültige Inbesitznahme Turkestans verdanken, nachdem diese (nicht ohne zahlreiche Rückschläge) das Problem der "weißen" Widersacher in Sibirien gelöst hatten. Nördlich des Aralsees wurde die Verbindung zwischen Taschkent und der Moskauer Zentralmacht in Orenburg erst am 13. November 1919 endgültig wiederhergestellt.

Die nun von Rußland aus verstärkten Roten aus Taschkent konnten dann Choresm angreifen (am 25.12.1919). Am 29.12. eroberten sie Chiwa ohne große Mühe und besetzten vom 1. Februar 1920 an das gesamte Khanat, das seit zwei Jahren zum Niemandsland geworden war. Ende Februar wurde die Sowjetische Volksrepublik von Choresm ausgerufen. Frunse, der daraufhin einen gemeinsamen Angriff von Buchara und Afghanistan auf Taschkent fürchtete, säuberte das gesamte Amu-Darja-Tal und entschied, auch der Existenz des Emirats von Buchara ein Ende zu setzen, wozu es im September 1920 dann auch endgültig kam.

Stalin, der Kommissar für Nationalitäten war, wirkte auf die Machtübernahme der (bolschewistischen) kommunistischen Partei des Choresm (BKPC) hin, die im Mai 1920 gegründet worden war; dies gelang am 10. März 1921. Bis dahin hatte die Macht in den Händen der Gruppe der "Jungen Chiwaner" gelegen, die den revolutionären Sozialisten nahestanden; theoretisch war diese Republik unabhängig. Im März 1922 vereinigte sich die BKPC mit der russischen bolschewistischen KP, und im Oktober wurde die Republik von Chiwa (wie übrigens auch die Republik von Buchara) Mitglied der UdSSR. 1920 jedoch war der Traum der unabhänigen Staaten von Chiwa und Buchara bereits zu Ende.

Eine erstaunliche und wenig bekannte Begebenheit ist auch das englische Eingreifen in die verwickelten Angelegenheiten des ehemals russischen Turkestan.

1918 fürchteten die Engländer zugleich den Vormarsch der Türken und der Deutschen aus Transkaukasien sowie der Bolschewiken aus Taschkent auf die persische Nordgrenze. Die englischen Interessen an Erdöl und Baumwolle standen bei ihrem Eingreifen offenkundig im Vordergrund. Außer der Intervention in Baku besetzten sie von Persien aus auch Krasnowodsk am Kaspischen Meer mit einer kleinen Flugboot-Einheit, die aus Meschhed zwei Bataillone (Malleson) mit Panzerspähwagen mitbrachte. Ihr Stützpunkt war Aschchabad, wo eine örtliche anti-bolschewistische Regierung die Macht ergriffen hatte und die transkaspische Eisenbahn und damit den Baumwoll-Transit aus Buchara kontrollierte. Sie unterstützten diese "turkmenische" Regierung, die Ende Juli 1918 Tschardshou bedrohte und erfolglos von den Roten verlangte, sich zu ergeben[80]. Bis zum Ende des Jahres 1919 blieben englisches Kriegsgerät und indische Experten in Buchara - das inmitten des Getümmels immer noch unabhängig war. Der Waffenstillstand an der Westfront und der schnelle Rückzug der türkisch-deutschen Truppen zerstreuten die englischen Befürchtungen am Kaspischen Meer, jedoch erhielten die Engländer den Befehl, nicht über Merw im Osten von Turkmenistan hinaus vorzudringen. Trotz der weißen Seestreitkräfte, die von den Engländern unterstützt wurden, gelang den Bolschewiken von Astrachan her kommend eine Landung auf der Halbinsel Mangischlak. Die Roten drängten die weißen Turkmenen bis Merw zurück. Nachdem die Aralsee-Bahnlinie wiederhergestellt war, gelang ihnen mit der Verstärkung der Roten in Taschkent die allmähliche Eroberung der gesamten transkaspischen Provinz. Die Engländer gaben Turkmenistan im Februar 1920 endgültig auf und zogen sich nach Persien zurück. Nach dem Krieg verlangte die sowjetische Regierung erfolglos eine Entschädigung in Höhe von mehreren Millionen Goldrubeln für die Baumwolle und das Erdöl, welche die Engländer nach Persien verschoben hatten.

Auf Befehl Stalins hin, der Kommissar für Nationalitäten war, wurde die chorasmische Republik 1924 aufgelöst und zwischen den Republiken Usbekistan und Turkmenistan aufgeteilt, die ihrerseits neu geschaffen wurden. Der östliche Teil, den man Usbekistan angliederte, wurde zur Autonomen Republik Karakalpakstan. Der östliche Teil (Hauptstadt Taschaus) wurde entgegen jeder wirtschaftlichen Logik 1925 ein Bezirk der neuen Republik Turkmenistan.

Im Prinzip folgte diese Aufteilung den sprachlichen Kriterien, welche die russische Volkszählung von 1897 geleitet hatten. Den Vorstellungen der Einheimischen entsprach dies aber kaum, da diese sich in *Stammesmitglieder* und *Stadtbewohner* ohne Stammeszugehörigkeit einteilten (der Nomadismus war noch sehr lebendig). Die Nationalsprachen wurden künstlich geschaffen[81], wobei die

---

[80] In dieser Zeit ereignete sich auch der Mord, den die Weißen in der Nähe von Krasnowodsk an 26 bolschewistischen Kommissaren verübten, die von Baku aus gekommen waren (am 20. September 1918) und nach denen zwei Städte benannt wurden - die eine in Aserbeidschan und die andere in der Nähe des Nebit-Dag in Turkmenistan.

[81] vgl. Baldauf (1991).

türkisch-mongolischen Wurzeln bewahrt, die arabischen religiösen Begriffe dagegen beseitigt wurden (1925). Zugleich zielte die Propaganda darauf ab, in diesen neuen Republiken ein Nationalbewußtsein zu schaffen (Usbekismus u.ä.), das es zuvor nicht gegeben hatte. Letztlich hat die ländlich gebliebene Bevölkerung die Besonderheiten ihrer Stämme bewahrt, obwohl die Sowjetmacht von der Gründung der neuen Republiken an diese unentwegt durcheinandermischte: Die Beseitigung des Nomadismus und der Arbeitskräftebedarf für die geplanten Großprojekte erklären diese Politik nur teilweise, deren Ziel es war, alle Eigenarten auszulöschen. Die Festigung der sowjetischen Herrschaft dauerte an die 20 Jahre. Die Basmatschi, eine Art Widerstandskämpfer, aber auch Straßenräuber, überzogen das Land vom Aralsee bis zum Ferganatal mit Terror, bevor sie letzten Endes in den 30er Jahren von General Budjenny zerstreut wurden; zur gleichen Zeit machte die Regierung den Moslems wirtschaftliche und religiöse Zugeständnisse[82].

Einige Grenzänderungen fanden ab 1931 im Ust-Urt und im Amu-Darja-Delta statt (dabei wurde die ganze Bucht Kara-Bogas Turkmenistan zugesprochen und die Gegenden nordwestlich und nördlich des Aralsees Kasachstan). Diese Gebietsumbildungen schienen vom Willen bestimmt zu sein, die Turkmenen von den Ufern des Aralsees fernzuhalten und zweifelsohne auch die Verbindung von Rußland nach Turkestan zu schützen. 1991 erklärten die mittelasiatischen Sowjetrepubliken ihre Unabhängigkeit, sie haben bisher jedoch weder untereinander noch mit den anderen Republiken der ehemaligen Sowjetunion Verträge zur wirtschaftlichen Zusammenarbeit geschlossen. Der Forderung nach Unabhängigkeit, die von Karakalpakstan aufgestellt wurde, wurde von Seiten Usbekistans nicht entsprochen.

Die Archäologie und Geschichte Turans zeigen also einen großen Reichtum und große Vielfalt. Der eigentliche Aralsee bedarf für sich einer gesonderten Monographie, denn seine Entdeckung und Erforschung durch den Westen stehen - außer im 19. Jahrhundert - kaum in Beziehung mit der allgemeinen Geschichte des Landstrichs. Wir werden daher einige Wiederholungen in Kauf nehmen, um die Geschichte dieses lange Zeit geheimnisvollen Sees zu beschreiben.

3.2 Der Aralsee, Kartographie und Entdeckungen: ein umstrittener See

Erstaunlicherweise war den abendländischen Menschen der Aralsee erst Ende des 17. Jh. richtig bekannt, was vor allem den Reisen russischer Kaufleute nach Chiwa, Buchara und Indien zu verdanken ist. Die derart späte Entdeckung einer so großen und Europa so nahen Wasserfläche überraschte die Welt der Gelehr-

---

82 vgl. Kapitel 7, Carrère d'Encausse, Bennigsen und Lemercier-Quelquejay und C.M. Vadrot (Kap. 8); s. auch *Revue du Monde Musulman et de la Méditerranée*, 1992, Nr. 59/60.

ten. Und was wäre, wenn der Aralsee gar nicht immer existiert haben sollte? Weder Ibn Battuta (1333) noch die Onkel von Marco Polo (1255-1269) noch Plan Carpin (1245-1247) noch Guillaume de Rubrouck (1252-1255)[83], die alle in der Nähe vorbeizogen und sonst mit geographischen Einzelheiten nicht geizen, haben ihn überhaupt nur erwähnt; weder Pigoletti, der 1339 die Handelsstraße von der Wolga nach Urgentsch - ausgehend von Erzählungen italienischer Kaufleute - beschrieb[84] noch der bereits genannte Clavijo; noch der letzte westliche Reisende dieser Zeit, Schiltenberger, der bis 1427 Sklave in Samarkand war. Die Entdeckung des fossilen Usboi-Tals zum Kaspischen Meer hin verstärkte diese Unsicherheit. Hatte der Usboi den Amu-Darja zu diesem Meer hin umgelenkt und so das Verschwinden des Aralsees hervorgerufen? Die Kontroverse darüber dauerte über ein Jahrhundert, zahlreiche, v.a. russische Veröffentlichungen zeugen davon. Westeuropa war an diesen Diskussionen nur wenig beteiligt, außer auf akademische Art. Der deutsche Geograph Petermann, der für neue Entdeckungen schwärmte, sammelte in seinen *Mitteilungen* von 1870 - 1914 die Meinungen und Ergebnisse, die mit dem Problem des Aralsees in Beziehung standen. Nach dem 1. Weltkrieg machten die sowjetischen Geologen bei diesem bis heute nicht erschöpften Thema große Fortschritte.

Die Diskussion stützte sich vorwiegend auf zwei Arten von Dokumenten - topographische, geographische und geologische russische Geländeaufnahmen sowie historische Schriftstücke - überwiegend alte Landkarten und Berichte.

Die Karten von Al Idrisi bis Bekowitsch

Auf den Karten, die aufgrund der Berichte der Eratosthenes (Ende 2. Jh. v.Chr.) und der Geographie von Ptolemäus (1.-2. Jh.) gezeichnet wurden, ist der Aralsee niemals eingezeichnet, da die genannten Autoren den See nicht kannten. Das Kaspische Meer *(Meer von Hyrkanien)* steht gelegentlich mit dem nördlichen Ozean über eine Meerenge in Verbindung. An seiner Ostküste enden verschiedene Flüsse mit frei erfundenem Verlauf, die von Baktrien und Sogdien durch das Land der Massageten kommen. Die Wegekarte von Peutinger (394 n.Chr.) und die von Antonin lassen dieselben Gegebenheiten erkennen.

Jedoch muß bemerkt werden, daß diese Karten erst Ende des 15. Jh. tatsächlich gezeichnet wurden, und zwar auf der Grundlage arabischer Übersetzungen der Geographie des Ptolemäus. Auf fast allen (Abb. 3.7) ist allerdings ein runder See (Oxianus lacus) am rechten Ufer des Oxus zu sehen, bevor dieser ins Kaspische Meer mündet.

Abb. 3.7. Karte von Ptolemäus, um 1466 (Manuskript der Nationalbibliothek Neapel) ▸

---

[83] Rubrouck (1257) spricht allerdings kurz vom Balchaschsee, den er jedoch nicht gesehen hat (S. 141 und 292).

[84] s. Jan (1992).

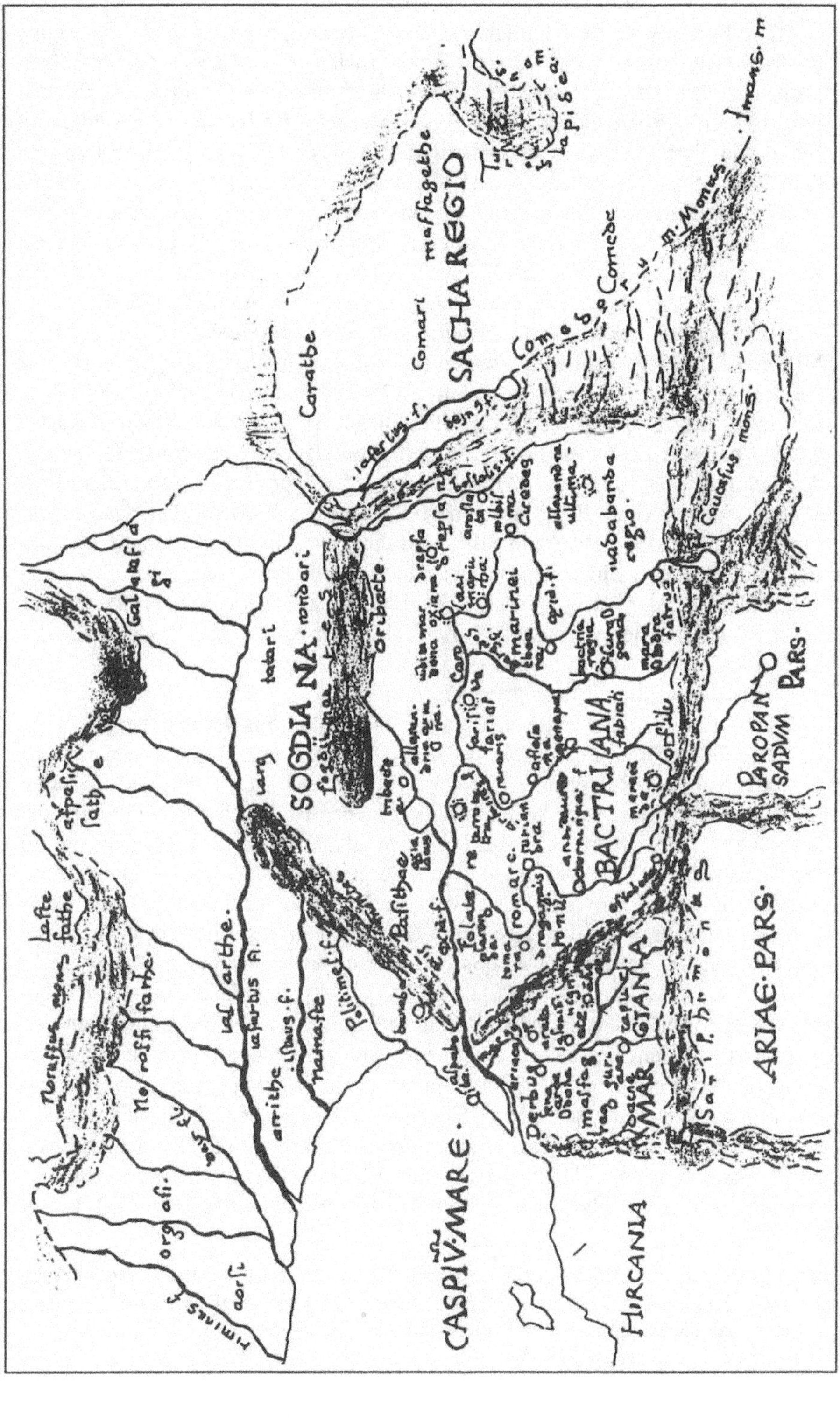
SOGDIANA
SACHA REGIO
BACTRIANA
MARGIANA
CASPIV·MARE
HIRCANIA
ARIAE·PARS
PAROPANSADVM PARS
Caucasus mons
Imaus m.

Diese Karten wurden sicherlich von der Karte des Al Idrisi (1154) angeregt[85], die zahlreiche Einzelheiten darstellt und östlich des Kaspischen Meeres einen großen runden See zeigt, der von den aus Osten und Süden kommenden Flüssen gespeist wird. Problemlos lassen sich der Oxus und der Jaxartes, die Städte und Berge von Turkestan wiedererkennen (Abb. 3.8-1). Zwischen dem Aralsee und dem Kaspischen Meer besteht eine Verbindung. Bis zum 16. Jh. (Al Sharfi) wurde diese Karte von den arabischen Geographen immer wieder abgezeichnet.

Die gesamte abendländische Kartographie bis zum Ende des 16. Jh. dagegen zeigt lediglich ein abgeflachtes Kaspisches Meer mit erfundenen Umrissen und einem Fluß, dem Oxus, oder auch zwei Flüssen (dem Jaxartes zusätzlich), die entweder getrennt oder in einer gemeinsamen Mündung hineinfließen (Portulano Mediceo 1351, Pizzigani 1367, zeigen den *fiume d'Organci - Ourgenj - nel mar del Sarra e de Bacu*, Albertinus de Virga 1414, Apianus 1530; Finé 1531; Ortelius 1570, Mercator 1587, de Jode 1593, Blauen 1641 usw.). Alle diese Karten werden mit sehr ähnlichen Formgebungen abgezeichnet. Das schöne Dokument des *Katalanischen Atlas* von 1375[86] läßt das "Meer von Baku" ausgezeichnet erkennen, Wolga, Ural, Emba und eine Fülle von Einzelheiten über die gemeinsame Mündung des Oxus (namentlich erwähnt) und des Jaxartes sowie die umliegenden Städte... Ein einziges nicht datiertes Dokument aus dieser Zeit zeigt mit Fehlern bei der topographischen Zuordnung ein großes Binnenmeer namens "Caspia" mit der Bezeichnung "Baktrien" an seiner Küste. Aber in der Nähe des Schwarzen Meeres gibt es bereits ein Kaspisches Meer.

Gab es den Aralsee damals überhaupt?

Wenn man nun die Karte untersucht, die Jenkinsons Bericht beigefügt ist (1558, 1562 veröffentlicht; Abb. 3.9), so stellt man fest, daß das gesamte Gebiet, das von den Russen im Zuge ihres Vorrückens nach Osten und Südosten bereits eingenommen war, korrekt wiedergegeben ist. Auch der Mittelteil Turkestans zwischen Urgentsch und Balch (dem antiken Baktra) in Afghanistan, 70 km südöstlich von Termes, ist zutreffend dargestellt. Der Oxus ist sehr klar angegeben, und die Lageverhältnisse zwischen Buchara, Taschkent und dem Oxus stimmen. Jenkinson hat die Lage dieser Städte, die er besuchte, gut in die Karte eingetragen. Der Norden des Kaspischen Meeres bis zur Halbinsel Mangischlak, an der er an Land ging, ist ebenfalls gut dargestellt; den Süden kannte er dagegen schlecht, und Baku befindet sich am Südostufer, in der Nähe einer gewaltigen Oxus-Mündung (es sei an die Verwechslung zwischen Araxes und Araxos erinnert). Im Verlauf seiner Reise von der Halbinsel Mangischlak aus durchquerte Jenkinson den Ust-Urt bis "Sharsari" und Urgentsch: "ein Land, zu dessen Durchquerung man 20 Tage braucht und das häufig von Dieben heimgesucht wird" und traf auf eine "Süßwasserbucht" - den Sary-Kamysch, wenn man verschiedenen Autoren folgt, oder aber die Bucht von Aibugir (s. Abb. 2.20) - an-

[85] Al Idrisi (geboren 1100 in Ceuta, gestorben 1166 in Palermo) war der Geograoph von Roger II, dem Normannenkönig von Sizilien (Seine Karte wird häufig wiedergegeben: Es erstaunt, daß die abendländischen Kartographen ihn nicht kannten...).

[86] Kopie bei Reclus (1881, S. 405).

schließend den seit kurzem "ausgetrockneten Fluß", um schließlich im Choresm anzukommen. Es ist verständlich, daß er bei den geographischen Vorstellungen seiner Zeit diese "Bucht" - deren anderes Ufer er nicht erkennen konnte - dem Kaspischen Meer zuordnete, denn er kannte die Brackwassersümpfe von Kara-Bogas noch nicht, wie man seiner Karte entnehmen kann.

Wohin der (namentlich genannte) Syr-Darja fließt, weiß er nicht, er verbindet ihn über den "Kitaia-See" - d.h. China-See, sicherlich der Balchaschsee - mit dem sibirischen Ob, den die Russen bereits erreicht hatten. Vom Aralsee ist nicht die Rede.

Urgentsch liegt danach an einem Kanal, der aus dem Oxus hervorgeht und sich in der Wüste verliert. Etwas weiter östlich zweigt ein anderer Ast nach Norden ab (in seinem Bericht wird er "der Aidok" genannt, s. unten), an ihm liegt die Stadt Cant (Kat). Nach 200 km endet er in einem kleinen elliptisch geformten See. Immer noch kein Aralsee, aber diesen kleinen See gibt es. Wie kommt es, daß Jenkinson, der gute Kenntnisse von der Geographie der Region hatte, von einer so großen Wassermasse nicht wenigstens hörte, wenn er sie schon nicht besuchte[87]? Hätte er nicht wissen müssen, daß der Syr-Darja dorthin fließt? Andernfalls müßte man annehmen, daß es den Aralsee damals nicht gab oder daß er höchstens in der Form dieses kleinen Sees existierte, der sich von den anderen Sebkhas der Region kaum unterscheiden durfte. Man kann sich vorstellen, daß der Aralsee von einer sehr weit zurückgezogenen Ausgangsposition aus erst langsam zu wachsen begann.

Die Karte von Barents (1598) zeigt endlich das Kaspische Meer mit seiner richtigen Form. Dazu ist anzumerken, daß die nach Süden vorgedrungenen Kosaken seit langem Informationen mitbrachten. Diese Karte zeigt eine breite Oxus-Mündung, nicht aber den Aralsee, dessen Name in unklarer Weise im Südteil des Kaspischen Meeres auftaucht. Ebenso zeigt die Karte von Guettard (1634) etwas verworren einen "Ora-See" zwischen dem Kaspischen Meer und Samarkand, ein Beweis dafür, daß man damals eine sehr unbestimmte Vorstellung einer größeren Wasserfläche in der Region hatte.

1552 befahl Zar Iwan IV., "die Lande zu vermessen und Karten zu machen". Die Arbeit ließ bis 1627 auf sich warten, als die große Karte des Russischen Reichs unter der Herrschaft von Zar Michail Fjodorowitsch veröffentlicht wurde. Sie zeigt ein "dunkelblaues Meer" (Sineje Morje), von dem angegeben wird, es stehe mit dem Kaspischen Meer in Verbindung. Im Kommentar heißt es: "Vom Kaspischen Meer bis zum Aralsee sind es 250 Werst nach Osten ... Im Aralsee ist das Wasser salzig. Vom Aralsee bis nach Irgis sind es 280 Werst." "Aus ihm fließt der Fluß Arsas heraus, der ins Kaspische Meer fließt, und in den Fluß Arsas strömt von Osten her der Fluß Amu-Darja, und gegenüber von Buchara fließt ein Fluß aus dem Buik-See ins Kaspische Meer" (Romanow

---

[87] Unter der Annahme, daß 600 m^3/s Wasser vom Amu-Darja zum Kaspischen Meer abgelenkt wurden, der Syr-Darja jedoch unverändert blieb, würde sich der Aralsee bei einem Volumen von etwa 450 km^3, einer Oberfläche von 44 000 km^2 und einem Salzgehalt von 30 g/l stabilisieren.

1

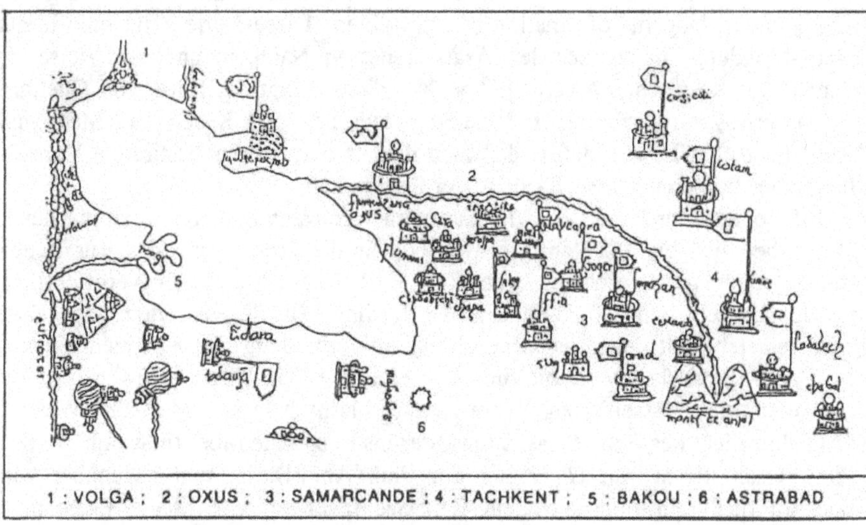

2

Abb. 3.8. Einige Beispiele alter Karten. *1* Al Idrisi (1132), darin *a* Aralsee, *b* Kaspisches Meer, *c* Amu-Darja, *d* Syr-Darja, *e* Ust-Urt, *f* Bergketten nördlich und südlich des Aralbeckens; *2* katalanischer Atlas (1352), darin: *1* Wolgamündung, *2* Amu-Darja (Oxus), *3* Samarkand, *4* Tschimkent, *5* Baku, *6* Astrabad; ***3*** Atlas des Vicomte de Santarem (15. Jh.?); ***4*** Guérin (1637); ***nächste Doppelseite:5*** Remesow (1672); ***6*** Ott (1737); ***7*** Homann (1737); ***8*** Humboldt (1820)

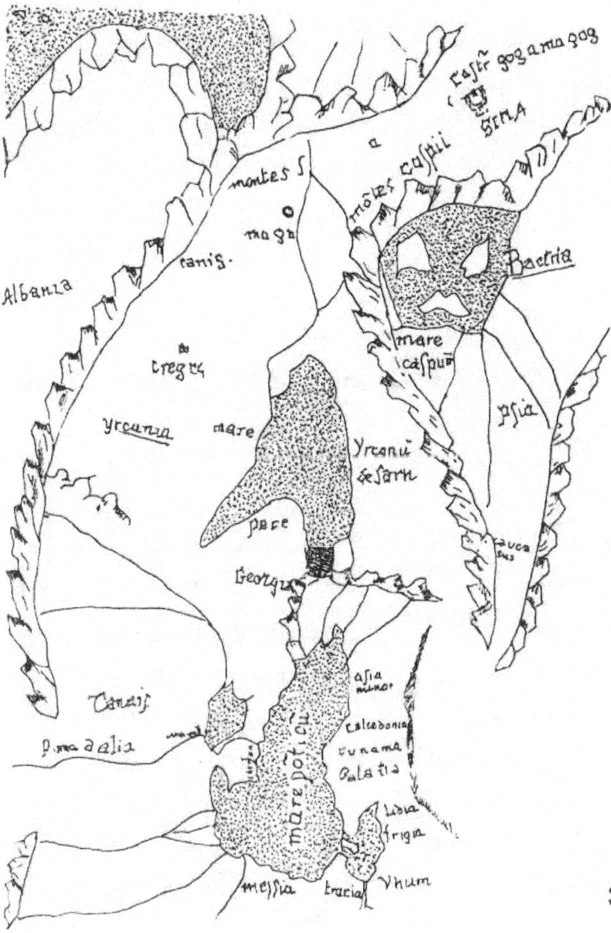
montes
caspii
Bactria
Albania
mare
caspum
Asia
yrcania
mare
Georgia
Tanais
mare ponticu
asia
minor
Calcedonia
Galatia
Lidia
frigia
messia
tracia

3

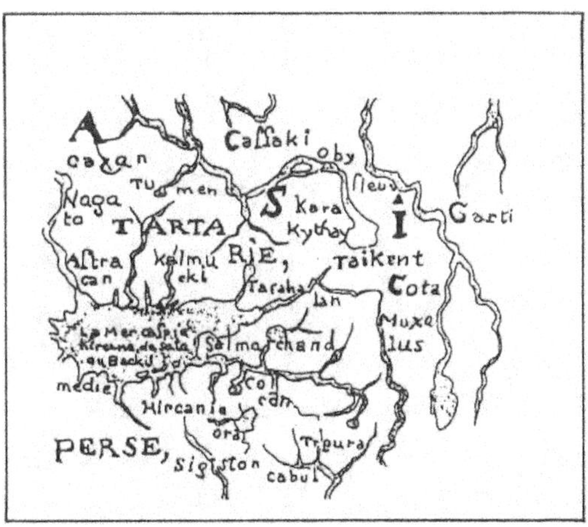
Cassaki
oby
caxan
Tumen
fleuve
Naga
to
TARTARIE,
Kara
Kythay
Garti
Astra
can
Taikent
Cota
Muxe
lus
Salmarchand
medie
Hircania
PERSE,
cabul

4

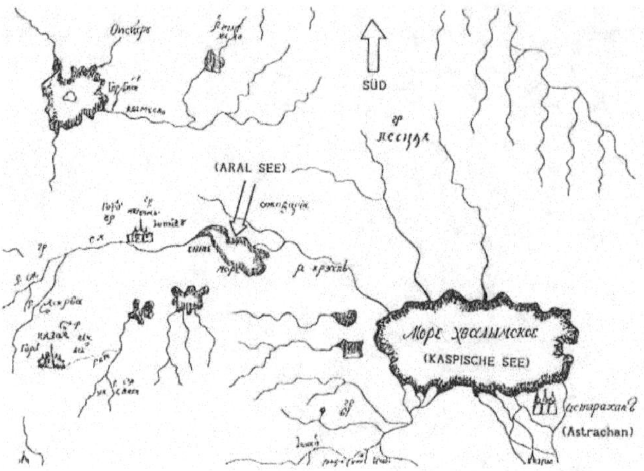
SÜD
(ARAL SEE)
(KASPISCHE SEE)
(Astrachan)

5

Baughilentan
SINVS YEMBA
IETISANSKI
CALMVCCI A
Montes Orlolova
Venghikunt
COSACCI
ERRANTES
Corosuman
a Wolga Rhafl.
Port Munkichla
TVRCMENNI
Natio vaga et Mahometanæ Religionis
Deserta Arenosa
Kagan
Ageus Flo.
Lacus Glouchoige seu Arapscon
Stognum
Montes Keratsavol
Sir. Sihon seu Al Chact Fl.
Ounac
Sinus Alexandri
GHIWIE
Natio Mohometana certium et Stabile habens domicilium.
Kiz
Agons Fl.
Tozirvan
Tlour
Conkint
Canales e fl. Sir ad irrigandos agros ducti
Arsofa
MARE CASPIVM
Carabougo
Carizma
REGNVM CORCANG
Carvanfera Meoghere
Zerdac
Mosuk
TARTARI
Mexa
Cath seu Kayte
REGNVM
Bazergan
SEV CARIZMAE
VSBECCORVM
Menargeck
Dehan Sjehr
Chedris Fl.
Djogrbead
Dargan
BOCARÆ
Aqua rubra
Zenteria Nigra
Zamacchar
M Baltas
Choujaf
Tedjen Fl.
Ambord seu Anbardyeh
Aniouya
Zakiri
Sakabad
Sahibi
Bocara
Karacol
Chara ton
Derbent
Zawehi
Abou Ibih
Abou Abhei
Dama
minor
Choigol
Charmagol

6

Zolyena
Sinus Yem bensis
Defer tum
Turcoma nense
Lacus
ARAL
Labedewoi I.
Kuleki I.
Kagan
Sin Alexander
Béchevits
Gihon
Urgens vel Chiwa vetus
Amudaria fl. exficcatur
Sellifura diruta
Corcans Urgens nova
Chiwa statira Chami
Derbond
CHIWA REGN
Apfcheron
CHIRWAN
Bacou
Isancta
Kamusch Lac
Chirac
Darean
Temwak
CASPI

7

Oust-Oust
Sables Borzouk
Turgai
L. Aksakal
Sables Kara-koum
Lac Aral
Sarasou
Sikoun
Soussa
Alatau
Sables Kizil-Koum
Turkestan
Khiva
Sir
Tachkend

8

Abb. 3.9. Karte aus dem 17. Jh. als Illustration zu Jenkinsons Bericht. (In Amsler 1968)

1879). Die Ural-Kosaken (Stenka Rasine) hatten 1603 Chiwa angegriffen, und man sagt, der Khan habe den Amu-Darja abgelenkt, damit sie nicht vom Aralsee aus flußaufwärts fahren konnten. Die russischen Karten von 1672 (vgl. Grekow 1959) und die von Witsen (1687) zeigen ihn erneut. 1697 erscheint der Name "Aralskoje Morje" auf der Karte des Holländers Vitzen, die er Zar Peter I. widmete, und die damit die erste westliche Karte ist, die den Namen "Aral(see)" erwähnt. 1701 veröffentlichte Remersow[88] einen Atlas, der eine recht gute Karte des Aralsees enthielt, nicht aber den Usboi.

Seit dieser Zeit erscheint der Aralsee, mehr oder weniger gut dargestellt, auf allen Karten, und der Oxus fließt nicht ins Kaspische Meer - außer auf Karten mit veralteten Linien. Delisle (1723) stellt ihn erstmals auf einer abendländischen Karte dar, zur gleichen Zeit, in der der Grieche Basilios 1727 in London angibt, die ersten Informationen über den Aralsee nach Westeuropa zu bringen, was zur Sensation wird.

Zwei unveröffentlichte Karten der Expedition von Bekowitsch-Tscherkassy aus der Zeit 1715-1720 wurden 1937 und 1960 entdeckt und von Knaijetskaja veröffentlicht. In Abb. 3.10 ist eine von ihnen mit sehr archaischer Aufmachung dargestellt, während jedoch weniger genaue Skizzen (Abb 3.11) wesentlich realistischere Vorstellungen vermitteln.

Die Karten, die Mitte des 18. Jhd in Westeuropa veröffentlicht wurden (Ottens 1737; Homann 1737; Buache 1744), zeigen einen Aralsee mit kaum verfälschter Form, obwohl die Angabe der Längenkreise noch recht ungenau ist. Der See nimmt das Wasser von Oxus und Jaxartes auf sowie das eines weiteren Flusses, der in die Südostecke einmündet (Iatus, sicherlich der Jana-Darja, ein südlicher Ast des Syr-Darja). Der nördliche und östliche Teil des Seeufers entsprechen der Wirklichkeit recht gut, das Westufer bliebt jedoch bis zur Reise von Berg 1824 unbekannt.

Zwischen der Karte der Gebrüder Ott und der Karte von Homann, die beide 1737 von B. J. Slot herausgegeben wurden[89], bestehen jedoch beträchtliche Unterschiede. Wenn die Umrisse des Kaspischen Meeres auch gleich sind (sie stammen aus den Geländeaufnahmen, die Zar Peter der Große seit 1710 anordnete), so hat doch die Karte von Ott (Abb. 3.8-5) die Erkenntnisse verschiedener Reisender genutzt, darunter Bekowitsch, Samoinow und Benverini, die von Rußland bis Taschkent oder Chiwa gelangten, den Aralsee jedoch nicht berührten. Die Karte von Homann (Abb. 3.8-6), zweifelsohne nach einer französichen Karte von Delisle hergestellt, erscheint aktueller, da sie jüngere Kenntnisse rings um den Aralsee ausnutzt. Die Umrisse der Ust-Urt-Hochebene waren ausgemacht, ihr Inneres noch unbekannt, die alten Flußbetten des Amu-Darja waren genauer identifiziert: Es wurden jedoch zwei davon eingezeichnet, wobei das "wahre" in den Golf von Kara-Bogas fließt. In der Karte von Homann erscheint auch erstmals der Sary-Kamysch-See, von dem man annimmt, er werde vom

---

[88] In Berg (1908, s.oben).

[89] Er veröffentlichte sie in "The origins of Kuwait" (1991). Brill (Den Haag), S.49 und 55.

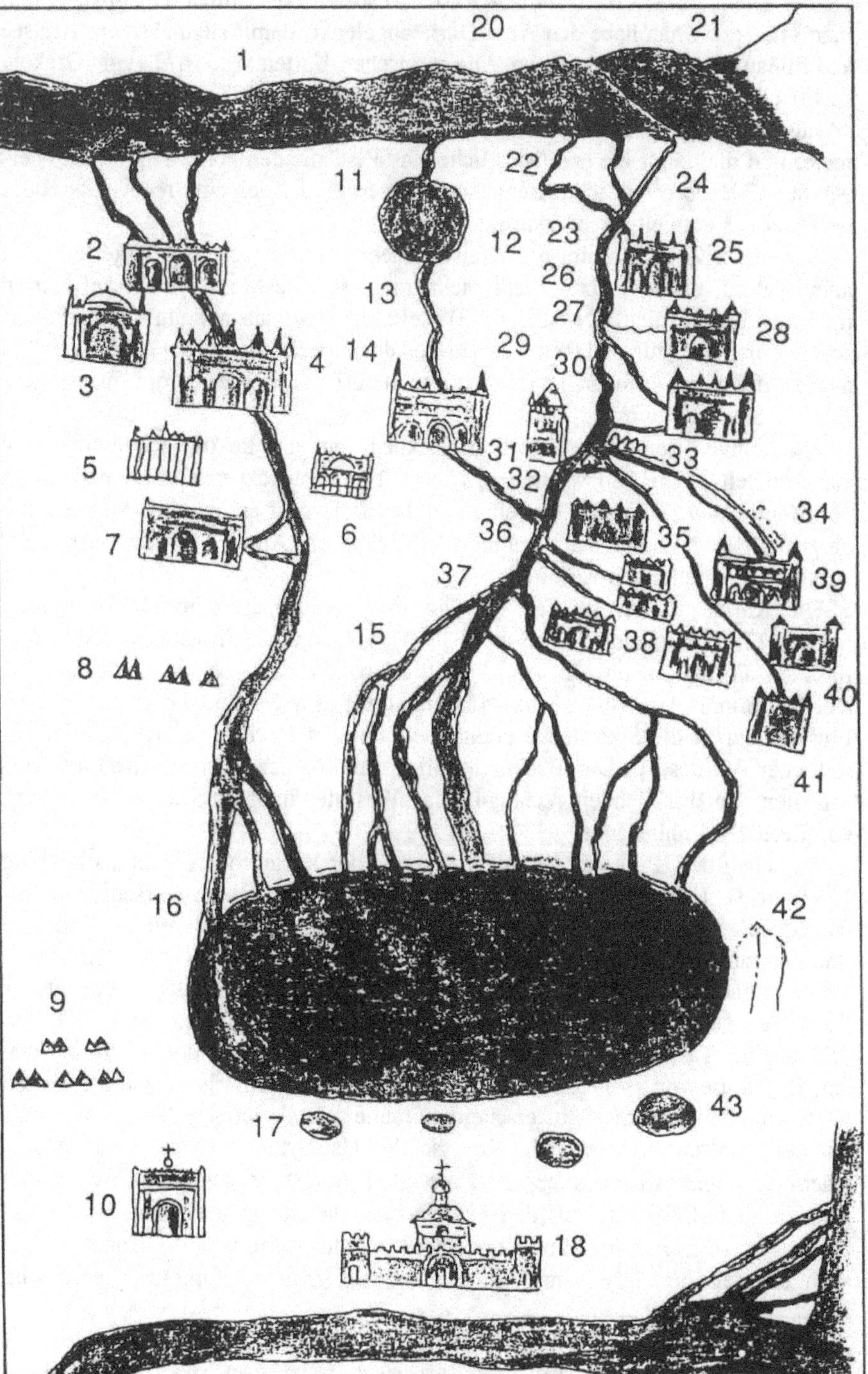
1
2
3
4
5
6
7
8
9
10
11
12
13
14
15
16
17
18
19
20
21
22
23
24
25
26
27
28
29
30
31
32
33
34
35
36
37
38
39
40
41
42
43

Tedshen gespeist, der sich südlich der Bucht von Balchan ebenfalls in das Kaspische Meer ergießt. Schließlich erscheint erstmals das Gitter der Meridiane und Breitenkreise.

Die Kenntnis vom Oberlauf der beiden Flüsse verbessert sich, jedoch immer noch mit Ungenauigkeiten, denn diese Gegenden werden kaum besucht.

◂ **Abb. 3.10.** Karte von Bekowitsch (um 1715), die erste der Moderne, mit der (nicht wiedergegebenen) Übersetzung der Kommentare ins Altrussische (*S-D:* Syr-Darja; *A-D:* Amu-Darja). *1* chinesische Berge, in denen der S-D entspringt, welcher die Städte aus dem Land von Buchara durchquert.; *2* die Stadt Andyshant, durch die der S-D fließt; *3* Stadt Aksynamagent. Von dieser Stadt nach Andyshant sind es 3 Tage mit dem Kamel, von Aksynamagent zum S-D sind es 3 Tage Fußweg; *4* Stadt Chodshent am S-D. Von dieser Stadt bis Taschkent sind es 5 Tage Fußweg; *5* Stadt Taschkent, um diese gibt es ringsum Wasserquellen. Von dieser Stadt sind es 3 Tage Fußweg zum S-D; *6* Stadt Piskent. Von hier bis zum S-D sind es 3 Tage Fußweg. Zwischen Piskent und Chodshent sind es 5 Tage Fußweg; *7* Stadt Turkestan. Von dieser Stadt sind es 2 Tage Fußweg zum S-D. Über zwei Kanäle wird Wasser in diese Stadt geleitet. Bewohnt wird sie von Tataren, die Turkestanzii genannt werden; *8* die Lagerplätze der Tataren, die Karapaki[a] genannt werden; *9* Lagerplätze der Kalmücken; *10* Stadt Krasnji-Jar; *11* Quelle aus den Bergen, deren Wasser in die Hauptstadt Buchara fließt; *12* der See; *13* dieser Zufluß fließt durch Buchara und mündet in den A-D; *14* Hauptstadt Buchara. Von dieser Stadt sind es bis zum A-D 5 Tage Fußweg; *15* Inseln des A-D. Es leben dort Tataren des Chivinskii Khan. Sie heißen Aralsy; *16* das Hauptmeer, in das durch verschiedene Mündungen der A-D und der S-D fließen. Von diesem Meer zum Kuwalinkoi-Meer[b] sind es mit dem Pferd 13 Tage. Ringsum dieses (Aral-)Meer, angefangen bei den Flußmündungen (A-D, S-D), gibt es Berge aus weißem Gestein; *17* der Brunnen Schamelinski, der Brunnen Belewlii; der Brunnen Tusazii; *18* die Stadt Astrychan[c]; *19* der Fluß Wolga; *20* Osten; *21* indische Berge, in denen der A-D entspringt; *22* Oberlauf des Flusses A-D, genannt Parmi[d]; *23* Fluß Amu-Darja, etwa 200 Sagenen[e] breit; *24* Stadt Karytschupan nahe des A-D. Von dieser Stadt bis Bedokschant sind es 2 Wochen Fußweg; *25* Stadt Bedokschant, vom A-D 2 Tage zu Fuß entfernt; *26,27* Kanal zwischen dem Fluß und der Stadt; *28* Stadt Balch, vom A-D 3 Tage zu Fuß entfernt; *29* Stadt Temris nahe des A-D, 10 Tagereisen von der Hauptstadt Buchara entfernt; *30* Stadt Tschardshou, gelegen am Übergang, der das Überqueren des Flusses erlaubt; *31* Übergang von allen wesentlichen Städten nach Buchara; *32* Stadt Chiwin[f] Asarist; *33* der größte Kanal, genannt Chiwaniw. Von der Hauptstadt Chiwa aus sind es 10 Tage Fußweg; *34* Hauptstadt Chiwa. Das Wasser wird durch den Kanal Chiwaniw dorthin geleitet; *35* Stadt Chiwin, genannt Chanki, 7 Werst[g] vom A-D und einen Tag zu Fuß von Asarist; *36* Stadt Jurgenatsch[h], 7 Werst vom A-D und 15 Werst von Chanki entfernt; *37* Stadt Wosir, an einem Zufluß des A-D gelegen; *38* Stadt Chiwin Gurliant; *39* Stadt Chiwin Ket, eine Tagereise mit dem Pferd von A-D entfernt; *40* Stadt Chiwin Schabat am großen Darink-Kanal. Diese Stadt ist 2 Tage Fußweg vom A-D entfernt; *41* "von der Hauptstadt Chiwa bis zum Meer sind es 3 Tage Fußweg"; *42* der Kara-Kumet genannte Turm, am großen Wege gelegen. Am Fuße des Turms halten die Händler an, die aus Chiwa kommen. Sie brauchen das Wasser des kleinen Meeres, weil es rings um diesen Ort keinen Brunnen gibt[i]; *43* Die große Tränke namens Elgisi. Vom See bis zum Turm sind es 3 Tagereisen. Die Pferde und Kamele der Karawanen trinken aus diesem See. Diese Quelle versorgt auch andere auf dieser Karte beschriebene Brunnen mit Wasser. Aus diesen Brunnen können 60 und sogar 100 Pferde und Kamele trinken. Auf dem großen Weg sind die Brunnen 2 Tage zu Fuß entfernt

---

[a] Karakalpaken. [b] Kaspisches Meer. [c] Astrachan. [d] Pamir. [e] etwa 430 m. [f] Hasarasp im Land von Chiwa. [g] etwa 7 km. [h] Urgentsch. [i] Dieser Ort kann mit "Karawan-Serai Utschkuduk", 70 km westlich von Kungrad, gleichgesetzt werden.

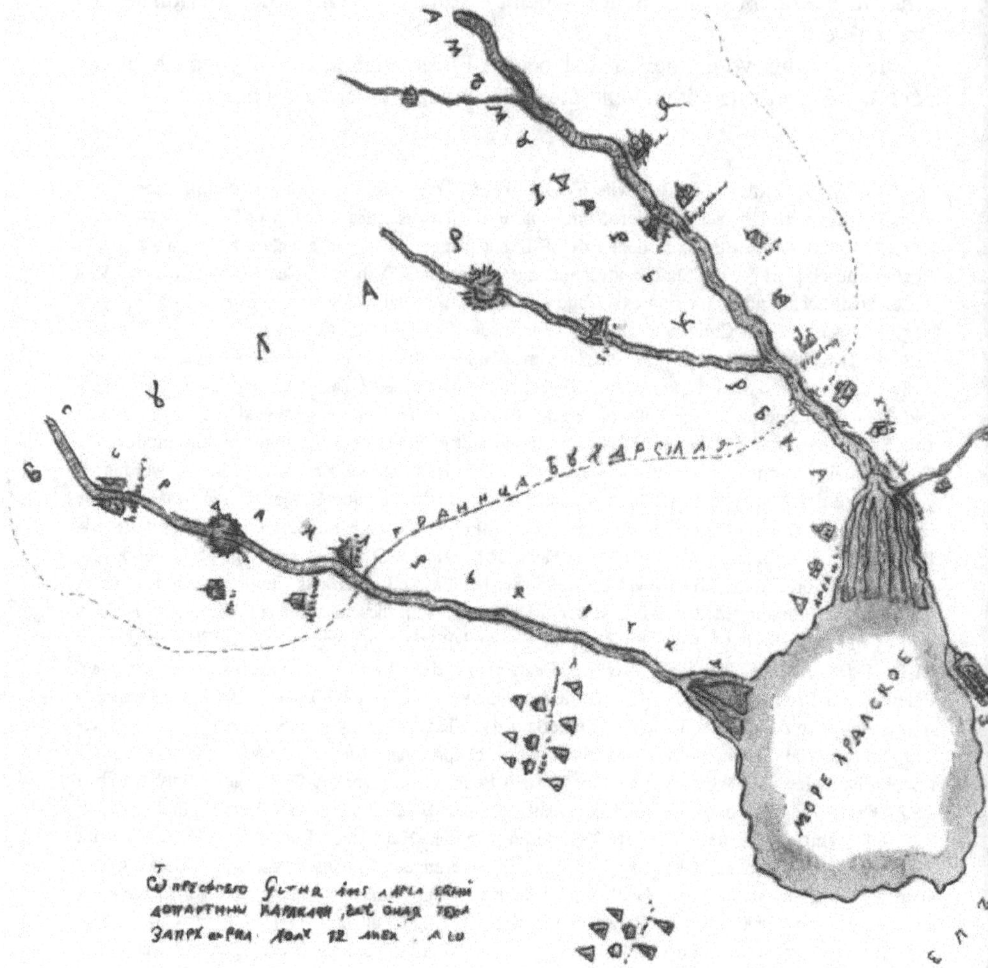

Abb. 3.11. Kartenskizze von Bekowitsch; man beachte die Genauigkeit des Verlaufs der Flüsse im Vergleich zum archaischen Erscheinungsbild von Abb. 3.10

Die weitgehend endgültige kartographische Darstellung des Aralsees (Abb. 2.20) verdanken wir Butakow, der 15 Jahre seines Lebens (von 1848 an) der Erforschung der Umgebung des Aralsees sowie des Unter- und Mittellaufs seiner beiden großen Zuflüsse widmete und so die Eroberung durch die russischen Armeen vorbereitete. Die großen Räume abseits der Karawanenwege werden erst nach 1870 kartiert, was bis 1950 dauert. Bis 1850 jedoch bewahren die Karten des Aralsees, zumindest im Westen, noch ihre phantasievollen Umrisse (Humboldt 1820, Abb. 3.8-7; Delamarche 1825, Abb. 3.12).

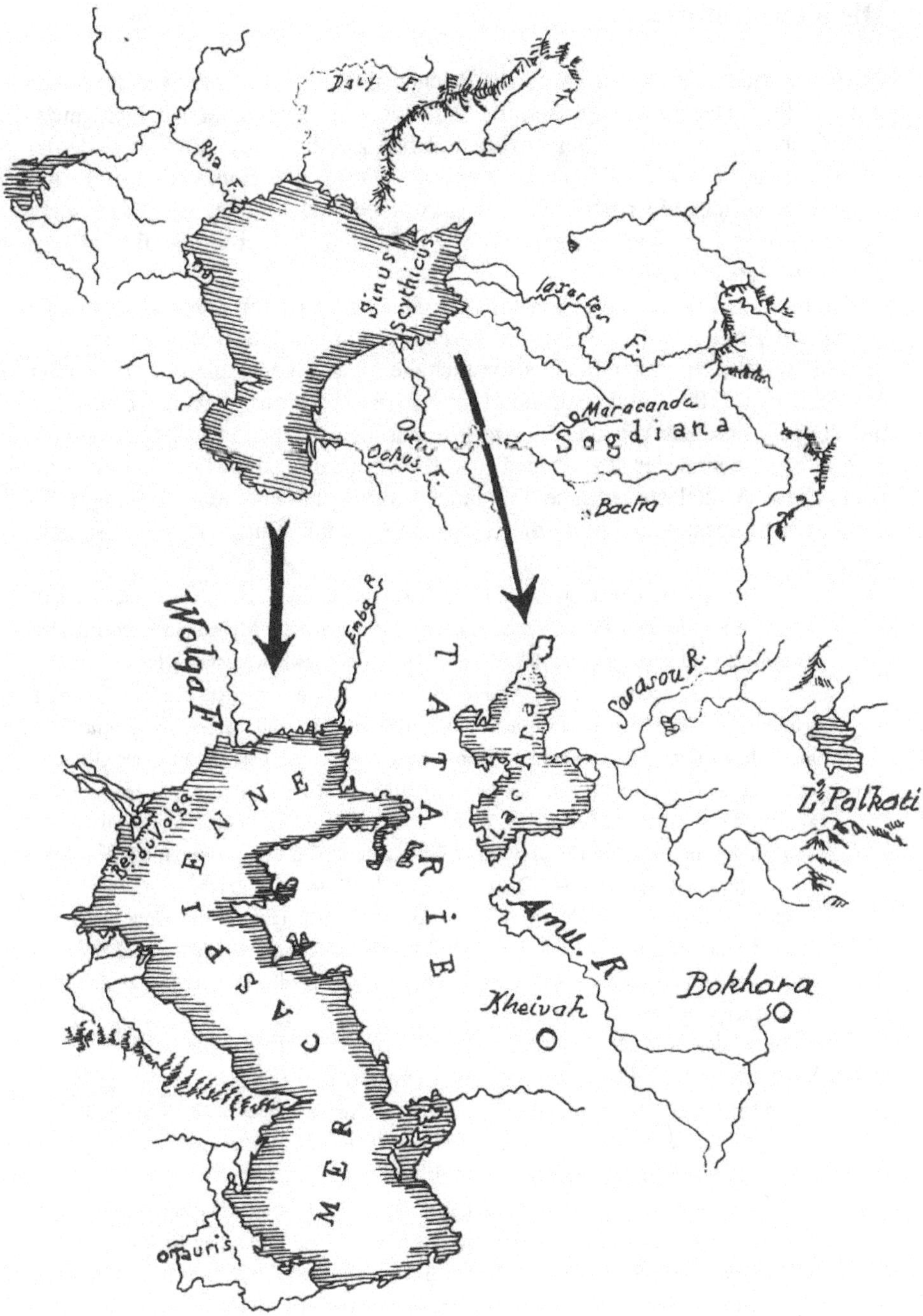

Abb. 3.12. Karten von Turkestan (Delamarche 1825). Man vergleiche die Vorstellung über die antike und heutige Zeit, welche die überlieferten Vorstellungen und die modernen Beobachtungen miteinander in Einklang (?) bringen

Die alten Autoren

Auch die kleinsten Bruchstücke von Belegen über das mögiche Verschwinden des Aralsees wurden ausgegraben und zerpflückt, ja mehr oder weniger gewissenhaft auch ausgedeutet. Diese Arbeit geschah ziemlich spät, etwa zu Ende des 17. und Beginn des 18. Jh., als man gewahr wurde, daß eine Verbindung zwischen Kaspischem Meer und Amu-Darja zwar bestanden hatte, aber nicht mehr funktionsfähig war. Wie man gesehen hat, widmete Peter der Große dieser Frage große Aufmerksamkeit.

Die größten Entdeckungen machten die Historiker jedoch nach 1870, als die arabischen Texte leichter zugänglich wurden, die in der Türkei und im Iran aufbewahrt waren. An erster Stelle seien hier die Namen von Lenz (1870), Röther (1873), Goeje (1875) und Barthold (1910, 1914, 1945) zitiert. Wir werden hier mit einigen Ergänzungen das Wesentliche aus den Artikeln des letztgenannten aufgreifen, sie sind der Encyclopédie de l'Islam (Barthold 1909-1937) entnommen. Diese Artikel stellen eine Zusammenfassung umfangreicher bibliographischer Nachforschungen dar, die ursprünglich auf Russisch veröffentlicht wurden.

> ... Der Aralsee scheint im Altertum nicht bekannt gewesen zu sein, wenn man die ausgesprochen widersrpüchlichen Angaben betrachtet, die sich auf Meotida in Mittelasien beziehen (es wird angenommen, daß hier der Name des Asowschen Meeres für den Aralsee benutzt wurde, ebenso wie der Name des Tanais = Don auf den Syr-Darja bezogen wurde)[90]; den Dokumenten über den Oxus-Sumpf zufolge *(oxiane limne, palus oxia)* kann man allerhöchstens den letzteren als damals in groben Zügen bekannt ansehen. Die alten chinesischen Urkunden ab dem 2. Jh. n.Chr. erwähnen in der Region des Aralsees nur sehr allgemein ein "Nordmeer" oder ein "Westmeer". Es läßt sich auch nicht sagen, ob der See *(limne)*, den der byzantinische Botschafter Zemarchos (568 n.Chr.) erwähnt, mit dem Aralsee gleichgesetzt werden kann. Dieser Reisende beschrieb kurz (nach gefundenen Fragmenten der Menander-Erzählung) seine Rückreise vom Choresm an die Wolga über den Ust-Urt und erwähnt dabei: "Bevor er zu den Flüssen Ich und Daich (vermutlich Emba bzw. Ural=Aik) gelangte, folgte er zwölf Tage lang der Sandküste einer großen und breiten Lagune (Yule 1867).

Handelte es sich um den Aralsee?

Barthold zitiert auch Hekatäus von Milet (Fragment 172M):

> Im Osten von Parthien wird die Gegend von den Korasmioi bewohnt, die zugleich Ebenen und Berge besitzen; auf den Bergen gibt es wilde Bäume, Weiden und Tamarisken.

Hermann (1913) bemerkt zu Herodot (Notizen I, 262), daß

> der Araxes[91] und der Araxos[92], der dem Oxus gleichkommt, durcheinandergebracht werden. Der Araxos kommt aus dem Gebiet der Matier, und von seinen 40 Armen, die im Sumpf enden, mündet ein einziger ins [Kaspische] Meer. Strabo (XI, 512) fügt Herodot, der ja seine Hauptquelle war, nichts Wesentliches hinzu, außer daß der Araxos im Gebiet

[90] So Quintus Curtius und die Geschichtsschreiber Alexanders des Großen.
[91] Der Araxes ist ein Fluß, der südlich von Baku ins Kaspische Meer fließt.
[92] Anderer Name des Oxus, somit östlich des Kaspischen Meeres.

der Massageten fließt und sich in mehrere Arme teilt, von denen einer ins "nördliche Meer", der andere in das Hyrkanische Meer fließt." -

Die Reiseroute des Patrokles (um 285 v.Chr.), der von König Seleukos I. gesandt war, deutet danach an, daß dieser die Mündung des Oxus ins Kaspische Meer entdeckt hatte[93].

Hermann zitiert auch Varro (16-27 v.Chr.), einen römischen Vielschreiber, der stets als glaubwürdig eingestuft wurde, und Aristobules (Fragmente zitiert bei Arrianus, um 105 n.Chr.), dem Erzähler von Alexanders Reise nach Mittelasien, die "... unabhängig voneinander sagen, daß die Schiffe von Baktrien zum Kaspischen Meer fuhren..."[94].

Nach diesen griechisch-römischen Quellen wandten sich die Historiker den Chinesen zu[95]. Barthold nahm an, daß das "westliche Meer", von dem weiter oben die Rede war, der Persische Golf sei (Barthold 1914; Hermann 1913). Später kam er von dieser Meinung wieder ab und vermutete, der Aralsee sei gemeint. Ein seltenes Dokument ist der Bericht von der Reise des Chang Kien (126 v.Chr.), ein jedoch außerordentlich ungenauer Text, ebenso wie die Annalen der Han-Dynastie (206-220 v.Chr.) zum gleichen Thema. Barthold nennt die Reise eines gewissen Pan-Cheu (94 n.Chr.), der "zum Nordmeer" gelangt sein soll. Eine von Hermann als wenig glaubwürdig bezeichnete Quelle - Kuei Chui - spricht von einem Kanal, der "für den Handel der Parther" erbaut wurde. Das Land von Chiwa war den Chinesen (Huen-Tsang, 629-645) unter dem Namen Jen-Tsai oder Ao-Lan (Land der Aorsen, Alanen im abendländischen Sprachgebrauch oder auch Arces) bekannt.

Der Ertrag ist kärglich. Die arabischen Geographen sind jedoch auskunftsfreudiger. Das Chwarism, eine von jeher fruchtbare und bevölkerte Region, stellte eine Ballung unabhängiger Städte dar, die sich offenbar 621 vor der arabischen Eroberung erstmals zu einem gemeinsamen Fürstentum vereinigt hatten. Lesen wir wieder bei Barthold:

... Vielleicht wird der Aralsee von Ibn Churdad Bey unter dem Namen Kurdar-See[96] *(buhaira)* erwähnt. Ibn Roste (Anfang des 10. Jh.) gibt eine Beschreibung des Sees, ohne ihn zu benennen; der See, in den der Amu-Darja floß, hatte ihm zufolge einen Umfang von 80 Parasangen[97] (nach Al Istrakhrit und den späteren Geographen sollen es 100 sein). An

---

93 Dies ließ Raum für gegensätzliche Interpretationen der genauen Stelle, die von der Bucht von Kenderlik im Nordosten des Kaspischen Meeres bis hin zum Kara-Bogas reichten (Kiepert 1874; Neumann 1884; Wagner 1885). Die verworrene Diskussion über den Abstand zwischen den vermuteten Mündungen des Oxus und des Jaxartes sei hier nicht wiedergegeben.

94 Die Gegner einer Verbindung vom Amu-Darja zum Kaspischen Meer vermuteten nicht ohne Grund, daß es sich eher um eine Fahrt vom Amu-Darja zum Sary-Kamysch handelte.

95 Es sei daran erinnert, daß die Seidenstraße *(seta, sin, chin)* bereits sehr früh in der römischen Geschichte über Buchara verlief (vgl. Gibbon, 1787). In seiner Geschichte des byzantinischen Reichs erwähnt Gibbon den Aralsee mit keinem Wort.

96 Kurdar: der Ostarm des Amu-Darja-Deltas.

97 1 Parasange = etwas weniger als 6 km.

der Mündung des Syr-Darja, die Ibn Hawkal zufolge zwei Tagereisen zu Fuß vom neuen Dorf entfernt liegt, ... dessen Lage von den Ruinen von Dshankent bestimmt wird (22 km südwestlich vom heutigen Kasalinsk[98]), scheint sich der Küstenstreifen kaum vom heutigen Küstenstreifen zu unterscheiden. Gleiches läßt sich vom Südufer sagen (Al Mukkasdasi). Nicht klar sagen läßt sich, ob die heute nahezu ausgetrockneten Becken im Umfeld des Tschink[99] wie z.B. Aibugir früher mit dem Aralsee verbunden waren; jedenfalls gab es zwischen dem Aralsee und der Sary-Kamysch-Senke keine Verbindung; der Reisende, der von Chwarism ins Land der Petschenegen[100] gehen wollte, mußte, Gardizi zufolge, den Weg nehmen, der zum Gebirge von Chwarism (dem Tschink) führte, von dort aus die Wüste Ust-Urt überqueren und dabei den Chwarism-See auf der rechten Wegseite liegen lassen. Al Istachri und die späteren Geographen beschreiben diesen und bezeichnen ihn wahrheitsgemäß als einen Salzwassersee ohne Verbindungen nach außen[101]; lediglich Massudi nimmt irrtümlich eine Verbindung zwischen dem Aralsee und dem Kaspischen Meer an. Im *Dshahan-Name* (13. Jh.) und den Werken, die von dieser Quelle ausgehen (u.a. Dshurdani, 1476/77 gestorben), findet neben dem Namen "See von Chwarism" auch die Bezeichnung "See von Dshand" Verwendung, Dshand war eine recht bekannte Stadt am Unterlauf des Syr-Darja.

"... Vom 13. bis 16. Jahrhundert verfügen wir über keinerlei Auskunft über den Aralsee ..." fährt Barthold fort. Sicherlich, die Karawanenstraßen, welche direkt über die Wüste Ust-Urt - die einige Wasserstellen aufweist - führten, mieden die Umgebung des Aralsees, in der nomadische Räuber ihr Unwesen trieben. Wenn die bereits genannten Reisenden des Mittelalters einige Eigenschaften des Oxus ausführlich schildern (seine Eisdecke im Winter, seine Schiffbarkeit, die Wasserentnahme zur Bewässerung), so enden ihre Beschreibungen stets im Choresm und nicht am Delta. Der Aralsee war für sie völlig bedeutungslos; vielleicht unterschied er sich tatsächlich nicht von den anderen Salzsenken. Hafiz Abu (1417) versichert gar, daß " ... der See von Chwarism, der im Buch der Alten erwähnt wird, ..." zu seiner Zeit nicht mehr existiert. Der Amu-Darja wurde damals im allgemeinen als Zufluß des Kaspischen Meeres betrachtet; einigen Autoren zufolge soll der Syr-Darja auch nicht mehr in den Aralsee geflossen sein. Dem Kaufmann Badr-Al-Din Al Rumi zufolge (zitiert von dem Geographen Ibn Fadl Allah Al Omari) ändert der Syr-Darja bereits im 14. Jh. drei Tagereisen unterhalb von Dshand[102] seine Richtung; Hafiz-Abu zufolge mußte dieser Fluß sich mit dem Amu-Darja vereinigen; im *Baber-Nama* wird versichert, daß der Syr-Darja mit gar keinem anderen Fluß zusammenfließt, sondern sich im Sand

---

[98] Kasalinsk: am Syr-Darja, etwas südlich von Nowo-Kasalinsk; es war die erste Festung der russischen Armee, als diese Mitte des 19. Jh. allmählich flußaufwärts vorrückte.

[99] Hier handelt es sich um den östlichsten Teil des Ust-Urt-Rands. Aibugir ist eine ehemalige Bucht im Südwesten des Aralsees, welche auf alten Karten noch abgebildet ist (s. Reclus 1881, S.4 und beispielsweise die erste Ausgabe des *Atlas* von Vidal-Lablache 1877).

[100] Südrußland

[101] Es könnte sich also auch um den Sary-Kamysch-See handeln.

[102] s. unten zu den Schwankungen des Verlaufs dieses Flusses. Dshand ist die Ruinenstadt am Unterlauf des Syr-Darja, von der oben die Rede ist (Dshankent).

verliert. Abu al Ghazi nennt den Aralsee das "Sîr-Meer" und scheint keinerlei Information darüber zu haben, wonach der Sîr zu irgendeiner Zeit den Aralsee nicht erreicht haben sollte. Dem gleichen Autor zufolge soll der Amu-Darja seinen Weg zum Aralsee[103] erst wieder nach 1572/73 gefunden haben.

Weiter schreibt Barthold im Artikel *Amu-Darja:*

> Eine genaue Beschreibung des Unterlaufs des Flusses wird erstmals von Ibn-Roste (Ende des 9. Jh.) gegeben ..., allerdings nur für den linken Arm, der bereits eine nur noch untergeordnete Bedeutung hatte; unterhalb der Stadt Gurgendsh[104] soll er sich geteilt haben, ... 4 Parasangen von dieser Stadt entfernt soll er den Tschink erreicht haben und weiter entfernt in der Nähe seiner Mündung eine Anzahl Seen gebildet haben, die Chalidshan genannt wurden. Die Mündung des Hauptarmes in den Aralsee wird nur mit sehr allgemeinen Hinweisen erwähnt. Offensichtlich kannte Ibn Roste ... den hier beschriebenen linken Arm nicht aus eigener Anschauung. Da dieser Arm ja den Tschink erreicht haben und anschließend noch weiter geflossen sein soll, muß die Chalidshan genannte Seengruppe nicht in der Nähe von Aibugir, sondern nahe des Sary-Kamysch gesucht werden ... Zu Zeiten von Al Mukaddasi (985/86) bzw. zu den Zeiten, deren Berichte er aufnahm, scheint der linke Arm ausgetrocknet gewesen zu sein, diese Austrocknung wird mit dem Bau eines Deiches erklärt, der die Stadt Gurgendsh schützen sollte; seither habe sich das Wasser "gen Osten" gewandt und sei nur noch "auf einer Seite" geflossen.
>
> Al Mukaddasi kennt den Usboi bereits als ein ausgetrocknetes Flußbett, das damals als das frühere Bett des Amu-Darja betrachtet wurde; man stellte eine Beziehung zwischen dem Austrocknen dieses Wasserlaufs, der Verwüstung der Gegend um die Balchan-Berge und dem Aufblühen des Chwarism her, obwohl der Fluß die Sary-Kamysch-Senke und anschließend das Meer ja nur erreichen konnte, nachdem er durch Chwarism geflossen war ... Daß die Beobachtungen, die Al Mukaddasi festhielt, allgemein verbreitet waren, zeigt der Name "früheres Chwarism", mit dem Ibn Al Athir die Region der Balchan-Gebirge bezeichnet.
>
> Im 13. Jahrhundert, nach der Mongoleninvasion, scheint sich der Fluß nach Westen verlagert zu haben, was vielleicht mit der Verwüstung des Landes und der Zerstörung der meisten Deiche zusammenhängt. Mehrere Stellen des linken Ufers, darunter bereits Hasarap[105], sollen in den Fluten versunken sein. Bei der Eroberung von Gurgendsh[106], der

---

103 Lenz (1870): "nach Albufeda (14. Jh.) gibt es den Aralsee; für Hamdallah besteht eine Gabelung des Amu-Darja, an der er teilweise zum Kaspischen Meer und teilweise zum Aralsee fließt; das gleiche Zitat findet man bei Abul Hassan (1497 gestorben).

104 Frühere Hauptstadt des Chwarism (der Region nördlich von Chiwa, zwischen Amu-Darja, Ust-Urt und der Kara-Kum), in der Nähe von Kunja-Urgentsch (dem alten Urgentsch); diese Stadt löste Gurgendsh später ab und wurde ihrerseits später durch Jani-Urgentsch (Neu-Urgentsch) nahe Chiwa abgelöst.

105 Stadt östlich von Chiwa, nahe Pitnjak am Amu-Darja.

106 Anmerkungen nach den Artikeln von W. Barthold (*Encyclopédie de l'Islam,* 1909-1929): Gurgandj: arabisch Djurdjaniya; nördliche Stadt im Chwarism. Zweifellos vorislamische Stadt; im 1. Jh. v. Chr. muß die chinesische Bezeichnung des Choresm (Yue-Kien) von diesem Namen abgeleitet worden sein. In den Berichten von der arabischen Eroberung (712) findet sich nichts. Teilt sich im 10. Jh. in 2 unabhängige Fürstentümer,

damaligen (1221) Hauptstadt, sollen die Mongolen (Dschingis-Khan) den Deich zerstört und so ihr Vernichtungswerk vollendet haben. Einige Jahre später wurde die Stadt wieder aufgebaut, die die Mongolen und später die Usbeken Urgentsch nennen, diesmal jedoch am rechten Ufer des Flußarmes, an dem sie lag (ebenso wie das heutige Kunja-Urgentsch). Im Verlauf von dreieinhalb Jahrhunderten wurde dieser Ast, der zum Tschink und zur Sary-Kamysch-Senke floß, in allen Reisebeschreibungen und historischen Berichten (und auch in den Geschichten der Timur-Expeditionen)[107] als der Hauptstrom bezeichnet, während die Arme weiter östlich unter verschiedenen Namen nur einfache Verzweigungen waren. An dieser Stelle ließe sich gleich die Hypothese aufstellen, nach der der Fluß nach dem Auffüllen der Sary-Kamysch-Senke auf das Usboi-Bett getroffen wäre und einen Abfluß zum Kaspischen Meer gefunden hätte. Genau das wird von Hamd Allah Kaswini (1339-1340) und Hafiz Abu (1417) ausdrücklich bestätigt.

... Für die Zuverlässigkeit des ersten spricht vor allem sein Bericht von einem großen Wasserfall des Usboi[108]; tatsächlich weist das heute trockene Bett die Spuren von Wasserfällen mit bis zu 9 m Höhe auf. Auch die Quellen des Altertums liefern uns Anhaltspunkte für die Existenz eines solchen Wasserfalls (Eudoxos, Fragmente, in Strabo und Polybios).

Die Vermutung, daß Kaswinis Aussagen lediglich auf alten Quellen beruhen, wird dadurch entkräftet, daß der Autor mit dem türkischen Namen den Wasserfall erwähnt (Gördeli: Lärm, Getöse, Donner) ... Hafiz Abu gibt uns erstmals die [bereits zitierte] Information, wonach der Syr-Darja in den Amu-Darja und dann mit ihm vereint ins Kaspische Meer geflossen sein soll. Zahir al Din al Marashi berichtet, wie 1392 auf Befehl von Timur die Sayiiden von Masanderan mit dem Schiff nach Aghrica fuhren (dem Ort, wo der Strom ins Kaspische Meer floß), und von dort bis zu einem bestimmten Ort (offenbar an den Wasserfällen)[109], indem sie den Djaihun[110] aufwärts fuhren. Der Vater des Schriftstellers hatte an dieser Reise im Alter von 12 Jahren teilgenommen ... 1460 begibt sich Husein Baikara, der später Sultan von Astrabad wird[111], von dieser Stadt "nach Aghrica und nach Adak"[112] ... wo er den Amu-Darja überquert und seine Armee am Ufer dieses Flusses lagern läßt, bevor er die Stadt Wesir erobert, die 6 Parasangen westlich von Ur-

---

das Charism mit Kat als Hauptstadt und das Gebiet von Gurgendsh (Al Biruni, Chronologie). Chwarism: Herodot (III,17): das Tal des Flusses Akes gehörte vor der persischen Herrschaft den Chwarismiern. Hekatäus (Fragmente 172-173): Land östlich der Parther, Hauptstadt Chorasmin. Herodot (VII,66): Die Charismier und Parther gehören der gleichen Division in der Armee des Xerxes an. Arrianus (IV,15): Alexander empfängt in Baktra den chorasmischen König Pharasmanes [Nichts sonst bis zum Ende des 8. Jh.]. Balchan: Nach Al Mukaddasi gab es Kühe und wilde Pferde. In Nasa und Abiward vernimmt er, daß die Bewohner sich auf den Balchan begäben und dort viele Eier fänden. Ruinen erwähnt er in der Region nicht. Die Region wird von den Russen 1869 besetzt.

107 Tamerlan.

108 s. Profile in Abb. II.33 sowie Obrutschew (1914).

109 Man beachte, daß es am Amu-Darja von der afghanischen Grenze bis zum Aralsee ansonsten keine Wasserfälle gibt.

110 Türkischer Name des Amu-Darja.

111 Astrabad: persische Stadt nahe der turkmenischen Grenze, heute Gorgan oder Gurgandsh.

112 Barthold vermutet an dieser Stelle, daß Adak im Usboi-Tal liegt; die tatsächliche Lage dieser Stadt wurde bisher allerdings noch nicht festgestellt.

> gentsch liegt ... Wir besitzen keine genaue Beschreibung des Flußverlaufs während der Zeit vom 13. bis 16. Jahrhundert." Beide Ufer des Usboi waren, Abd Ul Ghazi zufolge (1525, er war Khan des Choresm, der die Geschichte seines Landes schrieb), bis zum Kaspischen Meer am Fuße der Berge des Großen Balchan nicht nur bewohnt, es wurde dort sogar Ackerbau betrieben. "Aber die Tatsache, daß der Usboi-Fluß zu Zeiten Abd Ul Ghazis bereits seit langem wüst war, gibt zu der Vermutung Anlaß, daß die Zeitgenossen dieses Autors sich diese vergangene Blütezeit in wesentlich strahlenderen Farben vorstellten, als es der früheren Wirklichkeit entsprochen hätte ... Abd Ul Ghazi erklärt auch, daß der Oxus im Jahre 1573 zum Aralsee zurückgekehrt sei.

Hermann ergänzt zu Bartholds Bericht:

> Im 5. oder 6. Jahrhundert gab es am unteren Oxus bedeutende Veränderungen: Der Arm, der zum Kaspischen Meer führt, versandete, so daß das Wasser von da an zum Aralsee und vielleicht zum Sary-Kamysch floß, so findet es sich beim persischen Geographen Makdisi (985 n.Chr.). Istraki zufolge (961), bestand zu dieser Zeit keine Verbindung zwischen dem Aralsee und der Sary-Kamysch-Senke, und der Teldyk-Darja, der linke Flußarm des Amu-Darja, hieß damals Kurder.

Camena (1930) erwähnt die Aussage eines gewissen Zakhir-edd-din-al-Merach, demzufolge Tamerlan nach der Eroberung von Masanderan - einer nordpersischen Landschaft - die Führer von dort 1392 über das Kaspische Meer und den Usboi nach Chiwa verschleppen ließ.

Auch Großherzog Nikolaus Romanow machte in seinem Bericht von 1879 folgende Angaben:

1. 1330 gab der Perser Mostaufi an, der Amu-Darja sei im 13. Jh. ins Kaspische Meer geflossen, und der Wasserspiegel dieses Meeres sei ein Jahrhundert lang so hoch gewesen, daß der Hafen von Abesgoan überflutet war;
2. Ruy de Clavijo, kastilischer Botschafter bei Tamerlan, schrieb 1404, der Amu-Darja fließe ins Kaspische Meer[113];
3. die Handschrift eines anonymen Autors aus dem Chorasan von 1417[114] behauptet, daß der Amu-Darja alten Büchern zufolge in den Aralsee floß, dieser See jedoch nicht mehr existiere, denn der Djaihun habe sich einen neuen Weg zum persischen Meer gebahnt.

Schließlich, nach Wojekow (1914):

> Ibn Rustam beschrieb im 10. Jahrhundert recht genau das östliche und das westliche Ufer des Aralsees. Masudi schreibt (in einer 954 veröffentlichten Enzyklopädie), daß der Fluß Balch in den Amu-Darja fließt. Er zählt 30 Tagereisen zu Fuß vom Norden zum Süden und sechs Tagereisen vom Osten zum Westen des Aralsee. Israkhi spricht von einem Salzwassersee, in den der Djaihiun strömt *(sic)*; vier Tagereisen von dort nimmt der See den Fluß von Schach (Taschkent) auf, bei dem es sich offenkundig um den Syr-Darja handelt. Auf der Landkarte dieses Autors sind Aralsee und Kaspisches Meer getrennt dargestellt.

---

[113] Nikolaus widerspricht hier Lenz, der unter Berufung auf denselben Autor das Gegenteil behauptet (s. Literatur).

[114] Hier zitiert er Rawlinson.

Diese Quellen legen die Schlußfolgerung nahe, daß sich der Amu-Darja zu historischen Zeiten zum Kaspischen Meer und/oder Sary-Kamysch hin verlagerte. Verschiedene Autoren behaupteten, daß die Sary-Kamysch-Senke in den genannten Reiseberichten mit dem Kaspischen Meer verwechselt wurde. Die Berichte der Araber indes lassen für Zweifel wenig Raum.

Nach der Analyse der verfügbaren Quellen des Altertums und der Araber wollen wir uns nun den europäischen Quellen zuwenden. Zu den Studien der oben genannten Autoren kommen ja noch die Angaben von Lenz (1870).

Nach dem Tatarenumsturz 1480 reisten die russischen Kaufleute wieder nach Turkestan. Die Region von Orenburg am Ural war der traditionelle Ausgangspunkt der Karawanen, die durch den Ust-Urt in ein Land zogen, das im Winter von Schnee und zu allen Zeiten von Raubzügen verschiedener Volksgruppen heimgesucht wurde, die die Gegend im Laufe der Jahrhunderte verwüsteten. Der Genueser P. Centurione 1520 und 1537 dann der Venezianer Foscarini schlugen in Moskau vor, eine neue Strecke über die Wolga (1554 wurde Astrachan von den Russen erobert, die 1589 in der Nähe der tatarischen Stadt eine Festung errichteten), das Kaspische Meer und den Oxus zu erkunden: Die Verbindung zwischen dem "Meer von Baku" und dem Choresm befand sich schließlich auf allen Karten. Daraufhin setzte sich eine neue Strecke durch; die Schiffe von Astrachan gelangten zur Bucht Koschtschak an der Halbinsel Mangischlak[115] im Nordosten des Kaspischen Meeres; von dort zogen die Karawanen nach Chiwa, wobei sie knapp am Aralsee vorbeizogen, von dem immer noch keine Rede war.

1558 baute Jenkinson auf Kosten einer englischen Handelsgesellschaft und mit Unterstützung von Iwan dem Schrecklichen sowie einige Zeit später auch von Boris Godunow in Nishni Nowgorod ein Schiff, begab sich zur Bucht Koschtschak und gelangte von dort nach 20 Tagen an einen "Süßwassersee", den er für eine Bucht des Kaspischen Meeres hielt (Abb. 3.9). Das war jedoch unmöglich, da alle Buchten in dieser Gegend salzig sind. Den späteren Einschätzungen zufolge handelt es sich entweder um die Bucht von Aibugir[116] (Lenz und Walther) oder um den Sary-Kamysch (Barthold, der zugibt, daß dieser See salzig ist - was jedoch nicht immer der Fall war)[117]. Wenig später gelangte Jenkinson zu seiner großen Verblüffung an ein Tal eines gewaltigen ausgetrockneten Flusses. Dazu schreibt er: "Ich sehe, daß hier in der Vergangenheit der große Strom Oxus floß, der jetzt unweit von hier endet. Er ergoß sich damals in den Fluß Aidok[118], der nach Norden fließt und sich in der Erde verliert." Damit kam er

---

[115] "Mangischlak" soll von "Ming Kischlak", d.h. "Tausend Winterquartiere" kommen. Der Legende nach ist es der Ursprungsort der Bevölkerungsgruppen des unteren Tadschikistan.

[116] Diese war 1848 einen Meter tief, 1870 war sie zum Morast geworden, und nach dem gewaltigen Amu-Darja-Hochwasser 1878 wurde sie ein ausgedehnter Süßwassersee; s. 1Karte bei Reclus (1881, S. 412).

[117] Tatsächlich konnte die Bucht von Aibugir den Salzgehalt des Aralsees (also um 10 g/l) haben, während der vom Oxus gespeiste Sary-Kamysch einen wesentlich niedrigeren Salzgehalt aufwies, sofern sein Abfluß, der Usboi, Wasser führte.

[118] Diesen Fluß sieht man auf der Karte von Abb. 3.9. oberhalb von Cant.

der Wahrheit recht nahe. Beim Verlassen von Urgentsch, das von einem wesentlich kleineren Kanal mit Wasser versorgt wurde, gelangte er an das Ufer eines "large and swift river", der nach Norden führt, den Aidok. Es war gerade Dezember, und der Wasserstand des Amu-Darja war niedrig; daraus schloß man, daß der Fluß sich vor kurzem nach Norden gewandt hatte und noch dabei war, sein neues Bett einzugraben. Als er sich in Chiwa über die Geschichte des ausgetrockneten Flusses erkundigte, erfuhr er, daß dort früher ein Teil des Oxus floß, daß Deiche jedoch diese Stromrinne seit einer Generation unterbrochen hatten (vgl. Kapitel 2). Es handelte sich offensichtlich um den Aryk-Darja oder Kunja-Darja, den heutigen Darja-Lyk, der zum Sary-Kamysch führt[119].

Bis zu Beginn des 13. Jh. wußte man über den Usboi kaum mehr, aber der Aralsee war von den Landkarten her bekannt. Im 17. Jh. waren die Russen mit der Eroberung Sibiriens zu sehr beschäftigt, um Mittelasien Zeit zu widmen; von da an dehnten sie jedoch ihre Vorherrschaft in diese Gegend aus.

Peter der Große schickte 1715 die Kaufleute Jewenski, Fjodorow und Taranowski aus, um das Land zu erkunden. Von Astrachan aus kommend entdeckten sie das Bett des Usboi und erfuhren, daß der Fluß durch die Einwohner von Chiwa abgeschnitten worden war, die sich vor den Russen fürchteten. Die Nachricht wurde eine Sensation. Daraufhin beschloß Peter der Große, das sagenumwobene Flußbett des Oxus wieder mit Wasser zu füllen, um die Seefahrt zwischen Rußland und den Grenzen Indiens dauerhaft sicherzustellen. 1717 hatte er Gelegenheit, seine Vorhaben vor der Akademie der Wissenschaften in Paris vorzustellen, dort zeichnete er vor den begeisterten Akademikern (darunter G. Delisle)[120] auswendig, so wird erzählt, die Landkarte der Region und den Verlauf des früheren Oxus.

Mittlerweile hatte er Fürst Alexander Bekowitsch, einen Tscherkessen, der zur christlichen Religion worden bekehrt war, an die Anlegestelle von "Tshiik-Karagan" (auf der Halbinsel Mangischlak) geschickt. Dieser hatte den Auftrag, eine Untersuchung über den früheren Oxus durchzuführen. Zum Balchan geführt, betrachtete der Tscherkesse den ausgetrockneten Fluß, der sich in der Wüste verlor: Die Turkmenen nannten ihn Usboi, Kunja-Darja wurde er auch genannt ("der ehemalige Fluß" der Charismier) (Bildtafel 13 unten). Siebzehn Tage später erreichte er das Ufer des Aralsees, wo man ihm den Staudamm aus Erde, Reisiggeflecht und gebrannten Ziegelsteinen zeigte, der den Lauf des Amu-Darja zu seinem Delta am Aralsee absicherte - er war 5 km lang, 3 m breit und nur 1 m hoch. 1717 leitete Bekowitsch einen militärischen Feldzug nach Chiwa.

---

119 Das Buch von Babur (1504), S. 45: "Der Sayun [Syr-Darja], den man auch Fluß von Chodshend nennt kommt von Nordosten ..., macht dann eine Biegung nach Norden und läuft auf die Stadt Turkestan zu. Der Sayun fließt in kein Meer, sondern versickert ein ganzes Stück flußabwärts von Turkestan im Sand." So gibt es einen Grund zur Annahme, daß 50 Jahre vor Jenkinsons Reise der Aralsee nicht einmal vom Syr-Darja gespeist wurde.

120 Sein Bruder, Joseph Nicolas Delisle, stellte ab 1726 die Karten des Russichen Reiches zusammen; vgl. *La géographie* (1920) 33: 220-228.

Vom Khan von Chiwa wurde er herzlich empfangen. Auf dessen Wunsch hin und gegen die Bedenken seines Leutnants Frankenburg teilte er seine Truppen auf, die daraufhin vernichtet wurden. Bekowitsch selbst wurde getötet und enthauptet; sein mit Stroh gefüllter Kopf wurde dem Khan von Buchara geschickt, der jedoch die Annahme dieses gefährlichen Geschenkes verweigerte. Es heißt, man habe aus seiner Haut eine Trommel gemacht. Die Russen werden es nicht vergessen. Ein großer Teil der Truppen wurde umgebracht, der Rest gefangengenommen. Diejenigen, die entkommen konnten, berichteten danach aus Chiwa von der Deichbautradition. Die Umleitungen des Amu-Darja oder auch der zahllosen Umlenkungskanäle von Chiwa bis Nukus (oberhalb des derzeitigen Deltas) erschienen fast immer eine Maßnahme der Fürsten von Chiwa gewesen zu sein, die sie als Vergeltungsakt gegen ihre Widersacher im chorasmischen Unterland gerichtet hatten oder gar gegen die Bewohner des Usboiufers. 1717 bauten die Russen ein Fort (Fort Bekowitsch, an der Einfahrt in die Balchan-Bucht), unweit von der Stelle des späteren Krasnowodsk, das schnell aufgegeben wurde. 1722 erfuhr Benverini, der Gesandte von Peter beim Prinzen von Chiwa, daß die Hälfte des Wassers des Amu-Darja zu diesem Zeitpunkt nach Westen floß.

Später schickte Peter der Große noch einige andere Kundschafter, ohne daß die Erkenntnisse dadurch wesentliche Fortschritte machten. Als er starb, war der Aralsee jedoch recht gut bekannt und das Problem seiner Wasserzufuhr klar umrissen. Wie man sehen konnte, waren die Karten vom Beginn des 18. Jh. noch sehr ungenau, kaum besser als diejenigen von Idrisi, die ja acht Jahrhunderte älter waren. Murawin, der erste Europäer, der mit Gladischew das Ostufer der Aralsees erforschte, zeichnete damals in seinem russischen Atlas (1840) eine recht genaue Karte der Region.

Mit dem Wiederaufkommen des russischen Drucks, der auf den Tod von Zar Peter I. folgte, wurden die Forschungsreisen wieder aufgenommen[121]: Thomson und Kogg (1743); Buchawkin (1743); Blankenhagel (1794); Murawiew (1819)[122], der durch einen Teil der früheren Strombetten zog, die zum Kaspischen Meer führten, und dessen Bericht man in Moskau kaum glaubte; Eversmann (1820-21); 1822 noch einmal Murawiew; Berg 1826 am Nordwestufer des Aralsees, der bei dieser Gelgenheit die genaue Route der Karawanen im Ust-Urt beschrieb und vorschlug, an diesem Ufer entlangzuziehen, um den Wegelagerern zu entkommen; Basargin und Eichwald, die 1826 das Delta des Amu-Darja erreichten; Connolly 1830; Karelin, Flechner und Baremberg, die 1836 wieder das Delta aufsuchten; 1839 Kowalewsky und Gerngross; 1840 die englischen Gesandten Abbott und Shakespear; Nikiforow 1841; Danilewsky und Basiner 1842; Lemm 1846 (vgl. Abb. 3.13) und Butakow, der 1848/49 eine Karte herausgab,

[121] s. Khitrowo (1889) und Spuler (1977), vgl. auch Abb. 3.13.

[122] Murawiew, eine rätselhafte Persönlichkeit, wurde später (1847) Gouverneur von Ostsibirien und veranlaßte die Eroberung der gesamten dortigen Pazifikküste, was zum Vertrag von 1858 (Aigun) führte, in dem die Amur-Ussuri-Grenze mit China festgelegt wurde. Er wurde als Graf Amurski geadelt.

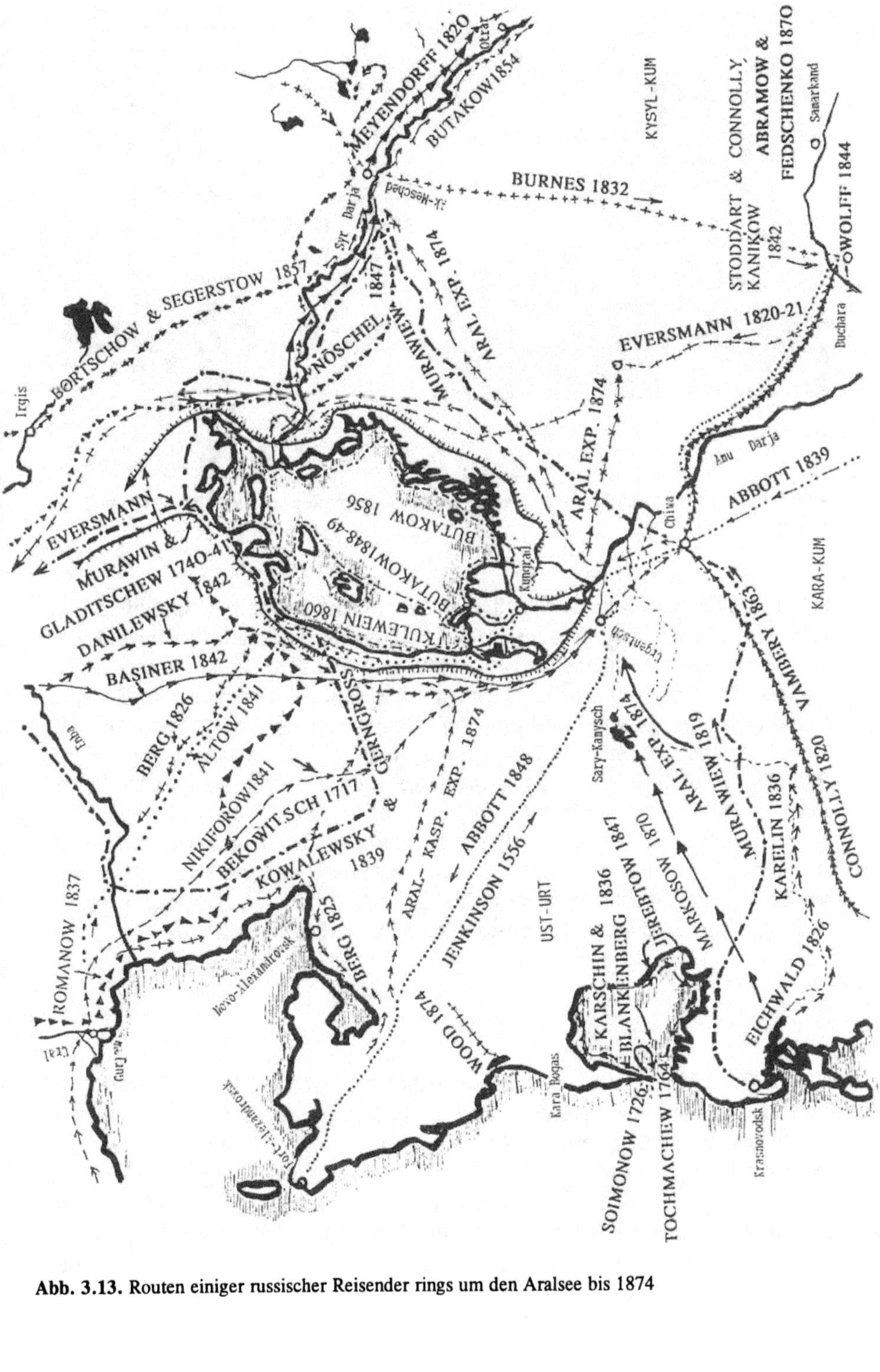

Abb. 3.13. Routen einiger russischer Reisender rings um den Aralsee bis 1874

Abb. 3.14. Die beiden Schiffe von Butakow - die ersten, die nach einer alten Urkunde 1848-49 auf dem Aralsee fuhren

die die Deltas mit ihren Einzelheiten und zahlreiche geologische und hydrologische Hinweise enthielt (Abb. 3.14 und 3.15 sowie Anhang VI). Hinzu kamen noch Sewertsow, Alenizin, Darendt, Schultz, Abich (1855) und andere, vor allem aber H. Vambery (1863), ein ungarischer Sprachforscher, der in Budapest zuvor Revolutionär von 1848 war und 1863 incognito Chiwa besuchte. Alle diese Reisenden waren mehr oder weniger russische oder englische Spione, ihre Berichte enthalten jedoch stets auch einige Auskünfte von wissenschaftlichem Interesse (s. Abb. 3.14). Es sei an dieser Stelle angemerkt, daß die bedeutenden Asienreisenden dieser Zeit, Gmelin, Pallas und dann Humboldt (vgl. Abb. 3.8), stets einen Bogen um den Aralsee machten, dessen Ufer für die westlichen Reisenden unsicher blieben. Gibbon (1787, S. 757) spricht aus Versehen noch davon, daß "der Oxus und der Jaxartes... zum Kaspischen Meer fließen"!

Die Gegenwart

Die 1870er Jahre wurden entscheidend. Choresm war das letzte Gebiet, das die Russen noch nicht unterworfen hatten. Im Laufe von zwei Jahren wurde es von Taschkent und vom Kaspischen Meer aus erobert, wobei die russische Armee die Ostküste dieses Binnenmeers von da an sicher unter Kontrolle hatte, was Sievers (1873) die Gelegenheit gab, im Südwesten die ersten regulären Geländeaufnahmen dieses unermeßlichen Gebietes durchzuführen: Verwunderung herrschte, als er über 1000 km eines trockenen Flußtals entdeckte, das von alten Ruinen aus verschiedenen Zeiten gesäumt war. Die geologische Struktur dieses trocken

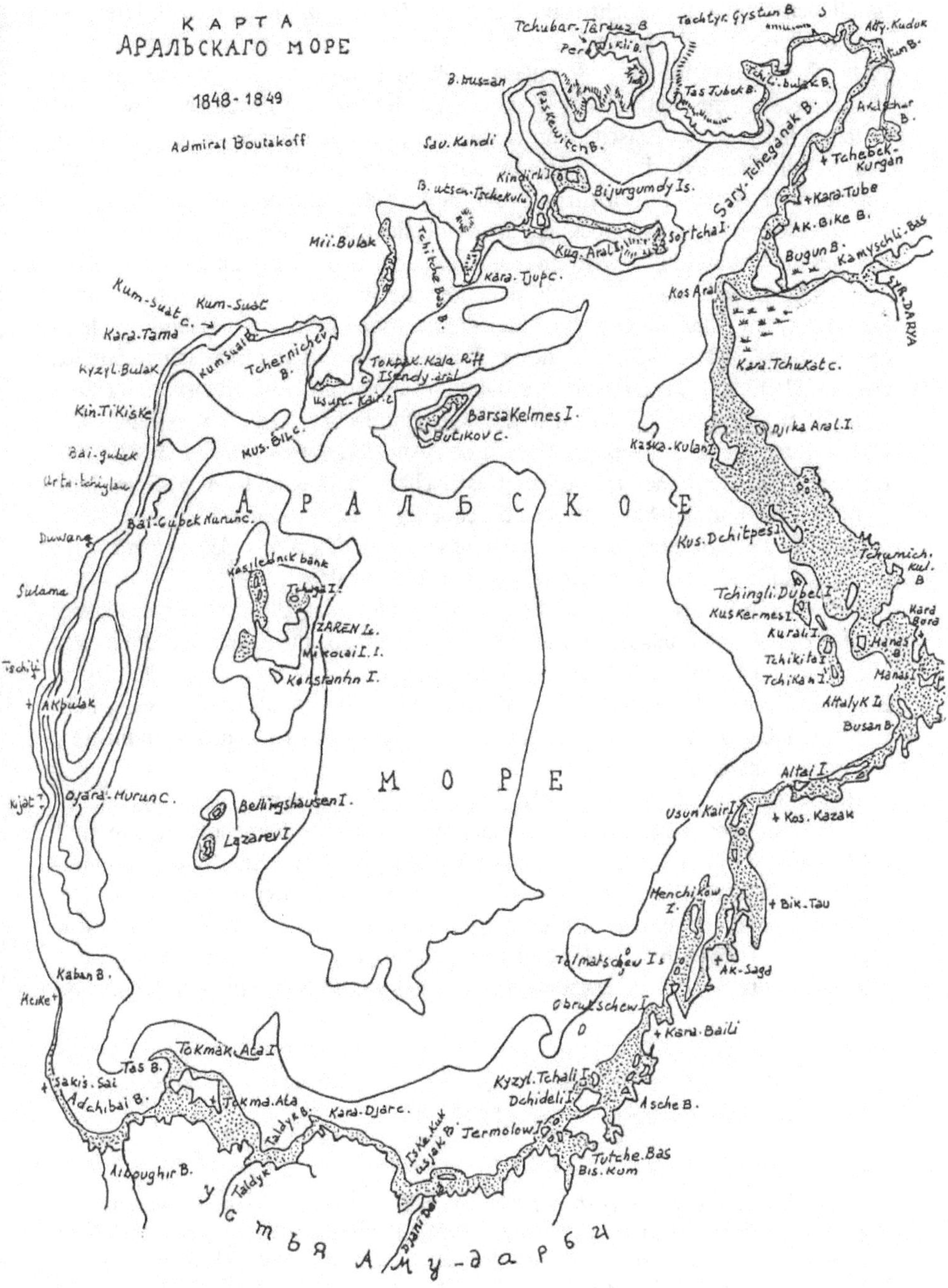

Abb. 3.15. Reproduktion einer Originalkarte von Butakow, wie sie in "Aral", Alma-Ata 1989 wiedergegeben wird; Ortsbezeichnungen aus dem Kasachischen wurden umgeschrieben und anhand englischer Urkunden aus der Mitte des 19. Jh. ergänzt

gefallenen Flußbettes beschrieb er bereits in ihren Einzelheiten: steile Ufer, die in die Mergel- und Kalkschichten des oberen Tertiär eingefurcht waren (vgl. Abb. 2.8 und Bildtafel 13 unten), Mäander und schnell verlassene tote Flußarme, kleine temporäre Seen, entweder mit Süßwasser[123] wie der Ostatotschnoje-See (russisch, wörtl.: Rest-See) oder mit Brackwasser (Topiatan-See, s. Bildtafel 13), die sich alle im unteren oder mittleren Teil des Flußlaufs befanden und Oasen mit Schilfrohr und Pappeln darstellten. Der Usboi erschien wie gerade gestern ausgetrocknet; andere Teile waren versandet, insbesondere der gesamte Abschnitt zwischen Kusunek und dem Sary-Kamysch (s. Abb. 2.36). Gluchowski und Koslowski erstellten die Landkarte der Region Aralsee - Sary-Kamysch und Lupandin diejenige vom mittleren Usboi-Abschnitt (Anonymus 1882, 1896). Zu dieser Zeit häuften sich die russischen Studien (Abb. 3.16), mit denen sich vor allem die Namen von Kaulsbars (1881), Konschkin (1885, 1897) und insbesondere Obrutschew (1890) verbinden. Die Originalliteratur ist im wesentlichen in den Annalen der russischen Gesellschaft für Geographie und der russischen Gesellschaft für Geologie in St-Petersburg zwischen 1871 und 1900 erschienen. Jedoch gab es zwischen 1880 und 1893, dem Jahr, in dem Berg seine Forschungsarbeiten über den See begann, eine ganze Periode völligen Desinteresses zum Thema Aralsee.

Die Russen kamen auf ihren alten Traum zurück, das alte Flußbett des Usboi wieder zu öffnen. Zunächst stellte man sich die Frage, inwieweit der Oxus einst wirklich zum Kaspischen Meer geflossen war. Handelte es sich um den Oxus? Einige Autoren (Konschkin 1885, Walther 1898) haben dies heftig bestritten. Unter den Befürwortern des Usboi als ehemaligem Oxus standen sich mehrere Austrocknungstheorien gegenüber.

Handelte es sich um eine Klimafolge? Eine Theorie der allgemeinen Austrocknung von Asien (Ritter, Zimmermann, Kankrin, Semenow, Kropotkin - 1886, 1904, 1914) oder gar der ganzen Welt wurde durch Entdeckungen unterstützt, die in Turkestan sowie in der Mongolei und im Sinkiang ein antikes Gewässernetz und verlassene Städte zutage förderten[124]. Ein Gegenbeweis wurde gegen diese Theorie bis 1914 kaum geführt (Gregory 1914). Um die Trennung des Usboi vom Aralsee zu erklären, sprach man von Erdbewegungen, die entwe-

Abb. 3.16. Der Verlauf alter Flußarme von Amu-Darja und Syr-Darja und ihre Verbindung, wie sie sich aus russischen Forschungen der Jahre 1874-1880 ergibt. ▸

---

123 Diese Süßwasserseen werden durch unterirdische Gewässer gespeist, die aus dem Kopet-Dag im Süden stammen (Kwoshajew 1974). Zuvor hatte Makararenko (1960) die Wasserbilanz des Usboi aufgestellt und war dabei zu dem Schluß gekommen, daß die Versickerungen in das Karstmassiv des Ust-Urt, dessen Böschung das Tal überragt, im Talgrund des Usboi ausgeglichen werden und so Hauptquelle dieser Wasserzufuhr waren. Salz- und Süßwasserseen folgen auf einer Länge von fast 400 km aufeinander.

124 Diese Zeit wurde insbesondere durch die Reisen von Aurel Stein und Sven Hedin geprägt.

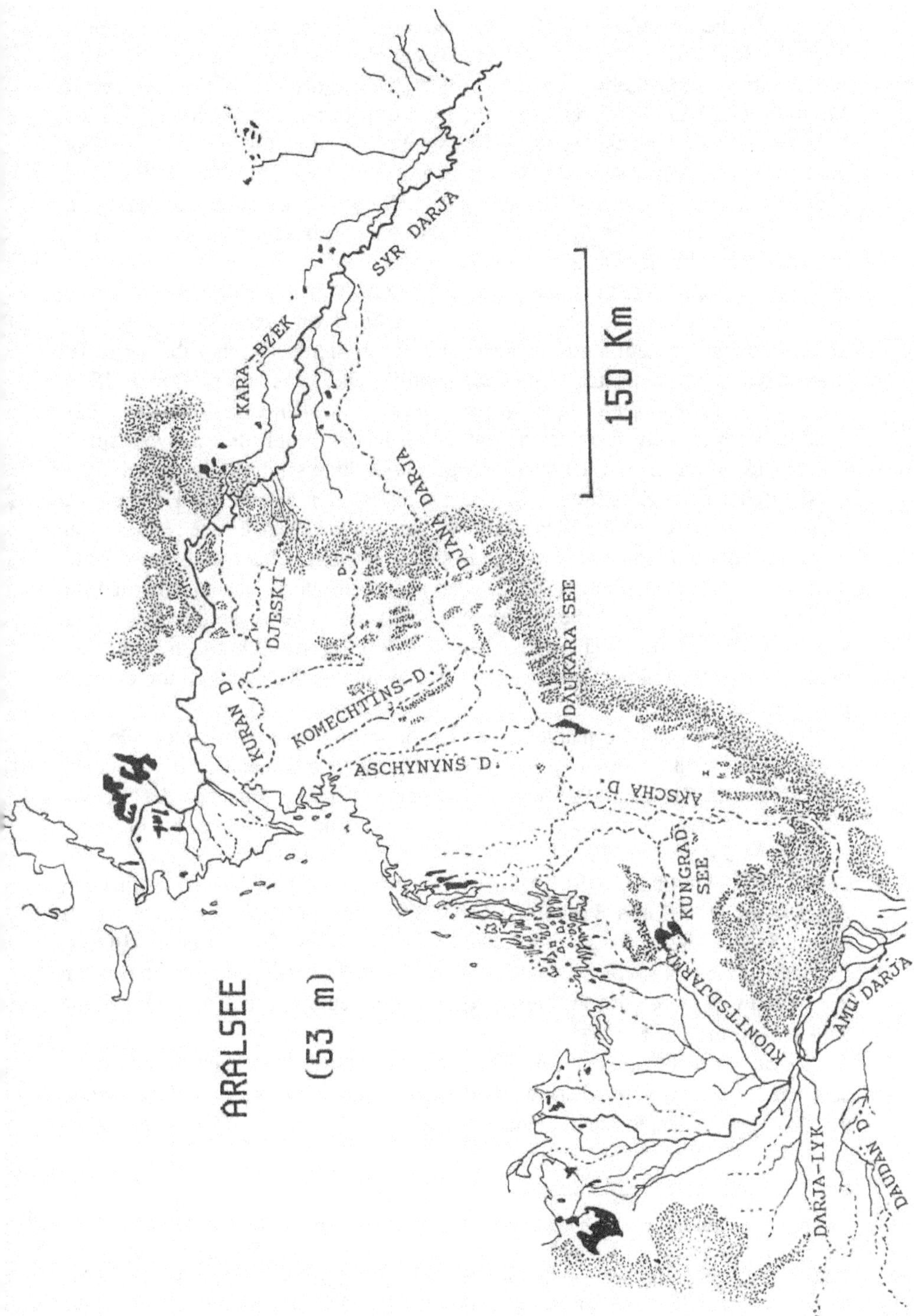
ARALSEE
(53 m)
SYR DARJA
KARA-BZEK
DJANA DARJA
DJESKI
KURAN D.
KOMECHTINS-D.
ASCHYNYNS D.
DAUKARA SEE
AKSCHA D.
KUNGRAD SEE
AMU DARJA
DARJA-LYK
DAUDAN D.
150 Km

der auf Erdbeben (Meyendorff 1878), oder auf örtlich und zeitlich begrenzte Vorfälle (Mursawiew 1992, Meyer 1830) oder aber auf langsame kontinuierliche Bewegungen zurückgeführt wurden (Alexin, Bogdanow 1875). Barbot de Marny[125] wird recht häufig als Verfechter dieser tektonischen Theorien genannt.

Lenz (1870), de Goeje (1875) und Kostenko (1874) vertraten eine andere Hypothese, die auf der Baerschen Theorie beruht, nach der die Flüsse als Folge der Erdrotation eine allgemeine Tendenz haben, ihr Bett nach Osten zu verlagern. Nach und nach sei so der Amu-Darja nach Osten abgebogen, was auch durch die in historischer Zeit gewachsene Dominanz der östlichen Flußarme gezeigt werden konnte. Hulsen (1911) erklärt, der östliche Arm, der damals zum größten im Delta des Amu-Darja geworden war, sei 1896 um 5 km nach Osten vorgerückt, und man habe den Lauf dieses Armes mit einiger Mühe dadurch stabilisiert, daß man östlich des wichtigsten Strombetts neue Deiche baute. Wood (1875, 1876) ging davon aus, daß die gewaltigen Ablagerungen aus den vom Amu-Darja mitgeführten Erdmassen ausreichten, um die früheren Flußbetten zu verstopfen; Stumm (1874) nahm an, die dünenförmige Versandung sei die Hauptursache.

Abgesehen von klimatischen Erscheinungen war es jedoch das Handeln des Menschen, auf das sich die Mehrzahl der Meinungen bezog. Einige Namen seien genannt: Schon Humboldt (1843), Basiner, Iwanin, Chaninow, Sewertsow, Vambery (1863), Rawlinson (1872) waren der Ansicht, daß ein Übermaß an Bewässerung im Choresm die Austrocknung des Usboi hervorgerufen habe. Jenkinson, Blankennagel, Welitschko, Danilewsky, Grigoriew, Iwanshinstow, Barrande (1879), Weniukow und Gluchowsky glaubten, es handele sich um eine geplante Handlung.

Unter denjenigen, die meinten, der Usboi sei ein wasserführender oder gar permanenter Fluß gewesen, gingen die Meinungen auseinander: Für Kiepert, Humboldt und Klaproth - Geologen!- ereignete sich das Versiegen des Gewässers in der "Urzeit"; für de Goeje (1875) zur Zeit der Achemeniden, für Hellwald im 6. Jh., im 10. Jh. für Röther (1873) und Lenz (1870), im 16. Jh. für Lerch, St. Martin (1879), Wojekow (1879), Grigoriew, Iwanshinstow, Obrutschew (1890) und Barthold (1909-1937). Die Frage, ob der Usboi jemals ein fließender Fluß gewesen sei, haben verneint: Malte-Brun, Barnes, Fraser, Parisner sowie u.a. Cuvier. Durch die archäologischen und geologischen Studien der Gegenwart wurde das Problem wieder völlig neu aufgegriffen, gelöst wurde jedoch noch nicht jede Frage.

"So gab es zu Beginn der sowjetischen Herrschaft deutlich mehr Forschungsarbeiten um den Aralsee. Genannt seien Malinin, der 1920 die erste Straßenkarte des Aralsees zusammenstellte, und Kotelnikow 1921. Andrianow überarbeitete

---

[125] Barbot de Marny war, anders als sein Name es vermuten ließe, ein russischer Geologe. Er arbeitete viel im Umfeld des Kaspischen Meeres und definierte die geologische Schicht des Pontian. Er nahm an der russischen Forschungsreise von 1874 teil und nahm die erste geologische Karte der Westküste des Aralsees auf. 1876 starb er. Für einige der hier zitierten Autoren fanden wir keine vollständige Quellenangabe.

1934 die Karte von Butakow; die endgültige Karte, wenn man so sagen kann, wurde 1958-1960 aufgenommen.

Hydrologische und hydrochemische Studien wurden 1940 von Iwanow geleitet, 1946 von Saikow, 1948 von Schultz, 1950 von Solowiewa, Fjodossow und Uspenski sowie 1951 von Beidin. Ein Forschungsprojekt der Akademie der Wissenschaften der UdSSR stellte zwischen 1951 und 1954 die Hydrographie des Amu-Darja auf eine neue Grundlage. Simonow (1954), Blinow (1956) und Lwow (1959) führten die Gewässerkunde des Sees fort. P.P. Toum veröffentlichte 1960 eine neue Zusammenfassung über den Aralsee. Die Küstenmorphologie wurde mit ihren Einzelheiten von B.A. Fjodorow und I.M. Ostrowski 1942 wieder aufgegriffen. Die Boden- und Pflanzenkunde hatte Gerassimow seit 1930 vorangebracht, es folgten Gogew 1932, Gael 1934-1951 und dann Borowski 1956 und 1958.

1920-1921 leitete Spitschakow ein Forschungsprojekt, in dem die Entwicklungsmöglichkeiten der Region um den Aralsee untersucht wurden. 1929 wurde eine ichthyologische Versuchsanstalt eingerichtet, deren Arbeitsergebnisse von G.W. Nikolskaja in vier Bänden veröffentlicht wurden.

1937 nahm Gerassimow die Geomorphologie und die Paläogeographie wieder auf, weiter arbeiteten daran Fjodorowitsch von 1942-1952, Jupowslaswskaja 1949, Kes 1955 und Schnitnikow 1957, oft zusammen mit Archäologen. Unter der Leitung von Borowski wurde eine große Monographie vom östlichen Umfeld des Aralsees und des Syr-Darja-Beckens veröffentlicht, während sich A.L. Janschin mit der Westküste befaßte[126].

Anschließend waren die Menschen vor Ort damit beschäftigt, ohnmächtig den Rückzug des Aralsees zu verfolgen...

126 Alle nicht direkt zitierten Arbeiten sind in Rogow (1957) aufgeführt.

4 Turan als Lebensraum, Böden und Vegetation - Entwicklung von Ackerbau, Viehzucht und Fischerei

Die Geographen der GUS sind übereingekommen, das Aralsee-Becken in drei agroklimatische Zonen einzuteilen:

1. Die Wüstenzone mit ihren Akkumulationsebenen - darunter die beiden Sandwüsten Kara-Kum und Kysyl-Kum - und die Hochebene des Ust-Urt aus mergeligem und lehmigem Kalkstein: Das Grundwasser, dessen Salzgehalt zwischen einem und 15 g/l - manchmal noch darüber - liegt, befindet sich in 3-5 m Tiefe. Die Böden sind graubraun und sandig, teilweise mit Steppe bewachsen oder vom Takyr-Typ.

2. Die Piedmontzone, häufig mit Hügeln: Sie weist eine sehr vielfältige Landwirtschaft auf. Der eigentliche Piedmont ist flach, aus Schwemmland oder proluvial, mit Boden vom Löß-Typ. Das Grundwasser befindet sich in großer Tiefe, außer in den bewässerten Gebieten; der Salzgehalt schwankt.

3. Die Bergzone mit Buschsteppen und Wald: Der Boden eignet sich weniger für den Ackerbau. Das stark eingeschnittene Relief geht mit stark erodierten, graubraunen Böden einher.

4.1 Die Böden und das landwirtschaftliche Potential

Die gewaltige Ausdehnung des Gebiets stellte die Planer, die von Beginn der sowjetischen Herrschaft an nach Lösungen suchten, um die Volksgruppen von Turkestan seßhaft zu machen, vor einige Schwierigkeiten. Unter der Zarenherrschaft hatte man im wesentlichen das traditionelle Bewässerungssystem entlang den Flüssen vervollkommnet, indem man Deiche baute und das Kanalsystem wiedererrichtete und rationalisierte. Vor dem 1. Weltkrieg richteten sich die Bemühungen also auf die Verbesserung des vorhandenen Systems, insbesondere im Choresm. Die Regulierung des Amu-Darja war bei diesen Arbeiten das wesentliche Ziel: Unkontrollierte Abweichungen des Flusses mußten eingeschränkt und die katastrophale Umkehr des Flusses hin zum westlichen Delta der Sary-Kamysch-Senke vermieden werden. Flußaufwärts wurde der Serafschan vollständig abgefangen und gelangte fortan nicht mehr bis zum Amu-Darja, nicht einmal mehr bei Hochwasser. Um Taschkent und Samarkand wurde das Bewässerungsland etwas ausgedehnt, am Syr-Darja dagegen wurde weiter nichts unternommen. Lediglich in der Hungersteppe *(Golodnaja Stepa)* kam es zu einem Entwicklungsansatz, der aber wegen des Krieges schnell wieder aufgegeben wurde.

Für den traditionellen Anbau von Getreide, Früchten, Gemüse, Hanf, Leinen und Baumwolle, wie er aus der Vergangenheit überliefert war, ergaben sich kaum Probleme der Bodenfruchtbarkeit und -stabilität. Der Maulbeerbaum lieferte Nahrung für die Seidenraupe[127] und stellte so eine bedeutende Einnahmequelle dar. Ausgeglichene Böden, die mit Stickstoff, Kalium und Phosphor durch die Gewässer aus dem Himalaya gut versorgt wurden, erhielten zu jeder Jahreszeit ihren natürlichen Dünger. Die große Zahl der Gewässer, die zu den Vorflutern führten, leiteten Überschüsse wieder ab und das dauerhafte Gleichgewicht wurde erhalten.

Die entstehende Sowjetunion, der sich die neu entstandenen unabhängigen Republiken ab 1922 mehr oder weniger freiwillig angegliedert hatten, stand vor dem Problem der Stabilisierung ihrer Volksgruppen einerseits, und dem der Erschließung neuer Naturressourcen andererseits. Die wichtigsten waren die Baumwolle und der Kautschuk[128]: Die Kautschukproduktion wurde mittlerweile wieder aufgegeben, da die Erträge zu gering waren.

Man verfügte über bislang nicht kultivierte Böden aller Art, aber auch über ergiebige Wasserressourcen; auf letztere werden wir später noch eingehen. Was die Böden angeht: Die Millionen Hektar von unbearbeiteten Böden waren im wesentlichen aus alten Anschwemmungen vorzeitlicher Flüsse und aus Wüstenformationen zusammengesetzt.

Ein Boden ist das Ergebnis eines vielfältigen Zusammenwirkens zwischen einem Gestein (dem Muttergestein), der Topographie, klimatischen (Regen, Wind, Temperatur usw.) und biologischen Faktoren. Diese Umwandlung der obersten Schicht des anstehenden Gesteins dauert meistens sehr lange, manchmal Jahrtausende, und angesichts der Vielzahl verschiedener Gesteine und der klimatischen Rahmenbedingugen kommt auch eine große Vielzahl an Böden vor. Es gibt Böden im Entstehungsstadium, gereifte Böden und degradierte Böden. In den Lehrbüchern der Pedologie (wie bei Duchaufour 1991) sind alle Erklärungen zur Entstehung und zur Klassifizierung der Böden zu finden, und genauere Einzelheiten der Böden in ariden Gebieten kann man bei Lozet und Mathieu (1986) nachlesen.

Ein wichtiger Punkt muß hier ausdrücklich genannt werden: In einem durch Temperatur und verfügbares Wasser begünstigten Ökosystem spielen die Vegetationsdecke und mehr noch vielleicht die Mikroorganismen des Bodens (Bakterien) eine entscheidende Rolle für die Festigkeit der organischen Substanz, die sich in Form von Humus in den oberen Bodenschichten befindet. Dieser Humus hat eine doppelte Funktion: einerseits bildet er eine Art Gerüst, das die

---

[127] Zur Zeit der Krankheit der Seidenraupen in den 1870er Jahren, der Pasteur seine ersten Arbeiten widmete, die ihn berühmt machten, kaufte Frankreich in Buchara große Mengen von deren "Brut". Die russische Regierung verbot 1871 diese Ausfuhr.

[128] *Taraxacum Kok-Saghiz*, eine Art Riesen-Löwenzahn, dessen Wurzel Latex enthält.

mineralischen Partikel festhält (Bodenteilchen aller Korngrößen und jeglicher Beschaffenheit, Quarz, Kalk, Ton etc.); andererseits überführt er einige gelöste chemische Elemente in eine chemisch stabile Komplexform (Kalzium, Magnesium, Eisen) und schafft so einen Regelmechanismus. Der Gehalt an organischer Substanz ist somit ein Indikator für die Stabilität und die Fruchtbarkeit der Böden. Klimaänderungen oder anthropogene Bodenverschlechterungen (Pflügen, Beweidung, Bauarbeiten) führen zu einem Ungleichgewicht zwischen Humusbildung (die mit der biologischen Aktivität verbunden ist) und Humusverlust (zum Großteil durch die beschleunigte Oxidation an der Luft). Dadurch wird die Gesamtheit der physikalischen, chemischen und mikrobiologischen Eigenschaften der Böden verändert. Diese Veränderung betrifft ein System, das die Modellbildner als nichtlinear bezeichnen und dessen Entwicklung entweder zu einer Verschlechterung aller seiner Eigenschaften oder auch zu seinem völligen Verschwinden führen kann.

Ein anderer wichtiger Gesichtspunkt bei Steppen- und Wüstenböden ist ihr Gehalt an verschiedenen Salzen, der auch die Art der natürlichen Vegetation bestimmt: halophile Pflanzen, hyperhalophile (welche einen Salzgehalt von über 300 g/l tolerieren) und alkalinophile. Unter den Bakterien findet sich eine vollständige Palette von verschieden angepaßten Arten[129]; die Solontschaks und Takyrs von Turan scheinen jedoch diesbezüglich sehr wenig erforscht zu sein. Dabei ist die Biomasse der Bakterien eine grundlegende Einflußgröße im Hinblick auf die Fruchtbarkeit und Stabilität der Böden.

In Turkestan, dessen Klimazonen vom hyperariden bis bestenfalls in den subhumiden Bereich reichen, gibt es eine Vielzahl von Böden, die auch in den anderen trockenen Ökosystemen vorkommen. Die natürliche Umwelt und die Möglichkeiten einer künstlichen Entwicklung hängen zum großen Teil von den Eigenschaften dieser Böden ab. Wir berühren hier ein grundlegendes Thema, das in den Kapiteln 5 und 6 noch ausführlich erörtert wird.

Außerhalb der natürlichen Oasen hat sich die Mehrzahl der mittelasiatischen Böden unter paläoklimatischen Bedingungen gebildet, die sich von den heute vorherrschenden unterscheiden, so daß die organische Substanz, die diese Böden enthalten, zumeist ein Erbe aus einer feuchteren Vergangenheit ist. Unter den natürlichen Bedingungen dieses rauhen Klimas ist das Gleichgewicht dieser organischen Substanz besonders labil.

Die wichtigsten Bodentypen Turans, auf die die örtlichen Agrarwissenschaftler Bezug nehmen, sind:

Tschernosem: Charakteristischer Boden eines trockenen (semiariden) kontinentalen Klimas, mit Jahresniederschlägen zwischen 400 und 600 mm. Die typischsten findet man in der Ukraine und in Rußland. Im nörlichen Mittelasien handelt es sich um Paläo-Tschernosems, denn die Niederschläge übersteigen derzeit kaum 200 mm/Jahr. Die Pedologen konnten zeigen, daß sich diese Tschernosems zwischen 6 000 und 12 000 Jahren v.h. bildeten, zu einer Zeit, die um 2

---

[129] R. Moreau (wörtlich: une gamme complète de ces diverses adaptations).

bis 3 °C wärmer und feuchter (mit mittleren Jahresniederschlägen von 250 mm) war.

Der Tschernosem ist ein isohumoser Boden (organische Substanz ist bis in die Tiefe eingeschlossen) mit einem mäßig oder gering differenzierten Profil, mit einem adsorbierenden Komplex, der vor allem mit Kalzium gesättigt ist; seine Struktur ist krümelig. Staubförmige Kalkakkumulation tritt in den obersten 125 cm auf. Dieser Boden ist also sehr fruchtbar. In der Tiefe können Pseudogleyhorizonte (verhärtet oder mit Kalkkruste) auftreten. In den Bereichen mit geringerem Niederschlag, die dadurch weniger ausgewaschen wurden, ist der Humushorizont nicht so mächtig, ärmer an organischer Substanz, und der Karbonathorizont liegt dichter an der Oberfläche.

Kaschtanosem: Diesen Bodentyp findet man in Turan weiter südlich in trokkenen Ökosystemen an, in denen das kontinentale Klima nur noch Niederschläge in der Größenordnung zwischen 240 und 400 mm bietet. Der weniger mächtige A-Horizont enthält weniger organische Substanz als der Tschernosem und liegt häufig über einem braunen B-Horizont mit Prismenstruktur, in dem Kalk angereichert ist. An Hängen ist das Bodenprofil häufig karbonisiert. In dem Maße in dem das Ökosystem trockener wird, nimmt die Mächtigkeit der humosen Schicht bis auf etwa 10 cm ab, die Karbonatschicht wird mächtiger und enthält mehr Gips. Braune, hellbraune und - falls sie viel Eisen enthalten - braunrote Böden erscheinen. Diese Böden sind relativ unfruchtbar.

Serosem und grauer Wüstenboden sind für die Böden Turans am charakteristischsten. Sie lassen sich in dieselbe Abfolge isohumoser Wüstenrandböden einreihen, deren A-Horizont nur 1-3 % organische Substanz enthält (Duchaufour 1991), denn die kurzen Regenzeiten lassen nur eine niedrige und lückenhafte Vegetation zu. An der Oberfläche ist der Kohlenstoffanteil des Serosem etwas verringert. Dort ist seine Struktur krümelig, lamellenförmig oder gelegentlich verdichtet; in der Tiefe ist sie polyedrisch.

Solonez: Natriumboden, lessiviert, mit gut differenziertem Profil. Unter dem A-Horizont gräulich und von lehmigem Gefüge, weist der B-Horizont eine Säulenstruktur auf, deren Säulen von Natriumhumaten und amorph strukturierten Silikatgelen ummantelt sind. Der pH-Wert, der an der Oberfläche nahe 7 liegt, erreicht im B-Horizont Werte zwischen 9 und 10. Auch die Solonez gehören zur Gruppe der salzigen bis alkalischen Böden.

Solontschak (russisch: Salzsumpf): Sie entstehen aus den Böden von ehemaligen Lagunen oder Sors, welche den Sebchas in der Sahara entsprechen, oder aus solchen Böden, die nachträglich mit Salz angereichert wurden, da sie vom Grundwasser durchtränkt wurden. Bei tiefem Wasserstand der Grundwasserschicht steigen gelöste Salze kaum oder gar nicht auf. Wenn die durchtränkte Schicht jedoch oberflächennah liegt, führt die Verdunstung des kapillar aufgestiegenen Wassers zu Salzablagerungen nahe bzw. auf der Oberfläche. Ein Sekundär-Solontschak mit Ausblühungen oder blumenkohlähnlichen Krusten entsteht.

Der Solontschak ist ein Natriumboden mit kalkhaltigem Absorptionskomplex. Sein Profil ist nur wenig differenziert, die Tonanteile sind ausgeflockt, die Struktur ist krümelig, der humushaltige A-Horizont besteht aus Mull. Der pH-Wert geht nicht über 8 bzw. 8,5 hinaus (Duchaufour 1991). Der Solontschak gehört zu den salzigen bis alkalischen Böden.

Jahreszeitliche Salzbewegungen wandeln die Solonez- und Solontschak-Böden um. In der feuchten Jahreszeit wird das oberflächennahe Salz lateral oder vertikal fortgeschwemmt und hinterläßt an der Oberfläche einen kolloidalen tonigen Schlamm. Dieser enthält ein wenig Humus und wird undurchdringlich und hart, sobald er austrocknet. Die Reaktion des Natriums mit dem gelösten Karbonat führt zu einem stark alkalischen pH-Wert, der zur Zerstörung der Bodenstruktur führt. Die mineralischen und organischen Partikel werden dann in die Tiefe gezogen und bilden dort eine kompakte undurchdringliche Schicht, die reich an Eisen, Silizium und illuvialem Humus ist. Diese verhärtete Schicht in der Tiefe beruht somit auf dem Wechsel der Jahreszeiten, und in der trockenen Jahreszeit bildet sich über ihr jedesmal eine ähnliche Schicht, was letztlich zu einer Art "Blätterteig" führt, der sich in säulenförmige Polygone aufspaltet. Die alkalischen Lösungen sickern zwischen diesen Säulen durch und bewirken so den völligen Zusammenbruch der Struktur.

Diese Prozesse, die mit dem Vorhandensein von Salz und seiner Bewegung verbunden sind, setzen voraus, daß die Salze entweder aus früheren trockenen Zeiten stammen, oder daß sie aus alten evaporitischen Muttergesteinen aufgenommen werden, wie etwa aus den salzreichen Schichten des oberen Tertiär. Das gegenwärtige Klima führt in der Region zu einer allgemeinen Abflußlosigkeit, so daß diese empfindlichen Natursubstanzen nicht in Abflußzonen fortgespült werden. Der Ozean ist eine solche Abflußzone, im Fall von Mittelasien war es einst das Kaspische Meer, heute fällt diese Rolle dem Aralsee zu. Dieser besaß einen Regelungsmechanismus, mit dem sein Salzgehalt stabilisiert wurde, wir haben ihn bereits erwähnt. Im Falle des Kaspischen Meeres reguliert die Kara-Bogas-Bucht, die mit dem Kaspischen Meer über eine enge Stromrinne verbunden ist, den Gehalt an Salzen, die durch die Zuflüsse eingetragen werden.

Die Solontschaks sind Böden von sehr geringem landwirtschaftlichem Wert und konnten - entgegen den enthusiastischen Ankündigungen der Propaganda - auch durch vielfältige Forschungsanstrengungen nicht verbessert werden.

Takyr: Ein Tonboden in ariden Ökosystemen, nicht gereift, oft salzig, der durch die Sedimentation feiner Partikel (Ton, Lehm, Feinsand) entsteht. Diese wurden entweder vom rinnenden Wasser mitgeführt oder am Ende intermittierender Wasserläufe abgesetzt; häufig befinden sich die Takyrs in den äußersten Auslaufzonen von Wasserläufen. Während der Trockenzeit kann der Takyr in polygonförmige Platten zerfallen. Sobald temporäre Wasserflächen austrocknen, bildet sich der Takyr, eine Art Trockenrohboden, völlig eben, gleichförmig und kompakt (Porosität unter 18 %). Unlängst stellte er noch den bevorzugten Weg für Karawanen dar. Das Wasser kann in die Takyrs nicht leicht eindringen; häufig enthalten sie in der Tiefe noch eine Gipsschicht.

Im Vergleich zu anderen Wüstenböden enthalten die Takyrs etwas mehr Humus (1 %). Wenn sie in den Oasen bewässert werden, erreicht der Humusgehalt bis in 80 cm Tiefe 2 %, während in anderen Böden eine derart angereicherte Schicht nicht mächtiger als 25-40 cm wird. Da sie - entweder beim jährlichen Hochwasser oder aus zeitweise versiegenden Quellen unterhalb der Schwemmkegel - Wasser erhalten, gehören sie trotz ihrer bescheidenen Möglichkeiten zu den bevorzugten Entwicklungsgebieten, wenn die fruchtbareren Böden bereits erschlossen sind. Die Takyrs der niedrig gelegenen Gegenden müssen auf jeden Fall bewässert werden und erfordern umfangreiche Pflege: vollkommene Einebnung, Entwässerung und "flushing", erheblichen Einsatz von organischem und von Mineraldünger (N, P, K) sowie Fruchtwechsel mit Alfagras (Faisow 1985) - und das für insgesamt recht minderwertige Erträge.

Löß: poröses, weiches Gestein aus Quarz-, Glimmer-, Feldspat- und Kalziumkarbonatpartikeln (letztere haben einen Anteil von 30 - 45 %); der statistische Modus der Korngrößenverteilung liegt bei 30 μm. Diese sehr feinen Partikel setzen bei ihrem Zerfall austauschbare Elemente (K, Na usw.) frei, was die Fruchtbarkeit dieses Materials für die Landwirtschaft erklärt.

Obwohl Löß zu den Gesteinen zählt, wurde er in diesem Kapitel mitbehandelt, denn er verhält sich wie ein Boden. In Turan bildet der Löß einen 100 km breiten Gürtel am Nordrand der Gebirgsketten, die an der südlichen Peripherie Mittelasiens verlaufen, wo der Löß 200 m Mächtigkeit erreichen kann (Abb. 4.1, vgl. auch Abb. 2.1). Diese Ablagerungen sind lehmig und äolischer Herkunft. Sie sind das Ergebnis jahrtausendelanger Anhäufung von Staub, den einerseits der Wind herantrug, andererseits siebten sandige Grundwasserschichten der Wüsten und Kalkhochflächen vom Ust-Urt im Westen bis zum Baikalsee im Osten das Schwemmaterial der Flüsse aus, die zum Aralsee führten, und sogar das von sibirischen Flüssen. Es gilt als gesichert, daß in Turan die Lößschichten nur auf den Hochflächen zwischen den Tälern rein äolischen Ursprungs sind. Ansonsten sind sie umgestaltet und bilden den äußersten Rand der sehr flachen Schwemmkegel, welche die Flüsse beim Heraustreten aus dem Gebirge gebildet haben; sie wechseln mit etwas gröberen Sedimenten ab. Somit sind sie quarzreicher und kalkärmer. Durch die örtlichen Pedologen wurden sie genau klassifiziert.

Auf den ältesten Lößschichten bildeten sich im Verlauf feuchterer Phasen des Paläoklimas Tschernosemböden. Diese Böden degradierten dann zu Kaschtanosem oder braunroten Böden. Die hohe Feldkapazität[130] des Löß und seine Lage am Piedmont, durch die er verschiedene Rinnsale ausnutzen kann, die diffus aus den benachbarten Berghängen entspringen, machen aus dem Löß sehr

130 Wasserrückhaltefähigkeit des Bodens.

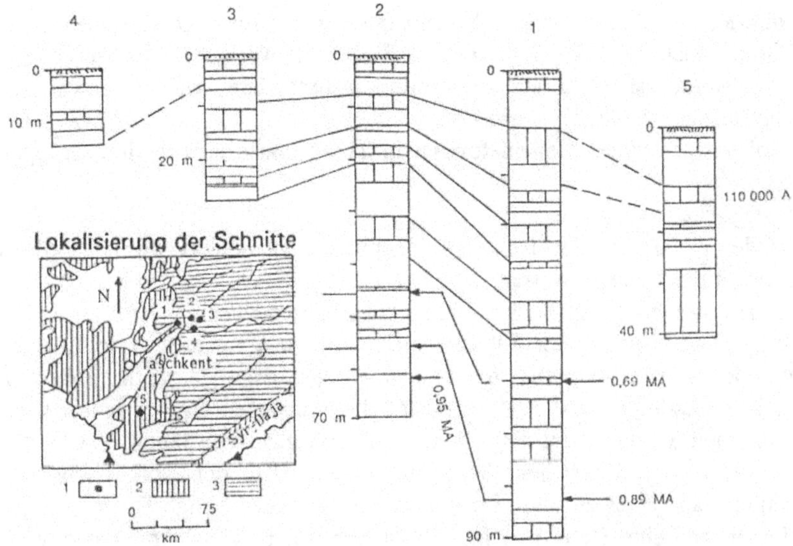

Abb. 4.1. Struktur der Lößformationen im Südosten Turans. *1* Entnahmestellen der Profile; *2* Löß; *3* Bergregionen. Lößschichten: *senkrechte Striche*; Tiefen in m; Alter mit verschiedenen radiochronologischen Methoden ermittelt; *A:* Jahre; *MA:* Mio. Jahre. (nach Lasarenko et al., 1981). .

gute Erde für den Ackerbau. Falls er sich in ungüstigeren Lagen (Becken) ausgebildet hat, kann er gipshaltige Krusten enthalten oder sich zu einem sekundären Salzboden entwickeln.

Die Porosität des Löß erreicht 50 %. Wenn er reichlich Wasser erhält, ist Löß zwar sehr fruchtbar, andererseits ist er auch eines der empfindlichsten Gesteine (Barrow 1991). Zum einen eignet sich die Korngrößenverteilung bestens für den äolischen Abtransport, zum anderen ist er auch von Verdichtung und Verstopfung bedroht, wenn er ackerbaulich genutzt wird. Sobald das geringste Gefälle auftritt, besteht eine hohe Gefahr von Schluchtenbildung und tunnelförmiger Erosion. Im Löß werden die höchsten Verluste durch Wind- und Wassererosion erreicht. Ein großer Teil des Staubes, der in den Städten Turans den Himmel fast permanent vernebelt, besteht aus Lößpartikeln, die vom Wind fortgetragen wurden und noch in der Luft schweben.

Kieselböden und **Regs:** Sie bedecken 40 % von Turan. Für Böden, die aus kantigen Bruchstücken bestehen (z.B. im Ust-Urt), wird der Begriff Kieselboden bevorzugt; wenn die Böden von abgerundeten Kieseln gebildet werden (z.B. in bestimmten Teilen der Kara-Kum und der Kysyl-Kum), nennt man sie Reg. Sie sind völlig unfruchtbar und lebensfeindlich.

Sandböden: Es sind die Böden der Dünenfelder und Ergs. Die sandbedeckten Teile Turans machen fast 25 % der Gesamtfläche aus. Auch der Sand wurde vom Wind angeweht, nachdem er andernorts, insbesondere in den gewaltigen Schwemmflächen, ausgesiebt wurde.

Die äolisch gebildeten Geländeformen in Turan lassen sich in drei Gruppen einteilen:

1. bewegliche Sande;
2. Sande, die durch eine frühere Bodenbildung stabilisiert wurden, jedoch keine Vegetationsdecke aufweisen;
3. Sande mit anhaltender Bodenbildung und Pflanzendecke.

Durch die Auswertung der Satellitenbilder, die von Kosmos, Priroda usw. aufgenommen wurden, konnten die beiden größten Ergs als solche äolischen Formen klar bestätigt werden: Kara-Kum, die schwarzen Sande, und Kysyl-Kum, die roten Sande. Diese Ergs werden überwiegend von länglichen Dünen gebildet, d.h. von länglichen Sandgraten, die nach der vorherrschenden Windrichtung ausgerichtet sind. Sie können in Turkestan einige Dutzend Kilometer Länge und eine Höhe von fast 100 m erreichen. Diese Art Dünen stellt einen wertvollen Indikator für die Bilanz der Sedimentierung dar, die hier negativ ist, was man an den am meisten verbreiteten Sandformen ablesen kann. Die negative Sedimentierungsbilanz ihrerseits ist ein klares Indiz für das fortgeschrittene Alter dieser beiden Ergs und für eine Abtragungsdynamik, d.h. dafür, daß das Material aus den Herkunftsgebieten des Sandes zur Neige geht (s. Abb. 2.3). Wenn man dieser Überlegung weiter folgt, bedeutet dies auch einen geringeren Nachschub an fluvialen Sedimenten, also weniger Wasserzufluß, und somit einen Klimatrend hin zu größerer Trockenheit.

In den Tälern, die sich zwischen den länglichen Dünen auftun, treten Regs an die Oberfläche; auf diesen werden temporäre Wasserflächen zu Takyrs, sobald sie austrocknen.

An den Rändern der Wüsten und auf kleineren Flächen finden sich einige Barchane, Barchanketten und querverlaufende Ketten sowie schließlich auch einige Parabeldünen. Sofern die Barchane beweglich sind, können sie bei ihrem Vorrücken trockene Flußbetten ehemaliger Wadis zudecken und ehemalige Seesenken auffüllen; auch stellen sie eine ernsthafte Gefahr für landwirtschaftlich genutzte Flächen und Oasen dar.

Die stationären Dünen können aufgrund ihrer hohen Porosität (40 %) eine gewisse Wassermenge speichern, was das gesteigerte Interesse der Agrarwissenschaftler an ihnen erklärt.

Alluvialböden: Es handelt sich hier um angeschwemmte Böden, die in der Regel fluvialen Ursprungs sind (Terrassen und Schwemmkegel) oder von Seen gebildet wurden. Das Grobmaterial ist, sofern vorhanden, abgerundet. In den trockenen Ökosystemen bildet der Boden nur selten ein Profil aus. Seine Fruchtbarkeit hängt von seinem Gefüge ab, d.h. von der Reichhaltigkeit einer feinen lehmig-sandigen Matrix.

Hydromorphe Böden: Während sie sich von der mineralischen Herkunft her sehr unterscheiden, haben sie als Gemeinsamkeit, daß sie häufig überschwemmt werden und in jedem Fall ständig mit Wasser übersättigt sind, was die Bildung von Mooren oder Binsen und Schilfrohrwiesen begünstigt. Es wird noch gezeigt werden (vgl. Kapitel 6), daß die Austrocknung solcher Gegenden zu ihrer Umformung in Takyrs oder Solontschaks führt, je nach Zusammensetzung des Untergrunds und der Art der Sickerwässer.

Die Stabilität eines Bodens hängt davon ab, wieviel organische Substanz, d.h. Humus, er enthält. Dieser stammt aus Pflanzenresten, sowohl aus Wurzeln als auch von oberirdische Pflanzenteile, die von Insekten und Würmern unter die Erde gezogen wurden. Sobald dieser Humus verschwindet (durch zu tiefes oder zu häufiges Pflügen), verlieren die Bodenpartikel ihren Zusammenhalt und werden vom Wind mitgerissen, der dann Staubwirbel oder Staubstürme entstehen läßt[131]. Die *Schwarzerden* der ariden GUS-Staaten enthalten 0,8 - 2 Gewichtsprozent organischen Kohlenstoff (Kononowa 1975), und die Gesamtmenge an organischer Substanz (einschließlich Streu) reicht von 4 kg/m^2 Kohlenstoff für Tschernosemböden bis zu 10 kg/m^2 für die Trockenwiesen: Diese Werte sind 3- bis 4mal niedriger als für Wiesenböden in temperiertem Klima. Die Biomasse der Pflanzen in der ehemaligen Sowjetunion (Reiners 1973) beträgt 1400 g/m^2 in den Grassteppen der gemäßigten Klimazone und 350 g/m^2 in den Solonez-Böden der Trockensteppe. Die jahrtausendelange Überweidung der großen Flächen von Turan hat seit langem zu einer Humusverarmung der Böden geführt, und diese sind offensichtlich gefährdet, da sie sich schon von Natur aus nur schwer erneuern. Die Weideform der Transhumanz nach der kurzen Regenzeit verhinderte - und verhindert noch - die Stabilisierung der Böden, ihre Humusanreicherung und die Blüte vor der Wiederaussaat (U.N.E.P. 1977). Die Umsiedlung der nomadischen Bevölkerung hatte den Vorteil, daß die temporären Weideflächen im Ust-Urt und an den Rändern der Wüste nun geregelt genutzt werden können.

Bei gepflügten Böden verschwinden die organischen Bestandteile jedoch wesentlich schneller, falls man keinen Gründünger zugibt (v. a. Baumwollrestfasern, -stengel und -blätter), dies gilt ganz besonders beim Einsatz moderner Tiefpflüge. Hier befindet sich der wunde Punkt der gesamten moderenen Landwirtschaft - und das gilt auch bei uns in Mitteleuropa.

Alle charakteristischen Böden der Wüstenregionen sind humusarm. Während sich Löß und Schwemmlandböden als fruchtbar erweisen, sofern sie angemessen bewässert werden, setzt die Bestellung anderer Böden den Einsatz von Düngemitteln voraus und eignet sich nur für eine kleine Auswahl von Anbaupflanzen. Die Rübe verträgt Salz nur wenig; verschiedene Pflanzen aus den Küstensümpfen, Salzkraut und andere vertragen mehr und werden als Futterpflanzen verwendet.

---

131 Berühmt wurden diese durch John Steinbecks *"Früchte des Zorns"*. Alle wie auch immer gearteten landwirtschaftlichen Nutzflächen werden durch sie bedroht.

Eines der Hauptprobleme der Bewirtschaftung dieser Böden liegt in ihrer Armut an Mineralstoffen, die für die Pflanzen unentbehrlich sind (wenn man vom Löß einmal absieht). Früher verbesserten die Bauern ihre Böden dadurch, indem sie auf ihnen den Lehm und Schlamm von Flüssen und Kanälen sowie ihre organischen Abfälle aller Art ausbrachten; für die Takyrs fügten sie noch Sand hinzu. So gelang es ihnen, die Böden im Gleichgewicht zu halten - allerdings nur auf relativ kleinen Flächen.

Ein anderes wichtiges Problem stellt die hohe potentielle Verdunstung dar (je nach Gegend zwischen 800 und 1200 mm Wassersäulenäquivalent). Auf diese Weise wird das Bodenwasser kontinuierlich zur Oberfläche gepumpt und mit ihm die gelösten Stoffe - im wesentlichen Sulfat-, Karbonat- und Chlorid-, Natrium-, Kalzium- und Kaliumionen (gelegentlich seltenere Substanzen wie Lithium, Borate und Nitrate; auf diese Weise entstehen mineralische Rohstoffe, die durchaus wirtschaftlich interessant sind und auch ausgebeutet werden). Im oberen Teil des Bodens werden von diesen Stoffen Bestandteile abgelagert, die einerseits dessen Struktur verändern (Kalziumkarbonat etwa bildet *Caliches*[132]), andererseits aber häufig zu erheblichen Schäden an der Vegetation führen: Gips (Kalziumsulfat), Steinsalz (Natriumchlorid) oder Schwefelsulfate oder -karbonate. Es handelt sich hier um die bekannte Erscheinung der Bodenversalzung[133], bei der das Tiefenwasser kapillar aufsteigt und schädliche Stoffe an der Oberfläche ablagert. Die Versalzung stellt die größte Gefährdung schlecht entwässerter Ackerböden in ariden und semiariden Ökosystemen dar und ist eines der schwersten Probleme, das die FAO zu lösen versucht. Auch hier gab es eine traditionelle Lösung, die darin bestand, die Wasserzufuhr sehr fein zu steuern, dennoch traten versalzene Bereiche schon vom Ende der ersten Hälfte des 20. Jh. an auf.

Um der Versalzung entgegenzuwirken, muß eine Wasserzufuhr eingeplant werden, die ausreicht, um das überschüssige Salz fortzuspülen. Zuviel Wasser jedoch verdichtet den Boden, verhindert seine Belüftung und tötet so die aerobe Mikroflora, die für die Erhaltung der Bodenstruktur von Bedeutung ist. Daher wurden auch andere Methoden (Elektro-Osmose) getestet. Eines der Hauptprobleme der ganzen Region am Aralsee war diese Versalzung erstmals bebauter Böden und, im Zusammenhang damit, die übermäßig mit ausgespülten Salzen belasteten Abwässer, die dadurch für eine Bewässerung flußabwärts unbrauchbar wurden.

Seit Beginn der Aralsee-Krise wurden gelegentlich die durch die Auswahl der Anbaupflanzen (Baumwolle, Reis) bedingten Wasserverluste kritisiert. Was vor allem gefährlich ist, ist das Übermaß an Bewässerung.

Ein anderer Prozeß, vor dem man sich nur schlecht schützt, ist die Winderosion mit ihren Folgen Deflation und Eindringen von Sand. Die Einhei-

---

132 Ungereinigten Chilesalpeter.

133 Der Leser merke sich das Thema der Versalzung, das vor allem im weiteren Verlauf von Kapitel 4 und in den Kapiteln 5, 6 und 7 wieder vorkommt. Je nach Informationsquelle liegen die Daten dazu in %, Promille, g/l oder anders ausgedrückt vor.

mischen hatten früher zahlreiche handwerkliche Verfahren angewandt, um gegen die Deflation zu kämpfen und bewegliche Sande zu blockieren - Verfahren, die aufgegeben wurden, heute jedoch mehr Aufmerksamkeit verdient hätten.

4.2 Die natürliche Fauna und Flora des Aralbeckens

Vom Fuße der Bergketten im Süden bis zum Aralsee und von den Oasen bis zur Sandwüste Kara-Kum weisen Flora und Fauna eine große Vielfalt auf. Die Pflanzenwelt unterscheidet sich natürlich von der in der Wüste Sahara, denn die mehrjährigen Pflanzen müssen im Winter sehr niedrige Temperaturen ertragen[134]. Andererseits bestimmen nicht nur die größten Temperaturunterschiede die Eigenschaften der Vegetation, sondern auch der Bodentyp, sein Aufbau und das Vorhandensein oder Fehlen von Grundwasservorräten. Bestimmte Pflanzen bilden doppelte Wurzelsysteme aus, eines nahe der Oberfläche zum Auffangen der schwachen Frühlingsregen, ein zweites reicht weit in die Tiefe (bis zu 70 m!) und versorgt die Pflanze während der Trockenperiode des Sommers (Abb. 4.2). Diese Art der Anpassung kommt in allen Wüsten vor. Alle diese Pflanzen haben xerophytische Eigenschaften wie die Neigung zum Zwergwuchs, einen hohen Anteil an Holzgewebe sowie dicke und reduzierte Blätter, die häufig behaart sind. Wenn jedoch dauerhaft Wasser zur Verfügung steht, das nicht zu sehr mit gelösten Salzen belastet ist (der größte Schwachpunkt der Böden Turans), kann sich eine üppige Vegetation entwickeln (Tabelle 4.1).

Den allmählichen Übergang von der Grasebene im Südwesten des Ural bis zur Sand- oder Tonwüste haben wir bereits angesprochen. In der Gegend von Emba, 400 km nordwestlich des Aralsees, findet man noch Baumgruppen aus Ulmen, Linden und Eichen. Die Steppen zeichnen sich durch dieselben Pflanzen aus, die auch in der Ukraine und westlich der Wolga vorkommen: Gräser (Festuca, Stipa-Federgräser, *Stipa terracissima* ist das Alfagras, dessen Verbreitungsgebiet stark ausgedehnt wurde, da man es für die Kamele als Futter und als pflanzlichen Rohstoff verwendet), Majoran und Süßklee. Näher am Aralsee treten besondere Arten auf, darunter der Beifuß (Artemisia, Korbblütler), der den Landschaften eine graue Farbe verleiht, zusammen mit dem "Kik-Pek" *(Atriplex canum)* und dem "Bajalitsch" *(Atraphaxis karelini)*. Weiter im Süden tritt schließlich der Saxaul auf.

1880 hat Wenukow diese Landschaften beschrieben:

---

[134] 1911 wurde in Repetek (100 km südwestlich von Tschardshou) die erste Forschungsstation eingerichtet. Heute stellt sie den Mittelpunkt eines Schutzgebiets von 340 000 ha dar (vgl. Saint George 1974, Kapitel I, Petrow 1984 und Pryde 1991, Kapitel 8 - 11). In verschiedenen Regionen Turans bestehen weitere solche Parks, insbesondere in den Deltas von Amu-Darja und Syr-Darja.

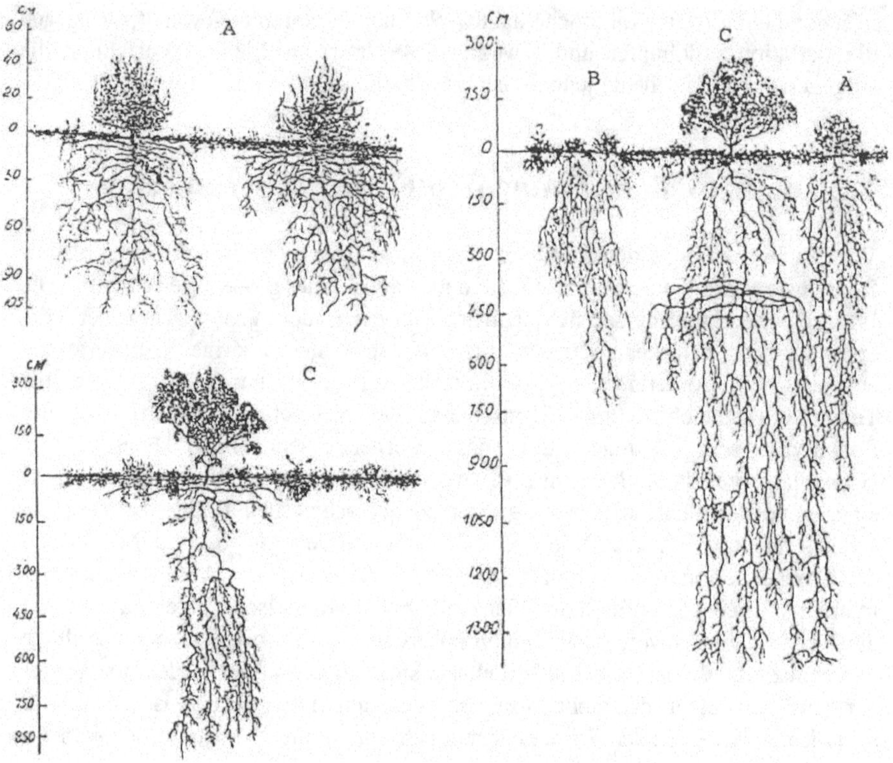

Abb. 4.2. Wurzelsysteme einiger Wüstenpflanzen. *A Artemisia diffusa* ; *B Kochia prostata* ; *C Haloxylon aphyllum* (schwarzer Saxaul); man beachte dabei das doppelte Wurzelsystem. (Nach Suslow 1961)

In welche Richtung man auch immer seinen Blick lenkt, man sieht nur großartige Steppen, bedeckt von gefiederten Stengeln; erst am Horizont erkennt man in der Ferne kleine Hügel. An manchen Stellen trifft man auf *Simorski* (Winterhäuser) der Kirgisen, niedrige Hütten aus Tonziegeln, die mit Heu und Schilf gedeckt sind. Die Steppe ist jedoch trübe und wüst ... In den Monaten Juni und Juli bietet das Ilek-Tal einen ganz anderen Anblick. Ein eigentümliches Leben zieht in die Steppe ein. Tausende von Hütten bedecken das Tal; gewaltige Schafherden, gehörnte Tiere und Kamele wandeln durch die Steppe. Tausende Pferde weiden auf den Wiesen, die von der Sonne schon halb verbrannt sind.

[Im Mai] bedeckt üppiges Gras die Steppen. An gewissen Stellen ist dieses Gras von einer bläulichen Farbe, was an den Unmengen von Aniskraut liegt, das dort wächst; an anderen Stellen lassen die hohen gefiederten Stengel in Form von Stöckchen den Boden gewellt erscheinen; an anderer Stelle erscheint die Steppe aufgrund der verschiedenfarbigen Pflanzen bunt von azurblauen und gelben Farbtönen ..." *(sic).*

"Man findet Birken und vereinzelte Kiefern in verschiedenen Talmulden. Ganze Wälder aus diesen Bäumen hat man vorgefunden ... Sie sind nur 2 bis 4 m hoch, aber sehr dicht; es ist mühsam, sie zu durchdringen ..."

Tabelle 4.1. Verdunstungs-Äquivalent in mm Wasser pro Jahr (± 10-20 %)

Normale Baumwolle	750 - 800	mit langen Fasern	1000
Alfagras	1200 - 1500	Reis	1500 - 2000
Gemüse / Melonen	400 - 600		

Der Begriff "Wald", den die russischen Autoren häufig gebrauchen, sollte keine falschen Vorstellungen wecken: Es handelt sich eher um dichte Baumgruppen, ähnlich denen von Erlen in den westeuropäischen Gebirgen.

Im Westen ist das Kalkplateau des Ust-Urt praktisch eine Wüste. In den tonigen Senken (Takyrs) sammelt sich ein wenig Wasser an, wenn es geregnet hat oder wenn die dünne Schneedecke schmilzt, und innerhalb von wenigen Tagen bilden sich Wiesen aus Gräsern, die dann im Mai vertrocknen. Begleitet werden sie von einer schnellen Blüte von Tulpen, Zwiebeln und Kreuzblütlern. Anschließend überdauern nur der Beifuß (*Artemisia herba alba*), der Kameldorn (*Alhagi camelorum*) und einige Gänsefußgewächse (*Salsola orientalis, S. arbuscula*).

Andernorts werden die Dünen und Sandhügel von Vegetation[135] besiedelt, sobald sie nicht mehr wandern (Abb. 4.3 und 4.7). Etwa 300 Pflanzenarten wurden dort gezählt. Ein stechendes Büschelgras (*Aristida pennata*), der "Selew", wächst dort zuerst, gefolgt von den *Calligonum-turkestanicum*-Sträuchern (dem "Dshungun" und dem "Kandym"), welche selbst dann weiterleben, wenn sie von Sand bedeckt werden und wenn ihre Wurzeln freiliegen. Hinzu kommt ein Busch, der weiße oder Sand-Saxaul (*Arthrophytum* bzw. *Haloxylon persicum* oder *acutifolium*), der den Melden (Gänsefußgewächse) nahesteht, die man am Ufer des Mittelmeers findet. Er wächst bevorzugt auf den hochgelegenen Stellen der Sandgebilde. Der "weiße Saxaul" unterscheidet sich vom "schwarzen Saxaul", der auch Wüsten-Akazie genannt wird (*Arthrophytum* bzw. *Haloxylon aphyllum* oder *hammododendrum*) und eine Höhe von mehreren Metern erreichen kann, winzige Blätter und Blüten besitzt und in den Senken wächst (Abb. 4.4). Diese Arten kommen ausschließlich in Mittelasien vor. Für ihr Wachstum liegt die optimale Temperatur zwischen 10 und 22°C (Djedkow 1990). Zur Zeit der ersten europäischen Reisenden in dieser Gegend bildeten diese Sträucher noch richtige Wälder, die eine Größe von 700 ha erreichten. In Repetek wurde ein Schutzgebiet mit 2000 ha schwarzem Saxaul eingerichtet. Die Pflanzen erreichen dort 8 m Höhe (Foto auf Bildtafel 16 unten). E. Reclus zufolge waren sie zur Zeit der russischen Eroberung südlich des Oxus bereits selten geworden, da sie praktisch die einzige Quelle für Brennmaterial in der Wüste darstellten (als Holzkohle).

---

135 s. auch die Kapitel 5 und 7 (zur Besiedlung der verlandeten Böden des Aralsees) sowie Anhang VIII.

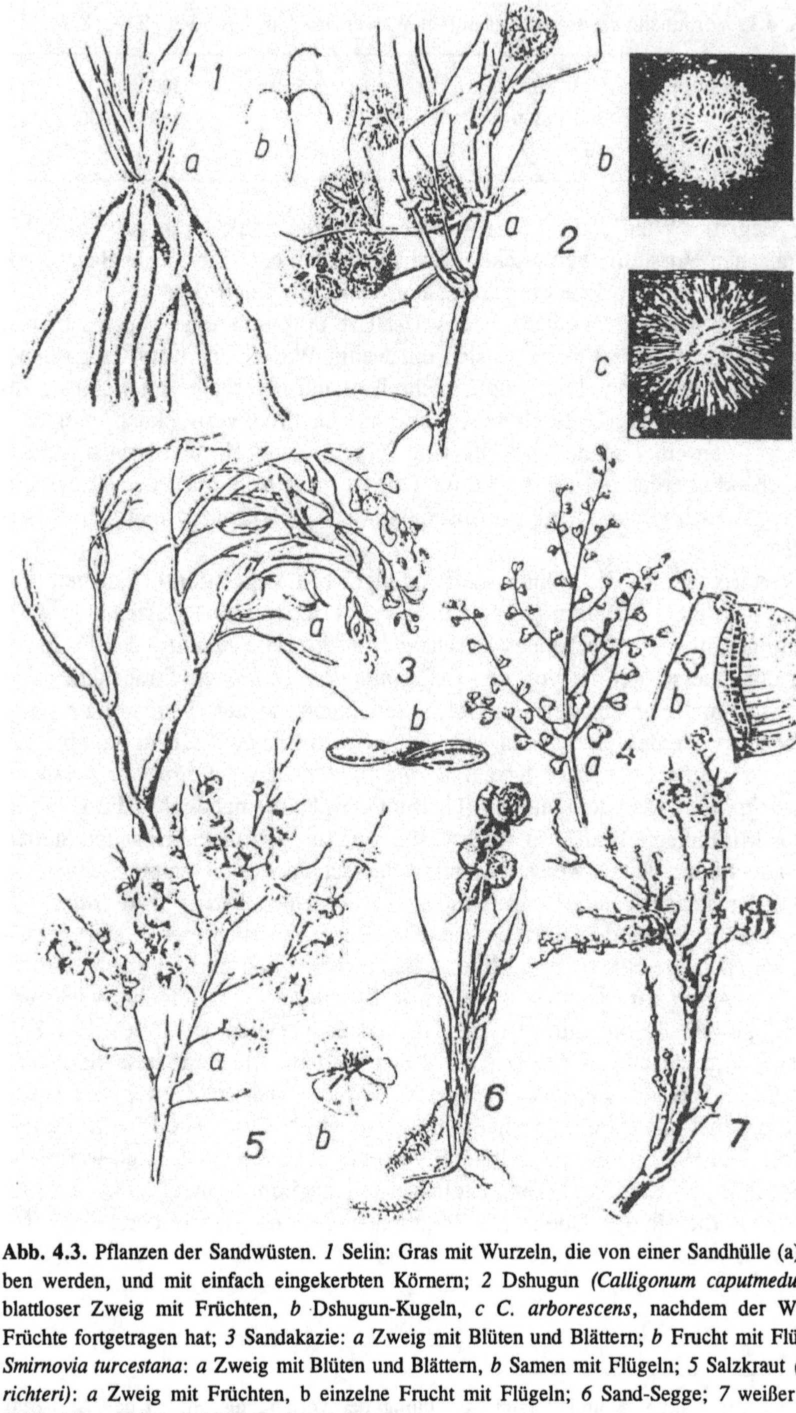

Abb. 4.3. Pflanzen der Sandwüsten. *1* Selin: Gras mit Wurzeln, die von einer Sandhülle (a) umgeben werden, und mit einfach eingekerbten Körnern; *2* Dshugun *(Calligonum caputmedusae)*: *a* blattloser Zweig mit Früchten, *b* Dshugun-Kugeln, *c C. arborescens*, nachdem der Wind die Früchte fortgetragen hat; *3* Sandakazie: *a* Zweig mit Blüten und Blättern; *b* Frucht mit Flügeln; *4 Smirnovia turcestana*: *a* Zweig mit Blüten und Blättern, *b* Samen mit Flügeln; *5* Salzkraut *(Salsola richteri)*: *a* Zweig mit Früchten, b einzelne Frucht mit Flügeln; *6* Sand-Segge; *7* weißer Saxaul *(Haloxylon persicum)*. (Nach Suslow)

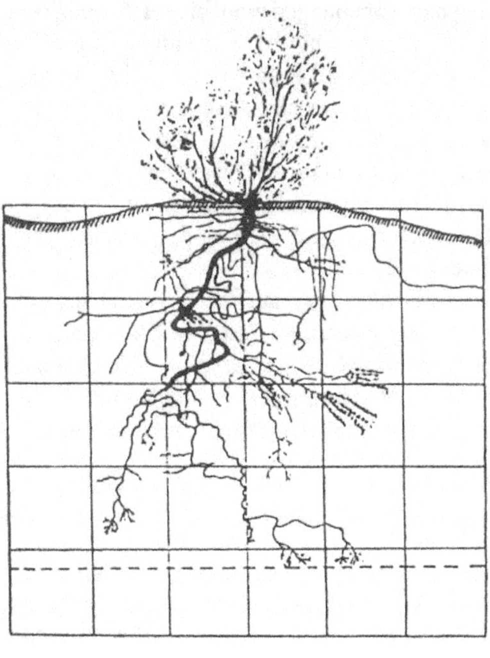

Abb. 4.4. Der Saxaul (Haloxylon), typische Pflanze für die mittelasiatischen Wüsten; die Skizze zeigt den aungehäuften Sand, der durch den Busch festgehalten wird (Seitenlänge der Quadrate: 2 m)

V.N. Schitnikow schrieb:

> Demjenigen, der es nicht gewohnt ist, vermittelt ein Saxaul-Wald einen eigentümlichen, fast erschreckenden Eindruck. Zunächst ist dieser Wald trotz seiner Dichtheit sozusagen ganz weiß, was daran liegt, daß die Rinde der Stämme hell ist und die Äste so beschaffen sind, daß sie keinen Schatten werfen. Wegen der Hitze ist es dort noch stickiger als anderswo, denn dieser Wald schützt zwar vor Wind, kaum jedoch vor der Sonne. Darüber hinaus herrscht fast ständig Stille, denn die Vogelwelt ist dort weder mit vielen Arten noch durch eine große Anzahl von Exemplaren vertreten. Einen bizarren Eindruck vermittelt der Windbruch aus toten Ästen, welche dunkel gefärbt sind und die eigenartigsten und phanstastischsten Formen annehmen. Ein Wald aus totem Saxaul bietet ein ganz besonders trauriges Schauspiel: Einige Bäume sind umgestürzt und liegen leblos in schwärzlichen Massen da, andere sind stehengeblieben und richten ihre Zweige auf, die wie in Krämpfen gewunden aussehen

(zitiert von V.V. Berg 1908).

Das sehr dichte Holz des Saxaul schwimmt nicht auf dem Wasser. Ein Gänsefußgewächs (*Salsola arbuscula*) tritt gemeinsam mit dem schwarzen Saxaul auf. Diese Pflanze beginnt wieder zu wachsen, wenn sie von Sand bedeckt wird.

Diese Gewächse mit sehr dünnen dichten Zweigen filtern den Sand aus dem Wind aus und fangen die größten Teilchen ein, die sich als Haufen unten an ihren Stämmen festsetzen[136]. Diese Haufen, die poröser als der Sand auf den Solontschaks sind, können das knappe Wasser besser zurückhalten, was weiteren Pflanzen das Wachstum ermöglicht. Verschiedene holzige Leguminosen mit sehr ausgeprägten Wurzeln (vgl. Abb. 4.2) kommen hinzu und halten ihrerseits noch mehr Sand fest. Auf diese Weise können Erhebungen von bis zu 5 oder 6 m Höhe entstehen. Das Wasser wird jedoch immer schwerer erreichbar, so daß die Pflanzen auf den Gipfeln dieser Hügelchen schließlich absterben, und so werden diese festgehaltenen kleinen Hügel, sobald sie wieder kahl sind, erneut der Winderosion ausgesetzt. Die Überweidung, die Häufung von Herden rings um die Weiden, die künstlich - ausgehend von Brunnen und Zisternen - geschaffen wurden, sowie Trittschäden durch die Herden haben diese natürliche Lebensgemeinschaft erheblich geschädigt, die sich nach dem Verbot des Nomadismus zwischen 1918 und 1928 wiedergebildet hatte.

In den Senken der Takyrs zwischen den Dünen und auf den Solontschaks gibt es keine dauerhafte Vegetation außer kleinen Überzügen, die von Blaualgen und Lebermoosen gebildet werden, wenn es einmal regnet, und die im Sommer austrocknen. Der Sand, der sich an ihren Rändern anhäuft, duldet kurzlebige Pflanzen (einjährige Gräser), verschiedene Halophyten (Salzkraut), Beifußarten (Abb. 4.5) und das "Kok-Pek".

---

136 Dort entsteht dann auch ein Rückzugsgebiet für eine ganze Gruppe von Tieren. Für die Wüste Kara-Kum beschrieb Salatajew das Aufeinanderfolgen von so gebildeten Hügeln, die er "biozoomorphologisch" nennt, weil ihr Entstehen das Ergebnis eines Zusammenspiels zwischen mechanischen Wirkungen des Windes und biologischen Effekten von Flora und Fauna ist.

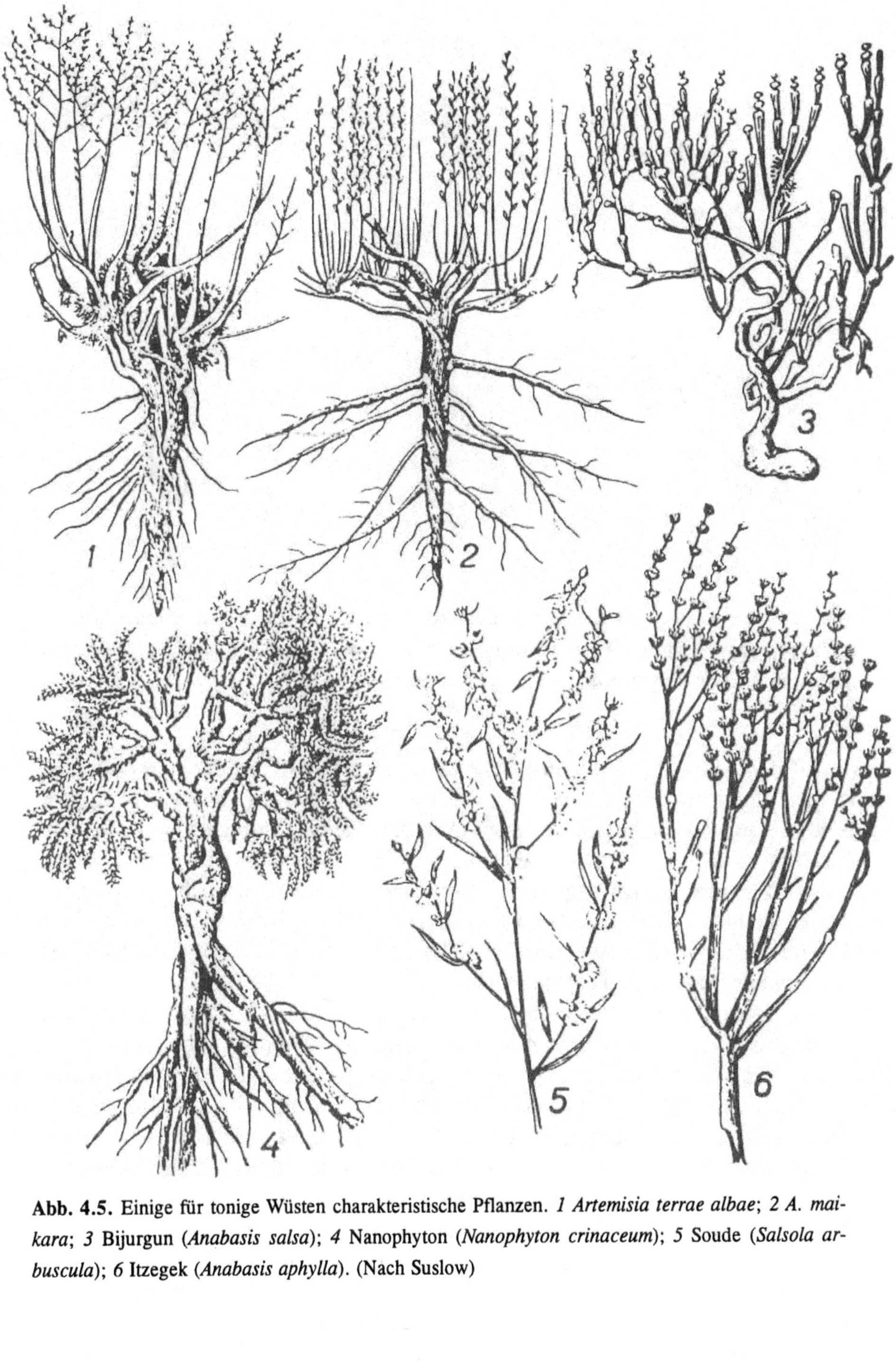

Abb. 4.5. Einige für tonige Wüsten charakteristische Pflanzen. *1 Artemisia terrae albae*; *2 A. maikara*; *3* Bijurgun (*Anabasis salsa*); *4* Nanophyton (*Nanophyton crinaceum*); *5* Soude (*Salsola arbuscula*); *6* Itzegek (*Anabasis aphylla*). (Nach Suslow)

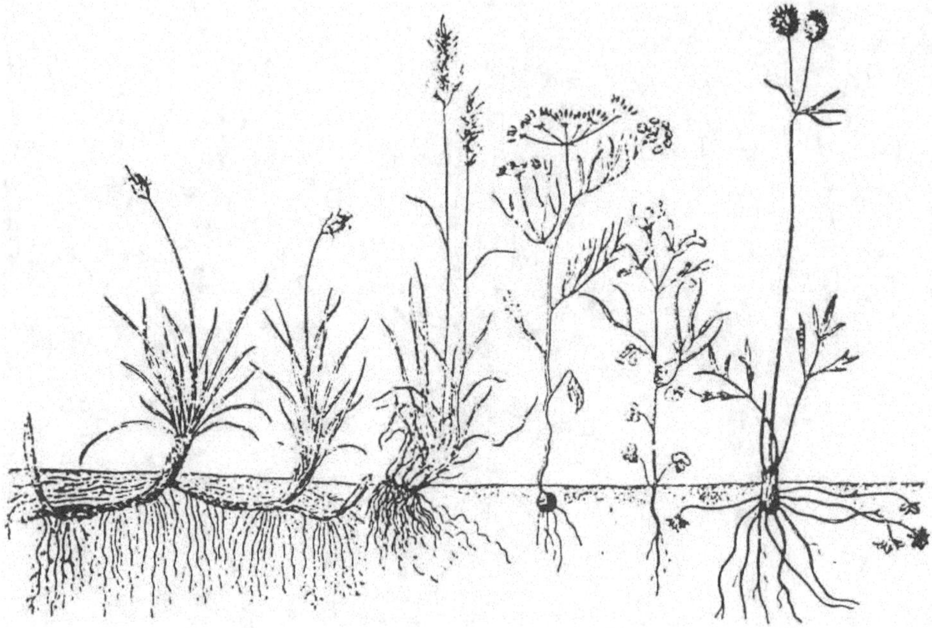

Abb. 4.6. Einige für Lößwüsten charakteristische Gewächse; von links nach rechts: Riedgras (*Carex pachystylis*), Rispengras (*Poa vivipara*), *Bunium capus*, *Trigonella grandiflora*, Hahnenfuß mit jungen Rosetten (*Ranunculus severtzovi*). (Nach Suslow)

Auf den Alluvialböden in der Nähe der großen Flüsse und der Bergbäche sowie auf Lößformationen ändert sich die Vegetation völlig (Abb. 4.6.). Es gibt Wildformen von Hafer und Weizen. Auf den Piedmontgebieten und niederen Bergländern tritt eine Halbsavanne mit dornigen Sträuchern auf. Weiter in der Höhe findet man Ulmen und wilde Obstbäume, anschließend Laubwald (der die Blätter abwirft). Der Hirsch von Buchara, das Wahrzeichen der Usbeken, die Gazelle und die Wildkatze (Karakal) lebten dort. Heute gibt es außerhalb der Schutzgebiete fast keine Bestände mehr.

Entlang den Flüssen gibt es in diesem trockenen Klima reichlich Schilfrohr, Riesengräser (der Tschii: *Asiagrostis splendens*), Weiden, Erlen, Pappeln, Tamarisken, Mimosengewächse und alle phreatophytischen Arten (das sind solche, die bei der Atmung besonders viel Wasser abgeben, 1-3 m^3 pro m^2 Bodenfläche und Jahr). Sie wachsen sehr schnell, so daß die Pappeln bereits zur Holzgewinnung gefällt werden können, sobald sie 6 Jahre alt sind. Man findet auch alle Pflanzen, die traditionell bewässert wurden, wie etwa Baumwolle, Reis, Wein, Obstbäume (Pfirsich- und Aprikosenbäume), Melonen usw. sowie die Gewürzpflanzen Lavendel und Salbei. Sogar im Usboi-Tal gibt es eine solche Vegetation, denn es besitzt eine unterirdische Süßwasserzufuhr vom Kopet-Dag her (Chuldsajew 1974), die kleine Seen bildet: Pappeln, Tamarisken und Schilf kommen hier vor, und rings um die Seen hatte auch eine kleine Tierpopulation überlebt. 1871 sah Markosow dort "überall Gras, Schwärme von Enten und Wildgänsen, Hasen und Wildschweine".

Die Ufer der großen Flüsse und ihre Deltas besitzen angesichts ihrer charakteristischen Sümpfe und ihrer hydromorphen Böden eine besondere phytoökologische Gesellschaft: der "Tugai", eine dichte Waldformation aus Schilf (*Phragmites australis*), Rohrkolben (*Typha angustifolia*) und Binsen, die bis zu 8 m Höhe erreichen kann und sich an den Ufern der Stromrinnen manchmal mehrere Kilometer lang erstreckt. Man fand dort auch Ulmen, Eschen, Ahornbäume und Pappeln (*Populus diversifolia*). Der Tugai war Lebensraum einer üppigen und vielfältigen Fauna, die eine große Anzahl von Arten umfaßte - darunter Wildschwein, Hyäne, Schakal, Tiger, Panther und Ente - und die jetzt fast verschwunden ist, . Weil die Stromrinnen häufig ihren Lauf änderten, konnte der Tugai vertrocknen und an anderer Stelle neu entstehen. Das Tugai-Dickicht war mit Hunderten von flachen Seen übersät, in denen selbst wiederum Schilf wucherte und in denen der Wind dic "Kupaki" bewegte, schwimmende Inseln aus Pflanzen, die den Fischern der Deltas als zeitweilige Stützpunkte dienten. Erwähnung finden sollte noch eine besondere Kletterpflanze, der "Kendyr" (*Apocynum sibiricum*), deren Fasern zur Herstellung von Netzen Verwendung fanden; man sagt von diesen Netzen, sie seien fester als Netze aus Hanf.

Diese besondere Pflanzenassoziation ist stabil, sofern die niedrig gelegenen Bereiche mehrere Monate im Jahr überschwemmt werden (man schätzte das Wasser, das der Amu-Darja auf diese Weise während der Hochwasser über sein Delta verteilte, auf 8 m^3 pro Jahr). Auf diese Weise kann sie die Trockenheit des Sommers überdauern. Dies gilt insbesondere für den Tugai an den Deltas des Aralsees - ansonsten kommt (bzw. kam) der Tugai von den Ufern des Ural bis nach Termes am oberen Amu-Darja vor, wo er am ausgedehntesten war und bestand, bis er gerodet wurde, um dem Baumwollanbau Platz zu machen.

An den Rändern der Wüste leben Gazelle, Antilope, Wildesel, Reh und offenbar auch das Kamel von Baktrien, das im Altertum noch wild war. Als Butakow die Wosroshdenija-Inseln inmitten des Aralsees entdeckte, gab es dort große Mengen Antilopen, die den Menschen überhaupt nicht kannten. Die Matrosen töteten viele, um ihre Vorräte aufzufüllen. Sehr wenige dieser Tiere überlebten. Auch der Tiger war ein bekannter Bewohner der Tugais, vom oberen Einzugsbereich der Flüsse an bis zu den Mündungen am Aralsee, wo er am häufigsten vertreten war. Capus (1892) berichtet, daß die Einheimischen behaupteten, er jage gemeinsam mit einer seltenen Pantherart namens "Kara-Kulak". Das Verschwinden des Tigers fällt mit der Ankunft der Russen zusammen: Die ersten russischen und kosakischen Kolonisten, die in den Unterläufen der Täler siedelten, und deren Herden von ihm heimgesucht wurden, jagten ihn permanent und gründlich. Es wird berichtet (Ujfalwy), daß sich ein Siedler damit brüstete, innerhalb eines Jahres 37 Tiger erlegt zu haben! Im allgemeinen wird das völlige Verschwinden des Tigers gegen Ende des 19. Jh. angenommen, allerdings scheint es, daß im Tugai nahe Termes an der afghanischen Grenze der letzte erst 1930 getötet wurde. Beim Kolloquium von Nukus 1990 wurde in einem Bericht

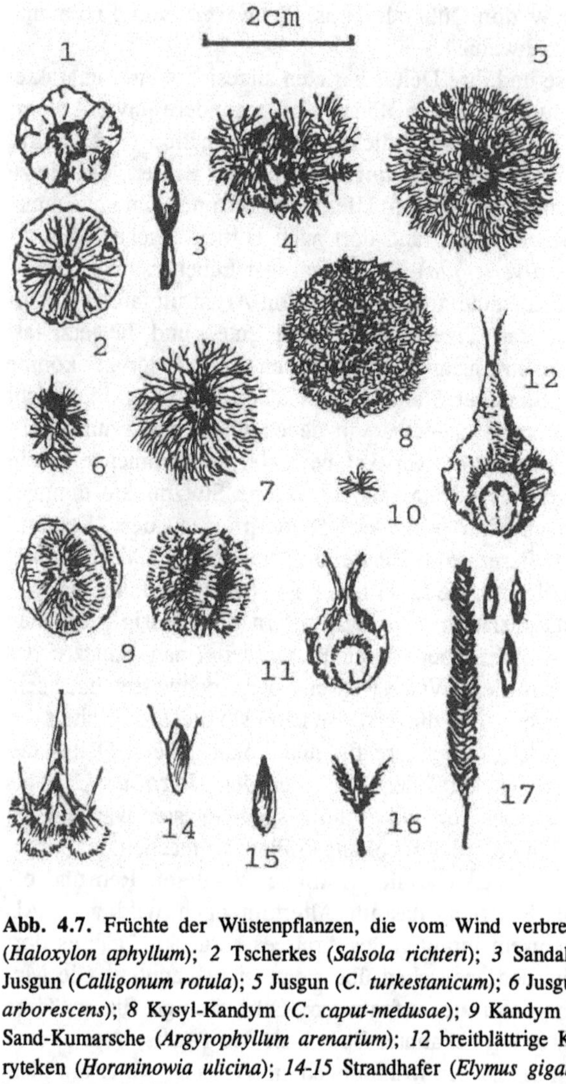

Abb. 4.7. Früchte der Wüstenpflanzen, die vom Wind verbreitet werden. *1* Schwarzer Saxaul (*Haloxylon aphyllum*); *2* Tscherkes (*Salsola richteri*); *3* Sandakazie (*Ammodendron conollyi*); *4* Jusgun (*Calligonum rotula*); *5* Jusgun (*C. turkestanicum*); *6* Jusgun (*C. elatum*); *7* Ak-Kandym (*C. arborescens*); *8* Kysyl-Kandym (*C. caput-medusae*); *9* Kandym (*C. aphyllum*); *10* Tamariske; *11* Sand-Kumarsche (*Argyrophyllum arenarium*); *12* breitblättrige Kumarsche (*A. latifolium*); *13* Saryteken (*Horaninowia ulicina*); *14-15* Strandhafer (*Elymus giganteus*); *16* Jerkek-Seline (*Aristida karelini*); *17* sibirische Quecke (*Agropyrum sibiricum*). (Nach Babajew 1980)

behauptet, die Austrocknung der Deltas sei die Ursache für das Verschwinden des Tigers, allerdings gäbe es am afghanischen Ufer des Amu-Darja, wo auch der Tugai erhalten blieb, noch welche.

In den ariden Gebieten trifft man im Frühjahr auch Tausende Steppenschildkröten an, die Gruben in den Sand graben, zahlreiche Giftschlangen und eine große Eidechse von 75 cm Länge (*Psammorius arenarius*)[137]. In ganzen Kolonien

137 s. Saint George

lebt eine Springmaus, deren Gänge die von Pflanzen angehäuften Sandhügel destabilisieren, so daß diese Hügel wieder in Bewegung geraten. Das sogenannte Karakul-Schaf[138] lebte von Natur aus an den Rändern der Wüste. Bemerkenswert ist, daß dieses Tier - wie übrigens auch das Kamel - Wasser mit einem Salzgehalt von bis zu 12 g/l trinken kann. Dies führte zu der naheliegenden Idee, durch seine verstärkte Aufzucht (und die des Kamels) Fleisch zu produzieren, um in den von der Versalzung betroffenen Gegenden einen beträchtlichen Beitrag zur Ernährung einer unterernährten Bevölkerung zu leisten.

Der einzige wirklich einheimische Vogel ist der Saxaul-Eichelhäher.

Was die Insekten anbelangt, so vermehren sich die Stechmücken (trotz der Insektizide) in den sumpfigen Gegenden - von den Fliegen ganz zu schweigen ... Der Flug von Wanderheuschrecken ist keine Seltenheit. Sie wandern von Arabien in den Iran, dabei gelangen einige ihrer Schwärme nach Turkestan, wo die von ihnen angerichteten Verwüstungen durch den massiven Einsatz von Insektiziden beträchtlich verringert wurden. Von Termitenhügeln am Kopet-Dag entlang wird berichtet. Nach Lessar[139] greifen die Termiten Eisenbahnschwellen nicht an, weil die Züge bei der Vorbeifahrt Erschütterungen verursachen. Überall bedrohen giftige Spinnen das Vieh. Es gibt auch unzählige Taranteln und Skorpione in den Sandgebieten.

Diese Vielfalt der Arten - die sich im wesentlichen in allen Steppenwüsten wiederfindet - darf nicht darüber hinwegtäuschen, daß sowohl das pflanzliche als auch as tierische Leben in diesen Gebieten stets gefährdet war, selbst wenn die Oasen noch erstaunlich fruchtbar erscheinen (Abb. 4.7, 4.8 und 4.9). Fast alle in ihrem natürlichen Umfeld stabilisierten Böden erweisen sich anfällig gegen die Winderosion und - vielleicht noch mehr - gegen die Versalzung (Abb. 4.10). Beide Arten der Schädigung haben sich im Laufe der letzten Jahrzehnte ausgeweitet (Tabelle 4.2).

4.3 Die Landwirtschaft: Die besonderen Probleme der trockenen Ökosysteme von Turan

Ein wesentlicher Faktor setzte der Landwirtschaft in Turan immer ihre Grenzen, und zwar die Wasserknappheit. Die ländliche Bevölkerung kann damit allerdings seit Jahrtausenden umgehen; darin unterscheidet sie sich von der Bevölkerung der anderen Teile der ehemaligen Sowjetunion. Die Abschätzung der tatsächlichen landwirtschaftliche Produktion erweist sich angesichts der wohlbekannten Mängel, unter denen das sowjetische Sowchosen-Kolchosen-System litt (und noch leidet), als schwierig.

---

[138] Das Fell ihrer Lämmer, die bei - oder vor - der Geburt getötet wurden, wurde zum Persianerpelz.

[139] In: *Comptes Rendus Soc. Geogr. Fr.* 1883, S.139.

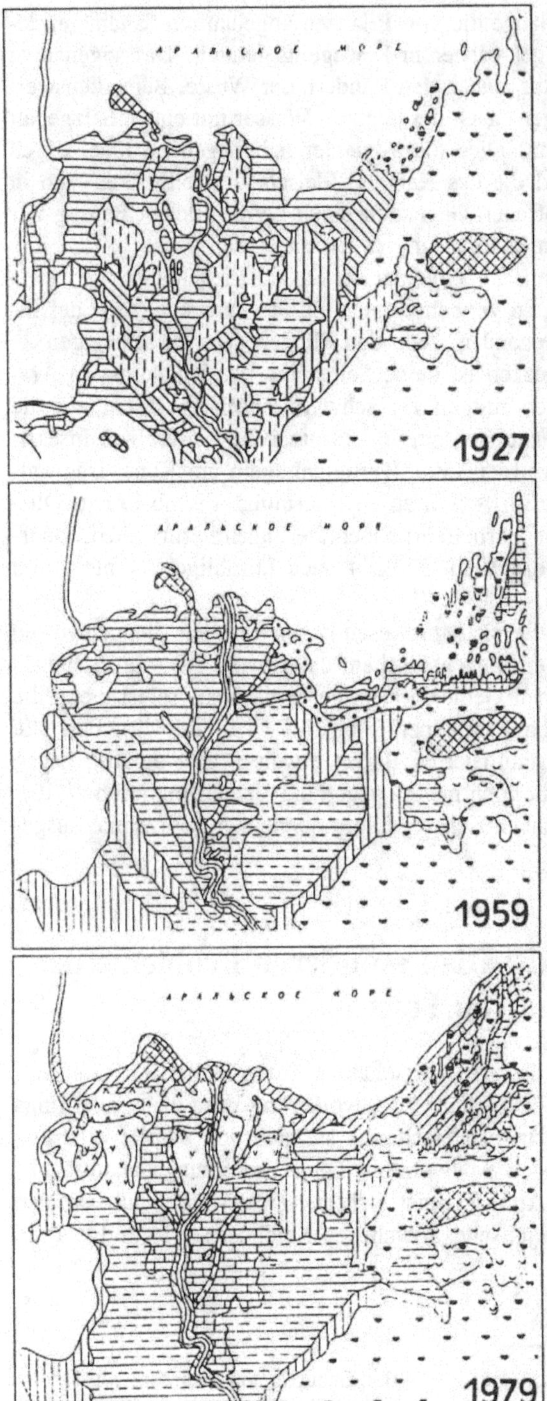

Abb. 4.8. Entwicklung der Ökosysteme südlich des Aralsees 1929-1979 (nach Rafikow 1983). *1* Tonig-schluffige Deltaebenen mit Seen und Sümpfen mit Schilfrohr; *2* sandig-schluffige und schluffige Ebenen entlang den Stromrinnen, mit Tugai-Wald auf Grasböden; *3* wie *2*, aber degradiert; *4* sandige, schluffige oder sandig-schluffige schwach gegliederte Deltaebenen mit Salzkraut, Tamariske und schwarzem Saxaul auf Takyr- und Solontschak-Böden; *5* wie *4*, mit Schilfgebüsch auf Wiesenböden; *6* tonige Ebenen mit Salzkraut auf Küsten-Solontschaks; *7* tonige oder schluffige Ebenen (ehemalige Sümpfe oder Seenböden) mit Salzkraut und Karabarak (*Halostachys caspica*) auf typischen Solontschaks; *8* Tonebenen mit Salzablagerungen auf Küsten-Solontschaks; *9* gürtel- oder netzförmige Sandformen mit Sickerseen im Küstenbereich; *10* wie *9*, mit Salzablagerungen; *11* schwach gegliederte Deltaebenen mit Salzkraut und Tamarisken auf Wiesenböden auf Takyrs; *12* ehem. tonige und schluffige Böden von Seen und Torfmooren zwischen den Armen des Flußdeltas mit dichtem Gestrüpp aus Schilf und Tamarisken auf typischen Takyr- und Solontschak-Böden mit Torfrückständen; *13* wie *12*, mit Karabarak- und Tamariskengestrüpp auf typischem Solontschak; *14* ehem. tonig-schluffige Ebenen am See mit degeneriertem Tugai auf wüstenartigem Grasboden; *15* ehem. tonig-schluffige Deltaebenen mit bewässerten Wiesen und Grasboden auf Takyrs; *16* tonig-schluffige Deltaebenen mit bewässerten Weiden und Weideböden auf Takyrs; *17* Seen im Delta; *18* angewehte Sande vom Kysyl-Kum-Typ mit weißem Saxaul; *19* Hügel aus altem Substrat mit Salbeibüschen auf grau-braunen Böden; *20* aufgetauchter Grund des Aralsees mit Salzkraut auf marinem Solontschak

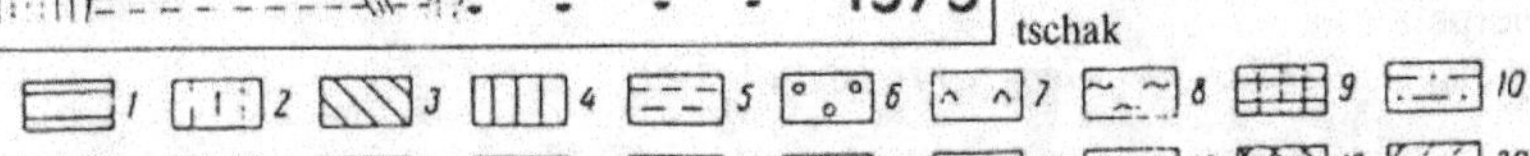

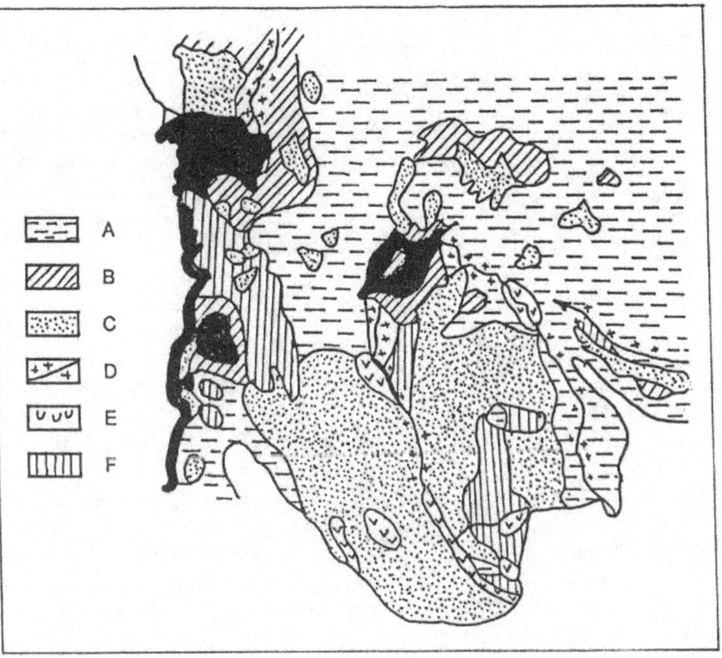

Abb. 4.9. Phytoökologische Gesellschaften und prozentualer Anteil der Arten (Übersicht von Kurotschkina et al. 1985). Geographische Bereiche *A* (*1* 80 %, *2* 10 %, *3* 10 %); *B* (*4* 40-60 %, *1* 20 %, *5* 20 %); *C* (*7* 70 %, *2* 20 %, *8* 10 %); *D* (*8* 60 %, *5* 25 %, *7* 15 %); *E* Oasen; *F* Dünen (*2*, *3* und andere); dabei bedeuten die Nummern von *1* bis *8* folgende Pflanzengruppen: *1 Artemisia terrae albae, A. diffusa, A. turanica, A. kemrudica, A. gurganica; 2 Salsola arbusculiformis, S. laricina, S. gemmascens, S. orientalis, Anabasis salsa; 3 Arthrophyllum lehmannianum. Halophyllum affine, Convolvulus hamadae, Anabasis eriopoda; 4 Haloxylon persicum, Calligonum, Ammodendron, Salsola richteri, S. paletzciana, Ephedra strobilacea, E. lomatolepis; 5 Haloxylon aphyllum, Artemisia terrae albae, A. sogdiana, Salsola orientalis; 6* (hydrophile Pflanzen); *7 Halocnemum strobilaceum, Halostachys caspica, Kaliudium foliatum; 8 Populus ariana, P. euphratica, P. diversifolia, Eleagnus orientalis, Tamarix, Lycium, Halimodendron halodendron*

Wir verweisen den Leser auf das umfangreiche Werk von Basile Kerblay (1985), in dem die Probleme der sowjetischen Landwirtschaft umfassend behandelt werden. Tatsächlich scheint der Hauptteil der traditionellen Erzeugnisse (Gemüse, Früchte, Geflügel) von den kleinen Landstückchen des privaten Gartenbaus gekommen zu sein, denen die Bauern nach ihrem Arbeitstag auf den kollektivierten Feldern besondere Pflege angedeihen ließen.

Turan verfügt vermutlich über mehr als ein Drittel aller Bewässerungsgebiete der ehemaligen Sowjetunion. Die Hälfte dieser Flächen wird für Baumwolle verwendet, ein Viertel für Futterpflanzen, ein Sechstel für Getreide und der Rest für Gemüseanbau - insbesondere Kartoffeln (in allerdings unzureichender Menge) und Melonen (Daten einer beim Kolloquium von Nukus 1990 veröffentlichten Bodennutzungsstatistik). Die für den privaten Gartenbau genutzten Land-

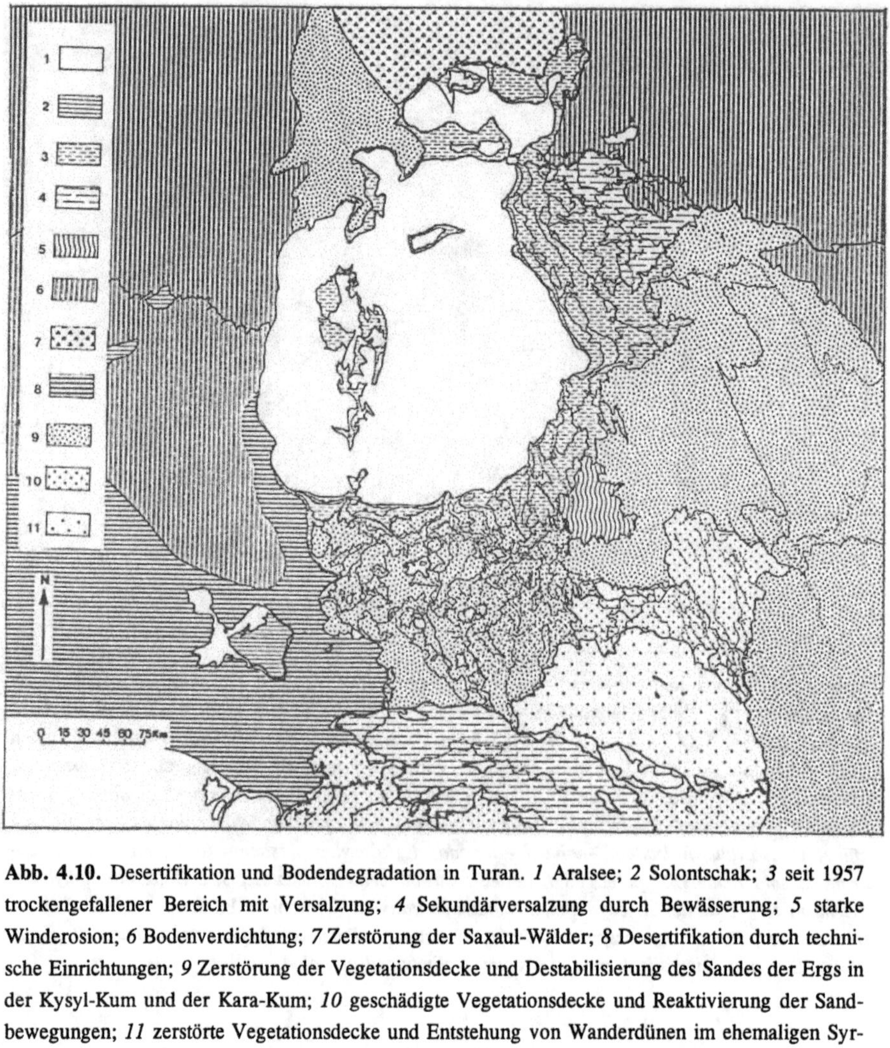

Abb. 4.10. Desertifikation und Bodendegradation in Turan. *1* Aralsee; *2* Solontschak; *3* seit 1957 trockengefallener Bereich mit Versalzung; *4* Sekundärversalzung durch Bewässerung; *5* starke Winderosion; *6* Bodenverdichtung; *7* Zerstörung der Saxaul-Wälder; *8* Desertifikation durch technische Einrichtungen; *9* Zerstörung der Vegetationsdecke und Destabilisierung des Sandes der Ergs in der Kysyl-Kum und der Kara-Kum; *10* geschädigte Vegetationsdecke und Reaktivierung der Sandbewegungen; *11* zerstörte Vegetationsdecke und Entstehung von Wanderdünen im ehemaligen Syr-Darja-Delta

stücke, Rebflächen und Weiden nehmen etwa 10 % der Bewässerungsflächen ein.

In den semiariden Gebieten im Süden des Aralbeckens wird eine eher mediterrane Art der Landwirtschaft betrieben. Es regnet mehr, die Sommer sind trockener, so daß eine Steppe mit vereinzelten sehr tief wurzelnden Büschen vorherrscht. Im Norden dieses Gürtels, etwa auf der geographischen Breite von Nukus, wird die Strauchvegetation dichter. Nordöstlich des Aralsees, im Bereich des Syr-Darja-Deltas, ermöglichte die Temperaturverteilung im Jahr in Verbindung mit der Trockenheit im September den bevorzugten Anbau von Getreide

Tabelle 4.2. Liste der Pflanzen, die zur Rehabiltierung von Sandböden geeignet sind. (Nach Babajew 1986)

wissenschaftlicher Name	Örtlicher Name
Aristida karelini	Yerkek seline
A. pennata	urkatschi seline
Astragalus unifoliatus	singren
A. paucijugus	"
Alhagi persiarum	yandak (Kameldorn)
Heliotropum sp.	gunneik
Convolvulus divariaticus	akkert
Horaninowia ulicina	sari iken
Tamarix androsovi	yilgin
T. bungei	"
T. ramosissima	"
T. laxa	"
T. elongata	"
T. florida	"
T. schowitsiana	"
Calligonum elatum	ak kandym
C. caputmedusae	kandym
C. arborescens	ak kandym
C. rotula	Tschakysch
C. aphyllum	"
C. turkestanium	"
C. eriopodium	gara kysyl kandym
C. setosum	Tschakysch
Argyrophyllum minus	Jumurtschak
A. arearium	"
A. latifolium	"
Carex physoides	ilak
C. pachystylis	gara ilak
Ammodendron karelini	sinsen
Haloxylon persicum	ak sasak (weißer Saxaul)
H. aphyllum	odjar (schwarzer Saxaul)
Halocnemum strobilaceum	Schoratan
Salsola paletzkiana	Tscherkes
S. richteri	"
Ephedra strobilacea	Sordshok

sowie - falls ausreichend Wasser vorhanden war - von Baumwolle und Reis. Der Reisanbau hat bereits eine lange Tradition, er fand ursprünglich in den Sumpfgebieten statt, die sich für andere Nutzungen nicht eigneten. Es gab bis zu zwei Ernten pro Jahr. Nach einigen Jahren ließ man den Boden brach liegen und säte dann andere Getreidearten, um anschließend wieder zum Reis zurückzukehren. Die Ausweitung des Baumwollanbaus brachte den Staat dazu, den Reisanbau in andere Gegenden zu verlegen, insbesondere in die Bewässerungsflächen des unteren Syr-Darja-Tals, nachdem sich herausgestellt hatte, daß die

Baumwolle dort nicht wachsen konnte. Die Bewässerung beginnt mit dem Ende des Frostes im April. Der Boden ist zu diesem Zeitpunkt mit Feuchtigkeit gesättigt, trocknet aber schnell aus, so daß vom Mai an auch das Gras vertrocknet, genau wie im Ust-Urt. Die ersten Fröste Ende Oktober unterbrechen den Feldbau dann wieder. Im südlichen Turan ist der Winter kurz und mild, mit kurzen Kälteeinbrüchen, und das Wachstum der Pflanzen setzt Ende März wieder ein, so daß die Aprikosen- und Mandelbäume im Mai blühen.

Diese Bäume kommen in Turan von Natur aus vor, gleiches gilt im übrigen für den Weinstock, den Apfel-, Birn-, Pflaumen- und Kirschbaum sowie die Pistazie; der Pfirsichbaum wurde aus Persien eingeführt. Seltener sind der Granatapfel- und der Mandelbaum. Die Weintrauben wurden früher allesamt getrocknet; vor einigen Jahren gab es auch einige gute Weine in der Region - aber der Weinstock ist im Choresm selten. Die verschiedenen Melonenarten sind sehr beliebt. Viele der erzeugten Früchte und Gemüse wurden in die Großstädte des europäischen Teils der Sowjetunion verschickt. In den letzten Jahren scheint dieser Handel beträchtlich zurückgegangen zu sein.

In der Region von Buchara wird auch Manna geerntet, das sehr geschätzt wird. Es handelt sich dabei um eine süße Aussonderung der Blätter und Zweige einer Leguminosen, *Hediserum alhagi*, welche sich in kleinen rötlichen Kugeln verfestigt.

Außerhalb der bewässerten Flächen wird auch eine traditionelle Anbauform namens Bogara (Regenfeldbau) mit Hirse, Sorghum, Sesam und Tabak betrieben.

Bis zum 19. Jh. verwendete man die Asche des Salzkrauts zur Herstellung von Seife, aus Isatis wurde ein schwarzer und aus einer Pflanze namens "Iilyk" ein roter Farbstoff gewonnen.

Stoffe wurden mit Indigo (*Rubia tinctorium*) blau, mit "Tuchmak" (*Sophora japonica*) gelb und mit dem Gallapfel der Pistazie ("Busgunsch") schwarz gefärbt. Gerbsäure wurde aus *Rheum emodi* gewonnen. Küchenöl wurde aus Sesam gepreßt ("Kunsut"), zu dem Körner des "Indau" (*Eruca*) gemischt wurden, was ihm einen unangenehmen Geschmack verlieh, sowie Hanf- und manchmal Mohnkörner. Mohn wurde aufgrund seiner halluzinogenen Eigenschaften allerdings wenig verwendet, ihr heimlicher Anbau hat in den letzten Jahren beträchtlich zugenommen. In diesen Zusammenhang kann noch erwähnt werden, daß der Hanf (*Cannabis sativa*), der immer noch zwischen dem Kaspischen Meer und dem Aralsee natürlich vorkommt, seit ewigen Zeiten angebaut wurde; vielleicht ist Hanf der "Gelotophyllis" von Plinius (XXIV, 164), eine "Pflanze, die zum Wein verzehrt wurde..."[140].

Verschiedene Autoren beschrieben die Vorarbeiten für die Landbestellung und Bewässerung. Demnach wurde Wald abgebrannt und dann tief umgepflügt, was zur Zerstörung der ohnehin geringen Humusmenge beitrug. Die sumpfigen Be-

---

140 Zum Problem des Anbaus von Hanf und Schlafmohn in Mittelasien siehe: Observatoire géopolitique des drogues, 1993: "La drogue, nouveau désordre mondial", Kapitel "l'ex-URSS", S.83 *ff.*, Edition Pluriel, Paris, 322 Seiten.

Tabelle 4.3. Salztoleranz der wichtigsten mittelasiatischen Anbaupflanzen (verschiedene Quellen)

	Zuckerrübe		Alfagras		Mais		nicht bewässertes Getreide		Ertragsverlust
	1*	2	1	2	1	2	1	2	%
leicht salzig	≤0,30	≤14	≤0,38	≤16,4	0,27	11,7	0,17	12,9	0
mäßig	0,40	17	0,50	20	0,35	15	0,21	16	30
salzig	0,50	21	0,60	28	0,44	19	0,27	22	43
sehr salzig	>0,80	>35	>1	>47	>0,73	>32	>0,44	>37,5	>70 - 90

*1 Gesamtmenge toxischer Salze im obersten Meter des Bodens (in g/kg); 2 Gesamtsalzgehalt des Bodenwassers (g/l); die für die Pflanzen toxischen Salze sind vor allem die Magnesium- und Natriumsulfate.

reiche, die bereits leicht salzig waren, wurden trockengelegt, wieder mit Wasser aufgefüllt und erneut trockengelegt. 1976 wurde vorgeschlagen, die salzigen und von Natur aus unfruchtbaren Takyr-Böden aufzubrechen. Zwei parallele Furchen wurden gezogen, die eine war dafür gedacht, Regen- und Abflußwasser aufzunehmen, die andere nahm Sickerwässer auf und in ihr sollte das Wachstum von Gras, aber auch von Obstbäumen, möglich sein. Über das Ergebnis dieses Vorgehens ist uns nichts bekannt, es ist nicht einmal sicher, ob es so umgesetzt wurde (Tabelle 4.3).

4.4 Die Baumwolle - für Turan ein nicht angepaßter Anbau[141]

Die Baumwolle wurde zur Hauptanbaupflanze Turkestans (60 % der nutzbaren Flächen werden dafür verwendet), und zwar auf Kosten der Nahrungsmittelproduktion. Diese hatte aufgehört oder war zumindest nachrangig geworden, so daß Turkestan hinsichtlich der Lebensmittelversorgung sehr schnell von der übrigen Union abhängig wurde. Sicher ist dies der Hauptgrund, weshalb die - wieder unabhängig gewordenen - Republiken im Dezember 1991 so rasch bemüht waren, der "Gemeinschaft unabhängiger slawischer Republiken" beizutreten, die Rußland, Weißrußland und die Ukraine gegründet hatten.

Es gibt mehr oder weniger vollständige und realistische Statistiken über die staatliche Erzeugung von landwirtschaftlichen Produkten, die nur in den Repu-

141 Die allgemeinen Angaben zur Baumwolle bis 1947 stammen aus P. George (1947); der Großteil der Dokumentation von G. Parry (1981).

bliken Turans (zusammen mit denen des Kaukasus) möglich war: V. a. Baumwolle, Alfagras, Jute und - in geringerem Maße - Reis.

Die Sowjetunion bezog über die Baumwolle einen beachtlichen Teil ihrer Deviseneinnahmen (15-20 % des weltweiten Exports). Man versteht, daß der Staat diese Produktion mit allen Mitteln ausweiten wollte, zu Lasten aller anderen Anbauprodukte und - wovon hier die Rede sein soll - zu Lasten der Umwelt.

Glasowski (1990) faßt die Baumwollproblematik gut zusammen, deren wirtschaftliche Zusammenhänge wir noch nicht angesprochen haben. Zum einen sollte der Baumwollanbau die Bevölkerung mit Kleidung versorgen[142]; zum anderen war beabsichtigt, mit dem Export der Baumwolle harte Devisen zu verdienen. Die UdSSR exportierte jahraus jahrein etwa ebensoviel Rohbaumwolle wie die USA. Die - wesentlich flexiblere - US-Wirtschaft paßt den Baumwollanbau jedoch schnell der Nachfrage an, so daß die USA im Unterschied zur UdSSR den Sturz der Preise zwischen 1960 und 1985 kaum zu spüren bekamen, bei dem der Baumwollpreis von 2,27 auf 1,38 Dollar/kg sank. Andererseits exportierte die Sowjetunion wenige Halbfertig- und Fertigprodukte: Während etwa 13- bzw. 17mal so viel Stoff wie in der Tschechoslowakei oder in der DDR hergestellt wurde, exportierte sie doch nur 2- bis 3mal mehr als diese. Bei den Fertigprodukten sah die Lage noch schlechter aus: Ungarn, wo 28mal weniger Kleidung aus Baumwolle als in der der Sowjetunion hergestellt wurde, exportierte jedoch 40mal mehr. Und die Sowjetunion wurde trotz ihrer beachtlichen Investitionen in den Baumwollanbau eines der größten Importländer[143].

Beim Reis war die Lage in allen Vergleichspunkten ähnlich, der Preis sank im gleichen Zeitraum von 435 auf 226 Dollar/t.

Die forcierte Entwicklung des Baumwollanbaus, die wohl der Hauptgrund für das Unheil am Aralsee ist, bringt uns dazu, einige Einzelheiten über die Anbaupraxis darzustellen.

Im letzten Jahrhundert baute man nur die Arten *Gossypium herbaceum* und *G. hirsutum* an. *G. herbaceum*, das von Indien über Persien gekommen war, liefert eine kurze rohe Faser, die schwer von der Hülse zu trennen ist. *G. hirsutum*, auch ägyptische Baumwolle genannt, wächst langsamer und ist weniger ertragreich, wurde aber für den Export - vor der russischen Annexion nur einige 10.000 t - vorgezogen. Die traditionelle asiatische Faser war nämlich kurz und grau und zudem noch so schwer zu reinigen, daß sie schmutzig blieb. Der Sezessionskrieg verzehnfachte den Wert der Baumwolle. Damals machte man zunächst die ersten Versuche mit einer amerikanischen Sorte von *G. hirsutum*, "Sea-Island"; allerdings ohne Erfolg. Dann führte man die Sorte "Upland" ein, die zu besseren Ergebnissen führte. Die Entwicklung vollzog sich vor allem im Ferganatal, zuerst bei den unabhängigen Bauern. Die bestellten Flächen wuchsen

---

142 Es wurde behauptet, daß 95 % der Baumwollproduktion der Roten Armee zugute kamen, was jedoch übertrieben ist.

143 1988 wurden 15,4 % der Baumwollstoffe, 16,7 % der Kleidung, 15,2 % der Spinnereiwaren und 36,2 % der Strickwaren, die in Usbekistan hergestellt wurden, als Ausschuß ausgesondert.

zwischen 1884 und 1890 von 300 auf 64 000 ha an, bis 1910 waren es über 400 000 (darunter 327 000 ha im Ferganatal). Dann kam es im Zusammenhang mit den Schwankungen des Wetters zur Preiskonkurrenz mit den USA. Man schuf daraufhin Versuchsanstalten, darunter eine in der Hungersteppe und eine in Aschchabad. Auch wurden Hybridsorten aus der Baumwolle des Nildeltas und der "Sea-Island-Baumwolle" gezüchtet. Das Problem in Turan bestand immer darin, die letzten Fröste, die die jungen Baumwollpflanzen nicht überstehen, rechtzeitig vorherzusehen, ebenso wie die ersten, die die völlige Reifung der Früchte verhindern. Die Region von Aschchabad bietet das günstigste Klima, und diese Tatsache rechtfertigte später den Bau des Kara-Kum-Kanals. So wurden die amerikanischen Sorten in den Ebenen nördlich des Kaukasus, auf der Krim und sogar in der Südukraine eingeführt, wo der Ertrag recht kärglich ausfiel. Mittlerweile sind diese Anbauflächen aufgegeben worden. Zunächst wurde Baumwolle nur wegen der Fasern angebaut, dann wurden alle Teile der Pflanze genutzt: Die Samen enthalten ein Öl, das zum Verzehr geeignet ist, und der Preßrückstand wird als Ölkuchen für Tiere und zur Herstellung eines Mehls verwendet, das ebenfalls eßbar ist, nachdem der schädliche Bestandteil (das Gossypol) entfernt wurde; der Flaum der Samen ergibt einen groben Filz (Isolierung, Polstermaterial). Der Rest wurde auch als Dünger verwendet.

Eine Tonne Baumwolle liefert im Durchschnitt 300-350 kg Fasern und 600 kg Samenkörner, die wiederum 120 l Öl ergeben, die wirtschaftliche Bedeutung ist somit ganz beträchtlich.

Heutzutage werden vor allem zwei Sorten angebaut: die langstapelige Baumwolle (etwa 3-5 cm Faserlänge), die 1936 aus Amerika eingeführt wurde und deren Produktion in der UdSSR weltweit am höchsten war (*G. barbadense*), sowie die kurz- bzw. mittelstapelige Baumwolle (2,6-2,7 cm Faserlänge), mit geringerem Wert (*G. hirsutum*). Durch sie wurde die "Upland-Sorte" (von mittlerer Qualität), die 1884 eingeführt worden war, ersetzt. Die 1977-78 erzeugten 130 000 t langstapeliger Baumwolle wurden vollständig in der Sowjetunion selbst verbraucht.

1860 lieferte Turkestan schon 31 % der russischen Baumwolleinfuhr, 1862 40 %, und 1864 noch 28 %. Man versteht die russische Strategie, sich der Baumwollfelder zu bemächtigen, eine Strategie, die die Goldsuche ersetzte, und die teilweise die Eroberung Turkestans rechtfertigte.

Die Anbauflächen betrugen 1884 50 000 ha, 1890 64 000 ha und 1915 825 800 ha (darunter 725 000 in Mittelasien). 1884 belief sich die Produktion einheimischer und amerikanischer Baumwolle erst auf 184 Tonnen, 1892 erreichte sie 99 000 Tonnen[144]. Die Textilindustrie, die ihren Standort damals an

---

144 Reclus (1881) gab als Statistik an: Bei 50 000 t, die v.a. aus Buchara kamen, ergaben sich 1858 für die Textilindustrie Einnahmen in Höhe von 677 000 Goldrubeln (außerdem 69 000 Goldrubel für Seide); 1867 5 513 000 Rubel (bzw. 1 273 000 für die Seide). Hier noch einige ergänzende globale Statistiken zur "Gesamt-Produktion" von Rohbaumwolle in Turkestan: 1858: 50 000 t; 1909: 242 000 t; 1911-1912 zusammen: 440 000 t; 1915-

den Ufern der Wolga hatte, erhielt ab 1913 40 % ihrer Rohstoffe aus Turkestan. Man ging damals davon aus, daß die Anbauflächen kaum noch ausgeweitet werden könnten, da die Flächen der traditionellen Anbauprodukte für die Ernährung der Bevölkerung erhalten werden mußten. Als Folge des Krieges sank die Anbaufläche bis 1922 auf 70 000 ha; 1928 war sie in alter Größe wiederhergestellt.

Der erste Fünfjahresplan (1928-1932) sah vor, die Ackerfläche für Baumwolle (für die die Sowjetunion den größten Bedarf hatte) freizumachen und die Nahrung aus anderen Gebieten herbeizuschaffen (daher auch der Bau der Turksib-Eisenbahn, die 1930 fertiggestellt wurde). 1931 wurde auf 780 000 ha Bewässerungsfläche Baumwolle eingesät (und auf 1 650 000 ha Getreide). 1941 nahm die Baumwolle 2,5 Mio. ha ein. Dann ließ der Bedarf an Nahrungsmitteln ein weiteres Mal die Produktionszahlen der Baumwolle absacken.

Die Statistiken sind nur schwer miteinander zu vergleichen. Im Kapitel 5 (vgl. Abb. 5.4) wurden aus dem Vergleich mehrerer Quellen Statistiken für die mittel- bis langstapelige Baumwolle zusammengestellt, die etwa die Hälfte der Gesamtproduktion ausmachen. Der Ertrag von 3 dz/ha entkörnter Baumwolle (alle Arten zusammengenommen) hatte sich von 1913-1929 kaum verändert, er stieg 1939 auf 4 dz/ha an. Hinter dieser Statistik verbirgt sich allerdings eine sehr große räumliche Disparität, da der Ertrag in Usbekistan bis zu 15 dz/ha erreichte. 1946 kam es durch den Einsatz chemischer Düngemittel zu einer Steigerung auf 6-8 dz/ha, für 1953 war in Usbekistan eine Produktion von 800 000 t vorgesehen. Zitieren wir hier Pierre George (1949, S. 475): "Tadschikistan, Usbekistan und Turkmenien haben vor allem eine wesentliche Funktion in der Union zu erfüllen: Sie sollen sie von jeglichem Importbedarf an Baumwolle und möglicherweise anderer tropischer Erzeugnisse freimachen, so wie etwa vom Latex aus verschiedenen Schlingpflanzen und Sträuchern ... Die Landbevölkerung ... nimmt zu, außer in Turkmenien, wo die heikle Frage des Nomadismus gerade neu geregelt wird."

Schon wesentlich früher hatte man die Entwicklung des Baumwollanbaus zu Lasten der Lebensmittelerzeugung in Frage gestellt. So schrieb etwa Camena d'Almeida bereits 1932: "Der einzige dunkle Fleck in dieser Tabelle ist die Tatsache, daß die Baumwollfelder Reisfelder ersetzt haben, was den Niedergang derjenigen Erntemengen hervorgerufen hat, die für die Einheimischen erforderlich waren, ohne daß diese durch den Baumwollverkauf immer einen Ausgleich für die Verteuerung des Reis gefunden hätten". Eine Bemerkung, die damals völlig unbeachtet blieb, die seither allerdings vollkommen gerechtfertigt ist.

Die großen Bewässerungsprojekte der 1950er Jahre peitschten die Produktion erstmals hoch; ein zweites Hochschnellen folgte der zweiten Bauphase der Projekte 1960. Die Bodenversalzung hat jedoch die erwünschte Steigerung der Erträge verhindert, trotz der Ausweitung der Anbau- und Bewässerungsflächen und trotz des Einsatzes von Düngemitteln. 1979 scheint die Baumwollerzeugung ihren Höhepunkt erreicht zu haben, seither ist sie ständig rückläufig (Tabellen 4.4

1916 zusammen: 730 000 t; 1920-1923 zusammen: 180 000 t; 1929: 219 000 t; 1982: 9,3 Mio.t; 1983: 9,2 Mio.t; 1984: 11,9 Mio. t.

Tabelle 4.4. Baumwollproduktion in der UdSSR (verschiedene Quellen)

	Fläche in Mio. ha		
	1970	1976	1979-80
Usbekistan	1,71	1,78	
Tadschikistan	0,25	0,28	
Turkmenistan	0,4	0,49	
Kasachstan	0,12	0,11	
Kirgistan	0,07	0,07	
insgesamt	12,75	2,95	3,08

	Produktion (Mio. t) Baumwolle + Samen		
	1970	1976	1979-80
Usbekistan	4,49	5,34	
Tadschikistan	0,73	0,84	
Turkmenistan	0,87	1,05	
Kasachstan	0,28	0,31	
Kirgistan	0,19	0,20	
insgesamt	6,89	8,28	8,73

	Ertrag (in kg/ha)		
	1970	1976	1979-80
Usbekistan	2630	3002	
Tadschikistan	2862	2978	
Turkmenistan	2189	2145	
Kasachstan	2339	2818	
Kirgistan	2493	2889	
Mittelwert	2750	2808	2806

bis 4.8). Das sowjetische Asien produzierte 95 % der Baumwolle der UdSSR (Usbekistan 75 %, Turkmenistan 15 %) und stellte 50 % der gesamten Textilindustrie (bei diesen Zahlen handelt es sich um Mittelwerte, einige Regionen hatten höhere und andere niedrigere Werte).

Tabelle 4.5. Jahresproduktion von Rohbaumwolle in 1000 t (Glasowski 1990)

	1940	1950	1960	1961-1965	1966-1970	1971-1975	1976-1980	1981-1985	1986	1987
Usbekistan	1386	2282	2949	3337	3982	4895	5359	5159	4989	4858
Kasachstan	93	62	49	217	241	305	317	302	333	312
Kirgistan	95	120	126	157	173	205	208	87	68	73
Tadschikistan	172	289	399	523	649	810	906	917	922	872
Turkmenistan	211	276	363	449	726	1011	1130	1142	1137	1272

Tabelle 4.6. Jahresproduktion von Rohbaumwolle in dz/ha (Glasowski 1990)

	1940	1950	1960	1961-1965	1966-1970	1971-1975	1976-1980	1981-1985	1986	1987
Usbekistan	15,0	20,1	20,3	21,9	25,1	28,5	29,4	26,7	24,3	23,0
Kasachstan	9,2	10,3	11,5	19,5	20,9	26,6	27,0	23,3	25,9	24,4
Kirgistan	14,8	18,9	17,7	20,6	23,5	27,6	28,3	19,1	23,5	23,5
Tadschikistan	16,2	22,9	23,2	24,2	27,1	30,7	30,7	29,8	29,4	26,9
Turkmenistan	14,0	18,0	16,3	17,8	23,9	23,1	22,4	21,4	17,5	23,1

Tabelle 4.7. Relative Abweichung der Produktivität in t/ha von 1961-1987 (Glasowski 1990)

		1961-1965[a]	1966-1970	1971-1975	1976-1980	1981-1985	1986	1987
Roh-	Tadschikistan	4,3	12,0	13,3	0	-3,0	-1,4	-8,5
baum-	Usbekistan	7,9	14,6	13,5	3,2	-9,2	-9,0	-5,3
wolle	Turkmenistan	9,2	34,3	-3,3	-3,0	-4,4	-18,2	-14,9
Gemüse	Tadschikistan			13,7[b]	51,8	16,7	8,8	-3,1
	Usbekistan			13,1[b]	104,2	7,2	-14,4	1,7
	Turkmenistan			154,5[b]	44,3	8,9	-11,8	-3,6
Getreide	Tadschikistan			102,4[b]	18,7	3,6	6,9	-4,6
	Usbekistan			66,7[b]	26,7	4,3	-10,1	2,6
	Turkmenistan			85,5[b]	13,5	-3,1	-9,7	-12,9

[a] im Vergleich zu 1960. [b] im Vergleich zum Mittelwert der Jahre 1958-1960.

Tabelle 4.8. Baumwollanbaufläche und Ernteerträge an Rohbaumwolle in Usbekistan (nach Ramasanow u. Nasanow 1991)

Bezirke	1980 Anbauflächen (1000 ha)	1980 Erträge (dz/ha)	1988 Anbauflächen (1000 ha)	1988 Erträge (dz/ha)
Karakalpakien	133,7	32,2	164,8	22,2
Andishan	182,3	34,9	174,1	25,3
Buchara	168,1	37,5	143,2	32,1
Dshisak	143,3	24,7	a	a
Kaschkadarja	197,0	29,6	241,8	22,8
Namangan	136,0	35,0	144,6	29,3
Samarkand	174,0	35,6	162,2	25,4
Surchan Darja	153,1	35,5	162,2	30,6
Syr Darja	160,5	26,2	316,3	23,0
Taschkent	135,9	35,7	141,1	28,9
Fergana	188,8	32,9	191,9	28,4
Choresm	105,0	42,1	122,0	32,6

[a] Der Bezirk Dshisak wurde 1988 an den Syr-Darja-Bezirk angegliedert.

Die Anbaumethoden

Früher blieben die Baumwollfelder drei Jahre lang brach liegen; anschließend fand ein Fruchtwechsel Baumwolle - Luzerne - Getreide oder ein Fruchtwechsel mit Gemüse statt. Seitdem künstliche Düngemittel massiv eingesetzt wurden, wurde die Feldwechselwirtschaft praktisch überall beseitigt.

Bei der traditionellen (nicht mechanisierten) Anbauweise wurden vor allem tierische Düngemittel verwendet; Ölkuchen wurden exportiert, und der Boden verarmte. Schon vor dem 1. Weltkrieg herrschte großer Bedarf an Düngemitteln. Man war sich bereits darüber im klaren, daß die Ausweitung des Baumwollanbaus ohne gleichzeitige Erschließung von neuem Ackerland zu Lasten der Anbauflächen für Futtermittel, Getreide und Ölpflanzen ging, wobei leztere durch das Baumwollöl ersetzt werden konnten. Die Problematik des Baumwollanbaus war also vor fast einem Jahrhundert klar erkannt, und ihre Lösung hieß Bewässerung. Ganz offensichtlich war das Problem der Baumwollerzeugung innerhalb des russischen Reiches, das den Hauptgrund für das Drama des Aralsees darstellt, im wesentlichen also ein kapitalistisches.

Die Einführung des Anbaus in Zentralasien und Aserbeidschan brachte bei den Anbautechniken zwei Veränderungen mit sich: die systematische Bewässerung und die Anpassung an eine kurze Vegetationsperiode (April - September, also 150-170 Tage). In Mittelasien befinden sich die am weitesten nördlich gele-

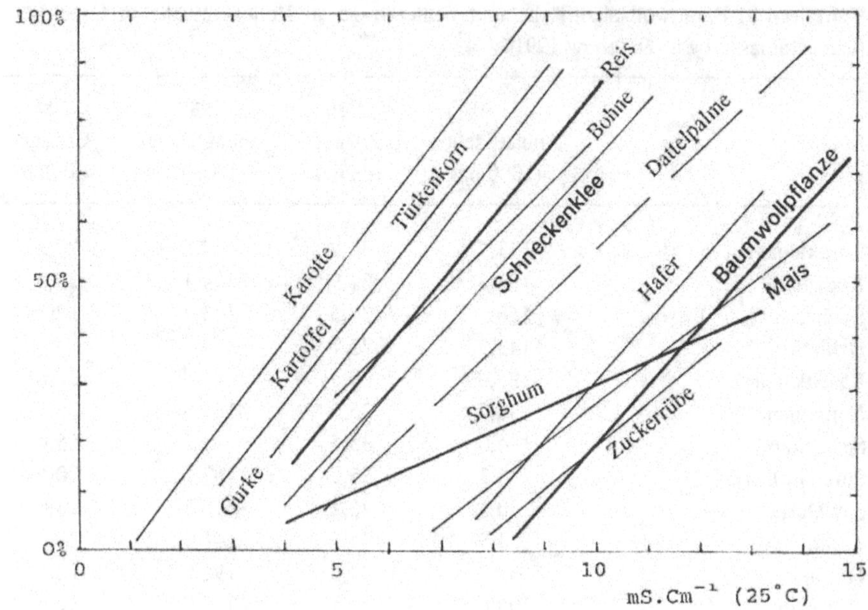

Abb. 4.11. Rückgang des Ernteertrags mit dem Salzgehalt des Wassers zur Bewässerung (100 % bedeutet: keine Ernte mehr). Der Salzgehalt wird durch die elektrische Leitfähigkeit des Wassers in MilliSiemens pro cm^3 angegeben, und kann ausgehend von der chemischen Analyse anhand folgender Formel ermittelt werden: el.L. = 0,186[HCO_3] + 0,24[SO_4] + 0,249[Cl] + 0,241[NO_3]. (Dickinson, D., 1944). Eine Einheit auf der Abszisse entspricht etwa 0,5 g/l Mineralisierung. Daten von Maas und Hoffman, 1977.

genen Baumwollanbaugebiete der Erde. Die mittlere Betriebsgröße beträgt 1300 ha, die größten Betriebe liegen in Kasachstan. Temperaturen unter 14°C verträgt die Baumwolle nicht (was erklärt, warum die Baumwolle am unteren Syr-Darja recht schnell durch Reis ersetzt wurde), außerdem benötigt sie eine Wassermenge zwischen 800 und 1900 mm, insbesondere zur Wachstums- und Blütezeit. Anschließend hält sie die Trockenheit des Sommers gut aus. Das Wurzelsystem reicht von 0-70 cm Tiefe. Die Bewässerung muß allerdings besonders vorsichtig gesteuert werden, denn die Spaltöffnungen der Baumwollblätter können - im Unterschied zu zahlreichen anderen Pflanzen der tropischen Trockengürtel - die Transpiration nicht entsprechend anpassen, so daß ein Wasserüberschuß zum Verfaulen der Kapseln führt. Eine letzte, recht späte Bewässerung ermöglicht noch eine Steigerung des Endertrags und der Qualität. Ein Landarbeiter ist für etwa 2 ha verantwortlich. In Abb. 4.11 wird deutlich, welche Rolle der Salzgehalt des verwendeten Wasssers spielt.

Angesichts des Salzgehalts der meisten dieser Böden (vgl. Tabelle 4.3) ist es notwendig, die Parzellen im Winter zu überfluten, um den Boden zu waschen und das Salz in die Tiefe hinunterzuspülen (*flushing*). Es handelt sich, wie später noch gezeigt wird, um eine ganz entscheidende Technik. Im Prinzip kann man mit der Tiefendrainage vermeiden, daß in den oberen Bodenhorizonten ein erhöhter Salzgehalt verbleibt, gerade dort befinden sich schließlich die meisten aktiven Pflanzenwurzeln.

Die Baumwolle verträgt sich nicht mit zufällig vom Wind verbreiteten Pflanzen, diese wird man durch tiefes Pflügen und durch verschiedene Herbizide los. Der gängige Düngemitteleinsatz liegt bei 50 Einheiten Stickstoff, 250 Einheiten P_2O_5 und 70 Einheiten K_2O. Um den Ertrag zu steigern, wurden diese Dosierungen häufig überschritten, zusätzlich wurde ein Fruchtwechsel durchgeführt: 7 Jahre Baumwolle, 3 Jahre Luzerne. Zahlreiche pflanzliche Parasiten (Pilze) und tierische Schädlinge (Insekten und Würmer) greifen die Baumwolle an. Obwohl die Härte des Winters bereits zu Beginn der Wachstumsperiode einen Teil von ihnen zerstört, so wurden doch verschiedenste Pestizide im großen Stil eingesetzt und resistentere Baumwollarten gezüchtet.

Am Ende des Sommers bilden sich in den Kapseln die Fasern und Körner. Sobald drei Kapseln pro Strauch geöffnet sind, werden die Pflanzen entlaubt, indem Kalzium- und Magnesiumchlorat und -phosphat sowie andere synthetische Chemikalien ausgebracht werden - die leider auch Nebenwirkungen aufweisen. Teilweise wird maschinell geerntet (außer den USA stellt nur Usbekistan derartige Erntemaschinen her); in vielen Fällen jedoch wird die ganze Bevölkerung auf die Felder gerufen. Das Saatgut wird in besonderen Farmen gezüchtet und von Hand geerntet.

Die Baumwolle und ihre geringe Salztoleranz

Die Baumwollpflanze verträgt Gips recht gut[145]. 50 000 ha Neuland mit gipshaltigem Boden wurden bereits 1983 im Bezirk von Buchara bepflanzt, und 150 000 ha waren dafür vorgesehen. Im Prinzip wird der Anbau an den verfügbaren Boden angepaßt. Die Baumwolle hatte dabei stets Vorrang. Bis 1983 (Minaschina et al. 1983) hatten keine genauen Angaben über den Zusammenhang zwischen Gips und Baumwollertrag vorgelegen. Die Ergebnisse von Experimenten, die auf grau-braunen Böden durchgeführt wurden, sind in den Tabellen 4.9 - 4.17 zusammengefaßt. Bei diesen Versuchen wurden größere Mengen an Düngemitteln verwendet, als es in Turan beim Baumwollanbau sonst üblich ist: 20 kg Stickstoff und 100 kg Phosphat vor der Einsaat (in 16-18 cm Tiefe, während des Pflügens); 80 kg Stickstoff und 30 kg Phosphat während der Knospenbildung; 70 kg Stickstoff und 30 kg Phosphat zur Zeit der Blüte (in

[145] Man beachte, daß das Problem der Versalzung vor 1990 von sowjetischen Autoren stets im Hinblick auf den Baumwollanbau gesehen wurde; folglich erwies sich ein Großteil der statistischen Daten als unbrauchbar, sobald man die Umwandlung von Baumwollfeldern in Anbauflächen für Nahrungsmittelpflanzen betrachten wollte, da letztere wesentlich salzempfindlicher sind (vgl. Tabelle 4.8).

Tabelle 4.9. Pedologische Eigenschaften der grau-braunen Böden (Minaschina 1983)

Tiefe (cm)	Humus	CO_2 Karbonat	Stickstoff (%)	P_2O_5	Mobile Salze	K_2O (mg/kg)
0-30	0,57	7,1	0,045	0,14	9,6	547
30-55	0,40	6,2	0,033	0,13	3,6	179
55-96	0,36	7,1	0,019	0,11	3,6	96
96-132	0,34	5,9	-	-	3,6	92
132-182	0,27	6,6	-	-	3,6	92
182-200	0,23	-	-	-	3,6	92

- : keine Messung

Tabelle 4.10. Produktivität der grau-braunen Böden im Urzustand, ohne Gips, zum Vergleich

Anbau-pflanze	Jahr	Produktivität (dz/ha) ohne Düngung	mit Düngung	Düngermenge pro Jahr (kg/ha) N	P_2O_5	Streuung der Ergebnisse (dz/ha)
Baumwolle	1978	17,4	35,1	200	200	0,9
	1979	15,9	34,8	200	200	0,7
	1980	14,9	36,8	200	200	0,5
Mittelwert		16,1	35,5			
Alfagras	1978	44	51	80	100	4,0
(als Futter-	1979	117	175	0	100	3,2
mittel)	1980	161	218	0	100	3,9

beiden Fällen 5 cm unter dem Boden der Bewässerungsrinne sowie schon bei der Aussaat selbst in 5 cm Abstand von den Samenkörnern und in 8-10 cm Tiefe). Jeder Pflanze (Sorte Taschkent I) steht eine Fläche von 60 x 15 cm zur Verfügung, bevor sie gelichtet wird. Die Anbaumethoden (Jäten, Entlaubung vor der Blüte etc.) entsprechen denen beim normalen Anbau.

Mit Hilfe dieser Untersuchungen läßt sich die Grundursache des Problems in der Region erfassen: der Salzüberschuß in den Böden, die übergroßen Wassermengen bei der Bewässerung, der Salzaufstieg und der Mißbrauch von Düngemitteln und Pestiziden.

Die wesentlichen Ergebnisse der Studie sind: Jeweils 1 % zusätzlicher Gipsgehalt im Bereich der Wurzeln läßt den Ertrag um 1,6 % sinken. In Böden, die bereits über 25 % Gips enthalten, führt (unter gleichen Anbaubedingungen) jede zusätzliche Erhöhung des Gipsgehalts um 1 % zu einem weiteren Ertragsverlust.

Tabelle 4.11. Gipsgehalt (%) der untersuchten Böden

Versuch (Nr.)	Tiefe (cm)	1978	1979	1980	Mittelwert	Streuung der Ergebnisse
1	0-30	2,6	2,0	1,1	1,9	0,8
	30-70	13,7	10,0	9,5	11,1	2,1
	0-70	8,9	6,6	5,9	7,1	1,5
2	0-30	12,5	10,9	9,7	11,0	1,4
	30-70	19,8	19,0	22,4	20,4	1,7
	0-70	16,7	15,5	17,1	16,4	0,8
3	0-30	28,4	24,0	20,6	24,3	3,9
	30-70	36,2	37,8	37,0	37,0	0,8
	0-70	32,9	32,9	30,0	31,6	1,4
4	0-30	45,5	45,5	33,8	39,8	5,8
	30-70	56,1	56,1	60,3	59,5	3,2
	0-70	51,6	51,6	48,9	51,1	1,4

Tabelle 4.12. Baumwollertrag in Abhängigkeit vom Gipsgehalt (%)

Versuchs (Nr.)	Gips in % (0-70 cm Tiefe)	1978	1979 Rohbaumwolle (in dz/ha)	1980	Mittelwert	Streuung der Ergebnisse
1	7,1	27,6	28,4	31,3	29,1	1,8
2	16,4	22,0	24,6	27,5	24,7	2,8
3	31,6	14,9	15,3	16,2	15,5	0,7
4	51,1	2,8	2,5	4,4	3,2	0,8

Tabelle 4.13. Gipsverteilung in drei weiteren Versuchen

5		6		7	
Tiefe	Gips (%)	Tiefe	Gips (%)	Tiefe	Gips (%)
0-26	2,2	0-30	2,7	0-14	3,7
26-48	3,1	30-53	19,7	14-70	18,9
48-70	17,8	53-86	24,7	70-96	26,5
70-87	19,1	86-103	29,9	96-120	23,3
87-120	23,7	103-120	25,2	-	-

Tabelle 4.14. Wachstum und Ertrag der Baumwolle in Abhängigkeit von der Mächtigkeit der gipshaltigen im Bodenschicht (Mittelwerte von 1978-1980)

Versuch	Mächtigkeit (cm) des Bodens oberhalb der gipshaltigen Schicht		mittlere Höhe der Baumwollstiele	Anzahl pro Pflanze		mittlerer Ertrag an Rohbaumwolle (g)	
	Mittelwert	Streuung		fruchttragende Zweige	Kapseln	pro Kapsel	pro Pflanze
5	47	3,5	73,9	16,1	9,3	4,8	44,6
6	30	2,5	53,5	12,0	7,4	3,9	20,9
7	15	3,0	33,0	8,9	3,5	2,7	9,5

Tabelle 4.15. Bruttoertrag in Abhängigkeit von der Lage der Obergrenze des Gipshorizonts

Versuch	Tiefe (cm)	1978	1979	1980	Mittelwert	Streuung	Ertrag in % des Ertrags von Vergleichsparzellen
		Rohbaumwolle (dz/ha)					
5	47	26,9	27,3	29,8	28,0	1,5	78,9
6	30	21,6	20,0	23,6	21,7	1,8	61,1
7	15	8,5	10,7	12,0	10,4	1,7	29,3

Tabelle 4.16. Einfluß von Gips auf die Eigenschaften der Baumwolle

Merkmal	Versuch Nr. 1	2	3	4
Höhe der Pflanzen (cm)	70,2	51,7	41,0	30,6
Trockengewicht der Pflanzenoberteile (g)	132,5	123,8	79,6	37,0
Anzahl der Kapseln	12,0	7,4	4,6	3,5
Prozentanteil geöffneter Kapseln	27,5	50,2	45,6	71,4
mittleres Gewicht pro Kapsel (g)	5,8	5,2	4,3	3,1
Gewicht von 1000 Samen (g)	126	120	115	104
Ertrag an Fasern (% des Kapselgewichts)	37,0	35,4	34,0	31,1
Länge der Fasern (mm)	31,4	30,3	29,5	29,4
Rohbaumwolle (% des Trockengewichts der Pflanze)	43,0	36,5	21,1	15,9

Tabelle 4.17. Verlust beim Rohbaumwollertrag in Abhängigkeit vom Gipsgehalt des Bodens

Ertragsverlust (% der Erträge in Vergleichsversuchen)	Bodenschicht 0-30 cm	30-70 cm	0-70 cm	Obergrenze der Schicht, die mindestens 25 % Gips enthält (cm)
	Gipsgehalt (%)			
10	1,6	10,8	7,2	68
25	7,6	16,4	11,4	43
50	22,8	32,8	27,2	24
75	35,2	48,8	42,0	14
90	39,9	58,0	50,4	8

Je nach der Tiefe, in der der Gipsgehalt steigt, kann dieser Ertragsverlust zwischen 2 % (an der Oberfläche) und 0,5 % (in 70 cm Tiefe) ausmachen. Zudem verschlechtert sich die Qualität der Baumwolle (Länge der Fasern) auch noch erheblich. Der Gips beschleunigt beim Baumwollstrauch die Bildung der Kapseln, wodurch die Blüte in eine Zeit größter Trockenheit vorverlegt wird, wodurch wiederum eine höhere Wasserzufuhr benötigt wird.

4.5 Die Viehzucht: Versuch einer Intensivierung

Die Statistiken sagen nicht viel aus. Das Verschwinden der Transhumanz im wesentlichen aus politischen Gründen wurde bereits angesprochen. Die Wanderhirten nutzten auch die kleinsten Weidegelegenheiten aus, indem sie dem Vorrücken des Frühlings und dem Wachstum der Pflanzen folgten. Zu ihren Ausgangspunkten kehrten sie jeweils zu Beginn des Sommers und des Winters zurück. Dabei zogen sie in jedem Jahr über dieselben Strecken.

Die Kamelzucht hat beträchtlich abgenommen, während die Schafzucht seit 1950 zugenommen hat. Nach Schätzungen von Nikolajew (1982) gab es in Turan 129 Mio. ha Weideflächen, davon 122 Mio. in der Ebene, auf denen 34 Mio. Schafe Nahrung finden können. In den letzten Jahren wurden die Zahlen von 15 Mio. Schafen und 1 Mio. Stück Hornvieh angegeben.

Wie dem auch sei, die Rinderproduktion Turkmenistans stieg von 1950-1975 von 265 000 auf 490 000 Stück Hornvieh, und bis 1990 war eine weitere Steigerung um 7,8 % vorgesehen. 1978 wurden 15 000 t Wolle und eine Million Felle von Karakul-Lämmern erzeugt. Die Zahl der Schafe hatte 1980 im Vergleich zur Zeit der Revolution auf das 2,5-fache zugenommen, und die landwirtschaftliche Produktion "hatte sich seit dem Zarismus versiebenfacht" (Babajew 1986). Welchen Wert derartige Angaben auch haben mögen, es scheint so, als liege der tatsächliche Ertrag etwa 2 bis 3mal niedriger als der unter vergleichbaren klimatischen Bedingungen im amerikanischen Westen erzielte.

Tabelle 4.18. Statistik des mittleren Ertrags von Weideland

	Fläche (in Mio. ha)	Futterertrag in t/ha (Mittelwert)	Produktion (Mio. t/Jahr)	Stück Vieh (in Mio.)
Turkmenistan	41,0	0,13	5,41	5,7
Usbekistan	33,5	0,29	9,74	10,3
Süd-Kasachstan	54,6	0,31	17,25	18,2

Seit 50 Jahren wurde die Landwirtschaft rationeller gestaltet, indem man Farmen zur Tierproduktion verschiedener Größe schuf (1978 gab es in Turkmenistan 316 Farmen in der Größe zwischen 27 000 und 67 000 ha). Sie wurden inmitten der Weidegebiete gebaut und über Tiefbrunnen aus Grundwasserschichten mit geringem Salzgehalt (bis zu 2-3 g/l) mit Wasser versorgt. So wurde in den ariden Steppen rings um diese Zentren künstlich Weideland geschaffen, wobei wiederum Tiefbohrungen (54 in der Kara-Kum) genutzt und 5200 Brunnen eingerichtet wurden, hinzu kamen 600 Zisternen, um das Regenwasser aufzufangen. Vorgesehen war, 1985 auf diese Weise 5 Mio. ha zu bewässern. Auch wurde eine 300 km lange Pipeline von Aschchabad in die Kara-Kum gebaut. Der kontrollierte Nomadismus verschwand nie vollständig, die Zugstrecken wurden jedoch abgewechselt, um die bereits gefährdeten Pflanzengesellschaften nicht noch mehr zu schädigen. Es wurden Versuche unternommen, die natürlichen Pflanzenarten und ihre Zusammenstellung zu verbessern (Zusatznahrung) (Tabelle 4.18). Der Ertrag der unbewässerten natürlichen Weiden auf Steppengelände blieb jedoch völlig unbedeutend[146]. Also greift man zurück auf künstliche Futtermittel, Futter und Ölkuchen aus dem Baumwollanbau (20 % der verfütterten Mengen).

Ein großer Teil der regelmäßig bewässerten Weiden (15-25 %) ist deutlich produktiver. Die Austrocknung der Sümpfe und Tugai-Wälder der Deltas hat die Entwicklung dieser künstlichen Weiden ermöglicht (Luzerne), die, ebenso wie der übrige Landbau, von den beiden Geißeln der Porenverstopfung und der Versalzung bedroht sind.

An dieser Stelle sei auf die Schäden hingewiesen, die durch Überweidung entstehen: Rings um die Brunnen gibt es im Umkreis von 500 m so gut wie keine Vegetation mehr, und der Sand neigt dazu, Dünen zu bilden. Bis in 1,5 km Entfernung sind nur 20 % der Vegetation erhalten, darunter vorwiegend Büsche und ein kaum genießbares Gras, *Aristida karelinii*; bei etwa 3,5 km Abstand lassen diese Vegetationsschäden nach. Man versucht, diesem Zustand durch die Einführung einer parzellenweisen Rotation entgegenzuwirken.

146 0,3-0,5 t Futter pro ha für den Zeitraum Frühjahr/Sommer sowie ein Fünftel davon für den Rest des Jahres.

Tabelle 4.19. Wichtigste Lebewesen und Anzahl der Arten im Aralsee (1954)

Phytoplankton		39	Phytobenthos		7
davon Diatomeen		18	Zoobenthos		48
Zooplankton		24	davon	Foraminiferen	
davon	Rädertierchen	8		(Kammerlinge)	2
	Wasserflöhe	7		Weichtiere	6
	Ruderfußkrebse	7		Flohkrebse	1
Fische		20		niedere Krebse	8

4.6 Flora und Fauna des Sees und Fischfang

Pflanzliches und tierisches Plankton war im See spärlich vertreten (Senkewitsch 1957), sowohl mengenmäßig als auch bezüglich der Artenvielfalt (Tabelle 4.19), denn das Wasser selbst war arm an Nährstoffen (Stickstoff, Phosphor) (Abb. 4.12). Trotz des niedrigen Salzgehalts stellten die Diatomeen (Kieselalgen; Abb. 4.13) von der Biomasse her die größte Gruppe dar (v.a. *Actinocyclus ehrenbergi*), gefolgt von der Plankton-Grünalge *Botryococcus braunii* (Phytomasse zwischen 0,5 und 2,6 g/m³ Wasser). Das Zooplankton war vor allem durch Rotatorien (Rädertierchen)[147] und Cladoceren (Wasserflöhe)[148] vertreten; den Hauptteil der Biomasse machten die Süßwasser-Copepoden (Ruderfußkrebse), *Diaptomus salinus*, aus, die sich angepaßt hatten. Nachts stieg dieses Plankton zur Oberfläche auf. Es ernährte sich vorwiegend von Actinocyclus und diente selbst den jungen und sogar erwachsenen Fischen als Nahrung[149]. Zwischen 1953 und 1960 ging dieses Plankton drastisch zurück, anscheinend ohne daß daran die Einträge aus den Flüssen mit beteiligt waren (vgl. Abb. 4.14). In den Stromrinnen der Deltas gab es Krebse im Überfluß.

Unter den Fischen (vor 1960 etwa 20 Arten) - Süßwasserarten, welche sich an einen gewissen Salzgehalt angepaßt hatten - herrschten Karpfen (60 %) und Barsche (15 %), von denen es drei Arten gab, vor; dazu einige Hechte und Lachse, die alle vom Menschen eingesetzt worden waren. Eine Störart (*Pseudoscaphyrhynchus sp.*), die in den 1940er Jahren eingesetzt worden und von der Fischerei sehr geschätzt war, ist seither praktisch verschwunden. 1964 wurden 10 % des sowjetischen Kaviars im Aralsee erzeugt. Im Gegensatz zu den seit dem 18. Jh. von Gmelin gemachten Angaben gab es im Aralsee keine Wale - wie auch übrigens im Kaspischen Meer nicht.

Das Benthos (die Biomasse am Seegrund) war zu 90 % aus Pflanzen zusammengesetzt. Die fadenförmige Grünalge Vaucheria brachte es auf eine Biomasse

[147] Kleine schwimmende Räuber.

[148] Kleine Krebse (Kapitel 6, Statistik des Zooplanktons).

[149] Zahlreiche Einzelheiten über die Fauna der Wirbellosen kann man bei Aladin u. Chlebowitsch (1989) nachlesen.

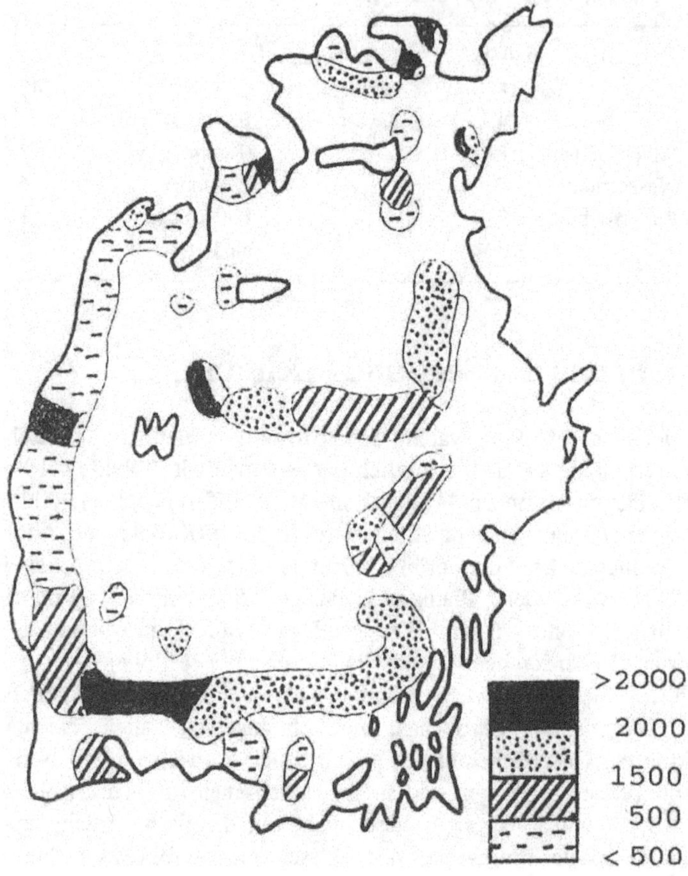

Abb. 4.12. Verteilung von Plankton in Organismen pro Liter. (Nach: Anonymus 1964)

von 530 g/m^2. Die Haupt-Wasserpflanze jedoch war das Seegras (*Zostera nana*, 910 g/m^2)[150], das vom Mittelmeer über das Kaspische Meer gekommen war, bevor es den Aralsee zu Zeiten erreichte, als sich die Meere im Quartär ausdehnten (vgl. Kap. 2). Als Vertreterin der Grünalgen kam *Polysiphonia violacea* hinzu und als Vertreterin der Armleuchteralgen (einer Nachbargruppe der Grünalgen) *Tolypella aralica*. Das Phytobenthos stellte 90 % der pflanzlichen Biomasse und die Hauptnahrung der Tiere. Die Tiere, die im Benthos am zahlreichsten vertreten waren, waren Oligochäten (Ringelwürmer) und Zuckmückenlarven, der Muschelkrebs[151] *Cyprideis littoralis*, der Amphipode (Flohkrebs)[152] *Pontogammarus*

[150] Eine Pflanze, deren Blüte vollständig unter der Wasseroberfläche bleibt; charakteristisch für das Mittelmeer.
[151] Kleiner Krebs mit einer zweiklappigen Schale.
[152] Kleine Garnelen.

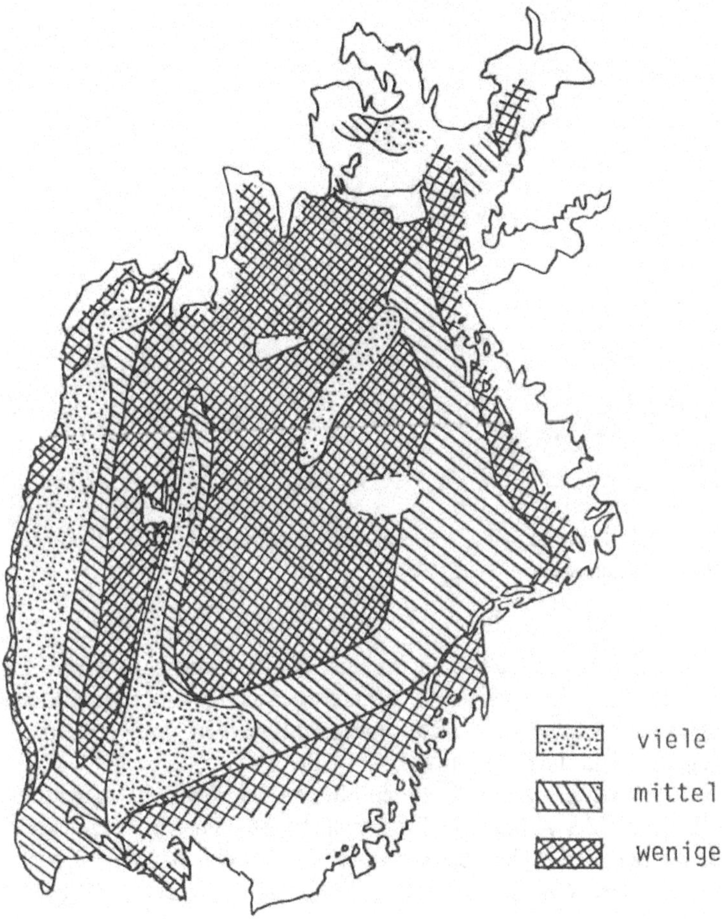

Abb. 4.13. Verteilung der Diatomeen im Aralsee vor 1960. (Nach Blinow 1956)

aralensis und schließlich die ursprünglich im Süßwasser heimischen Mollusken (Weichtiere), *Adacna minima, A. Vitrea, Hydrobia stagnalis* und *H. pusilla, Corbicula fluminalis, Teodoxus pallasi, Capsa* und *Dreissena polymorpha*[153]. Sie kamen aus dem Kaspischen Meer, und traten vermutlich, ebenso wie die Herzmuschel *Cardium edule*, zur gleichen Zeit wie das Seegras im Aralsee auf. Im Wesentlichen bestand die Biomasse des Zoobenthos (63 % Weichtiere, 33 % Insektenlarven) aus zweischaligen Muscheln, v.a. *Dreissena polymorpha*, und ging

153 Eine Süßwassermuschel.

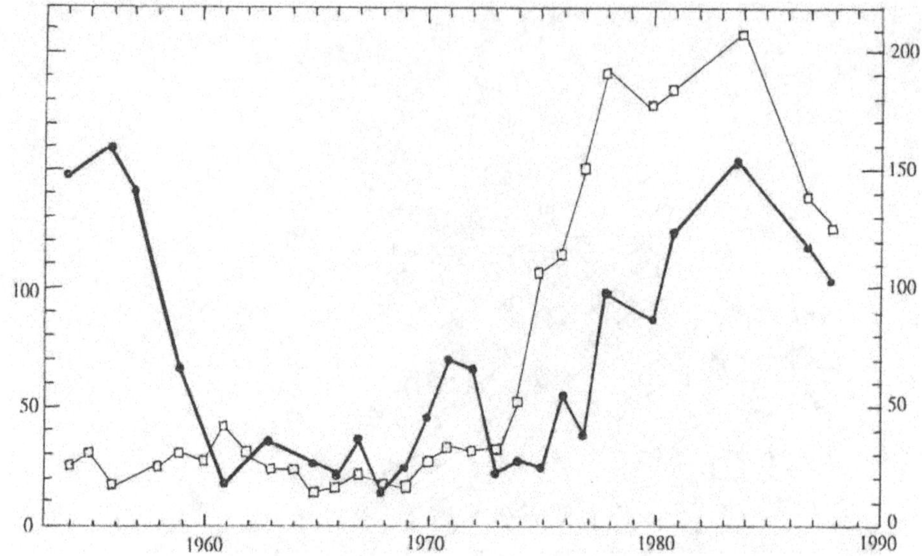

Abb. 4.14. Entwicklung der Biomasse von Zooplankton (dicker Strich, in g/m³) und Zoobenthos (in g/m²) von 1953-1988. (Nach Aladin u. Potts 1992)

kaum über 20 g/m^2 hinaus; das ist 100mal weniger als im Kaspischen Meer. Es gab 11 Foraminiferenarten (Kammerlinge, darunter 8, auch im Kaspischen Meer vorkamen). Schwämme kannte man nicht. Insgesamt wurden nur 41 Wirbellosenarten verzeichnet (Morduchai-Boltowskoi, 1979).

Die geringe Artenvielfalt läßt sich durch die großen Schwankungen des Salzgehalts erklären, die der Aralsee im Laufe seiner Geschichte zu verzeichnen hatte, sowie auf die Schwierigkeiten bei der Erholung von den ständigen hydrologischen Krisen im See. Wie im Kaspischen Meer gab es weder Radiolarien (Strahlentierchen) noch Kopffüßer und auch keine Krabben, Haie oder Rochen. Es kamen auch keine Seehunde vor - im Gegensatz zum Kaspischen Meer, wohin sie über die Wolga gelangen konnten. Im wesentlichen trug die Fauna die charakteristischen Züge des Schwarzen Meeres. Ins Kaspische Meer und von dort in den Aralsee konnten die Tiere nur vor der Trennung vom Schwarzen Meer eindringen, die vor einigen Jahrtausenden in der engen Manytsch-Senke nördlich des Kaukasus offenbar mehrfach erfolgte. Die betreffenden Populationen im Aralsee sind fast verschwunden (vgl. Kapitel 6). Die quantitative Armut an Biomasse beruhte auf der Knappheit an im Wasser gelöstem Phosphor, doch dazu mehr in Kapitel 7. 1992 wurde die Fauna des Aralsees von Andrejew et al. erneut untersucht.

5 Wirtschaftliche Erschließung des Raumes um den Aralsee - Gigantomanie und Gefährdung

5.1 Die Etappen der Entwicklung

Die Vergangenheit: Das Wunder der Straße der Inder

Andrianow (1985) und Mohammedjanow (1991, vgl. Kap. 3) haben zur Geschichte des Wasserbaus am Aralsee eine ausgezeichnete Übersicht zusammengestellt, mit der das kleine anonyme Werk "Irrigation development in the Soviet Union" vervollständigt wird[154]. Seit unvordenklichen Zeiten wurde beim Ackerbau mit Bewässerung gearbeitet; an den Fundstätten am Nordhang des Kopet-Dag (Zivilisationen von Dsheitun und ähnliche) reichen die Spuren davon bis ins 8. oder 9. Jahrtausend v.Chr. zurück. In diesen Regionen am Fuße der Gipfel, an denen sich die Niederschläge sammeln, begann man im 8. Jh. v.Chr. mit der Nutzung von *Kjaris*. Diese entsprechen den persischen *Qanats* und den *Fogghara* in der Sahara; ihre Reste erstrecken sich - soweit bekannt - über Dutzende Kilometer, sie werden heute allerdings nicht mehr genutzt. Um den Aralsee herum wurden zunächst um 3000 oder 4000 v.Chr. nur die Ufergebiete am oberen Amu-Darja-Delta (rings um das ehemlige Bett des Akscha-Darja) für die Landwirtschaft erschlossen, später kam dann auch der Westteil hinzu, der langsam zur Sary-Kamysch-Senke hin abfällt. Am Mittellauf des Amu-Darja war jegliche Wasserlenkung bis zur heutigen Zeit praktisch ausgeschlossen, da der Fluß seinen Lauf zu häufig und mit allzu großer Kraft veränderte. Wenn möglich, benutzte man für den Ackerbau die recht gut geschützte Mittelterrasse (5 m oberhalb des normalen Flußbetts). Die Hochterrasse (in 20 m Höhe) war unbrauchbar, weil von der Kara-Kum her häufig sandige Winde wehten. Lediglich zeitweise konnte man sie als Weide nutzen, ebenso wie die Wüste, die bis an die Hochterrasse heranreicht. Direkt im Flußbett wurden neu entstandene fruchtbare Inseln schnell von Vegetation bedeckt; man holzte diese ab und bestellte das Feld, ohne dabei jedoch zu vergessen, daß diese Arbeit vom Zufall abhing und zeitlich begrenzt war.

---

[154] Jaubert de Passa (1845) war es, der sich offenbar als erster aus dem Westen für die Geschichte der Bewässerung in Mittelasien interessierte (s. Bd. 1, Kap. V)

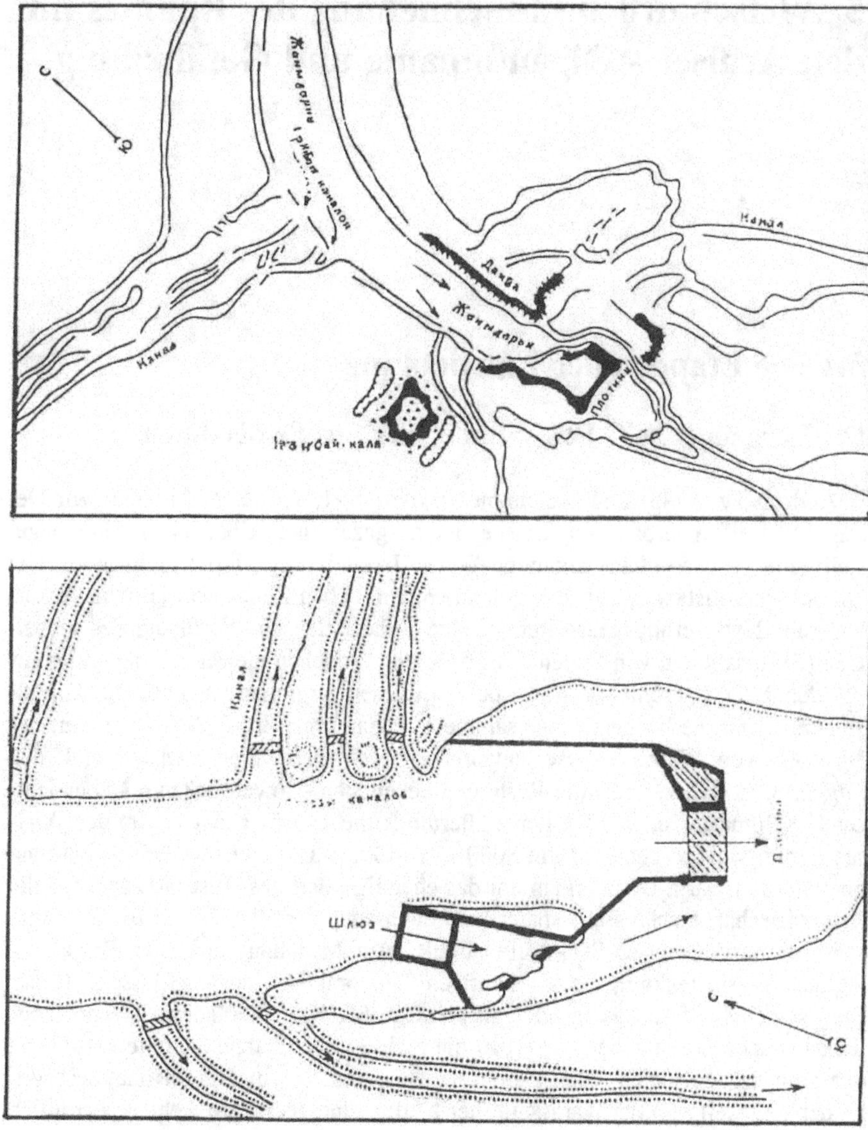

Abb. 5.1. Wasserbauten aus dem Mittelalter (11.-13. Jh.) am südwestlichen Syr-Darja (in Irkiban-Kala): Kanäle, Deiche und Schleusen; die *Pfeile* jeweils in der Kartenecke geben die Nordrichtung an. (Nach Andrianow 1991)

Sehr früh bereits wurden jedoch zahlreiche Umlenkungsversuche an den wichtigsten Armen des unteren Oxus unternommen, und zwar mit überaus bescheidenen Mitteln (Abb. 5.1). Erinnern wir uns daran, wie Bekowitsch staunte, als er den großen, aber armseligen Damm östlich von Chiwa betrachtete, der aus den örtlichen Baumaterialien errichtet worden war. Er war ständig der Erosion ausgesetzt und wurde bei außergewöhnlichen Hochwasserereignissen zerstört. 1873 gab es über 30 große Kanäle mit einer Gesamtwasserabflußmenge von mehr als 200 m^3/s. Die Ebene von Choresm wurde von einem ganzen Netz nachgeordneter Kanäle bewässert. Dabei wurden genaue Regeln beachtet, ein "Wasserrecht" erinnerte an das anderer Regionen mit gleicher Lage - sei es Mesopotamien, seien es die Oasen der Sahara oder der Yukatan bei den Mayas. Durch den ständigen Nachschub großer Mengen von angeschwemmtem Material waren ständige Ausräumungen erforderlich. Ein solcher Kanal, 100 km von Chiwa entfernt, hinterließ jedes Jahr 20 cm Schlamm in seinem Bett, der jeweils nach dem Hochwasser herausgeholt und sorgfältig an den Ufern aufgetragen wurde, wo er zum Schutz der Dämme gegen Hochwasser beitrug. Trotzdem wurde durch den Schlamm auch der Grund der Stromrinnen angehoben, wodurch einerseits tiefer gelegene Reisfelder geflutet, im übrigen aber katastrophale Unfälle ausgelöst werden konnten. Es heißt, daß bei den bäuerlichen Frondiensten 60 % der Zeit für Kanalbauarbeiten verwandt wurde. Diese Kanäle, die "Aryks", werden immer noch sorgfältig gepflegt, zumindest in den kleinen Gemeinden. Die Felder, die der Wüste am nächsten lagen, litten zudem unter der äolischen Sandzufuhr. Der Sand, der durch die Feldfrüchte und Hecken zurückgehalten wurde, mußte von Hand fortgeräumt werden. Die Hacke, die noch derjenigen aus der Jungsteinzeit ähnelte, war noch bis zum Auftreten landwirtschaftlicher Maschinen um 1930 in Gebrauch.

Für die etwas höher gelegenen Felder war seit dem Altertum die Verwendung des Schöpfrads die Regel; bewegt wurde es von Kamelen, Eseln oder Menschen, so wie heute noch in Ägypten oder im Irak.

Die Sozialstruktur des Choresm umfaßte zu allen Zeiten eine umfangreiche Zahl Fellachen, die örtliche Herrschaft hatte das Privileg der Wasserverteilung in ihren Händen, diese Macht wurde vermutlich recht schnell erblich. Es folgten eine Vielzahl kleiner Fürstentümer, die sich gelegentlich verbündeten, dann stand über ihnen eine stärkere Macht, die allerdings ebenso schnell wieder aufgelöst wurde, wie sie gebildet war. Die Städte waren Marktorte und Etappenziele für die Karawanen, die von Sogdien ins Abendland gingen und zurückkehrten, außerdem dienten sie am Rande des Choresm als Stützpunkte für die nomadischen Völker der Steppen im Ust-Urt, in der Kara-Kum und in der Kysyl-Kum. Hirten tauschten dort ihre Tiere gegen Lebensmittel, Stoffe und Werkzeuge. Über Jahrtausende war Choresm der wirtschaftliche Dreh- und Angelpunkt der gesamten Senke von Turan.

Das neuere Delta des Oxus wurde kaum gerodet, denn bei jedem Hochwasser wurde das Gelände allzu heftig überflutet, zudem verlagerte es sich zu rasch. Dieses Gebiet stellte die Jagdgründe der Khans von Chiwa dar. Der östliche Teil des Deltas wurde infolge der Austrocknung des Akscha-Darja sehr früh aufgegeben, vermutlich noch vor unserer Zeitrechnung. Es gibt berechtigte Gründe zu der Annahme, daß dabei außer der natürlichen Versandung - der Ausdehnung der Wüste Kysyl-Kum im Zusammenhang mit Klimaschwankungen - auch dem

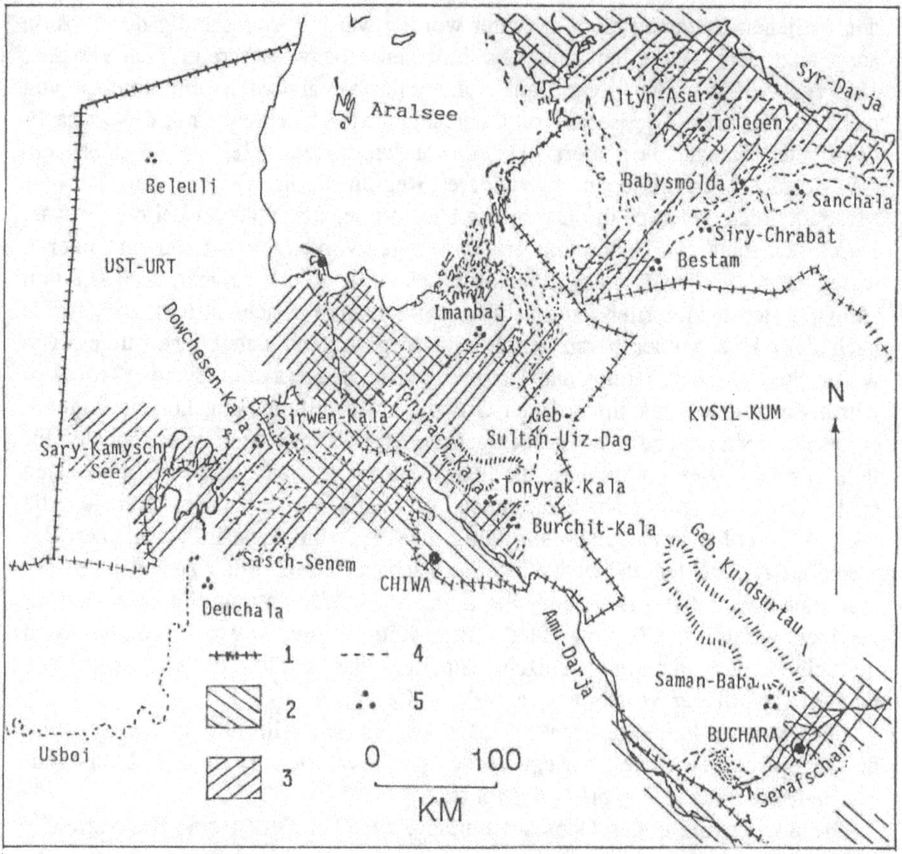

Abb. 5.2. Frühere und heutige Bewässerungsgebiete; *1* Grenzen, *2* frühere Bewässerungsgebiete, *3* heutige Bewässerungsgebiete, *4* alte Flußbetten, *5* historische Stätten. (Nach Kohl 1984)

Menschen ein Teil der Verantwortung zugerechnet werden muß: Wenn ein Strombett abgeschnitten wurden, so konnte dies aus Notwendigkeit oder als Vergeltungsmaßnahme geschehen sein. Über die Jahrhunderte hinweg geschah dies bei den Fürsten von Choresm ständig. Sie setzten diese Maßnahme noch bis 1914 und 1916 gegen plündernde Nomaden ein, die westlich von Chiwa und Alt-Urgentsch ihre Stützpunkte hatten; aber auch die Russen verfuhren nach der Eroberung von Samarkand gegenüber dem Khanat von Buchara so.

Wie dies auch immer zu bewerten sein mag, so machten doch der Wasserreichtum, die Wärme und der Sonnenschein aus dem Choresm für viele Jahrhunderte (abgesehen von Kriegszeiten) eine sichere und üppige Kornkammer[155].

Am Jaxartes (Syr-Darja) gab es am Unterlauf keine vergleichbare Kontinuität der Landwirtschaft. Die ganze Gegend im Südosten nutzte zwar lange Zeit die

[155] Win altes chorasmisches Sprichwort lautet: "Drei Monate für die Melonen, drei Monate für die Milch, drei Monate für die sauren Gurken, drei Monate für den Fisch ..."

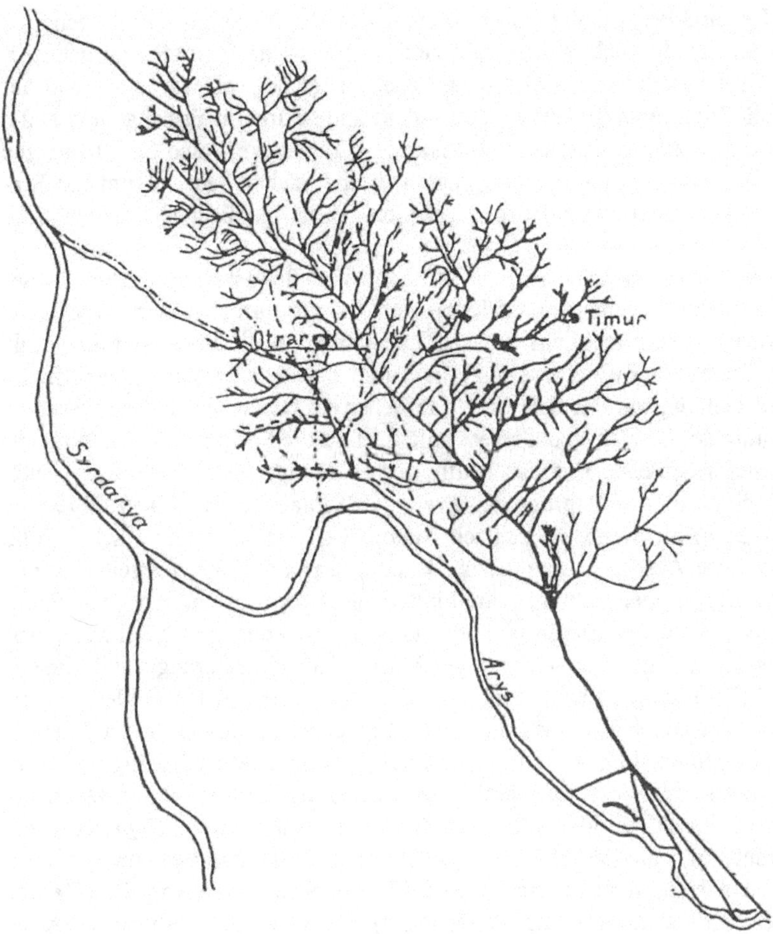

Abb. 5.3. Rekonstruktion des Bewässerungsnetzes, das vom Arys ausging, einem früheren Nebenfluß von rechts des Syr-Darja unterhalb von Tschimkent (11.-19. Jh. n. Chr.)

Seitenarme des Jana-Darja und die des Syr-Darja-Südufers; doch scheint es, daß die Stabilität des Bewässerungsnetzes im Vergleich zum Choresm geringer war. Im unteren Syr-Darja-Tal war der Flußverlauf noch unsicherer als beim Amu-Darja (vgl. Kap. 2), zudem konnte er leicht durch Feinde umgelenkt werden. Zwar hat man die Spur alter Kanäle (Abb. 5.1) entdeckt, über die Geschichte dieser Gegend schweigen die Chroniken jedoch. Keine Stadt hat dort die Zeiten überdauert, vermutlich sind sie verfallen und unter dem Sand begraben worden (Abb. 5.2 und 5.3).

Das gesamte übrige Umland des Aralsees war annähernd tot. Kein permanent fließendes Gewässer, selbst die verschiedenen Wadis im Norden und Nordosten führten nicht einmal jährlich Hochwasser. Es war das Land nomadischer Hirten, die den Regenfällen und dem Gras folgten, das sofort anschließend wuchs, so daß sie im Frühjahr nach Süden zogen und im Herbst nach Norden zurückkehrten. Da die Entfernung zu Flüssen und Kanälen recht groß war, war man auf traditionelle Brunnen angewiesen. Ihre Innenwände waren in Ermangelung anderer Materialien auf ein Geflecht von Akazien-, Tamarisken- und Saxaulzweigen gestützt. Der Boden ringsum war von Balken und Säcken bedeckt, um das Eindringen tierischer Exkremente zu vermeiden. Derartige Brunnen hielten 5-20 Jahre lang.

Wie wir gesehen haben, wird die Aufgabe von Bewässerungsflächen in der Vergangenheit im allgemeinen auf Kriegszerstörungen zurückgeführt. Aber auch andere Ursachen sind möglich: zunächst und vor allem die Bodenversalzung als Folge unzureichender Entwässerung: In Turan haben die Felder meist ein zu schwaches Gefälle, um das Salzwasser abfließen zu lassen, das bei der Wiederaustrocknung der bewässerten Gebiete anfällt - und die Sowjets, die dies wußten, haben dieses bedeutende Problem häufig vernachlässigt. Es gab allerdings auch Probleme durch die Verstopfung der Aryks mit Schlamm. Zum einen führen sie kein Wasser mehr, wenn sie schlecht unterhalten werden: Wenn sehr große Kanäle (wie der Akscha-Darja oder der Daudan-Darja auf der Westseite des unteren Amu-Darja) über mehrere Jahre hinweg nicht gepflegt wurden - was Folge irgendeines politischen Ereignisses sein konnte - so konnte es geschehen, daß ihre Wiederherstellung nicht mehr in der Macht einer Bevölkerung stand, die dafür zu spärlich geworden war. Zum anderen wurden die meisten Felder auf den Niederterrassen angelegt (zwischen 1 und 2 m oberhalb des mittleren Wasserspiegels der großen Flüsse). Die Aushöhlung der Flußbetten bei großen Jahrzehnt-Hochwassern machte auch einige der großen Seitenkanäle wirkungslos, sofern sie nicht anschließend wieder vertieft wurden. Makajew (1952) wies allerdings darauf hin, daß Städte wie Kunja-Urgentsch durch das Verschwinden des Wassers noch nicht zerstört wurden und daß die Stadt Wasir (bei Deu-Kesen, 50 km westlich von Kunja-Urgentsch gelegen) erst im 17. Jh. völlig verschwunden sei, nachdem die Wassermenge des Darja-Lyk, der die Stadt versorgte, allmählich auf Null abgefallen war.

Das Verschwinden alter Bewässerungssysteme ist also wahrscheinlich die Folge des Zusammentreffens von mehreren Ursachen.

Trotz der Beobachtungen einiger russischer Gelehrter, die das Land sehr gut kannten, wie etwa Wenjukow oder Wojekow[156], blühten von Beginn der

[156] "Wenn man bedenkt, daß die Ufer des Aralsees so öde sind, daß sie bis heute jedem Versuch getrotzt haben, auch nur eine kleine Siedlung einzurichten, daß ferner der Aralsee als solcher von Rußland durch 850 km Steppen getrennt ist, und wenn man schließlich sieht, daß es völlig unmöglich ist, die Eigenarten der nomadisierenden Plünderer zu verändern, so ist es unserer Meinung nach gerechtfertigt, zu bekräftigen, daß der Oxus auch in der Zukunft höchstens eine nachrangige Vorstoßrichtung für die Industrie und die Zivilisation sein kann ..." ... "Ich hoffe, meine Meinung wird den Patriotismus der Mitglieder der Reichsgesellschaft für Geographie in St.Petersburg nicht demütigen."(Wenjukow, 1869). Und Wojekow, 50 Jahre später (1914): "Der Baumwollanbau in Turkestan hat eine sehr schöne Zukunft, jedoch will ich mich nicht in der Hoffnung

russischen Besiedlung an öffentliche oder privat angeregte Entwicklungsprojekte auf. Eine der ersten Aufgaben, der sie sich widmeten, war die Wiederherstellung der Bewässerungsnetze, die erheblich beschädigt waren, nachdem man sie seit Jahrhunderten aufgegeben hatte. So wurde 1887 das Bewässerungssystem der Oase von Merw wiederhergestellt, das zum Privatgut des Zaren wurde (16 000 ha) und nach der Revolution zur Super-Sowchose von Bajram-Ali. Die Ingenieure versuchten, die wechselnden Kanalbetten möglichst wirksam abzusichern. Mit dem Anschluß an die Eisenbahn wurde es möglich, Steine aus oft weit entfernten Steinbrüchen heranzuschaffen, um die gebrannten Ziegel zu ersetzen. Von den 1890er Jahren an konnte die Dampfmaschine beim Graben von Kanälen, die dem Hochwasser besser widerstanden, und bei der Verstärkung der Dämme eingesetzt werden. Man beschloß, die Bewässerung voranzutreiben: Das erste Großprojekt zur Erschließung der Hungersteppe sah 1915 500 000 ha Neuland vor. 1925 waren knapp 130 000 ha bebaut.

Die staatliche Finanzierung der großen Bauwerke war schwierig. Die fehlgeschlagene Revolution von 1905, die im Russischen Reich Schaden in Höhe von über einer Milliarde Rubel anrichtete, brachte die Regierung de Witte 1906 dazu, das Angebot eines amerikanischen Konsortiums in Betracht zu ziehen, das für 40 Jahre die gesamte Tätigkeit von Handel und Industrie Turkestans pachten wollte und dafür dort 400 Mio. Rubel investiert hätte. Anschließend sollten alle Einrichtungen, Fabriken, Eisenbahnen usw. an Rußland zurückfallen. Das Angebot wurde schließlich ausgeschlagen, die weitere Entwicklung verlief sehr schleppend[157].

Ausländische Beobachter, die noch nach der Revolution zahlreich im Lande waren, schrieben ihre Eindrücke auf. Im Anhang IV kann man dazu ein Beispiel finden (Taris 1912). Die Aufhebung des Handelsvertrags zwischen den Vereinigten Staaten und Rußland 1909 beschleunigte die Entwicklung des Baumwollanbaus, zuvor hatte Rußland den USA die Hälfte ihrer Baumwolle abgekauft.

In den 1920er Jahren verbrauchte man bereits fast 11 000 m^3 Wasser pro ha und Jahr. Man bewässerte durch Überschwemmungen, was ein Grund für Wasserverluste war, und dachte, den Verbrauch mit Hilfe von Regulierungssystemen auf 5 000 m^3 pro ha und Jahr zu vermindern. Dies entspricht den Abschätzungen, die in anderen Ländern bei vergleichbarer Ausgangslage gemacht wurden (Field 1954). Die Verwendung von Wasser, das aus großer Entfernung herbeige-

---

wiegen, daß man ihre Verwirklichung bald sehen könnte. Denn die Regierung will oder kann die großen Bauten nicht angehen; und was die Privatinitiative anbelangt, so weiß die Bürokratie sie zu behindern. Dies ist umso einfacher, als es sich um große Vorhaben handelt, die nicht einfach wieder abgebrochen werden können; man diskutiert und streitet sich, man benennt Kommission um Kommission und Jahre gehen ins Land; die Urheber der Projekte verlieren die Geduld, und falls sie Kapitalisten sind, finden sie für ihr Geld eine andere Verwendung, da es an guten Geschäften in Rußland nicht mangelt." Wojekow zitiert auch einen gewissen Eugen Markow, der 1885 eine Reihe von Artikeln zum Thema "unsere Erwerbungen im Land der Tonerde" veröffentlicht hatte.

[157] G. Leroux, Chronik in der französischen Zeitung "Le Matin" vom 22.2.1906.

führt wurde, zusammen mit den Verlusten durch Versickerung und Verdunstung (es kam nicht in Frage, Tausende Kilometer von Kanälen und Rinnen völlig abzudichten) und der Tatsache, daß die Anbausaison auf einige Monate begrenzt ist (so daß alle Bewässerungsmaßnahmen auf diese Zeit konzentriert werden mußten), ließen einen tatsächlichen Bedarf von über 8000 m^3 pro ha und Jahr erwarten.

Eine der Natur angepaßte Wasserwirtschaft setzt voraus, daß im Frühjahr Vorräte für die Zeit des sommerlichen Niedrigwassers angesammelt werden. Mit diesem Ziel wurden Wasserspeicher in den Takyrs und in den Dünensanden am Fuße des Kopet-Dag in Betracht gezogen (Kunin und Letschinskij, 1960); dabei konnte es sich allerdings nur um eine Zusatzmaßnahme handeln, den Bau von Staudämmen konnte sie nicht ersetzen.

Donish hatte 1874 empfohlen, nahe bei Kerki das Wasser aus dem Amu-Darja zu entnehmen, um die Wüstenregion westlich von Karschi und Buchara zu bewässern. Schon 1915 hatte Morgunenkow einen Plan erstellt, wie das Wasser des Amu-Darja genutzt werden sollte, um die Ufer des Usboi und die Regionen an der Küste des Kaspischen Meeres (Dagestan) zu bewässern. Wegen technischer Schwierigkeiten wurde bis 1950 nichts unternommen.

Das Delta des Syr-Darja war von diesen ersten Projekten nicht betroffen, die im wesentlichen für die Ansiedlung - freiwilliger wie unfreiwilliger - russischer Kolonisten bestimmt waren; diese sollten den Besitzanspruch der Regierung des Zaren auf die erst seit kurzem erworbenen Gebiete unterstreichen. Für die nomadischen Völker war fast nichts vorgesehen.

Während der Revolution unterzeichnete Lenin am 17. März 1918 einen Erlaß, mit dem 50 Mio. Goldrubel für den Ausbau der Bewässerung bewilligt wurden. Gleichzeitig sah man vor, den Fischfang im Aralsee zu fördern, und Kredite dafür wurden aufgenommen. Bis zu diesem Zeitpunkt war der Fischfang vollkommen unbedeutend gewesen. Die Kasachen/Kirgisen, die regelmäßig an das Ost- und das Nordwestufer kamen, benutzten nur bescheidene Boote und entfernten sich nicht vom Ufer, wie einst Butakow berichtet hatte. 1927 begab sich (unter Prof. Ilin) eine Expedition zum Aralsee, um die Möglichkeiten der Förderung des Fischfangs auszuloten. Man gab an, daß die Gesamtproduktion von "Weißfisch", die damals bei 4900 t lag, versechsfacht werden könnte. Muinak und Aralsk wurden kleine Fischereihäfen. Die Fischer am ausgetrockneten Aralsee erinnerten Gorbatschow mit Bitterkeit daran, wie überschwenglich Lenin ihre Väter 1920 zum Fischen ermuntert hatte, indem er sie gebeten hatte, die Sowjetunion mit Fisch zu versorgen. (tatsächlich erreichten ihre Anlandungen nie 3 % der sowjetischen Fangmengen, während das Kaspische Meer fast 25 % lieferte).

Der Ingenieur Risenkampf hatte 1921 vorgeschlagen, aus dem Amu-Darja auf der Höhe seines Zusammenflusses mit dem Wachsch, 1890 m^3/s zu fördern, um 2,8 Mio. ha zu bewässern, darunter 320 000 ha in Afghanistan. Er schrieb: "Die Baumwolle wird das Rückgrat des Lebens jenseits vom Kaukasus sein und es sehr lange bleiben." Zur gleichen Zeit dachte Zinserling, daß ein Kanal südöst

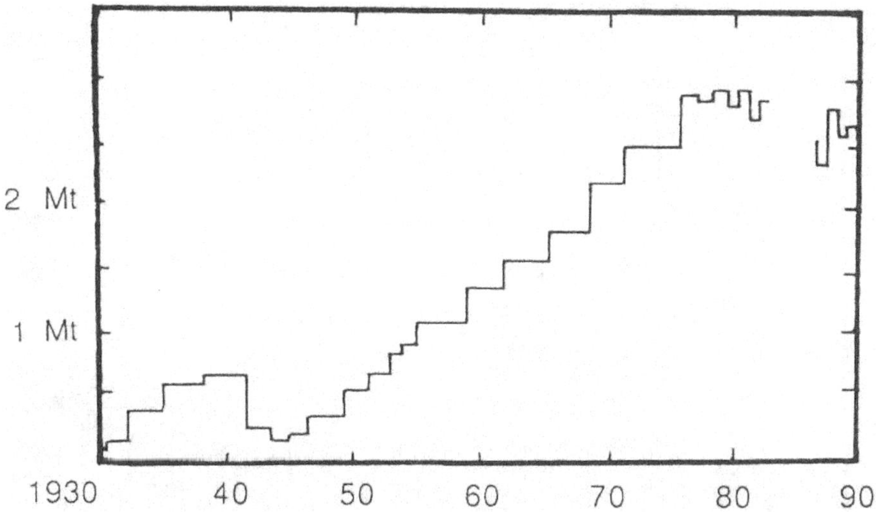

Abb. 5.4. Produktion von Baumwolle mit "mittellangen" Fasern in der Sowjetunion, nach zahlreichen (z.T. widersprüchlichen) Quellen; man beachte das Abknicken der Kurve ab 1979

lich der Wüste Kara-Kum "technisch riskant und unwirtschaftlich" sei, und sprach sich dafür aus, die Anstrengungen auf die Erschließung des Amu-Darja-Deltas zu richten. Bei diesen Bauten waren der Staudamm von Tachiatasch und das Ausleiten der Drainageabwässer in den Sary-Kamysch vorgesehen; sie dienten für die Projekte nach 1950 als Grundlage.

Die sowjetische Regierung erwartete die Weltrevolution, die nach einigen Schüben dann doch nicht ausbrach. Die neugegründete Sowjetunion, die noch die Tatsache zu ertragen hatte, daß sich ihre Republiken in Turkestan für unabhängig erklärt hatten, mußte also aus ihren eigenen Kräften heraus autark überleben. So erklärt sich eine Entscheidung, die schon im Zusammenhang mit der Landwirtschaft erwähnt wurde: Den fruchtbaren Böden des Landes wurde eine Nutzung zugeordnet, die für die Textilindustrie wichtig war, nämlich der Baumwollanbau, der zudem Exporte ermöglichen sollte[158]. Es war damals die Zeit der Begeisterung und der Träume über die Bepflanzung der Wüste. Michailowsk (1935) beschrieb in allen Einzelheiten die fabelhaften Experimente, die dazu führen sollten, daß in der Nähe von Moskau Reis wachsen würde, Baumwolle nördlich des Kaspischen Meeres (Arten, die keine Bewässerung benötigen) und Gerste auf den Sanden der Kara-Kum, ohne daß man sie bewässern müßte. Die Lehre von Lyssenko, dem bekannten Pseudo-Biologen, grassierte bereits, selbst in Mittelasien. Dennoch gab es durchaus auch schon einige,

[158] Siehe Cagnat und Jan (1990) hinsichtlich aller gesellschaftlichen Probleme, die mit dem Baumwollanbau verbunden waren (Widerstände, Lobbies usw.), S. 295 ff.

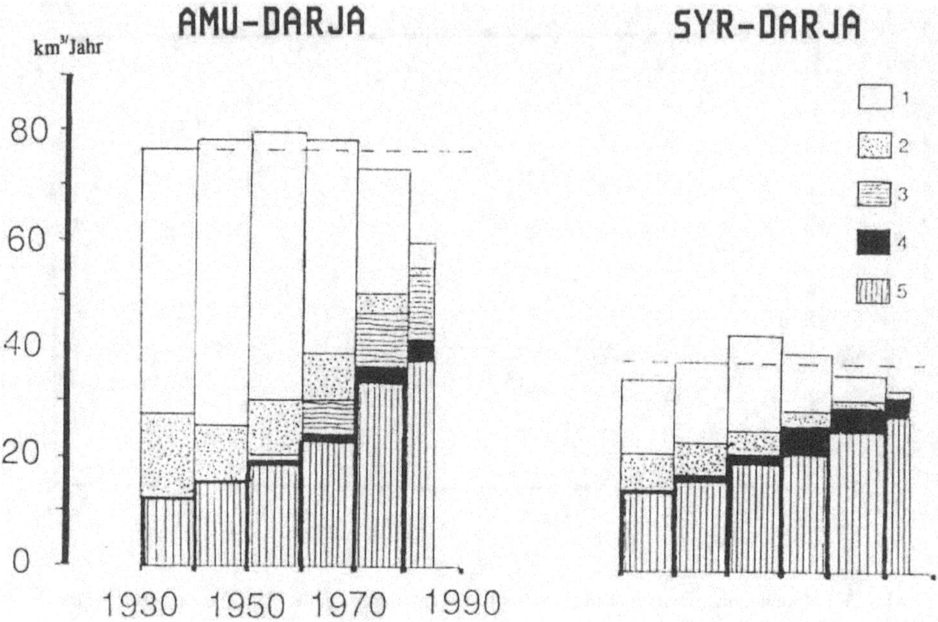

Abb. 5.5. Entwicklung der Wasserentnahme aus Amu-Darja und Syr-Darja. *1* Nettoabfluß, der zum Aralsee gelangt; *2* Verdunstung aus den Flüssen, Kanälen und Seen; *3* Entnahme über den Kara-Kum-Kanal; *4* Entnahme durch Städte und Industrie; *5* Entnahme durch andere Bewässerungssysteme. (Nach Beljajew 1967)

die sich der Probleme der Bodenversalzung bewußt waren, sowohl in der Sowjetunion wie anderswo, selbst wenn man ihre Bedeutung noch nicht recht erfassen konnte.

Die Vernichtung der dörflichen Gemeinschaften[159] und die Einrichtung von Genossenschaften, die schnell durch Kolchosen, dann Sowchosen ersetzt wurden, ermöglichten bis zu den 40er Jahren kaum die von Stalin vorgesehene Entwicklung. Im charakteristischen Stil der sowjetischen Zeit schrieb man: "Als die Bevölkerung den ganzen Vorteil der Agrarreformen begriffen hatte, machte sie sich begeistert an die Arbeit ... ". Der Krieg setzte den Bemühungen um Ausrüstung und Organisation ein Ende, und die Baumwollerzeugung, die bis dahin auf Tausenden von ha Bewässerungsfläche im Ansteigen war, brach zusammen (Abb. 5.4).

[159] Kerblay (1968, 1985).

Die Entwicklung der Bewässerung nach dem 2. Weltkrieg

Die Regionen rund um den Aralsee (*Pri-Aral*) umfassen eine Gesamtfläche von 500 000 km^2 mit einer Bevölkerung von 3 Mio. Einwohnern, 20 städtischen und 36 ländlichen Verdichtungsräumen. In den Jahren direkt nach dem 2. Weltkrieg wurden annähernd alle örtlichen Vorkommen genutzt, die für die Bewässerung verfügbar waren. Das schnelle Bevölkerungswachstum in Turan und die Politik der forcierten industriellen Entwicklung, die bekanntlich mit wilder Tatkraft vorangetrieben wurde, brachten die Raumplaner dazu, nach Mitteln zu suchen, um die Kapazitäten der Region auszuweiten. Im Bereich mineralischer Bodenschätze führte diese Politik zu zahlreichen Entdeckungen von Kohle, verschiedenen Mineralien, Erdgas und Erdöl, die heute ausgebeutet werden. Im landwirtschaftlichen Bereich war es immer die Baumwolle, "das weiße Gold", die Vorrang hatte[160]. Die Sowjetunion, deren Spielräume in diesem Bereich sehr eng waren, mußte ihre Produktion mit aller Macht ausdehnen. Wie bereits erwähnt, braucht diese Pflanze sehr viel Wärme und Wasser. Nun waren die zur Bewässerung genutzten Vorkommen sehr knapp, und Jahre mit besonders niedrigem Stand des jährlichen mittleren Niedrigwassers (20 % unter dem Abfluß des Jahresmittelwerts bei den großen Flüssen der Region) waren kritisch - und sind es noch. So verblieben als verfügbare Wasserressourcen der und der Syr-Darja. Der Abfluß des Amu-Darja lag 1947 in Kerki bei 2020 m^3/s, in Nukus bei 1500 m^3/s: Das Defizit zwischen diesen beiden Städten beruhte, wie bereits erwähnt, auf Versickerung und Verdunstung sowie auch schon auf Bewässerung (Abb. 5.5).

Den Anbau in der Region mit geeignetem Klima auszuweiten, setzte unbebaute Böden und/oder Wasser voraus. Das gesamte Gebiet am Unterlauf der beiden Flüsse bot beides (Abb. 5.6, 5.7). Auch war es möglich, bereits bewässertes Gelände weiter auszudehnen, d.h. die Einzugsbereiche von Murgab, Tedshen und Serafschan. Beide Zielrichtungen verfolgte der Entwicklungsplan unter der Leitung des Unions-Ministeriums für Wasserwirtschaft und den örtlichen Abteilungen der Agenturen Geokomhydromet, Minergo und Minwodchos.

Das sowjetische statistische Jahrbuch enthält folgende Tabelle über Bewässerungsflächen (Tabelle 5.1).

Andere Quellen kommen 1983 auf Werte von 7 Mio. ha für 1970 und 8,25 Mio. ha im Jahre 1982. Der Vergleich dieser beiden Ergebnisse führt zu einer mittleren Abweichung von $\pm$ 15 % der beiden Zahlenreihen. Erklären läßt sich das durch die Berücksichtigung unproduktiver Bewässerungsflächen (Salz) oder Flächen, auf denen noch Bauarbeiten im Gange sind, und die Bepflanzung noch nicht begonnen wurde. Das Ministerium für Wasser und Bodenerschließung wollte den letztgenannten Wert noch um 2,5 Mio. ha erhöhen, und zwar durch 35-36 km^3 zusätzlichem Wasserverbrauch pro Jahr - und das zu einem Zeitpunkt, zu dem allein im Delta bereits 300 000 ha Seen und Torfmoore ausgetrocknet

160 Der Reisanbau rückte somit auf den zweiten Platz, gefolgt von Hanf, Gemüse usw.

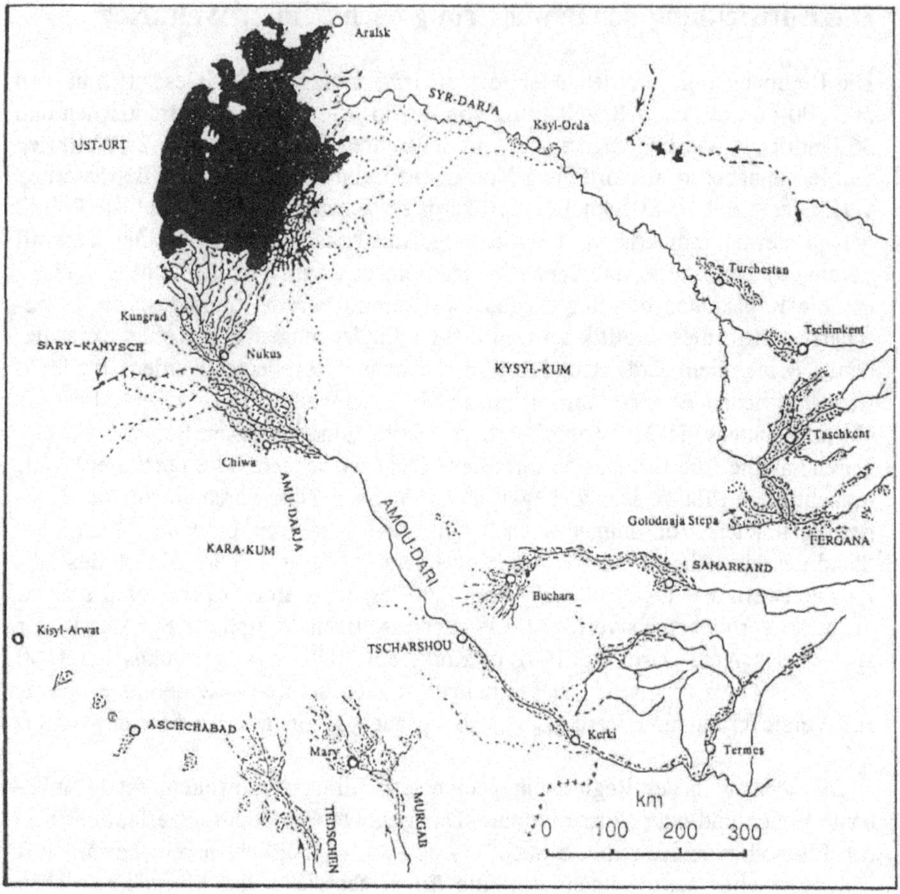

Abb. 5.6. Karte der dauerhaft bewässerten Gebiete um 1950

Tabelle 5.1. Bewässerungsflächen in 1000 ha. (Glasowski 1990)

	1950	1965	1970	1975	1978	1980	1985	1986	1987
Usbekistan	2276	2639	2696	3006	3304	3476	3930	4020	4109
Kirgistan	937	861	883	911	941	956	1009	1020	1028
Tadschikistan	361	468	518	567	602	617	653	662	675
Turkmenistan	454	514	643	819	892	927	1107	1185	1224
Kasachstan	1393	1368	1451	1648	1827	1961	2172	2230	2318
insgesamt	5421	5850	6191	6851	7566	7937	8871	9117	9354

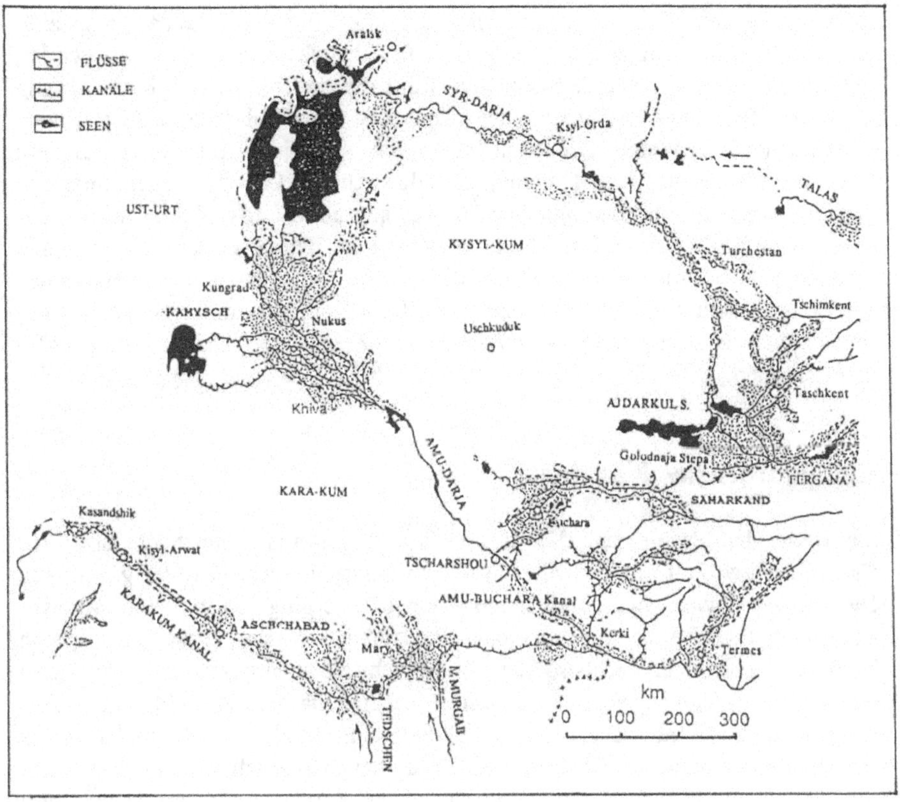

Abb. 5.7. Karte der dauerhaft bewässerten Gebiete um 1987

waren und zu dem sich der Pegel des Grundwassers bereits um 3-5 m (teils sogar 8 m) abgesenkt hatte und sein Salzgehalt anstieg. Micklin (1988) gibt für das eigentliche Becken des Aralsees Bewässerungsflächen von 3 Mio. ha 1900, 5 Mio. ha 1960 (mit 40 km^3 Wasser zur Bewässerung), 6,5 Mio. ha 1980 und 7,6 Mio. ha 1987 an. Diese Steigerung beruhte auf einer sparsameren Wasserverteilung (der mittlere Wasserverbrauch ging von 18.500 auf 13.700 m^3 pro ha und Jahr zurück) und auf der Rückgewinnung eines Teils der Drainageabwässer.

Bei Landnutzungen, die keine saisonale Bewässerung, sondern regelmäßige Wasserzufuhr benötigen, entsteht für die Landwirte im Bereich unterhalb der Rückhaltebecken in der Zeit von März bis Juli ein Problem. In den 60er Jahren benutzte man mobile Stauwehre und Pumpen auf Flachbooten, um diejenigen neuerschlossenen Nutzflächen zu bewässern, die als Weide vorgesehen waren, wodurch damals der Viehbestand merklich vergrößert werden konnte (45 000 Tiere im Amu-Darja-Delta 1965).

Es gab weitere Schwierigkeiten. Die Ufer des Amu-Darja sind angesichts ihrer Instabilität für den Bau von Stauwehren schlecht geeignet, und die gebauten

Rückhaltebecken haben wegen des schwachen Reliefs nur bescheidene Kapazitäten. Das Wasser verdunstet aus ihnen. Die Rückhaltebecken selbst überfluten bereits bewässertes Flachland. Schließlich führt die umfangreiche Sedimentierung zu einem Verstopfen der Rückhaltebecken - wie beim Nil, allerdings auf noch einschneidendere Weise. Die Staudämme von Kysilajak (Ausleitung aus dem Kara-Kum-Kanal) und von Tjujamujun (südöstlich von Chiwa) werden unter den gegenwärtigen Rahmenbedingungen in weniger als 50 Jahren mit Schwemmmaterial aufgefüllt sein. Ein idealer Standort, an dem die Stauseen entstehen könnten, wäre die Grenzregion, dies hätte jedoch das Einverständnis Afghanistans vorausgesetzt, beträchtliche Flächen auf seinem Territorium überschwemmen zu lassen, und so wurde im Grenzgebiet von Tadschikistan nichts unternommen.

Ein gigantisches Kanalnetz

Soviel zu den Problemen, die die Bewässerung Anfang der 50er Jahre zur Chruschtschow-Zeit mit sich brachte[161]. Chruschtschow war sich der gewaltigen Defizite der sowjetischen Landwirtschaft bewußt, so ging von ihm eine Initiative zu großen Bauarbeiten und zu einem Programm aus, das "Erschließung von Neuland" genannt und insbesondere in Kasachstan umgesetzt wurde. In Turan betraf die Ausdehnung von Bewässerungsflächen zunächst die traditionellen Anbaugebiete des Semiritsche, von Taschkent, Samarkand, Buchara und Fergana (wo bereits während des Krieges große Bauarbeiten stattgefunden hatten) sowie die Erschließung der Steppen zwischen den Bergen und dem Amu-Darja (Tadschikistan, Bereich von Karschi und Randsteppen der Mittelläufe von Amu-Darja und Syr-Darja), schließlich noch die Ausweitung der Oasen von Mary, Tedshen und Aschchabad. Die Arbeiten begannen am großen südturkmenischen Kanal während des 4. Fünfjahresplans (1946-1950) und kamen zunächst langsam nach Westen voran (Sheehy 1963). Heute erreichen sie das untere Usboi-Tal und bewässern den ganzen Piedmont des Kopet-Dag im Süden Turkmenistans. Nach Erreichen des Usboi sollte anschließend eine Abzweigung nach Süden das Flachland zwischen dem Kopet-Dag und dem Kaspischen Meer bewässern. 1954 war der Bau vom Amu-Darja bis Merw (Mary) so gut wie abgeschlossen. Man nutzte einen Teil des trockenen Flußbetts des Kelif-Darja, durch das der Amu-Darja früher floß, als er weiter westlich verlief, um ein Rückhaltebecken zu schaffen (35 Mio. m^3/Jahr). Ein zweites wurde später an einem ehemaligen Arm des Tedshen geschaffen (See von Kaus-Khan, zunächst 0,5 km^3 und dann 1 km^3) und ein drittes am Fluß selbst in Kysilajak (Abb. 5.8). Entlang dem ersten Teil war eine neue bewässerungsfähige Gesamtfläche von 300 000-400 000 ha im Plan vorgesehen sowie eine spätere Ergänzung von 200 000 ha Bewässerungsland.

[161] Die Entscheidung des Obersten Sowjet, das Programm der großen Kanäle anzugehen, stammt vom 17.4.1950.

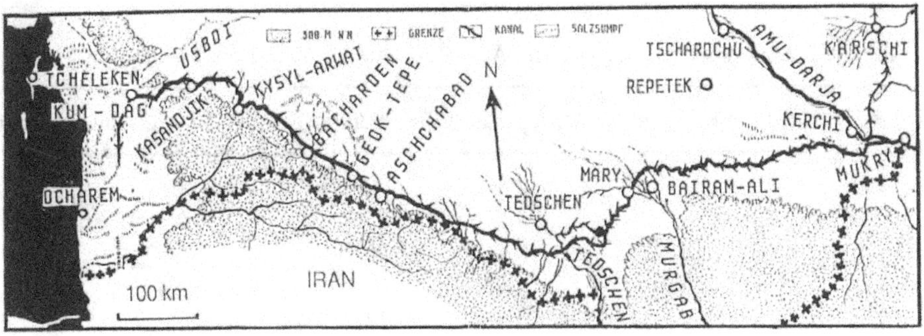

Abb. 5.8. Karte des (Südturkmenischen oder) Kara-Kum-Kanals. 1992 erreichte dieser das Kaspische Meer noch nicht

Abb. 5.9. Der Kara-Kum-Kanal kurz nach seiner Eröffnung. Man beachte die Reihen von Böschungen entlang den Ufern, die die äolischen Sandbewegungen bremsen sollen (Dok. Nowosti)

Dieser Kanal war einer der Triumphe der sowjetischen Propaganda in den 50er und 60er Jahren: "... großartiges Werk ...", "Das turkmenische Volk träumte von diesem Gold, das an seinen Grenzen floß ..." Das Land am Piedmont des Kopet-Dag erhielt bislang nur schwache Niederschläge, und die

Tabelle 5.2. Wasserentnahme aus dem Amu-Darja für den Kara-Kum-Kanal

Jahr	Zulauf in Kerki (m^3/s)[a]	Salzgehalt (g/l)[b]	Bei km 105 (m^3/s)	Verdunstung (%)
1956	16,7	0,5	0	
1958	69,1	0,5	45,3	0
1960	123	0,53	90,2	1,8
1965	176	0,56	154	1,4
1970	251	0,53	218	4,5
1975	303	0,59	266	2,2
1981	378	0,76	325	3,4
1983	(390)	0,96		

[a] nach *Ressourcen an Oberflächenwasser der UdSSR* (russisch), Vol.14, Nr.3, Leningrad 1971.
[b] nach Kirsta (1987).

Wasserzufuhr der Flüsse Murgab und Tedshen war seit langem restlos ausgenutzt (Ressourcen außerhalb des Kanals: 1,3 Mio. km^3/Jahr). Daher stürzte man sich in diese Bauarbeiten (Abb. 5.8 und 5.9), die dazu führen sollten, Millionen von Hektar von Mary bis zur iranischen Grenze am Kaspischen Meer zu bewässern, in erster Linie natürlich wieder für Baumwolle (1980 produzierte Usbekistan über 5 Mio. t Rohbaumwolle, d.h. 75 % der sowjetischen Produktion), aber auch für den "Renaff" (eine Art Jute) und den Nahrungsmittelanbau. 1954 wurden die Arbeiten beschleunigt, und 1959 erreichte der Kanal 300 km Länge (die Wasserzufuhr betrug 3,5 km^3/Jahr), 1960 reichte er 535 km weit bis Tedshen (4,7 km^3/Jahr), 1962 bis Aschchabad (8,3 km^3/Jahr); dann ging der Bau langsamer voran, und 1982 erreichte der Kanal Kasandshik. Nachdem er zwischen dem Kleinen Balchan und dem Kopet-Dag südlich des Usboi hindurchführt, endet er heute in einem neuen Bewässerungsgebiet im Südwesten der Stadt Kasandshik. Er ist heute übrigens ein kleines Rinnsal (P. Gentelle, persönliche Mitteilung, 1994). Man setzte in den Kanal pflanzenfressende Fische ein, die man aus dem Fernen Osten beschafft hatte (*Bjelyamur, Tolstolobik*, der bis zu 50 kg wiegt), um die Vegetation unter Wasser in den Griff zu bekommen. Die gesamte Wasserentnahmemenge dürfte ihre Spitze bei 17,2 km^3 über einen Lauf von 1600 km erreichen, mit Gesamtwinterreserven von 2,4 km^3. 1978 bewässerte der Kanal 506 000 ha (Ackerland und nebenbei Weideland) und 1980 über 800 000 ha (Tabelle 5.2).

Babajew unterzeichnete 1980 einen großen Bericht über den Kampf gegen die Desertifikation in Turkmenistan, der in Wirklichkeit eine Hymne an den Kanal war. Später war er einer der ersten, der die Nachteile des Kanals beim Namen nannte. Der Kanal war jedoch als eine nie dagewesene Leistung dargestellt worden: "For the first time anywhere in the world..." "11 Jahre hatte man für den Suezkanal gebraucht, der nur 166 km lang ist, und 34 Jahre für den Panamakanal, der es nur auf 82 km bringt, während wir in vier Jahren den ersten Abschnitt von 400 km gebaut haben." Alles was übertrieben ist, wird lächerlich...

Tatsächlich war das Graben des Kanals im Sand und im quartären Schwemmland recht einfach: Bulldozer zogen einen Graben, dann kam das Wasser, und die weitere Arbeit übernahmen Naßbagger und Saugförderer (Panama war da eine andere Angelegenheit!). Ohne Auskleidung gebaut, entwich dem Kanal zunächst viel Wasser: In einem seit Jahrtausenden ausgetrockneten Gelände mit hoher Porosität trug er während der ersten Jahre dazu bei, die früheren Grundwasserleiter wieder aufzufüllen, die im übrigen eine Ressource darstellen, die ausgebeutet werden kann - und es auch wird. 300 km^3 Wasser sind auf diese Weise aus dem Kanal verschwunden und haben dazu beigetragen, den natürlichen Salzgehalt des umliegenden Untergrundes zu vermindern.

Die Erdarbeiten am Kara-Kum-Kanal hatten noch andere örtliche Folgen[162]. Auf einer Breite von 500 m ist die Vegetation geschädigt, und der so freigelegte Sand wurde wieder in Bewegung gesetzt. Jenseits davon führte das entwichene Wasser auf einer Breite von 1-2 km zur Bildung von Sümpfen und Seitenteichen, die 2000 km^3 bedeckten. Um den Kanal vor Sandstürmen zu schützen und auch, um einen Teil der Wasserverluste in den Boden wieder zurückzuholen, wurden 12 300 ha (oder auch 100 000 ha, je nach Autor) verschiedenartige Pflanzungen angelegt (Pappeln u.a.), zu denen sich eine wildwachsende Vegetation aus Schilf und anderen Phreatophyten gesellte.

Weitere Verluste gibt es unterwegs: beträchtliche Verdunstung aus den Rückhaltebecken im Sommer; Transpiration der Pflanzen an den Ufern (Tabelle 5.3). Auch andere Nachteile sind mit dem Kanal verbunden: der Wellengang, der durch das Kielwasser der Schiffe verursacht wird (der Kanal dient der Schifffahrt); die Eutrophierung der Gewässer, die Stechmücken, das Wasser als Überträger von Krankheiten.[163]

Eine der ersten Anwendungen des Kanals (Sheehy 1967) ergab sich schon 1964, als der Murgab eine außerordentliche Wasserknappheit aufwies - es war der niedrigste Wasserstand seit 40 Jahren. Die Wassermenge reichte nicht mehr aus, um die Oase Bajram-Ali zu versorgen, so daß der Kanal zur Ergänzung herangezogen wurde. Man baute dafür eine 46 km lange Abzweigung vom großen Kanal aus, und trotz aller möglichen Schwierigkeiten gelang es, Wasser in eine Position oberhalb der Oase zu pumpen. 1966 war die Trockenheit noch

---

162 vgl. Mainguet (1991, S.114).

163 Marabini (1969, S. 167) ruft angesichts dieses Kanals aus: "Diesmal fliegen wir über den Fluten, ja, ich sage es, wir brausen in einem Schaumstrahl auf einem breiten Kanal über das hinweg, was früher schrecklich war! Wir sehen, wie die Wüste aus einem tausendjährigen Schlaf erwacht. Möwen fliegen über unser Schnellboot und Badegäste und Fischer haben die Ufer eingenommen. Man macht hier wunderbare Fänge. Rechts sieht man liebliche Gärten, links kleine Landhäuser. Das Wasser fließt und fließt, es gräbt sich in sein künstliches Bett auf über 1000 km ein ... Morgen wird Tedshen, das von der Welt abgeschnitten war, alle Rekorde bei Persianerpelz und Wolle schlagen ... Niemals in der modernen Geschichte, nicht einmal in Kalifornien, hat man je eine solche Verwandlung erlebt ..." Das war 1969.

Tabelle 5.3. Wasserverluste aus dem Kara-Kum-Kanal (1963) zwischen Kilometer 0 und Kilometer 310 (Sachmet)

Abschnitt	Seen und Schilf				Verdunstung an d. Ufern				Gesamtverluste
	(km²)	Verdunst. (Mio. m³)	(km²)	Verdunst. (Mio. m³)	Schilf (km²)	(Mio. m³)	Büsche (km²)	(Mio. m³)	durch Versickerg. in die Tiefe (Mio. m³) 1954-1970
Amu-Darja			1,5	3,6	1,5	1,8	9	5,9	853
Kelif-Darja	72	144	20	48	20	24	30	19,9	900
Obrutschew-Steppe			2	4,8	2	2,4	48	6,6	1440
westliche Wüste	13	26	7	16,8	7	8,4	13	8,6	8580
Gesamtmengen		170		73,2		36,6		41,0	11773
				320,8 Mio. m³/Jahr					

extremer, und man mußte dringend 300 Pumpen aus Taschaus, Taschkent und sogar Kasachstan herbeikommen lassen, zudem ließ man den Leninkanal (= Kara-Kum-Kanal) über das vorgesehene Maß hinaus Wasser führen, wodurch Anlagen beschädigt wurden und zusätzliche Deiche gebaut werden mußten. 1967 konnte man schließlich 47 m³/s Wasser zum Murgab leiten - und das alles, um 15 000 ha Baumwollfelder zu bewässern. Die Bauern, die eine regelmäßige Wasserknappheit im Sommer gewohnt waren, begannen rasch damit, das Wasser zu verschwenden: In einer Oase, in der es praktisch keine Entwässerung gab, setzten sie ihre Felder unter Wasser und gefährdeten dabei auch noch die Fundamente der Gebäude von Bajram-Ali. Seither hat man der fehlenden Entwässerung teilweise abgeholfen, der Mangel an Arbeitskräften und an Rohren für eine unterirdische Verlegung des Entwässerungsnetzes haben jedoch dazu geführt, daß die Entwässerung bis heute nie besonders wirksam wurde.

Die fehlende Zusammenarbeit zwischen den Behörden, die für den Bau und den Betrieb zuständig waren, die fehlende Vorbereitung der Landwirte auf die Nutzung einer Ressource, die sie für unerschöpflich hielten, und die Folgen, die sich daraus ergaben (Bodenversalzung), waren zumindest bis 1990 den anderen Regionen Turans keine Lehre.

Der nordturkmenische Kanal, ein Traum Stalins (vgl. Kap. 7) sollte unmittelbar oberhalb von Nukus am Amu-Darja beginnen und über den Usboi in den südturkmenischen Kanal einmünden. Mit zwei Kanälen wurde 1950 begonnen, sie vereinigen sich nun kurz vor der Sary-Kamysch-Senke. Vorgesehen waren sie, um im Choresm 1,3 Mio. ha zusätzlich zu bewässern sowie 500 000 ha in Dagestan. Der zweite Teil vom Sary-Kamysch bis zum Kaspischen Meer wurde aus rein wirtschaftlichen Gründen nicht gebaut. Aber die Wasserentnahme aus dem Amu-Darja bei Nukus soll in der Größenordnung von 600 m³/s (20 km³/Jahr) gelegen haben. Wir werden in Kapitel 7 noch auf das Projekt eingehen, aus sibirischen Flüssen Wasser zu entnehmen, um die Wasserzufuhr in den

Kanal zu erhöhen. Tatsächlich wurden nur die Bewässerungspläne von Karakalpakstan (s. Abb. 5.11) und im Bezirk von Taschaus vollständig verwirklicht.

Ein großer Teil der Wüste Kara-Kum diente bisher der nomadischen Weidewirtschaft (Schafe und Kamele). Vorgesehen war, 7 Mio. ha Weideland zu schaffen, dies hätte jedoch der dreifachen Abflußmenge des Amu-Darja bei Kerki entsprochen. Eine einzige Bewässerung pro Jahr würde auf einer solchen Fläche bereits bedeuten, 700 m^3/s dafür bereitzustellen. Tatsächlich hatte man in erster Linie ein System von Teichen und Wasserbehältern für das Vieh vorgesehen, was eine leichte Ertragssteigerung (vgl. Abschnitt 5.3 über die Hungersteppe) sowie eine gewisse Stabilisierung der transhumanten Völker zuließ. Wasserleitungen führen das Wasser aus dem Kara-Kum-Kanal zu den Zentren der Viehzucht wie etwa Erbent, einem kleinen traditionellen Städtchen 180 km nördlich von Aschchabad, und auch in die Region von Nebit-Dag und Krasnowodsk, wo man durch diese Leitung Wasser ersetzte, das bis dahin mit Tankern aus Baku herantransportiert wurde.

Eine dritte Wasserableitung, über die recht wenige Informationen vorliegen, ist der Karschi-Kanal südöstlich von Buchara (Kerbabejew 1950), der wie der südturkmenische Kanal etwa 20 km oberhalb von Kerki abzweigt (Abb. 5.10). Das Projekt war ursprünglich bereits zur Zeit der Unabhängigkeit von Buchara untersucht worden, da es zur Finanzierung jedoch keine Kredite gab, wurde es aufgegeben. Wiederaufgenommen wurde die Planung nach der Eroberung von dem Ingenieur Lessar; die technischen Voraussetzungen, um das Wasser aus dem Amu-Darja hinaufzuleiten, waren damals nicht hinreichend, so daß das Projekt erneut zurückgestellt wurde. Heute wird das Wasser zunächst in die Höhe gepumpt und dann in das ehemalige Bett des Akscha-Darja geleitet, das parallel zum Amu-Darja führt, um dort dann 1,2 Mio. ha Land in der Steppe von Karschi zu bewässern. Anschließend sollte der Kanal parallel zum Amu-Darja bis südwestlich von Buchara führen. Für diesen Zweck war eine Fördermenge von 650 m^3/s im Plan vorgesehen. Zum großen Teil wurde dieses Kanalnetz verwirklicht, und da die Steppen, die zwischen Karschi und dem Amu-Darja zu bewässern sind, wesentlich höher liegen als das Flußbett, wird das Wasser von den Pumpanlagen vom Amu-Darja aus um bis zu 70 m nach oben gefördert. Anschließend war die Ausdehnung des Kanalsystems am rechten Ufer des Amu-Darja entlang vorgesehen, in die kleine Wüste hinein, die diesen von dem parallel verlaufenden Gebirgszug Chuldsur-Tau trennt.

Vervollständigt wurde dieses System durch einen ähnlichen Seitenkanal, der von Tschardshou ausgeht und am Trockental des Serafschan bis Buchara entlangläuft. Zwischen 1962 und 1965 wurde er in Betrieb genommen.

Am Unterlauf des Amu-Darja erforderte das 1930 begonnene Erschließungsprogramm den Bau der beiden großen Staudämme in Tjujamujun (im Engpaß oberhalb von Turtkul) und von Tachiatasch (bei Nukus). Da sie aus Erde errichtet wurden, war ihr Bau langwierig und kompliziert. Am Staudamm von Tjujamujun, der Hochwassern von 10.000 m^3/s standhalten sollte, entstand ein

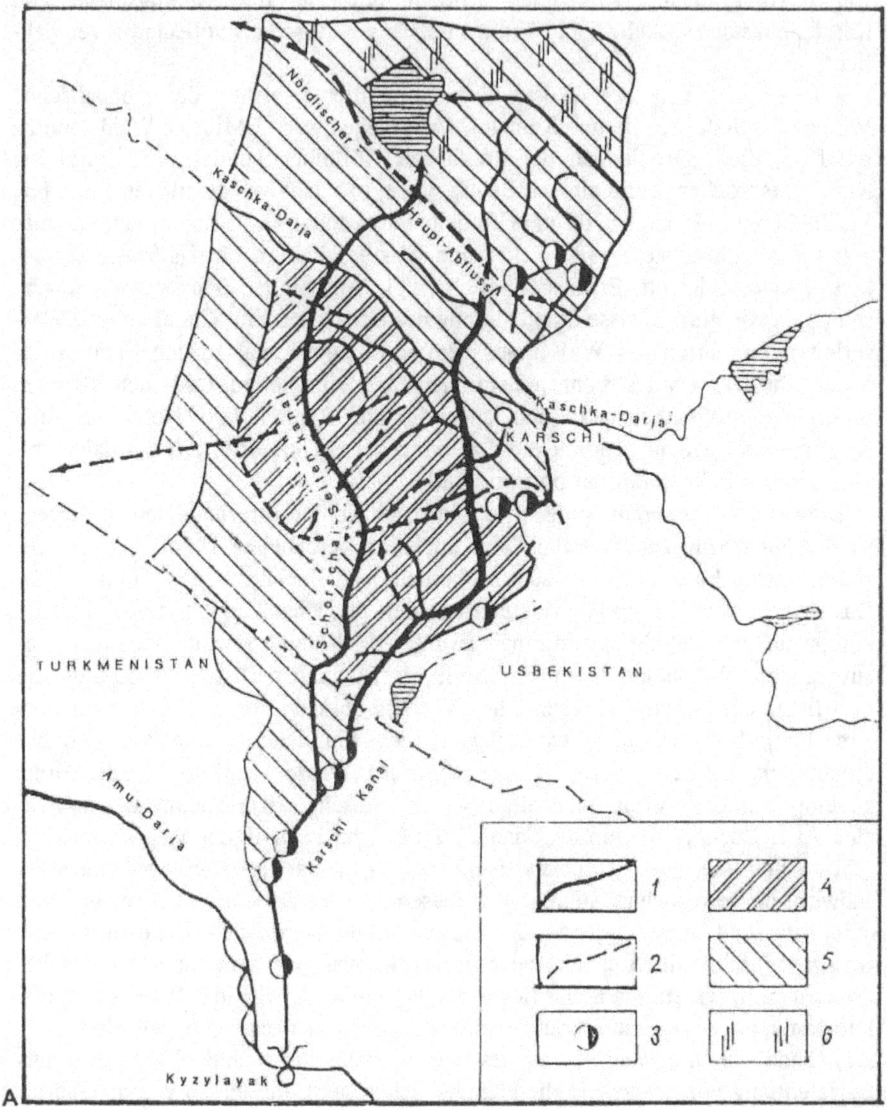

Abb. 5.10. Übersicht über die Bewässerungssysteme *A* in der Steppe von Karschi; *1* Wasser zur Bewässerung, *2* Drainageabwasser, *3* Pumpstationen, *4* bewässerte Flächen 1985, *5* vorgesehene Erweiterungen, *6* Stauseen; *B (rechts):* Skizze des Amu-Buchara-Kanals

künstlicher See von 70 km Länge, der auf beiden Seiten des Amu-Darja je einen Kanal mit einem Abfluß von 800 m^3/s speist. Mit diesen Kanälen sollen 3 Mio. ha Land bewässert werden. Der Staudamm von Tachiatasch wurde in der Ebene gebaut und hat den Pegel des Amu-Darja um etwa 15 m angehoben, so daß man

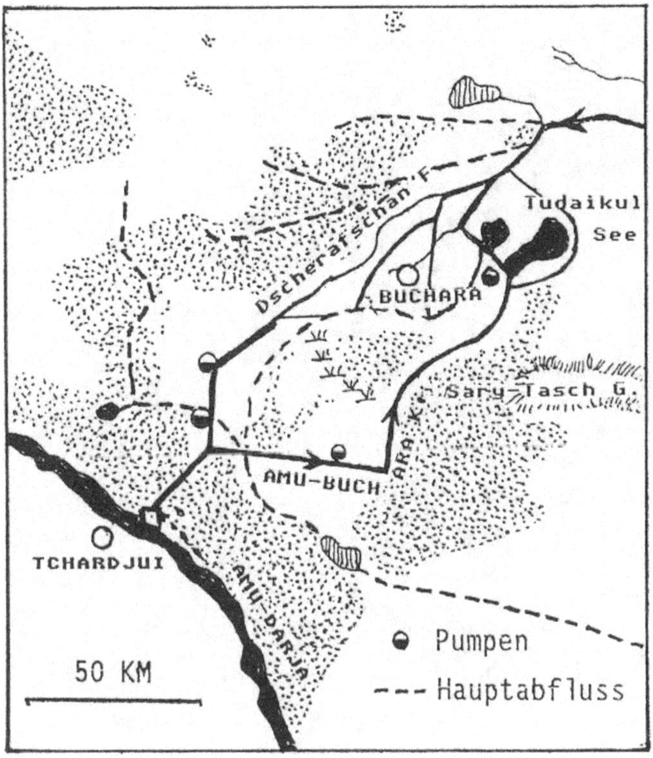

B

fast 150 km Deiche bauen mußte, um das angrenzende Land zu schützen. Er kann 500 m^3/s liefern, was der gesamten übrigen Abflußmenge des Flusses entspricht.

Diese Bauten haben, in Verbindung mit den großen Entwässerungskanälen, die Bewässerung des gesamten Deltagebiets möglich gemacht. Allerdings stellten von da an die Unterhaltung der Kanäle (die auf den meisten Abschnitten nicht betoniert waren), die Zuschwemmung und die Unterspülung der Uferböschungen enorme Probleme für den Wasserbau dar, die noch nicht gelöst sind.

In der Region von Taschaus am mittleren Amu-Darja ersetzte man 350 kleine Bewässerungssysteme durch 14 neue, die mit moderner Technik ausgerüstet waren; das Kanalnetz wurde vereinfacht.

Die Planung dieser umfangreichen Bauarbeiten verlief nicht immer ohne diplomatische Probleme. So hatte etwa Usbekistan den Kanal von Karschi nach Buchara gebaut, der die Bewässerung großer Flächen südwestlich dieser Stadt ermöglichte, und beabsichtigte dann, die Abwässer in den Amu-Darja zurückzuleiten, und zwar über das alte Flußbett des Serafschan, d.h. in Turkmenistan. Diese Republik fürchtete um die Wasserqualität flußabwärts - man wird sich er

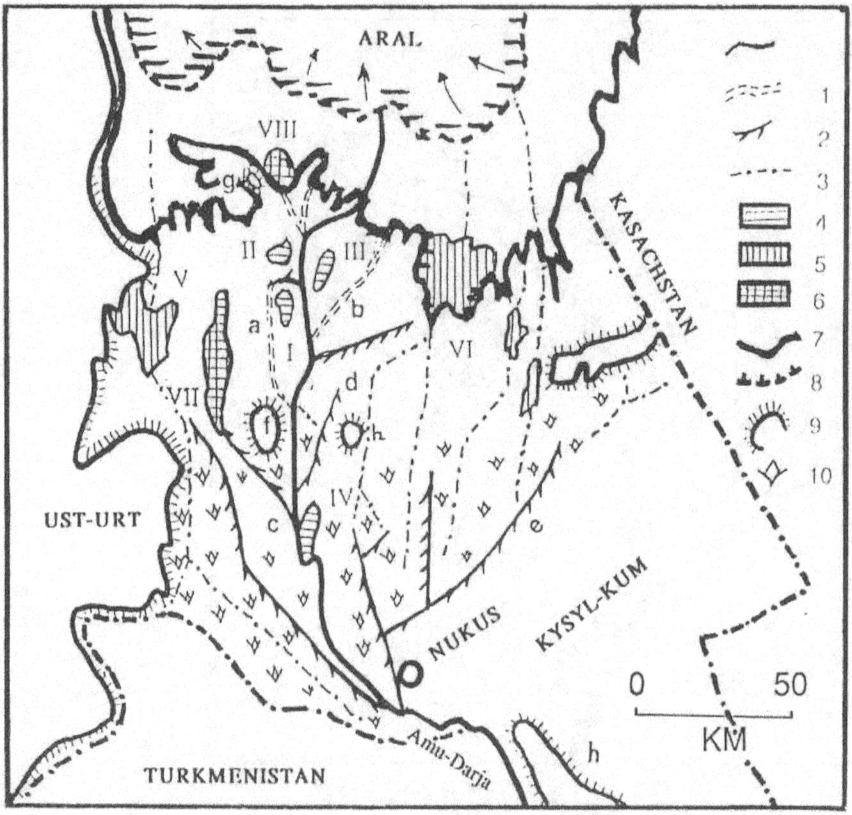

Abb. 5.11. Das Bewässerungssystem von Karakalpakstan. *1* trockengefallene Flußarme: *a* Kiptschakdarja; *2* als Kanäle verwendete Flußarme: *b* Kasakdarja, *c* Akbalashi, *d* Enkindarja, *e* Kufanischdarja; *3* Entwässerungskanäle; *4* Flußwasserstauseen: *I* Mejadureschensk, *II* Moschan-Kul, *III* Daukenpyr; *IV* Dautkul; *5* Abwasserstauseen: *V* Sudotsche, *VI* Togus-Tere; *6* gemischte Stauseen: *VII* Karadshan, *VIII* Ribazkii; *7* Ufer des Aralsees 1960; *8* Ufer 1992; *9* Erhebungen: *f* Kysyldar, *g* Kushanatau, *h* Sultan-Uis-Dag; *10* bewässerte Gebiete in Karakalpakstan. (Nach Nowikowa, 1992)

innern, daß die Provinz von Taschaus (nordwestlich von Chiwa) hinsichtlich ihrer Wasserversorgung vollständig vom guten Willen Karakalpakstans abhängt - und beschloß daher als Vorsichtsmaßnahme den Bau eines Seitenkanals vom Tjujamujun-See bis nach Taschaus.1 1978 begonnen und 1990 vollendet, durchquert der Kanal mitten in der Wüste ein sandiges Gelände, das bis zu 80 % der Abflußmenge verschluckte. Der turkmenisch-usbekische Konflikt war seit langem beigelegt, und der Kanal wurde gegenstandslos und mittlerweile aufgegeben.

Wenn man den Wasserbedarf der drei großen Projekte addiert, so läßt sich feststellen, daß sie für 1700 m^3/s Wasser geplant waren, während die Gesamtmenge verfügbaren Wassers nur bei 1500 m^3/s liegt. Lediglich über den Karschi-

Kanal konnte ein gewisser Teil der Drainageabwässer zum Amu-Darja zurückgeführt werden. Die Bewässerungsprojekte auf dem Gebiet der usbekischen Republik waren bei weitem diejenigen mit dem besten Preis-Leistungs-Verhältnis; aber die Notwendigkeit zur Entwicklung Turkmenistans - aus zweifellos vorwiegend politischen Gründen - brachte die sowjetischen Zentralbehörden dazu, den Weiterbau des Kara-Kum-Kanals sowie eines Teils der nord-turkmenischen Kanäle weiterzuverfolgen.

Im Fall des Syr-Darja wurde die Bewässerung seit dem Ende des 2. Weltkriegs ebenfalls erheblich ausgeweitet. Drei Hauptzentren sind die Hungersteppe, das Delta des Syr-Darja (in dem man allerdings wenig Glück hatte) sowie sein mittleres und unteres Tal. Da der Syr-Darja eine geringere Abflußmenge aufwies, waren die Bewässerungsmöglichkeiten bereits seit 1970 restlos erschöpft, früher also als beim Amu-Darja.

Um das Wasser zurückzuhalten, baute man 1944 zunächst den Staudamm von Farchad am Austritt des Syr-Darja aus dem Ferganatal, der für eine Wasserentnahme von 500 m^3/s vorgesehen war; anschließend 100 km flußabwärts den Tschardara-Staudamm, 75 km südwestlich von Taschkent. Zwischen 1962 und 1965 gingen sie in Betrieb. Anschließend wurde das Rückhaltebecken nach Westen bis zur Salzsenke von Arnassai (s. Abb. 5.14) erweitert. In einer Höhe von 215 m gelegen, war diese Senke von Solontschaks übersät. Nach Süden wurde sie durch den Tuskan-See nördlich von Dshisak fortgesetzt, den jedes Frühjahr die hochwasserführenden Sturzbäche aus den weiter südlich gelegenen Koitash-Bergen speisten (vgl. Abb. 5.14). Mit einer Fläche von 40 km^2 im Sommer war dieser See bis 1940 permanent vorhanden. Er diente als Sammelbecken für das Wasser der Ebene von Dshisak, die etwa zugleich wie die Hungersteppe landwirtschaftlich erschlossen wurde. Letztere leitete ihre Drainageabwässer etwas später in den See ein. Auf diese Weise begann sich die Senke von Arnassai zu füllen. Die Menge der jährlichen Abwassereinleitungen stieg von 100 Mio. m^3 jährlich um 1957 exponentiell bis auf 25 km^3 1969 - das Jahr, in dem man das Jahrhunderthochwasser des Syr-Darja in die Arnassai-Senke umleitete. Ab 1970 (als man weitere 2 km^3 an Hochwasser einlaufen ließ) machte man aus dem Arnassai einen Hochwasserpuffer und schuf das Rückhaltebecken mit 40 m Tiefe und 5000 km^2 Oberfläche (maximales Volumen 77 km^3). Seit 1973 jedoch stieg die Salzfracht des Wassers, das anschließend über den Tschardara-Stausee wieder zurückgeleitet wurde, auf über 2 g/l an (Kijatkin et al., 1990). Für den Fischfang setzte man Fische in den See ein. Damit diese aber dort überleben konnten - angesichts der erheblichen Schwankungen des Salzgehalts zwischen Sommer und Winter wegen des extemen Verhältnisses zwischen Oberfläche und Tiefe -, war man gezwungen, jährlich zur Laichzeit 0,5 km^3 Wasser aus dem Syr-Darja einzuleiten. So viel Süßwasser ging also für die Bewässerung talabwärts verloren. Durch Nebenkanäle wurde es möglich, die Bewässerungsgebiete von Taschkent, Tschimkent und Turkestan zu erweitern, bevor die Entwicklung der Regionen talabwärts rings um Ksyl-Orda (wo ein weiterer Stausee gebaut wurde) an der Reihe war, anschließend das Delta selbst. Es scheint so, als hätte man vom Arnassai-Ajdarkul-See aus auch die Bewässerung der Ebenen in Betracht gezogen, die westlich und nordwestlich des Sees liegen. Die Ressourcen reichten dafür aber nicht aus, wenn man bedenkt, welch ehrgeizige Projekte bereits verwirklicht waren.

Schließlich wurden auch im Tal des Serafschan (Samarkand und Buchara) Rückhaltebecken eingerichtet, insbesondere südwestlich von Buchara. Neue Industriestädte, die in der Steppe gegründet wurden, wie etwa Utschkuduk, Gasli, Sarafschan oder Nurata, werden zuweilen über eine Pipeline mit Wasser aus dem Serafschan-Tal versorgt, um das aus Tiefbohrungen gewonnene Wasser zu ergänzen.

So bedeutend diese Ausweitungen der Kanalsysteme auch sein mögen, sie dürfen doch nicht darüber hinwegtäuschen, daß die wesentlichen finanziellen Anstrengungen während des 12. Vierjahresplans darauf ausgerichtet waren, die vorhandenen Bewässerungssysteme zu erneuern: 70 % der Kredite dienten diesem Ziel (Duchownyj u. Rasakow 1988).

Damit war die Verlandung des Aralsees vorprogrammiert. Den See auf seinem Pegel von 53 m zu halten, erfordert einen Nettozufluß von etwa 2 100 m^3/s (etwa ein Drittel davon über den Syr-Darja). Das oben dargestellte Erschließungsprogramm bedeutete - selbst in reduzierter Form noch - praktisch eine Reduzierung der Zuflüsse auf Null, was dann auch eintrat, als das große Rückhaltebecken im Ajdarkul-See, der turkmenische Kanal und die Erweiterungen der Bewässerungsfläche im Amu-Darja-Delta verwirklicht wurden. Field (1956) zählte bereits einige Konsequenzen auf, die sich seither in aller Härte als wahr erwiesen haben (z.B. das Ende des Fischfangs - der 1937 noch auf 19 200 t geschätzt wurde, was 2,3 % der sowjetischen Produktion entsprach - und die Zerstörung der Umwelt an der Küste).

Tabelle 5.4 gibt einige Eigenschaften der wichtigsten Stauseen an, teilweise als Annäherung, wenn genaue Daten nicht verfügbar waren. Die Staudämme in den flußaufwärts gelegenen Gebieten halten die Hochwasser zurück und regulieren sie; die Staudämme weiter talabwärts ergänzen die oberen und dienen als Puffer. In Abb. 5.16 ist das vollständige Schema des Bewässerungssystems dargestellt.

Die Entwässerung der bewässerten Felder war durchaus vorgesehen, die Situation ist aber sehr kompliziert. Einige Senken (so die von Sary-Kamysch, der Sudotsche- oder auch der Kungrad-See, die westlich bzw. östlich des Amu-Darja-Deltas liegen) wurden wieder mit Wasser gefüllt (vgl. Abb. 5.11). Über den Syr-Darja nahm und nimmt der Aralsee noch heute Abwasser auf. Andere Seen haben eine gemischte Wasserzufuhr aus Hochwasser und Drainageabwässern. Der Ajdarkul-See (dessen Fläche der des Bodensees entspricht) erhielt zunächst das Wasser aus dem Syr-Darja, der seinerseits oberhalb von Leninabad (heute Chodshend) aufgestaut war, nachdem er bereits Abwässer aus dem Ferganatal aufgenommen hatte; auch das große Hochwasser von 1962 wurde dorthin abgeleitet. Die Drainageabwässer aus der Hungersteppe leitete man damals einige Jahre lang nicht in den See, sondern unterhalb des Stauwehrs von Tschar-

Tabelle 5.4. Große Stauseen im Aralbecken (s. auch Abb. 5.16)

Einzugsgebiet	Name	Kapazität (km^3)	Jahr der Inbetriebnahme	Standort	Funktion
Syr-Darja	Tochtogul-See	18,6	1975	Naryn	Auffangen von Gebirgswasser
	Kayrakkum-See	15	1951 ?	Syr-Darja, 50 km E von Chodshend	Wasserspeicher für Bewässerg. Ferganatal
	Chodshend-See	2 ?	"	Syr-Darja, 10 km W v. Chodshend	"
	Tschardara-See	0,8	1961 ?	Syr-Darja, 60 km SW v. Taschkent	Hochwasserregulierung, Einleitung v. Drainageabwässern; verbunden mit dem Ajdarkulsee
	Tscharwak-See	0,8	"	Tschirtschik, Syr-D.-Zufluß oberh. Taschkent	Wasserspeicher für Bewäss. (Tal v. Taschkent)
	Ajdarkul-See (Arnassai)	7,4 - 25	1961-69	100 km W v. Taschkent	Hochwasser, Bewäss. + Entwässerg. Hungersteppe
	Dshusali-See	5 ?	1980 ?	Syr-Darja, 100 km NW v. Ksyl-Orda	Regulierung, Bewässerung
	Tschili-See	2 ?	1975 ?	Syr-Darja, 100 km SE v. Ksyl.Orda	Bewässerung
	Kamyslybas-See	1 ?	1975 ?	rechts des Syr-D., 40 km N v. Nowo-Kasalinsk	Puffer für Bewässerung, ehem. Salzsenke
Amu-Darja	Rogun-Dash-See	5	1990	am Rogun-Dasch (Wachsch-Zufluß)	Hochwasser-Regulierung
	Jushno-Surchansk-See	1,5?	196x	70 km NE v. Termes am Surchan-Darja	Hochw.-Regulierg., Bewässerung
	Nurek-See	7	1960 ?	am Wachsch, 50 km SE v. Duschanbe	rechts des Amu-D. in Tadschikistan
	Sary-Kamysch-See	15,3 (75) 22,5 (88)	1961	200 km W v. Nukus	Entwässerung, Abwasser
	15 Seen im Amu-Darja-Delta	0,7	1961-70	verteilt in Choresm und im Delta	Bewässerung + Entwässerung
	Karamet-Nijas-See	0,2-0,3	1954	Osteingang des Kara-Kum-Kanals	Regulierung des Kanals
	Tschimkurgansk-See	0,5 ?	1960 ?	am Kaschka-Darja, 50 km E v. Karschi	Hochwasserspeicher zur Bewässerung
	Paschkamarsk-See	0,3 ?	1960 ?	am Ura-Darja, 80 km SE v. Karschi	Hochwasserspeicher zur Bewässerung
	Tudakul-See	0,2 ?	1973	am Amu-Buchara-Kanal, 30 km E v. Buchara *(Kanal des 23. Parteitags der KPdSU)*	aus d.Amu-D. hochgepumpte Reserve + Serafschanwasser
	Kattakurgan-See	0,3 ?	1960 ?	60 km E von Samarkand	Puffer am Serafschan
	Tjujamujun-See	8	1970-80	Amu-Darja, 50 km SE v. Chiwa	Wasserspeicher für Choresm und Delta (70 km x 20 km)
	Tachiatasch-See	0,5	1973 ?	Amu-Darja, bei Nukus	Wasserspeicher für Choresm und Delta

Tabelle 5.5. Wasserbilanz der Rückhaltebecken von 1959 bis 1975. (Nach Minajewa 1980)

	Amu-Darja (km³)	Amu-Darja (%)	Syr-Darja (km³)	Syr-Darja (%)	Zusammen (km³)	Zusammen (%)
I. Errichtung des Systems						
Staudämme	6	4	3,5	4	9,5	4
Auffüllen von Senken (z.B. Sary-Kamysch)	16	12	7,4	9	23,4	11
Bodenbefeuchtung	11,6	9	19,9*	24	31,6*	14
erneute Wasserzufuhr in tiefere Schichten	24	18	8*	10	32*	15
insgesamt	57	43	38,8	47	96,4	44
II. Verbrauch im laufenden Betrieb						
Verdunstg. v. Bewäss.-flächen	54	41	23	28	77	36
Verdunstg. durch Phreatophyten	7,3	5	2,6	3	9,9	5
Verdunstung an der freien Wasseroberfläche der Stauseen	2	2	14,2	17	16,2	8
Verdunstung der Entwässerungsbecken (z.B. Sary-Kamysch)	1	1	0,2	0,2	1,2	0,6
insgesamt	75,6	57	43,6	53	118,9	56
Beide Bereiche zusammen	132,9	100	82,4*	100	215,3*	100

Die *nützlichen* Teile der Bilanz in bezug auf die Gesamtwasserentnahme sind durch *Sternchen* bezeichnet. Mit dem laufenden Betrieb ist der Zustand nach der Stabilisierung des Wassersystems gemeint.

dara wieder in den Syr-Darja. Der zunehmende Salzgehalt dieser Drainageabwässer sowie die Zunahme der Bewässerungsflächen in der Region führten dazu, daß man sie anschließend zum großen Teil in den Ajdarkul-See abließ, heute stellen sie dessen Hauptwasserzufuhr dar. Dieses gemischte Wasser dient zur Verstärkung des Syr-Darja unterhalb von Taschkent und zur Bewässerung des Neulands südwestlich vom Delta (mit Wasser von nicht unbeträchtlichem Salzgehalt), auf dem im wesentlichen Futtermittel angebaut werden (1987).

Minajewa (1980) hat den Gesamtverlust berechnet, den der Aralsee zwischen 1960 und 1975 erleiden mußte, trotz der lückenhaften Informationen, über die sie verfügte. Tabelle 5.5 gibt ihre Abschätzungen wieder. Dabei berücksichtigt sie alle Faktoren, die zum Verlust führen: die Versickerung durch die Ufer und auch Versickerungen in die Tiefe, die tiefere, seit Jahrtausenden ausgetrocknete Schichten wieder auffüllen und dazu führen, daß sich wieder unterirdische Grundwasserleiter mit durchaus brauchbarer Qualität bilden. Jedenfalls ist deren Wasserqualität besser als die zahlreicher Tiefbrunnen, die in die Grundwasserleiter der Kreidezeit gebohrt wurden. Diese Daten von Minajewa sind insbesondere aufschlußreich hinsichtlich der Verluste durch Evapotranspiration bei den

Tabelle 5.6. Abflußmengen bei Hoch- und Niedrigwasser

	Maximum	Minimum
Amu-Darja	110 km^3 (1969)	65 km^3 (1971)
Syr-Darja	70 km^3 (1969)	20 km^3 (1983)

Phreatophyten und vor allem durch die Versickerung in diesen Becken und Kanälen mit durchlässigem Grund. Minajewa legt Wert auf die Feststellung, daß diese Versickerung in der Bilanz nicht völlig negativ zu Buche schlagen muß, denn man könnte sie nutzen[164].

5.2 Bilanz der Wassernutzung im Aralbecken

Nutzung der Wasserressourcen 1990

Der maximale Vorrat an Oberflächenwassser (abgesehen von Niederschlägen über den Wüsten) (Abb. 5.12) beläuft sich im Durchschnitt auf 110 km^3 beim Austritt aus den Bergen[165], er ist jedoch starken Jahresschwankungen unterworfen (vgl. Abb. 2.30):

Der Bedarf muß unter allen Umständen abgedeckt werden (Jahre mit extremer Trockenheit) (Tabelle 5.6), was durch die Wasservorräte hinter den Staudämmen gewährleistet wird (Tabelle 5.4), die insgesamt 62,1 km^3 am Amu-Darja und 35,3 km^3 am Syr-Darja umfassen. Damit wird die Deckung des gegenwärtigen Gesamtverbrauchs (Verschwendung inbegriffen) in 9 von 10 Jahren gewährleistet. Weitere Staudammprojekte sind vorgesehen, um diese Vorräte auf 104 % des Jahresbedarfs aufzustocken.

Einen zusätzlichen Beitrag leistet das Grundwasser (Tabelle 5.7). Die möglichen Vorräte liegen in der Größenordnung von 60 km^3, wobei jedoch jede Förderung von Grundwasser den Wasserstand der Flüsse beeinflußt und umgekehrt. Ein Anteil von etwa 28,4 km^3 dieser Vorräte stammt unmittelbar aus den Versikkerungen der Flüsse, Bewässerungssysteme usw. und muß daher von den

[164] Es sei daran erinnert, daß es im Usboi-Tal Süßwasserseen gibt, von denen bewiesen wurde, daß sie von unterirdischen Gewässern gespeist werden, die ihrerseits von Takyrs am Nordostsaum des Kopet-Dag stammen und von dort aus etwa 3000 Jahre lang unterwegs waren.

[165] Zum Vergleich: Deutschland erhält jedes Jahr etwa 250 km^3 Niederschläge, von denen etwa 150 km^3 sofort verdunsten; 90 km^3 werden über die Oberfläche und dann durch die Flüsse fortgespült; der Rest speist das Grundwasser. Nicht berücksichtigt sind dabei mineralisch gewordene Gewässer. Wie man sieht, liegen die nutzbaren Vorräte Turans in der gleichen Größenordnung wie die Deutschlands. Die Werte für Turan unterscheiden sich etwas von einem Autor zum anderen.

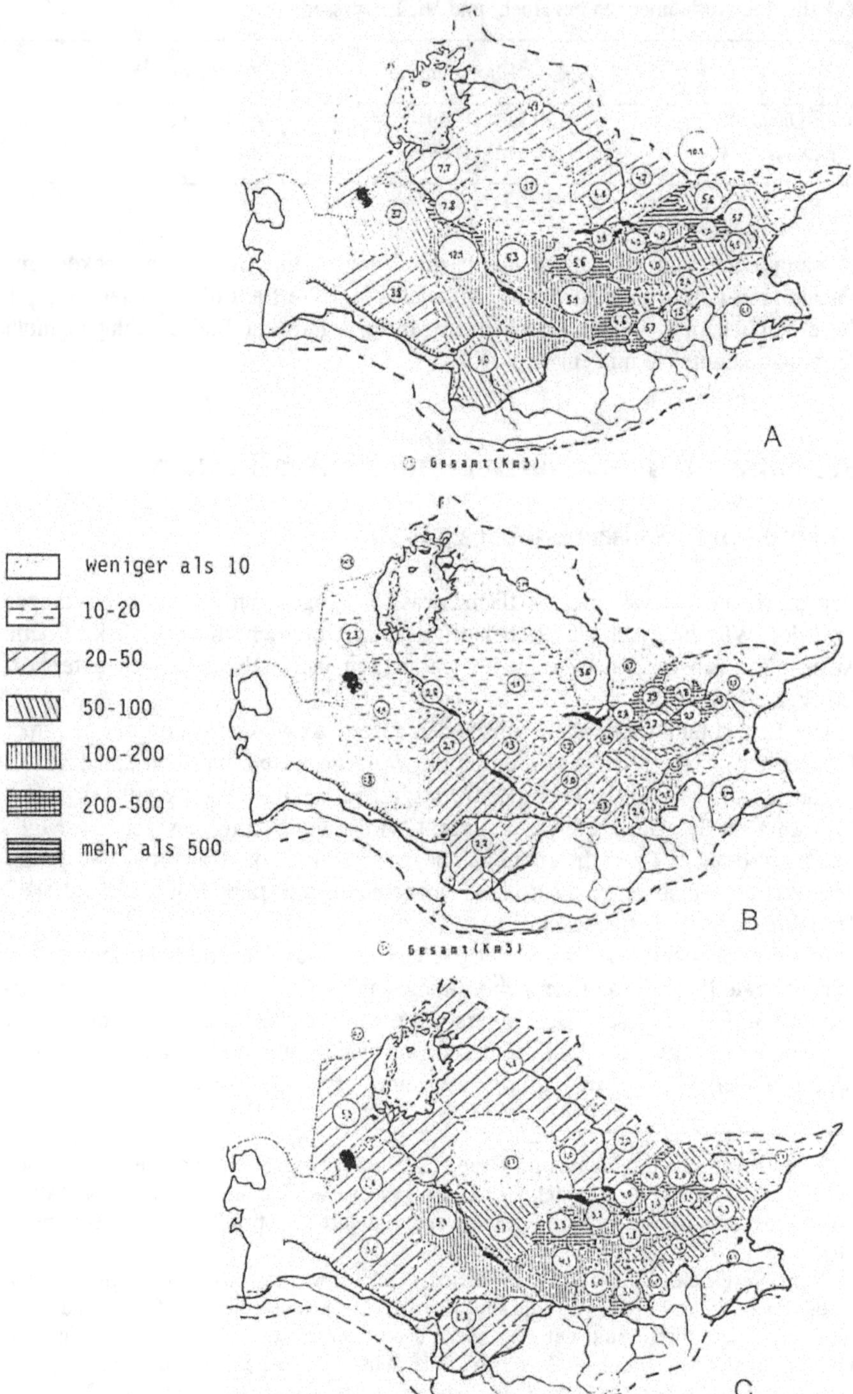
A
Gesamt(Km3)
weniger als 10
10-20
20-50
50-100
100-200
200-500
mehr als 500
B
Gesamt(Km3)
C
Gesamt(Km3)

Tabelle 5.7. Grundwasservorkommen (verschiedene Quellen)

	Umfang (km^3)	Mineralisierung (in g/l) <1	1-3	3-5	>5
Amu-Darja-Becken	40,6	7,4	2,9	3,3	26,9
darunter:					
Usbekistan	8,0	3,1	1,6	1,9	1,4
Tadschikistan	4,3	3,8	-	0,4	-
Turkmenistan	28,3	0,5	1,3	1	25,5
Syr-Darja-Becken	21,1	15,4	4,6	0,24	0,82
darunter:					
Usbekistan	11	10,4	0,6	-	-
Kasachstan	6,8	2,1	3,6	0,24	0,82
Kirgistan	1,7	1,7	-	-	-
Tadschikistan	1,6	1,2	0,4	-	-

110 km^3 verfügbaren Oberflächenwassers abgezogen werden. Zur Zeit werden jährlich 13,3 km^3 der potentiellen Vorräte an Grundwasser gefördert (4 bzw. 9,3 in den Einzugsgebieten von Amu-Darja bzw.Syr-Darja) und 9,8 km^3 entsprechen dem jährlichen Nachschub. Im Prinzip könnte man noch 3 km^3 an erneuerbarem Wasser fördern, ohne das System an der Oberfläche zu berühren (vorgesehen ist das für etwa 2005 bis 2010).

Der kumulierte Verbrauch muß die "laufenden Verluste" durch Verdunstung berücksichtigen, die auf 7 oder 8 km^3 geschätzt werden. Das Gesamtdefizit der Bilanz wird durch die erneute Nutzung von Drainageabwässern ausgeglichen.

◂ **Abb. 5.12.** Verbrauch von Flußwasser (km^3) pro Bezirk. *A* Gesamtwasserverbrauch (einschließlich mehrfach genutzter Wassermengen); *B* Abwassermengen; *C* Verbrauch an frischem Wasser; die *Schraffuren* entsprechen dem Verbrauch als Wassersäule (cm); Angaben in den *Kreisen*: Gesamtmenge (km^3). (Beljajew 1990)

Die Verteilung der Vorräte

a) eine unzureichende Versorgung der Städte

Die Städte verbrauchen 3,1 km^3 pro Jahr, von denen 1,6 in Form von Abwasser wieder abgegeben werden. Der Verbrauch pro Einwohner liegt im Durchschnitt bei 436 l/Tag, in Buchara und Duschanbe erreicht er 700 l/Tag, in Taschaus und Ksyl-Orda jedoch nur 50 l/Tag, in einigen Wüstensiedlungen gar nur 5 l/Tag[166]. Der Bedarf der städtischen Einrichtungen liegt bei 0,65 km^3. 70 % der Städte und Dörfer besitzen einen Anschluß an das Leitungsnetz, aber in Taschaus sind nur 21 % Einwohner daran angeschlossen. Dieses Leitungswasser entspricht oft nicht den Normen (Gesamthärte, Sulfat, Nitrat, Nitrit, Ammonium und sogar Bakterien in Taschaus).

Der Anteil der geklärten Abwässer ist in Turkmenistan am niedrigsten, wo lediglich 36 % der Haushaltsabwässer wenigstens eine Klärstufe durchlaufen. In ganz Turan gibt es nur in 55 % der Städte und 24 % der Dörfer eine Abwasserkanalisation; 1,35 km^3 Abwasser werden behandelt (in 84 % der Fälle nur mit einer Klärstufe); überhaupt nicht behandelt werden Abwässer in Nukus, Chiwa, Ksyl-Orda und Aschchabad; andernorts werden sie gelgentlich auf die Felder verteilt oder in Teichen gesammelt (Tschimkent, Taschaus, Tschardshou). Die Leistung der Kläranlagen ist schwach; 80 mg BSB (biologischer Sauerstoffbedarf - ein Indikator für den Anteil organischer Stoffe) hat das Wasser nach dem Durchlaufen der Anlage noch anstatt 15 oder 20 mg BSB gemäß der örtlichen Norm. Gleiches gilt, wenn nur der Schlamm behandelt wird, man die Schwermetalle aber passieren läßt usw.. 33 % dieser Kläranlagen müßten von Grund auf neu gebaut werden; keine einzige funktioniert ordentlich (1989).

b) Schlecht kontrollierter Verbrauch der Industrie

Der Wasserverbrauch liegt bei 15,5 km^3, von denen 7,2 km^3 als wiederverwendbar eingestuft werden (Kühlwasser) und der sich 1990 wie folgt aufgliedert (in km^3):

- Kraftwerke:	6,30
- Maschinenbauindustrie:	0,23
- Leichtindustrie:	0,18
- Chemie:	0,55
- Nahrungsmittelindustrie:	0,41
- Grundstoffindustrie:	0,20
- Hüttenindustrie:	0,20
- andere:	0,45
Insgesamt:	8,52

[166] In Deutschland: 140 l/Tag (ohne gewerbliche Nutzer, mit diesen ca. 320 l/Tag).

Industriekläranlagen sind noch wenig entwickelt (keine Statistik). Sie lassen Öle, Phenol, Schwermetalle, Detergenzien etc. passieren, die man in den Flüssen wiederfindet. Nach Rasakow (1990) blieben von über 10 000 Strafanträgen 60 % ohne Folgen und die Fabriken, die direkt Organisationen der Union unterstellt waren, fielen nicht unter die Gesetzgebung der Republiken.

c) Der bescheidene Verbrauch im ländlichen Raum

Er beläuft sich auf 0,86 km^3, von denen lediglich 0,1 km^3 über Wasserleitungen geliefert werden, die im allgemeinen aus Tiefbohrungen gespeist werden. Der mittlere Verbrauch liegt bei 41 l pro Tag und Einwohner, variiert aber erheblich je nach Typ der landwirtschaftlichen Betriebe (Stallhaltung).

d) Risikoreiche Fischzucht

Nachdcm dei Fischfang im Aralsee eingestellt wurde, liegt der Wasserverbrauch der Fischzuchtbetriebe zwischen 0,2 und 0,8 km^3 für die Zuchtbecken am Syr-Darja und am Amu-Darja. Zu ihrer Füllung waren 2 km^3 Wasser erforderlich. Zu diesen Becken hinzu kommen die Seen von Sary-Kamysch und Ajdarkul. (Die Fischproduktion ist von 1982 auf 1983 im Sary-Kamysch von 2800 auf 900 t zurückgegangen, im Ajdarkul-See liegt sie bei 4600 t. Der ständig steigende Salzgehalt führt dazu, daß die Fische seltener und minderwertig werden.) In den spezialisierten Zuchtbecken liegt die Produktion bei 4.300 t (12 - 16 kg/ha), sie wurde innerhalb von 10 Jahren um den Faktor 7 gesteigert.

e) Die negativen Folgen der Bewässerung

Die Fläche der bewässerten Felder in der Sowjetunion hatte sich zwischen dem Ende der 60er Jahre und 1982 auf 18,4 Mio. ha verdoppelt, während die entwässerten Flächen auf 13,3 Mio. ha anstiegen. Vom Standpunkt der Wasserwirtschaft aus läßt sich das Gesamtergebnis der Bewirtschaftung folgendermaßen zusammenfassen:

1. Die Bewässerung erhöht die Feuchtigkeit in der nicht gesättigten Bodenschicht[167] und hebt die Druckhöhenlinien der Grundwasserschicht an; lösliche Salze, Düngemittel und Pestizide gelangen über das Bewässerungswasser in den Boden und in das Grundwasser.

2. Bei schlechtem natürlichem Abfluß steigt die tatsächliche Evapotranspiration der Vegetation und steigert so die Salzkonzentration in der Grundwasserschicht sowie die Akkumulation dieser Salze in fester Form im Boden.

---

[167] Nicht gesättigte Zone(NGZ): Oberster Teil der Böden, in denen es noch eine Atmosphäre (Bodenluft) gibt; es handelt sich um die Bodenschicht über dem Grundwasser, dessen Tiefe je nach dem Jahresgang der Niederschläge schwanken kann.

3. Die Bewässerungskanäle ohne wasserundurchlässige Auskleidung sowie ihre Ausläufer stören den natürlichen Grundwasserpegel und seine Beziehungen zu den Flüssen (wenn solche existieren!).

4. Die Entwässerungsmaßnahmen senken den Grundwasserpegel (je nach Umfang der Bewässerung); sie verändern das physkalisch-chemische Gleichgewicht der Bodenluft in der nicht-gesättigten Zone, was Folgen für das Gleichgewicht ihrer Biomasse hat (insbesondere Bakterien); sie vermindern die Speisung der Grundwasserschicht aus Niederschlägen oder gelegentlichen Überschwemmungen; sie führen zu einer Versalzung des Grundwasserleiters.

5. Wenn die Entwässerung unterhalb des Grundwassers ansetzt, senkt sie dieses ab und nimmt Salze aber auch Nährstoffe (Kalium, Nitrat u.a.) als reinen Verlust mit. Sumpfgebiete können beim Austrocknen völlig steril werden.

Es ist also wesentlich, ein Gleichgewicht zwischen der Wasserzufuhr (Bewässerung plus Niederschlag) und den Wasserverlusten (Abb. 5.12) herzustellen - weniger für die Wasserbilanz selbst als vielmehr für die transportierten Stoffe (gelöste Salze, Pestizide etc.). Jede merkliche Veränderung im Boden - seines mittleren Wassergehalts und seines durchschnittlichen Gehalts an gelösten Stoffen - stört das mineralische und biologische Gleichgewicht; als Folge kann sich eine Verbesserung ergeben, wesentlich öfter aber erfolgt eine totale Schädigung der Bodenstruktur, durch die sich der Boden für keine Art der landwirtschaftlichen Produktion mehr eignet. Wir werden dafür später einige Beispiele sehen.

Das Problem ergibt sich nicht nur in den ariden Gebieten Asiens (Tabelle 5.9 und 5.10). In Turan ist schon viel Land steril geworden (man spricht von 30 %), doch auch andernorts tritt das gleiche Phänomen auf (25 % in Kalifornien).

Die Bewässerung stellt den mit Abstand größten Posten beim Wasserverbrauch dar, sie wird auf 108,3 km^3 geschätzt[168]. In den Becken des Syr-Darja und des Amu-Darja werden im Durchschnitt 11 340 bzw. 15 900 m^3 pro ha und Jahr verbraucht (Tabelle 5.8 und Abb. 5.13). Die Bewässerung erfolgt über Furchen. Moderne Methoden, auf die wir noch zurückkommen, finden erst auf wenigen Tausend der 7,3 Mio. ha künstlich bewässerter Fläche Anwendung. Der Ertrag ist schlecht (62 %), weil nur 25 % der Hauptkanäle und 17 % der nachgeordneten Rinnen dicht sind. Künstliche Entwässerung ist für 68 % der bewässerten Fläche erforderlich und bisher erst wenig entwickelt.

1986 wurden die Verluste in Verbindung mit der Bewässerung auf 25 km^3/Jahr im mittleren Aralbecken geschätzt, in den Einzugsbereichen der Flüsse auf 14 km^3, auf 12 km^3 im Bereich Taschkent-Fergana und auf 6 km^3 am Kara-Kum-Kanal. Diese Werte werden später noch erörtert.

---

168 Dieser Wert bewegt sich in der gleichen Größenordnung wie die gesamte verfügbare Wassermenge, die die Flüsse beim Eintritt in das Tiefland von Turan führen, allerdings ist anzumerken, daß aufgefangene Drainageabwässer für die Bewässerung von Weideland erneut genutzt werden.

Tabelle 5.8. Bewässerungsbedarf im Jahreslauf in % der jährlichen Wasserreserven des Flusses Amu-Darja vor dessen Regulierung. (Aus Field 1954, nach der *Sowjetischen Enzyklopädie* 1926 (Artikel Amu-Darja) und aus Zinserling 1927)

Verfügbares Wasser	Jan	Feb	Mär	Apr	Mai	Jun
Mittelwert (%-Anteil am Gesamtjahr)	3,6	3,6	4,3	7,1	10,5	16,1
Planungsnorm (Mittel -20 %)	2,88	2,88	3,44	5,68	8,4	12,9
Bewässerungsbedarf						
- geschätzt (% d. jährl. verfügb. Wassers)	-	0,55	9,1	13,1	17,4	29,1
- ohne Speicherg. abgedeckter Anteil (%)	100	100	38	43	48	44

Verfügbares Wasser	Jul	Aug	Sep	Okt	Nov	Dez	Gesamt
Mittelwert	18,5	15,3	8,5	5,2	3,8	3,6	100
Planungsnorm (Mittel -20 %)	14,8	12,2	6,8	4,16	3,04	2,88	80
Bewässerungsbedarf							
- geschätzt	17,2	10,9	2,6	-	-	-	38
- abgedeckt ohne Speicherung	85	100	100	100	100	100	

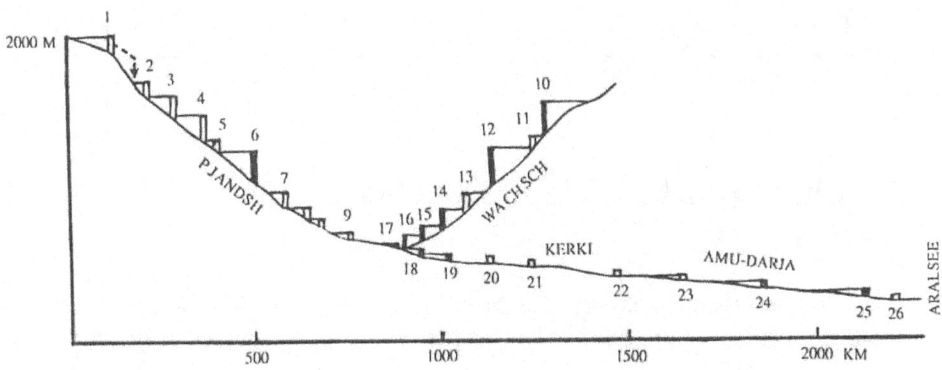

Abb. 5.13. Das System der Staudämme an Wachsch, Pjandsh und Amu-Darja 1988. In *Klammern* jeweils maximale Kapazität zur Wasserentnahme in m³/s; *1-9* Komplex des Pjandsh (70), darunter *6* Dascht-I-Sum; *10* Rogun; *11* Schurob; *12* Nurek (100); *13* Baipasa (70); *14* Sangtuda; *15* Golownaja; *16* Pjerepad; *17* Zentral; *18* Oberer Amu-Darja; *19* Termes; *20* Kelif (600, Ableitung des Kara-Kum-Kanals); *21* Kysylajak (430, Ableitung des Karschi-Kanals); *22* Tschardshou (165, Ableitung des Buchara-Kanals); *23* Sasanak; *24* Tjujamujun - Ableitung des Taschsaka-Kanals am linken (450) sowie des Pachta-Arna-Kanals am rechten Ufer (90); *25* Tachiatasch - Ableitung des Leninkanals am rechten und des Sowjet-Jab-Kanals am linken Ufer (440), Kystsken-Kanal (180); *26* Parlytau. Insgesamt 2900 m³/s; gebaute Staudämme in *Schwarz*

Tabelle 5.9. Gesamtverdunstung in den Ebenen des Aralbeckens (km³/Jahr)

	bis 1961	1961 -1974
Aralsee	53	42
Amu-Darja-Tal	1,3	0,3
Beide Deltas	11	2,0
Syr-Darja-Tal	3,6	0,7
Stauseen	0,9	1
Bewässerungsgebiete	40	51
Verschiedenes	7,2	11
insgesamt	117	108

Tabelle 5.10. Wasserverluste im Amu-Darja-Delta ab Nukus (km³/Jahr)

	1936-1960	1961-1970
Abfluß in Nukus	46,1	36
Abfluß in den Aralsee	38,4	33
Verluste durch:		
- Bewässerungsland	1	1,7
- Seen (Verdunstung, Versickerg.)	0,6	0
- Schilf und Phreatophyten	6,4	1,3

5.3 Ein Beispiel für die Erschließung - die Hungersteppe

Diese Region südwestlich von Taschkent könnte man als Musterbeispiel betrachten, denn schon ein Jahrhundert lang ist die Hungersteppe Gegenstand der Bemühungen und Entwicklungsarbeiten: eines der Schaufenster der Sowjetmacht für die "Umformung der Natur", die sich durch das Zusammenspiel der Tugenden Wissenschaft und Sozialismus ergaben. Sie ist eines der am besten gelungenen Beispiele moderner Landerschließung in Turan. Im Sommer, vom Flugzeug aus gesehen, verliert sich der Blick in der grünen Weite geometrisch angelegter Baumwollfelder, die im Norden durch den großen künstlichen Arnassai-See (Ajdarkul) begrenzt werden. Unmerklich geht sie in die Region von Taschkent über, die wesentlich kleinräumiger parzelliert und deren Landschaftsvielfalt als Kontrast ein Zeichen für die lange zurückreichende menschliche Besiedlung ist.

1876 schon schrieb N. Uljanow: "Im Sommer gleicht die Steppe einer graugelben Ebene, ohne eine lebendige Seele unter der erdrückenden Sonne, die ihren Namen ganz zu Recht trägt ... Schon im Mai wird das Gras gelb und vertrocknet, die Vögel flüchten, die Schildkröten suchen nach Zufluchtsorten, und die Steppe wird zu einer brennenden und unbelebten Zone, von der aus sich die verschneiten Gipfel in der Ferne in der überhitzten Luft nur mit Mühe ausmachen lassen. Hier und da verstreute Reste von Kamel- und Pferdeknochen und die Reste von Doldenblütlern, die Knochen ähneln und durch den Wind verstreut wurden, verstärken noch den beklemmenden Eindruck der Hungersteppe ..."

"Die Hungersteppe, in der das Salz in der Sonne glänzt ..." (E. Maillart), wurde von den Karawanen, die von Taschkent nach Samarkand durchzogen, schnell durchquert, denn Banditen machten sie unsicher.

Die örtliche Bevölkerung überlebte in kleinen Gruppen am Fuße der Berge in kleinen Gemeinschaften ("Kishlaks" oder "Auls"), baute Korn und Obstbäume am Rande der im Sommer ausgetrockneten Bäche an und zog in konkurrierenden Nomadengruppen umher. Einige Gruppen von Usbeken und Tadschiken lebten am Ufer des Syr-Darja. Ein einziger größerer Ort, Dshisak (8000 Einwohner) lag in der Nähe der Südgrenze der Steppe (heute hat er 30 000 Einwohner). 1878 schätzte S. Ponjatowski die Gesamtbevölkerung der Steppe auf 2000 Seelen.

Die Steppe befindet sich auf dem Piedmont der Berge von Turkestan[169], in einer Höhe von 310-500 m (vgl. Abb. 5.6, 5.7 und 5.14); entstanden ist sie durch das Zusammenwachsen von Schwemmkegeln, die durch Flüsse des Quartärs abgelagert wurden und sich allmählich nach Norden ausdehnten bis zu einer Playa in 310-260 m Höhe, welche im Norden durch die Wüste Kysyl-Kum fortgesetzt wird. Der Syr-Darja schneidet in sie eine Kerbe und bildet drei aufeinanderfolgende Terrassen, wie übrigens auch der Amu-Darja. Der Staudamm von Tschardara wurde flußabwärts gebaut. Einige Salzsenken sind über die Steppe verstreut, deren größte, die von Sor-Ajdarkul, ihre Nordgrenze darstellt und mittlerweile zum Auffangen der Drainageabwässer dient. Der Boden besteht aus Kieselschichten, Sanden und Löß, in einigen Bereichen tritt braun-roter Boden auf. Der Untergrund besteht aus unterschiedlichem Schwemmaterial, das von einigen nicht durchgängigen sandigen Spuren durchzogen wird (vgl. Abb. 5.15). Das fließende Wasser hat diese verschiedenen Bestandteile miteinander vermischt. Die Eckwerte des dort herrschenden Halbwüstenklimas sind in Tabelle 5.11 angegeben.

Vor der Bewässerung befand sich das Grundwasser in 10-20 m Tiefe oder tiefer. Der natürliche Zustrom, der im wesentlichen auf dem Abfluß aus den südlichen Bergen beruhte, wird insgesamt auf 2-8 m^3/s geschätzt. Vier hydrogeologische Zonen lassen sich unterscheiden (Tabelle 5.12 und Abb. 5.15):

a) eine Zone, in der Wasser in den Piedmont einsickert;

---

[169] Verschiedene Autoren haben sie mit einer anderen Hungersteppe verwechselt (Bet Pak Dala), die wesentlich größer ist und in Kasachstan nördlich des Flusses Tschu liegt.

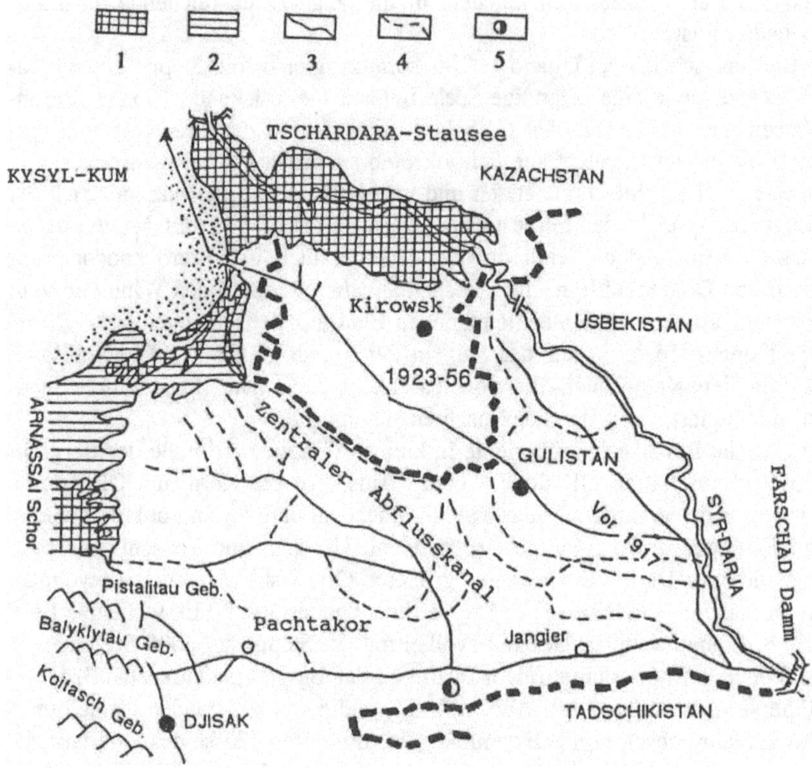

Abb. 5.14. Karte der Hungersteppe mit dem See Ajdarkul (oder Arnassai): *1* See 1975, *2* See 1985, *3* Hauptkanäle, *4* Haupt-Abflußkanäle, *5* Pumpwerk

b) eine artesische Zone, in der zeitweise Quellen bestehen, wo durchlässige Schichten ausstreichen;

c) eine Zone, in der die artesische Schicht den tiefen Grundwasserleiter erreicht, unterhalb von 10-20 m;

d) eine Zone, in der sich das unterirdische Wasser vor allem in Sandlinsen befindet.

In Zone b kann der Salzgehalt des Grundwassers (SO_4, Cl, Na) sehr hoch, zwischen 3 und 40 g/l, sein; in Zone c variiert er zwischen 15 und 50 g/l. Durch die Bewässerung haben sich die Werte allerdings verändert.

Es wurde gezeigt, daß die natürliche Versalzung der Böden (Tabelle 5.13) mit der Versalzung der Grundwasserschicht zusammenhängt, deren Salz aus der Lessivierung der Substratschichten stammt (Kreide und unteres Tertiär); weiter oben in der stratigraphischen Reihe wurde die Versalzung auf die intensive Verdunstung an der Basis des Piedmont zurückgeführt, die mit dem praktisch

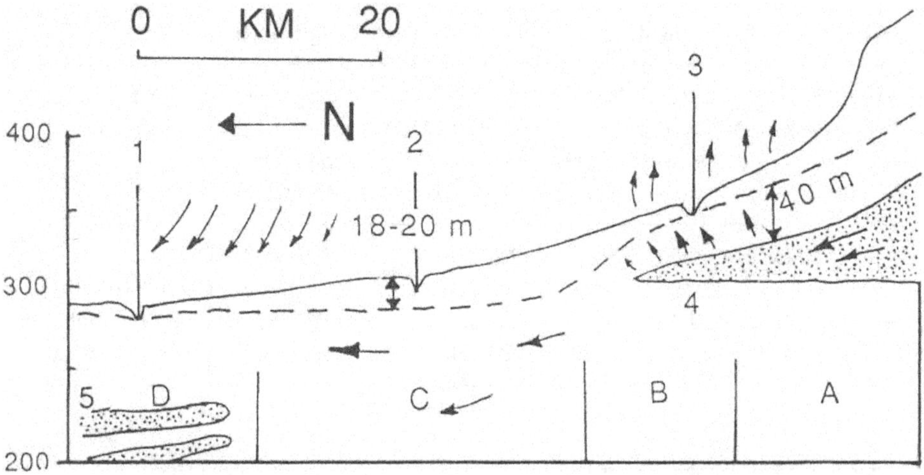

Abb. 5.15. Wasserversorgung der Hungersteppe in der Zeit vor der Bewässerung. *A* Bereich unterirdischer Zufuhr vom Gebirge her; *B* Zuflußbereich der oberflächlichen Wasserschicht mit Verdunstung an der Oberfläche; *C* Übergangsbereich in der Tiefe; *D* Akkumulation von Salzwasser aus *C*; *1* zentraler Abflußkanal der Steppe; *2* Seitenkanal südlich von *1*; *3* südlicher Bewässerungskanal; *4* Akkumulationsbereich ehemaliger Bachsedimente; *5* Sandlinsen; die *gestrichelte Linie* stellt die Untergrenze dar, bis zu der das Bewässerungswasser eindringt, das verdunstet und Salz an die Oberfläche transportiert

Tabelle 5.11. Klimadaten der Hungersteppe (Mittelwert über 20 Jahre)

	Wetterstation	Monat 1	2	3	4	5	6	7	8	9	10	11	12	Gesamt
Verdun-	Ursatjewskaja	18	24	51	98	168	256	272	240	208	120	66	26	1547
stung	Misarschul	18	19	43	76	136	205	222	200	148	84	42	24	1217
am Boden	Dshisak	12	26	45	80	149	221	257	238	178	107	50	27	1390
(mm)	Sowchosko	2	5	8	30	74	124	162	155	71	36	11	6	684
Nieder-	Ursatjewskaja	36	38	57	46	24	8	2	2	3	17	32	40	305
schlag	Misarschul	27	35	60	50	27	7	0,4	1	0,4	14	38	32	282
(mm)	Dshisak	45	48	69	56	28	8	1	1	2	21	41	46	366

völligen Fehlen fließenden Wassers verbunden ist. Der natürliche Salzgehalt an der Oberfläche folgt der in Tabelle 5.12 definierten Zonierung.

Zone c stellt einen Übergang von Zone b nach Zone d dar. Die Zone a ist weniger salzhaltig, die Böden sind dort allerdings von geringer Qualität.

Tabelle 5.12. Zonierung der Salze im Untergrund der Hungersteppe

Zonen	Entwässerung	Salzgehalt des Wassers	Tiefe des Wassers	Salzgehalt (t/ha) in einer Schicht von 3 m Mächtigkeit	Salzgehalt (t/ha) in einer Schicht von 20 m Mächtigkeit	Art der Salze
b	schlecht	40-60	2-3	920-1000	5200-6000	Chloride
	gut	7-10	6-8	700-760	1500-1800	Chlorid + Sulfat
d	mäßig	18-36	8-14	135-350	1100-2200	Chlorid + Sulfat
	schlecht	25	15-20	200-550	1600-2500	Chlorid + Sulfat

Tabelle 5.13. Salzbilanz in der Hungersteppe in 1000 t/ha (verschiedene Quellen)

Jahr	1966	1967	1968	1969	1970	1971	1972	1973
Zufuhr								
Bewässerung	757	1546	1354	700	1171	1620	1490	1916
Niederschlag	31	42	59	113	60	58	54	72
Verdunstung am Boden	93	117	165	207	123	180	198	221
Aufstieg von Salzwasser	216	252	275	306	324	347	367	387
Abgang								
Entwässerung	720	1201	1547	2818	2021	2731	3053	3109
Abfälle	287	231	496	576	377	492	313	406
Bilanz								
Mittelwert	+90	+525	-185	-2068	-716	-1018	-1257	-919
pro ha Bewässerungsfläche	+0,6	+3,6	-1,0	+11,5	-4,0	-5,4	-6,0	-4,6
pro ha, in dem der Wasserspiegel oberhalb der Entwässerungsgräben liegt	+2,8	+10,4	-3,2	-29,6	-12,6	-15,6	-17,1	-13,7

Bewässerungsarbeiten hatten schon 1872 begonnen; 1879 wurden sie eingestellt und 1885 wieder aufgenommen. Auf der ersten großen Messe in Taschkent 1890 wurde ein Entwicklungsplan vorgestellt. Das erste Wasser floß 1902; 1913 funktionierte das Bewässerungssystem; der Staat kümmerte sich lediglich um die größeren Bauarbeiten. Ein Startkapital von 1000 Goldrubeln war für jeden Siedler vorgesehen - die Siedler kamen freiwillig oder oft auch gezwungenermaßen aus Rußland. In dieser für sie neuartigen Umgebung benötigten die Pioniere 2-3 Jahre zur Eingewöhnung, sie hatten keinerlei Spezialausbildung zum Siedeln erhalten. Sie selbst waren selten Eigentümer ihres Bodens. Viele verschwanden wieder oder gingen vor Ort zugrunde. Zur Zeit des 1. Weltkriegs waren 56 000 ha als Bewässerungsfläche ausgerüstet, von denen 23 000 tatsächlich bewässert wurden.

Die Hungersteppe profitierte von einem Dekret Lenins vom 17. März 1918, nach dem "50 Mio. Goldrubel zur Bewässerung von 500 000 Desjatin[170] Erde in der Hungersteppe" und für die Einrichtung einer Bewässerungsverwaltung in Turkestan investiert wurden. Diese wurde dann aber erst 1921 geschaffen. Vier Jahre lang setzte man die Kanäle und Anlagen instand; der Boden wurde verstaatlicht.

Drei Etappen kennzeichneten die Entwicklung der Gegend:

1. Von 1922-1930 wurde das sowjetische System eingerichtet: Man schuf Genossenschaften, diese wurden schnell in Kolchosen umgewandelt, dann richtete der Staat seine Sowchosen ein, die erste 1924 in Pakta-Aral. 1929 gab es 30 Kolchosen und einige Sowchosen, die insgesamt eine Fläche von 130 000 ha abdeckten. Die Sowchosen erstreckten sich über jeweils 5000-10 000 ha und erweiterten die Nutzfläche. Der Staat nahm die Wasserverteilung in die Hand.

2. Von 1930-1956 blieben die Bewässerungsverwaltung und die Verwaltung der landwirtschaftlichen Flächen getrennt. Letztere befaßte sich im wesentlichen mit den von Natur aus nutzbaren Flächen und schuf städtische Zentren mit den berühmten MTS "Maschinen- und Traktorenstationen", die man auch andernorts in der semiariden Zone antrifft. 40 000 ha wurden zusätzlich bewässert und 20 000 Personen in der Steppe angesiedelt.

3. In Anbetracht der unzulänglichen Ergebnisse (50 000 ha waren Brachland geworden, weil sie versalzen und/oder vernäßt waren oder weil es an Mitteln und Arbeitskraft fehlte), wurde das System vom Staat umorganisiert, indem die früher getrennten Verwaltungen zusammengefaßt und Mechanisierung und Zentralisierung der landwirtschaftlichen Betriebe vorangetrieben wurden. Bis dahin waren bereits alle Arbeiten beim Baumwollanbau außer der Ernte mechanisiert, die nun an die Reihe kam. Man führte einen Fruchtwechsel ein. Der triumphale Bericht bei der UNESCO 1975 gibt an, daß jährlich 7000-8000 ha neu in die Nutzfläche miteinbezogen und auf der Anbaufläche von 25 000 ha 200 000 t Baumwolle produziert worden seien. Eine Produktivitätsstatistik gibt es nicht, nur die Angabe, die Erträge seien von 1,7 t/ha 1963 auf 3,2 t/ha im Jahre 1969 angestiegen. Allerdings wird nicht vermerkt, daß es sich nur zur Hälfte um langstapelige Baumwolle handelte.

In den Bewässerungskanälen befanden sich von Anfang an bereits 1 g/l gelöste Salze und viel Sulfat und Nitrat (1 mäq NO_3 = 62 mg/l; Tabelle 5.14). Dieser Salzüberschuß stammt aus dem Syr-Darja, der beim Austritt aus dem Ferganatal bereits die Drainageabwässer dieser intensiv bebauten Region aufzunehmen hatte. Anschließend läßt sich ein erheblicher Anstieg des Anteils an chemischen Bestandteilen beobachten (Werte von Aingiew in Tabelle 5.14), der mit der Auswaschung der bereits mit Salz gesättigten Böden zusammenhängt.

[170] 1 Desjatin = 1,093 ha.

Tabelle 5.14. Mineralisierung des Wassers bei Be- und Entwässerung in der Hungersteppe. (Nach Molodtschow 1980)

	Salzgehalt insgesamt (g/l)	Gehalt an toxischen Salzen (g/l)	Chemische Zusammensetzung (mäq/l[a]) HCO_3	Cl	SO_4	Ca	Mg	Na	NO_3
Wasser zur Bewässerung									
1977 (Aingiew)	0,88 bis 1,62	0,5 bis 1,28	2,4 bis 3,5	2,4 bis 7	8,6 bis 21	4 bis 10	4 bis 10	5 bis 10,5	0,01 bis 0,38
1977 (Paktamor)	1,0 bis 4,6	0,71 bis 3,38	2,3 bis 3,6	4 bis 24	9,6 bis 42	5 bis 17,5	4 bis 30	5,5 bis 39	0,06 bis 0,4
1968 (Paktamor)	0,77	0,55	2,2	2,3	6,5	5,5	4	5	-
Drainageabwässer									
1977 (10 km S v. Aingiew)	1,3 bis 2,5	0,85 bis 1,86	2,3 bis 3,6	4 bis 8	15,6 bis 28,8	6 bis 10	8 bis 18	5,6 bis 13,8	0,3 bis 2,1

[a] Milliäquivalent: Molmasse geteilt durch die Wertigkeit des Ions.

Der südliche Bewässerungskanal der Hungersteppe, der vom Farchad-Stausee her abzweigt, bewässert altes Kulturland; er ist aus Erde gebaut, erst halb auf einem Damm, dann 127 km lang auf einem Damm hochliegend. Allein durch den Kontakt mit dem Boden der Uferböschungen kann das Wasser im Endabschnitt des Kanals schon einen Salzgehalt von 4,6 g/l erreichen, so daß es nicht in der Lage ist, die Bewässerungsflächen zu entsalzen, zumal es bereits Kalzium und Sulfat als vorherrschende Ionen enthält und Gips nicht mehr auflösen kann. Dieses Bewässerungswasser verteilt also die unterwegs ausgewaschenen Salze auf die bewässerten Böden. Bereits im oberen Kanalbereich werden 8 t Salz pro ha und Jahr eingetragen.

Je nach ihrer Herkunft kommen in den Entwässerungskanälen der Enddrainage Salzgehalte zwischen 2 und 17 g/l vor (Tabellen 5.14 und 5.15). Die höchsten Salzgehalte findet man in den neu erschlossenen und bereits von Natur aus salzhaltigen Flächen. Man hat versucht, dieses Wasser zur Bewässerung von Baumwolle zu benutzen; nach vier Jahren führte dies zu Salzablagerungen und Ernteeinbußen. Unverdünnt sind diese Abwässer somit unbrauchbar und werden entweder in den Ajdarkul-See oder in den Syr-Darja abgelassen, zu dessen Verschmutzung sie dann beitragen. Die am wenigsten belasteten Abwässer

Tabelle 5.15. Abfluß in den wichtigsten Sammelkanälen für Drainageabwasser (Kanäle mit über 3 m^3/s Abfluß); Zeitraum 1983-1985. (Nach Tschembarisow 1989)

Name	Abfluß km³/Jahr	Salzgehalt	Anmerkungen	
Amu-Darja-Becken				
Kurgan Tjube	0,13	0,96	südl. von Duschanbe	
		(0,46 im Okt., 1,48 im April)		
Wachsch	0,094	0,31	20 km östl. des o.g. Gebietes	
		(0,26 Okt., 0,42 April)		
Tscherabad	0,12	5,19	NW von Termes	
		(2,03 April, 8,2 Dez.)		
Lebowedew Hauptort	1,18	2,47	bei Tschardshou	
Samotechnii	0,078	3,24	"	1,78 km³ mit durchschnittlich 2,47 g/l
Kalasch Hauptort	0,038	1,43	"	für das Obere Turkmenistan
Kodshambass	0,146	2,79	30 km NE von Kerki	
Turmujun	2,48	3,31	Region von Chiwa und Choresm	
Kungrad	0,68	2,56	NW von Nukus	Delta: großer Sammelkanal
Biruni	0,32	3,57	50 km N v. Urgentsch	links d. Amu-D.: Tachiatasch
Kysyl-Kum	0,17	3,19	50 km N v. Biruni	(20 km SE Nukus) bis Kungrad
Aralsee	0,80	1,92-2,80	direkte Einleitung in den Aralsee	
Kaschkadarja Zentralkan.	0,15	6,90	Einleitung in den Amu-Darja, Raum Karschi	
Jujn	0,70	7,62	Einleitung in den Amu-Darja, südl. von Karschi	
Kattakurgan	0,12	0,43	westl. von Samarkand	
Karas	0,10	0,41	"	
Duli-Duli	0,16	1,39	"	
Parsankul	0,57	5,45	Region von Buchara (unterer Teil)	
Nördl. von Buchara	0,46	3,63	"	
Dengiskyl	0,40	6,03	Serafschan (Ableitung in die Wüste)	
Karakulsk	0,15	8,38	"	
Makankyl	0,29	3,14	"	
Delta (Ableitung in die Wüste)				
Dshar	0,43	7,62	"	
Tedshen	0,44	16,02	Tedshen-Delta (Ableitung in die Wüste)	
insgesamt	11 km³/Jahr, davon 4,08 in den Aralsee; 5,60 in den Sand; 1,32 in Flüsse			
Syr-Darja-Becken				
Atschikul	1,82	2,76	Fergana	
9 Sammelkanäle	1,53	0,62	(Kaku-Abad)	
(u.a. Karagunon, Kabarasi)		bis 2,36	(Sari Dshura Dr)	
Tschirtschik	-	-		
Akangarad	0,31	1,40 - 2,14	Umland von Taschkent	
Keles	-	-		
Hauptkanal der				
Hungersteppe	0,63	2,36 - 2,63	SW von Taschkent	
Dshisak	0,30	6,71	im Westen und Norden der Hungersteppe	
Kirowskoje	0,10	2,81	"	
Dshetisan	0,23	5,47	"	
Tschimkent	0,45	1,96	Kysyl-Kum, östl. des Syr-Darja	
Arys-Turkestan	0,10	2,70	Gegend nördl. von Tschimkent	
Ksyl-Orda	0,20	5,35		
insgesamt	7,11 km³/Jahr, davon 0,2 direkt in den Aralsee; 2 in den Arnaissai-See (Ajdarkul); 4,9 in den Syr-Darja			
alles zusammen	18,1 km³/J., davon 4,3 in d. Aralsee; 7,6 in Abwasserseen; 6,2 in Flüsse			

könnten erneut für die Bewässerung von noch salzigem Gelände genutzt werden, um dort Weiden zu schaffen, oder aber für die Entwässerung der am stärksten versalzenen Bereiche. Unglücklicherweise verlaufen aber die betreffenden Kanäle gerade in wenig versalzenen Regionen.

In der Hungersteppe ist ein großer Teil der Bewässerungskanäle betoniert - nicht alle Nebenkanäle, aber alle großen Entwässerungskanäle. Es wurde vorgeschlagen, das Bewässerungswasser besser zu verteilen; dies hätte neue Verbindungen zwischen den Kanälen vorausgesetzt, um das Wasser je nach seinen chemischen Eigenschaften zu den am besten angepaßten Böden zu leiten. Es scheint nicht so, als seien diese angemessenen Maßnahmen (die schon 1980 vorgeschlagen wurden) durchgeführt worden.

Heutzutage ist die Luft in Paktamor[171] ständig durch Staubschleier vernebelt. An den breiten, schlecht gepflasterten Straßen stehen einige kümmerliche (da nie gegossene) Bäume und lange Reihen von gräulicher Hochhäusern, aus denen morgens die Leute herauskommen und um 6 Uhr am Straßenrand den Lkw oder den alten, klapprigen Bus zu den 15 oder 20 km entfernten Baumwollfeldern abwarten. Abends nimmt sie das Fahrzeug wieder mit, die Dichte des Staubs hat zugenommen, und jeder geht nach Hause. Diese entwurzelten Bauern haben kein Stück Land und keinen Garten mehr, wie sie ihn früher noch unterhielten. Sie sehen also fern, treffen sich zum Plaudern auf den Plätzen, wo manchmal ein Beet mit grünem Gras und Blumen den tristen und staubigen Ort etwas angenehmer macht. Vom Enthusiasmus gewisser Prospekte oder Touristenführer ist man doch recht weit entfernt[172].

Geradezu wahnwitzig wird es, sobald die Ernte beginnt. Da die Maschinen nicht ausreichen oder defekt sind, weil Einzelteile fehlen, machen alle dabei mit, vom Alter von 5 Jahren an aufwärts. Die Bevölkerung der Städte selbst wird rekrutiert - und die Gymnasiallehrer beklagen sich, daß ihre Schüler bei der Rückkehr alles vergessen haben, da sie wegen der Baumwollernte zwei Monate mit dem Lernen aussetzen.

Man begreift, daß die Bevölkerung der Agrarstädte hinsichtlich ihrer Arbeit und deren Folgen gleichgültig war, da sie mit der Planung und dem möglichen Ertrag des Anbaus, mit dem sie betraut waren, nichts zu tun hatte. Erst seit sehr wenigen Jahren wurden Stimmen laut, die in dem Maße deutlicher wurden, wie die Lage sich verschlechterte.

Das Beispiel der Hungersteppe zeigt die Art, mit der die landwirtschaftliche Neulanderschließung durchgeführt wurde, häufig eben ohne besondere Rücksicht auf die betreffenden Bodentypen. Der fünfte Fünfjahresplan (1976 - 1980) sah vor, jährlich 180 000-200 000 ha Bewässerungsland in Turan zu erschließen, um schließlich in den 1990er Jahren auf etwa 9 Mio. ha zu kommen und dabei die gesamte Wassermenge aller Flüsse zu verbrauchen. Anschließend sollte sibiri-

---

171 Kleine Stadt 150 km südwestlich von Taschkent in der Hungersteppe.

172 Dies wäre mit den Beobachtungen von E. Maillart 1932 über den Alltag in Turan und mit den Eindrücken von R. und P. Grousset (1963) zu vergleichen.

sches Wasser Verwendung finden (vgl. Kapitel 7), und man nahm an, daß es gegen 1990 soweit sein würde.

Diese Studie zeigt auch die Gefahr, die mit der Zunahme des Salzgehalts in den Drainageabwässern verbunden ist. Dieses Phänomen hat dazu beigetragen, daß ganze Bewässerungsregionen geschädigt wurden, die ihrerseits talabwärts von anderen Bewässerungsgebieten lagen.

Statistiken über die Abwassermengen pro Bezirk oder Republik sind nicht leicht aufzustellen, selbst für die sowjetischen Spezialisten nicht. Aus Tabelle 5.15 geht hervor, daß jährlich 11 km^3 Drainageabwässer im Amu-Darja-Becken abgeleitet werden, darunter 4,08 km^3 in den Aralsee, 5,60 km^3 in die Auffangseen bzw. in die Wüste (darunter Sary-Kamysch) und 1,32 km^3 in Flüsse. Für das Syr-Darja-Becken liegen die entsprechenden Werte bei 7,11 km^3; 0,2 km^3; 2 km^3 (Arnassai-Ajdarkul-See) bzw. 4,9 km^3. Dies ergibt insgesamt 18 km^3 pro Jahr, von denen 4,3 km^3 in den Aralsee gelangen. Dabei schwankt der Salzgehalt dieser Abwässer sehr, was sich aus der Art der bewässerten Böden, der Auswahl der Anbaupflanzen und dem Einsatz von Chemikalien ergibt.

Abbildung 5.16 stellt das Gesamtschema des Bewässerungssystems von Turan Ende 1990 dar.

5.4 Transport und Verkehr: Ein Netz der Eroberung

Für die gewaltige Größe dieser kontinentalen Regionen war es erforderlich, effektive Transportsysteme zu errichten. Die Eisenbahn bot die einzige Möglichkeit zu einer Anbindung nach Rußland, und unmittelbar nach der Eroberung wurde sehr schnell die "Transkaspische" gebaut, ausgehend von Michailowsk, einem kleinen Hafen südlich von Krasnowodsk, der aber wegen unzureichender Wassertiefe schnell aufgegeben wurde. Der Bau war ein Musterbeispiel für Schnelligkeit: In 18 Monaten wurden 600 km Gleise verlegt, auf den Sand und die Takyrs, verbunden mit allen Problemen der Sandstürme (die Sandstürme führten zur Erosion des Materials ... und der Kupferdrähte der Telegraphenleitung): Dünen deckten die Gleise zu, plötzliche Hochwasser der Bäche aus dem Kopet-Dag führten zu Überschwemmungen. Man begann mit Anpflanzungen, da sich die Holzzäune als unwirksam erwiesen. Dem Ingenieur Palezki (Wojekow 1914) sind diese Pflanzungen zu verdanken, die ein Modellvorhaben waren. Nachdem er die natürliche Vegetation der Wüste sorgsam untersucht hatte, beschloß er, sie durch Sämlinge anzureichern und sie vor den Herden zu schützen. Diese von den Nomaden begehrten Anpflanzungen mußten militärisch überwacht werden. Die Methode erwies sich als so erfolgreich, daß sie 1931 (!) als offiziell übernommen wurde. 1881 erreichte die Bahn Merw und ermöglichte es so, die erforderlichen Truppen herbeizubringen. Es handelte sich noch um eine strategische Bahnlinie, die 1884 Tschardshou am Amu-Darja erreichte, 1885 Buchara und 1888 Taschkent. In seinem wenig bekannten Roman *Claudius Bombarnac* beschreibt Jules Verne detailliert die Reise von Krasnowodsk - das Michailowsk

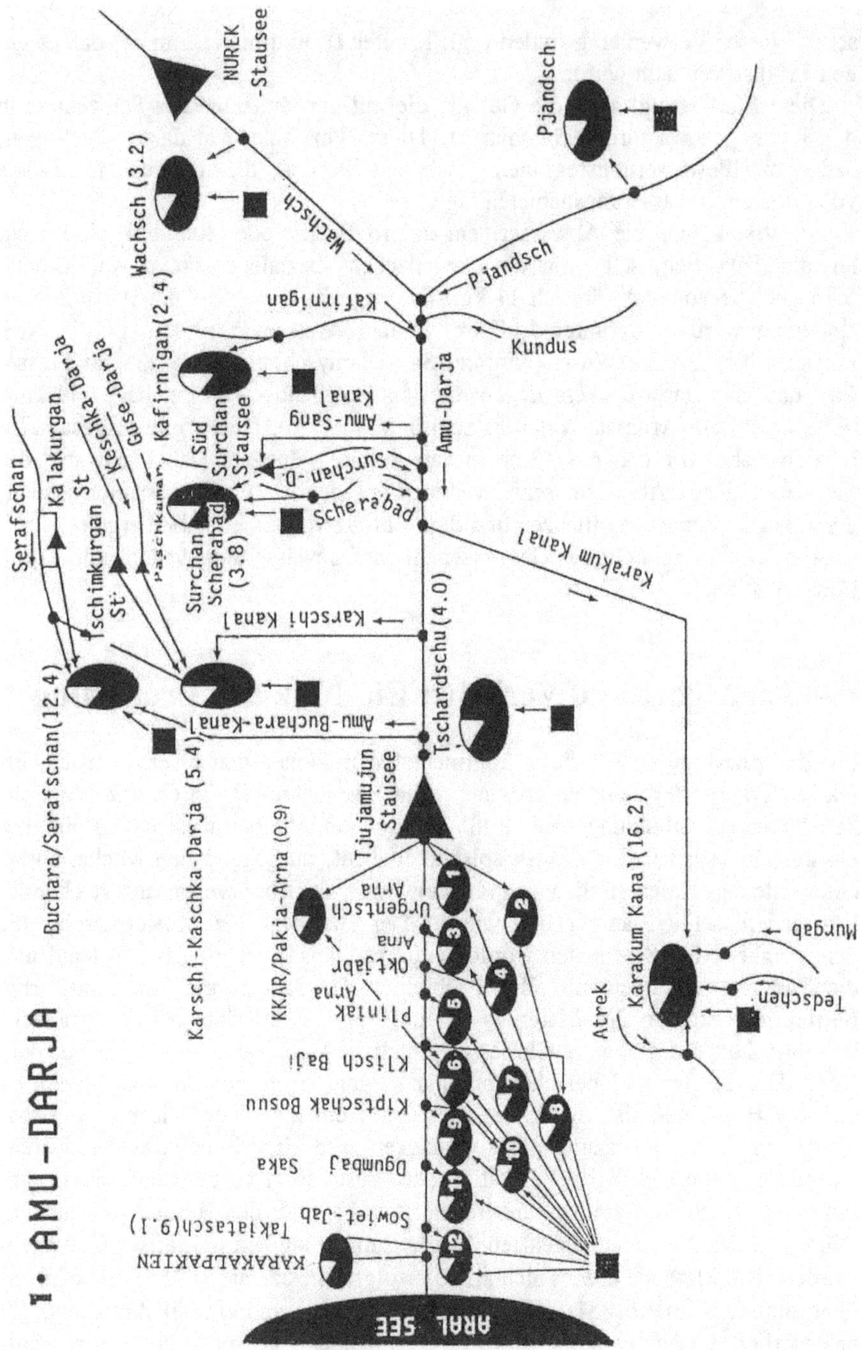

Abb. 5.16. Allgemeines Schema des Wasserversorgungssystems von Turan. *Legende unter Schema 2: 1* Verteilungsnetze und Gesamtverbrauch in km³/Jahr, *2* Mündungen oder Wasserentnahmestellen, *3* Vorratsbehälter, *4* Zuflüsse und örtliche Wasserläufe; *numerierte Verteilungsnetze in Schema 1: 1* Choresm - Tasch-Saka (1,8), *2* Taschaus - Tasch-Saka (0,7),

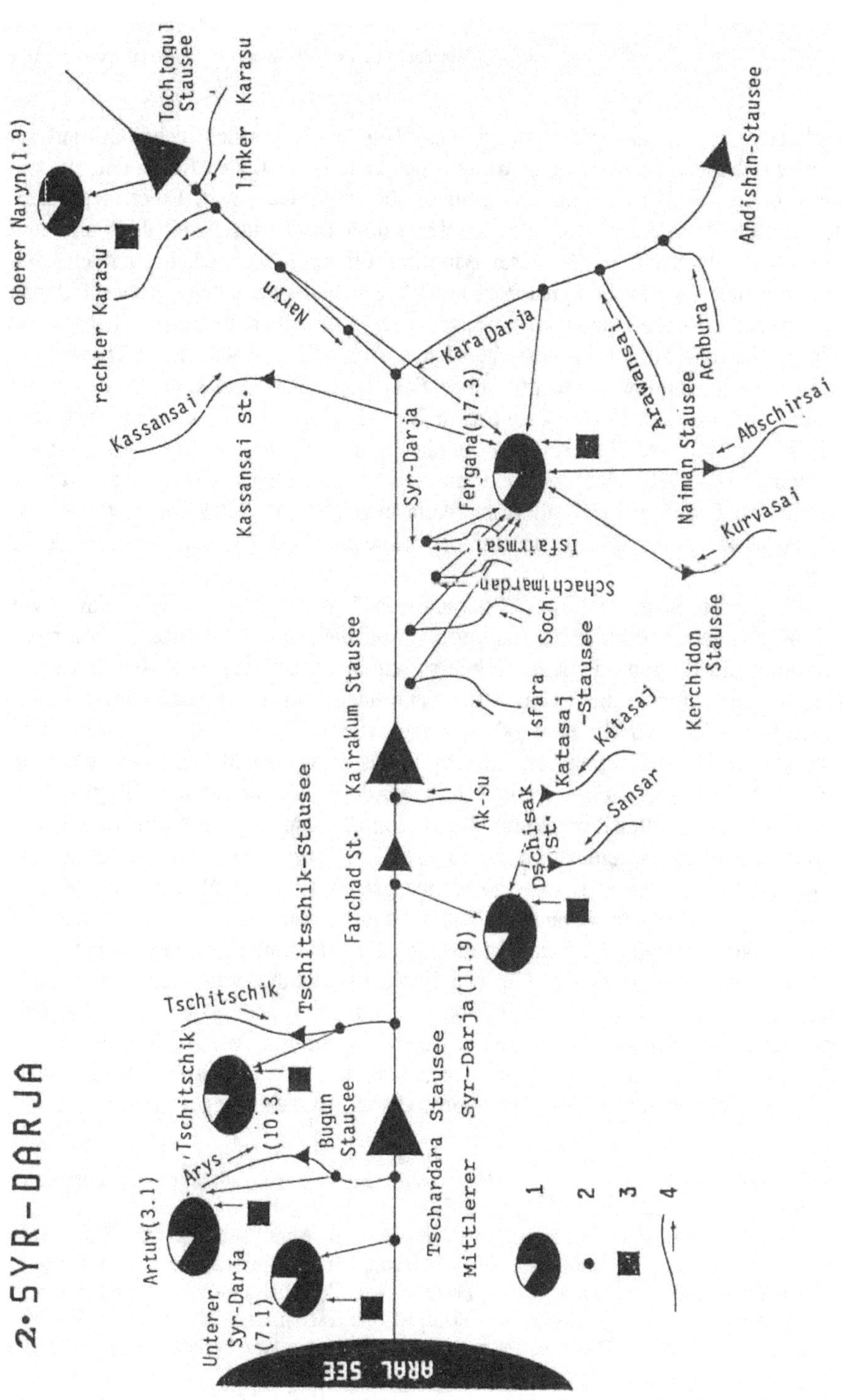

3 Choresm - Urgentsch (0,2), *4* Choresm - Oktjabr (0,4), *5* Choresm - Pitnjak (0,1), *6* Choresm - Klisch Baj (1,8), *7* Taschaus - Klisch Baj (0,7), *8* Karakalpakien - Klisch Baj (0,3), *9* Taschaus - Kiptschak Bossu (0,3), *10* Karakalpakien -Kiptschak Bossu (0,3), *11* Taschaus - Dgumbaj Saka (0,2), *12* Taschaus - Sowjet Jab (1,5). (Nach Glasowski u. Mainguet 1992)

recht schnell den Rang ablief - nach Taschkent, wobei er sich recht stark auf die Berichte der russischen Ingenieure und der ersten westlichen Reisenden stützte, unter denen auch Boulangier, ein französicher Ingenieur, war. Einer dieser Reisenden, ein Engländer, beklagte sich 1890 über die Langsamkeit der Fahrt und über die schlechte Eignung dieser Bahnlinie für den Güterverkehr. Jedoch hatte man mit dieser Bahn die Quadersteine und den Zement aus dem Großen Balchan in der Nähe von Krasnowodsk transportiert, mit denen man Aschchabad und Mary nahe dem alten Merw errichtet hatte. Anschließend wurde die Transkaspische für den Baumwolltransport über Baku nach Rußland genutzt, bevor die Bahn von Taschkent nach Orenburg in Betrieb ging. Auch nach Persien wurde auf ihr zur Zeit des Bürgerkriegs, als die Engländer das russische Turkestan besetzten (1918-1920), Baumwolle transportiert. Die Dampflokomotiven wurden bereits mit Erdöl gefeuert, allerdings kam man 1918/19 gelegentlich wieder auf Saxaul-Holz zurück und sogar: auf getrockneten Fisch aus dem Aralsee! (Ellis 1963)

Die zweite Bahnlinie, die "Transaralische" von Orenburg nach Taschkent führte weniger zu Problemen und wurde 1896 bis Aralsk in Betrieb genommen. Sie holte die Region aus dem Verkehrsschatten, erleichterte den Austausch mit Rußland und brachte die Truppen aus Zentralasien an die russische Front. Zwischen den beiden Weltkriegen gab es keinen wesentlichen Fortschritt, wenn man einmal von der Anbindung von "Taschkent-Turksib" absieht, die 1911 begonnen und 1930 im wesentlichen fertiggestellt wurde[173]. Sie verband die Region von Taschkent mit Mittelsibirien und diente dem Transport von Kohle und Erzen sowie vor allem Getreide nach Turan, da diese Region von nun an der Baumwollmonokultur gewidmet war. Sicherlich gab es auch den Wunsch der Machthaber, die Völker von Turan zu "halten", indem man sie hinsichtlich ihrer Ernährung von einer Quelle abhängig machte, die außerhalb ihres Gebiets lag.

Nach dem 2. Weltkrieg (1952) wurde die Verbindung von Tschardshou nach Kungrad am Amu-Darja-Delta in Betrieb genommen (der Krieg hatte den Bau unterbrochen), was auch für Choresm einen Anschluß an die Außenwelt ermöglichte: Die Schiffahrt auf dem Amu-Darja war stets eine unsichere Angelegenheit und auf jeden Fall für den Transport schwerer Lasten ungeeignet[174]. Da die

---

173 Der Bau der Turksib war 1929 Gegenstand eines Propagandafilms von Turin und Avon.

174 Trotz der schwierigen Bedingungen waren auf dem Amu-Darja Dampfschiffe im regelmäßigen Dienst, und zwar seit der Eroberung durch die Russen; sie fuhren von Tschardshou zum Choresm und zur Festung von Petro-Alexandrowsk oberhalb von Chiwa sowie auf dem Syr-Darja von Kasalinsk bis Tschardara (vgl. Kap. 2). Für die Bergfahrt auf dem Syr-Darja von Kasalinsk nach Tschardara brauchte man 1875 35 Tage, für die Talfahrt 17.
1850 erschien das erste Dampfschiff auf dem Aralsee. Von 1865-1878 stieg die Zahl der Passagiere von 615 auf 4480 pro Jahr und das beförderte Güteraufkommen von 500 auf 3000 t. Die kleine Flotte umfaßte sechs (bewaffnete) Dampfschiffe und 30 Boote. Nach 1882 gab es zwischen Nukus und Aralsk unregelmäßige Küstenschiffahrtsdienste, die praktisch verkehrten, bis die Häfen des Aralsees trockenfielen. Auf dem Amu-Darja wa-

Bahnlinie am linken Ufer des Amu-Darja auf einem von Barchanen übersäten Gelände errichtet wurde, kam es immer wieder zu Versandungsproblemen, und man war gezwungen, die Bahn auf einer sehr langen Strecke höherzulegen. Die Binnenschiffahrt auf dem Syr-Darja dient vor allem zur Andienung der Anrainerstädte. Die genannte Bahnlinie wurde im Rahmen des fünften Fünfjahresplans (1966-1970) bis Bejneu im Ust-Urt verlängert (ein Teil der Linie war bereits 1966 von Makat nach Schewtschenko - heute Aktau, auf der Halbinsel Mangischlak - gebaut worden, um Erdöl und Kohle nach Gurjew und in den Norden zu befördern). Diese neue Linie durch die Wüste Ust-Urt führte zu keinen größeren Problemen, wenn man von den starken Temperaturschwankungen und den Sandstürmen absieht, die spezielle technische Gegenmaßnahmen erforderlich machten. Kungrad am Fuße des Tschink-Abhangs wurde ein strategischer Mittelpunkt, an dem Verkehrsachsen, Pipelines und Hochspannungsleitungen zusammenlaufen. Neben dem Transport von Baumwolle und Lebensmitteln zielte diese Linie im wesentlichen darauf ab, Erdöl in den Nordosten zu befördern. Aber seit dieser Zeit verdrängte die Pipeline den Kesselwagen, und der Erdöltransport nahm beträchtlich ab (über 40 % 1980). Wie man auf Abb. 5.17 sieht, überzieht ein dichtes Netz von Gas- und Ölleitungen die Region. Vor kurzem wurde es noch hin zu den neuen beträchtlichen Vorkommen von Gasli (über 600 Mrd. m^3), vom Amu-Darja-Delta und von der Achse Mangischlak-Taschaus erweitert[175]. Die Turksib wurde um 1950 herum durch eine neue parallele Linie von Karaganda nach Alma-Ata westlich des Balchaschsees (Jugsib) ergänzt. Die letzte große Bahnlinie, die in der Region des Aralsees gebaut wurde, verbindet den Bergbaubezirk Utschkuduk 300 km südöstlich vom Aralsee mit Buchara.

Ab 1873 wurden mehrere Vorschläge für eine Bahnlinie von Mangischlak nach Chiwa erarbeitet; Varianten davon gingen von anderen Stellen an der Küste des Kaspischen Meeres aus. Auch eine Verbindung von Kasalinsk bis ins Choresm wurde ins Auge gefaßt. Der Franzose Ferdinand de Lesseps plädierte nach dem erfolgreichen Bau des Suezkanals dafür, die Transkaspische Bahn, die damals in Bau war, über den Pamir bis nach Indien zu verlängern. Keines dieser Vorhaben hatte eine ernsthafte wirtschaftliche Grundlage, und alle wurden rasch wieder aufgegeben.

Sehr schwere Züge mit bis zu 15 000 t laufen über diese Gleise, gezogen von Diesellokomotiven, von denen manche noch aus uralter französischer Herstellung stammen. Im ganzen funktioniert das System zuverlässig. Die sandigen Winde bleiben jedoch stets der Feind der Mechanik, und 1986 wurden 600 km

---

ren die Bedingungen für die Schiffahrt, wie gezeigt wurde, ungünstig, bis die Hochwasserstaudämme gebaut wurden. 1908 gab es bereits 600 Flachboote mit einer Gesamt-Ladekapazität von 8300 t, die mit der Strömung abwärts fuhren und anschließend mit Segeln und meistens an Leinen von Nukus bis Sarai am Zufluß des Pjandsh wieder aufwärts. Diese Schiffahrt fand unter militärischer Kontrolle statt, deren Sitz in Tschardshou war. Später benutzte man Dampfschlepper, nach 1945 dann Schlepper mit Dieselmotor. Der Lastenverkehr soll um 1970 "mehrere Mio. t" erreicht haben, bekam jedoch die Konkurrenz der Eisenbahn zu spüren.

[175] Der asiatische Teil Rußlands produziert 58 % des Erdgases der GUS.

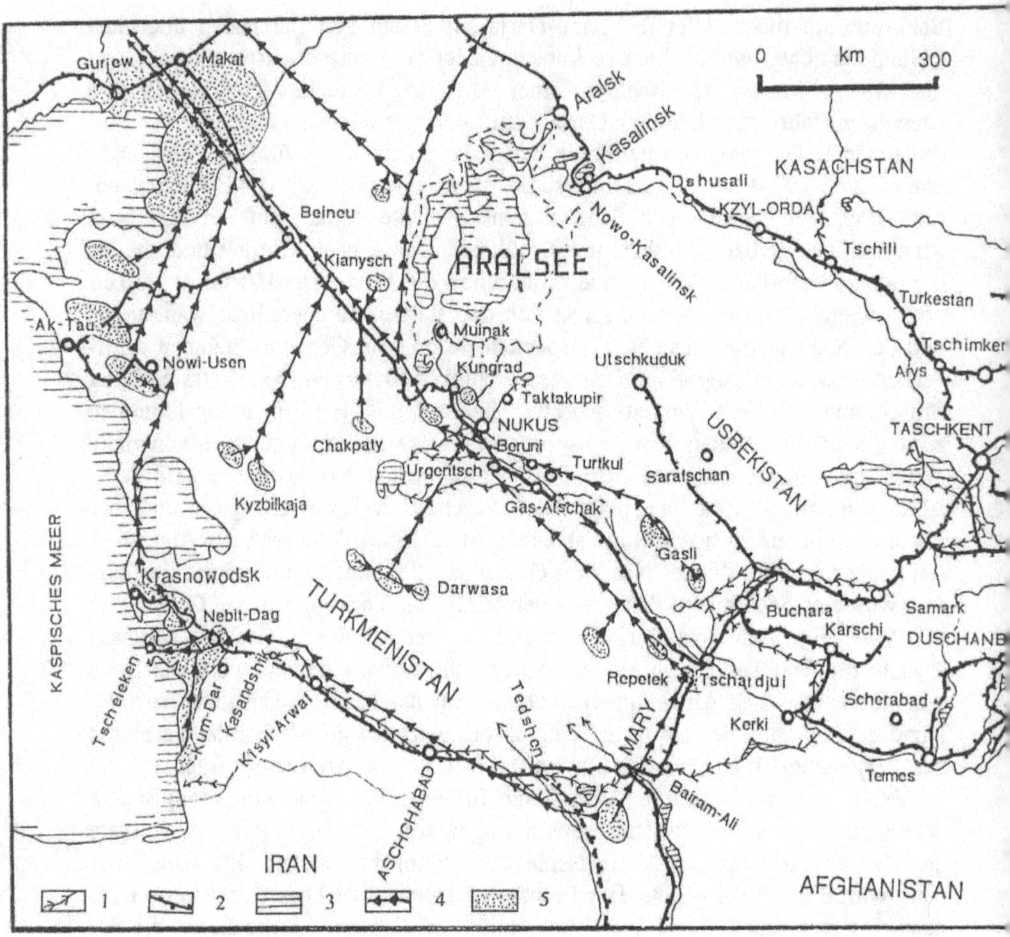

Abb. 5.17. Übersicht über Eisenbahnlinien und Bodenschätze (Erdöl und Erdgas) in Turan (Zustand von 1985); der Bau der Bahnlinie Tedshen - Meschhed, die auf iranischer Seite fertiggestellt ist, ist unterbrochen. (verschiedene Quellen; Anonymus 1985)

neue Windschirme gebaut. Dennoch kommt es zu beschleunigtem Materialverschleiß, häufig deshalb, weil die Maschinen an die Berührung mit Flugsand nicht angepaßt sind (10 mg Staub pro m^3 Luft verkürzen die Betriebsdauer um das 8- bis 10fache; Utkin 1986). 1994 ist das Problem der Ersatzteile in den meisten Fällen aussichtslos geworden.

Die Umweltschäden, die durch die Eisenbahn hervorgerufen werden, sind allerdings weit weniger groß als die, die auf den Autoverkehr zurückgehen. Ein Straßennetz rings um den Aralsee gibt es praktisch nicht (Pisten), und wo es vorhanden ist, befindet es sich in schlechtem Zustand, was an mangelnder Unterhaltung und auch an der Härte des Klimas liegt. Der winterliche Frost und der Sand im Sommer verursachen erhebliche Probleme. Die Lastwagenfahrer versuchen manchmal die stärksten Straßenschäden zu umfahren, indem sie provisorische Umleitungen über die angrenzenden Feldränder benutzen. Die Straßenmeisterei kämpft gegen solche Praktiken, indem sie die Gräben vertieft und mit dem Aushub Böschungen aufschüttet; auf diese Weise trägt sie noch dazu bei, die angrenzenden Böden zu schädigen. Auch muß angemerkt werden, daß viele Gegenden keinen nahegelegenen Steinbruch aufweisen, der Schottermaterial liefern könnte, und so auf lange und kostspielige Transporte angewiesen sind. Nur wenige Hauptachsen zwischen den wichtigsten Zentren sind geteert. Landstraßen verbinden die Erdölfördergebiete mit dem Choresm und diese Region über die Kara-Kum mit dem Kopet-Dag. Auch hier stellen sich die Probleme der Versandung. Regionalen Verkehr gibt es praktisch nicht, abgesehen von dem, der den Bergbau und die Erdölförderung betrifft. Der dichtere Ortsverkehr umfaßt einige Buslinien mit Fahrzeugen, die auch schlecht unterhalten sind und vorrangig Landarbeiter von den Schlafstädten in die Felder und zurück befördern[176].

Die Binnenschiffahrt hatte stets untergeordnete Bedeutung. Dennoch stellte sie einst die einzige Alternative zum Karawanentransport dar, und in der schönen Jahreszeit begab man sich aus dem Syr-Darja-Tal mit dem Schiff bis nach Choresm. Bevor der Aralsee austrocknete, gab es immer noch Passagierschiffsdienste zwischen Aralsk und dem Amu-Darja-Delta.

Aus dem einleuchtenden Grund der langen Entfernungen hat die Sowjetunion für ihre Verbindungen stets die Eisenbahn bevorzugt, sowie seit etwa 20 Jahren das Flugzeug für den Personentransport. Die Tarife waren sehr niedrig, und es kam nicht selten vor, daß man Bauern auf Regionalflugplätzen sah, die mit ihren Körben Flugreisen von beträchtlicher Entfernung unternahmen, sogar bis nach Moskau. Man kann sich fragen, ob die jüngsten Umwälzungen die Dinge nicht erheblich verändern werden, und dies umso mehr, als nun alle Republiken unabhängig sind, während die Abkommen zur regionalen Zusammenarbeit noch in den Aktenstapeln ruhen.

Der Vorstoß der Russen wurde vom elektrischen Telegraphen begleitet: Für die Militärverwaltung war er unerläßlich (die gerade bis Taschkent fertiggestellte Linie war es, über die die Einnahme von Chiwa nach St. Petersburg gemeldet wurde). Auch für den Handel wurde die Telegraphie bald unverzichtbar. Schon 1925 führte das sowjetische Regime im Choresm den Rundfunk ein.

Die öffentliche Versorgung mit Telekommunikationseinrichtungen ist zufriedenstellend, zumindest zwischen den großen Städten. Andernorts läßt sie noch erheblich zu wünschen übrig.

---

176 Zu den Problemen der ländlichen Straßennetze kann man mit großem Nutzen Kerblay (1985, S. 289-308), und die dazugehörige Bibliographie zu Rate ziehen.

5.5 Eine ins Stocken geratene Industrie, das fehlende Problembewußtsein für Abfall

Die möglichen Kapazitäten für Wasserkraft befinden sich im wesentlichen in den Piedmont-Zonen (Tadschikistan und Kirgistan). Sie werden bereits im großen Stil ausgebeutet, und der Bau neuer Baustufen der Kraftwerke in Nurek (2000 MW) am Wachsch und in Rogun (1000 MW) wurde nicht unterbrochen. Die Lagerstätten von Eisenerz, die 5,5 Mio. t übersteigen, befinden sich in erster Linie in Tadschikistan und in Kasachstan. Das Becken des Aralsees jedoch ist vor allem reich an anderen Bodenschätzen als Eisen: 50 % der Antimonvorräte der ehemaligen Sowjetunion liegen in Tadschikistan, 2,5 % des Quecksilbers in Kirgistan, Tadschikistan und Usbekistan. Ein Drittel des Silbers, des Goldes und des Strontiums befindet sich in Turan, das auch einen beachtlichen Reichtum an Kupfer, Blei, Zinn, Zink, Wolfram, Molybdän, Fluorit und Lithium aufweist. Ferner ist die Region um das Kaspische Meer und den Aralsee reich an Natronsulfat und Kalisalzen. Trotz dieses potentiellen Reichtums blieb die Industrie im Becken von Turan nur ein wenig bedeutender Wirtschaftszweig. Dennoch ist die Ausbeutung all dieser Bodenschätze eine erhebliche Ursache für die Umweltverschmutzung, denn die Gleichgültigkeit ist hoch und das Problembewußtsein fehlt.

Vor 1920 war die Industrie in Karakalpakstan gar nicht erwähnenswert: 20 handwerkliche Baumwollfabriken, eine Mühle, eine kleine Erdölraffinerie, zwei Lederfabriken. Später entstanden kleine Betriebe der Nahrungsmittelindustrie und der Metallverarbeitung. Obwohl sich die Produktion zwischen 1913 und 1940 um den Faktor 50 steigerte, blieb sie noch marginal. Während des letzten Krieges profitierte der untere Amu-Darja - anders als Taschkent - nicht von der Verlagerung von Fabriken der Elektro- und Mechanikindustrie, die aus Rußland abgezogen wurden, denn es fehlte an Bahnlinien und Straßen. Ab 1952 führte die Eröffnung der Eisenbahn zu einem großen Wachstumsschub für die Region im Bereich des öffentlichen Bauwesens (Bau bzw. Instandsetzung von 2500 km Kanälen und Landstraßen). Dieser erfaßte auch die Förderung fossiler Energieträger und dadurch den Bereich der kleineren Betriebe der verarbeitenden Industrie und des Landmaschinenbaus. 1958 lieferte die erste Baustufe des Wasserkraftwerks von Tachiatasch (am Amu-Darja) leichter nutzbare Energie. Von 1960 bis 1980 setzte sich diese Entwicklung fort (zweite und dritte Baustufe des Wasserkraftwerks). 70 % der Investitionen wurden jedoch weiterhin der Landwirtschaft gewidmet, was zu einem Ungleichgewicht auf dem Arbeitsmarkt führte. Während sich die Investitionen vervierfachten, stieg die entsprechende landwirtschaftliche Produktion im gleichen Zeitraum um nur 45 %, und das Einkommen aus der Landwirtschaft um 6 % ! Die Produktivität pro Arbeitskraft sank um 11 %.

Tabelle 5.16. Vorschläge zur Nutzung von Schilfrohr

Republik	Nutzbare Fläche (1000 ha)	Ertrag (t/Jahr)	Mögliche Produktion (Mio. t/Jahr)
Rußland	2250	5-10	11-15
Ukraine und Moldawien	250	3-6	0,6-0,8
Kasachstan	1600	8-12	16-18
Usbekistan	840	12-15	10-12
Tadschikistan, Turkmenistan und Kirgistan	100	12-15	1-1,5
andere	175	6-12	0,3-1,3

Im Syr-Darja-Delta war die Lage noch desolater: Wärmekraftwerke in Ksyl-Orda, Nowokasalinsk und Aralsk[177], eine Industrieproduktion mit den Hauptzweigen Salzgewinnung (Natronsulfat, Steinsalz - 750 000 t wurden 1988 exportiert), Schuhe (2 500 000 Paar wurden 1988 exportiert, aber ... 2 Mio. Paar importiert!), Papier, Pappe usw. Die Papierfabriken benutzten im wesentlichen das Schilfrohr aus den Tugai-Wäldern (Tabelle 5.16), das heute fast vollständig verschwunden ist.

Innerhalb Kasachstans betrug die Industrieproduktion der Gegend am Aralsee 1989 nur 1 % von der des ganzen Landes; im ganzen hat Turan jedoch eine hohe industrielle Leistungsfähigkeit: Textilindustrie, aber auch Maschinenbau (Landmaschinen, Ausrüstungen zur Erdölförderung, Automobil- und Flugzeugbau), Elektrotechnik und Elektronik. Die Industrie konzentriert sich in den Städten, auch die Leichtindustrie. Seit 1991 hat man sich dafür eingesetzt, einige der Fabriken auf die Produktion von Konsumgütern umzustellen, an denen heute ein unerträglicher Mangel besteht (Haushaltsgeräte, Kochtöpfe etc.). Ebenso wird vorgeschlagen, vor Ort Fabriken für Plastik und Kunstfasern zu errichten, um die Baumwollproduktion herunterfahren zu können, aus Gründen die später noch ausgeführt werden. Aber mit welchen Krediten?

Neben dieser noch eher grundstofforientierten Industrie und der Ausbeutung von Rohstoffen des Bergbaus und der Landwirtschaft blieb die Entsorgung industrieller Abfälle in der Vorstellung der Planer stets eine untergeordnete Frage. Als erschwerender Umstand kommt hinzu, daß diese Entsorgung durch die ebene Topographie, die Abflußlosigkeit des Beckens, die gewaltige Ausdehnung und die Lage der Region inmitten eines Kontinents noch schwieriger wird.

177 Kernkraftwerke gibt es in den vier südlichen Republiken von Turan nicht - eine Vorsichtsmaßnahme der Moskauer Zentralmacht? Jedoch wurde auf der Insel Wosroshdenija ein geheimer Stützpunkt zur Entwicklung biologischer Waffen eingerichtet, der immer noch in Betrieb ist.

5.6 Minderwertige und häufig nicht fertiggestellte öffentliche Einrichtungen

An dieser Stelle wollen wir ein paar Anmerkungen zur Situation der Städte in der Region um den Aralsee machen (s. Tabelle 5.19).

Traditionelle Baustoffe findet man im Umfeld des Aralsees nur wenig. Das sowjetische Regime eröffnete in den Felsen des Sultan-Uis-Dag südöstlich von Nukus Steinbrüche und errichtete in der Nähe der Städte zahlreiche Ziegeleien und Zementfabriken. Während im größten Teil der alten Dörfer die althergebrachten Baumaterialien beibehalten wurden, sind die staatlichen Bauten von geringer Qualität und schlecht ausgeführt.

Die Besiedlung am Syr-Darja-Delta war ursprünglich sehr verstreut, sie umfaßte nur einige Weiler seßhafter Ackerbauern und die *Kibitkas*, in denen die wohlhabendsten der nomadischen Hirten den Winter verbrachten. Die russische Besetzung brachte in dieser Hinsicht kaum Fortschritte (vgl. Taris, Anhang IV), sie schuf lediglich rings um die Bahnhöfe die Keimzellen von Verwaltungsstädten mit einer Garnison: So entstanden Aralsk (1875 noch Aral-Jukpase genannt) und Kasalinsk, beides Ansammlungen von Hütten um einige feste Gebäude. Der Stadt Kasalinsk lief nach 1920 Nowo-Kasalinsk den Rang ab, das einige Kilometer weiter südlich und damit näher an den aufstrebenden landwirtschaftlichen Einrichtungen lag. Die sowjetische Ära brachte in diese Städte einige Dienstleistungen und Industrien, vor allem zur Verarbeitung von Erzeugnissen aus Landwirtschaft und Fischerei, die seither unter dem Ausbleiben des Fischfangs litten. Einige Kilometer nordöstlich von Aralsk ist der Wüstenweiler Aralsulfat der Standort eines großen Sulfat- und Sodaabbaus und eine Art staubige und ätzende Hölle. Nowo-Kasalinsk war eine reine Verwaltungsstadt, Grau in Grau, trostlos und ohne Bäume.

Im Choresm erbte der Sowjetstaat eine bessere Ausgangslage.

Chiva ist als einzige Stadt im Westen gut bekannt, ihre Baudenkmäler haben sie weithin berühmt gemacht (Bildtafel 1). Sie blieb eine bescheidene Stadt; die alten Stadtviertel wurden zwar sorgfältig restauriert, ihre Bedeutung als großes aktives Zentrum ging jedoch verloren.

Tschimbai ist ein großer landwirtschaftlicher Marktflecken inmitten des bewässerten Landstrichs östlich des Deltas (Bildtafel 20). 1875 beschrieb Wood es kurz als Dorf mit 1500 Einwohnern, das einige hundert niedrige Häuser umfaßte, von denen eines der Sitz einer kleinen Kosakengarnison war. Die Häuser waren von ummauerten Vorhöfen umgeben, in die man schöne Bäume gepflanzt hatte. Der Ort besaß einen großen Markt. Außerhalb des Ortskerns, auf den alluvialen Anhöhen (die einzigen Bodenerhebungen einer unerbittlich flachen und einstmals sumpfigen Ebene) befanden sich die bescheidenen *Kibitkas* der armen Kirgisen, die vom Syr-Darja her eingewandert waren. Wie alle Siedlungen im Delta wurde auch dieses Dorf zu einer großen staubigen Landstadt mit breiten Straßen und einigen gesichtslosen öffentlichen Gebäuden, die schlecht unterhalten werden, ebenso wie die geteerte Landstraße nach Nukus, die 50 km Baumwollfelder durchquert.

Nukus, zur Zeit der Eroberung nur ein bescheidenes Dorf aus einigen Hütten und einer Festung aus Erde, ein paar Kilometer vom Amu-Darja entfernt und vom Sand der Kysyl-Kum befallen, hatte sich kaum weiterentwickelt, als E. Maillart 1932 dort vorbeikam. Aber die Landvermesser und Architekten bereiteten seine zukünftige Rolle als Stadt vor, und die Einwohner bangten um ihre Zukunft. Vor wenigen Jahren, als Nukus Hauptstadt der autonomen Republik der Karakalpaken geworden war, hatte die Stadt Ambitionen, die weder durch ihre Geschichte noch durch ihre wirtschaftliche Bedeutung gerechtfertigt waren. Wenn man die Innenstadt mit ihren baumbestandenen Alleen und öffentlichen Gebäuden in sowjetischem Standardstil (schlecht gefertigt und schlecht unterhalten) durchquert hatte, befand man sich sehr schnell in den nicht gepflasterten und daher versandeten Straßen. Diese waren von Buden aus Schilfrohr und Blech gesäumt, wie man sie überall in Turan findet und wo der größte Teil der Bevölkerung lebt (Bildtafel 3). Eines der Merkmale der Stadt ist der Zerfall der Gebäude, die von salzigen Winden zerfressen werden (Haloklastie).

Tachtakupyr 100 km nordöstlich von Nukus bestand 1932 nur aus ein paar armseligen Hütten (E. Maillart). 1990 war es ein großes Dorf mit 15 000 Einwohnern, mit kleinen niedrigen Häuschen, die Terrassen oder Blechdächer besaßen (s. Bildtafel 6). Was wurde wohl aus ihm?

Turtkul 130 km südöstlich von Nukus war einst nur ein kleiner Flecken, gebaut aus rohen Ziegelsteinen. Lediglich für bedeutendere Bauwerke, wie Moscheen oder Grabkapellen hatte man den sehr kostspieligen gebrannten Ziegelstein verwenden dürfen, denn Brennstoffe waren knapp. Umgeben war die Stadt von einer 3-4 m hohen Befestigung aus Erde, die im Laufe der Geschichte von den Hochwassern des Amu-Darja mehrmals zerstört wurde (vgl. Abschnitt 2.8). Sie hatte einige Tausend Einwohner und lag nicht direkt am Amu-Darja, sondern am Rande der Anbauflächen, die einen schmalen Streifen auf dieser rechten Seite des Flusses bildeten.

Die Russen bauten etwas abseits der Stadt nach der Eroberung von Buchara die Festung Petropawlowsk, die sich sich am Zugang zum Khanat von Chiwa befand und die Burnaby 1873 besuchte. Einige Spuren historischer Bauwerke, die teilweise restauriert wurden, bestehen noch, allerdings ohne besondere Eigenheiten - in einer Stadt, die sich durch nichts von ihren Nachbarn unterscheidet.

Muinak war der Hafen des südlichen Aralsees. Es entstand aus einem Fischerdorf auf einer ehemaligen Insel, die durch Anschwemmungen in den 1940er Jahren mit der Küste verbunden wurde. Damals bestand es nur aus einer kleinen Ansammlung niedriger Häuser, die sich an der kreidezeitlichen Steilwand erstreckte. Die Felswand führte an einem Strand entlang, wo Einrichtungen für den Badebetrieb gebaut wurden (vgl. Bildtafel 4). Auf die beiden Fischkonservenfabriken von Muinak wurde bereits hingewiesen. Was im Jahr 1990 am meisten verblüffte, war die Tatsache, daß die Stadt umgeben war von

Tabelle 5.17. Wachstum der Bevölkerung (in 1000 Einwohnern)

Jahr	UdSSR	Usbekistan	Kirgistan	Tadschikistan	Turkmenistan	Kasachstan (Bereich am Aralsee)
1931	162 143	4 750	1 115	1 187	1 160	700
1950	180 075	6 300	895	1 530	1 200	960
1960	214 330	8 560	1 075	2 080	1 600	1 250
1970	242 805	11 970	1 430	2 940	2 190	1 770
1980	265 540	15 960	1 815	3 950	2 860	2 130
1990	289 360	20 980	2 340	5 330	3 710	2 500

Flächen, auf denen man Abwasser versickern ließ und die sich auf dem Gelände der ehemaligen Bucht befanden. Der Rest der Stadt lag weiter östlich.

Zwischen 1976 und 1988 kamen nur 15 % der Investitionen der sozialen Infrastruktur zugute (in den ehemaligen Volksrepubliken Mitteleuropas zwischen 30 und 35 %), und dennoch war die Verstädterung der Deltas vor der Katastrophe weit fortgeschritten, obwohl die Bevölkerung im wesentlichen ländlich blieb (72,1 %). Die Einwohnerzahlen der Städte Nukus und Taschaus wuchsen zwischen 1979 und 1989 um 60 bzw. 30 % an (Cole 1990). Dieser Zuwachs war bereits eine Folge des Niedergangs im ländlichen Raum.

Die Wasserversorgungs- und -reinigungssysteme reichen nicht aus und sind häufig in schlechtem Zustand. Es gibt eine Wohnungskrise. Nicht nur die Anzahl, sondern auch Größe und Qualität der Wohnungen sind unzureichend, und die statistischen Daten dazu liegen deutlich unterhalb des sowjetischen Mittelwerts. Seit 10 Jahren hat der Wohnungsbau um 10 % nachgelassen, während die Gesamtbevölkerung um 13 % zunahm (Tabelle 5.17). In Kasachstan liegt die mittlere Wohnfläche pro Kopf der Bevölkerung bei 14 m^2; in Ksyl-Orda sind es nur 11 m^2 und in Kirgisien 9 m^2. 25 % der Bevölkerung warten auf eine Wohnung. In Kasalinsk (8000 Einwohner) haben nur 12 % der Wohnungen eine Zentralheizung, 44 % einen Trinkwasseranschluß und 38 % sind an die Kanalisation angeschlossen. Große Städte wie Taschaus oder Tschardshou haben kein modernes System zur Abwasserreinigung. Die Straßen in Kasalinsk sind nicht geteert. Im ganzen Bezirk von Ksyl-Orda (etwa 100 000 km^2, vergleichbar mit der Gesamtfläche der neuen Bundesländer) gab es 1989 nur 1050 km Nationalstraßen und 450 km Straßen zweiter Ordnung, von denen 73 % befestigt waren.

Seit der Oktoberrevolution hatten die Bolschewiken mit den mittelasiatischen Republiken verschiedene Vereinbarungen abgeschlossen. Diese betrafen insbesondere die Bereiche Bildung und Kultur, die bis dahin von der zaristischen Regierung völlig vernachlässigt worden waren. So wurden schon 1923 eine Universität und eine Pädagogische Hochschule, 35 Grundschulen und 5 Erwachsenenschulen, 3 Zeitungen und zwei Zeitschriften begründet (Nepesow 1962).

Tabelle 5.18. Medizinisches Fachpersonal und Bettenzahl (pro 100 000 Einwohner)

	Ärzte	Pflegepersonal	Bettenzahl
Region Ksyl-Orda	20,5	85,2	100
Republik Karakalpakien	26,7	119,5	119,2 (1988)
Region Taschaus (real)	22	92,7	93,5
(offiziell)	43,8	117	131,5

Schulen und Kulturhäuser gibt es zwar genug, sie sind jedoch mangelhaft ausgerüstet: Ton- und Bildmedien gibt es praktisch keine. Wenn die sowjetische Norm für die Anzahl von Kindergärten mit 100 angesetzt wird, dann liegt sie in Kasachstan bei 52 und in Ksyl-Orda bei 35.

Recht allgemein weisen alle Autoren auf die hohe Zahl nicht fertiggestellter Bauten hin, was im allgemeinen an mangelnder Zusammenarbeit zwischen den verantwortlichen Stellen liegt. Diese Schwäche des überzentralisierten sowjetischen Systems ist jedoch keine besondere Eigenheit von Turan.

Das öffentliche Gesundheitswesen war Gegenstand zahlreicher Gutachten, angeregt durch zahlreiche Probleme auf diesem Sektor. Alle beklagen das Versagen der öffentlichen Hand, beim Bau und der Ausstattung von Krankenhäusern (3,5 m^2 Fläche pro Bett anstelle von 9-11 m^2 gemäß der Norm), und auch hinsichtlich der Anzahl und Ausbildung des Pflegepersonals. Wir werden noch darauf kommen, daß die Gesundheitsschäden rings um den Aralsee nicht einfach nur eine Folge der Austrocknung des Sees sind. Die Morbiditäts- und Sterblichkeitsraten in Turan sind ganz allgemein ungünstiger als in den übrigen Staaten der ehemaligen Sowjetunion (s. Tabelle 6.19).

In Karakalpakstan gab es 1913 zwei Krankenhäuser und 20 Betten; 1940 waren es 37 Krankenhäuser, 1600 Betten, 117 Ärzte, 758 Krankenschwestern, und 1960 96 Krankenhäuser und 5300 Betten. Die neuesten Werte sind in Tabelle 5.18 angegeben.

So bleibt schließlich das ehemals sowjetische Turan (trotz guter technischen Ausrüstung) eine unterentwickelte Region (Tabelle 5.19); das bestätigen alle wirtschaftlichen Indikatoren. Die beträchtlichen Investitionen, die dort getätigt wurden, wurden vor allem für den Export genutzt (90 % der landwirtschaftlichen Produkte, 95 % der Bodenschätze). Die Industrien wurden mit dem gleichen Ziel eingerichtet, ohne daß es einen ausreichenden Rückfluß gegeben hätte. Die Gehälter selbst waren niedriger als in Rußland, der private Verbrauch war wesentlich niedriger als in den anderen Republiken der UdSSR (Tabelle 5.20). Glasowski (1990) drängt auf eine der Lösungen für die Krise der Region durch die Schaffung von örtlichen Konsumgüterindustrien, so daß die Bevölkerung vor Ort in den Genuß zahlreicher Waren kommen könnte, die bisher nicht erhältlich sind.

Tabelle 5.19. Demographische und wirtschaftliche Statistiken (verschiedene Quellen)

	Demographie			Beschäftigungsquote	Einkommen in Rubel (1988) pro Einwohner und Monat		Industrieproduktion (Rubel pro Einwohner und Jahr)	Industrieproduktion im Vergleich zur UdSSR = 100		Stromerzeugung in Mrd. kWh (TWh)
	Einwohner (in Mio.)	Kindersterblichkeit	Anteil der Bevölkerg. unter 20 J.		Angestellte	Kolchosbauern				
	1990	1988 Promille	1987 %	1985 %				1970	1985	1989
UdSSR	289,3	25,4	32,8	47			3187	100	100	
Rußland	145,6	19,3	29	51,3	164	143	3848			1076
Ukraine	46	14,8	29	43,4	153	139	3085			295
Kasachstan	19,1	29,0	40,2	50	149	115	1684	65	65	90
Kirgistan	2,3	38,2	47,7	37,4	105	87	1403	50	51	12
Usbekistan	21	46,2	51,1	32,3	175	139	1188	104	43	56
Tadschikistan	5,3	46,7	53	28,7			1106	41	36	16
Turkmenistan	3,7	58,2	51	27,8	106	87	1100	49	44	14

Tabelle 5.20. Jährlicher Verbrauch in der UdSSR pro Einwohner (ohne Alkohol; Angaben für 1988 in Rubel)

	Nahrungsmittel	Leichtindustrie	Schwerindustrie
UdSSR	473	324	751
Kasachstan	309	195	310
Kirgistan	269	241	405
Usbekistan	202	199	292
Tadschikistan	174	273	352
Turkmenistan	180	132	177

6 Das komplexe Drama am Aralsee

> The water that serveth all that country is drawn by ditches out of the river Oxus, unto the great destruction of that river, for which cause it falleth not into the Caspian Sea as it had done in times past, and in short time all that land is like to be destroyed and to become a wilderness for want of water when the river Oxus shall faile. (Jenkinson 1558)

Das Beispiel Aralsee steht für einen Entwicklungsplan, der zu guten Ergebnissen hätte führen können, hätte es in jedem Stadium Konzepte, Entscheidungen und deren Umsetzung gegeben und wären bestimmte Regeln befolgt worden. Im vorliegenden Fall benutzte eine Staatsmacht ohne Opposition die Lebenskräfte ihres Volkes, um ein Werk zu verwirklichen, das - im Prinzip und jedenfalls in den Verlautbarungen - das Schicksal der Bevölkerung verbessern sollte. Es gibt hierzu noch weitere Beispiele: die Abholzung des Amazonasurwalds, um die Schulden des brasilianischen Außenhandels zu bezahlen; die Projekte des Schah von Persien vor der islamischen Revolution, der an seiner Westgrenze einen Vorhang aus - kontolliert - brennenden Ölquellen einrichten wollte, um Regen herbeizubringen. Dieses Projekt wurde wider Willen von Saddam Hussein verwirklicht, im Rahmen eines anderen Wahnsinnsvorhabens zum Schaden seines Volkes. Das Problem des Aralsees kann, wie gezeigt werden wird, behandelt und wieder auf erträgliche Folgen reduziert werden. Dafür wird viel Entschlossenheit und viel Geld erforderlich sein, denn die Folgen der Entwicklung des Aralbeckens sind komplex.

Die Situation vor 1960

Wir werden uns hier auf die örtlichen Folgen beschränken. Seit langem hatte die Überweidung der Steppen am Rande der Wüsten durch die Herden der Nomaden die Vegetationsdecke geschädigt. Leider ist das Phänomen der Überweidung ein Problem aller Steppen der Erde. Die ersten Reisenden berichteten von Saxaul-Wäldern im südöstlichen Choresm, die 1875 aber bereits nicht mehr vorhanden waren. Nach Petrow (1972) wurden zwischen 1920 und 1930 etwa 100 000 t Saxaul-Holz und andere Hözer geschlagen, so daß sie in einem Umkreis von 75-100 km um die Städte fast verschwanden. Der Bedarf nach Brennholz ist die Ursache für die Abnahme dieser Baumbestände. 1870 verbrauchte die kleine Flotte des Aralsees noch 6000 t Saxaul-Holz pro Jahr. Später trugen die Lkw-Pisten zur Bodenzerstörung bei. Nach der Eroberung und insbesondere nach dem berühmten Dekret von Lenin 1918 störte die Abholzung der Deltas und ihre Umwandlung in Ackerland ein uraltes ökologisches Gleichgewicht.

Um den Ertrag der Fischerei zu erhöhen, setzte man in den See 18 fremde Arten ein, von denen 15 überlebten: der Lachs, die Seebarbe aus dem Kaspischen Meer, der Hering aus der Ostsee, Zander und Stör, die Krabbe aus China usw. - sie alle trugen dazu bei, das bereits kärgliche Plankton zu verbrauchen, sie rotteten einheimische Arten aus oder übertrugen ihre Parasiten auf sie. Gefangen wurden vor allem Karpfen, Brassen und ein besonderer Fisch namens "Wobla". Die offiziellen Statistiken gaben 1923 jährlich 20 000 t und um 1955 40 000 t Anlandungen an. 1960 hatten sich die Fangmengen bei 45 000 t stabilisiert, bevor der Salzgehalt des Aralsees anzusteigen begann. Es gab zwei erwähnenswerte Fischereihäfen, Aralsk und Muinak, auf Aralsk entfielen dabei etwa 30 % der angelandeten Fischfänge.

Die Situation nach 1960 (Tabelle 6.1)

Die Wasserentnahme war etwa seit 1880 regelmäßig angestiegen und blieb vergleichsweise begrenzt (s. Tabelle 6.4 und Abb. 5.5); ihr Einfluß auf den Pegel des Aralsees war bis 1965 nicht zu spüren. Zu groß waren die jährlichen Schwankungen beim Zufluß (Hochwasser), bei der Stärke der Verdunstung (Wetter) und der Oberfläche des Sees, als daß man um 1960 herum eine eindeutige Tendenz hin zur Austrocknung des Aralsees hätte ausmachen können. Auch wurde auf das wassergetränkte Gelände in den beiden großen Deltas hingewiesen, das zum Zeitpunkt der Hochwasser mit Wasser aufgefüllt wurde und dieses dann an den Ufern entlang nach und nach wieder abgab. Dieses Gelände bildete eine Art mehrjährigen Wasserschwamm, der nach dem Austrocknen der Flüsse verschwand. Bis dahin war es der Syr-Darja gewesen, aus dem man am meisten Wasser entnommen hatte.

Die Verlandung führte zunächst zum Austrocknen der Häfen, vor allem Aralsk, Muinak und seines Satelliten Utschsai, die für die Fischerei am wichtigsten waren. 1969 grub man vergeblich eine Fahrrinne, um Muinak wieder mit dem sich zurückziehenden See zu verbinden. Der Fischfang ging von einem Höchststand, den man 1957 mit 48 000 t angegeben hatte, auf Null zurück. Der erste drastische Rückgang fand 1972 statt; die meisten der 18 noch erfaßten Arten waren 1975 praktisch verschwunden, und abgesehen von den Krabben und Krebsen überlebten nur noch vier Arten des Kaspischen Meeres; in den Seen der Deltas und den Rückhaltebecken kamen die Fische noch vor. In all diesen von Pestiziden verseuchten Gewässern setzten die Fischer - bis dahin lebten fast 30.000 Personen vom Fischfang - ihre Arbeit fort, bis hin zum Sary-Kamysch, weit draußen in der Wüste. Inzwischen sind es nur noch eine Handvoll, die übri-

Tabelle 6.1. Angaben zur Hydrologie des Aralsees zwischen 1960 und 1990

Jahr	Abflußmenge der Flüsse (km^3)	Pegel des Aralsees (m)	Oberfläche (km^2)	Volumen (km^3)	Mineralisierung (g/l)	Fischfang (t)
1960	40	53,5	67 900	1 090	10	43 430
1965	31	52,5	63 900	1 030	10,5	31 040
1970	33	51,6	60 400	970	11,1	17 460
1975	11	49,4	57 200	840	13,7	2 940
1980	0,5	46,5	52 500	670	16,5	0
1985	0	46,2	52 500	670	16,5	0
1990	0	42	44 200	470	23,5	0
1993	0	39	41 000	330	26,5	0

gen sind abgewandert. Die wenigen Fischerdörfer, die auf den Inseln Kokaral, Ujali und Wosroshdenija (wo es auch eine biologische Forschungsstation gab) bestanden, sind heute wüst und verlassen.

Im übrigen haben die Absenkung des Seespiegels und die Ableitung der Abwässer zu den Abwasserseen (abweichend von ihrem normalen Verlauf) dazu beigetragen, das Grundwasser abzusenken, das Seen und Brunnen speiste. 15 von 25 Seen sind verschwunden. Der Wasserstand in den Brunnen (im Amu-Darja-Delta gab es über 100 000) ist um 10 m abgesunken, und sie sind verschmutzt. Die fruchtbare Landfläche des Deltas hat sich von 600 auf wenige Dutzend km^2 verkleinert. 1960 fing man 650 000 Bisamratten (die aus Amerika eingeführt waren), 1990 noch einige Hundert. Die Vegetation der Sümpfe ist verarmt, Steppenvegetation folgte ihr. Die Fläche der Tugai-Wäldchen hat um die Hälfte abgenommen. Die Weideflächen gingen um 80 % zurück, der Ertrag an Futterpflanzen um 50 %. Dort, wo man alle vier oder fünf Jahre ein "flushing" (Bodenspülung) durchführen mußte, um dem Salzaufstieg zu begegnen, muß man es nun mindestens einmal jährlich tun (Tschernenko 1983). Von Nukus aus nach Norden durchquert man nun staubige Steppengebiete, dort, wo sich die Reisenden vor 100 Jahren in Sümpfen befanden, die bis obenhin mit Wasser vollgesogen waren. Die Papierfabrik von Ksyl-Orda, die sich mit Tugai und Schilfrohr versorgte, mußte seither Holz aus Sibirien einführen, und die Stadt verlor 40 000 Einwohner.

Die Fischkonservenfabrik in Muinak, die für 100.000 t ausgelegt war, wurde bereits teilweise mit Fisch aus der Ostsee beliefert, der für viel Geld in Kühlwagenzügen bis Kungrad, dann im Lkw transportiert wurde. Um ihr noch eine gewisse Funktion zu erhalten, ließ man den Fisch auch aus Wladiwostok kommen, und ein Teil der Konserven diente dem Heeresverpflegungsamt der sowjetischen Kriegsmarine des Pazifik: Der tote Fisch hatte dann 20 000 km zurückgelegt. 1990 wurde die Fabrik geschlossen. Dadurch sank die Zahl der Beschäftigten der Fischfangindustrie im Bezirk von Ksyl-Orda von 6100 auf 800 im Jahr 1991.

6.1 Die gegenwärtige Entwicklung des Aralsees

Das Wasser des Aralsees: steigender Salzgehalt

Wie wir gesehen haben, kam vor den 50er Jahren 90 % der Wasserzufuhr des Aralsees aus den beiden Flüssen Amu-Darja und Syr-Darja. Deren Pegelschwankungen zwischen Sommer und Winter aufgrund der Hochwasser und der sommerlichen Verdunstung fielen von Jahr zu Jahr unterschiedlich aus. In den letzten Jahren vor der "großen Umlenkung" war der mittlere Pegel leicht angestiegen, da es ein Jahrzehnt lang etwas mehr Niederschläge gegeben hatte. So konnte die Wasserentnahme, die nur relativ bescheiden zugenommen hatte (Tabelle 6.2), ausgeglichen werden. Teilweise kamen die Drainageabwässer in die Flüsse zurück und somit auch in den See. Die Inbetriebnahme der beiden großen Staudämme flußaufwärts trug auch dazu bei, die Hochwasser zu regulieren, die ja auch einen echten Verlust darstellten, insbesondere wenn sie sich in den Sümpfen des Deltas verteilten, wo das Wasser anschließend verdunstete. Zudem waren einige Zuflüsse, die sich im Sand verloren (der Serafschan unterhalb der Oase von Buchara, bei Taschkent usw.), so umgestaltet worden, daß ihr restliches Wasser wieder in die Hauptflüsse gelangte.

In den 50er Jahren stieg die gesamte Wasserentnahme von 29 km^3 auf 33 km^3 pro Jahr, 1960 dann auf 42 km^3, 1970 weiter auf 60 km^3, 1980 auf 75 km^3 und 1987 schließlich auf 80 km^3 (vgl. Abb. 5.5). Tatsächlich wurde der größte Teil des Abflusses beider Flüsse vor Erreichen der Deltas abgelenkt (es sei daran erinnert, daß vor einem Jahrhundert 67 km^3 im Aralsee ankamen, auch damals schon nur ein Teil der Gesamtabflußmenge von Amu-Darja und Syr-Darja).

Am meisten Wasser wird für den Kara-Kum-Kanal entnommen, dessen allmähliche Errichtung bereits beschrieben wurde und der sich mittlerweile fast bis zum Kaspischen Meer erstreckt. Den größten Teil des Syr-Darja-Abflusses hat der Bau des großen Rückhaltebeckens Ajdarkul-See am Syr-Darja in der Nähe von Taschkent zur Erschließung der Hungersteppe abgelenkt.

Von Beginn der großen Bauarbeiten der 60er Jahre an hatte man die Absenkung des Aralseespiegels vorhergesehen und berechnet, und die Erfahrung hat gezeigt, daß die Vorhersagen zutreffend waren. Muß man daran erinnern, daß bereits vor über 100 Jahren viele Leute die Katastrophe vorhergesehen hatten? Reclus schrieb 1881:

Tabelle 6.2. Wasserbilanz des Sees im Zeitraum 1980 - 1983 (Tschernenko, 1986)[a]

Zufuhr	km^3	entspricht mm Niederschlag	Abgänge Verdunstg. (mm)	Absenkung des Pegels (m) berechnet	Absenkung des Pegels (m) tatsächlich
1980 Oberfläche: 50 900 km^2			mittlerer Pegel: 45,19 m		
Regen	6,4	126	960	0,60	0,53
Amu-Darja	8,3	163			
Unterirdischer Zustrom	3,6	71			
1981 Oberfläche: 49 800 km^2			mittlerer Pegel: 44,53 m		
Regen	6,3	126	960	0,642	0,64
Amu-Darja	6,0	120			
Unterirdischer Zustrom	3,6	72			
1982 Oberfläche: 48 600 km^2			mittlerer Pegel: 43,93 m		
Regen	6,1	126	960	0,76	0,62
Amu-Darja	6,0	120			
Unterirdischer Zustrom	3,6	72			
1983 Oberfläche: 47 250 km^2			mittlerer Pegel: 43,30 m		
Regen	5,95	126	960	0,74	0,63
Amu-Darja	1,0	21,2			
unterirdischer Zustrom	3,6	76,2			

[a]Diese Werte sind ein Beispiel für Schätzungen; in der Literatur gibt es auch andere, zum Teil erheblich davon abweichende Werte.

> Man stelle sich die Wiederkehr eines derartigen Ereignisses vor [die Umlenkung des Amu-Darja zum Kaspischen Meer], dann würde der Aralsee, der jährlich um 50 Milliarden Kubikmeter Flußwasser beraubt wäre, schon im ersten Jahr ein Zwanzigstel seines Inhalts verlieren. In zehn oder zwölf Jahren besäße er nur noch die Hälfte seines derzeitigen Volumens; alle flachgründigen Teile und damit der bei weitem ausgedehnteste Teil seines Beckens trockneten aus; in vierundzwanzig Jahren würde lediglich in fünf Vertiefungen noch Wasser bleiben ... ; die verschiedenen Seen des Ehemaligen Aralsees wären auf die Größenordnung der anderen "Sors" oder "Dengis" der kirgisischen Steppe geschrumpft.

Nun kommt es so, und sogar noch schlimmer, denn Reclus dachte nicht daran, daß der Syr-Darja ebenfalls die Abflußmenge Null erreichen würde.

Abgesehen von sehr wenigen Autoren beschäftigte sich zur Zeit von Reclus noch niemand mit anderen als geographischen Folgen. Die Umlenkungsprojekte hatten damals in der Tat einen kommerziellen Zweck, nämlich die Schiffahrt, und die meisten nahmen an, daß die in Bau befindliche Bahnlinie sowie die Projekte einer Direktverbindung Rußland-Turkestan (die, wie erwähnt, von 1914 an verwirklicht wurden) zugleich wesentlich wirtschaftlicher, schneller und flexibler sein würden als der frühere Wasserweg über den wiedereröffneten Usboi. Wojekow sagte schon 1908, die Ausweitung der Bewässerungsflächen würde finanziell gesehen das Verschwinden des Aralsees mehr als ausgleichen. Diese Vorstellung blieb das Dogma (Mamedow 1967), bis um 1977 herum andere Meinungen laut wurden[178].

Über die nahezu völlige Gleichzeitigkeit zwischen dem beginnenden Absinken des Aralsees und der Zunahme der Wasserentnahmen läßt sich streiten. Man hat berechnet, wie sich die Wasserzufuhr zum Aralsee ohne alle menschlichen Eingriffe (Industrie, Bewässerung) entwickelt hätte, indem man nur die Wassermenge der Flüsse[179] beim Austritt aus dem Bergland (der nicht gleichzeitig erfolgt) und die klimatischen Bedingungen in Turan (Schwankungen von Niederschlag und Verdunstung[180]) berücksichtigte. Aus diesen Rechnungen geht klar hervor, daß der Pegel des Aralsees bis 1961 von Natur aus angestiegen und danach bis 1986 um etwa 3 m abgesunken wäre. Zum Zeitpunkt des so erreichten relativen Höchststands hätte der Aralsee wieder die frühere Bucht von Aibugir im Südwesten überflutet und vielleicht auch den Sary-Kamysch-See erreicht, so nahm man an. Die Fortführung dieser Berechnung unter Verwendung der von Orlowski 1990 angegebenen meteorologischen Daten ergibt, daß der Pegel in den letzten Jahren wieder leicht angestiegen wäre (Tabelle 6.3).

Aber es kam noch eine andere Störgröße hinzu: Die Drainageabwässer, insbesondere aus der Ebene des Amu-Darja, wurden zum großen Teil in den Fluß zurückgeleitet. Nun enthielten diese Abwässer jedoch eine wesentlich höhere Salzfracht als das Bewässerungswasser, so daß der Salzgehalt des Amu-Darja 1960 1,5 g/l erreichte (anstelle von 0,3 g/l 1910; vgl. auch Tabelle 6.4). Solches Wasser war für spätere Bewässerungen flußabwärts kaum geeignet. Daher wurde ein Teil des verschmutzten Wassers in Senken - wie etwa in den früheren Sary-Kamysch-See - abgeleitet, die so zum Sammelbecken für Abwasser umfunktioniert wurden.

Wie auch immer, der Salzgehalt des Aralsees stieg vor den massiven Flußwasserumlenkungen jedenfalls leicht und nach 1960 beträchtlich an (Abb. 6.1 und 6.2), wobei sich die chemische Zusammensetzung des Wassers änderte (vgl. Tabelle 6.8). Eine mittelbare Folge ist, daß der Gefrierpunkt des Seewassers von -0,5°C 1960 über -1°C 1980, -1,5°C 1987 und -2°C 1991 auf -2,5°C 1993 absank.

---

[178] Im Westen hatten jedoch einige das Drama vorhergesehen (vgl. R.A. French 1973, *Geogr.i.*, 139: 522).

[179] Beim Syr-Darja liegt der mittlere Zufluß in diesem Zeitraum bei 37,7 km^3, das Maximum wurde 1969 mit 65 km^3 und das Minimum 1974 mit 25 km^3 erreicht.

[180] Mittlere Verdunstung über dem Aralsee: 976 mm/Jahr (1951-1987), aber 834 mm 1982 und 1331 mm 1979; mittlere Niederschläge: 124 mm, Minimum 1975 mit 78 mm und Maximum 1957 mit 200 mm.

Tabelle 6.3. Abschätzung der Bilanz des Aralsees ohne Wasserentnahme

Zeitraum	Wassermenge der Zuflüsse (km^3/Jahr)	Verdunstung (km^3/Jahr)	Bilanz (km^3/Jahr)	Volumen des Aralsees (km^3)	Pegel des Aralsees (m)
vor 1953				(1066)	
1953-61	55	53,5	+1,5	1080	53,5
1962-70	55	59,8	-4,8	1037	52,4
1971-80	46	56,4	-10,4	933	51,1
1981-86	46	47,9	-1,9	922	50,8

Tabelle 6.4. Entwicklung des mittleren Nährstoffgehalts (mg/m^3) in den Zuflüssen des Aralsees. (Nach Bortnik, 1980)[a]

Zeitraum	N-NO_2	N-NO_3	N-NH_4	P-PO_4	Si
Amu-Darja					
1911-51	--	253-286	52-57	9,9-12,9	4756-4949
1952-55	7	1700	--	--	4700
1961-77	18	1576	467	18	5827
Syr-Darja					
1911-51	1,4-1,6	624-666	34-61	5,5-11,1	4855-5300
1961-77[b]	45	2527	422	68	5075

[a] s. auch Tabelle 2.10)
[b] während der Trockenheit der Jahre 1974-1977 erreichte der NO_2-Gehalt 60-140 mg/m^3 und der NO_3-Gehalt 5600-8300 mg/m^3 (in Westeuropa werden in den Flüssen Werte von 10.000 mg/m^3 überschritten)

Der größte Teil dieser Daten (Tabelle 6.5 und 6.6) ist aus einem Artikel von Bortnik (1983) entnommen, in dem die Entwicklung des Sees bis zum Jahr 2000 simuliert wurde. Bis heute haben sich seine Vorhersagen als exakt zutreffend erwiesen.

Wenn man die chemische Bilanz der Wasserzufuhr aus den Flüssen zum See vor und nach 1960 vergleicht (Tabellen 6.6, 6.7 und 6.8), so stellt man fest, daß die absoluten Zahlen zurückgegangen sind. Tatsächlich hat in dieser Bilanz die Salzkonzentration kaum mehr als um durchschnittlich etwa 1 bis 3 g/l zugenommen, während der Wasserabfluß beträchtlich zurückging. Die Wasserzufuhr aus den Flüssen zum Aralsee, dessen Wasser wesentlich salziger ist, trägt also vorübergehend dazu bei, den Salzgehalt des Sees zu verringern, während die Ge-

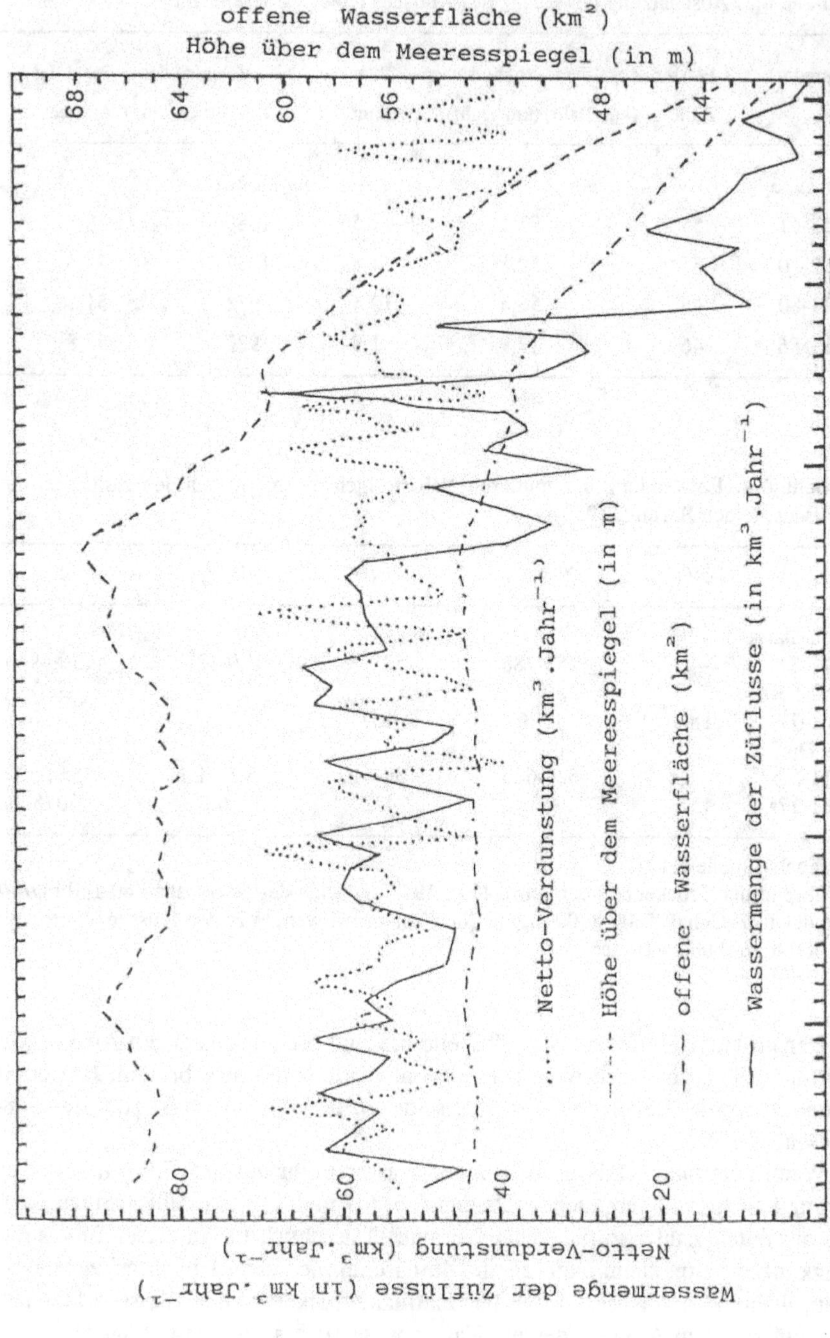

Abb. 6.1. Das Absacken des Aralsees. (Nach Micklin 1988)

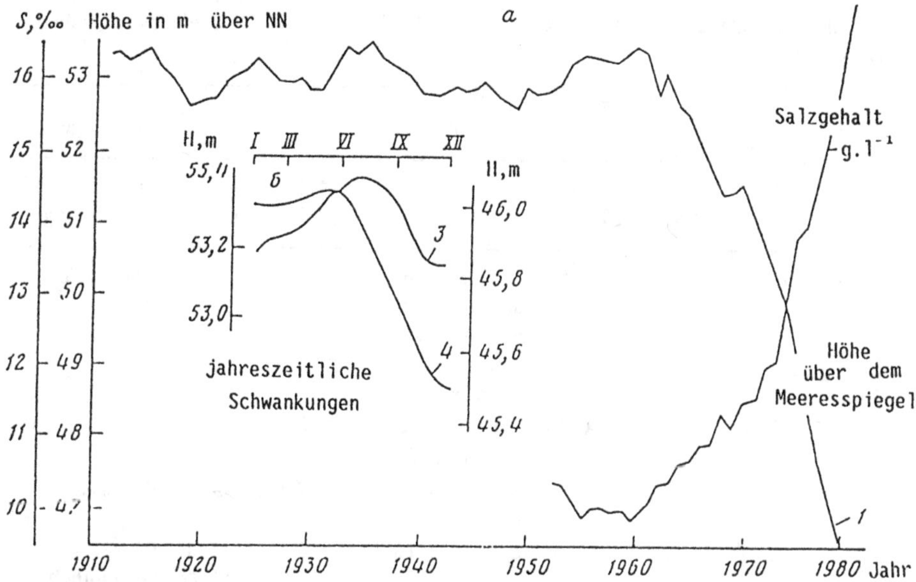

Abb. 6.2. Entwicklung von *1* Seespiegel und *2* Salzgehalt des Aralsees; *3* jahreszeitliche Schwankung des Seespielgels 1955 (linke Skala) und *4* 1980 (rechte Skala). (Nach Bortnik 1980)

samtmenge an Salz im See erhöht wird. Da die Wassermasse abnimmt, kann der Salzgehalt auf diese Weise langfristig nur zunehmen, außer wenn Salz durch Versickerung oder Auswehung aus den Solontschaks ausgesondert wird. Diese Ausführungen sind wichtig für die Untersuchung abflußloser Ökosysteme, in denen allzu oft der Salzgehalt mit der absoluten Salzmenge verwechselt wird.

Seit etwa 1960 hat der Gehalt an Nährsalzen[181] auf das 4- bis 10fache zugenommen. Da aber die Abflußmenge der Zuflüsse zugleich beträchtlich zurückgegangen ist, hat sich der Eintrag dieser Salze in absoluten Zahlen vermindert (was sich auf das Plankton auswirkte). Ebenso hat sich der Gesamteintrag von Schwebstoffen um 4 Mio. t/Jahr vermindert.

Der Salzverlust des Sees an den Stellen, an denen Flußwasser und Salzwasser aufeinandertreffen und an denen Salz (vorwiegend Kalziumkarbonat) seine Löslichkeit verliert, ist beträchtlich und zeigt sich auch am Gehalt an gelöstem Kalzium. Den wenigen verfügbaren Daten zufolge erscheint der Aralsee heute mit Kalziumkarbonat stark untersättigt, was die Entwicklung der Tiere mit Kalkschale erheblich stört. Magnesium hat stark zugenommen, bildet jedoch keine leicht auszufällenden Salze und wird von vielen Arten nur schwer toleriert. Dagegen führt die Verdunstung aus den Restpfützen, die der See bei seinem Rückzug hinterläßt, zur Ausfällung des gesamten noch gelösten Kalziumkarbonates,

---

181 Phosphor: 2,5 mg/l; Nitrat: 2-10 mg/l; Nitrit: 0-2 mg/l, Ammoniak: 50-80 μg/l (vermutlich Ende der 80er Jahre).

Tabelle 6.5. Chemische Bilanz des Aralsees (Mio. t/Jahr). (Verschiedene Quellen, darunter Bortnik 1983)

Zufuhr			Abgang			Anmerkungen
	1911-1960	1961-1980		1911-1960	1961-1980	Hauptform der Ausfällung
Ionenfracht der Flüsse	23,79	19,57	Salz, das beim Aufeinandertreffen von Süß- und Salzwasser ausgefällt wird	10,94	5,29	Karbonate
Eintrag durch Grundwasser	1,40	1,40	Verlust durch Versickerung	1,50	0,43	
äolische Zufuhr	0,41	0,40	Austrag durch Gischt	0,11	0,11	
			Verdunstung	0,17	0,15	
			Sedimentierung in den Buchten	12,88	5,73	Karbonate
			chemische Fällung im offenen Wasser durch Überkonzentration	0	3,36-14,92	Gips (vermutlich überhöhter Wert)
			Ausgleich gelöster Salze	0	6,30	
	25,5	21,3		25,63	?	

Tabelle 6.6. Allgemeine chemische Bilanz der Flüsse (Mio. t/Jahr)

	um 1950	1990
Anthropogene Zufuhr	13	13
Zufuhr aus den Quellgebieten (Gebirge)	41	36
Zufuhr über zurückgeleitete Drainageabwässer	0	67
insgesamt	54	116
Einleitung in den Aralsee	29	8-20
Einleitung in den Sary-Kamysch- und den Ajdarkul-See	0	32
Einleitung in die Wüsten und in kleine Seen	25	64-76
insgesamt	54	108-128

Tabelle 6.7. Salzmengen (Mrd. t) im Aralsee (Glasowski 1990)[a]

Jahr	Salz	Jahr	Salz
1961	10,74	1975	11,17
1962	10,81	1976	10,87
1963	10,76	1977	10,66
1964	10,94	1978	10,69
1965	10,89	1979	10,86
1966	10,81		
1967	10,54	1980	10,89
1968	10,90	1981	10,96
1969	10,57	1982	11,06
		1983	11,03
1970	11,09	1984	10,86
1971	10,57	1985	10,08
1972	10,75	1986	9,07
1973	10,68		
1974	10,68	1990	8,7 ?

[a] Diese Bilanzen beruhen auf Datengrundlagen, die sich leicht von denen aus Tabelle 2.11 unterscheiden

Tabelle 6.8. Mittleres Ionengleichgewicht der Salze im Aralsee

	Cl^-	SO_4^{2-}	$HCO_3^- + CO_3^{2-}$	Σ Anionen
1951-1954	29,09	19,62	1,29	50
1977-1980	29,55	19,97	0,52	50,04

	Na^+	K^+	Ca^{2+}	Mg^{2+}	Σ Kationen
1951-1954	28,79	0,9	7,57	12,77	50
1977-1980	26,38	0,82	6,02	16,74	49,96

des Gipses und zusätzlich des Steinsalzes. Die Salze von Magnesium und Kalium bleiben länger in Lösung und konzentrieren sich folglich in den Restgewässern. Man kann feststellen, daß die unmittelbaren Salzverluste über die offene Wasserfläche annähernd gleich geblieben sind. Die Gesamtmasse an gelösten Salzen dürfte vielleicht bis etwa 1985 konstant geblieben sein und nimmt seither in Folge der Fällung von Gips und anderen Salzen ab (Tabelle 6.6). Alle Abschätzungen bleiben allerdings Annäherungswerte und unterscheiden sich von einem Autor zum anderen. Schon 1983 war der Aralsee in einigen seiner Buchten ein Salzteich geworden - allerdings nicht vergleichbar mit denen, die man von den Rändern der offenen Meere kennt, denn deren chemische Zusammensetzung unterscheidet sich ja stark von den kontinentalen Binnengewässern.

Die Karten der Abbildung 6.4 verdeutlichen den Rückgang der Wasserfläche des Aralsees, der die Öffentlichkeit so aufgerüttelt hat. Tabelle 6.9 liefert weitere Informationen. Wenn sich an der gegenwärtigen Lage nichts ändert, läßt sich die weitere Entwicklung absehen. Der Seespiegel wird stetig weiter sinken, aber der Aralsee wird nicht völlig austrocknen. Einerseits nimmt die Verdunstungsoberfläche ab, und die Menge des verdunstenden Wassers wird sich insgesamt verringern; andererseits werden die 100 mm Jahresniederschlag das Seebecken noch ein wenig mit Wasser versorgen. Schließlich gilt unter gleichbleibenden Randbedingungen, daß die Geschwindigkeit der Verdunstung um so niedriger ist, je stärker andere Stoffe im Wasser konzentriert sind[182]. Der verbleibende See wird auf seinem Grund mehr und mehr Gips sowie Steinsalz ausfällen (wie heute), ferner verschiedene Magnesium- und Kaliumsalze an seinen Rändern sowie Sulfate und/oder Karbonate, wie sie für alle Salzpfannen in Wüstengebieten typisch sind[183]. Bortnik sah voraus, daß das restliche Wasser im Jahr 2000 einen Salzgehalt von 42 Promille erreichen würde (den es auch in bestimmten Meeresbuchten gibt, z.B. in Bahrein oder Akaba - jedoch unter anderen Bedingungen, da sich das Wasser dort erneuert; Abb. 6.3). Der Seespiegel würde von 53 m auf 39 (36) m absinken, und der Nordteil des Aralsees würde zu einem getrennten See, dem "Kleinen See". Da die Zufuhr an Flußwasser seit 1980 noch weiter zurückgegangen ist, vollzog sich die Pegelabsenkung des Aralsees noch schneller, als es das Modell vorhersagte, und der Kleine See war schon seit 1988 vom Aralsee abgeschnitten[184].

[182] Durch die Zunahme des Salzgehalts hat die Verdunstungsintensität 1985 erst um 4 %, aber 1989 schon um 7 % nachgelassen.

[183] Die Sequenz der Bildung der Salze ist recht kompliziert und wird später behandelt. Aus Abb. 6.4 kann man in Abhängigkeit vom Anteil der Ionen in der Lösung die Art des Salzes ablesen, das ausfällt.

[184] Angemerkt sei auch, daß die Zunahme des Salzgehalts zu einer Erwärmung des Wassers im Aralsee geführt hat (+1 °C?) und somit auch, wie bereits erwähnt, zu einer Verzögerung seiner Vereisung (Bortnik et al. 1992).

Tabelle 6.9. Zustand des Aralsees 1960-2000. (Nach Micklin 1988; Glasowski 1992)

Jahr	Seespiegel	Oberfläche (km^2)	Volumen (km^3)	Salzgehalt (g/l)
1960	53,41	68 000	1090	10
1971	51,05	60 200	925	11,2
1976	48,28	55 700	763	14
1987	40,50	41 000	404	26,8
1988	39,80	39 400	365	28,3
1989	38,60	36 900	330	30,1
1991	37,00	34 000[a]	-	34,0[a]
1992	36,70	33 600[a]	-	34,4[a]
(2000)	33,00	23 400	162	42

[a] Vom Seepegel 1990 aus extrapolierte Werte.

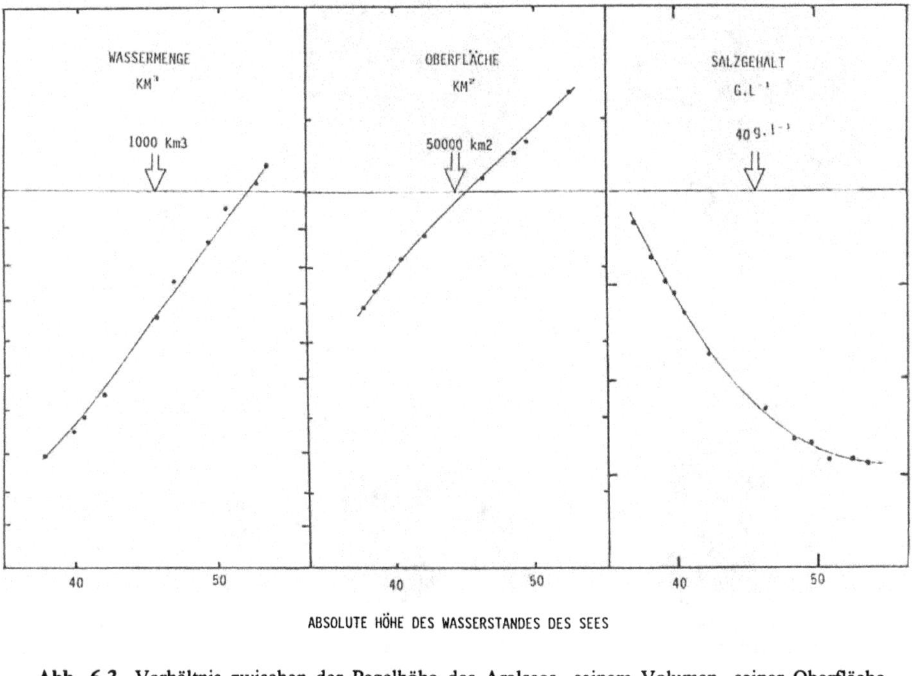

Abb. 6.3. Verhältnis zwischen der Pegelhöhe des Aralsees, seinem Volumen, seiner Oberfläche und seinem Salzgehalt

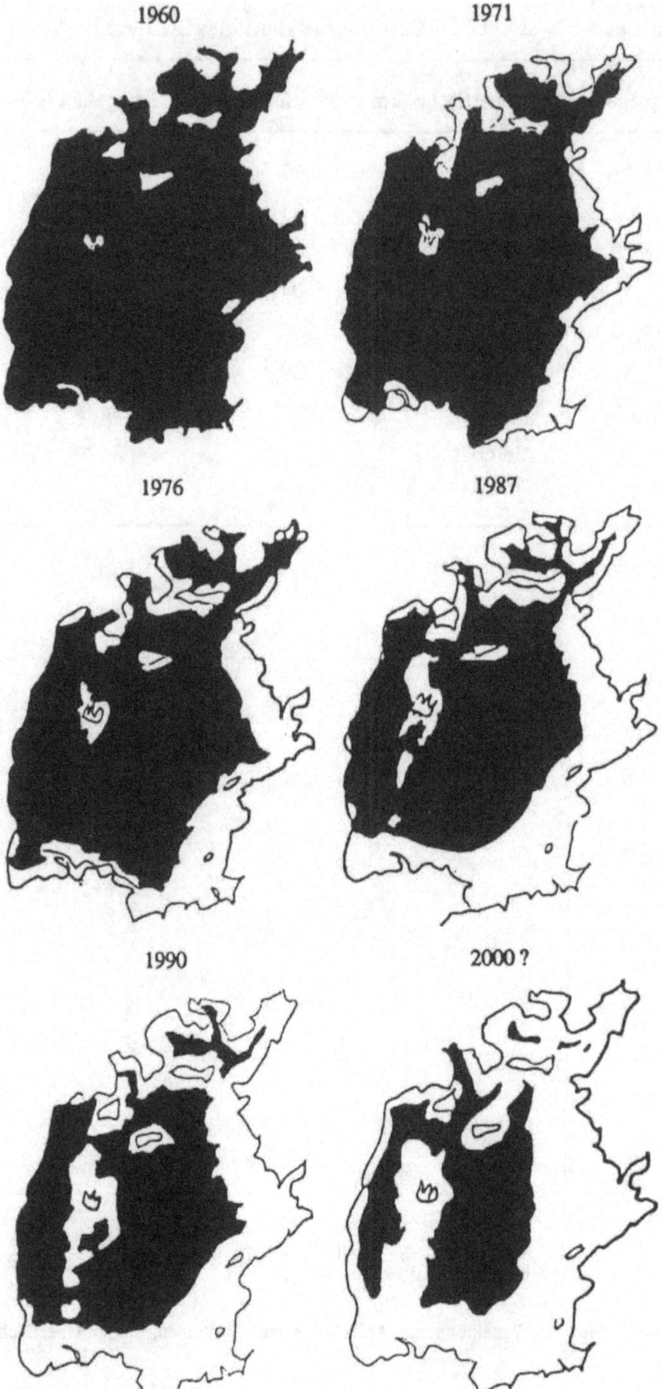

Abb. 6.4. Entwicklung der Oberfläche des Aralsees 1960-2000 (Prognose)

Der Niedergang der Fauna und Flora des Aralsees

Der ökologische Kreislauf des Aralsees und seine wichtigsten Bestimmungsfaktoren waren sehr schlecht bekannt. Die Nahrungskette beginnt beim Phytoplankton, das seinerseits von der Sonneneinstrahlung sowie vom Phosphor- und Stickstoffgehalt des Wassers abhängt. Sie setzt sich über das Zooplankton fort, das sich vom Phytoplankton ernährt, anschließend folgen die Tiere, die aus eigener Kraft schwimmen (Nekton), zu ihnen zählen die Fische. Parallel dazu entwickelt sich auf dem Seegrund der pflanzliche sowie der tierische Benthos.

Aladin und seine Kollegen haben die Seefauna genau untersucht (vgl. auch Bibliographie zu Kapitel 2). Es sei daran erinnert, daß sie erhebliche Veränderungen erfahren hat: 1. durch das Einsetzen neuer Arten weit vor 1960, das die Ökologie des Sees umwälzte, und 2. die Zunahme des Salzgehalts, verbunden mit der Zufuhr großer Mengen von Nährstoffen aus den Düngemitteln (Stickstoff, Phosphor).

Von den 18 1927 eingeführten Fischarten haben, wie bereits erwähnt, 15 überlebt, bezogen auf die Biomasse sind sie jedoch von untergeordneter Bedeutung. Der Stör wurde 1927-1934 sowie zwischen 1948 und 1963 eingesetzt; ab 1957 wurde er befischt. Zwei der 1954-1956 eingesetzte Seebarbenarten überlebten nicht, aber verschiedene weiße Fische, die 1960-61 eingesetzt wurden, konnten 1963 gefischt werden. Drei Groppenarten haben sich akklimatisiert.

Man versuchte auch, fünf Grundelarten einzusetzen, von denen eine überlebte. Der Ostsee-Hering, der sich leicht salzigen Gewässern gut anpaßt, überlebte, setzte sich jedoch nie in größerer Zahl durch. Zwischen 1979 und 1982 schließlich wurde die Flunder eingeführt, die sich gut entwickelte. Die bereits abgebrochenen Versuche wurden 1989 wieder aufgenommen, und es scheint möglich zu sein, die Flunder zu fischen. Ein mutierter Rochen, der ebenfalls eingesetzt wurde, kommt noch vor. Im Bereich der Wirbellosen gelang 1954-56 die Einführung zweier Garnelenarten, die Einführung der Miesmuschel um 1960 schlug fehl.

Zusammen mit den Fischen wurden unbeabsichtigt verschiedene andere Tiere miteingeführt: Parasiten des Störs griffen auf andere Fische über; Krabben ließen sich am Grund und an den Ufern nieder.

Ein Teil der Biomasse des Benthos (Abb. 6.5) veränderte sich als Folge der Einführung neuer Fischarten erheblich. Einige Fische weideten die Algen ab, und Fleischfresser zerstörten die Larven der Zuckmücken und anderer Insekten. In einem derart empfindlichen Ökosystem kam es bei vielen Populationen schon zu Krisen, bevor der Salzgehalt gefährlich zunahm. Die Süßwassermuschel Dreissena war 1971 teilweise verschwunden (1975, als der Salzgehalt 12 Promille erreichte, ganz) und Adaena war sehr selten geworden (Abb. 6.5).

Aladin et al. untersuchten auch die Veränderungen, die sich als Folge der allmählichen Austrocknung ergaben. Es sei daran erinnert, daß die Wassermenge zwischen 1960 und 1985 beträchtlich abgenommen hat, der Gehalt an Stickstoff und Phosphor aber anstieg, so daß sich die Gesamtmenge dieser Elemente im

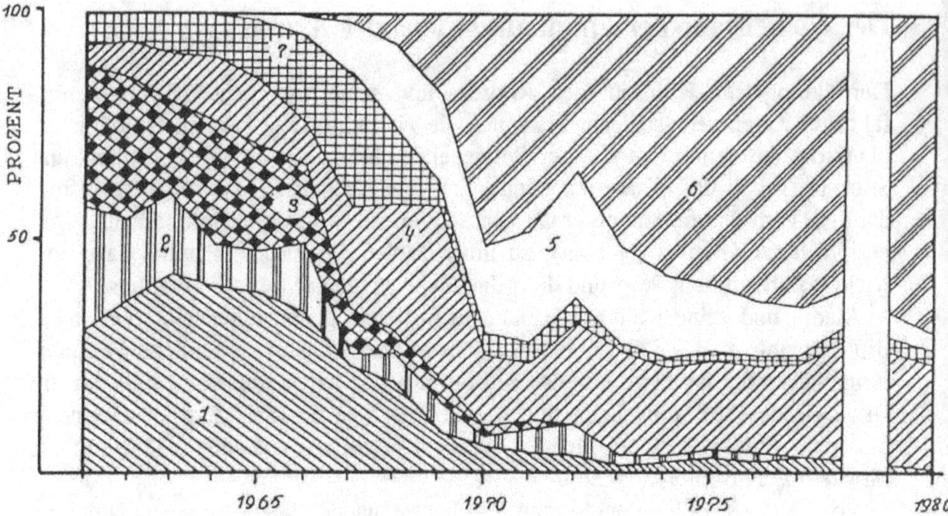

Abb. 6.5. Entwicklung einiger Gattungen des Aralsee-Benthos in % der gesamten kumulierten Biomasse. *1* Dreissena; *2* Hylanys; *3* Zuckmücken (Chironomus); *4* Cerastoderma; *5* Nereis, *6* Abra, *7* andere Arten. (Nach Aladin et al. 1987)

verbliebenen See nicht wesentlich geändert hat. So wurde ein karges und in weiten Teilen salzarmes Ökosystem zu einem System, das dem "normalen" Meerwasser wesentlich näher kommt (obwohl sich die chemische Zusammensetzung unterscheidet). Es ist jedoch wesentlich reicher an Nährstoffen, so daß sich die pflanzliche und damit auch die tierische Biomasse (zumindest das Plankton), insgesamt kaum verändert haben, wohl aber in ihrer Artenzusammensetzung. Tabelle 6.12 zeigt, daß diese stark verarmt ist.

Die Austrocknung und die Zunahme des Salzgehalts haben vielfältige Folgen: Viele Laichgebiete im südöstlichen Teil des Aralsees sind ausgetrocknet, und seit 1966 haben neueingeführte Arten über einheimische Arten dominiert; da sie gefräßiger waren, haben sie zu einem erheblichen Rückgang der herkömmlichen Benthos- und Planktonarten geführt, die dann durch andere ersetzt wurden (welche absichtlich oder beim Einsetzen neuer Fischarten zufällig eingeführt wurden, vgl. auch Abb. 6.6 zu den Benthosarten).

Viele der verbliebenen Fische sind unfruchtbar geworden oder weisen Mißbildungen auf. 1990 waren Brasse, Hecht und Alant verschwunden. Lediglich in der Nähe der verbliebenen Flußmündungen haben einheimische Arten noch einige Zeit überdauert, insbesondere diejenigen, die einen Teil ihres Lebens im Unterlauf des Amu-Darja verbringen. Zwischen 1959 und 1979 sind sie auf ein Sechstel zurückgegangen, weil 1974 der Stausee von Tjujamujun (oberhalb von Chiwa) mit Wasser gefüllt wurde. 1972 gab es im Zooplankton kaum noch eine Garnele (*Calanipeda aquaedulcis*), obwohl sie erst 1965-1970 eingeführt worden waren.

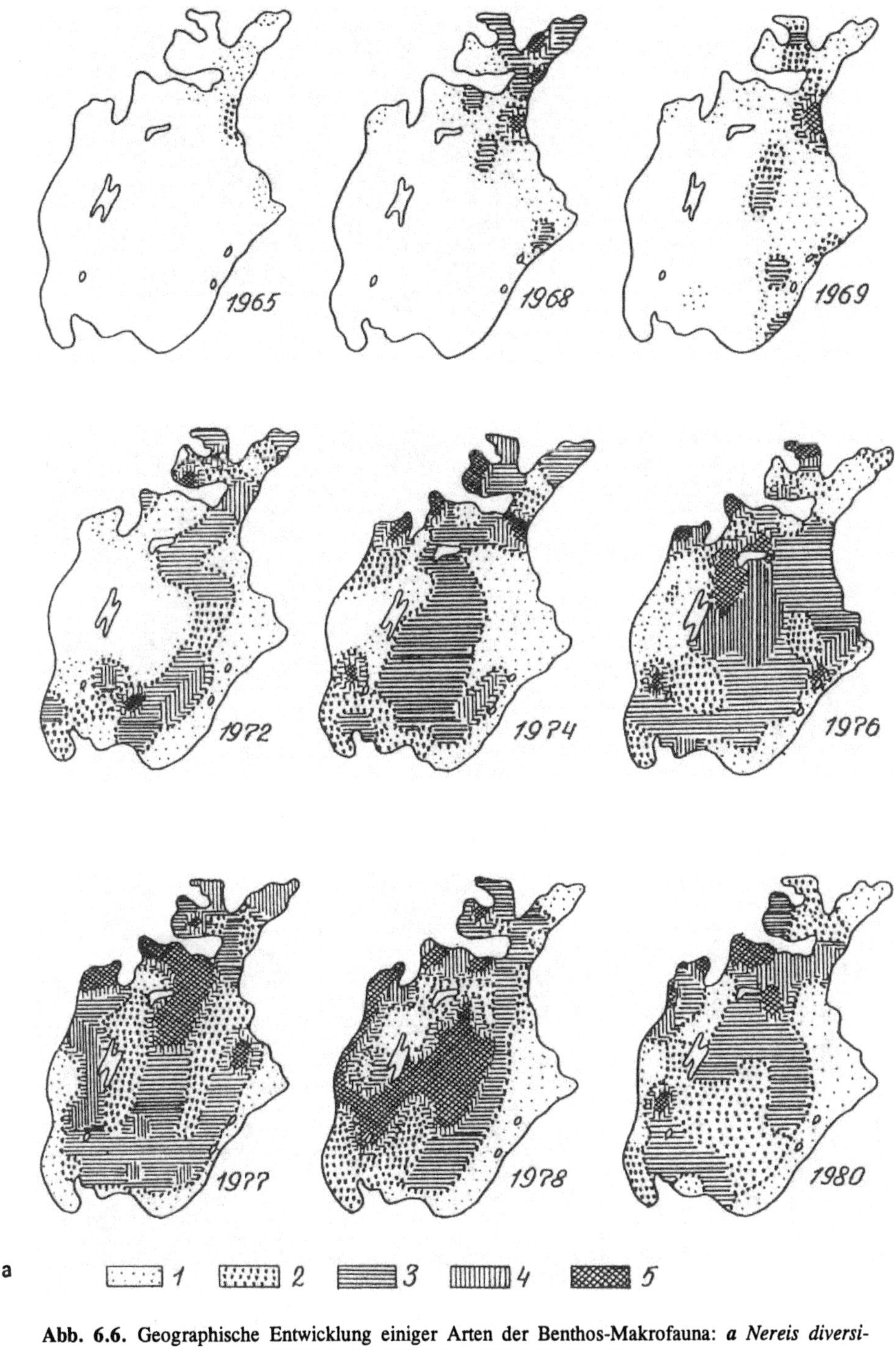

Abb. 6.6. Geographische Entwicklung einiger Arten der Benthos-Makrofauna: ***a*** *Nereis diversicolor*; Masse (g/m³): *1* 0,1-5; *2* 5,1-10; *3* 10,1-20; *4* 20,1-40; *5* >40

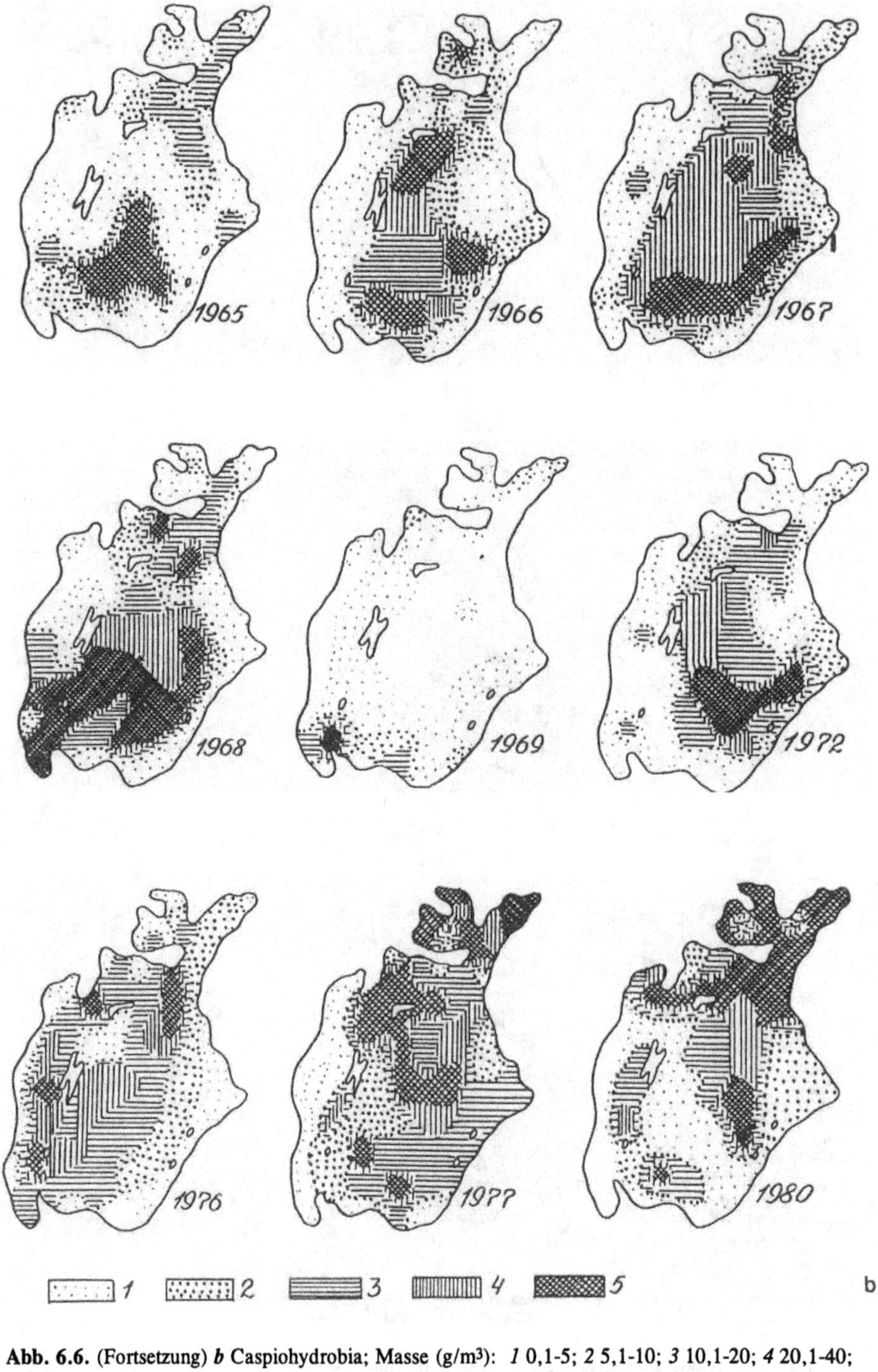

Abb. 6.6. (Fortsetzung) ***b*** Caspiohydrobia; Masse (g/m³): *1* 0,1-5; *2* 5,1-10; *3* 10,1-20; *4* 20,1-40; *5* >40

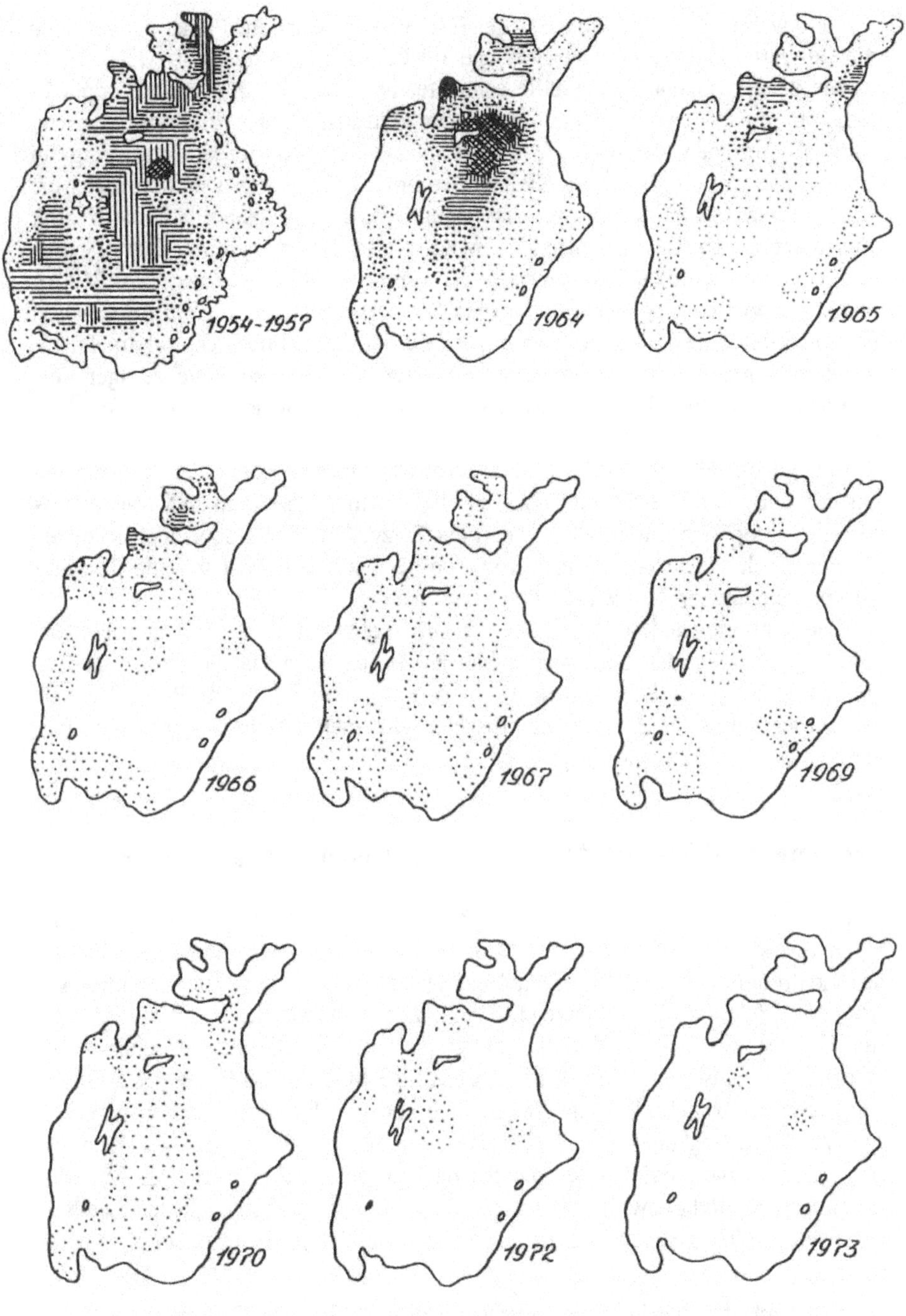

Abb. 6.6. (Fortsetzung) *c* Nereis; Masse (g/m³): *1* 0,1-5; *2* 5,1-10; *3* 10,1-20; *4* 20,1-40; *5* >40

1990 waren 90 % der Biomasse der Fische verschwunden. Paradoxerweise hat die Gesamtbiomasse zwischen 1969 und 1981 stark zugenommen[185].

Als der Salzgehalt 14 Promille erreichte, nahm die Biomasse des Zooplanktons - in ihr waren vor allem Diatomeen vertreten, später Blaualgen - erneut stark ab (um den Faktor 3,5). Die Biomasse der Mikroorganismen ging im Großen See um 60 % und im Kleinen See um 75 % zurück. Dadurch nahm die Lichtdurchlässigkeit des Wassers zu. Sein Gehalt an gelöstem Sauerstoff sank aber unter die Sättigungsgrenze (55-76 %), weil die Photosynthese betreibenden Arten seltener wurden. Die Zunahme der Nährstoffe ließ die Masse des Mikroplanktons wieder ansteigen (im Kleinen See wesentlich stärker als im Großen) und auch den Sauerstoffgehalt, aber die Zahl der Arten blieb recht klein. Diatomeen herrschen bei weitem vor. Die Verarmung an Arten bei gleichzeitiger Vervielfachung der Individuenzahl ist stets ein Anzeichen für den Verfall eines Ökosystems.

Die gegenwärtige (1991) Biomasse stellt unbestreitbar einen Übergangszustand dar, da der Salzgehalt noch ansteigen wird. Man kann sich fragen, was für ein Biotop sich bilden wird, wenn der Salzgehalt 45 g/l oder noch mehr erreichen wird. Nach Vorhersagen von Zoologen werden praktisch alle derzeitig vorkommenden euryhalinen[186] Arten verschwinden.

Man kann einwenden, daß einige von ihnen ohnehin nicht überleben würden, selbst wenn ihnen der Gesamtsalzgehalt zuträglich wäre, da die chemische Zusammensetzung des Sees anders als in den Ozeanen ist. Beim Programm zur Wiederbesetzung des Aralsees mit Fischen wird man dies berücksichtigen müssen.

Die neuen Böden auf dem ehemaligen Grund des Aralsees

Auch die Entwicklung der in jüngster Zeit verlandeten Böden (Abb. 4.8, 4.10., 6.7 und 6.8), die 1990 bereits 2,8 Mio. ha umfaßten, wurde untersucht. Wie die sedimentologischen Karten des Aralsees es vermuten ließen, ist die Lithologie dieser Seeböden abwechslungsreich. Der Landstreifen um das Kap Usynkair und die Höhen von Tokmak-Ata herum ist sandig. Der Grund der ehemaligen Buchten von Adshibai, Muinak und Sarbas im Süden und Südosten des Aralsees wird jeweils abwechselnd von Tonen, Lehmen und lehmigen Sanden gebildet. Die Vordeltas (Inshenerusjak, Urdabaj) stellen ein Mosaik aus sich überkreuzenden marinen und fluvialen Sedimenten dar, in denen lehmig-sandiges Material dominiert. Shollybekow (1988) hat die Entwicklung der aufgetauchten Landflächen seit 1960 registriert. Im ersten Jahr bildete sich zwischen dem alten Ufer

---

[185] Aladin gibt für den Zeitraum zwischen 1969 und 1981 eine Zunahme von 22 auf 123 mg/m³ an, für die Biomasse 1989 nennt er Werte von 533 mg/m³ im Kleinen See und 78 im großen See.

[186] Als euryhalin bezeichnet man Wassertiere, die große Schwankungen des Salzgehalts ertragen können.

Abb. 6.7. Bodentypen der Flächen, die 1973-1975 verlandeten (53-49 m Höhe). *1* feiner bis mittlerer, nicht salziger Sand; *2* heterogene schwach haftende Salzkruste; *3* heterogene und ungleichmäßige Salzablagerungen zwischen dem See und der Höhe der Quellen; *4* Solontschaks in den Buchten und Lagunen mit beachtlichen äolischen Ablagerungen

und den Inseln ein breiter, leicht konkaver Strand, der örtlich von Muschelschalen bedeckt war und sich schnell zu einer Salzebene von etwa 600 km^2 Fläche entwickelte, auf der intensive Windabtragung herrscht, welche eine Sedimentschicht von fast 1 m Mächtigkeit abträgt.

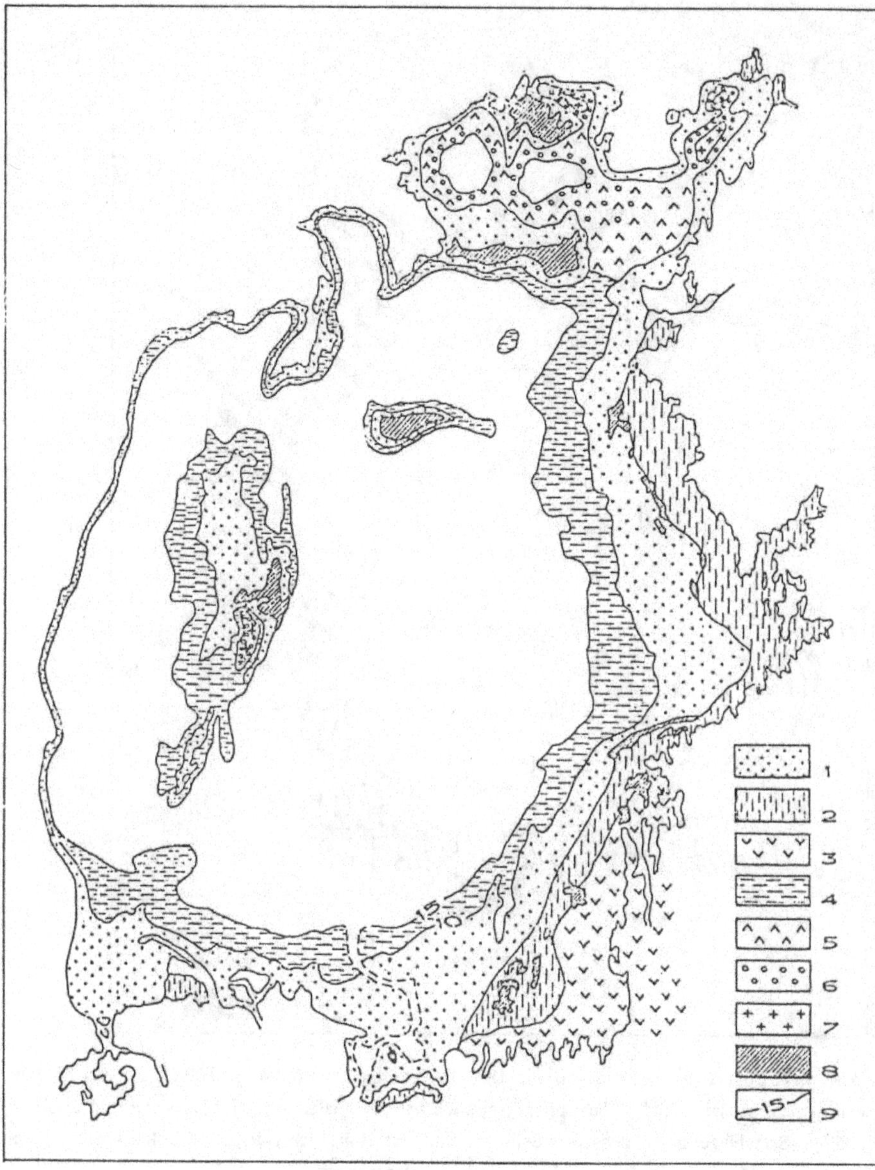

Abb. 6.8. Typen der bis 1984 trockengefallenen Flächen und Prognose für 2000 (Rubanow u. Bogdanow 1987). Ausgetrocknete Gebiete: *1* Gips; *2* Karbonate; *3* Bodenbildung. Im Jahr 2000: *4* Bodenbildung des großen Sees; *5* Gips des Kleinen Sees; *6* Natriumsulfatgebiet um die Gips-Salinen; *7* Steinsalz und Astrakanit; *8* frühere Inseln; *9* Küstenentwicklung (Anm.: die Vorhersagen wurden 1991 überholt).

Jenseits der neuen Strände, auf denen je nach der Beschaffenheit des Untergrundes nur Teppiche aus Blaualgen und einige einjährige Halophyten in Erscheinung treten, bilden sich zuerst sumpfige Solontschaks, meistens in den Senken zwischen den ehemaligen niedrigen Inseln. Das Grundwasser befindet sich in einer Tiefe zwischen 0,30 und 2,50 m, sein Salzgehalt beträgt zwischen 17 und 21 g/l (1977), und seine Zusammensetzung entspricht der des Seewassers. Diese Böden haben einen hohen Karbonatgehalt (7 %) und einen niedrigen Gehalt an organischer Substanz geerbt (0,3 - 0,6 %). Der pH-Wert liegt zwischen 8 und 8,6. Als erstes läßt die Verdunstung Kalziumkarbonat an die Oberfläche steigen, das sich dort niederschlägt und teilweise wellige Krusten sowie Ausblühungen in Blumenkohlform bildet, die bis zu 50 cm Durchmesser erreichen können; dann folgt eine Chlorid-Natriumsulfat-Mischung mit etwas Magnesium. Aus dieser bildet sich in erster Linie Mirabilit, Thenardit (Na_2SO_4) durch Wasserentzug und manchmal Glauberit ($CaSO_4$, Na_2SO_4), sogar Epsomit (Bittersalz, $MgSO_4 \cdot 7H_2O$). Alle diese Salze werden durch den Wind schnell ausgesiebt (ausgewehte Solontschaks)[187].

Die vorhandenen Gewächse sind Salzkrautarten und Suaeda (seablite). In den Bereichen, die seit 2 oder 3 Jahren verlandet sind, befinden sich Küsten-Solontschaks. Wenn die Kapillarität ausreicht, sind sie mit Wasser gesättigt und bilden häufig die innere Erweiterung der sumpfigen Solontschaks, die dieselbe chemische Zusammensetzung haben. Das Grundwasser enthält bei tonigem Substrat 18-20 g/l gelöste Salze, wenn es sandig ist, so sind es wegen der Verdunstung 30-40 g/l (die Verhältnisse entsprechen noch genau denen im Aralsee). Es gibt eine reichhaltige Vegetation aus einjährigen Salzpflanzen, Suaeda, Melden (Atriplex) und etwas weniger Salzkraut. Das Salz, das durch die Kapillarität aufgestiegen ist, bildet im obersten Zentimeter eine mehr oder weniger dichte Kruste, die im wesentlichen aus Sulfaten und Chloriden besteht. Akkumulationen finden auch in der Tiefe oberhalb der Grundwasserschicht statt. Mit dem Absinken des Seespiegels und damit auch des Grundwassers (nach 3 oder 4 Jahren) trug die Winderosion einen Teil dieser Kruste an der Oberfläche ab, vor allem auf grobkörnigen Böden, die Salz leicht wieder absondern.

Die Küstenböden bilden sich in Bereichen intensiver Windauswehung, in denen sich Solontschaks nicht halten können. Die mesohalophilen Pflanzen (Melden) verschwinden. Der Humusanteil sinkt unter 0,2 %. Der Wind, der das Sediment abträgt, zerbricht dabei die Kapillaren, in denen das Salz aufsteigt. Somit schreitet auf den Gipfeln der kleinen Hügel die Versalzung kaum weiter voran, denn die Regenfälle spülen das Salz wieder tiefer in den Boden hinein, so daß sich Sand und Salz dann in den benachbarten Solontschaks anhäufen. Das Grundwasser befindet sich in einer Tiefe zwischen 0,8 und 2 m und enthält 50-60 g/l Salz, wobei Natrium- und Chloridionen vorherrschen (Starodubzew

---

[187] Bestimmte Experten, die alles vorhergesehen hatten, bevor die Austrocknung des Aralsees ausgelöst wurde, vermuteten, daß die Karbonatkruste das Aufsteigen anderer Salze an die Oberfläche verhindern würde und so ihre Auswehung unmöglich machen würde. Tragischer Irrtum.

1990). Während der Pegel des Aralsees sinkt, werden die Solontschaks immer weniger vom Grundwasser gespeist und verschwinden schließlich, ihre Oberfläche verwandelt sich in Takyrs. Die Vegetation, sofern sie Fuß fassen konnte, folgt dem Ufer bei seinem Rückzug und bildet so konzentrische Ringe (kultuki), die man auf den Satellitenfotos gut erkennen kann.

Nach 4-7 Jahren werden diese Böden mit Flugsand bedeckt, der 30-50 cm Mächtigkeit erreicht. Die Pflanzen, die sich angesiedelt haben, sind die Melde (je nach der Bodenfeuchtigkeit entweder vereinzelt oder in dichten Büscheln), die Stechwinde, zeitweise auftretende Büschel von Nitraria und verkrüppeltes Schilfrohr (Phragmites). In den oberen Bodenschichten herrscht der Gips vor, da sich die Chloride und Natriumsulfate eher auflösen oder vom Wind abgetragen werden.

Anschließend entwickeln sich Sandböden (man findet sie in Regionen, die seit mehr als 10 Jahren verlandet sind), und die niedrigen Dünen, die sich im vorangehenden Zeitabschnitt gebildet haben, werden von perennierenden Sträuchern und Pflanzen bedeckt (Nitraria, Tamariske, Calligonum, Saxaul). Diese Böden, in denen Feinsand vorherrscht, enthalten 4-9 % Karbonat, sie reagieren alkalisch (pH-Wert zwischen 7,4 und 9,5) und sind arm an organischen Bestandteilen (0,03-0,2 %). Da die Wurzeln das Wasser aus dem Boden aufnehmen, trocknet dieser aus, was die Windabtragung begünstigt (Mitnahme der Salze) und den kapillaren Aufstieg der Salze vermindert. Der Salzgehalt dieser Böden ist daher sehr unterschiedlich, und meistens herrscht Gips vor[188].

Die sogenannten Solontschaks "mit Auswehungskruste" auf schluffigem Substrat treten häufig in den ausgetrockneten Buchten von Muinak, Sarbas und Adshibai (im Südwesten) auf, ausgehend von fein geschichteten fluviomarinen Sedimenten. Sie dulden Tamarisken und Salzkraut. Nach und nach werden die Salze aus den Ausblühungen entfernt, meist eher durch Auswaschung als durch Auswehung. Dies ist in den Gegenden ausgeprägter, die weiter entfernt von den aus kreidezeitlichen und paläogenen Felsen gebildeten Ufern liegen. Von diesen Ufern aus bringen die Niederschläge im Winter etwas Wasser mit, das reich an gelösten Salzen ist, es dringt in die Risse der Takyrs ein und vergrößert so die in der Tiefe vorhandene Salzmenge (bis zu 360 g/l).

Die Windauswehung spielt eine bedeutende Rolle bei der Beseitigung der Salze, die nicht bei der Verdunstung des Sees selbst zurückgeblieben sind, sondern aus der Verdunstung von Wasser stammen, das die Sedimente durchtränkt. Wenn der Sand selbst noch ausgeweht wird, kann die älteste Vegetation (über 20 Jahre alt) sich nicht mehr halten. Die neu aufgetretenen Formationen weisen noch nicht alle Eigenschaften auf, die man in den älteren Wüsten beobachtet hat.

F. Ramade (1987), der von Beobachtungen auf einer Reise 1983 in Kasachstan und Usbekistan berichtet, gibt an, daß die Behörden Maßnahmen ergriffen hatten, um sich gegen die "*dust-bowls*" zu schützen:

> ... Windschutzhecken wurden gepflanzt, die Dauer der Brache verlängert, während Maschinen entwickelt wurden, die nach der Ernte eine Decke aus Pflanzenresten auf dem Bo-

---

188 s. Anhang VIII zur allgemeinen Beschreibung der neuen Ökosysteme.

> den hinterlassen, um ihn zu schützen. Im übrigen wurde ein Teil dieses jungfräulichen Bodens, der den pedologisch empfindlichsten Bereichen entsprach, seiner natürlichen Bestimmung überlassen und wieder in extensives Weideland umgewandelt, nachdem er zwischen 1954 und 1964 zur Unzeit abgeholzt worden war. Trotz aller Bemühungen zum Bodenschutz wurden über drei Mio. ha schwer geschädigt, und während der Trockenzeit gibt es in den Anbaugebieten weiterhin Winderosion ...

Kein Wort über das karikaturenhaft übertriebene Auftreten dieses Phänomens rings um den Aralsee. 1985 war es das gleiche: Man vermied es, Ausländer zum Aralsee zu führen und mit ihnen über das Problem zu sprechen, das bereits in einer kritischen Phase war. Offenbar waren sie, wie es ohnmächtige Zuschauer des Dramas bezeugen, "sehr starkem Druck" zum Schweigen ausgesetzt, wie auch O. Esirkepow in der Reportage von I. Moeglin "Der ermordete Aralsee" einräumt, in der er auch von einem "stillen Tschernobyl" spricht[189].

Leser sowjetischer Zeitschriften waren im Westen zugegebenermaßen selten, obwohl doch in diesen das Problem schon ausführlich behandelt wurde.

Die neue Fauna auf dem aufgetauchten Gelände

(Saletajew 1968, 1974, 1989; Wuchrer 1979, 1990; Kurotschina et al. 1979; Makulbekowa et al. 1990)

Nach und nach haben sich auf dem aufgetauchten Gelände Tiere angesiedelt, sobald es die Vegetation zuließ. 25 Säugetierarten, 15 Vogel- und 10 Reptilienarten sowie 150 Pflanzenarten wurden registriert. Die Biozönosen verändern sich sehr schnell. Flora und Fauna verarmen zunehmend - sowohl bezüglich der Zahl der Arten- wie auch der Individuenzahl - wenn die Grundwasserschicht absinkt, während sich das neue Ufer zugleich entfernt. Das Auftreten einer kleinen Zahl von Wirbellosen wurde festgestellt, darunter Spinnen (die sich von Aeroplankton ernähren), ferner Eidechsen, Schlangen und Nagetiere (zunächst Feldmäuse und Ratten, dann Springmäuse, welche die Löcher der ersteren nutzen). Diese Population verschwindet schließlich; lediglich einige Mäuse bleiben zurück. Nach und nach bildeten sich Gesellschaften, die nur wenige Arten umfaßten und sehr unbeständig waren. Die großen Säugetiere, die im Delta noch vorhanden sind (Gazellen), frequentieren diese Orte sporadisch[190].

Nach der ersten Stufe der Verlandung am Ostufer des Aralsees stellte man fest, daß das Ökosystem der Salzsteppe im ganzen gesehen bei seiner Entstehung recht üppig ist. Dann führt jedoch die Anhäufung von Sanden aus der Kysyl-Kum zu seiner Zerstörung.

---

189 Videoreportage von I. Moeglin und J.M. Destaing, *L'Aral assassiné ("Der ermordete Aralsee")*, Sendung *Thalassa* im Fernsehprogramm FR3. Die BBC hat 1991 einen entsprechenden Dokumentarfilm gedreht: "*Die Lebensversicherung*" als 8. Folge der Serie *Die Kriege um das Wasser* von M. Waldman.

190 In den 1940er Jahren gab es 15 000 Gazellen; 1990 waren es nur noch 350.

Veränderungen der Atmosphäre

Auch die Atmosphäre der Region erfährt die Folgen der Austrocknung des Aralsees. Die Salzkrusten, die nicht sehr fest zusammenhalten, werden durch die Sommerstürme in Bewegung versetzt. Die Salzmenge, die durch den Wind abgetragen wurde, schätzte man auf 10 Mio. t/Jahr für die Zeit vor 1960 ein (Abb. 6.9). Bis heute erreichte diese 75 Mio. t für den auf diese Weise mitgeführten Salzstaub, sowie 65 Mio. t in Aerosolform. Blinow (1956) gibt einen Wert von 1 t/km^2 Salz im Regen für 1956 an, 45 t/km^2 über dem Ust-Urt im Zeitraum 1962-67 (Tabelle 6.10). Die Schätzung der Salzfracht, die vom Aralsee aus in die Atmosphäre gelangt, ist ungenau: zwischen 15 und 75 Mio. t/Jahr (Grigoriew u. Lipatow 1982), 13-26 Mio. t (Belgibajew 1982) oder 230 Mio. t (Mojajtschewa u. Nekrasowa 1984). Micklin (1987) gibt 43 Mio. t für ein Gebiet von 150 000 bis 200 000 km^2 an, davon 60 % im Choresm und 25 % im Ust-Urt; die Salzniederschläge könnten bis zum Jahr 2000 wieder auf etwa 39 Mio. t zurückgehen (Tabelle 6.10).

Anderen Autoren zufolge sind die Salzniederschläge aus der Atmosphäre in Form von Aerosolen von 150 kg pro km^2 und Jahr im Ust-Urt auf 500 kg gestiegen; über dem Amu-Darja-Delta wurde von einer Steigerung von 45 kg/km^2 auf 1 t/km^2 zwischen 1962 und 1967 berichtet (Abb. 6.9) - diese Werte stehen jedoch im Widerspruch zu anderen Daten. Die Bewegung und der Abtransport durch den Wind erfolgen in einer Art Gabel, die von N-S nach NE-SW verläuft. Die Satellitenbilder zeigen staub- und salzbefrachtete Winde in einem Umkreis von 300-400 km, die eine Partikellast von 15-75 Mio. t pro Sturm bewegen (Rasakow 1990). Den Berechnungen zufolge erreicht der Transport von Salzpartikeln mit 50 μm Größe Höhen von 500 m und eine Maximalentfernung von 70 km vom See; danach lagern sie sich vor allem in einem Umkreis von 14 km um den See herum ab, während die Fraktion mit Korngrößen unter 10 μm mehrere hundert Kilometer weit getragen wird.

Wie auch immer, neben den Wirkungen auf die Böden und die Vegetation (die Pflanzen werden von einer feinen Staubschicht wie mit Rauhreif bedeckt) sowie auf die Gesundheit der Menschen und Tiere (dazu später noch mehr), sollte man auch die katastrophalen Auswirkungen auf die Gebäude erwähnen. Viele sind aus minderwertigen Baustoffen errichtet, und 80 % müßten ganz neu gebaut werden. Der Beton der öffentlichen Gebäude löst sich auf, denn er enthält Sand, der reich an Salz ist. Der Beton platzt, sobald das Salz kristallisiert (Haloklastie). Die elektrischen Oberleitungen, Telefondrähte und Nichtleiter werden zerfressen. Der Straßenbelag der geschotterten Straßen verliert seinen Zusammenhalt.

Die Gebiete, die von Salztornados heimgesucht werden, haben sich nach Süden ausgeweitet - vor der Austrocknung gab es diese lediglich auf der Nordseite des Aralsees (Abb. 6.10). Man fürchtet um das Verschwinden von Pflanzenarten, die Tornados nicht ertragen können, insbesondere der Tamarisken, die

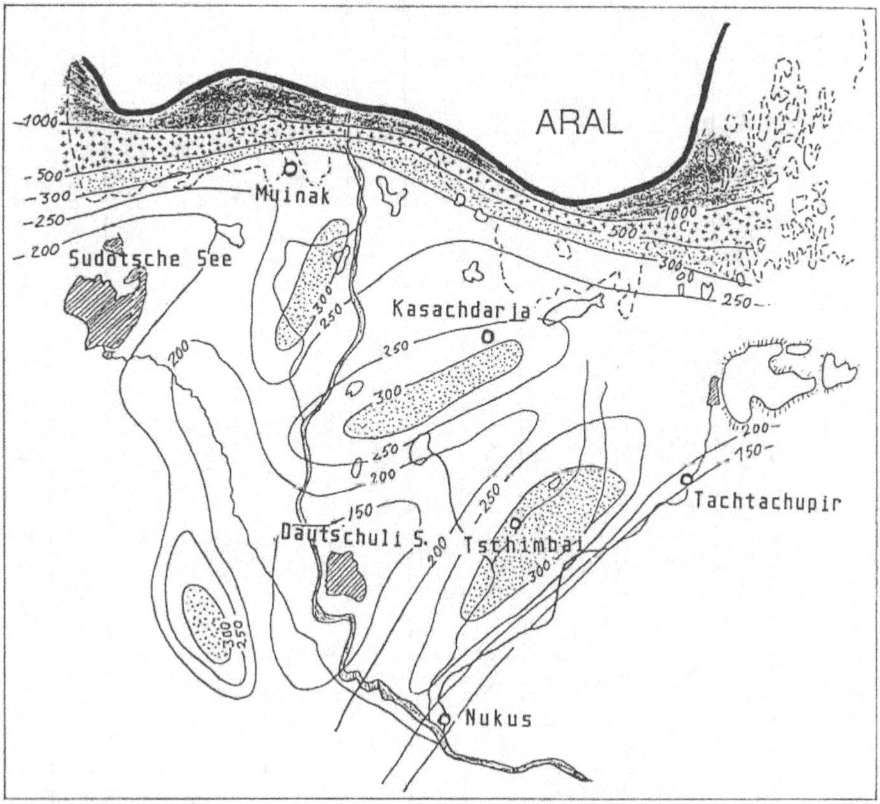

Abb. 6.9. Äolische Salzablagerungen (kg/ha) im Amu-Darja-Delta (1985)

man angepflanzt hat, um zu versuchen, die salzigen Böden festzuhalten. Salzniederschläge wurden je nach Windrichtung aus so entfernten Ländern wie Weißrußland, Litauen, Afghanistan oder Georgien gemeldet - dort macht man sie für das Verkümmern der Orangenplantagen verantwortlich. Ihre Spuren findet man auf den Gletschern des Pamir und in Pakistan.

Nach Rasakow (1990) haben die Salzniederschläge seit 1984 abgenommen. Es wurde gezeigt, daß das so in Umlauf gekommene Salz (1/3 Steinsalz, 1/3 Gips, 1/3 Thermalit) im wesentlichen aus Solontschaks sowie von den Kammlagen kahler Dünen stammt, die durch kapillaren Aufstieg versalzt wurden. In solchen Lagen kann die Erosion 70 cm - 1 m/Jahr erreichen.

Diesen Werten gegenüber sollte man jedoch stets skeptisch sein: Sie beziehen sich nur auf recht kleine Flächen, und sobald alles verfügbare Salz auf diese Weise weggefegt ist, dürfte der äolische Schwebstofftransport sich - ganz unausweichlich - wieder bei "normaleren" Werten einpendeln. Zudem ist der Begriff "Salz" den Teilnehmern des internationalen Kolloquiums von Nukus 1990

Tabelle 6.10. Entwicklung der pflanzlichen Biomasse im Aralsee (Aladin 1990)

Zooplankton (mg/m³)

Gruppe	1954	1975	1976	1977	1978	1981	1982	1984	1985	1989	1990
Anneliden	-	<0,1	9,2	15,1	29,3	27,5	56,8	-	-	4	2
Wasserflöhe	17	1,9	3,5	3,5	6,2	4,2	2,1	5,4	3,9	<1	1
"Arc shells" [a]	103	-	-	-	-	-	-	-	-	-	-
Calanipeda	-	17,4	25,1	10,9	31,9	45,3	103,8	134,7	212,6	511	339
Cyclops	18	<0,1	0,1	0,1	0,1	-	-	-	-	-	-
Weichtierlarven	18	10,6	17,5	7,0	29,0	45,8	52,2	115,5	34,4	68	51
yandere	-	<0,1	0,5	0,3	0,3	0,6	0,4	0,3	-	-	-
insgesamt	146	29,9	55,9	36,9	96,8	123,4	218,3	194,9	250,9	583	393

Zoobenthos (mg/m³)

Gruppe	1954	1975	1976	1977	1978	1981	1982	1984	1985	1989	1990
"Clam worm" [a]	-	17,3	15,5	17,8	17,7	11,6	7,89		3,36	10,51	7,59
Krustentiere	0,2	-	-	-	-	-	-		-	-	-
Insektenlarven	8,9	-	<0,1	-	<0,1	-	-		-	-	-
4"Arc shells" [a]	8,4	3,5	3,5	4,8	3,6	0,79	0,67		-	-	-
Gipanis	8,2	1,0	0,3	0,2	0,1	0,26	0,03		0,28	-	-
Cerastoderma	0,1	21,5	23,1	27,5	51,6	42,47	135,1		89,8	83,2	134,3
Abra	-	62,0	74,4	95,8	118,2	121,96	167,6		109	169,0	218,9
Kaspische Hydrobie	0,1	0,4	2,3	3,9	4,4	6,39	7,17		0,151	11,6	11,72
Alveolus	0,1	0,1	0,4	0,5	0,4	0,99	2,57		0,49	-	-
insgesamt	25,8	105,8	119,5	150,5	196,0	184,27	321,5		197,2	274,3	372,5

[a] Namen die vom Russischen ins Englische übersetzt wurden, für die es aber schon in der französischen Fassung keine passende Übersetzung gab.

Abb. 6.10. Ein Staubsturm aus der Kysyl-Kum zieht über den Aralsee. (Nach einem sowjetischen Dokument; Grigorjew u. Lipatow 1982)

nicht genau genug. Der Gips, der ein normaler, gewöhnlicher und manchmal auch erwünschter Stoff ist, gehört mit dazu. Manche Autoren weisen auf das Vorhandensein von Natriumsulfat im trockenen Staub hin. Glasowski (mündliche Mitteilung) schätzt, daß jährlich zwischen 30 und 150 Mio. t Salz vom Wind abgetragen werden. Von 1966 bis 1980 stieg die Zahl der Tage mit staubigen Winden und Sandstürmen im Mittel um 50 %, an einigen Orten sogar um 360 % (Molosnowa et al. 1987). Diese Zunahme ist mit der Austrocknung des Aralsees sowie mit der Schädigung der natürlichen und der landwirtschaftlichen Vegetationsdecke verbunden. Die Staubfahnen erreichen 270 km Länge und steigen bis in über 5 km Höhe. Die ergiebigsten Ursprungsgebiete liegen südlich des Syr-Darja-Deltas am Ostufer des Aralsees (Abb. 6.10). Die Niederschläge schwächen die Pflanzen, und es wird angegeben, daß sie bei der Baumwolle zu 5-15 % und beim Reis zu 3-6 % mit zum Ertragsverlust beitragen. Zudem können sie die Intensität der Sonneneinstrahlung am Boden um die Hälfte verringern.

Gibt es weitere klimatische Folgen? Alte Statistiken sowie Berechnungen der Sonnenenergiebilanz haben im kleinräumigen Maßstab gezeigt, daß der Einflußbereich des ehemaligen Aralsees sich ringsum einige Dutzend Kilometer weit landeinwärts erstreckte, dort erhöhte er die relative Luftfeuchtigkeit (wie übrigens auch in den Deltas, wo jedoch die Verdunstung von Süßwasser hinzukommt) und regulierte die Temperatur. Eine in Nukus zitierte Statistik verdeutlicht, daß die mittlere Temperatur in Kungrad (60 km südlich des Ufers) im Mai um 3 °C gestiegen und im Oktober um 2 °C gesunken ist, wenn man die Beobachtungsperioden 1960-1981 und 1935-1960 vergleicht. Die mittleren Temperaturen haben zwischen 1970 und 1980 im Frühjahr und Sommer um 0,5-0,7 °C zu- und im Herbst um 0,2-0,6 °C sowie im Winter um 0,5-1,3 °C abgenommen, und zwar aufgrund der gesunkenen Luftfeuchtigkeit. Eine andere Statistik, die über 40 Jahre hinweg geführt wurde, kommt für die gleichen Zeiträume auf eine Zunahme von 1,2-0,9 °C bzw. eine Abnahme von 0,1-0,9 °C (Abb. 6.11). In Muinak (Molosnowa et al. 1987) soll die Zahl der besonders trockenen Tage, die zwischen 1950 und 1959 bei 30-35 lag, auf 150 im Zeitraum 1970-1979 angestiegen sein. In Kungrad, das im Deltagebiet liegt, zeigt der Vergleich zwischen den Zeiträumen 1953-60 und 1960-81 eine mittlere Abnahme der mittleren Luftfeuchtigkeit um 5 % (was mit der größeren Entfernung zum See zusammenhängt); aus den gleichen Gründen stieg die Temperatur im Mai um 3-3,2 °C an, und sank im Oktober um 0,7-1,5 °C ab. Kondratjew et al. (1985) führen die genannten meteorologischen Veränderungen, zumindest teilweise, auf die Zunahme der Häufigkeit von Staub in der Atmosphäre sowie auf dessen Dichte in der Luft zurück.

Die relative Luftfeuchtigkeit im gesamten Umkreis des Sees hat im Vergleich der Zeiträume 1953-60 und 1960-81 um 2-3 % abgenommen. Man sollte sich jedoch mit diesen Zahlenwerten, die keinen offiziellen Charakter tragen[191] und von denen man nicht weiß, wie sie statistisch bearbeitet wurden, vorsichtig sein. Im übrigen verfügt man über Daten von semipermanenten Seen (der Tschadsee, der Ngami-See in Südafrika, der Eyresee in Australien, der Große Salzsee in den Vereinigten Staaten) nach denen die Schwankungen des Sees nur einen bescheidenen Einfluß auf das Klima des Umlands haben. Dagegen ist die schrumpfende Pflanzendecke der Deltas als Folge der Wasserumleitung Ursache für diese Störungen (Energietransport vom Boden in die Atmosphäre): Eine Pflanzendecke

[191] Sie wurden in Nukus vom Direktor eines großen Reisanbaubetriebes (Kara-Usjak) vorgestellt.

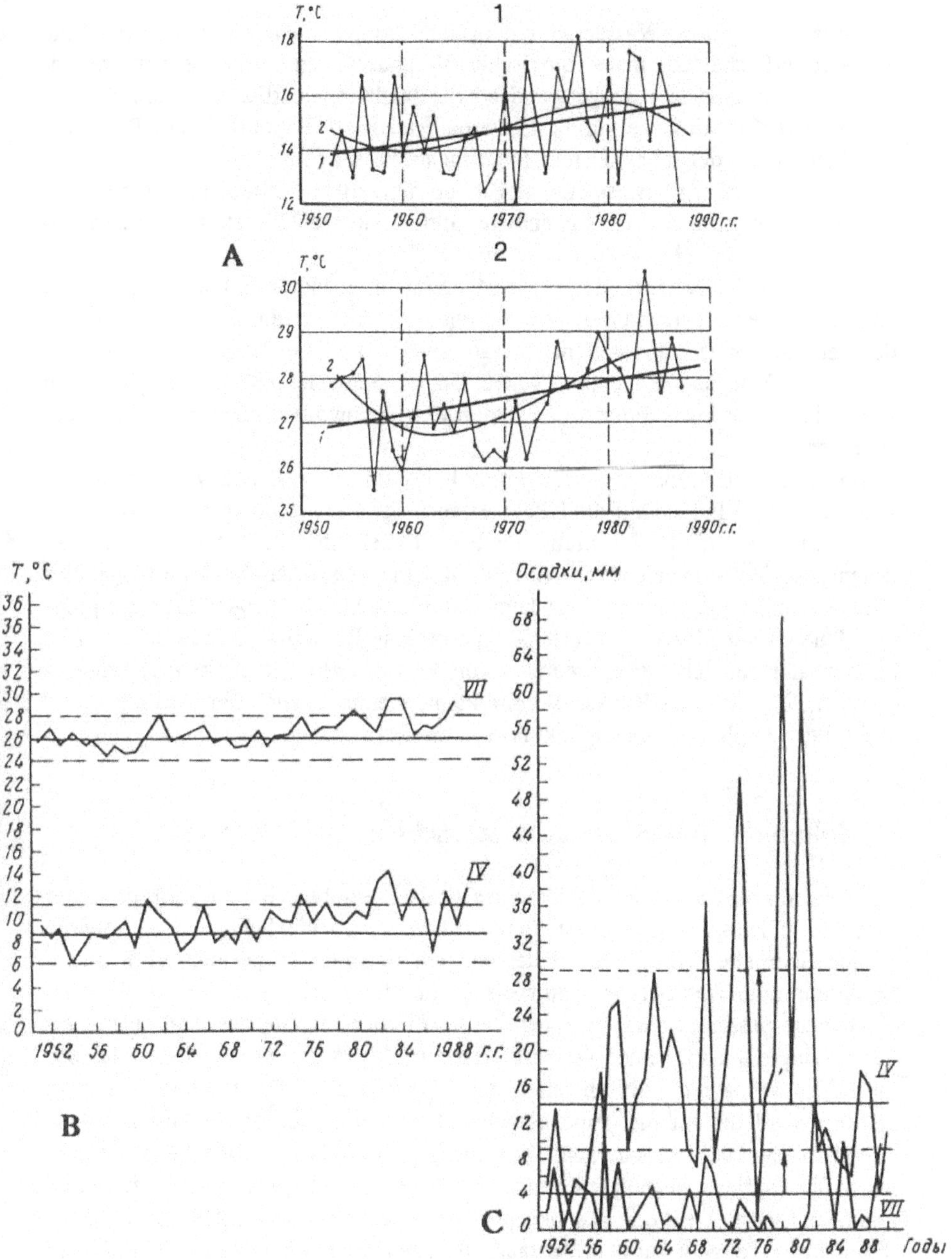

Abb. 6.11. Klimaentwicklung um den Aralsee. **A** mittlere Temperaturen in Chiwa im April (*links*) und im Juli (*rechts*) sowie Ermittlung eines linearen (*1*) und polynomial berechneten (*2*) Trends; **B** Mittelwerte der gleichen Monate und ihre Standardabweichung in Muinak; **C** Entwicklung der Niederschläge der Monate April und Juli in Muinak, *durchgezogene Linie:* Mittelwert im betrachteten Zeitraum; *getrichelt:* Standardabweichung im gleichen Zeitraum

verdunstet viel mehr Wasser als ein nackter Boden, mehr sogar als eine freie Wasseroberfläche. Die meteorologischen Veränderungen haben das mittlere Datum der Eisschmelze verzögert und so die landwirtschaftlich nutzbare Wachstumsperiode um 10 Tage verkürzt, weshalb man von Baumwolle auf Reis ausweichen mußte, der schneller reift (aber mehr Wasser benötigt).

In den neuerdings bewässerten Gegenden führt die Verdunstung zu einer Verringerung der klimatischen Gegensätze, indem sie die Höchsttemperaturen absenkt.

Die Stärke der Niederschläge scheint sich nicht geändert zu haben, aber - wie andernorts auch - verschont der saure Regen (Stickoxide und SO_2) nicht die Böden, auf die er fällt (Wassilenko et al. 1988): 0,5-1 kg Stickstoff (NO_3 und NH_3) pro km^2 und Regentag, sowie 0-2 kg Schwefel (SO_4). Es gibt auch Pestizide in der Luft, die aus dem Staub der baumwollverarbeitenden Fabriken stammen.

Im regionalen Maßstab gibt es vermutlich Schlimmeres. Die Verlandung des Aralsees, deren Folgen auf die lokale Atmosphäre wir gerade beschrieben haben, muß sich auch auf die Verteilung der Feuchtigkeit im südöstlichen Teil Turans auswirken. Selbst wenn es zu früh ist, um die deutlichen Veränderungen des Klimas der Region seit den 70er Jahren auszumachen, so zeigen doch die jüngsten Studien von Kitoh et al. (1993) klar, welche Rolle der Aralsee bei der Ablenkung der zonalen Luftströmungen von Westen nach Süden (in Richtung auf die Schneise, die den Kaukasus vom Pamir trennt) spielt. Der Aralsee bildet hierbei den Dreh- und Angelpunkt (vgl. Abb. 2.16).

Absinken der tiefen Grundwasserschichten des Aralsees

Als direkte Folge aus dem Absinken des Aralsees ergibt sich eine Verarmung der tiefen Grundwasserleiter. Unter dem Aralsee stellen die Schichten der oberen Kreide einen alten Grundwasserleiter dar, der reichlich ausgebeutet wird, insbesondere um die Tiefbohrungen zu speisen, die für die Viehzucht auf der Ust-Urt-Hochebene bestimmt sind. Wie bereits beschrieben, speiste der Aralsee mit einem geringen Anteil seiner Wasserbilanz den Untergrund seiner Ufer. Die sehr mächtige sogenannte "albisch-senonische" Schicht, die aus Sand und Sandstein gebildet wird und in die Tone eingebettet sind, lieferte etwa 3 km^3 pro Jahr (Chodsibajew 1968). Tschernenko hat in einer Artikelserie (1968-1972) berechnet, wie sich dieser gewaltige Grundwasserleiter, der auf etwa 150 m Tiefe näher untersucht wurde, mit der Absenkung des Aralsees veränderte (Abb. 6.12). Eine Simulation, die recht gut dem Zustand von 1990 entspricht, zeigt, daß bei einem Absinken des Seespiegels um 15 m der Wasserpegel in den Brunnen dieser Grundwasserschicht um 7-12 m absinkt und daß der Einzugsbereich, in dem sich die Absenkung bemerkbar macht, von den Ufern aus bis über 100 km landeinwärts reicht. Eine Folge dieser Absenkung ist ihmzufolge, daß der Zufluß zur verbleibenden Wasserfläche (durch die Zunahme der Höhenunterschiede) unter

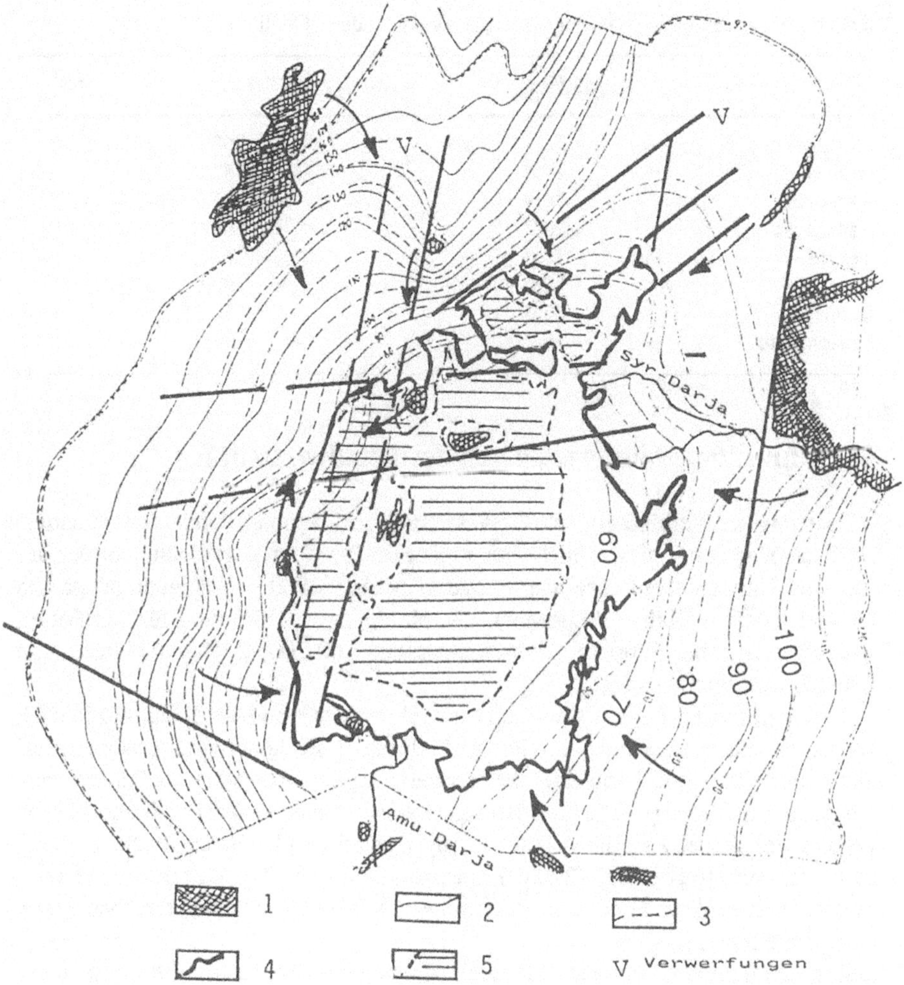

Abb. 6.12. Das Absinken der kreidezeitlichen Grundwasserschicht als Folge der Austrocknung des Aralsees: *1* Obere Kreide, *2* Grundwasserspiegel 1960, *3* Grundwasserspiegel 1990, *4* Aralsee 1960, *5* Aralsee 1990. (Nach Tschernenko 1972)

Berücksichtigung aller Einflußfaktoren um 3-3,7 km^3 zugenommen hat. Er befürwortet die Einleitung von Abwasser in diesen Grundwasserleiter, um ihn wieder aufzufüllen: 23 km^3 pro Jahr mit einem Salzgehalt von 3 g/l könnten langfristig den restlichen Salzgehalt des Sees um den Faktor 2 vermindern, wenn sich der Seespiegel bei einer Höhe von 38 m stabilisieren würde.

Tabelle 6.11. Salzgehalt des Regens (mg/l) (verschiedene Quellen)

	1968-69	1979-80
Shana-Arka	38,4	267,0
Aralsee	24,0	157,7
Alma-Ata	20,9	102,2
Kapschegai	20,7	68,0
Terechty	34,0	77,1
Kuschka	28,0	87,0
Kaunschi	22,0	44,0
Schachrinau	14,0	54,0

Die Umweltverschmutzung aus der Landwirtschaft

Versalzung in Verbindung mit Bewässerung und Probleme mit der Zunahme gelösten Stickstoffs gibt es nicht nur in Turan. Im Amu-Darja-Delta, in der der Reis die Hauptanbaupflanze war, setzte man bis zu 900 kg Düngemittel pro ha ein (Stickstoff + Kali + Phosphor), und eine gängige Dosierung für den Baumwollanbau lag bei 1500 kg Ammoniumsulfat, 100-200 kg Kaliumchlorid und 200-250 kg Superphosphat.

In der gesamten Region sind die Nitratgehalte der Abwässer hoch und je nach Jahreszeit sehr unterschiedlich (bis zu 200 mg/l); sie könnten es erlauben, auf Düngemittel zu verzichten, aber die Verwendung von Abwasser als Dünger verlangsamt die Reifung. Die Bewässerungswässer haben unterschiedliche Nitratgehalte, im Mittel zwischen 6 und 16 mg/l (zum Vergleich: in der Seine oberhalb von Paris liegt er bei 12 mg/l), manchmal können 80 mg/l erreicht werden: Solche Werte sollten es erlauben, den Einsatz von Stickstoffdünger zu begrenzen (vgl. Tabelle 6.11).

Selbstverständlich tragen auch die Drainageabwässer ebenso wie die Flüsse (dort wo sie noch vorhanden sind) dazu bei, die Grundwasserschichten zu speisen, und das Nitrat verschmutzt die Brunnen. In den letzten Jahren erregten insbesondere die Kleinstverschmutzer (xenobiotische Substanzen) Aufmerksamkeit. In Turan waren die Pestizide vorgesehen, um den Verlust von 0,7-0,9 Mio. t Rohbaumwolle zu vermeiden. Während es in den USA üblich ist, 1,6 kg/ha/Jahr für Baumwolle zu verwenden, benutzte die UdSSR jährlich insgesamt 3,5 kg/ha und Usbekistan 15 kg/ha auf den Bewässerungsgebieten. Es wurde sogar über Rekorde von 54 kg/ha/Jahr berichtet. Bestimmte Pestizide, die im Westen schon lange verboten waren (wie etwa DDT), waren in der Sowjetunion noch bis 1987 erlaubt. Der Verbrauch sank allmählich von 12 kg/ha 1988 auf 9,5 kg/ha 1989. Methoden biologischer Schädlingsbekämpfung sollen auf 5 Mio. ha eingeführt worden sein (ob sich diese Zahl auf die ganze ehemalige Sowjetunion oder auf Turan bezieht, geht aus der Quelle nicht hervor).

Tabelle 6.12. Vergleich einiger Schadstoffe im Bewässerungswasser und im Abwasser am mittleren Amu-Darja

Angaben in mg/l	NO_3	P_2O_5	K_2O	
Wasser zur Bewässerung	0,9-1	0,01	14-17	
Oberflächenentwässerung	5,2	0,023	43	
unteriridische Entwässerung	3,5-8,4	0,015	34-54	
Angaben in mg/l	**Cu**	**Zn**	**Mn**	**Pb**
Wasser zur Bewässerung	2,5-2,8	9,0	14-15	34-43
Oberflächenentwässerung	5,6	24,5	1-94	380
unteriridische Entwässerung	5-5,5	17-22	114-178	156-186

Magnesiumchlorid hat als Entlaubungsmittel bei der mechanischen Baumwollernte[192] Butiphos und "Agent Orange" (von der USA in Vietnam verwendet) ersetzt, wovon 1960-1990 allein in Karakalpakstan 118 000 t eingesetzt wurden. Berichtet wurde, daß es 1990 in Turan noch über 1000 t nicht verwendete Pestizide gab, deren Einsatz mittlerweile verboten ist und von denen man nicht weiß, wie man sie entsorgen soll. Dieses ungezügelte Übermaß an xenobiotischen Substanzen ist Ursache zahlreicher gesundheitsschädigender Auswirkungen, auf die wir noch kommen werden.

Zu diesen Verschmutzungen kommen noch diejenigen hinu, die auf die Viehzucht zurückgehen. Zahlreiche Betriebe besitzen keine Jauchegrube. Die Jauche wird direkt in die Kanäle eingeleitet, was Schäden durch Ammoniak und Nitrit[193] sowie Krankheitserreger nach sich zieht. Derartige Einleitungen werden auf 20 Mio. t/Jahr in Usbekistan geschätzt. Dies steht sicher nicht in direkter Beziehung zum Problem des Aralsees, verdeutlicht aber einmal mehr die Planungslücken auf dem Gebiet der Hygiene.

Die globalen Folgen dieser verschiedenen Schadstoffeinträge erscheinen in der Statistik über die zunehmende Mineralisierung (und geänderte Zusammensetzung) der Flüsse. Am Amu-Darja weisen die 25 Abwasserkanalisationen am rechten und die drei am linken Ufer (unbehandelte Abwässer) eine Mineralstoffkonzentration von 3-24 g/l auf, bei einem Abfluß aus den Städten von 3,6 km^3, den die immer spärlicher werdenden Wasser des Amu-Darja nicht mehr verdün-

[192] Die Tageszeitung "L'Union de Reims" berichtet im Februar 1991 davon, daß Landwirte in der Champagne dasselbe Entlaubungsmittel für die Maisernte verwendet und damit das Grundwasser verschmutzt haben.

[193] Nitrit entsteht aus Nitrat in sauerstoffarmen Gewässern und ist ebenso giftig wie Ammoniak.

nen können[194] (Tabelle 6.12). Der Gehalt an den Schwermetallen Blei, Kupfer, Cadmium (Oreschkin et al. 1993) hat ebenfalls zugenommen, allerdings nicht stärker als in den westlichen Ländern.

6.2 Die Entwicklung der Böden und die Folgen für das Grundwasser der Deltas von Amu-Darja und Syr-Darja

Eine erste Folge der völligen Veränderung des natürlichen Wasserhaushalts (200 000 km Kanäle und Gräben gegenüber etwa 3000 km natürlichen Stromrinnen) war die Überflutung tausender Quadratkilometer Schwemmland mit Tugai oder traditionellem Ackerbau durch die Seen der Talsperren; außerdem führte das Ablassen von Wasser unterhalb dieser Staudämme zu starker Erosion im Bett und an den Ufern der Flüsse. Unterhalb des Stausees von Tjujamujun, oberhalb des Choresm, hat sich das Bett um über 3,80 m eingetieft, was zum Absinken des Grundwasserspiegels beitrug (Tabelle 6.13). Die Absenkung des Grundwasserpegels hat auch die Erosion in den Stromrinnen beschleunigt, so daß zahlreiche Nebenkanäle kein Wasser mehr führen, zu deren Vertiefung man keine Zeit hatte.

Die Flüsse leisteten - über den Umweg der Bewässerungskanäle und der Stromrinnen im Delta - den wesentlichen Beitrag zur Speisung der oberflächennahen Grundwasserschichten im Schwemmland der Deltas. Die Umlenkung des größten Teils der Gewässer und darüber hinaus auch ihre zunehmende Versalzung hatten, schon für sich genommen, sehr schwere Folgen:

- Zusammenbruch der natürlichen oder durch die Bewässerung entstandenen Ökosysteme;
- Verschlechterung der Trinkwasserressourcen, mit Folgen für die Gesundheit, die wir im folgenden Kapitel beschreiben werden;
- der gegenläufige Effekt eines Wasserüberschusses in den Bewässerungsgebieten, der zu einer Versalzung der Böden führte.

In fast allen Böden Turans gibt es Salze (v.a. Gips), die bei Wasserüberschuß gelöst und von der Verdunstung an die Oberfläche gebracht werden. Diese wird dadurch unfruchtbar, da es an einer Entwässerung nach unten fehlt. In diesen Gegenden mit sehr langsamem Oberflächenabfluß befinden sich die Böden im Gleichgewicht zwischen zwei entgegengesetzten Gefahren: zum einen die Porenverstopfung und Hydromorphierung, falls es an einer wirksamen Entwässerung fehlt (nicht ausreichend tiefe Abflüsse und unzureichendes Gefälle) und auf der anderen Seite das Absinken des Grundwassers, falls die Abflüsse zu tief nach unten reichen. In den Bewässerungsgebieten gibt es eine kritische Tiefe für die Grundwasserschicht, die zwischen 1,50 und 2 m Tiefe liegt, in der sich die bei-

---

194 Mineralstoffbelastung des Amu-Darja in Karakalpakstan (in g/l): 1912: 0,45; 1951: 0,47; 1968: 0,74; 1983: 1,4; 1985: 0,9 (Hochwasser); 1989: 1,5.

Tabelle 6.13. Abflußmengen der Zuflüsse beim Eintritt in das Delta und Verluste in den Deltas in km^3 pro Jahr. (Nach Ratkowitsch 1992)

	Amu-Darja			Syr-Darja		
	Zufluß in den Aralsee	Abfluß ins Delta	Gesamtzufluß	Zufluß in den Aralsee	Abfluß ins Delta	Gesamtzufluß
1981	6	0,8	6,8	1,1	1,3	2,4
1982	0	0,3	0,3	0	1,7	1,7
1983	0	2,4	2,4	0	0,9	0,9
1984	5,2	2,8	8	0	0,6	0,6
1985	0	2,2	2,2	0	0,7	0,7
1986	0	0,5	0,5	0	0,5	0,5
1987	5,8	2,9	8,7	0	1	1
1988	11,8	5,0	16,8	5,1	1,8	6,9
1989	0	1,6	1,6	2,9	1,5	4,4
1990	0,8	6,3	7,1	1,1	1,2	2,3

den Gefahren in günstigen Fällen ausgleichen können, wenn die Entwässerung ausreicht.

Die Druckhöhenlinien des Grundwassers haben sich überall geändert. Zwischen 1959 und 1964 befand sich die Grundwasserschicht unter 20 % der urbaren Landfläche des Choresm in einer Tiefe von weniger als 2 m, zwischen 1978 und 1982 unter 31,5 % der Fläche (Tabelle 6.14). In Turkmenistan lag der Grundwasserpegel unter 26 % der urbaren Landfläche weniger als 1,50 m tief, unter 87 % der Fläche oberhalb von 2,50 m Tiefe: Dieser paradoxe Überschuß führte zur Versalzung einer beträchtlichen Landfläche, da es an hinreichender Entwässerung fehlte (zu schwaches Gefälle). Das gleiche ereignete sich auf allen Böden im Süden der Sowjetunion, sowohl in der Ukraine als auch in Kasachstan und im Norden des Kaukasus.

Umgekehrt hatte der Verlust an Wasserzufuhr durch Versickerung in den Deltas zur Folge:

- Absenkung der Grundwasserschicht um mehrere Meter (man schätzt sie auf durchschnittlich 7-8 m in Karakalpakstan und im Choresm auf bis zu 15 m); dadurch trockneten die Brunnen aus, die Mensch und Vieh mit Wasser versorgt hatten.
- Austrocknung der Süßwasserseen und -stromrinnen (nicht der künstlichen Seen, in denen verschmutzte Drainageabwässer gesammelt werden), die dazu führt, daß die Ufer bis in mehrere Kilometer Entfernung geschädigt werden.

Tabelle 6.14. Anteile (%) der Gebiete mit unterschiedlich tiefer Grundwasserschicht an den Bewässerungsflächen in Karakalpakstan (Chakimow 1989)

	unter 1 m	1-2 m	2-3 m	über 3 m tief
1975	18,1	54,2	20,2	7,5
1978	22	61,0	16,0	1,0
1980	23,6	67,7	8,6	0,1

Einige Zahlen dazu (Glasowski 1990, S. 18): 1960 gab es im Amu-Darja-Delta 3000 km^2 und im Syr-Darja-Delta 1000 km^2 Sumpffläche; Ende 1980 waren 10 % ausgetrocknet, 1988 waren es bereits 85 %. Elf[195] der 25 größten Seen im Amu-Darja-Delta waren verschwunden, die vier größten davon seit 1980 (Rosanow u. Somn 1981). Die Fläche der natürlichen Seen im Amu-Darja-Delta sank von 2330 km^2 auf 76 km^2 im Jahr 1980 (allerdings ohne den Sudotsche-See (mit 350 km^2) gerechnet, der als Abwassersee verwendet wurde).

Einige Angaben liegen auch über die Entwicklung der Lage im Syr-Darja-Delta vor (Abb. 6.13). Dieser Landstrich wurde lange Zeit vernachlässigt, weil die episodisch auftretenden Hochwasser des Syr-Darja, die vor der Flußregulierung von 1960 die Deiche zerstörten, so große Schäden verursachten. Die dauerhaft bewässerten Gebiete waren vorrangig dem Reis vorbehalten (64 %, mit einem Höchstertrag von 50 dz/ha 1977[196] bei einem Wasserverbrauch von 30 000-35 000 m^3/ha) sowie dem Anbau von Futtermitteln (28 %, Ertrag 5-10 t/ha). Der Rest des Geländes war den regelmäßig wiederkehrenden Überschwemmungen des Syr-Darja ausgesetzt, und man geht davon aus, daß etwa 10 Tage Hochwasser im Frühjahr ausreichten, um diese Bereiche mit Wiesen (deren Ertrag bei 2 dz/ha lag), Tugai und Schilf zu unterhalten. Als diese Gebiete mit in die landwirtschaftliche Nutzung einbezogen wurden, mußte entschieden werden, welche Kulturpflanzen dort angebaut werden sollten. Die am niedrigsten gelegenen Teile blieben Solontschaks und fungierten als Salzfallen. Außerhalb der neuen Reisfelder sollten die restlichen Flächen, insbesondere links des Flusses, im wesentlichen deren Drainageabwässer erhalten, ggf. ergänzt durch eine Flußwasserzugabe, was die Entwicklung einer sekundären

Abb. 6.13. Entwicklung der dichten Vegetationsdecke zwischen 1979 und 1987, nach verschiedenen Satellitenaufnahmen der NASA. Man beachte das Verschwinden der Seen im Amu-Darja-Delta und das Erscheinen der Abwasserauffangseen ▸

[195] Wir hatten weiter oben die Zahl von 15 der 25 Seen angegeben. Dieses Beispiel macht gut deutlich, wie heterogen die verfügbaren Informationen sind.

[196] "... dank der heroischen Aufopferung der Landarbeiter des Bezirks von Ksyl-Orda ..." (Borowsky 1978)

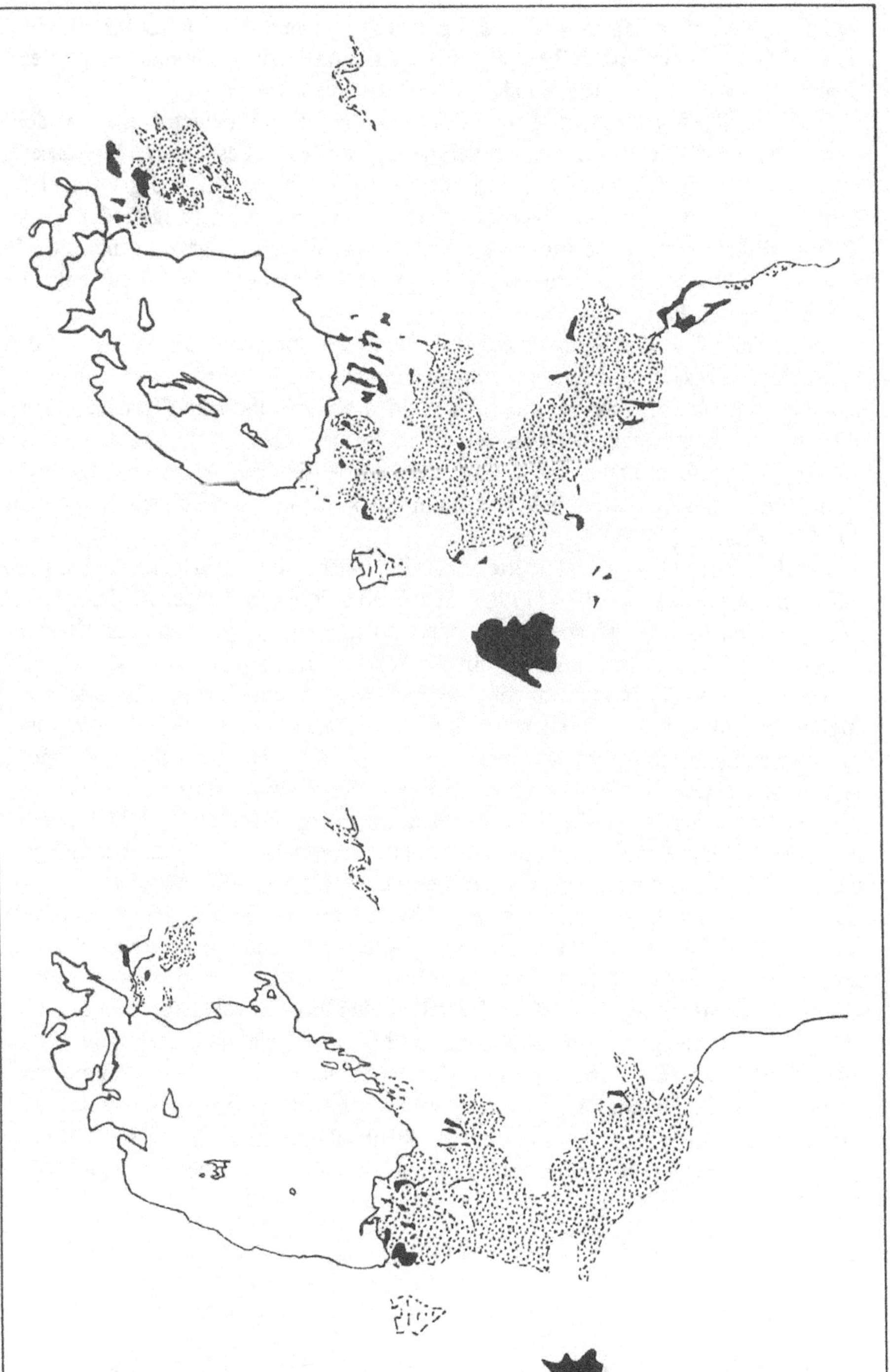

Weidevegetation (Alfagras) oder von Schilf ermöglichte; der vorgesehene Ertrag an Schilf war 7- bis 8mal höher als der des Alfagrases, das eine bedeutende Ressource als Futtermittel und für industrielle Nebenerzeugnisse darstellt.

Zwei Faktoren haben zum Zusammenbruch der Erträge beigetragen. Auf den bewässerten Landflächen hat der zunehmende Salzgehalt des Syr-Darja-Wassers (1,5-2 g/l) den Reisertrag gemindert, der je nach Art nur 0,2-0,5 g/l verträgt. Der zweite Faktor war das Verschwinden der Hochwasser (wegen der Staudämme flußaufwärts), und die Verminderung der Wassermenge[197]. Tabelle 6.15 (Nukus, 1990) vermittelt eine Vorstellung vom Rückgang der sekundär genutzten pflanzlichen Ressourcen (in ha).

Der größte Teil der Sümpfe und der Tugai, die nicht nur die Wasserzufuhr über die Hochwasser, sondern auch den Kontakt zum Grundwasser verloren, entwickelten sich zu Takyrs, die Gras-Weiden zu Solontschaks (Tabelle 6.16). Für die Viehzucht muß das Futter für den Winter jetzt vollständig importiert werden, während es früher im wesentlichen durch die Produktion vor Ort gesichert war; so ging der Viehbestand um 80 % zurück, allein seit 1977 um 170 000 Tiere.

Im Syr-Darja-Delta verkleinerte sich die Fläche der natürlichen Seen von 1500 km^2 (1936) auf 400 km^2 (1976). Seit 1990 wurde das Abwasser, das solche Seen wie den Kamsybash speiste, wieder in den Fluß gelenkt, um den Kleinen See (Nordteil des Aralsees) wieder mit Wasser zu versorgen.

Was das Amu-Darja-Delta angeht, so sind einige neuere Untersuchungen verfügbar. Sattarow et al. (1992) haben die Entwicklung der Böden seit dem Verschwinden der Hochwasser untersucht; sie stellen einen Humusverlust fest, meinen jedoch, daß einige Flächen mit Hilfe von Bewässerung für den Anbau wieder nutzbar gemacht werden können. Nowikowa und Sabolotski (1993) haben die Entwicklung der Ökosysteme untersucht. Abgesehen von den bereits genannten und mittlerweile klassischen Beobachtungen zur Bildung von Takyrs, Solontschaks und Sandfeldern auf zuvor hydromorphen Böden, zeigen sie, daß sich die Tugai-Vegetation je nach ihrem Alter unterschiedlich entwickelt hat: Die sehr alten, tief verwurzelten Bäume, widerstanden der Grundwasserabsenkung und dem Verschwinden der Hochwasser besser. Sie ertragen einen Salzgehalt des Grundwassers bis zu 16 (vielleicht 36!) g/l, sowie einen Anteil von 16 % als Feststoff in der Bodenmatrix. Die jüngeren Tugai, die rings um die Kanäle und neuen Abwasserseen wuchsen, sind verschwunden. Um die Oberflächengewässer herum sind die Schilfpflanzen kleiner. Diese Autoren empfehlen die Schaffung von Schutzgebieten für die verbliebenen Tugai (vgl. Kap. 7).

---

[197] Abnahme des Wasserzustroms des Syr-Darja zu seinem Delta in Kasalinsk: ca. 12 km^3 von 1950-1960 (Salze: 0,75 g/l); 8,8 km^3 zwischen 1962 und 1973 (1,10 g/l); 1,93 km^3 1974 (1,83 g/l); 0,61 km^3 1975 (1,85 g/l), Null im Jahr 1978.

Tabelle 6.15. Rückgang der Nutzfläche in drei landwirtschaftlichen Betrieben im Syr-Darja-Delta (Kolloquium von Nukus, Autor anonym)

Fläche (ha)		1959	1970
Oberer Teil des Deltas	Uferschilf	4130	0
(Kasalinsk/Karl-Marx-Farm)	Schilfwiesen	6135	900
	Tugai	3925	1.600
Mittlerer Teil	Tugai	340	250
(Karl-Marx/Ksyl-Schar)	Saxaul	580	180
Unterer Teil	Tugai	340	320
(Ksyl-Schar/Aralsee)	Schilfwiesen	8570	1200
	Schilf in Seen	3540	420
	Schilf in Sümpfen	27 695	1300

6.3 Versalzung und Versandung: Mechanismen der Zerstörung

Die Versalzung der Flüsse (Tabelle 6.17, 6.18 und Abb. 6.14)

Der Salzgehalt lag einst unter 0,5 g/l und hat seither beträchtlich zugenommen, was nicht daran liegt, daß die Flüsse abgeschnitten wurden, sondern eine Folge der Bewässerung ist. Auf diese Weise trägt der Salzgehalt auch zur allgemeinen Zerstörung der unteren Bereiche der Deltas sowie zur Beeinträchtigung der öffentlichen Gesundheit bei[198].

Die Versalzung der Böden

Eine sicherlich wichtigere Folge der Erschließungsprojekte - und hier ist nicht das Austrocknen des Aralsees der Hauptfaktor - ist die Degradierung und Versalzung der Böden, auf die allgemein schon hingewiesen wurde (Abb. 6.13). Schon 1967 erwähnte G. Malinow auf einem Kongreß der UNESCO in Taschkent, daß 30 % der damals in der Sowjetunion bewässerten Böden von der

198 Die sowjetische Literatur behandelte die Probleme versalzter Böden wenig; s. dazu (außerhalb der UdSSR) u.a. die Zeitschriftenreihen "Agricultural Water Management", "Journal of Soil Science".

Tabelle 6.16. Evolution der Ökosysteme der Deltas im Zuge der Desertifikation (Nowikowa 1990)

Etappen		am höchsten gelegene Bereiche (leichter Boden) natürliche Bodenerhebungen		niedere Bereiche zwischen den Stromrinnen (schwerer Boden)	Nutzungsart
Hydromorphie	I	langanhaltende Überschwemmungen; Torfe		Schilf-Sumpf (*Plawni*); Wasserpflanzen, Ertrag 40 t/ha	Fischzucht; Bisamratte
	II	jährliche Überschwemmung; Grundwasser in 0,5 bis 3 m Tiefe	Tugai, mit Sträuchern oder Bäumen: Wiesenboden oder Tugai-Wiesen-Boden; Ertrag 10 bis 20 dz/ha	Sümpfe, Schilfwiesen, Torfmoore und torfige Böden; Ertrag 20-25 dz/ha	Fischzucht Weiden Bisamratte
		Austrocknung der oberen Bodenhorizone im Sommer	Salzpflanzenwiesen oder Wiesen-Solontschak-Böden; Ertrag auf den Wiesen 10-18 dz/ha (auf Solontschaks: 0)		
Automorphie	III	Ende der Überschwemmungen; Grundwasser in 3 bis 10 m Tiefe	Austrocknung der Tugaiwäldchen und der Wiesen; vereinzelte Solontschaks	Grasweide auf Torfwiese und Torf; Ertrag: 5-8 dz/ha	Weiden, Bewässerungsland
	IV	Flüsse hören auf zu fließen	Vorwiegend *Haloxylon aphyllum*, *H. persicum* auf Takyrböden; Ertrag bei 6 dz/ha	Takyrs ohne Vegetation	Winterweiden

Versalzung bedroht seien - und die ergriffenen Maßnahmen hätten das Übel nur noch schlimmer gemacht.

Wie zuvor schon erwähnt, enthielt ein beträchtlicher Teil der landwirtschaftlich nutzbar gemachten Böden Salz, das aus früheren geologischen Zeitabschnitten stammte. Zu diesem kam häufig das Salz im Bewässerungswasser hinzu, auch wenn dessen Salzgehalt recht niedrig war (unter 1 g/l im allgemeinen). Offensichtlich unterliegt auch dieses Salz dem kapillaren Aufstieg bei Verdunstung. Die Versalzung verringert die Vielfalt und Menge der Mikroflora der Böden erheblich, die sonst wesentlich zur Regenerierung des Humus beiträgt.

Bei der Untersuchung von Luft- und Satellitenbildern zeigt sich eine sehr ungleichmäßige Verteilung der Versalzung, nicht nur im regionalen Maßstab, sondern selbst innerhalb einzelner Felder: Dort wechseln versalzte Flecken, die völ-

Bildtafel 17. *Oben*: Blick auf den Kara-Kum-Kanal nördlich von Aschchabad im September 1989 (Aufnahme: M. Mainguet). *Unten*: Drainageabwasser und Eutrophierung nördlich von Nukus zwischen Nukus und Muinak. Die häufigsten Pflanzen sind rosa blühende Tamarisken (Schrägbild, Luftaufnahme: M. Mainguet, September 1990)

Bildtafel 18. *Oben*: Baumwollanbau im Amu-Darja-Delta bei Nukus. Baumwollernte im September 1990. Die erste Ernte erfolgt von Hand, um die gute Qualität der Fasern zu sichern, nach dem Einsatz von Entlaubungsmitteln arbeiten vorwiegend Frauen und Schulkinder. Die zweite Ernte erfolgt mechanisch (Aufnahme: M. Mainguet). *Unten*: Zwei Usbeken in traditioneller Tracht: Sowohl die Kopfbedekkung als auch die baumwollgefütterten Mäntel, die von Borten gesäumt sind, sind traditionell (Aufnahme: M. Mainguet, 1990)

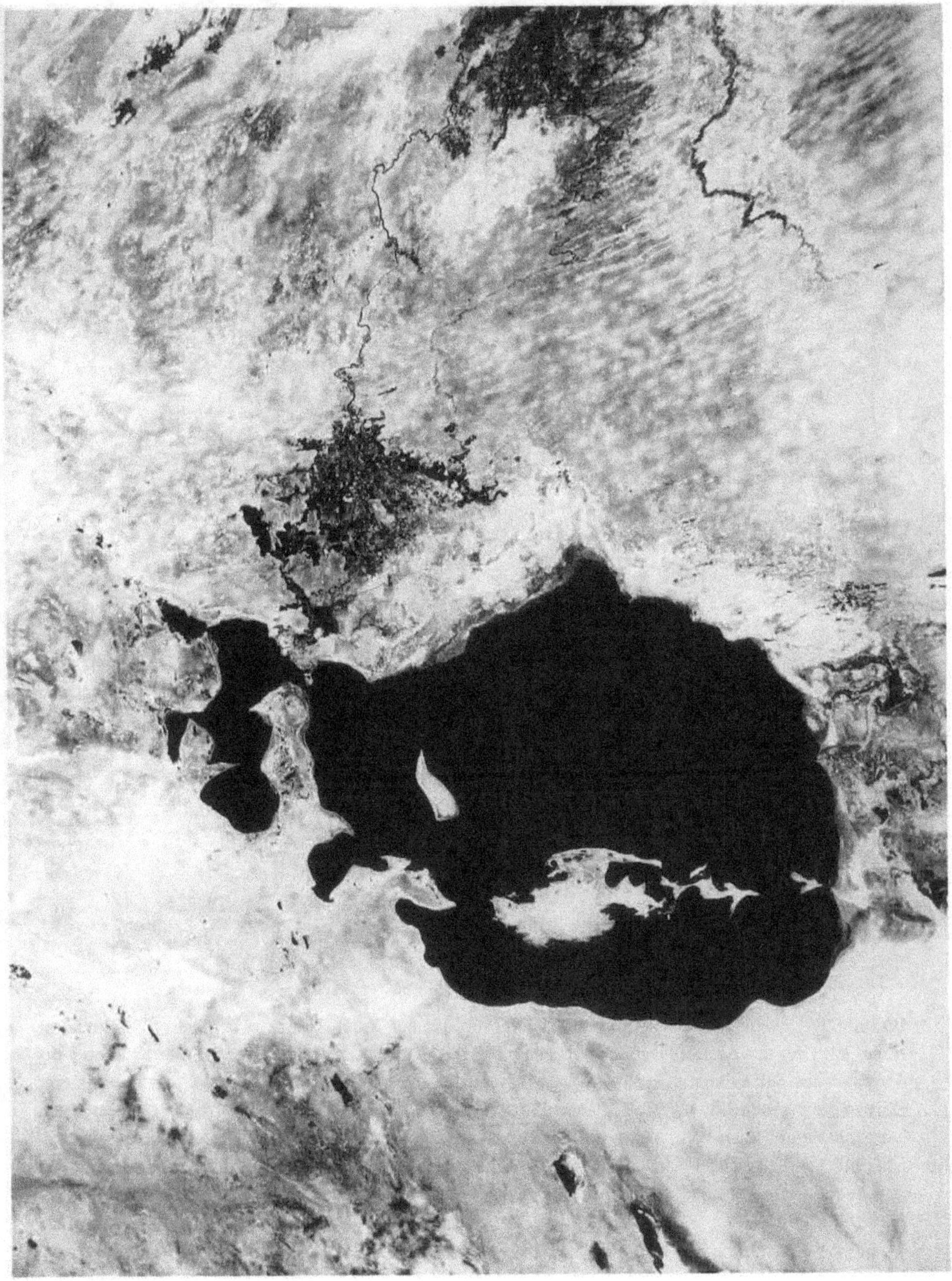

Bildtafel 19. Von Süden nach Norden hin schräges Satellitenbild, Aufnahme *Planeta*, Moskau (8.8.1989); die Perspektive verzerrt den Maßstab etwas

Bildtafel 20. *Oben*: Das Dorf Aguspe (Nordufer des Kleinen Sees). Das Dorf ist modern. Während es früher am Ufer des Aralsees lag, so ist es heute mehrere Kilometer von ihm entfernt. Der Sand im Vordergrund des Bildes kommt nicht aus dem Aralsee, es handelt sich vielmehr um Flugsand mittlerer Korngröße aus dem Erg des Kleinen Barsuki im Nordosten (Aufnahme: Sokolow). *Unten*: Die Siedlung Tschimbai nordöstlich von Nukus; auf dem Foto das alte Dorf mit Flachdachhäusern aus gestampfter Erde mit geschlossenen Vorhöfen. 1874 hatte diese Siedlung bereits 1500 Einwohner und einen großen Markt. Sie wurde zu einer Kleinstadt mit einem Forschungszentrum für Baumwolle (Aufnahme: M. Mainguet)

Bildtafel 21. *Oben*: Nordufer des Aralsees, westlich von Aralsk. Die Verlandungserscheiungen werden durch die Salzlinien deutlich (Gips und Thenardit) (Aufnahme: M. Mainguet). *Unten*: Takyr in der Kara-Kum mit polygonförmigen Trockenrissen, die für diese Art Salzboden typisch sind (Aufnahme: Lopuchin)

Bildtafel 22. *Oben*: Vergrößerung eines Satellitenbildes vom Bereich zwischen der Insel Kokaral im Nordwesten und dem Syr-Darja-Delta, das im Südosten zu sehen ist, man erkennt es an seiner starken Remission. Auf diesem außergewöhnlichen Dokument ist mit einem Pfeil angedeutet, wie sich die Engstelle zwischen der Insel und dem Delta schließt. Man beachte die Rückzugslinien am Ufer beider Seen (Kleiner See im Norden, Großer See im Süden), die auf diesem Falschfarbenbild rot erscheinen. *Unten*: Luftbild von Nowikowa, nach elektronischer Bildverarbeitung. Man sieht den Stand der Bauarbeiten (September 92) an dem Stauwehr, das die Republik Kasachstan an dem künstlichen Fluß Berg mit dem Ziel errichten ließ, den Großen und den Kleinen See des Aralsees voneinander zu trennen, um für diesen mit Hilfe der Wasserzufuhr des Syr-Darja wieder die früheren ökologischen Bedingungen zu erreichen. Man beachte, daß dieses Foto mit Blick nach Norden dem Bereich entspricht, auf den der Pfeil im Satellitenbild *oben* zeigt. In der Nordostecke kann man das Ende des "Kleinen Sees" erahnen.

Bildtafel 23. *Oben*: Russisches Fort in Turkestan, mit schlichten Mitteln auf einer Anhöhe aus Erde errichtet, die von einem Graben umgeben und von einem Holzzaun begrenzt ist (nach einer Gravur von 1840). Es erinnert durchaus an die kleinen Forts, die die amerikanischen Pioniere bei der Eroberung des wilden Westens bauten. *Unten*: Ein urtümliches Schöpfrad *(Schirik)* in der Gegend von Chiwa. Die Schaufeln sind Tonkrüge aus gebrannter Erde. Das Kamel, das die Achse antreibt, hat verbundene Augen (nach einer Fotografie von Suslow 1946)

Bildtafel 24. *Oben.* Der Berg Aktau ("Weißer Berg", 550 m hoch) in der gleichnamigen Hügelkette der Halbinsel Mangischlak. In der oberen Kreide und im Paläogen gebildet, thront er heute über einem Trockental, das von Rundkieseln übersät ist, nach Norden hin setzt er sich mit einem flach absteigenden Hang fort (nach einem Foto von N.I. Andrusowa, 1909) *Unten*: Ausgetrockneter Arm des Daudan-Darja, ein Arm des Amu-Darja, der nach Westen abzweigt. Es ist eine andere Ansicht eines trockengefallenen Flusses, der hier von Sand bedeckt wird. Dieser hat sich unter dem Einfluß des Windes zu Hügeln verformt, die durch isolierte Pflanzenbüschel festgehalten werden. Die Person und das Fahrzeug können als Vergleichsgröße für die Stromrinne dienen (nach einem Foto von Kes, 1991)

Tabelle 6.17. Zunahme des Salzgehalts (Mittelwerte) im Syr-Darja (Bortnik 1983)

Monat	Gesamt-salzge-halt (g/l)	Gehalt an toxischen Salzen (g/l)	chemische Zusammensetzung (mäq/l[a]) HCO₃	Cl	SO₄	Ca	Mg	Na
In Begowat (1953)								
II	0,95	0,67	3,2	2,0	8,8	4,3	5,3	5,2
VI	0,64	0,36	4,9	0,8	2,5	2,5	1,6	4,0
X	0,65	0,43	3,2	1,3	4,7	3,8	2,7	4,0
In Begowat (1973)								
II	1,07	0,64	2,5	3,1	10,6	6,5	5,0	4,8
VI	1,93	0,64	3,0	2,7	7,9	4,4	4,4	5,4
X	1,29	0,84	3,0	3,4	13,0	7,0	6,6	6,5
In Kasalinsk (1953)								
II	0,83	0,60	4,9	1,8	6,1	4,2	1,8	7,6
IV	0,70	0,40	4,0	1,7	5,0	4,2	2,5	3,7
VI	0,51	0,27	2,9	1,1	3,3	3,2,	1,7	2,5
X	0,80	0,47	2,8	1,0	7,9	4,7	3,5	3,8
In Kasalinsk (1973)								
II	1,36	0,97	3,0	3,4	13,6	6,0	6,7	8,3
IV	1,17	0,80	2,8	3,7	11,0	5,0	5,0	7,4
VI	0,96	0,67	2,5	2,9	8,8	4,4	4,2	6,2
X	1,27	0,93	2,8	4,2	12,0	5,0	5,0	9,5

[a] mäq: Milliäquivalent. Äquivalent pro Liter: Molmasse dividiert durch die Wertigkeit des Ions.

lig unfruchtbar geworden sind, mit feuchten Flecken ab, in denen das überschüssige Bewässerungswasser auf das zurückgelaufene Wasser der Nachbarfelder trifft, das aufgrund schlecht durchgeführter Höhenmessungen (fehlende Hangneigung) nicht ablaufen kann. Diese schlecht geplante Bewässerung mit fehlender oder mangelhafter Entwässerung steht teilweise am Anfang einer der Geißeln der Trockenregionen, der Abholzung. Sie hat das Verschwinden der alten Zivilisationen des Fruchbaren Halbmonds von Palästina bis Mesopotamien verursacht, vermutlich auch den Niedergang von Modjoro und Marappa im Industal (2000-1000 v.Chr.), wo in den 1960er Jahren - dank einer gut vorbereiteten Entwässerung - ein Programm glückte, mit dem 60 000 ha Ackerland wieder nutzbar gemacht wurden.

Diese Probleme waren schon seit langem in der Sowjetunion bekannt. So untersuchten Blagowetschensky und Nunnajew (1967) z.B. Pflanzungen aus dem

Tabelle 6.18. Zunahme des Salzgehalts im Amu-Darja (Mittelwerte)

Monat	Gesamt-salzge-halt (g/l)	Gehalt an toxischen Salzen (g/l)	chemische Zusammensetzung (mäq/l[a]) HCO_3	Cl	SO_4	Ca	Mg	Na
In Kerki (1953)								
I	0,69	0,46	2,3	3,7	3,8	3,6	1,8	5,4
III	0,69	0,39	2,4	4,0	4,1	4,4	1,3	4,8
VII	0,33	0,13	2,0	0,9	1,6	2,6	0,6	1,5
X	0,56	0,37	1,9	2,7	3,4	2,8	0,7	5,0
In Kerki (1973)								
I	0,69	0,43	1,2	4,9	4,5	4,2	2,3	4,6
III	0,99	0,62	1,3	7,4	6,5	6,0	2,5	7,5
VII	0,74	0,49	2,1	2,8	5,5	3,3	0,8	7,0
X	0,58	0,28	2,5	2,5	3,3	4,5	1,8	2,6
Neue Stromrinne (1953)								
I	0,65	0,47	2,5	2,8	3,4	2,8	2,4	4,9
III	0,65	0,40	2,1	3,2	4,1	3,7	1,6	4,7
VII	0,35	0,16	2,2	0,9	1,6	2,6	0,7	1,7
X	0,57	0,16	2,0	1,1	2,1	2,6	1,0	1,4
Neue Stromrinne (1973)								
I	0,77	0,47	2,3	5,1	4,3	4,9	2,4	5,0
III	1,08	0,52	3,0	6,2	7,6	5,0	3,3	9,6
VII	0,47	0,35	1,5	1,9	2,2	2,7	1,1	4,0
X	0,50	0,26	1,5	2,8	3,5	3,3	1,7	2,8

[a] mäq: Milliäquivalent. Äquivalent pro Liter: Molmasse dividiert durch die Wertigkeit des Ions.

Jahr 1939 und gaben an, daß in der Kara-Kum bei einer potentiellen Verdunstung von 1500-2000 mm und ohne Entwässerung das Bodenwasser in 20-30 cm Tiefe nach einem Jahr salzig werde, in 50-70 cm Tiefe nach 5 Jahren und nach 20 Jahren in 100-120 cm Tiefe. Durch Pflanzen von Bäumen würde dieser Prozeß beträchtlich beschleunigt.

Die Bodenversalzung berührt praktisch sämtliche Bewässerungsflächen in der ehemaligen Sowjetunion, also 1,3 Mio. ha im aralisch-kaspischen Becken (Rosanow 1984). Verschärft wurde sie durch die häufige Mehrfachverwendung

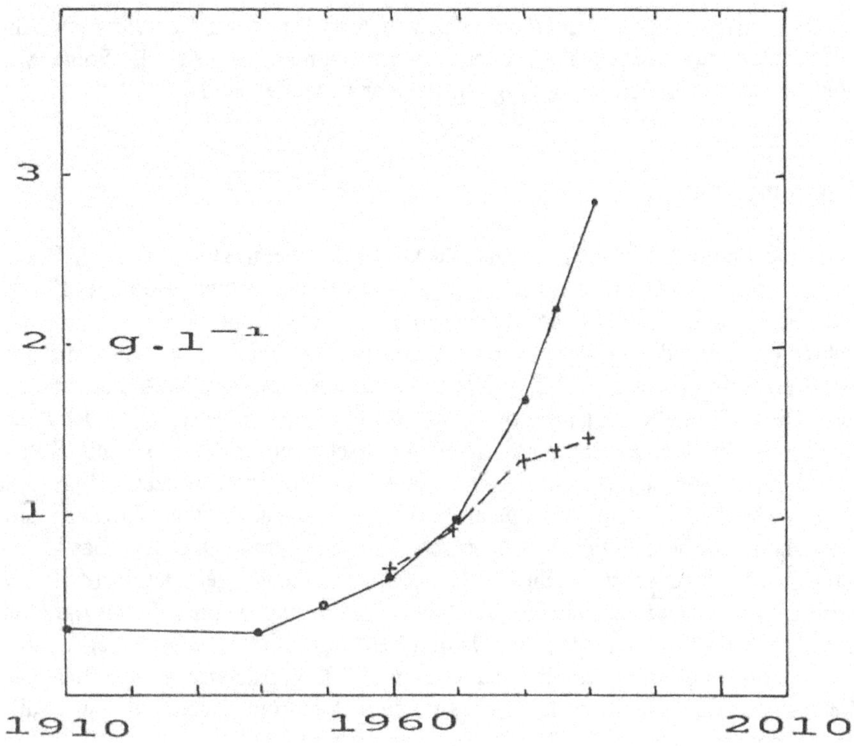

Abb. 6.14. Entwicklung des Salzgehalts des Syr-Darja in Bekabad (am Ausgang des Ferganatals) und in Kasalinsk (am Delta)

von Drainageabwässern, deren Salzgehalt 9 g/l erreichen kann[199]. Während diese Geißel 25 % der kalifornischen Bewässerungsflächen berührt, sollen es 35 % der Böden in Tadshikistan und 80 % in Turkmenistan sein - 0,4 Mio. ha also. 87 % der bestellbaren Flächen sind versalzt; 280 000 ha bedürfen dringend der Entwässerung. Die Wiederherstellung der Böden erforderte eigentlich die Reparatur bzw. den Bau von 13 000 km neuen Kanälen, während nur 1000 km pro Jahr fertiggestellt werden. Im Murgabgebiet machen die sehr salzigen Bereiche 50 bis 70 % der Fläche aus, in der Oase von Tedshen sind es 70 % der 70 000 ha. In Karakalpakstan sind mittlerweile 377 000 der 485 000 ha Bewässerungsfläche versalzt, so wie 1,2 Mio. ha in ganz Usbekistan. Im Ferganatal sind 7 % des Ackerlandes für den weiteren Anbau unbrauchbar geworden und 31 % droht das gleiche Schicksal. Die Baumwollproduktion, die 1979 ein Maximum erreicht hat (vgl. Abb. 5.4 und Tabelle 4.4), ist zurückgegangen, ebenso wie die Erntemenge der Luzerne, im Durchschnitt seither um 15 %.

[199] In den inneren Deltas von Tedshen und Murgab berichtet man davon, daß das Abwasser bis zu 36 g/l Salz enthalten konnte.

Man schätzt, daß an den Unterläufen von Amu-Darja und Syr-Darja etwa die Hälfte der Bewässerungsflächen aufgegeben wurden, da sie als Folge von Versalzung und Bodenverstopfung unfruchtbar geworden sind.

Die Versandung

Die Überweidung spielt eine entscheidende Rolle, wenn Sand wieder in Bewegung gesetzt wird. Aber auch Terrassierungsbauten haben Tausende Hektar bloßgelegt, und empfindliche Steppenbereiche wurden aus dem Gleichgewicht gebracht. So wurde von der Entstehung von Barchan-Feldern berichtet, die 5 m Höhe erreichen und sich in bis zu 30 km Entfernung von Großbaustellen erstrekken. Diese Formationen tragen dazu bei, daß die Trassen der Straßen, der Pipelines usw. auf den Satellitenbildern breiter erscheinen. 1952 wurde die Straße von Kunja-Urgentsch zur Kolchose Iwanow fast auf ihrer ganzen Länge von einer etwa 1 m dicken Sandschicht bedeckt; im Umkreis von Taschaus und Chodsheili wurde Ähnliches beobachtet. Von der Straße, die von Gasli zum Amu-Darja führt, müssen jährlich 123 000 m^3 Sand weggeräumt werden - die Motoren der Lastwagen müssen alle 15 000 km erneuert werden! Bevor die Ufer des Kara-Kum-Kanals in den 70er Jahren befestigt wurden, wurden regelmäßig 15 % seines Volumens durch Sand verstopft. 700 km der transkaspischen und 400 km der transaralischen Bahnlinie sind derzeit bedroht. Auch viele Sandwälle und Strommasten fallen der Windabtragung zum Opfer.

Seit etwa 15 Jahren hat man auch festgestellt, daß der Sand östlich von Nukus und nordöstlich des Aralsees wieder in Bewegung geraten ist, vor allem auf der Halbinsel Kaskagulan - eine Folge der Grundwasserabsenkung. Diese Barchane rücken jährlich 6-10 m vor.

Umweltverschmutzung und Abfälle

Schließlich seien noch die Anhäufungen von Schrott, leeren Kanistern und verschiedenen Abfällen erwähnt, die ehemalige Baustellen und die Ränder der Fahrpisten bedecken. Es handelt sich um Tausende Tonnen!

6.4 Das Schicksal des verschmutzten Wassers

Wie erwähnt, hat man versucht, die Schmutzwässer, die bei der Entwässerung anfielen, für andere landwirtschaftliche Zwecke einzusetzen, die deren schlechte Qualität vertragen (Weiden auf Takyrs usw.). Aber zu guter Letzt muß man sie endgültig loswerden, und es sind die tiefsten Stellen im Gelände, die am Ende als Auffangbecken dienen - so kommt es zur Verwendung ehemaliger Seen als endgültige Kloake.

Über die Veränderungen der Wasserqualität in den Abwasserseen des Amu-Darja-Deltas liegen wertvolle Angaben vor (einige dieser Seen sind inzwischen ausgetrocknet). Der Sary-Kamysch-See ist ein gut untersuchtes Beispiel. Diese Senke, die man wieder mit Wasser gefüllt hat (Abb. 6.15), nimmt die (Siedlungs-)Abwässer und die Drainageabwässer des Choresm und der Region von Taschaus (Hauptstadt von Karakalpakstan) über zwei Kanäle auf. Diese vereinigen sich in 40 km Entfernung vom See und folgen ehemaligen Flußläufen (so wie der Darja-Lyk), die dafür wieder instand gesetzt wurden (Abb. 6.16). Zu Beginn der großen Erschließungsarbeiten wollte man dieses Wasser mit bereits hohem Salzgehalt nicht in den Aralsee leiten.

Die Sary-Kamysch-Senke erhielt vor 1960 nur die kargen örtlichen Niederschläge und das Wasser einiger Thermalwasserquellen, die im Zusammenhang mit Brüchen im geologischen Untergrund auftraten. Ihr Boden war mit Solontschaks, Takyrs und kleinen Saxaul-Wäldchen bedeckt. Seit dieser Zeit entwickelte sie sich ganz genau umgekehrt wie der Aralsee, dem sie im übrigen die Zufuhr abgenommen hat.

Die Auffüllung begann 1961, und der Pegel stieg seither regelmäßig um 3 bis 5 m pro Jahr, 1985 betrug der Anstieg nur noch 0,30 cm. 1987 ging man davon aus, daß der See einen gleichbleibenden Zustand erreicht hatte. Er war damals 70 km lang und 50 km breit, seine Oberfläche betrug 2250 km^2, sein Volumen 26,1 km^3 und seine größte Tiefe 42 m[200], der Seespiegel lag bei einer Höhe von 2,20 m unter NN (Tabelle 6.19). Der mittlere Abfluß seiner Zuleitungskanäle am Ausgang der Bewässerungsgebiete des Bezirks von Taschaus beträgt 175 m^3/s[201], bei einem Salzgehalt von 6 g/l (Kikishew et al. 1990) und erreicht von Dezember bis August einen Höchststand sowie einen Tiefststand von September bis November. Wie beim Kara-Kum-Kanal trug ein großer Teil des Zulaufs noch dazu bei, die Uferböschungen und den Grund wieder mit Wasser zu tränken. 1990 war der Sary-Kamysch-See zu einem hydrologischen Gleichgewicht gelangt (Verdunstung = Zufluß), aber der Salzeintrag - zu dem noch die Auflösung der Solontschaks kommt, von denen der Seegrund übersät war - übersteigt bei weitem die Verluste, die sich durch Versickerung in die überfluteten ehemaligen Landflächen ergeben. Somit nahm der Salzgehalt stetig zu. Mittlerweile wird auch in diesem See der Gips ausgefällt, der in den Bewässerungsgebieten flußaufwärts ausgewaschen wurde (Tabelle 6.20).

Dieser stattliche See, der thermisch deutlich geschichtet ist, friert im Winter. Projekte für Freizeitanlagen an seinen Ufern wurden erarbeitet. Mitten in der Wüste gelegen und neu mit Fischen besetzt, wurde er bis 1989 regelmäßig von den Fischern des Aralsees aufgesucht. Der Verkauf ihrer Fische wurde dann verboten, denn die Drainageabwässer enthielten große Mengen an gelösten Nitraten und Phosphaten sowie vor allem Pestizide, deren gesundheitsgefährdende Wirkung bekannt ist. Ihr Vorkommen im Fleisch der Fische war der Anlaß für das Verbot.

---

[200] Genfer See zum Vergleich: 80 x 15 km, 380 m Tiefe, 110 km^3.

[201] Das ist etwa so viel wie bei der Weser unterhalb von Hameln.

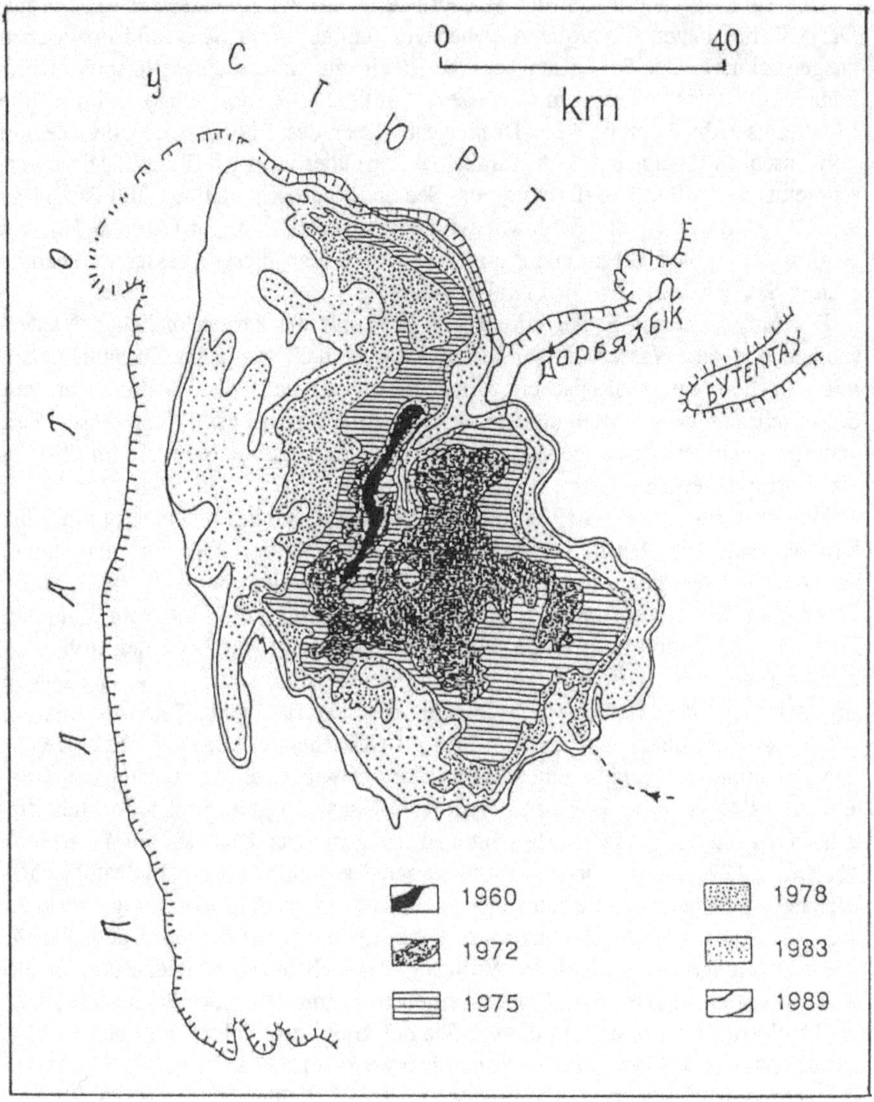

Abb. 6.15. Fortschreitende Ausdehnung des Sary-Kamysch-Sees

Die in Tabelle 6.19 angegebenen extrapolierten Werte werden sicherlich nicht erreicht. Ein bedeutender Teil des Abflusses des Darja-Lyk, der einst den Aralsee speiste, wurde 1992 wieder zum Aralsee hin umgeleitet (vgl. Kapitel 7). Dadurch ist Sary-Kamysch von neuem zum Austrocknen verurteilt. Der Versuch, höhere Erträge zu erzielen, brachte die Behörden dazu, während der Wachstumsperiode der Baumwolle zu viel Wasser zu verwenden, zu viele chemische

Abb. 6.16. Der Darja-Lyk (oberes Usboi-Tal) kurz vor seinem Ausgang in den Sary-Kamysch-See, direkt am Steilhang des Tschink im Südwesten des Aralsees. Die Felswand im Norden ist etwa 70 m hoch; im Vordergrund der Hügel Butentau. (Nach einer Fotografie von N. Nowikowa)

Tabelle 6.19. Entwicklung des Sary-Kamysch-Sees (verschiedene Quellen)

Jahr	Pegel über NN (m)	Oberfläche (km^2)	Volumen (km^3)	Niederschlag (km^3)	Verdunstung (km^3)	Oberflächen-Zufluß (km^3)	Salzgehalt (g/l) Zuflüsse	Salzgehalt (g/l) See
1963	-30	103	5					
1972	-10	1100	12		2,5			10,3
1975	-7,4	1450	15,5	0,17	2,68	3,39	4,5	9,3
1976	-6,6	1540	16,8	0,20	2,76	3,82	4,8	9,8
1977	-5,7	1650	17,3	0,21	3,00	3,16	4,9	10,4
1978	-5,6	1800	19,0	0,22	3,16	4,6	3,6	10,4
1979	-4,8	1970	20,4	0,23	3,37	4,4	3,4	10,4
1980	-4,2	2030	21,6	0,26	3,74	(5,0)	4,4	10,8
1981	-2,8	2230	24,1	0,27	3,84	"	"	10,6
1982	-2,3	2320	25,2	0,30	4,18	"	"	11,1
1983	-1,8	2410	26,1	0,31	4,44	"	"	11,5
1984	-1,4	2480	26,9	0,33	4,73	"	"	11,9
1985	-1,3	2500	27,1	0,36	5,17	"	"	12,3
1986	-1,3	2500	27,1	0,38	5,36	5,5	"	13,5
1990 [a]	+3 ?	3100	38					
2000 [a]	+3,5 ?	3200	40					

[a] Vorhersagen von 1980; siehe dazu auch Abb. 6.17.

Tabelle 6.20. Chemische Zusammensetzung des Sary-Kamysch-Sees (mg/l). (Nach Mansimow 1987)

	1971	1976	1985	1990	2000 ?
$Na^+ + K^+$	2500	2660	3280	4270	
Ca^{2+}	430	470	545	640	
Mg^{2+}	410	370	435	495	
Cl^-	4625	3477	4110	5090	
SO_4^{2-}	1510	3110	3860	4400	
HCO_3^{2-}	157	146	147	145	
Gesamtsalzgehalt	9,63	10,21	12,36	15,04	16,1 ?

Düngemittel und vor allem zu viele Pestizide - getreu dem sowjetischen Sprichwort "wenn ein bißchen gut ist, dann ist viel noch besser"[202] oder wie man im Deutschen sagen würde: "Viel hilft viel".

Das Ergebnis dieser Methoden war ein Zusammenbruch der Qualität des Wassers, das die Brunnen und Teiche in den Dörfern speiste. Folgende Werte wurden beim Kolloquium von Nukus veröffentlicht: 3 g Natriumchlorid (Kochsalz), 6 mg Phosphor, 3 mg Ammoniak, 2 mg Nitrit und 60 mg Nitrat pro Liter[203]. Diese Werte liegen weit über denen, die für Wasser zur menschlichen Ernährung geduldet werden. Die bakterielle Verschmutzung übersteigt die Normen der WHO[204] dreimal, 95 % der Kläranlagen funktionieren schlecht, Fabriken für Trinkwasser fehlen oder sind heruntergekommen. Etwa seit 1985 haben die Behörden versucht, den Problemen abzuhelfen. Die Neubauten für Entwässerungssammelkanäle wurden eingestellt; bestimmte Seen, die ausgetrocknet und mittlerweile zu Takyrs geworden waren, wurden mit Drainageabwässern wieder angefüllt (vgl. Kapitel 7); angesichts des drängenden Problems, daß das Trinkwasser verschwindet, wurden das Grundwasser mit diesen Abwässern wieder aufgefüllt, wodurch aber gerade die gesundheitlichen Probleme verschärft wurden. In Kapitel 7 werden wir sehen, welche neuen Maßnahmen zu ergreifen man versucht hat.

6.5 Die Gesundheitsprobleme

Die feuchten Tiefebenen hatten stets mit endemischen Krankheiten wie etwa Malaria, Bilharziose usw. zu kämpfen, denen etwa seit 20 Jahren weitgehend Einhalt geboten wurde. Die aktuellen Gesundheitsprobleme sind jedoch die Folge all der schlechten Gewohnheiten, die mit der Ausdehnung des Anbaus von Baumwolle (und zusätzlich von Reis) in Turan verbunden waren. Die Verschlechterung des Seewassers im Aralsee hat - abgesehen von den unmittelbaren Folgen für den Fischfang und vom Verzehr kranker oder vergifteter Fische - eine erhebliche Zunahme von Augenentzündungen und Lungenkrankheiten hervorgerufen, und zwar als Folge der Salzniederschläge, die Schwefelsulfat enthalten. Die Statistiken, die beim Kolloquium von Nukus dazu vorgelegt wurden, sind bestürzend (Tabellen 6.21 und 6.22); vom Vertreter der WHO wurden sie später in Almaty bestritten.

Die schlechten gesundheitlichen Bedingungen sind jedoch eher mit dem allgemeinen Verfall der Region als mit den unmittelbaren Folgen der Austrocknung des Aralsees verbunden.

---

202 Zitiert von L. Brown in *World Watch*.

203 Einige Grenzwerte für Trinkwasser in Frankreich: $Cl^- < 0{,}2$ g/l; P (P_2O_5) $< 0{,}4$ mg/l; $NH_3 < 0{,}1$ mg/l; NO_2: 0; $NO_3^- < 50$ mg/l; Pb $< 0{,}05$ mg/l; Cd $< 0{,}001$ mg/l.

204 WHO: Weltgesundheitsorganisation (World Health Organization).

Tabelle 6.21. Morbiditätsraten in Karakalpakstan (auf 100 000 Einwohner)

	1980	1985	1989
Gallensteinleiden	8,5	50	58
Chronische Gastritis	120	279	367
Nierenkrankheiten	18	338	154
Arthrose - Arthritis	7	12	26

	Karakalpakstan				UdSSR	
	1980	1987	1988	1989	1988	1989
Typhus und Paratyphus	26	17	13,5	13	4	3,3
Schwere Darmkrankheiten	373	527	772	607	639	510
Virushepatitis	584	1503	543	771	251	316

Tabelle 6.22. Epidemologische Statistik, veröffentlicht 1990 in Nukus

	UdSSR	Turkmenistan	Bezirk Taschaus
Mittlere Lebenserwartung	70	64,7	64,1
Sterblichkeit bei Schwangeren [a]	47,7	77,1	93,0
Säuglingssterblichkeit [b]	4,7	56,4	75,2
Fälle von Virenhepatitis [a]	305,4	264,3	547,8
Bösartige Tumoren [a]			295 (1985)
			334 (1988)
Mißbildungen bei Neugeborenen [a]			301 (1985)
			437 (1988)

[a] auf 100 000 Einwohner [b] auf 1000 Einwohner

Die Säuglingssterblichkeit hat in einem Teil Karakalpakstans zwischen 1970 und 1985 zugenommen und ist von 20 (?) auf 110 Promille 1988 angestiegen (zum Vergleich: Afrika insgesamt 109 Promille, Indien 95 Promille, China 37 Promille, Frankreich 9,5 Promille). Typhus ist dort 23mal häufiger als im Rest der GUS-Staaten, Leber- und Nierenkrankheiten sowie Rachen- und Darmkrebs sind 9mal, Durchfall 27mal häufiger.

Tuberkulose ist in Karakalpakstan 3mal mehr verbreitet als im restlichen Usbekistan. In 10 Jahren hat sie sich verdoppelt und in Muinak noch 3mal stärker zugenommen als im übrigen Karakalpakstan. Der Speiseröhrenkrebs trifft 33,9 von 100 000 Personen (im GUS-Mittel 5,7), vor allen in den Gegenden nahe des ehemaligen Seeufers; 43 % der Betroffenen sind Erwachsene, und

70 % der Kranken sterben in dem Jahr, in dem die Krankheit erkannt wird. Die allgemeine Sterblichkeit hat sich in 10 Jahren verfünfzehnfacht.

96 % der Frauen im gebärfähigen Alter sollen infolge von Mangelernährung an schwerer Anämie leiden, denn aufgrund der Umweltverschmutzung fehlt es an hochwertigen Nahrungsmitteln, und die Ernährungsweise ist völlig unausgeglichen. Die Statistik dieser Mängel für die gesamte ehemalige Sowjetunion liegt bei 25-30 %. 50 % der Frauen in Karakalpakstan haben Beschwerden anderer Art: Es gibt 30 % Frühgeburten, und die Anzahl der im Kindbett gestorbenen Frauen hat sich in 20 Jahren vervierfacht.

Man berichtet von einem übermäßig häufigen Auftreten von Anenzephalie[205], Hasenscharten und verschiedenen Mißbildungen bei Neugeborenen (erschütternde Bilder davon wurden in der Sendung *Thalassa* ausgestrahlt).

1975 wurden die Pestizide im Blut schwangerer Frauen entdeckt. Seither ist deren Gehalt kontinuierlich angestiegen. In Turkmenistan ist die durch Pestizide erhöhte Morbidität 4,6mal höher als in anderen Regionen.

Was sich aus den wenigen verfügbaren Dokumenten entnehmen läßt, ist folgendes, an Statistiken dazu fehlt es leider:

Trotz des DDT-Verbots 1983 verwendete man 1990 noch 24 kg/ha Pestizide und in Karakalpakstan zwischen 1981 und 1988 bis zu 54 kg/ha. Die Fälle, in denen Pestizidrückstände in den offenen Stauseen nachgewiesen wurden (ohne Angabe der Nachweisgrenze), sind im gleichen Zeitraum von 1,3 auf 13,5 % angestiegen; es scheint, daß dies in 90 % der Fälle eine Überschreitung der "Grenzwerte" darstellt (handelt es sich um Normen der WHO?). In den Lebensmitteln stieg die Zahl der Nachweisfälle von 79 auf 85 % und die Überschreitung der Grenzwerte von 1,3 auf 37,3 %, bei Früchten von 2,8 auf 32 %. In Ksyl-Orda (Kasachstan) werden Pestizide in 50 % der Lebensmittel nachgewiesen, in 14 % der Fälle werden die Grenzwerte überschritten. Bei den Früchten sind es 2 % oberhalb der Grenzwerte. Auch bie 2-3 % des Viehfutters werden die Grenzwerte überschritten.

Die verfügbaren Unterlagen lassen keinen Schluß darüber zu, ob man die Ursache bestimmter Krankheiten bei den Pestiziden suchen muß, die über Lebensmittel aufgenommen werden (die durch Niederschläge kontaminiert sind), oder direkt beim getrunkenen Wasser.

Zu diesen Geißeln gesellt sich eine ständige Gefahr von Pest, Cholera und Tularämie, deren Erreger von Nagetieren übertragen und nun häufig in den Brunnen und Böden gefunden werden. Die Nager waren aus den verschwundenen Sumpfregionen vertrieben worden und hatten weiter südlich in den bewohnten Gegenden Zuflucht gesucht.

1989 waren 66 % der Erwachsenen und 61 % der Kinder von einer Krankheit betroffen, die in Zusammenhang mit den örtlichen Umweltbedingungen stand.

Über den turkmenischen Teil des Deltas gibt es nur wenige Angaben. In der Region von Taschaus, die stärker als benachbarte Regionen betroffen zu sein scheint, gab es in 12 Jahren 86 000 Fälle von Hepatitis und 80 000 Fälle von

[205] Angeborenes Fehlen des Gehirns.

Tabelle 6.23. Todesursachen 1989 (pro 100.000 Einwohner) (verschiedene Quellen)

	Kasachstan	Region Dshambul	Region Ksyl-Orda	Region Tschimkent
Infektions- und Parasitenkrankheiten	23,8	26,5	53,8	38,2
Bösartige und gutartige Tumoren	133,3	120,2	111,1	90,4
Krankheiten des Herz-Kreislauf-Systems	337,4	334,9	225,3	271,6
Krankheiten der Atemwege	80,4	91,1	128,8	112,4
Krankheiten des Verdauungsapparats	26,1	27,1	20,5	30,5
Unfälle, Vergiftungen	100,5	102,5	100,0	79,6
Andere	63,6	68,0	56,9	66,2
Insgesamt	765,1	770,3	696,4	688,9

schweren Darmkrankheiten (Abb. 6.17). Zwischen 1980 und 1989 haben die Fälle von Virushepatitis dort von 350 auf 710 Erkrankungen pro 100 000 Einwohner zugenommen, die angeborenen Mißbildungen von 300 auf 400 (pro 100 000 Geburten).

In Tabelle 6.23 sind zum Vergleich die Beobachtungen über den kasachischen Teil des Aralbeckens dargestellt. Man trifft dort auf die gleichen Erscheinungen: Die Morbiditätsrate nahm in 10 Jahren in Aralsk um 26 % zu, um 11 % in Kasalinsk, um 43 % in Karmaschinsk. Die Nieren-, Leber- und Magenkrankheiten haben zwischen 1977 und 1986 um den Faktor 1,5-2 zugenommen; die Fälle von Speiseröhrenkrebs stiegen zwischen 1982 und 1987 um 35 %, in Aralsk um 200 %: Die Mortalitätsrate bei Krebs hat 120 pro 100 000 erreicht, davon entfallen auf Knochentumore 5 pro 100 000. Personen mit Symptomen von Blutkrankheiten stellen 0,45 % der Bevölkerung dar, unter den Kindern waren es 1986 2,6 %. 16 % der Bevölkerung leiden unter Allergien der Atemwege. Die Typhusrate (73 pro 100 000 Einwohner) ist achtmal, die Virushepatitisrate zweimal (500 pro 100.000) höher als in der ehemaligen Sowjetunion (Abb. 6.17). Die Pocken sind wieder aufgetreten (307 pro 100 000)[206].

Alle diese Krankheiten beruhen zum einen auf chronischer Unterernährung und unzureichender Hygiene, zum anderen auf der chemischen und bakteriologischen Verschmutzung des Wassers, das auch noch zu salzig ist. Zu all diesen schädlichen Einwirkungen kommt schließlich noch das ständige Einatmen von Staub. Die örtlichen Spezialisten konnten einen Zusammenhang zwischen Schwangerschaftserkrankungen und dem Salzüberschuß im Wasser sowie die Rolle der Pestizide bei den anderen nicht ansteckenden Krankheiten nachweisen.

206 Nachdem die WHO seit mehreren Jahren keine systematische Pockenschutzimpfung mehr vorgeschrieben hat, versteht man leicht, welche Gefahr durch diese Situation heraufbeschworen wird, und zwar ganz besonders für Länder, die - wie Deutschland - diese Pflichtimpfung aufgegeben haben.

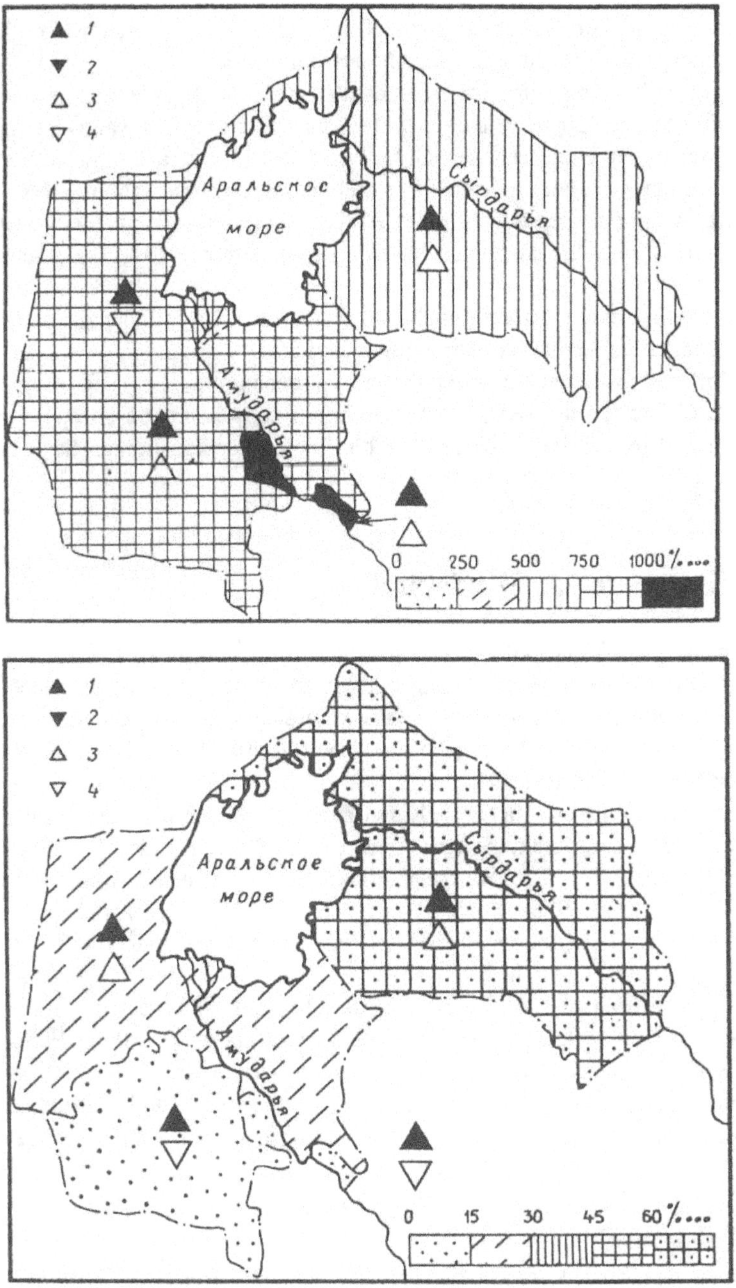

Abb. 6.17. Fälle von Virushepatitis (oben) und typhusartigen Krankheiten (unten) pro 100 000 Einwohner; *schwarze Dreiecke:* absolute Maxima, *weiße Dreiecke mit der Spitze nach oben:* größte Abweichungen in Bezug auf die drei um den Aralsee gelegenen Territorien; *weiße Dreiecke mit der Spitze nach unten:* kleinste Abweichungen

Sollte man nun, so wie Glasowski beim Kolloquium von Nukus, auch noch auf die regelmäßige Zunahme der Ehescheidungen hinweisen?

Die unzureichende Ausstattung im Gesundheitswesen, das Durcheinander und Laissez-faire haben über 20 Jahre lang gewütet. Das Fehlen von Verantwortung vor Ort in einer hyperzentralistischen Gesellschaft und die sprachliche Selbstzensur haben zu einer Situation chronischer Unterernährung und erhöhter Morbidität geführt, die in den Regionen um den Aralsee über eine Million Menschen unmittelbar betrifft und die verschieden stark das gesamte aralisch-kaspische Becken betrifft.

Die Einwohner haben sich ein Herz gefaßt und schließlich ihre Stimme zu Gehör gebracht, zunächst noch verhalten, dann immer kräftiger. Vereinigungen wurden gegründet, dort wie auch an anderen Orten, an denen die Eingriffe in die Umwelt das Leben der Einwohner unmittelbar am schwersten berühren (der Große Norden und sein Erdöl, Tschernobyl, die Region der künstlichen Seen in Sibirien etc.).

6.6 Das Keuchen der Wirtschaft

Einzelne Aspekte der Wirtschaft wurden bereits angesprochen: Das Ende des Fischfangs[207] und seine Folgen (5000 Arbeitslose in Aralsk bei einer Gesamtbevölkerung von 30 000 Einwohnern; 15 000 Menschen, die aus den gleichen Gründen aus Muinak abgewandert sind); die Papierfabriken in Ksyl-Orda wurden geschlossen usw. (Tabelle 6.24).

Die bedeutendsten wirtschaftlichen Schäden betreffen jedoch den Bereich der landwirtschaftlichen Produktion: Ertragsverluste und Rückgang der bestellten Nutzflächen (Tabelle 6.25). Klimatische Einflüsse (Dürre in den Jahren 1965-1969, 1974-1975, 1982-1986) können lediglich 20 % der Verluste erklären - man kennt die besondere Empfindlichkeit der Landwirtschaft im Steppengürtel gegenüber den Jahresschwankungen von Temperatur und Niederschlag; die schlechte Führung ist für mindestens 20 % der Defizite verantwortlich. M. Gorbatschow erklärte 1989 vor dem Zentralkomitee der KPdSU (Kommunistische Partei der Sowjetunion), die Union habe während der 25 vorangegangenen Jahre 22 Mio. ha Ackerland wegen Planungs- und Führungsfehlern verloren, während man kolossale Summen ausgab, um minderwertiges

[207] Direkt oder indirekt lebten davon 60 000 Menschen rings um den Aralsee. Diese Zahl ist nach 1980 auf 700 gesunken. Nach 1979 wurde der Fischfang im Sary-Kamysch- und im Ajdarkulsee fortgesetzt, die Vermarktung endete jedoch 1987. Die Konservenfabrik von Muinak lieferte 1940 10 000 Dosen Fisch und 8 000 Dosen Fleisch, 1958 waren es 21 Mio., 1990 wurde das Werk geschlossen. 1971-1984 wurden 52 Fischkutter abgetakelt und bei den Schrotthändlern abgeliefert. Statistik über den Fischfang in Muinak (in 1000 t): 1940: 23,6; 1950: 22,3; 1958: 24,4; 1973: 8,3; 1984: 2,5; 1985: Null.

Tabelle 6.24. Bevölkerung der Städte im Umkreis des Aralsees (1000 Einwohner) (verschiedene und widersprüchliche Quellen für den Zeitraum 1980-1985)

Ksyl-Orda [a]	180	Tschimbai	25
Nukus	131	Aralsk	20
Urgentsch	113	Nowokasalinsk	20
Taschaus	99	Kasalinsk [a]	15
Chodshejli	51	Tachtakupyr	15
Kungrad	45	Muinak [a]	15
Tachiatasch	38	Aralsulfat	5
Turtkul	35	Aguspe	1
Chiwa	30		

[a] Entwicklung der Einwohnerzahl von Ksyl-Orda (1000 Ew.): 1939: 47; 1959: 66; 1970: 123; 1982: 180; 1990: 130?; Kasalinsk: 1991 10 000 Ew.; Muinak: 1991: 5000 Ew.

Tabelle 6.25. Ertrag des Gemüse- und Getreideanbaus in dz/ha (Glasowski 1990)

		1960	1971-1975	1976-1980	1981-1985	1986	1987
Gemüseanbau	Kirgistan	105	192	204	203	225	207
	Usbekistan	99	165	209	218	196	201
	Tadschikistan	82	166	197	204	218	208
	Turkmenistan	76	141	160	155	140	122
Getreide	Kirgistan	11,4	18,7	23,6	25,1	30,5	24,7
	Usbekistan	8,4	9,5	19,4	20,8	17,8	18,1
	Tadschikistan	7,3	8,3	12,6	14,7	16,0	15,5
	Turkmenistan	5,5	14,0	20,2	22,0	19,4	18,7

Neuland zu erschließen[208]. Die Bewohner haben das Land verlassen und die Dörfer aufgegeben; die Wanderungsbewegungen der Landbevölkerung haben ein kritisches Maß erreicht. Seit 1980 hatten Spezialisten auf diese Symptome des gesellschaftlichen Verfalls hingewiesen. 1988 wurde dieser Zustand durch die Überschwemmungen in Turan noch verschlimmert.

---

[208] Die wirtschaftlichen Verluste wurden 1990 auf 50 Mrd. Rubel geschätzt (1 Rubel = 1 Dollar nach offiziellem Umtauschkurs). Am 24. Mai 1993 entsprach ein Dollar 1024 Rubeln.

Tabelle 6.26. Weltweiter Vergleich der Baumwollproduktion

Land	1979-1981				1986			
	Anbaufläche (1000 ha)	Ertrag (kg/ha)	Gesamtprod. (1000 t)	Prod. v. Fasern (1000 t)	Anbaufläche (1000 ha)	Ertrag (kg/ha)	Gesamtprod. (1000 t)	Prod. v. Fasern (1000 t)
UdSSR[a]	3135	3057	9566	2733	3424	2404	8230	2530
USA[b]	5391	1493	8038	3004	3437	1638	5629	2130
China[a]	4846	1613	7882	2627	4399	2414	4930	3540
Pakistan	2135	1024	2191	730	2650	1404	3720	1240

[a] offizielle Angaben, [b] Atlas-Eco (1992-1993).

Die Entscheidung, der Baumwolle in der Landwirtschaft Vorrang einzuräumen (über die Hälfte der bestellten Bewässerungsflächen), hatte dazu geführt, daß die Lebensmittelproduktion der Bevölkerung Turans nicht mehr für die Dek-kung des Eigenbedarfs ausreichte, weder bei Getreide (auch bei Reis nicht), noch bei Früchten, Gemüse oder Fleisch. Das Frühgemüse wurde vorrangig in die anderen Gebiete der ehemaligen Sowjetunion verschickt. Auf jeden Fall erwirtschafteten die meisten kollektiven Landwirtschaftsbetriebe unzureichende Erträge. 1986 war dies in Usbekistan bei 217 von 856 Kolchosen und bei 325 von 1085 Sowchosen der Fall. 1989 fiel die Produktion von Baumwollfasern 19 % niedriger aus als 1979; die Produktion von Baumwollöl, die zu 93 % in Mittelasien stattfand, betrug 870 000 t, was 27 % unter dem Plansoll lag. Abbildung 5.4 und Tabelle 6.26 verdeutlichen den Niedergang der Baumwollproduktion.

Die Produktion von Reis, dem Hauptanbauprodukt der Bewässerungsgebiete am Syr-Darja-Delta, in denen der Ertrag 50 dz/ha und die Gesamtproduktion 650 000 t/Jahr erreicht haben soll (ein Viertel der gesamten Produktion der ehemaligen Sowjetunion), ist ebenso wie im Delta des Amu-Darja zusammengebrochen. Der Reis verträgt das salzhaltige Wasser relativ schlecht und wurde durch Gemüse und künstliche Wiesen ersetzt, die anschließend unter dem Wassermangel litten.

Die Mechanisierung der Landwirtschaft hat zahlreiche Arbeitsplätze einer großen Bevölkerung[209] vernichtet, trotz des paradoxen Arbeitskräftemangels zur Erntezeit. So fehlt es in der Karschinskaja-Steppe ständig an Arbeitskräften, während es im Ferganatal und Choresm zu viele sind (Morosowa 1987). In der Tat kompensieren sich zwei Faktoren: Die Produktivität pro Landarbeiter ist niedrig (zwischen 1970 und 1979 nahm sie in Turan nur um 10 % zu, in der gesamten UdSSR dagegen um 23 %), die Zahl der Arbeitsplätze hat aber zuge-

[209] Während in der gesamten ehemaligen Sowjetunion eine mittlere Familie aus 3,5 Personen bestand, liegt diese Zahl bei 6,48 in Tadschikistan und bei 5,51 in Kasachstan.

nommen - in der gleichen Region um 10-15 % (parallel zu den bewässerten Nutzflächen, die um 15 % zunahmen), während in der gesamten ehemaligen Sowjetunion die Zahl der Arbeitsplätze zwischen 1980 und 1985 um 6 % abnahm. Jedoch trägt die unkontrollierte Wanderung der Landbevölkerung in die Städte zur Steigerung der Arbeitslosenzahl bei und vergrößert die Slums, denn der Wohnungsbau und die Schaffung von Arbeitsplätzen in der Industrie kommen nicht nach. Ein nicht unbeträchtlicher Teil dieser Migranten sind Russischstämmige. Was wird aus ihnen in der nahen Zukunft, wenn ethnische Konflikte aufzutreten beginnen? An den Ufern des Aralsees, an denen 90 000 Menschen direkt betroffen waren, hat sich die Abwanderung beschleunigt. 1990 hatten sich 10 000 Einwohner von Muinak nach Nukus zurückgezogen, nachdem der Fischfang und der Seeverkehr (150 000 t/Jahr) eingestellt worden waren. Ebenso brechen die Einwohner Kasachstans nach Norden oder in die Gegend von Taschkent auf. Es heißt, daß in Ksyl-Orda 50 000 Einwohner fortgezogen seien; die dortigen Papierfabriken, die die Tugai-Wälder und Schilfflächen genutzt hatten, mußten ihre Pforten schließen.

Hinzu kommt noch die Schließung der Badeeinrichtungen von Muinak, von denen im Sommer etwa 2 000 Personen lebten. Auch die archäologischen Stätten wurden geschlossen, denn die Ruinen, die vom antiken Reichtum des Choresm zeugen, verschwinden, sie werden vom Sand begraben oder zerfressen; 10 von 50 Baudenkmälern sind noch erhalten. Das Observatorium von Koy-Kirilgan aus dem 4. Jh. v.Chr. ist bereits zu einem unförmigen Lehmhaufen verkommen.

Schlußfolgerung: Das Szenario des Verfalls[210]

1954	Der Kanal - Vorstoß - Wasserentnahmen
1960	Der Anfang vom Ende
um 1975	Das Bewußtsein erwacht
nach 1979	Die Baumwollproduktion fällt ab
1984-86	Die große Diskussion in der Sowjetunion
1989-90	Die Enthüllung für die übrige Welt
1991-93	Beginn von Schutz- und Reparaturmaßnahmen

Oreschki schrieb Ende 1990 (S. 1382):"...dank der größeren Feuchtigkeit hat der Aralsee in all den letzten Jahren etwas mehr Wasser erhalten: 10 km^3 1987, 20 km^3 1988 ..." Und es ließ sich angesichts reichlicher Regenfälle über dem Pamir 1989 absehen, daß die Situation 1989 ähnlich sein würde. Diese Wasserzufuhr bremste lediglich den Fall des Wasserpegels, der 1988 um 37 cm und 1989 um 70 cm zurückging. Kuznezow (1986) spricht von einer Wiederauffül-

[210] Der Komponist Babilow hat ein *Requiem für ein verschwindendes Meer* geschrieben, von dem kürzlich eine Aufnahme mit dem Orchestre Régional du Nord de la France (Leitung: J.-C. Casadesus) entstand.

Tabelle 6.27. Absinken des Seespiegels im Aralsee

Zeitraum	Mittlere Fläche (1000 km^2)	Pro Jahr verlorenes Volumen des Aralsees (km^3)	Entspricht einem Pegelabsinken im Jahresmittel (m)
1960-65	65,9	12	0,18
1965-70	62,15	12	0,20
1970-75	58,8	26	0,44
1975-80	54,85	34	0,62
1980-85	48,45	40	0,82
1985-90	42,2	18	0,43

lung des Aralsees, die 1990 8-10 km^3 und um 1995 20 km^3 erreichen könnte (ohne Berücksichtigung der Hochwasser).

Da der Aralsee sehr schnell auf Veränderungen seiner Wasserzufuhr reagiert (siehe dazu die Schwankungen über die Jahrhunderte), liegt die Wassermenge, die jährlich in den Aralsee gelangen muß, um den Seespiegel etwa konstant zu halten, in der Größenordnung der Summe von Verdunstung und sonstigen Verlusten (1 m/Jahr, vereinfacht gesagt). Wenn man in Fünfjahreszeiträumen denkt, so ist es möglich, die Pegelabsenkung anhand des Rückgangs der Zuflüsse auszurechnen (Tabelle 6.27).

Der von Oreschki zitierte Rückgang des Seespiegels entspricht diesen Schätzungen recht gut. Ein (bescheidener) Teil des neuen Zuflusses (darunter das Wasser, das künftig nicht mehr zum Sary-Kamysch gelenkt wird, dieser See wird wieder schrumpfen) erreicht jedoch den Aralsee nicht, sondern dient dazu, die vielen Seen im Delta des Amu-Darja wieder zu versorgen. Zudem bemerkt Glasowski (persönliche Mitteilung), daß die Meßstationen sich künftig nicht mehr an den Flußmündungen befinden werden, und daß ein Teil des berechneten Abflusses das eigentliche Aralbecken nicht erreichen kann.

Wenn kein technisches Großprojekt kurzfristig umgesetzt wird (Anlegen von Poldern, Zerteilung des Aralsees in zwei Teile), so kann man jedoch angesichts des Bedarfs flußaufwärts hoffen, daß die Verlandung gebremst und mehr oder weniger rasch bei einer Höhe von 35 m über dem Meeresspiegel stabilisiert wird, was 18 m tiefer wäre als der Pegel von 1960. Wenn der Zustrom sich bei 20 oder 25 km^3 stabilisiert, eine Menge, die schwer zu übertreffen sein dürfte, wird der Seespiegel zwischen 1990 und 2000 noch um 5-6 m absinken (vgl. Abb. 7.1).

7 Welche Abhilfe?

Aus den bisherigen Ausführungen folgt, daß die Ursachen der Austrocknung des Aralsees komplizierter und weitreichender sind als die bloße Ablenkung der Zuflüsse. Wir werden die Maßnahmen allgemeiner Art, die in der Landwirtschaft wieder Ordnung herstellen sollen, nur wenig vertiefen, obwohl die Katastrophe am Aralsee eine Folge von jahrzehntelanger Mißwirtschaft ist; auf diese Punkte kommen wir in der Schlußfolgerung zurück.

7.1 Die Bewußtseinsbildung

Seit dem Anfang der 1880er Jahre hatte der Beschluß Aufmerksamkeit erregt, dem zufolge die großen Flüsse völlig umgelenkt werden sollten und der Aralsee austrocknen würde, obwohl es damals nur um ein Projekt in ferner Zukunft ging. Im allgemeinen blieb man bei der Meinung, die Wojekow 1908 geäußert hatte, daß nämlich der Aralsee keinerlei wirtschaftliche Bedeutung habe. In den 1920er Jahren ging man sogar so weit, die Trockenlegung des Sees vorzuschlagen, um auf dem Seegrund Ackerbau zu betreiben! Die Zeit um 1950, in der man an die Umsetzung ging, erlebte wieder die gleichen Diskussionen, von denen man eine schmale Spur in speziellen wissenschaftlichen Veröffentlichungen der damaligen Zeit findet. Sei es mit Absicht oder aus Nachlässigkeit, der Einfluß auf die Umwelt wurde vernachlässigt. Alle oder fast alle fatalen Folgen waren bekannt oder wurden vorhergesehen. Dies verhinderte weder den Ausbau der landwirtschaftlichen Infrastruktur noch den Aufbau einer kleinen Industrie in den Deltas. Man ging davon aus, daß das ankommende Wasser ausreichen würde, um die bisher verwahrlosten Sumpfgebiete (unterhalb von Nukus bzw. Kasalinsk) urbar zu machen, wenn dafür nur eine hinreichende Wassermenge eingeplant würde. Schon 1967 hatte A. Sheehy - wie einige andere auch - die Aufmerksamkeit auf die größten Fehler im Bewässerungssystem gelenkt, das am Amu-Darja gerade im Entstehen begriffen war.

Man hatte dabei durchaus vorhergesehen, daß die Bodenversalzung Schwierigkeiten für den Gebrauch der Abwässer bereiten würde. Aber die Durchführung zahlreicher Erschließungsmaßnahmen hatte die Behörden der Republiken und/oder Regionen (*oblast*) dahin gebracht, - für die Statistik! - die Erschließung von Bereichen zu versuchen, die man eigentlich als dafür ungeeignet ansehen mußte, etwa die Solontschaks oder die Takyrs, die an den nordöstlichen Saum der Bergkette Kopet-Dag angrenzen. Die Gründe dafür waren leicht verständlich, da die Zentralmacht ja Produktionsquoten vorgab. Immer nach der Devise "wenn es mit wenig klappt, dann klappt es mit mehr noch besser" mußte man der Ausspülung von Salz, dem kapillaren Aufstieg und der Krustenbildung an der Oberfläche durch eine ungezügelte Bewässerung beikommen. Denn *das Wasser* war - von wenigen Ausnahmen abgesehen - überall *kostenlos* und sein Verbrauch praktisch unbegrenzt. Was mit den Drainageabwässern geschehen sollte - kein Problem: Damit sollten die Leute am Aralsee irgendwie fertigwerden!

Es sei daran erinnert, daß in den vergangenen Jahren alle Flüsse aus den Bergen aufgefangen (110-120 km^3/Jahr) und als unerschöpflich betrachtet wurden. Das stimmt nicht ganz, denn sie werden von Schnee und Gletschern gespeist, und es ist heute allgemein anerkannt, daß die Gletscher weltweit am Abschmelzen sind. In den 30 Jahren nach dem zweiten Weltkrieg stellten die triumphalen Statistiken in der Reihe der Fünfjahrespläne, die Eroberung jungfräulichen Bodens, die Produktion von Reis und Baumwolle und die Schwerindustrie für die Proselyten des sowjetischen Regimes im Westen das Glück dar. Noch 1980 konnten die wenigen Touristen über grandiose Leistungen staunen: Sie sind tatsächlich grandios. Aber die Folgen? Nach und nach wurde das Triumphgeschrei leiser. *Glasnost* hat den Menschen aus dem Volk die Gelegenheit gegeben, zu Wort zu kommen und die Kehrseite der Medaille zu zeigen. Die wissenschaftlichen Veröffentlichungen haben begonnen, durch die Blume gesprochen und unpersönlich - die Ergebnisse dieser Politik einer Ausbeutung um jeden Preis darzustellen.

Es ist auffällig, daß die sowjetische Literatur zu Umweltproblemen - und insbesondere zu denen in Mittelasien - recht spärlich ausfällt[211] und erst kurz vor 1980 erscheint. So schrieben beispielsweise Korenitsow et al. 1972:

> "Im Zusammenhang mit der geplanten Ausweitung der Bewässerung und der Wasserversorgung wird der Zufluß zum Aralsee verringert werden, und die allmähliche Verlandung des Aralsees wird sich daran anschließen ... Die Absenkung des Seespiegels wird negative Auswirkungen auf die Fischerei, die Schiffahrt, die Zucht der Bisamratte und die Ernte von Schilfrohr haben. Es müssen Anstrengungen unternommen werden, um diese Verluste zu vermindern oder gar zu verhindern und um diese Tätigkeiten rasch umzuorganisieren ..."

Die Botschaft wurde nicht gehört.

Im wesentlichen waren es die russischen Geographen, die den Stein ins Rollen brachten: Bisher waren die Einheimischen - gelegentlich sehr streng - zum Schweigen angehalten (s. dazu den Bericht von Dr. O. Esirkapow, der von einem "stillen Tschernobyl" schreibt). Nachdem die Glasnost die Leute stärker zu Wort kommen ließ, erschienen mehr und mehr Artikel in der überregionalen Presse und in den wissenschaftlichen Zeitschriften: *Wodnye Resursy* (Wasser-

[211] s. dazu eine Bibliographie "für das breite Publikum" in Precoda (1991).

Ressourcen), *Isvestija Akademii Nauk SSSR* (Nachrichten der Akademie der Wissenschaften der UdSSR) und *Problemy owstwojenie pustyn* (Probleme der Entwicklung der Wüsten - eine turkmenische Publikation) waren die wesentliche Grundlage für die gesamte neuere Dokumentation. Dennoch blieb diese unvollständig: Selbst die Forscher hatten noch keinen Zugang zu den Archiven oder sagten noch nicht alles, zumindest vor 1987. Selbst jetzt bleiben sie oft noch vorsichtig, indem sie von allgemeinen Problemen mit einem Vokabular sprechen, in dem man noch die Nachwirkungen der sprachlichen Selbstzensur spürt. Wenn man die Auskünfte nachprüfen möchte, stellt man andererseits manchmal fest, daß sie aus derselben Informationsquelle stammen.

Seither scheuen sich die Fachzeitschriften nicht mehr, Dinge zu grundlegenden ökologischen Themen zu veröffentlichen, die westliche Spezialisten für aride Regionen ja schon seit langem genau untersucht hatten. Beispiele dafür sind die Biologie der Wüstenpflanzen, die Entwicklung der Ackerböden, die Erforschung von Pflanzenarten, die sich zum Anbau eignen, Tierzucht nach wissenschaftlichen Maßstäben. Es ist auch auffällig, daß in den Bibliographien dieser Literatur fast noch keine westlichen Publikationen vorkommen - diese waren dort praktisch unzugänglich und sind es noch heute. Auch darf man die Barriere der Sprache und der kyrillischen Umschrift[212] nicht außer acht lassen.

Allgemein gesprochen, zeigt die Literatur, die sich mit dem Aralsee befaßt, wie das Interesse am Thema wellenförmigen Schwankungen unterlag: 1850-1875, 1900-1910, ein bißchen um 1920-25 und 1947-50. Die Welle von 1970 hat um 1985 ihren Höhepunkt erreicht; anschließend ist sie merklich zurückgegangen, so als ob die ins Auge gefaßten Rettungsmaßnahmen, von den törichtesten bis zu den sinnvollsten, aus lauter Verzweiflung auf den Sankt-Nimmerleinstag verschoben worden wären. A. Giroux (1985) hat eine nützliche Richtigstellung der allgemeinen Probleme der Bewässerung in der UdSSR geschrieben, spricht darin aber die Probleme des Aralsees kaum an.

N. Glasowski berichtet von der Entwicklung der Einstellung in der Sowjetunion (der Rest der Welt wußte nichts)[213]: 1975 alarmierte eine Arbeitsgruppe, die im Geographischen Institut der Universität Moskau organisiert war, die wissenschaftliche Öffentlichkeit über die Folgen von umfangreichen Wassertransporten zwischen hydrologischen Einzugsbereichen; im selben Jahr stellte eine technisch-wissenschaftliche Kommission des sowjetischen Staatsausschusses, die von I.P. Gerasimow angeregt wurde, den Gegensatz zwischen den beiden Ansichten über die Entwicklung des Aralsees klar: Die einen dachten, sie würde nur nachrangige Folgen haben, die anderen hielten diese Folgen für erheblich, und zwar sowohl vom ökologischen als auch von ökonomischen Blick-

---

212 Nach 1920 wurde in Turkestan die arabische Schrift verboten und durch das lateinische, später das kyrillische Alphabet ersetzt. Zugleich wurden die angestammten Sprachen, nämlich Türkisch und Persisch, verändert (vgl. *Cahiers du Monde russe et soviétique*, 32, 199), jedoch ist fast die gesamte Fachliteratur der Institute Mittelasiens russisch. Mehrere Republiken haben beschlossen, zum lateinischen Alphabet zurückzukehren.
213 s. Giroux (1985) und Woropajew (1992).

winkel aus und hielten es für erforderlich, den Pegel des Aralsees wieder auf seinen früheren Stand zurückzubringen. Die unüberlegte Ausweitung der Bewässerung wurde im Bericht der Kommission ausdrücklich beanstandet.

W.A. Kowda und N. Glasowski bestätigten diesen Standpunkt 1981-1982 vor dem Staatlichen Planungskomitee erneut. Wenig später wurden die öffentlichen Diskussionen über das Thema verboten und die Berichte geheimgehalten. 1983 jedoch wurde beim Zentralkomitee der KPdSU ein gemeinsamer Bericht von Wissenschaftlern vorgelegt, die für so verschiedene Stellen arbeiteten wie das Planungskomitee, die usbekische Akademie der Wissenschaften und das Gesundheitsministerium von Kasachstan. Er trug den Titel: *Degradierung der Ökosysteme des Aralsees, der Deltas von Amu-Darja und Syr-Darja in Verbindung mit der irreversiblen Entziehung des Wasserabflusses der Flüsse Mittelasiens für die Bewässerung.* Er schlug bereits Rettungsmaßnahmen vor. Der Minister für Wasser und Raumordnung, N.F. Wasiljew, unterstützt von einer gewissen Anzahl von Mitgliedern der Akademie für Landwirtschaft der UdSSR, wies die Vorschläge dieses Berichts schroff zurück.

1987 wurde die Regierungskommission zur ökologischen Situtation des Aralsees unter dem Vorsitz von Y.A. Israel geschaffen. Sie hatte kaum Einfluß, ihre Schlußfolgerungen brachten jedoch den sowjetischen Ministerrat dazu, eine Resolution anzunehmen, die folgenden Titel trug: *Maßnahmen für eine grundlegende Verbesserung der ökologischen und gesundheitlichen Situation in der Region des Aralsees sowie der Beschäftigung und des Schutzes der Wasser- und Bodenressourcen seines Einzugsgebiets.* Eine ganze Anzahl von Maßnahmen wurde vorgeschlagen. Der Text dieser Resolution blieb jedoch sehr ungenau. Die Ausweitung von Bewässerungsflächen sollte weiterhin erlaubt sein. Eine neue Wasserzufuhr für den Aralsee war vorgesehen, ohne daß jedoch verdeutlicht wurde, woher das Wasser kommen sollte. Die Verwaltungsstellen, die für die Umsetzung dieser Maßnahmen verantwortlich sein sollten, wurden nicht benannt. Kurzum, man wartete ab - wie sonst auch.

Die Glasnost ermöglichte es der Öffentlichkeit endlich, sich des Problems Aralsee voll bewußt zu werden. Die Expedition Aral-88, organisiert von den Zeitschriften *Nowyj Mir* und *Pamir*, durchquerte die ganze Region, sie folgte den Flußläufen von Amu-Darja und Syr-Darja, und sammelte Zeugenaussagen der Opfer und der Verantwortlichen der Katastrophe. Ihre Ergebnisse beeinflußten zunächst die öffentliche Meinung in der Sowjetunion, und sehr schnell auch weltweit. Mehrere Kolloquien 1989 und 1990 brachten neue Daten. Mittlerweile (1988) war das republikenübergreifende Institut für Wasser und Ökologische Probleme des Aralbeckens in Nukus eingerichtet worden. Nach der Auflösung der Sowjetunion ist aus ihm eine internationale Einrichtung geblieben, die von den Republiken der GUS betrieben wird. Die Akademie der Wissenschaften der Sowjetunion veranstaltete über die Presse einen Ideenwettbewerb: Es kamen 219 Einsendungen zusammen, darunter erbrachten 7 neue und interessante Ideen, aber keine davon erwies sich als realistisch. Es wurde daher keine Preis verliehen.

Lediglich einige Spezialistengruppen, die Naturschutzverbände, die jetzt ein Existenz- und Demonstrationsrecht haben, sowie politisch Verantwortliche[214] lassen noch ihre Stimme hören: Letztere haben mit den oft gewalttätigen Reaktionen der verzweifelten Leute zu kämpfen, die sie verwalten. Vorgänge wie das Kolloquium von Nukus (September 1990), das ein recht breites Echo in den Medien fand (wir zitieren einige Zeitungsartikel aus dieser Zeit), belebten das Interesse der Öffentlichkeit wieder. Seither herrscht praktisch Ruhe.

Seit die Angelegenheit den Rahmen der ehemaligen Sowjetunion überstiegen hat, organisieren allerdings außer den einschlägigen Stellen der betroffenen Republiken auch verschiedene internationale Organisationen - UNEP, WHA, EU, Weltbank usw. - Treffen, bei denen man die Situation bestimmt und Maßnahmen untersucht, die zu treffen sind. Verschiedene Länder, insbesondere Deutschland, haben begonnen, der Region am Aralsee konkrete Hilfe zu leisten. Man kann jedoch bedauern, daß diese Arbeit quasi vertraulich bleibt und sich die Medien praktisch nicht darum kümmern.

"Was tun?"[215]

Kann man durch geeignete Maßnahmen die Region des Aralsees wieder in ihren ursprünglichen Zustand zurückversetzen?

Tabelle 7.1 ruft die Daten zum Aralsee für das vergangene halbe Jahrhundert in Erinnerung und projiziert eine mögliche Entwicklung bis ins Jahr 2005. Fünfjahresabschnitte erscheinen vernünftig, wenn man bedenkt, daß sich die 10 Jahre, die den großen Bauarbeiten in der Kara-Kum vorangingen, etwa ab 1959 in ihren Auswirkungen bemerkbar machen. Die Nettoverdunstungsbilanz wird vom Wasservolumen her betrachtet. Bis 1955 ist diese Bilanz bis auf die wenigen km^3 genau ausgeglichen, die den vorherigen Schwankungen des Seespiegels entsprechen (die Bilanz pendelt 1945-1955 zwischen +17 und -9 km^3, also um 26 km^3; geteilt durch die mittlere Seefläche von 67 000 km^2 entspricht das nur einer Schwankung des mittleren Seespiegels von etwa 40 cm). Die Wasserzufuhr durch Regen und der Austausch mit den Grundwasserschichten der Ufer wurden vernachlässigt und sind allerhöchstens so hoch wie die genannte Schwankung.

Seit 1987 hat man über den Amu-Darja wieder etwas Wasser zugeführt. Nach Oreschki müßte diese Zufuhr 1990 die Größenordnung von 10 km^3 haben, er spricht jedoch von weniger als 6 km^3 für 1989; diese Werte sind vergleichbar mit denjenigen, die Lwowitsch und Tschigelnaja 1978 vorgeschlagen hatten (nach Mitteilung von Kuznezow 1990), und zwar 8,7 km^3 für 1990, mit einer Prognose von 15-17 km^3 für das Jahr 2000 und 20-21 km^3 für 2005[216]. Die Men-

[214] Häufig sogar diejenigen, die 10 Jahre zuvor noch dem zufriedenen Triumphalismus anhingen.

[215] Titel eines berühmten Werks von Lenin (Stuttgart 1902).

[216] Selbstverständlich ist das Wasser verschmutzt und vom Gehalt an gelösten Salzen her dem Aralsee ähnlich ($NaCl + CaSO_4 + Na_2SO_4$).

Tabelle 7.1. Hydrologische Bilanz des Aralsees (verschiedene Quellen)

Jahr	Zufluß aus den Flüssen (km^3/J.)	max. Tiefe (m)	Oberfläche (1000 km^2)	Nettoverdunstung (km^3)	Bilanz Verdunstg. - Zufuhr (km^3)	Volumen (km^3)	Vol./Oberfläche = mittl. Tiefe (m)	Salzgehalt (g/l)
1945	62	65	63	45	+17	1030	≈16	≈10
1950	48	63,5	bis	54	-4	bis	"	"
1955	54	67	69	63	-9	1090	"	"
1960	40	68	67,9	68	-28	1090	16,05	10,2
1965	31	63,5	63,9	64	-33	1030	16,11	10,5
1970	33	60,5	60,4	60,4	-27,4	970	16,05	11,1
1975	11	57	57,2	57	-48	840	14,7	13,7
1980	≈4	51	52,5	52	-48	670	12,8	16,5
1985	0	45	44,4	44	-44	470	10,6	23,5
1990	9	38	38	38	-29	300	7,9	26,5
1995	12 ?	35,5 ?	35 ?	34,5 ?	-22,5 ?	250 ?	7,1 ?	29 ?
2000	15 ?	34 ?	33 ?	32 ?	-17 ?	220 ?	6,7 ?	31 ?
2005	20 ?	33,5 ?	32,5 ?	30 ?	-10 ?	200 ?	6,2 ?	32 ?

Die Prognose basiert auf Hypothesen zur erneuten Speisung des Sees, die allerdings weniger optimistisch sind als diejenigen, die von russischen Spezialisten vor 1990 aufgestellt wurden.

gen liegen deutlich unter den Vorschlägen, die später noch besprochen werden, und reichen bei weitem nicht aus. Dank der Auffüllung des Toktogul-Sees (18 km^3, oberhalb von Ksyl-Orda) infolge von feuchten Jahren konnten die Lagunen des Syr-Darja-Deltas, in denen sich die Abwässer von Kasalinsk angesammelt hatten, in den Jahren 1988-89 durchgespült werden.

Die Bilanz des Aralsees stellt ein komplexes Problem dar, auch wenn man bedenkt, daß sich die potentielle Verdunstung, die Niederschläge usw. nicht grundlegend ändern. Tatsächlich verändert sich die Geometrie des Beckens. Der flache östliche Randbereich ist sehr schnell ausgetrocknet, mittlerweile begünstigt das Verhältnis zwischen Oberfläche und Volumen die Verdunstung weniger. Die Verdunstungsfläche wird noch abnehmen, allerdings langsamer als das Volumen, das noch verdunsten kann, so daß sich in diesem Wasser gelöste Salze beträchtlich anreichern. Bei gleicher Oberfläche führt dies zu einem Rückgang der Verdunstungsfähigkeit, auch die Zufuhr von Süßwasser über den Regen darf nicht vernachlässigt werden. Dies ist vergleichbar mit der Situation der Salzteiche, jedoch komplizierter, da die Salzbrühe eine andere chemische Zusammensetzung als das Meer hat, dessen Verdunstungsfolge bekannt ist.

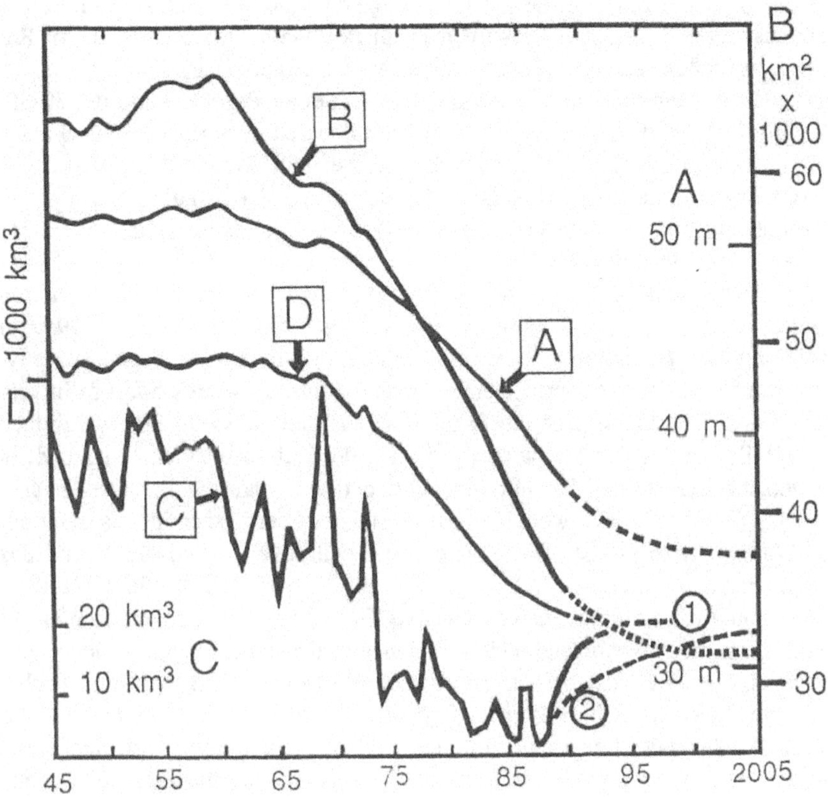

Abb. 7.1. Prognose der Entwicklung des Aralsees unter der Annahme einer zusätzlichen Wasserzufuhr von 20 km^3/Jahr (*1*) bzw. 10 km^3/Jahr (*2*). *A* Wasserspiegel (ü. NN); *B* Oberfläche; *C* Zuflußmenge; *D* Volumen des Sees

Die Verdunstungsfläche - und die jährliche Nettoverdunstung - streben einem Minimalwert zu. Da das Profil des Beckens nicht gleichförmig ist, wird sich das jährliche Absinken des Seespielgels in dem Maße verlangsamen, wie die Menge des verdunsteten Wassers abnehmen wird. Die Wasserzufuhr über die Flüsse, von der man annimmt, daß sie ab 1990 stetig zunimmt, sollte diese Verdunstungsverluste teilweise wieder kompensieren. Die in Tabelle 7.1 angegebene Projektion der Werte bis ins Jahr 2005 ist also mit Vorsicht zu genießen, denn man weiß nicht, ob die Vorhersagen der neuerlichen Wasserzufuhr richtig sind oder sogar übertroffen werden. Die Werte basieren auf der Extrapolation der Trends, die mit den Schätzungen von Kuznezow zur Wasserzufuhr verknüpft wurden. Man sieht, daß im Jahr 2005 die Bilanz immer noch ein Defizit von etwa 10 km^3 aufweist (Abb. 7.1). Die Niederschläge über einer auf etwa 30 000 km^2 verkleinerten Wasserfläche (der Niederschlag beträgt 100 mm pro Jahr) stellen somit nur etwa ein Drittel der Menge dar, die notwendig ist, um die Bilanz auszugleichen: Entweder wird man im Jahr 2005 die nötigen 20 km^3 Flußwasser zufließen lassen, und der Aralsee wird annähernd auf dem Stand stabilisiert, den er dann erreicht haben wird, d.h. mit einer Pegelsenkung um 30-35 m im Vergleich zu 1960 (niedriger als alle von den Sedimentologen entdeckten Pegel aus Austrocknungsphasen), oder aber der See wird immer weiter absinken.

Wir haben unseren Kollegen A. Jauzein, einen guten Kenner von Verdunstungsbecken, gebeten, uns seine Prognose abzugeben, die wir hier in groben Zügen darstellen wollen:

Jauzein verwendet die Daten von Golubzow und Morosowa (1972), die eine mittlere Zufuhr aus Niederschlägen von 173 mm pro Jahr zwischen 1959 und 1969 angeben (was ihm optimistisch erscheint) sowie eine Verdunstung von 1050 mm/Jahr. Dies entspricht einer Gesamtzufuhr $Z = 56$ km^3/Jahr. In erster Näherung vernachlässigt er die Salzzufuhr aus den Flüssen. Eine vereinfachte Modellbildung des Gleichgewichts zwischen der Zufuhr aus den Flüssen Z, den Niederschlägen N, der Verdunstung V und der Oberfläche des Sees F ergibt $Z = F \cdot (N - V \cdot X)/Fo$, wobei Fo die Fläche des Sees in den 50er Jahren und X die Wasseraktivität[217] ist. Wenn man alle Fließgrößen in km^3/Jahr ausdrückt, gelangt man mit Jauzein zur Formel $Z \approx F/Fo(11 - 67 \cdot X)$. Die Tiefenlinienkarte erlaubt es, Volumen, Oberfläche und Tiefe miteinander zu verknüpfen, und somit kann man in Abhängigkeit von den gegebenen Zuflüssen Z den Gleichgewichtspegel des Sees abschätzen. Jauzein gibt folgende Ergebnisse an (Tabelle 7.2), bei denen das Chloridion (aus geochemischen Gründen) als das beste bewahrende Element angesehen wird; sie sind in Abhängigkeit von der Zuflußmenge aus den verschiedenen Bereichen des gesamten Einzugsgebietes dargestellt.

Jauzein (Tabelle 7.2) schließt daraus:

- Für $Z = 0$ (kein Zufluß) wird der Chloridgehalt nach 15 Jahren 67 g/l erreichen, der Seespiegel wird bei etwa 26 m ü. NN liegen: Das Becken wird zweigeteilt sein, mit einer großen Sebcha in der Mitte, die im Sommer austrocknet, sowie einen westlichen Kernbereich, der längs von Nord nach Süd verläuft und in dem sich Salz ablagert; 15-20 Jahre später wird er fast völlig austrocknen.
- Für Z im Bereich von 20 km^3/Jahr wird sich das Schrumpfen des Wasserkörpers fortsetzen, und nach etwa 30 Jahren im Bereich eines Pegelstands von 30 m ü. NN abschwächen; der Chlroidgehalt liegt dann bei 19 g/l.
- Um die gegenwärtige Entwicklung sofort anzuhalten, bräuchte man einen Zufluß von etwa 35 km^3/Jahr.
- Bei Z im Bereich von 50 km^3/Jahr (was etwa dem Abfluß des Rheins bei Worms entspricht) wären 200 Jahre nötig, um wieder annähernd zu einem Gleichgewicht zu kommen, das sich im Bereich von 51 m ü. NN einpendelt (s. Abb. 7.4).

---

[217] Die Wasseraktivität ist ein Parameter, der den Salzgehalt des Wassers und den Dampfdruck, der die Atmosphäre sättigt, miteinander verbindet, er beeinflußt die Verdunstung.

Tabelle 7.2. Modell zur hydrologischen Entwicklung des Aralsees nach A. Jauzein (persönliche Mitteilung)

Z Zufuhr (km^3/Jahr)	Pegel (m ü. NN)	F/Fo (g/l)	Chlorid
56	53	1	3
50	51	0,875	3,5
40	44,5	0,715	5
30	37,5	0,540	11,5
20	33,5	0,370	21,5
10	30	0,190	40

Jauzein schließt daraus, daß der Aralsee nicht mehr gerettet werden kann, es sei denn, man würde titanische Bauarbeiten beginnen, um die erforderlichen Wassermengen zusammenzubringen. Der See wird sich daher wohl auf eine völlige Austrocknung zubewegen, wenn auch immer langsamer. Dabei wird sich eine Salzsequenz ablagern, die wegen der Zusammensetzung der Ionen im Wasser genauso aussehen wird wie im Kara-Bogas-Gol, der Bucht an der Ostküste des Kaspischen Meeres (Abb. 7.2. und 7.3):

- Karbonate in kleinen Mengen. Vor einigen Jahren stammten sie noch vorwiegend von den Schalen der Weichtiere, aber angesichts eines steigenden Salzgehalts und nach dem Verschwinden der entsprechenden Fauna könnten sie in Form von Protodolomit oder Huntit ausfallen. Diese Karbonate sind mit Magnesium und Kalzium gemischt und werden gegenwärtig in den Salzwasserteichen arider Regionen gebildet, die gerade austrocknen. Bogdanowa u. Kostjuschenko (1981) berichten von Dolomit in den Solontschaks auf der Südostseite des verlandeten Aralsees, ohne näher auf dessen Herkunft einzugehen; Senkewitsch (1957) dachte schon, in den Seesedimenten dieses Mineral gefunden zu haben, dessen kristalline Formen den klastischen Ursprung zu beweisen scheinen;
- Gips $CaSO_4 \times 2\ H_2O$; er kann sich anschließend zu Glauberit $Na_2Ca(SO_4)_2$ weiterentwickeln.
- Mirabilit $Na_2SO_4 \times 10\ H_2O$ im Winter, Astrakanit (oder Blödit) $Na_2Mg(SO_4)_2 \times 4\ H_2O$ im Sommer.
- Epsomit $MgSO_4 \times 7\ H_2O$, insbesondere wenn Epsomit, Mirabilit und Thenardit Na_2SO_4 (der sich im Trockenen aus Mirabilit bildet) vom Wind fortgefegt oder für die chemische Industrie gefördert werden.
- Halit (Steinsalz, NaCl) ab einer Cloridkonzentration um 150 g/l;
- etwas Carnallit $KMgCl_3 \times 6\ H_2O$. Er beseitigt die Kaliumspuren.
- Bischofit $MgCl_2 \times 6\ H_2O$ am Ende der Austrocknung zu klimatisch hyperariden Zeiten.

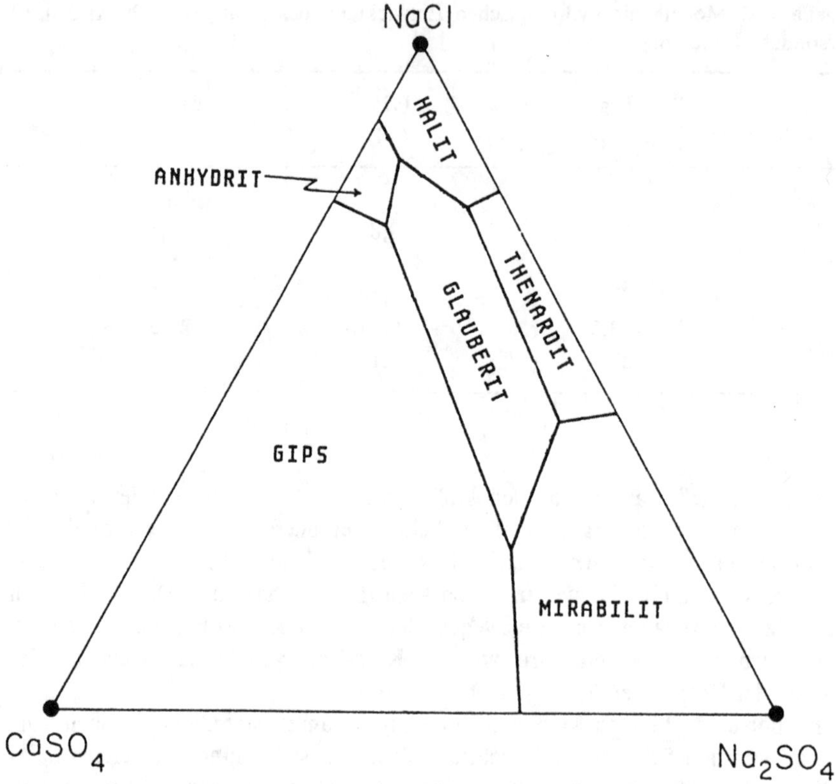

Abb. 7.2. Die Art der ausgefällten Mineralien in Abhängigkeit von der chemischen Zusammensetzung der gelösten Bestandteile.

Soweit in einigen Sätzen die Vorhersage eines Spezialisten. Absichtlich vernachlässigt hat er die Phänomene der Salzversickerung in die Sedimente und ihre Ausfällung durch Verdunstung in den verlandeten Gebieten, durch die bereits, wie schon die sowjetischen Autoren berichteten, Gips, Mirabilit[218] und Thenardit hervorgebracht wurden. Gips und Thenardit sind die Hauptbestandteile des Salzstaubs, der derzeit vom Wind transportiert wird. Glauberit bildet sich aus Gips, welcher in einer sehr natriumreichen Umgebung instabil ist. Jauzein berücksichtigt auch nicht den Eintrag aus den Flüssen, dessen chemische Zusammensetzung nicht mit Sicherheit vorhergesehen werden kann.

Die große Frage lautet: Kann man den Aralsee wieder auf seinen einstigen Wasserstand zurückführen?

---

218 Wir wollen an dieser Stelle noch einmal darauf hinweisen, daß Mirabilit in den Sedimenten des Aralsees in zwei verschiedenen Schichten vorkommt, was ein Indiz dafür ist, daß der Aralsee zu historischer Zeit (Dschingis Khan und Tamerlan, 13. und 14. Jh.) beträchtlich geschrumpft war. Mirabilit wird am Grund des Aralsees ausgefällt, sobald der Wasserspiegel bei 29-30 m ü. NN liegen wird.

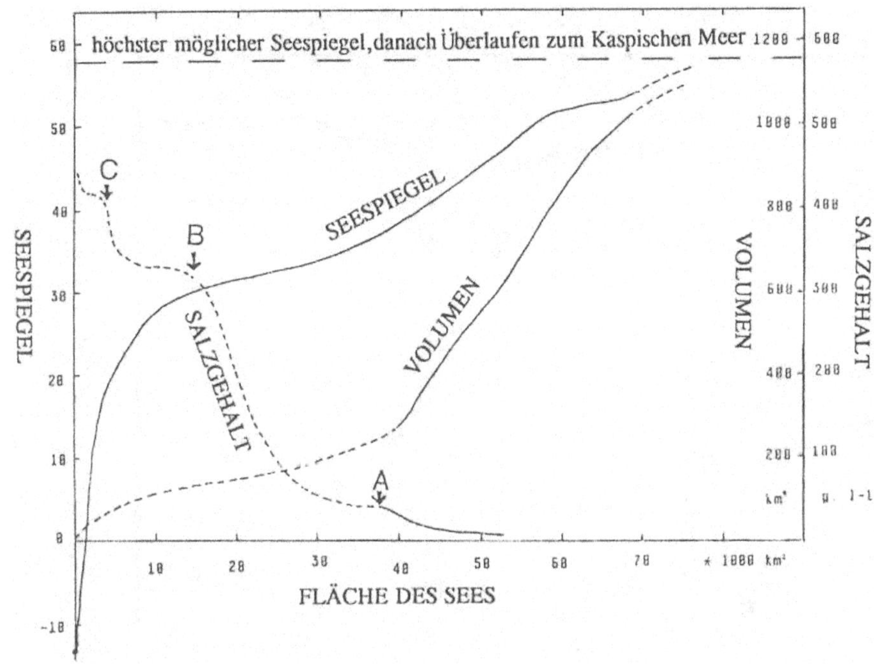

Abb. 7.3. Entwicklung der Eigenschaften des Aralsees in Abhängigkeit von seiner Oberfläche. Die größtmögliche Ausdehnung steht fest, sie ist durch die Höhe der Schwelle bestimmt, die den Aralsee vom Usboi-Tal trennt. Die Buchstaben entsprechen in der Entwicklung des Salzgehalts den Zeitpunkten, an denen erstmals Gips (*A*), Halit (*B*) und andere Alkalisalze (*C*) ausfielen; angenommen wurde dabei eine konstante Zusammensetzung der fluvialen Zufuhr

Die Antwort ist, wie soeben zu sehen war: NEIN.

Tatsächlich müßte man nicht nur die fehlenden 800-900 km^3 Wasser herbeibringen, sondern auch die Verdunstung in dem Maße ausgleichen, wie sich die Wasseroberfläche des Sees wieder ausdehnen würde; alles in allem wäre der bisherige Weg umzukehren und das ursprüngliche Kapital an Wasser wiederherzustellen. Man kann hoffen, daß sich um 2015-2030 der Pegel endgültig stabilisiert, wenn die oben genannten Projekte einer neuerlichen Wasserzufuhr umgesetzt werden (außer bei einer Zufuhr, die die Vorhersagen übertrifft). Sobald die Bilanz (Zufuhr minus Verdunstung) wieder positiv wird, kann der Seespiegel wieder ansteigen (Abb. 7.4). Bei dieser Aussicht muß man stets die Zunahme der Verdunstungsfläche berücksichtigen, aber auch die Tatsache, daß die Wassereinleitungen einen wesentlich höheren Salzgehalt haben werden als früher. Können die geringeren Einflußfaktoren der Salzbilanz (Zufuhr über Entwässerung verlandeter Flächen, Eindringen sehr salzigen Wassers in die Sedimente) noch vernachlässigt werden? Wie auch immer, man wird wesentlich mehr Was-

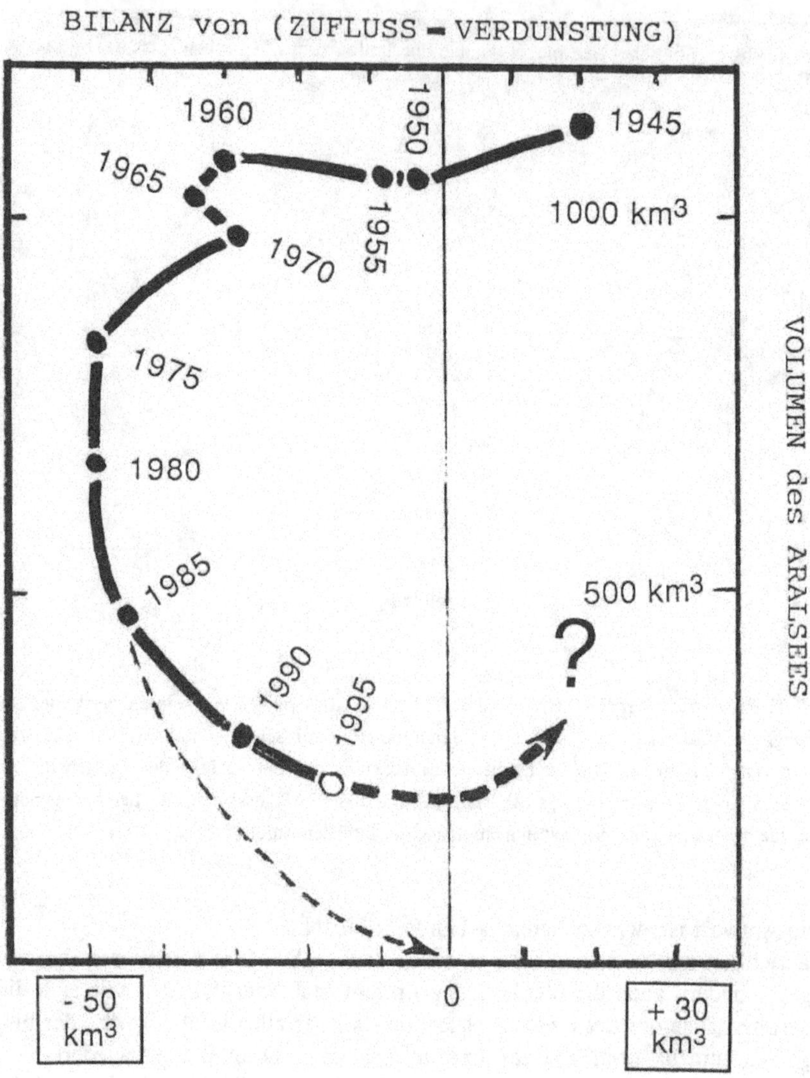

Abb. 7.4. Volumenentwicklung des Aralsees als Folge seiner Wasserbilanz (Zuflüsse, Verdunstung). Der See kann sich stabilisieren, wenn die Kurve die vertikale Linie (ausgeglichene Bilanz) erreicht; der dünn gestrichelte Pfeil stellt die Entwicklung ohne zusätzliche Wasserzufuhr dar

serzufuhr als 50 km^3/Jahr benötigen, damit das ideale Ergebnis erreicht wird, ohne jahrzehntelang warten zu müssen.

Nach Jauzeins Berechnungen würde es über 200 Jahre dauern, bis der Aralsee seinen einstigen Stand wieder erreicht, wenn man den derzeitigen Salzgehalt des zulaufenden Wassers als gleichbleibend voraussetzt. Aber selbst dann wäre die chemische Zusammensetzung des Aralsees nicht mehr die gleiche. Unter Berücksichtigung der wirtschaflichen Sachzwänge der Region (die Bedürfnisse, die bei einem galoppierenden Bevölkerungswachstum auftreten, werden es niemals zulassen, 50 km^3 jährlich in den See zu leiten), bräuchte man dafür sehr lange, und man müßte zudem den Zustrom dieser hypothetischen 50 km^3 dauernd gewährleisten, um einen Seespiegel in der Nähe des Pegels von 1960 beizubehalten. Ausgehend von einem recht ausgeklügelten Modell kann mit Hilfe von Abb. 7.4 die Veränderung der Fläche des Aralsees in Abhängigkeit von der äußeren Wasserzufuhr bestimmt werden, ohne das Becken zu teilen, wie es bei einigen Projekten vorgeschlagen wird, die wir weiter unten noch vorstellen werden.

Wir werden hier verschiedene Vorschläge unter die Lupe nehmen, die Abhilfe schaffen sollen; manche sind für das allgemeine Problem der Wasserwirtschaft in Turan von vorrangiger Bedeutung, andere wirken sich nur in der unmittelbaren Umgebung des Aralsees tatsächlich aus (Giroux 1985). Einige sind völlig unrealistisch, ja verschroben, wenn nicht gar für das ökologische Gleichgewicht anderer Regionen gefährlich. Angesichts der derzeitigen wirtschaftlichen Lage in der GUS ist ihre Verwirklichung im Augenblick zum Glück völlig ausgeschlossen.

Muß der Aralsee wieder mit Wasser gespeist werden?

Auf diese Frage kann man mit einer anderen antworten: Wozu war der Aralsee nütze?

Er spielte zweifellos eine nicht unbeträchtliche Rolle bei der Regulierung des Klimas (wie in Kap. 2 gezeigt), deren wirkliche Bedeutung allerdings noch nicht recht abgeschätzt werden kann, da es an hinreichenden Statistiken zur langfristigen meteorologischen Entwicklung fehlt.

Selbstverständlich gab es auch eine nicht zu vernachlässigende Fischereiwirtschaft.

In der Vergangenheit hat der Aralsee Rückzugsstadien erreicht, die mit seinem heutigen vergleichbar sind, die Bevölkerung ringsum war jedoch so spärlich oder hatte mit so vielen anderen Bedrohungen zu kämpfen, daß der Einfluß des Sees niemals wirklich gezählt zu haben scheint.

Seit über 20 Jahren sucht man nach Lösungen für das Problem, wieder Wasser zuzuführen. Aber - wie wir sehen konnten - wirft die Wiederherstellung des Sees Probleme auf, deren Lösung mit der Nutzung der vorhandenen Wasserreserven unvereinbar ist, so daß man sich vorrangig um die Wiederherstellung des Grundwassers und um die Anpassung der Anbaupflanzen an die neuen Umweltbedingungen kümmern wird. Einige Versuche einer erneuten Wasserzufuhr sind jedoch bereits im Gange oder geplant.

Eine recht einfache Lösung besteht darin, die Abflüsse, die gegenwärtig in die "Abwassersenken" am Rande fließen, wieder dem Aralsee zukommen zu lassen - im wesentlichen handelt es sich um den Sary-Kamysch- und den Ajdarkul-

Tabelle 7.3. Abschätzung möglicher Abläufe einer erneuten Speisung des Aralsees, basierend auf dem Verhältnis Volumen/Oberfläche

Volumen zu Beginn (km^3)	Zufuhr über die Flüsse in km^3/Jahr 60			40			20			10		
	(1)	*(2)*	*(3)*	*(1)*	*(2)*	*(3)*	*(1)*	*(2)*	*(3)*	*(1)*	*(2)*	*(3)*
1000	960	62 200	30	360	40 500	77	123	20 170	69	26	10 080	70
500	770	57 650	46	360	40 500	48	123	20 170	47	26	10 080	60
300	770	57 650	61	350	39 500	11	123	20 170	47	26	10 080	54
200	770	57 650	65	350	39 500	38	123	20 170	40	26	10 080	50
100	770	57 650	70	350	39 500	45	120	19 870	2	26	10 080	43

1 Volumen im Endzustand, *2* Oberfläche im Endzustand, *3* notwendige Zeit (in Jahren), um 99 % des Gleichgewichts zu erreichen

See. Genau das wird auch schon seit 1986 unternommen, und hat zu einer Vorhersage geführt, nach der im Jahr 2005 etwa 20 km^3 pro Jahr zufließen sollen (Tabelle 7.3, Abb. 7.5 und 7.6). Falls die Kanäle aber nicht dicht sind, bringen sie den Grundwasserleitern ihrer Ufer ihre sämtlichen chemischen Verunreinigungen sowie obendrein noch Salz. Selbst wenn die bereits auf etwa 10 km^3 umgesetzte Maßnahme es ermöglichen kann, den Pegel des Aralsees etwa 20 m unter seinem Ausgangsniveau zu stabilisieren, so kann sie doch die verwüstete Umgebung nicht wiederherstellen. Und im Aralsee wird sich weiterhin Salz anreichern.

Also hat man erwogen (und zwar seit langem, seit den großen Erschließungsprojekten der 50er und 60er Jahre), eine zusätzliche Wasserzufuhr von 100-120 km^3 für das gesamte Einzugsgebiet zu beschaffen.

Das Projekt, Wasser aus dem Kaspischen Meer zu pumpen, wurde 1969 von Stepanow entwickelt. Wasserleitungen sollten das Wasser aus diesem See bis auf etwa 50 m Höhe pumpen (was etwa 80 m Höhenunterschied wären). Als Trasse hätte man die des nord-turkmenischen Kanals genommen, sie hätte mehrere riesige Pumpstationen entlang dem Usboi umfaßt, den man so wieder mit Wasser gefüllt hätte - mit umgekehrter Fließrichtung. Der vorgesehene Energieaufwand lag in der Größenordnung von 18 Mrd. kWh/Jahr. Unnötig zu sagen, daß die Umsetzung eines solchen Projekts sowie dessen Gestehungskosten völlig utopisch waren, und das um so mehr, als diese Wasserentnahme aus dem Kaspischen Meer ja einen Ausgleich erfordert hätte. Stepanow (nach Glasowski 1990) spekulierte dabei auf eine Zunahme der Niederschläge über dem Kaspischen Meer, was auf kurzfristigen meteorologischen Statistiken fußte. Tatsächlich war in den letzten Jahren einen leichten Anstieg des Kaspischen Meeres zu verzeichnen, ohne daß mehr Wasser eingleitet worden wäre. Die Seriosität von Ste-

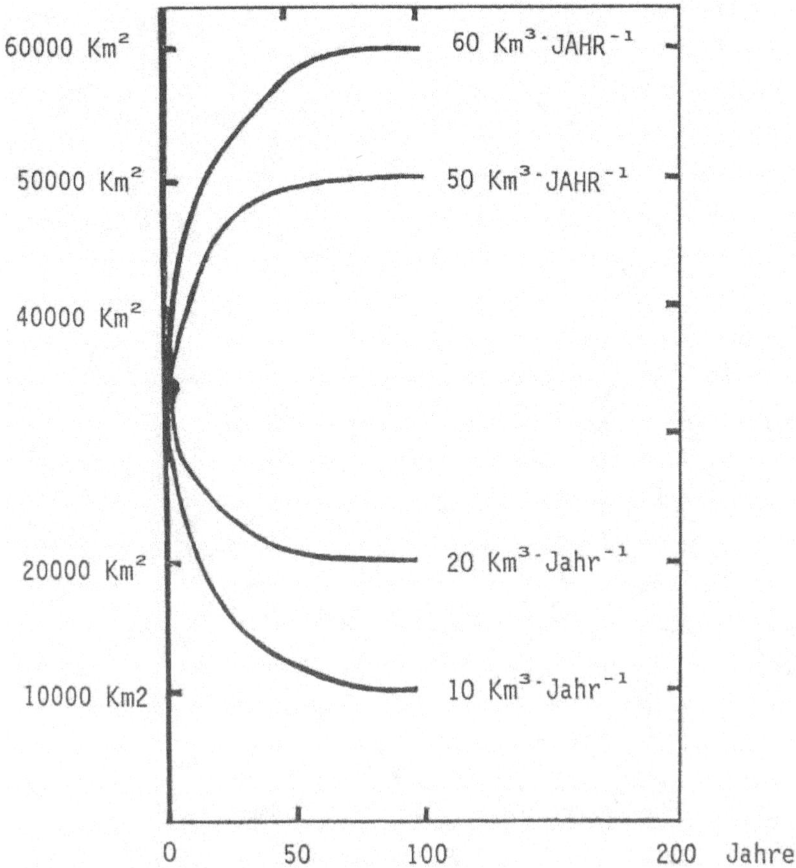

Abb. 7.5. Entwicklung der Oberfläche des Aralsees nach verschiedenen Wiederauffüllungs-Szenarien (ohne Staudämme), ausgehend von einer Oberfläche von 35 000 km2 (1990)

panows Berechnungen darf bezweifelt werden. Die Wolga reichte nämlich auch damals nicht aus, um den Pegel des Kaspischen Meers aufrechtzuerhalten, wo es seit 40 Jahren schwere Probleme gab. Teilweise wurden diese inzwischen behoben - auch diese Geschichte wäre es wert, erzählt zu werden.

Ein anderes Projekt sieht vor, Wasser aus der Bucht von Kenderli nördlich des Kara-Bogas zum Aralsee zu transportieren. Die gleichen Probleme stellen sich auch hier, denn man müßte das Wasser von 27 m u. NN (Kaspisches Meer) bis auf 120 m Höhe pumpen, die Mindesthöhe, um den Ust-Urt zu überwinden. Wie bei Stepanows Projekt, so hätte auch hier das Wasser den Salzgehalt des Kaspischen Meeres, also durchschnittlich bereits 12 g/l, und durch die starke Verdunstung wäre der Salzgehalt des Aralsees allmählich sehr hoch geworden, wesentlich höher als heute.

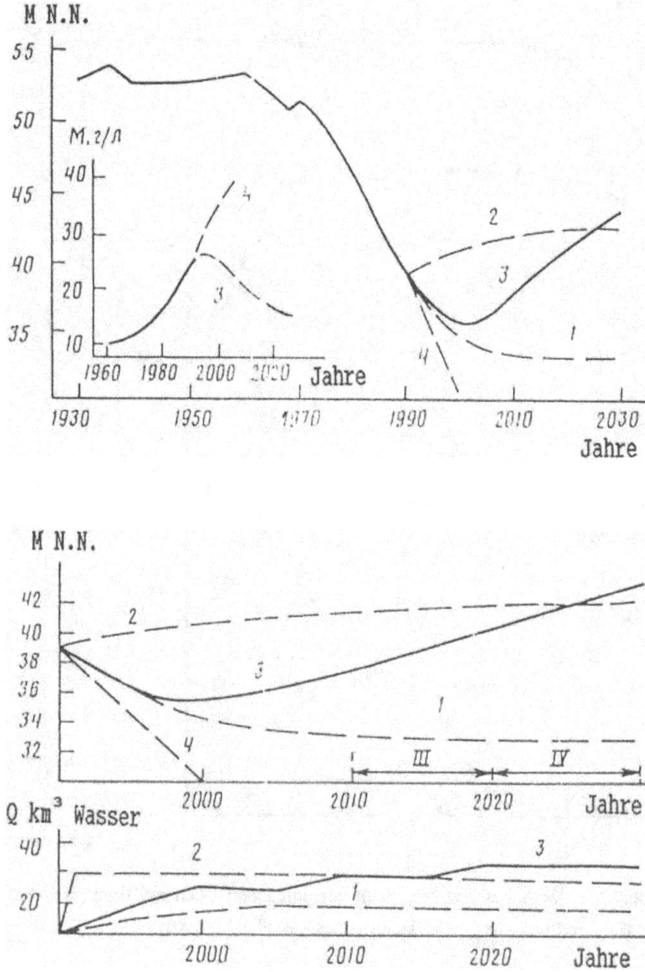

Abb. 7.6. Die verschiedenen Wiederauffüllungs-Szenarien für den Aralsee. *Abszissen:* Jahre; *Ordinaten:* Höhe des Seespiegels; *oben* und in der *Mitte* die möglichen Szenarien: *1* allmählich zunehmende Wasserzufuhr von 0-25 km^3/Jahr zusätzlich bis 2005; *2* sofortige zusätzliche Wasserzufuhr von 30 km^3/Jahr; *3* allmählicher Übergang auf 35 km^3/Jahr bis 2020; *4* keine zusätzliche Wasserzufuhr; *unten* die für die Szenarien *1-3* notwendigen Wassermengen; in der *kleinen Abbildung* oben ist die Veränderung des Salzgehalts (in g/l) in den Szenarien *3* und *4* dargestellt. (Nach Altunin et al. 1991)

Trotzdem wurde gerade erst noch ein vergleichbares Projekt vorgeschlagen (Achmedow u. Spitsyn 1992): Das Wasser sollte in der Koktschak-Bucht des Kaspischen Meeres (vgl. Abb. 7.7) entnommen, in den ehemaligen Golf des Kaspischen Meeres "Mertwyj Kultuk" und von dort in die Senke der "Sor"

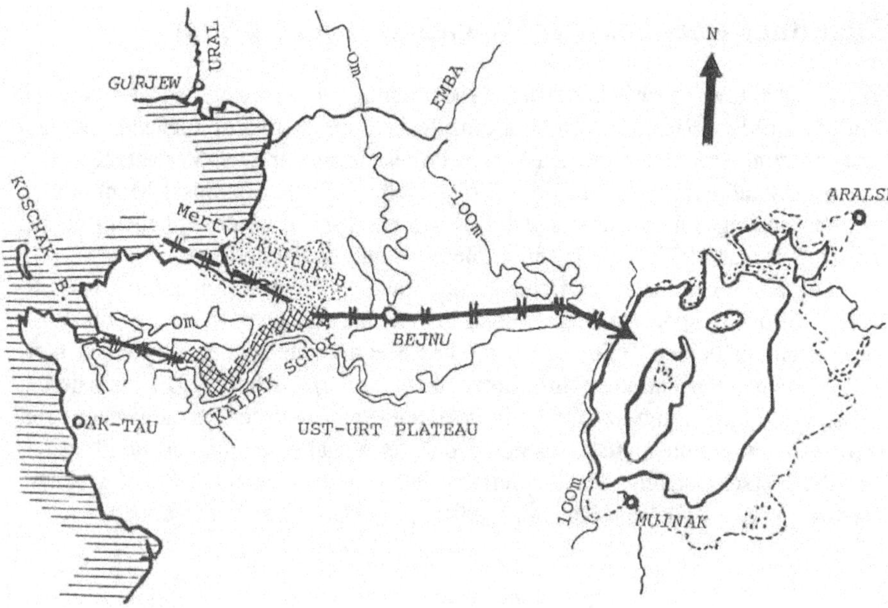

Abb. 7.7. Das Projekt von Achmedow und Spitsyn (1992), bei dem Wasser aus dem Kaspischen Meer zum Aralsee gepumpt werden sollte

Kaidak geleitet werden, und zwar entweder ohne Höhenunterschied über einen Kanal von 130 km Länge, 800 m Breite und 4-5 m Tiefe oder noch direkter über einen 50 km langen, 500 m breiten und 35 m tiefen Kanal, der die Landenge durchschneidet. Die Bucht von Kaidak wäre ihrerseits von der Bucht von Mertwyj Kultuk durch einen 25 km langen und 6 m hohen Damm getrennt. Eine Pumpstation könnte dazu beitragen, bei den Erdarbeiten etwas einzusparen. Von dort sollte eine zweite Pumpstation das Wasser in einen Kanal hinaufpumpen, der den Ust-Urt überquert. Der Durchfluß betrüge 1800 m^3/s bei einen Energieaufwand von über 3000 MW, und in weniger als 20 Jahren wäre der Aralsee wieder voll. Ein Wasserkraftwerk an der Steilwand des Tschink, durch das das Wasser hindurchgeleitet würde, könnte einen Teil der Energie wieder zurückgewinnen. Dieses Projekt ist ein Anklang an die gigantischen Utopien der vergangenen Dekade.

Ergänzend dazu wurde auch die Idee geäußert, die Verbindung zwischen dem Schwarzen und dem Kaspischen Meer über die Manytsch-Senke nördlich des Kaukasus wieder zu öffnen (vgl. Iwanowa 1992), ohne dabei allerdings die Unterschiede im Salzgehalt zu berücksichtigen.

Umleitung eines Teils der Wolga über den Fluß Ural

A. Kuschainow (nach Glasowski 1990) schlug vor, einen Teil des Wolgaabflusses (20 km^3/Jahr) in den Ural umzulenken und dann anschließend über den Ust-Urt zum Aralsee zu leiten. Für sein Projekt nannte er zwei Varianten:

- Ein Staudamm zwischen dem Wolga-Delta und der Halbinsel Mangischlak würde den Pegel im nordöstlichen Teil des Kaspischen Meers anheben - dessen Küste zwischen 1900 und 1950 in großem Umfang verlandet ist[219].
- Der Bau eines Kanals zwischen zwei parallelen Deichen durch den nordöstlichen Teil des Kaspischen Meeres zwischen Wolga und Ust-Urt, wobei die Wassermassen der beiden Teile des Kaspischen Meeres miteinander in Kontakt bleiben sollten (Verbindungsrohre unter dem Kanal). Schon 1973 kritisierten Glasowski und Golubew dieses Projekt aus verschiedenen geologischen und ökologischen Gründen; so sei es nötig, daß der Kanal einen dichten Boden habe, um die Verschmutzung des Wassers in Gebieten mit salzigem Substrat sowie Verluste in den Kalk- und Karstgipsgebieten des Ust-Urt zu verhindern.

Das Auspumpen des Issyk-Kul-Sees

Dieser See, der nahe der chinesischen Grenze ganz in Kirgistan liegt (Abb. 7.8), stellt einen beträchtlichen Wasservorrat dar (6200 km^2, 702 m Tiefe, 1740 km^3). Man hat erwogen, ihn über den Fluß Tschu, einen ehemaligen Zufluß des Syr-Darja, mit dem Aralsee zu verbinden. Die Kirgisen haben sich bereits der Vorstellung dieses Projekts heftig widersetzt.

Der Kanal Sibaral

Das Sibaral-Projekt, daß darauf abzielte, die großen sibirischen Ströme anzuzapfen, wurde sehr sorgfältig untersucht, und sogar mit seiner Umsetzung wurde bereits begonnen. Es ist eine Abwandlung des Projekts Kaspisches Meer - Aralsee, einer von Stalins Lieblingsideen (Andrianow et al. 1975), die in den Rahmen der grandiosen 1948 von Dawydow vorgestellen Utopien paßte; dieser griff dabei auf Ideen zurück, die seit den 1860er Jahren aufgekommen waren.

Der Vorschlag, das Wasser der sibirischen Flüsse zu verwenden, um der Trockenheit in Turan abzuhelfen, wurde bereits im 19. Jh. gemacht. Wesentlich später brachte der Wasserbedarf in Turan die sowjetische Regierung dazu, im Rahmen der Vorbereitung des 10. Fünfjahresplans die Frage erneut ernsthaft anzugehen[220].

---

[219] Man vergleiche dazu die Landkarten von vor und nach dem 2. Weltkrieg.
[220] vgl. Kelly u. Campbell (1985).

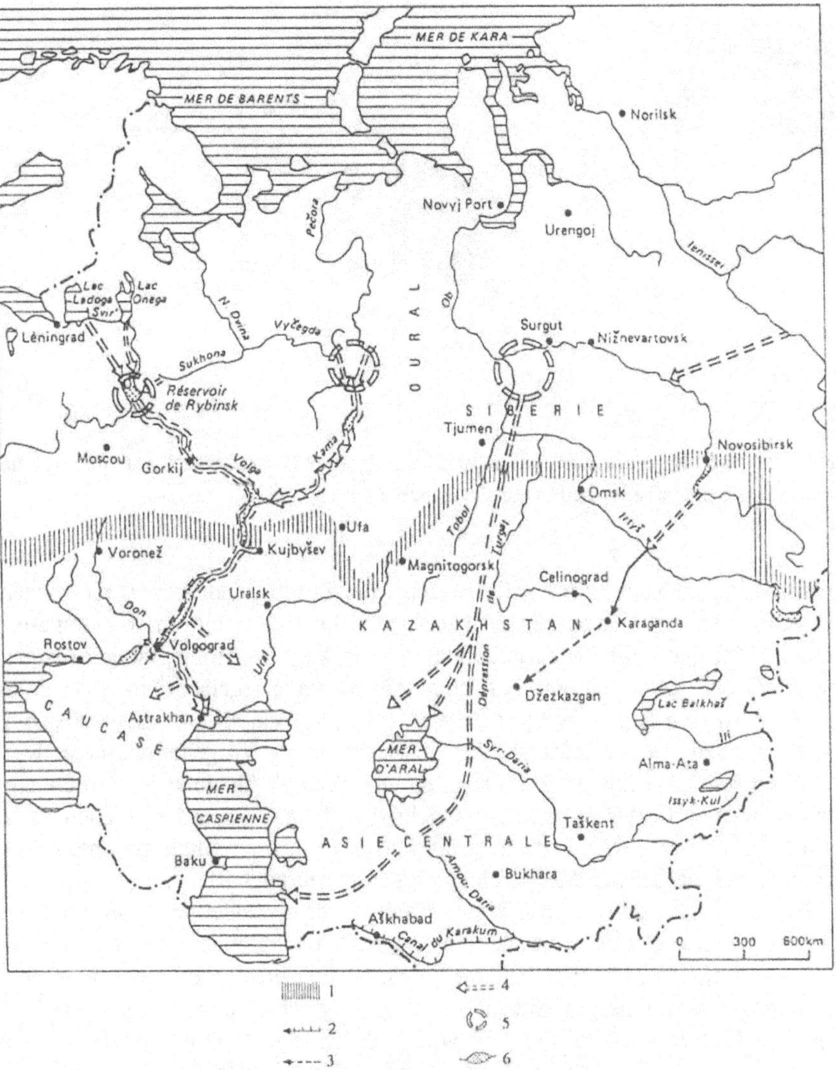

Abb. 7.8. Flußumlenkungsprojekte in der UdSSR: *1* Grenze zwischen den Wasserüberschuß- und Wassermangelgebieten, *2* Irtysch-Karagenda-Kanal, *3* Verlängerung bis Dsheskasgan (in Bau), *4* Kanäle, die für die Umlenkungen vorgesehen sind, *5* vorgesehene Stauseen und Umverteilungszentren, *6* vorhandene Stauseen (Giroux 1985)

Die zahlreichen Varianten des Projekts (Abb. 7.8 und 7.9) weisen alle dieselbe Grundstruktur eines groß angelegten Kanals (200 m breit und 10-15 m tief) auf, der die Schwelle des Turgai auf einer Länge von 200 km in einem Geländeeinschnitt durchqueren sollte. Um Erdarbeiten einzusparen, sah eine Alternative vor, das Wasser zuerst über Pumpen bis zur Turgai-Passage 20 m anzuheben;

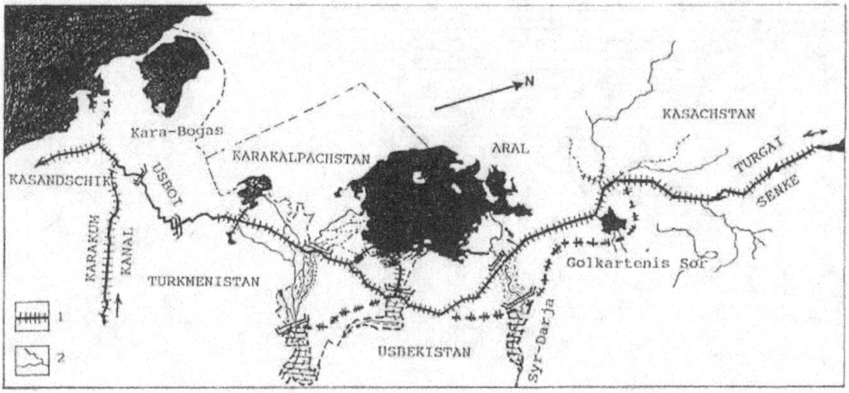

Abb. 7.9. Zwei Projektvarianten des Sibaral-Kanals, mit Rückhaltebecken: *1* Hauptkanal und Ableitungen, *2* natürliche Wasserläufe und vorhandene Kanäle

der gesamte Jahresdurchfluß sollte zunächst bei 27 km^3, dann bei 60 km^3 liegen, was etwa 1900 m^3/s entspricht. All das sollte kurz- bis mittelfristig umgesetzt werden. Man hatte für die Erdarbeiten den Einsatz von Atombomben erwogen, und Versuche dazu wurden auf dem Atomwaffentestgelände in Kasachstan durchgeführt (die Ergebnisse konnte man im Fernsehen sehen). Abgesehen von den Problemen mit der Radioaktivität erwies sich das Vorgehen als nicht wirtschaftlich sei. Überdies hatte die traditionelle Technik für derartige Großbauten (Bulldozer und Löffelbagger) ihre Effektivität beim Bau des südlichen Kara-Kum-Kanals unter Beweis gestellt. Man plante auch, die semipermanenten Wasserläufe der kasachischen Steppe unterwegs mit abzufangen.

Der Kanal hätte den Syr-Darja ebenerdig gekreuzt, wobei der Fluß durch ein Stauwehr zurückgehalten worden wäre, das flußaufwärts eine beträchtliche Wassermenge aufgestaut hätte; gebaut wurde dieses aber nicht, weil die klimatischen Bedingungen den Baumwollanbau in dieser Gegend unmöglich machten (vgl. Kap. 4). Der vorgesehene Stausee wurde durch den Ajdarkul-See wesentlich weiter flußaufwärts ersetzt. Nach den ursprünglichen Plänen hätte der Stausee auch einen Teil des sibirischen Wassers aufnehmen können. Vom Syr-Darja aus hätte mit einem Teil des Wassers die Wüste östlich des Aralsees bewässert werden können, und zwar über Nebenkanäle, die man in ehemaligen Flußbetten des Jana-Darja (des ausgetrockneten Südarms des Syr-Darja) angelegt hätte. Oberhalb von Nukus hätte der Kanal den Amu-Darja gekreuzt, wo ein zweiter Staudamm ebenfalls ein Rückhaltebecken geschaffen hätte. Jenseits des Flusses hätte er Choresm durchquert, die Wüste im Süden bewässert und den Sary-Kamysch-See gespeist, wobei sein Wasser sich mit dem des Amu-Darja vermischt hätte. Weiter wäre er dem Lauf des Usboi gefolgt (mit einem Wasserkraftwerk an den ehemaligen Wasserfällen) und hätte sich in der Nähe der Stadt Nebit-Dag mit dem südturkmenischen Kanal vereinigt (heute hat man diesen bis zum unteren Usboi-Tal fortgeführt). Von dort aus hätte er schließlich die Wüste von Dagestan südöstlich des Kaspischen Meeres bewässert.

Der Nordabschnitt dieses Projekts von 1950, d.h. der Teil von Sibirien zum Aralsee, wurde also wieder aufgenommen, wobei diesmal der Kanal in den Aralsee münden sollte. Selbstverständlich wäre der Kanal schiffbar gewesen. Etwa 10 km^3 Wasser wären direkt in den Aralsee geleitet worden, der 1984 bereits stark geschrumpft war.

Dieses gigantische Projekt beinhaltete, ebenso wie seine Varianten, erhebliche Schwierigkeiten. Man hätte zunächst im Ausgangsgebiet mit Hilfe von gewaltigen Staudämmen am Tobol, einem bedeutenden Nebenfluß des Irtysch, sowie an anderen Flüssen einen großen Wasservorrat aufstauen müssen. Die Wassermassen hätten ein Gelände von einigen 10 000 km^2 überflutet (ein See von 70 000 km^2 war vorgesehen) und so eines dieser "Meere innerhalb Sibiriens" geschaffen, von denen man in der ehemaligen Sowjetunion in den 50er Jahren viel träumte. Anschließend mußte dieses Wasser bewegt werden, denn das schon zu Beginn recht schwache Gefälle (weniger als 50 m auf 600 km) ermöglichte nur einen schwachen Abfluß, trotz des geplanten Querschnitts. Mit einem Strömungsquerschnitt von 1500 m^2 (10 m Breite auf 15 m Tiefe) hätte das Gefälle bestenfalls einen Durchfluß von unter 200 m^3/s zugelassen. Eine Variante sah vor, die Ausgangshöhe mit Hilfe riesiger Pumpen anzuheben, um dieses Gefälle zu vergrößern.

Auch mußte man die Verluste durch Versickerung und Verdunstung vorhersehen: Aus einem Kanal mit 1500 km Länge und 100 m Breite wären allein 1,5 km^3 pro Jahr verdunstet (und das ohne Berücksichtigung von dazuwischenliegenden Stauseen). Den Planungen zufolge sollte man in den Kanal jährlich 27 km^3 Wasser einleiten. Nachdem er Gelände zu überqueren hatte, in dem die Sanddecke 60-80 m Mächtigkeit erreicht, wären davon am Aralsee kaum mehr angekommen als 17 bis gerade noch 3 km^3/Jahr. Man überlegte auch, den Kanal um den Aralsee herum durch Einbeziehen der beiden großen Flüsse Turans zu speisen; dies hätte jedoch zwangsläufig eine Beschränkung der Wasserentnahme flußaufwärts bedeutet. Stalin wünschte zudem, daß man den turkmenischen Teil des Kanals für die Schiffahrt nutzbar zu machen - der alte Traum der Zaren -, was bedeutet hätte, daß man einen Teil des Wasserdurchflusses für den Tiefgang zurückbehalten und/oder einen Hilfskanal hätte bauen müssen. Im besten Fall hätten lediglich kleine Wasserfahrzeuge verkehren können, so wie auf dem südturkmenischen Kanal, also mit einem minimalen wirtschaftlichen Ertrag.

Alle diese Schwierigkeiten, zusammen mit den abschreckenden Kosten des Projekts und der zweifelhaften Rentabilität einer Bewässerung auf Böden, deren Problematik man bereits absehen konnte, haben dazu geführt, daß das Projekt kaum vorankam. 1985 wurde ein endgültiger Plan festgestellt und 1989 sollten die Bauarbeiten beginnen. Die Überflutung von sehr gut für den Ackerbau nutzbarem Land im Südwesten Sibiriens und Nord-Kasachstan hätte die landwirtschaftliche Produktion dort beträchtlich vermindert, ganz zu schweigen vom Problem der Umsiedlung der betroffenen Bevölkerung. Es scheint, als seien die

Bauarbeiten in Kasachstan begonnen und sogar schon recht fortgeschritten gewesen, trotz der Mahnungen - oder gar Klagen - der regionalen Behörden, die als einzige ihrer Stimme ein wenig Gehör verschaffen konnten. 1986 (Prawda vom 1. August, S.1, Entscheidung des Zentralkomitees des KPdSU) wurde der endgültige Baustopp für das Vorhaben verkündet, das um 1995-2000 hätte fertig werden sollen. Als Michail Gorbatschow 1988 seine Reise nach Mittelasien unternahm, kamen Delegationen der Anrainer des Aralsees, um sich über ihre Lage zu beklagen, und eine Wiederbelebung des Projekts kam zur Sprache. Der sowjetische Präsident versicherte seinen Gesprächspartnern, daß es noch einmal untersucht würde, ebenso wie andere mögliche Rettungsmaßnahmen. Wie auch immer - sibirisches Wasser herbeizuleiten, um einzig und allein das Defizit des Aralsees auszugleichen - oder dessen Verlandung zu bremsen - würde wirtschaftlich gesehen ganz eindeutig in den Bereich der Absurdität fallen. Man hat seither nichts mehr davon gehört. M. Gorbatschow hatte jedenfalls andere Probleme zu bewältigen als die des Aralsees. Beim Kolloquium von Nukus wünschten die Präsidenten der betroffenen Republiken dringend eine schnelle erneute Speisung der Wasserfläche des Aralsees.

Ernster zu nehmen und als Ergänzung zur Wiederbelebung der Wasserzufuhr zu verstehen sind die Projekte, nach denen der Aralsee geteilt werden soll.

Ein Plan zur Anhebung des Grundwassers im Amu-Darja-Delta: Die Polder (Abb. 7.10)

Verschiedene Projekte wurden vorgeschlagen, jedes wurde jedoch durch die zunehmende Absenkung des Sees überholt. Wir wollen uns hier nur mit Ansätzen befassen, die noch eine realistische Grundlage haben.

Duchownyj et al. (1984) schlugen vor, parallel zum Südufer einen 225 km langen Deich zu bauen, der einen künstlichen See von 3 m Tiefe aufstauen sollte (51 m ü. NN). Gespeist werden sollte er vom Wasser des Amu-Darja und von Entwässerungssammelkanälen (KC 1 - KC 5 in Abb. 7.10). Seewärts sollte ein zweiter niedrigerer Deich das Wasser mit etwa 1,50 m Tiefe zurückhalten[221]. Staudämme am Amu-Darja sollten Rückhaltebecken zur Regulierung schaffen. Ein künstlicher See, der durch Deiche eingefaßt auf einem höheren Stand als der umliegende Erdboden gehalten werden sollte (in Abb. 7.10 die schraffierte Fläche mit dicker schwarzer Umrandung), würde talwärts als letztes Rückhaltebecken dienen. Der Sudotsche-See würde zum einen durch das Aufstauen eines derzeitigen Entwässerungskanals, der westlich an der Böschung des Tschink entlangläuft, vergrößert, zum anderen würde ein neuer Kanal gegraben, um einen Teil des Wassers aufzunehmen, das heute zum Sary-Kamysch hin abläuft (weil das Gefälle nach Westen stärker als nach Norden ist - vgl. Abb. 2.41.a - müßten Pumpwerke gebaut werden). Auch die vorhandenen Seen würden als

221 Varianten dieses Projekts sahen Tiefen von 3 bzw. 5 m vor.

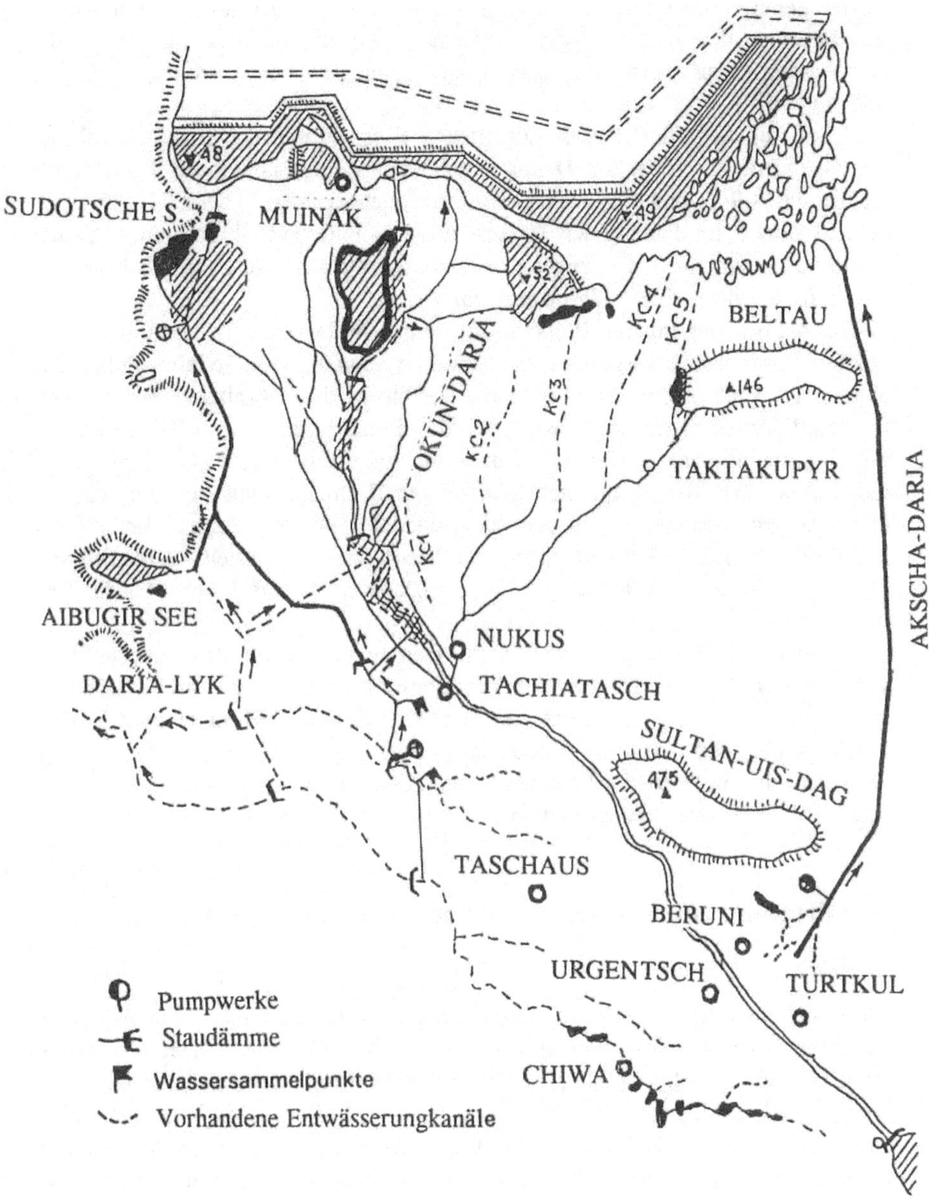

Abb. 7.10. Ein Polderprojekt im Amu-Darja-Delta und neue Abwasserrückhalteseen; KC2 wurde nicht gebaut. (Nach Duchownyj et al. 1984)

Puffer genutzt. Im Osten würde man das Wasser der Bewässerungsflächen auf die Südseite des kleinen Gebirges Sultan-Uis-Dag anheben, um es in den Akscha-Darja zu leiten, der (begradigt) dann den neuen Polder versorgen würde[222].

Durch die Schaffung dieses künstlichen Sees würden die Druckhöhenlinien der Grundwasserschicht des Deltas angehoben, welche ja seit 1960 um durchschnittlich 8-9 m abgesunken ist, wie man sich erinnert. Diese Grundwasserschicht dürfte im Prinzip wieder bis auf 2 m unterhalb ihrer ursprünglichen Höhe ansteigen, da ja der Pegel des Aralsees in 53 m Höhe lag (und nicht in 51 m Höhe, wie es das Polderprojekt vorsah).

Das Wasser des inneren Polders, auf dem Schilf wachsen würde, wäre einer starken Verdunstung ausgesetzt und würde regelmäßig zum äußeren Polder hin abgelassen und von dort in den verbleibenden Aralsee. Wenn man (vernünftigerweise) für das Wasser, das den Polder speist, einen Salzgehalt von 6 g/l annimmt, dann dürfte das Wasser im Polder angesichts der Verdunstung einen Salzgehalt von 10 g/l nicht übersteigen. Dann könnten sich die früheren ökologischen Bedingungen an der Küste wieder einstellen, die auf diese Weise lediglich 2 m tiefer als die ursprüngliche Küste wiederhergestellt wäre. Ein vergleichbares Projekt wurde auch für das Syr-Darja-Delta und das Ostufer des Sees vorgeschlagen.

Ein derartiges Vorhaben wirft recht wenige technische Probleme auf und scheint eines der vernünftigsten, um das Delta zu retten und eventuell wiederherzustellen. Aber ist es - angesichts der Schäden, die seit 1984 angerichtet wurden - dafür nicht schon zu spät? Glasowski (1990) fragt sich, welche gesundheitlichen Auswirkungen solche Lagunen haben könnten und welche enormen Kosten ihre Verwirklichung verursachen würde.

Die Projekte zur Teilung des Aralsees (Lwowitsch u. Tschigelnaja 1978)

Ein Staudammprojekt trennt den westlichen Graben vollständig vom östlichen, wesentlich flacheren Teil. Es stützt sich auf die lange von Nord nach Süd verlaufende Halbinsel (Abb. 7.11 E), die sich mittlerweile aus der Inselkette der Wosroshdenija- und der Bellingshausen-Insel gebildet hat und die man über einen Deich mit der Halbinsel Kulandi (die diese Trennlinie nach Norden verlängert) verbinden könnte. Die enge Durchgangsstelle ist derzeit (1991) etwa 15 km breit und hat eine Maximaltiefe von 6 m.

Der 1983 von Tschernenko vorgeschlagene Plan (Abb. 7.11 C) beinhaltet, den Kleinen See im Norden und den westlichen Graben ohne Wasserzufuhr zu

---

222 Der Begriff Polder steht nicht nur für neues Festland, das dem Wasser abgerungen wurde (so wie an der Nordsee), sondern wird hier allgemeiner für eine tief gelegene Fläche gebraucht, die regelmäßig überflutet wird, um das Salz auszuwaschen, so daß sie nicht dauerhaft zur Landfläche wird.

belassen und folglich nur den mittleren Teil des Sees mit Drainageabwässern zu speisen. Nach seinen Berechnungen bräuchte man etwa 20-30 km^3 Wasser, um ihn auf dem Stand von 1983 zu halten. Der Salzgehalt würde sich etwa bei 12 g/l einpendeln. Nach der Jahreszeit mit hoher Verdunstung würde man einen Teil des Wassers in die isolierten Becken mit niedrigerem Pegel leiten. In ihnen würde das Wasser dann vollständig verdunsten, so daß sie die letzte "Müllhalde" darstellen würden[223]. Angsichts ihrer begrenzten Oberfläche rechnete man damit, daß weniger Salz vom Wind abgeweht würde und die Niederschläge eher den Ust-Urt als das Amu-Darja-Delta treffen würden, da sich das Ganze im Westteil des Aralsees abspielen würde. Das im Mittelteil des Sees verbleibende Salz würde durch die nachfolgenden Drainageabwässer wieder verdünnt.

Eine Abwandlung dieses Projekts ist in Abb. 7.12 dargestellt. Da der Pegel des Aralsees noch gesunken ist, würde ein solches Projekt zunächst die Erhöhung des Wasserstandes im mittleren Beckens voraussetzen. Das wiederum würde wesentlich mehr Wasser als vorgesehen zur Wiederherstellung des Anfangszustands erfordern, bevor das System überhaupt funktionieren könnte. Eine Überschlagsrechnung ergibt für fast 100 Jahre einen Bedarf von über 30 km^3/Jahr.

Lwowitsch und Tschigelnaja hatten schon 1978, als die Regression des Aralsees beunruhigend zu werden begann, ein wesentlich bescheideneres Staudammprogramm in den Deltas vorgeschlagen. Es sollten Wasserreserven von etwa 10 000 km^3 aufgestaut werden, um die Jahresschwankungen des Zustroms zum Aralsee auszugleichen, so daß man den Seespiegel bei etwa 49 m hätte stabilisieren können. Die wesentlichen Wirtschaftsfaktoren am Ufer, darunter der Fischfang, wären so zu retten gewesen.

Die Autoren dieser Projekte schlagen vor, die Ufer der verbleibenden Seen so zu gestalten, daß die Hochwasser der Zuflüsse aufgefangen werden und nicht auf das heute verlandete Gelände hinaus überlaufen können, das auf die ein oder andere Art auch erschlossen werden würde.

Im Rahmen ihrer Studie hatten Lwowitsch und Tschigelnaja auch ein Szenario zur Rettung des Kleinen Sees vorgeschlagen, das heute längst überholt ist, da dieser mittlerweile vom restlichen Aralsee isoliert ist. Sie hatten vorgeschlagen, diese Bucht von 1980 an abzuriegeln und in sie das Wasser des Syr-Darja zu leiten. Bei 10 km^3/Jahr hätte der Kleine See seinen Stand von 53 m und seinen Salzgehalt von 10,8 g/l wieder erreicht, der im Jahr 2050 auf 6 g/l abgesunken wäre; um diesen Wert aufrechtzuerhalten, wäre zum mittleren Graben hin Wasser abgezapft worden (5 km^3/Jahr). 1990 hat Micklin dieses Projekt erneut untersucht (Abb. 7.13): Als Zufuhr sieht er 0,66 km^3 Niederschläge, 0,30 km^3

[223] Der Autor verweist als Vorbild für diese "Salzakkumulatoren" auf die Lagunen Tschumasch-Kul und Dshaksy-Klysch nördlich des Syr-Darja-Deltas, die bereits in Kapitel 2 (Pegelschwankung des Aralsees) erwähnt wurden. Nachdem sie 1885 überschwemmt und 1902 gefüllt waren, haben sie infolge eines neuerlichen Absinkens des Aralsees 402 Mio. t Salz hinterlassen. Der Westteil des Balchaschsees fungiert auch schon als Salzregulator, er läßt den Ostteil des Sees recht salzarm.

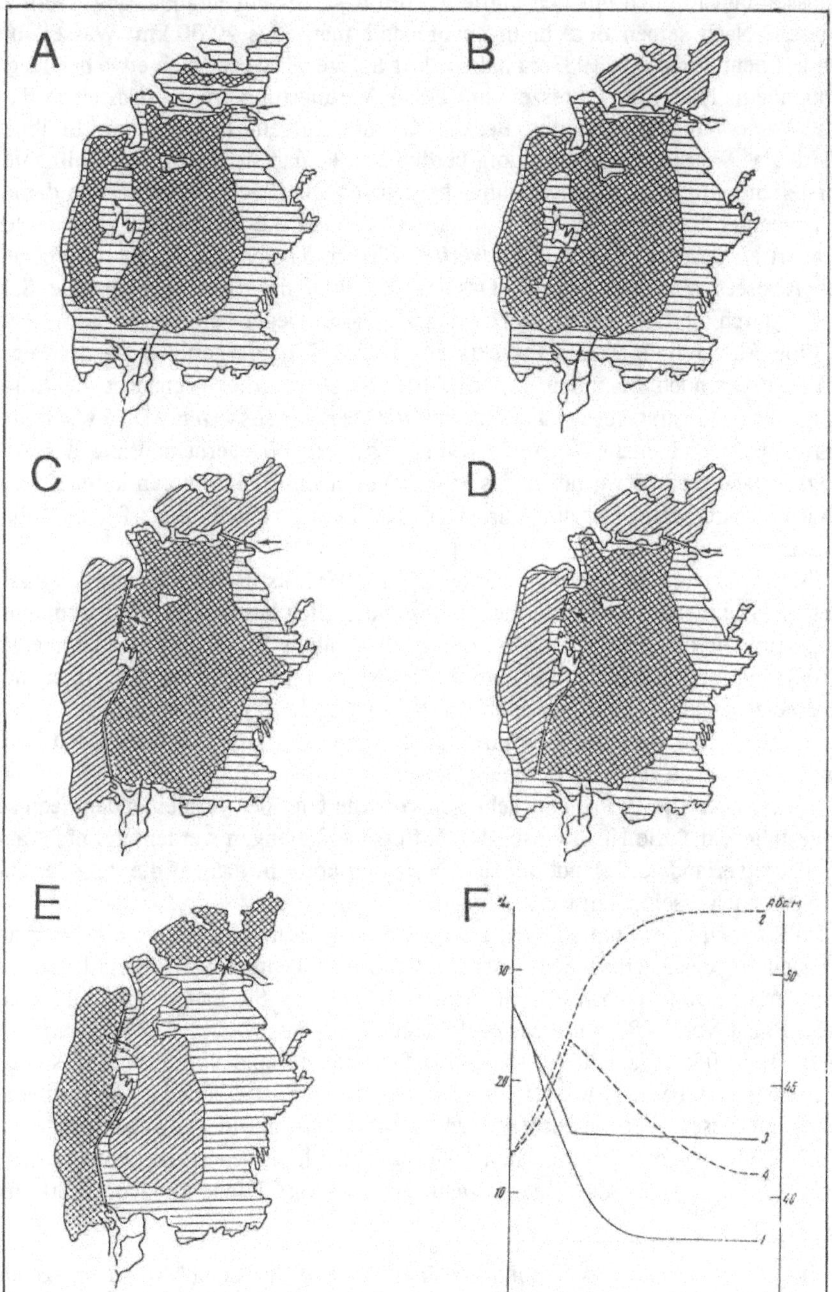
A
B
C
D
E
F
30
20
10
0
50
45
40
35
2000
2050
2100
1
2
3
4
1
2
3
4
5
6

◂ **Abb. 7.11.** Die Szenarien zur Aufrechterhaltung des Aralsee-Wasserspiegels mit einem Gesamtzufluß an Oberflächenwasser von 20 km^3/Jahr (Lwowitsch u. Tschigelnaja 1978): *1* Bereich mit "normalem" Salzgehalt; *2* Bereich, der durch Zuleitung des im Bereich 1 teilweise verdunsteten Wassers gespeist wird; *3* trockengefallene Bereiche; *4* Deiche; *5* Schleusen; *6* Strömungsrichtung. *A* Zustand ohne Teilung des Aralsees; *B* Aufgabe des Kleinen Sees; *C* Aufgabe des Kleinen Sees und des westlichen Grabens; *D* Variante von *C*, wenn die Arbeiten erst nach einer weiteren Absenkung durchgeführt werden; *E* Umkehrung von *C*; der Mittelgraben dient zum Auffangen des Wassers aus dem Westgraben und dem Kleinen See; *F* Entwicklung von Seespiegel (*durchgezogene Linie*) und Salzgehalt (*gestrichelt*) des Kleinen Sees in den Hypothesen *A* (*1,2*) und *E* (*3,4*): Im Kleinen See würde sich wieder ein ähnlicher Salzgehalt wie 1960 einstellen (immer unter der Annahme einer Wasserzufuhr von 4-5 km^3/Jahr über den Syr-Darja)

Grundwasser und 3,633 km^3 Oberflächenwasser vor, das aus dem Syr-Darja stammt sowie aus Rohrleitungen, dic Wasser aus dem Emba, dem Irgis und dem Turgai herbeiführen sollen - alle drei Flüsse verlieren sich heute in verschiedenen Brackwasserlagunen nördlich des Aralsees. Allerdings kann mit diesem System nicht die verschwundene Grundmenge wiederhergestellt werden, und die Nützlichkeit dieses Projekts ist strittig. Es sei daran erinnert, daß man in den 60er Jahren, als die Erdölförderung am Emba (nordöstlich des Kaspischen Meeres, wo das Wasser knapp ist) ausgeweitet wurde, einen vergleichbaren Kanal entworfen hatte, damals allerdings um den Aralsee anzuzapfen!

1989 hatte die Agentur Sojusgiproris die einfachere Lösung ins Auge gefaßt, den Grund der Bucht von Aralsk mit einem Staudamm abzuriegeln, sie über eine Ableitung des Syr-Darja mit Wasser zu versorgen und so ein Rückhaltebecken von 875 km^3 auf einer Höhe von 50 m ü. NN zu schaffen, unterhalb von dem dann noch ein künstlicher See mit Wasser versorgt werden könnte.

1992 hat die Regierung von Kasachstan mit dem Bau eines Deiches zwischen der ehemaligen Insel Kok-Aral und dem Delta begonnen (Abb. 7.13 und 7.14), durch den der Kleine See und der Große See endgültig getrennt werden. Dieser Deich, der dem in Abb. 7.13 dargestellten Projekt entspricht, dürfte beträchtlich verstärkt werden und könnte im Jahr 2000 fertiggestellt sein, seine Funktion dürfte er allerdings schon deutlich früher erfüllen. Ende 1992[224] gab es einen Pegelunterschied von 2,70 m zugunsten des Kleinen Sees (Bildtafel 22). Offenbar erfolgte 1994 infolge von Diskussionen ein Baustopp für den Damm. Der verbleibende Abfluß des Syr-Darja in den Kleinen See wurde erhöht (3 km^3?), indem man die Wasserentnahme zur Bewässerung und die Bestellung von Neuland im unteren Syr-Darja-Tal verringert hat. So hofft man, den Kleinen See zu

[224] Micklin (1993) gibt mit Stand vom 1.1.1993 für den "Großen See" und den "Kleinen See" folgende Daten an: Höhe ü. NN: 36,89 m bzw. 39,91 m; Oberfläche 30 953 km^2 bzw. 2689 km^2; Volumen 279 km^3 bzw. 21 km^3; Salzgehalt 37 g/l bzw. 30 g/l. Für das Jahr 2000 sieht er für den Großen und den Kleinen See folgende Werte voraus:
Höhe ü. NN: 32,38 m bzw. 40,97 m; Oberfläche 21 003 km^2 bzw. 3152 km^2; Volumen 159 km^3 bzw. 24 km^3; Salzgehalt 65-70 g/l bzw. 25 g/l.

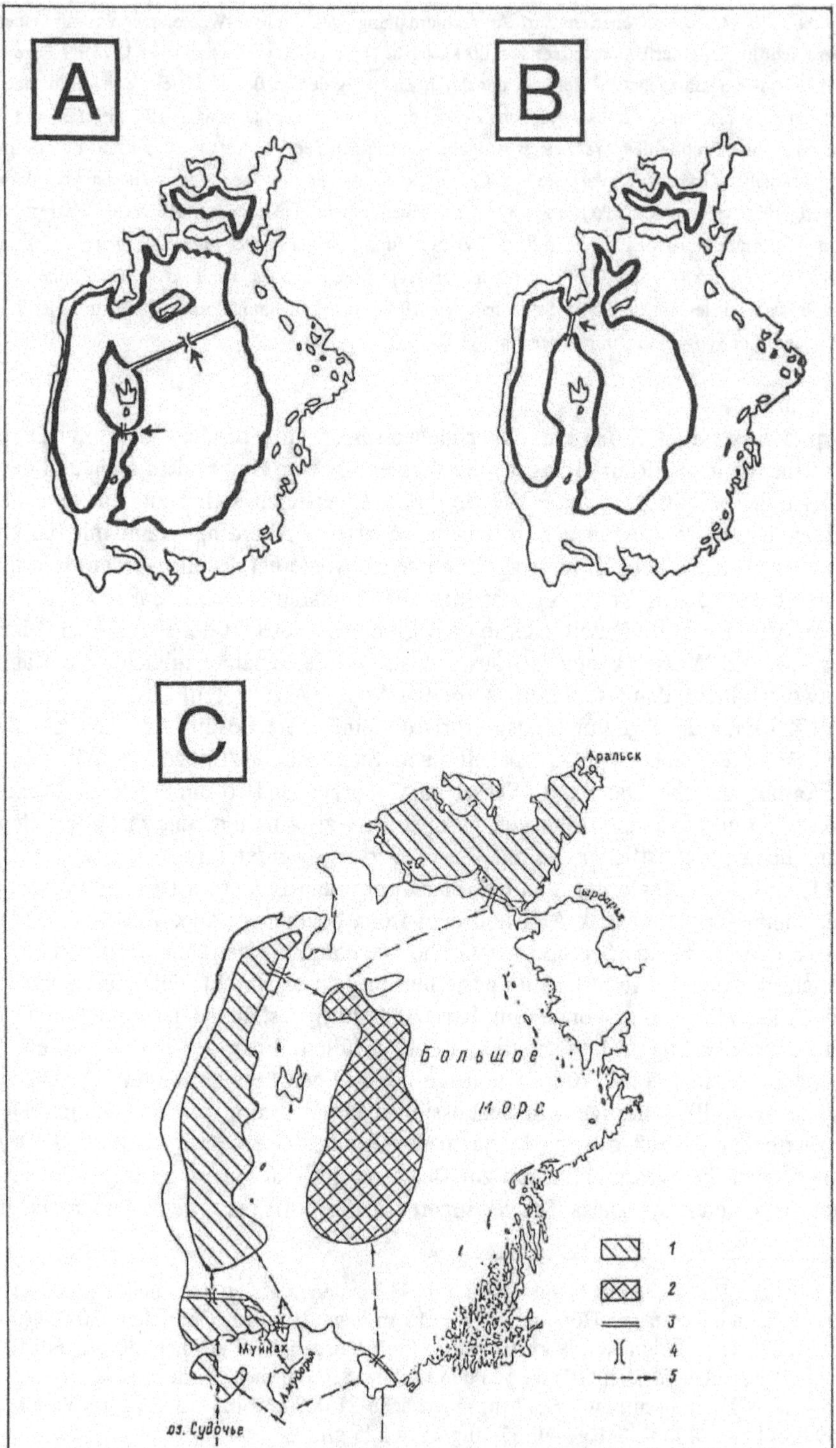
A
B
C
Аральск
Сырдарья
Большое
морс
Муйнак
Амударья
оз. Судочье
1
2
3
4
5

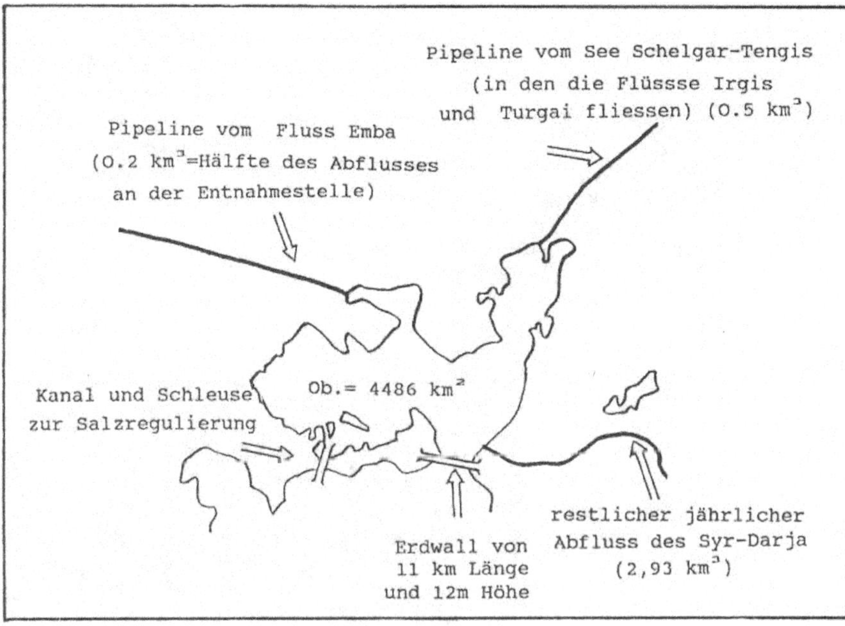

Abb. 7.13. Das Projekt von Micklin (unveröffentlicht)

◂ **Abb. 7.12.** Weitere Staudammprojekte, die 1990 vorgestellt wurden. In Abbildung *C* werden lediglich der Kleine See und der westliche Graben weiterhin direkt mit Wasser versorgt (*1*); die mittlere Senke (*2*) erhält über Schleusen (*4*) die durch Verdunstung konzentrierten Gewässer; Deiche (*3*) und Fließrichtungen (*5*)

seinem ursprünglichen Wasserstand und Salzgehalt (etwa 11 g/l) zurückzuführen. Nach dem Biologen Aladin könnte durch dieses Vorhaben möglicherweise das alte Ökosystem des Kleinen Sees wiederhergestellt werden (Aladin u. Potts 1992).

Man kann die Zeit für die Umsetzung dieses Vorhabens berechnen, dabei die mittleren meteorologischen Parameter[225], die Versickerungen usw. berücksichtigen sowie die Tatsache, daß auch der Syr-Darja Salz mit sich führt. Je nach verfügbarer Wassermenge umfaßt die Zeitspanne, die erforderlich ist, um das gewünschte Ergebnis zu erzielen, 12-30 Jahre (um den Ausgangspegel wiederherzustellen, wären etwa 4,5 km^3 pro Jahr nötig).

Der Pegel des Großen Sees dürfte 1992 37,10 m erreichen (also um 30 cm sinken), nachdem er 1989 um 40 cm, 1990 und 1991 um 80 cm gesunken war.

[225] 1992 war in Kasachstan ein sehr regenreiches Jahr, und auch der Wasserdurchfluß in den Flüssen stieg dadurch an.

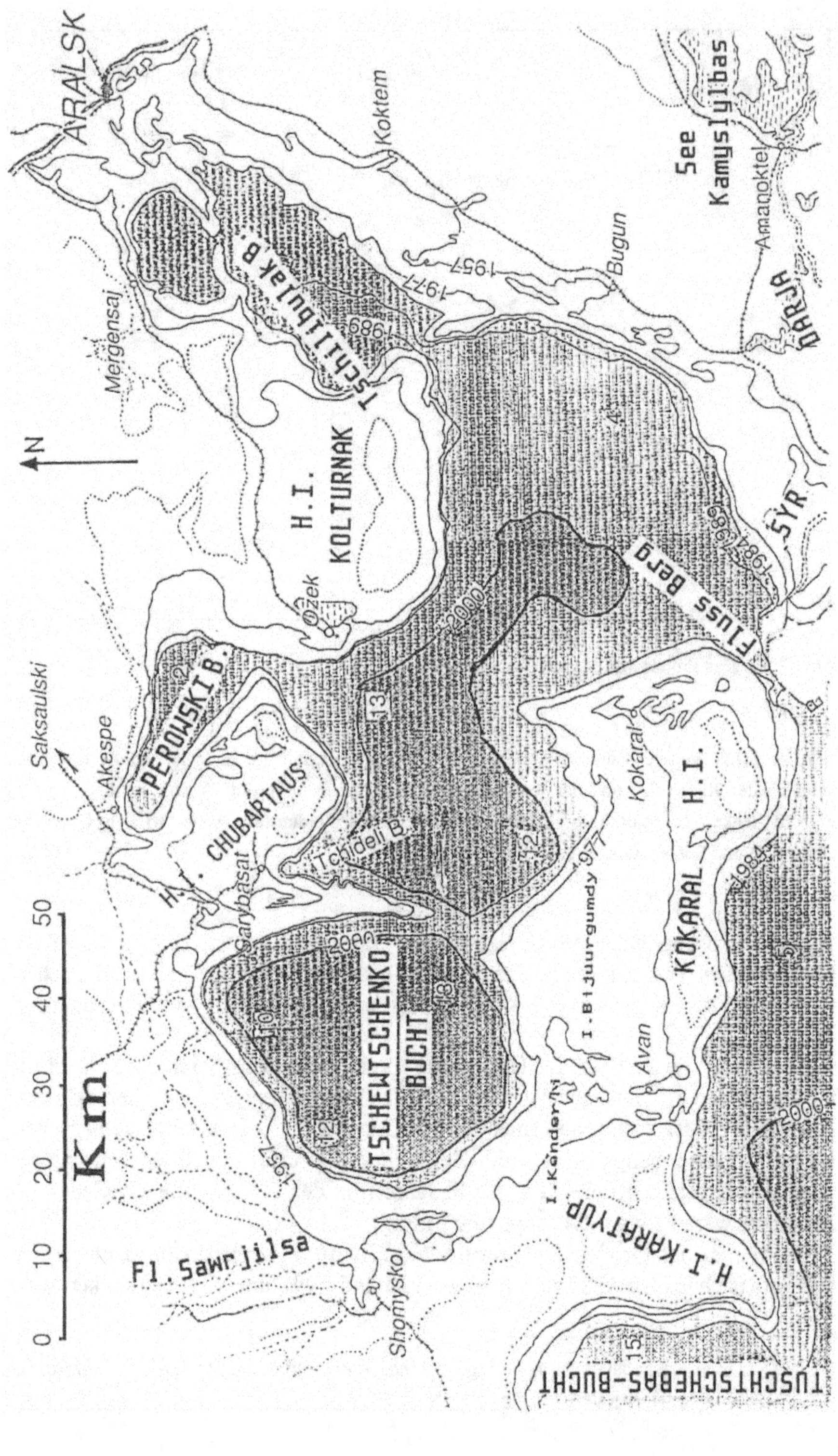
ARALSK
Koktem
Mergensaj
Tschilibuljak B.
1989
1977
1957
Bugun
See Kamyslylbas
Amanoktel
SYR DARJA
N
H.I. KOLTURNAK
Özek
Saksaulski
Akespe
PEROWSKI B.
H.I. CHUBARTAUS
Sarybasat
Tchideli B.
2000
Fluss Berg
1984
Kokaral
H.I. KOKARAL
977
TSCHEWTSCHENKO BUCHT
I. Bl Juurgumdy
Avan
I. Kender
Km
0 10 20 30 40 50
Fl. Sawrjilsa
Shomyskol
H.I. KARATYUP
TUSCHTSCHEBAS-BUCHT

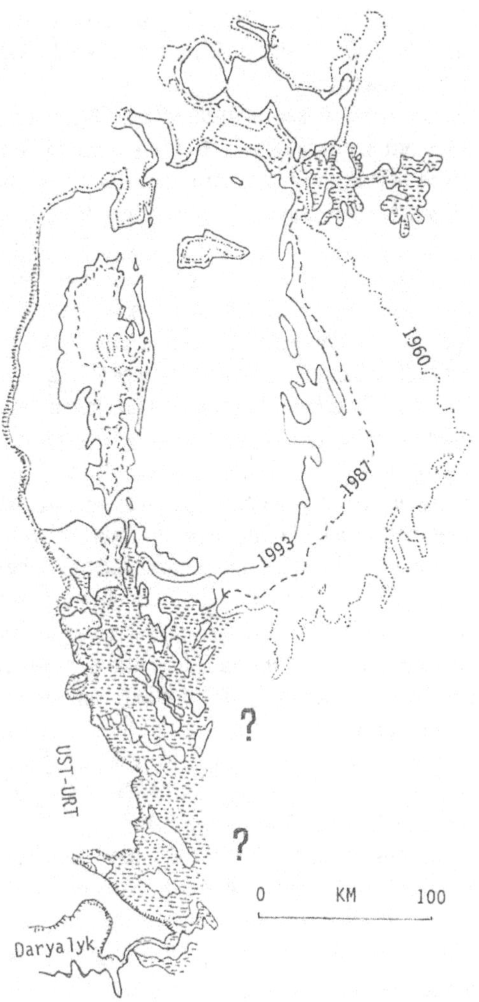

Abb. 7.15. Übersicht über den Aralsee Ende 1993 (nach Satellitenbildern und mündlichen Auskünften). *Gepunktet* das Ufer von 1960; *gestrichelt* das von 1989. Man beachte die Überflutung tiefergelegener Bereiche der Deltas im Nordosten und im Süden, die zuvor Sumpf waren, durch Drainage-Abwässer, die von Syr-Darja und Amu-Darja herangebracht wurden. (Über den Ostteil des Amu-Darja-Deltas gibt es keine Auskunft)

◂ **Abb. 7.14.** Die Etappen der Austrocknung des Kleinen Sees; *gepunktet:* 100 m-Höhenlinie; das mit *2000* markierte Ufer wäre im Jahr 2000 ohne Rettungsmaßnahmen erreicht (der Deich, der den Fluß Berg blockiert - auf der Karte unten in der Mitte - wurde von der kasachischen Regierung errichtet, vgl. Abb. 7.11). Tiefenangaben im See: Wassertiefe von 1989; weitere *Zeichen*: Stromrinnen, Straßen und Eisenbahnen

Dieses verlangsamte Absinken beruht auf der Zunahme von Wassereinleitungen und reichlichen Niederschlägen, so daß der Zulauf zum Aralsee 1992 bei 19 km^3 lag, also praktisch ebenso hoch wie vorgesehen.

Die derzeitige Strategie der beiden an den Aralsee angrenzenden Republiken scheint zu sein, das verfügbare Wasser am Unterlauf von Amu-Darja und Syr-Darja einzusetzen; es handelt sich dabei offenkundig um Drainageabwässer, die man zur Bodenspülung ("flushing") gewaltiger desertifizierter und versalzter Flächen benutzt.

Tatsächlich kann man auf den neueren Satellitenbildern des Satelliten Spot (Juni-Juli 1993) sehr gut erkennen, daß die früheren Sumpfgebiete sowie ein Teil der in den 1970er Jahren landwirtschaftlich erschlossenen Flächen geflutet wurden (Abb. 7.15). Südwestlich von Muinak wurde auf diese Weise praktisch der frühere Aibugir-See wiederhergestellt, der seit einem Jahrhundert ausgetrocknet war, und zwar ausgehend vom Sudotsche-See, dessen Wandlungen wir schon beschrieben haben, bis hin zur Steilwand des Tschink. Die Städte Muinak und Kungrad sind wieder zu Inseln geworden, jedoch scheint die Wassertiefe bei höchstens 50 cm zu liegen. Die Drainageabwässer können diese Wasserschichten recht einfach speisen, da sie im Vergleich zu den Kanälen ja so niedrig liegen (vgl. Abb. II.40 b). Anschließend gelangen sie über eine Mündung östlich von Muinak in den Rest-Aralsee. Erstaunlicherweise scheint der Sary-Kamysch-See noch nicht von seiner Wasserzufuhr abgeschnitten zu sein: Jedenfalls hatte er sich im Vergleich zu 1988 noch vergrößert, mittlerweile ist er wieder etwas geschrumpft und hat dabei einige isolierte Tümpel hinterlassen; andere Senken in derselben Gegend wurden überflutet. Nordöstlich des Aralsees wurde das ganze untere Syr-Darja-Tal südwestlich des Kamyslybas-Sees geflutet (Abb. 7.15) und es gibt, wie vorgesehen, keine Mündung mehr zum Großen See hin.

Es ist klar, daß diese Maßnahmen im wesentlichen darauf abzielen, die Salze aufzulösen, die diese Flächen vollkommen unfruchtbar gemacht haben. Diese Salze werden anschließend in den Aralsee gespült. Es wäre interessant, die Salzfracht dieser Abwässer zu kennen, die noch zur beschleunigten Steigerung des Salzgehalts im Aralsee beitragen wird[226].

Zwei Überwachungsstationen wurden eingerichtet, eine in Nukus selbst, die andere südwestlich davon am Karateren-See, wie die neue Wasserfläche im Delta genannt wurde.

Diese Maßnahmen lösen keines der gegenwärtigen Probleme vollständig, insbesondere geschieht nichts gegen den Salzstaub, der so lange weiter in vollem Umfang in die Luft gelangt, bis der Vorrat aufgebraucht sein wird. In diesem Zusammenhang sei noch eine interessante Anmerkung gemacht: 1960 gab es im Aralsee etwa 1,1 Mrd. t gelöste Salze. 1990 gab es 380 km^3 mit 29 g/l, also bis auf kleinere Rundungsfehler die gleiche Menge (die Berechnungen der Salzbilanz von russischen Autoren bleiben Annäherungen); die Ablagerungen in den neuen Solontschaks, aus denen das Salz vom Wind ausgeweht wird, sind also unbe-

---

226 Vor 5 Jahren enthielten die Drainageabwässer, die man in die Takyrs unterhalb von Murgab einleitete, bereits 36 g/l gelöste Salze, also gleich viel wie Meerwasser.

deutend. Die Optimisten, die erklärt hatten, das Phänomen Salzstaub werde nachlassen, sobald alle vorhandenen Salzablagerungen fortgeweht sein würden, vergessen dabei, daß sich der größte Teil der Salze noch im Wasser befindet.

Nutzung des Grundwassers

Eine Idee von Tschernenko, die er bereits 1968 vorgebracht hatte und die auf seinen persönlichen Schätzungen der Wasserbilanz des Aralsees beruht, zielt darauf ab, hydrogeologische Quellen im See für dessen Wiederauffüllung zu nutzen. Dazu müßte man in diesen tiefliegenden Grundwasserleiter Drainageabwässer mit etwa dem gleichen Salzgehalt wie das Grundwasser einleiten. Dies könnte allerdings nur eine Zusatzquelle darstellen, denn nach Ansicht der meisten Experten hat Tschernenko die Grundwasserkapazitäten stark überschätzt. Es gibt jedoch noch Anhänger des Projekts, die es sogar noch weiter treiben: Abduasisow (1991) erklärt voller Begeisterung, es gebe rings um den Aralsee 65 000 km^3 nicht zu salziges Grundwasser (was stimmt) und man könne mit Hilfe von 50 000 alten und neuen Brunnen 100 km^3/Jahr fördern und so die ursprüngliche Höhe des Seespiegels problemlos wiederherstellen. Nun begrenzt das labile Gleichgewicht dieser Vorräte aber die Wasserentnahme auf etwa 10 km^3 pro Jahr. Zudem müßte man Tausende Kilometer von Leitungen bauen. Derzeit wird das Grundwasser intelligenter genutzt, indem man es für die Anlagen im Umfeld der Kanäle verwendet.

Wie lassen sich die lokal verfügbaren Wasservorräte vergrößern?

Die verschiedensten Methoden, Wasser zur Speisung des Aralsees zusammenzubringen, führen insofern zu einem völligen Verlust, als das Wasser im See dann lediglich verdunstet; ersatzweise hat man untersucht, inwieweit sich die Süßwasservorräte vergrößern ließen. Wir werden auch der Frage nachgehen, inwieweit sich Süßwasser einsparen läßt.

Zunächst einige der vorgebrachten Vorschläge:

- Die Förderung von Grundwasser erhöhen: Gegenwärtig benutzt man Grundwässer, die weniger als 5 g/l Salz enthalten, zur Bewässerung und zur Viehzucht. Ein zusätzliches Abzapfen dieser Vorkommen würde deren Pegel absenken - ein unumkehrbarer Vorgang, denn die Wiederauffüllung dieser Grundwasserschichten erfolgt sehr langsam (sie dauert mindestens einige Jahrhunderte). An der Nutzung von Wasser mit stärkerem Salzgehalt besteht verständlicherweise kein Interesse.

- Die Vorräte aus vorhandenen Süßwasserseen verwenden: Dafür als erster vorgesehen ist der Sares-See[227], der im Februar 1911 im Tal des oberen Amu-Darja durch einen gewaltigen Erdrutsch entstand und der 20 km^3 enthält. Diese Lösung bringt selbstverständlich nur eine zeitweilige Linderung des Problems, ebenso wie die Nutzung künstlicher Reserven.

- Die Gletscher des Pamir stärker abschmelzen lassen: Man hat vorgeschlagen, die Gletscherschmelze zu beschleunigen, entweder indem man Teile der Gletscher absprengt oder indem man ihre Oberfläche mit Kohlestaub oder ähnlichen Stoffen abdeckt (was die Wärmeaufnahme erhöhen würde). Die Glaziologen meinen, man könne auf diese Weise für einige Jahre einige km^3 zusätzlich zuführen. Diese Lösung könnte jedoch die hydrologischen Becken völlig aus dem Gleichgewicht bringen und unvorhersehbare Folgen haben: Erdbeben, Erdrutsche, Muren könnten zusätzlich zu den ökologischen Folgen durch die ausgebrachten Stoffe auftreten. Was würde geschehen, wenn die so angegriffenen Gletscher sich nicht regenerierten?

- Künstliche Niederschläge herbeiführen: Vollkommen töricht ist diese Idee nicht. Nach dem 2. Weltkrieg fanden durchaus vielversprechende Versuche dazu statt. Man impfte Wolken mit Natriumjodid oder mit gefrorenem Kohlenstoff, beides bildet Kondensationskerne für den Wasserdampf. Einige Anwendungsversuche in den USA und in der UdSSR blieben aber erfolglos. Die vorhandene Feuchtigkeit und die Temperatur müssen stimmen, damit Regen fällt. Die so denkbaren Ressourcen belaufen sich auf 25 km^3. Die Urheber dieses Projekts haben allerdings außer acht gelassen, daß die Feuchtigkeit in den unteren Schichten der Atmosphäre im allgemeinen gering ist und der Regen somit verdunsten würde, bevor er auf den Boden träfe. Man hat auch nicht überlegt, wo diese neuen Niederschläge fallen sollten. Sie könnten die gesamten Verhältnisse und den Jahresgang der Wasserzufuhr in den Einzugsbereichen des Pamir und des Karakorum verändern - mit allen vorstellbaren internationalen Komplikationen. Zudem wären die Investitionskosten - darunter der Preis der 20-30 dazu notwendigen Flugzeuge - exorbitant für ein Vorhaben, dessen Ausgang völlig vom Zufall abhinge. Auch die möglichen Folgen auf das Lokalklima hat man noch nicht bedacht; Landwirtschaft, Gesundheit usw.

- Eine völlig abwegige Ergänzung dazu stellt das Projekt von Stepanow (1990) dar, die atmosphärischen Strömungen, die aus den nördlichen Meeren (Kara-See) kommen, nach Turan umzulenken. Wie? Dadurch, daß man dort die niedrige Wassertemperatur abmildert: Man müßte neue gewaltige Stauseen an Ob und Jenissej bauen (70 000 km^2 Oberfläche), von denen man das im Sommer aufgestaute Wasser in die Kara-See abließe. Dadurch würde die Verdunstung

---

[227] Ein gewaltiger Erdrutsch, der einen 600 m hohen Damm aufschüttete, blockierte 1911 das Tal des Murgab, eines Zuflusses des oberen Amu-Darja (d.h des Pjandsh) in Tadschikistan. Das Dorf Sares in 3150 m Höhe wurde dabei überflutet; der See ist 60 km lang und 500 m tief (Ergaschew 1979). Camena d'Almeida (1932) gab 25 km Länge, 1,4 km Breite und 275 m Tiefe an.

über der Wasserfläche ansteigen und jährlich 15-75 km^3 Wasserdampf zusätzlich in die Atmosphäre bringen.

Kuzenowa et al. (1980) zufolge fehlt diesem Projekt jegliche wissenschaftliche Grundlage, denn man kennt die Eigenschaften der horizontalen Luftfeuchtigkeitsströme nach Mittelasien nicht. Selbst wenn es möglich wäre, diese Ströme zu vergrößern, so würden sie doch nur zwischen 1 und 7 % der Gesamtniederschläge über Kasachstan und Mittelasien ausmachen (diese belaufen sich nach Mirowoi 1974, auf 1080 km^3/Jahr). Damit liegen sie wohl deutlich unterhalb des Schwankungsbreite dieser Schätzungen.

Ganz abgesehen von dem gigantischen Preis dieser Arbeiten, die Ökologie und Ökonomie Sibiriens verheeren würden, gäbe es ja zudem keinerlei Garantie dafür, daß die gewünschte Wirkung erzielt würde.

- Die unbrauchbaren Drainageabwässer in den Aralsee einleiten: Es handelt sich um einige Dutzend km^3, und die Durchführung dieses Vorhabens wurde bereits angegangen. Am rechten Ufer des Amu-Darja wird ein Kanal von 1500 km Länge eröffnet, der die Abflüsse aus der Gegend um Samarkand bis hin zum Aralsee sammeln soll. Ein anderer ist am Syr-Darja entlang vorgesehen. Diese Kanäle hat man im Blick, wenn man möglichst einfach die 35 km^3 zusammenbekommen möchte, die notwendig sind, um den Aralsee auf seinem gegenwärtigen Stand zu stabilisieren (ohne ihn aber wieder ansteigen zu lassen). Verschiedene Seen in den Deltas hat man bereits geleert (trotz ihrer schlechten Wasserqualität versorgten sie die Vegetation). Viele Experten sind der Ansicht, all das Abwasser könnte viel besser genutzt würde, indem man die Wiederherstellung einer Vegetation rings um den See und in den verlandeten Bereichen unterstützt, die die Windabtragung von Sand und Salz bremsen könnte. Allerdings müßte man dabei die Gefahr einer mittelfristig stärkeren Bodenversalzung in Kauf nehmen.

Wassersparen

Seit langem befaßt man sich mit der Verteilung der vorhandenen Ressourcen (110 km^3/Jahr), die im wesentlichen für die Bewässerung verwandt werden. Die vorgeschlagenen Lösungen lassen sich wie folgt auflisten (Glasowski 1990):

- Beseitigung aller Bereiche mit unrentabler extensiver Landwirtschaft (unfruchtbare oder versalzte Bereiche): Einsparung 15-20 km^3;
- Ersetzen von 100 000 ha Reisfeldern durch Anpflanzen von wesentlich anspruchsloseren Getreidearten (Weizen, Sorghum, Hirse, Hafer) oder anderen wassersparenden Anbaupflanzen[228], verbunden mit verschiedenen Formen des Fruchtwechsels. Einsparung 3 km^3;

[228] Jeder Hektar Bewässerungsland erhält 7500-12 500 m^3 pro ha und Jahr; Reis zwischen 25 000 und 55 000 m^3/ha. Glasowski (1990) gibt an, daß 1986 eine Tonne importierter Reis 170 Rubel kostete, um sie vor Ort herzustellen, hätte man 10 000 m^3 Wasser

- Verminderung der Baumwollanbaufläche um 1-1,3 Mio. ha, die nutzbringende Produktion könnte trotzdem bei 5 oder 6 Mio. t gehalten werden (vgl. Kap. 4): Einsparung 10-15 km³/Jahr - die Bewässerungsflächen, die zwischen 1990 und Ende 1991 von 7,2 auf 7,4 Mio. ha angewachsen waren, wurden jedoch noch weiter ausgedehnt! (Ratkowitsch 1992);
- Rationalisierung der Bewässerung auf den Baumwollfeldern: Dem Institut für Landwirtschaftsforschung in Karakalpakstan zufolge ließe sich mit 3500-4500 m³ pro ha und Jahr eine optimale Baumwollproduktion zu erzielen; bei 2500-3000 m³ pro ha und Jahr läge die Ernte bei 220 dz/ha; da heute 7500-12 500 m³ pro ha und Jahr verwendet werden: Einsparung 10-20 km³/Jahr;
- Ausbesserung (Abdichtung) der Kanäle, Rationalisierung ihrer Form und Trassenführung, allgemeine Einführung von Bewässerung in Rinnen anstelle von allgemeiner Überschwemmung: Einsparung 10-20 km³;
- Automatisierung der Wasserverteilsysteme sowie deren zentrale Steuerung[229]. Dazu die Einführung neuer Verfahren: bei unterirdischer Bewässerung etwa könnten die Abwässer nach Durchlaufen nur einer Klärstufe genutzt werden; die tröpfchenweise Bewässerung für die Pflanzen, die dafür geeignet sind (Obstgärten, Melonen): Einsparung 10-20 km³.

Natürlich muß zu diesen Maßnahmen der sofortige Baustopp für neue Bauprojekte kommen (1989 waren 6 Rückhaltebecken in Bau und 16 geplant). Außerdem muß die allgemein verbreitete Vermischung von sauberem Wasser und Drainageabwasser in den Rückhaltebecken aufhören, durch die das eine verschmutzt und das andere nicht hinreichend verdünnt wird.

Insgesamt wären Einsparungen zwischen 40 und 70 km³ theoretisch möglich, viele Autoren halten diese Einschätzungen für entschieden zu optimistisch, außerdem gibt es Überschneidungen einzelner Sparmaßnahmen (sie dürfen also nicht doppelt gezählt werden).

Unterstützende Maßnahmen zur Verringerung der Evapotranspiration der Pflanzen wurden vorgeschlagen: Windfänger, Verbreitung des Anbaus in geschlossenen Systemen (Glashäuser), Verwendung chemischer Antitranspirationsmittel[230], Beseitigung aller Phreatophyten entlang den Kanälen und Seen etc. Auch die Entwicklung reiner Aquakulturen wurde angeregt.

Zwar sind alle diese Sparmaßnahmen nicht leicht umzusetzten, sie können aber doch den finanziellen Ertrag jeder Form von Ackerbau in der Region verbessern. Ein Teil des eingesparten Wassers könnte so wie früher in den Aralsee fließen und dabei die heutigen Abwässer noch etwas verdünnen.

Die von Wolftsun (1987) vorgeschlagenen Sparmaßnahmen (Tabelle 7.4) sollten bei 11-14 km³ für den Unterlauf des Amu-Darja, bei 1-3 für den Oberlauf

---

gebraucht, woraus sich ein Preis von 1,7 Kopeken pro eingespartem Kubikmeter errechnete.

229 Offenbar werden riesige Wassermengen heimlich entnommen und gefördert.

230 z.B. Phenylquecksilberacetat oder Monoglykoldecenylsuccinat, welches die Blattatmung der Pflanzen um 30 % reduziert. Welche Nebenwirkungen werden aber auftreten, und in welcher Weise werden diese Stoffe die Umwelt verschmutzen?

Tabelle 7.4. Aussichten für die Bewässerung. (Nach Wolftsun 1987)

Wirtschaftsraum	Bewässerungsfläche (1000 ha)	Zufuhr z. Zt. (km^3/Jahr)	Ertrag der Bewässerung				derzeitiger Wassereinsatz und vorgesehene Norm für die Bewässerung (in 1000 m^3/ha)				Mögliche Einsparungen (km^3/Jahr)		
					geplant				geplant				
			1980	1990	2000	2020	1980	1990	2000	2020	1990	2000	2020
Oberer Amu-D.	623	12,9	0,64	0,68	0,72	0,80	13,2	10,3	10,0	9,8	1,4	1,7	2,1
Turkmen. Küste	177	5,94	0,58	0,63	0,69	0,78	19,5	10,5	10,4	10,4	0,7	0,8	0,9
Kaschka-Darja	131	1,42	0,61	01,63	0,68	0,77	6,6	7,9	7,7	7,7	0	0	0
Karschinskii	201	4,42	0,64	0,66	0,71	0,80	14,1	10,5	9,7	9,6	1,2	1,7	2,0
Serafschan	377	4,11	0,61	0,63	0,66	0,75	6,6	7,7	7,6	7,6	0	0	0
Buchara	280	7,08	0,58	0,62	0,66	0,80	14,7	10,7	10,6	10,5	0,5	0,5	0,7
Kara-Kum	532	11,1	0,54	0,66	0,68	0,74	11,3	11,5	11,5	11,5	1,3	2,1	2,9
Nisowaja	714	23,2	0,57	0,63	0,67	0,76	18,5	10,6	10,3	10,0	11,2	12,2	13,8
insgesamt	3035	70,2	0,59	0,64	0,68	0,77	13,6	10,2	10,0	9,9	16,3	20,0	22,4

Tabelle 7.5. Empfohlene Normen und Bewässerungszeiträume (Serjakowa 1957)

Region	Anfang der Bewässerung	Ende der Bewässerung	m^3/ha
Aschchabad	12.5.	21.9.	6300
Zsagli	12.5.	21.9.	8900
Ksyl-Orda	14.5.	12.9.	5000
Mary	12.5.	21.9.	6800
Taschkent	19.5.	17.9.	7500
Turkestan	24.5.	12.9.	5700
Turtkul	19.5.	17.9.	5700

des Amu-Darja und die Gegend um Karschi, bei 1-3 für den Südteil der Kara-Kum und etwa bei 1 km^3 für Buchara liegen, 14-21 km^3 also für das gesamte Einzugsgebiet des Flusses. Dieser Wert liegt erheblich über den Einleitungsmengen in den Aralsee, die Oreschki für 1989 angegeben hat (Oreschki 1990). Von dem eingesparten Süßwasser sind jedenfalls 10 km^3 notwendig, um das Land im Delta des Amu-Darja wieder zu versorgen und 5-6 km^3 für das Land im Delta des Syr-Darja.

Wie auch immer, es zeichnet sich ab, daß sich durch die Rationalisierung der Bewässerung (Tabelle 7.5) sicherlich 30-50 % des heute tatsächlich dafür verwendeten Wassers einsparen ließen. Man könnte auch die Verdunstung aus den Abwasserauffangseen vermindern (die bei 7 km^3/Jahr liegen soll), indem man eine Schicht von schwer flüchtigen Kohlenwasserstoffen über sie ausbreitet, so wie man es andernorts bereits durchgeführt hat (Australien).

Eine Maßnahme anderer Art, die vom Prinzip her sicher wesentlich wirksamer ist, wird umgesetzt: Die Besteuerung der Wasserentnahme. Bisher bezahlte der Staat nämlich sämtliche Ausgaben, sowohl die Abschreibung der Bauten als auch den laufenden Betrieb. Die neuen Organisationen, ob privat oder öffentlich, werden diese neue Art von Ausgabe berücksichtigen müssen.

Die Verteilung des Wassers auf die verschiedenen inzwischen unabhängigen Republiken wirft mittlerweile diplomatische Probleme auf (vgl. Abb. 1.1). Die Wasserversorgung im Bezirk Ksyl-Orda hängt vom Wohlwollen Usbekistans ab. Usbekistan seinerseits verdankt seine Wasserentnahmemöglichkeiten aus dem Amu-Darja der dafür reservierten Abflußmenge, die ihm Turkmenistan zugesteht. Dieses wiederum hängt an demselben Fluß von Tadschikistan ab. Usbekistan hängt wegen des Schirschik und des Syr-Darja auch von Kirgistan ab. Schon zu Zeiten der Sowjetunion waren zwischen Usbekistan und Turkmenistan Streitigkeiten um die Aufteilung des Amu-Darja-Wassers ausgebrochen. Die Wirtschaft Turkmenistans ist mittlerweile vollkommen vom Kara-Kum-Kanal abhängig. Bis heute funktioniert das alte Aufteilungssystem jedoch schlecht und recht, aber die Fragen hinsichtlich der Finanzierung des Unterhalts und neuer Bauarbeiten sind nicht gelöst, trotz zahlreicher Treffen zwischen den Verantwortlichen beider Republiken.

Das Schicksal des Abwassers

Bei verschiedenen Gelegenheiten haben wir bereits von den Schäden gesprochen, die dadurch entstehen, daß Abwässer unkontrolliert abgelassen werden, und zwar sowohl durch die Industrie und die Städte als auch bei der landwirtschaftlichen Entwässerung. Wenn die Industrie- und Siedlungsabwässer so behandelt werden sollen, daß sie den Normen der WHO entsprechen, so bedeutet das für die mittelasiatischen Republiken gewaltige Investitionen, die sie in der gegenwärtigen Lage kaum finanzieren können. Was die Drainageabwässer angeht, so ist es undenkbar, ihren Salzüberschuß zu entfernen: Die Techniken, die im großen Maßstab in Frage kommen (Ionentauscher, Elektro-Osmose, Gefrieren) bleiben angesichts der enormen Mengen, die behandelt werden müßten, viel zu teuer. Solange diese Techniken also ausscheiden, verbleiben noch zwei Lösungsmethoden, die auch bereits angewandt werden: Die erste Möglichkeit ist die erneute Nutzung dieses Wassers für die Bewässerung von Weideland, auf dem Pflanzenarten wachsen, die sich dem Salzwasser bereits angepaßt haben (*Artemisia* und andere in den Steppen einheimische Gewächse, vgl. Anhang VIII). Die Versalzung dieser Gegenden ist damit aber unvermeidlich. Die zweite Möglichkeit besteht im Ablassen von Wasser in abgeschlossene unfruchtbare Senken, was sicherlich die allerletzte Ausweg ist. Da man die Bewässerung ja nicht drastisch einschränken kann - hier geht es schließlich für die Bevölkerung um eine Überlebensfrage - muß man die endgültige Aufgabe bestimmter Regionen akzeptieren, die künftig besser ausgewählt werden sollten.

7.2 Die ökologische Erneuerung

Abgesehen von der Verbesserung der Systeme zur Be- und Entwässerung steht ganz dringend die Wiederherstellung der Böden an (Tabelle 7.6). Vielleicht wäre es angemessen, die Bedingungen des Nomadentums wiederherzustellen, das sich in Jahrtausenden als die einzige Lebensform erwiesen hat, die dieser Art Ökosystem angepaßt war und damit vorsichtig genug umging. Das Seßhaftwerden und die Verstädterung aufgrund des Verbotes des Nomadismus haben zu einem guten Teil mit zu den Katastrophen in Turan geführt, zu denen die übermäßige Ausbeutung armer Böden zählt. Der vom Wind bewegte Sand muß festgehalten werden, die Steppen sind wiederaufzuforsten (dafür wurden bereits genaue Vorschläge zur Auswahl der am besten angepaßten Gewächse unterbreitet[231]) und Tausende Hektar Land, die durch öffentliche Bauarbeiten umgewühlt wurden,

---

[231] vgl. Mainguet (1991), S. 218.

Tabelle 7.6. Abschätzung der geschädigten Flächen (km²) im Einzugsbereich des Aralsees (1 617 390 km²). (Nach Charin et al. 1993)

	gering[a]	mittel[a]	schwer[a]	insgesamt
Degradation der Pflanzendecke	750 954	307 957	23 704	1 082 615
Winderosion	14 677	2140	3970	20 667
Fluviale Erosion	53 009	29 569	--	82 578
Versalzung landwirtschaftlicher Nutzfläche	12 959	105 095	39 055	157099
Versalzung der Ufer des Aralsees	6115	4027	39 055	49 197
"technogene" Desertifikation[b]	-	20 208	14 296	34 504
Überflutung von Weideland in der Wüste	-	5360	1620	6980
Bewegliche Sande				14 175
Solontschaks				41 146
Grenzgebiete				9100
Seen und Rückhaltebecken				49 120
Felsige Böden				60 479
Gletscher				9600
insgesamt (km²)				1 617 390

[a] Die Klassen "gering", "mittel" und "schwer" entsprechen einer ganzen Gruppe von Kriterien, die von der UNEP-UNESCO zugrundegelegt wurden und im genannten Artikel erwähnt werden.
[b] "technogen" bezieht sich auf jegliche öffentliche Baumaßnahmen auf dem Erdboden.

müssen wieder in Ordnung gebracht werden (das bewegte Erdvolumen war Bestandteil der Produktivitätsstatisstik). Auf einem Großteil der ehemaligen Baumwollfelder, die aufgegeben wurden, ist der ursprüngliche Zusammenhalt des Bodens durch das Pflügen verloren gegangen; weil es aber derzeit nicht in Frage kommt, diese Flächen wiederherzustellen (*terraforming*), wird es darum gehen, sie zu überwachen, damit sie nicht zu neuen Quellgebieten für die Entstehung von Barchanen werden. Es muß erwähnt werden, daß in dieser Hinsicht auch schon einige Bemühungen unternommen wurden. Somit gibt es zahlreiche Lösungsmethoden, die auch schon angewendet werden; einige wurden schon in Kapitel 4 genannt:

- Einrichtung von Schutzgebieten auf dem Gebiet der ehemaligen Naturparks im Delta, um die See- und Uferbiotope zu erhalten (z.B. Tugai-Baumgruppen) und auf diese Weise einzigartigen und bedrohten Arten in diesen Gebieten das Überleben zu ermöglichen. Nowikowa und Sabolotski (1993) befürworten die Einrichtung solcher Schutzgebiete auch für den Mittellauf des Amu-Darja und den Bereich oberhalb des Stausees von Tjujamujun.

- Befestigung des beweglichen Sandes mit vorzugsweise einheimischen Grasarten. Importierte Arten sollten zuvor gründlich getestet worden sein, falls erforderlich, können die jungen Triebe anfänglich auch bewässert werden. Das Alfagras, das bereits in weiten Bereichen eingeführt ist, stellt obendrein eine mögliche Ressource als Futtermittel und als Rohstoff für Zellulose dar.
Auch Sandstabilisatoren (Erdölderivate) wurden mit Erfolg untersucht. Sie scheinen das Nachwachsen der Pflanzen nicht zu stören, beeinträchtigen allerdings die Ästhetik der Landschaft.

- Pflanzung von Büschen und anderen dauerhaften einheimischen Holzpflanzen (Saxaul, Kochia usw). Dies geschieht durch das Umpflanzen von Paketen junger Pflanzen auf einer Grundfläche von 10 x 10 m. Eines der Ziele des Regimes war es, die Saxaulwälder zu regenerieren, deren Jahresproduktion (Holz für Tischlerei und Brennholz) bei 40 t/ha gelegen haben soll. Es steht zu vermuten, daß dieses Vorhaben kaum vorangekommen ist. Jedoch wurden in Turkmenistan 300 000 ha mit diesen und anderen Baumarten wiederbepflanzt, in Usbekistan 66 800 ha (UNEP, 1986); 300 000 ha sollten zwischen 1981 und 1985 wiederaufgeforstet worden sein. Man sät 5-9 kg Saxaulsamen pro ha, bzw. 15 kg Samen von Salsola (Neschajewa u. Nicholajew 1983). Wenn nicht sofort wieder ein merklicher Teil ausgebeutet wird, so erreicht die Biomasse der Pflanzen 20 t/ha - was dem 6- bis 30fachen der Menge entspricht, die wild in der Natur gewachsen wäre. Solche Flächen können mindestens 2 oder 3 Jahre als Weide genutzt werden, vielleicht bis zu 30 Jahren, wobei die Produktivität 3- bis 8mal höher ist als bei natürlichen Vorkommen.

- Wiederherstellung der Baumgruppen aus Tamarisken und Saxaul in umzäunten Gebieten.

- Begrenzung der Populationen von Wühltieren;

- Ausbringung und Einarbeiten von organischer Substanz (aus Haushalten und Landwirtschaft), um die Wiederherstellung des Humus zu fördern[232].

Selbstverständlich bleiben noch Probleme bei der Wiederherstellung von Bewässerungsland, das aufgegeben werden muß, sowie mit den seit 1960 verlandeten Flächen. Die Techniken unterscheiden sich nicht von den oben aufgeführten. Tatsächlich scheint es, als ob die Behörden dem Problem der Salzniederschläge machtlos gegenüberstehen. Daher muß auf die natürliche Wiedereroberung dieser Gebiete durch Flora und Fauna ein besonderes Augenmerk gerichtet werden, da sie allein die Bodenabtragung und Winderosion mechanisch verringern kann. Ein großer Teil der landwirtschaftlichen Arbeitskraft müßte künftig für diese Reparaturaufgaben eingesetzt werden.

---

232 vgl. Mainguet (1991).

Ein integriertes Projekt

Seit 1990 haben zahlreiche Autoren (u.a. Ratkowitsch 1992, Levintanus 1992, Woropajew 1992) Projekte mit Maßnahmenkatalogen vorgestellt.

Rasakow (in Glasowski 1990) hat sich mit dem Aralsee befaßt und ein integriertes Programm aus mehreren besonders ernstzunehmenden Projekten zusammengestellt, mit dem noch zu retten ist, was gerettet werden kann, und das ohne übermäßige Kosten:

- sofortige Lieferung von Trinkwasser an die Bevölkerung;
- Rationalisierung der Bewässerung: Vernünftige Einsparungen können ihm zufolge nicht über 30 % liegen, und den Vorschlag der Akademie der Wissenschaften, den Baumwollertrag auf 4-4,5 t/ha zu steigern, hält er für unrealistisch; 3,2-3,4 t/ha erscheinen ihm als Obergrenze des Möglichen;
- Bau von Rückhaltebecken mit einer Fläche von 100 000 ha in den ehemaligen Buchten von Muinak usw. zu möglichst geringen Kosten, die Wiederbelebung der ehemaligen Seen in den Deltas (so wie der Sudotsche-See westlich des Amu-Darja-Deltas), die 49 000 ha ausmachen, außerdem den Bau eines einfacheren Polders als in Abb. 7.10 dargestellt, das von Abwässern mit einem Salzgehalt von 2-5 g/l gespeist werden soll und in dem Schilf wachsen sollte (300.000 ha). Wie oben gezeigt, wurde dieses Vorhaben bereits angegangen.

Das Gebiet zwischen diesem Polder und den Seen (600 000 ha) sollte als Weideland wiederhergestellt werden, auf dem auch Büsche wachsen, die die Abtragung von Salz durch den Wind vermindern.

Die Wasserflächen und die Vegetation würden für die Salzstürme eine Art Feuchtigkeitsbarriere darstellen.

90 000 ha in den Deltas würden für die Lebensmittelproduktion und 25 000 ha für Obstgärten genutzt, bewässert würden diese Flächen durch Besprühen oder tröpfchenweise.

Schließlich würden in den verlandeten Bereichen 500 000 ha Salzpflanzen gepflanzt.

Die Gesamtmenge des benötigten Wassers entspräche genau der Wassermenge (20 - 21 km^3), die nach den Planungen im Jahr 2005 wieder in die Deltas gelangen sollte.

Kotljakow (1991) stellte ein vergleichbares Projekt vor, dessen zeitliche Ausdehnung und Finanzierung jedoch heute als problematisch erscheinen.

Levintanus (1992) wiederum schlägt vor, die Herstellung von Baumwollfasern auf 1,4-1,6 Mio. t zurückzufahren (was 4,3-4,5 Mio. t Rohbaumwolle entspricht) und so die Bewässerungsfläche von 3,5 auf 2-2,4 Mio. ha zu verkleinern; das Ersetzen von Baumwolle durch Kunstfasern bis zu einem Anteil von 65-70 % der gesamten Stoffproduktion - was in den westlichen Ländern derzeit die Regel ist - würde dann 18-24 km^3 Wasser sparen (wenn 50 % ersetzt würden, wären es immerhin noch 7-10 km^3; die Fabriken würden in Turan errichtet, wo es Energie, Rohstoffe und Arbeitskräfte gibt. Die Reisanbaufläche, auf der 25 000-55 000 m^3 Wasser pro ha oder 18-10 % des gesamten Bewässerungswassers von Turan verbraucht werden, könnte um 150 000-200 000 ha reduziert werden, was 4-5 km^3 Wasser einsparen würde. Das Abdichten der Lecks im Bewässerungssystem würde ihmzufolge zusätzlich 10 km^3 Wasser einbringen. Er betont auch die Schlamperei, die bei Transport und Lagerung der Ernte vorkommt, und auf deren Konto der Verlust von 15-25 % der Getreideernte, 30-40 % der Obst- und Gemüseernte sowie 20-30 % der Futtermittel gehen. Ein besonderer Teil seiner Studie nimmt Bezug auf die Verkehrsinfrastruktur: In den Regionen mit Erdpisten sind die Verluste 17mal höher als in denen mit geteerten Straßen; pro 1000 ha bräuchte man 2-3 km geteerte Landstraßen, während es derzeit 2- bis 4mal weniger sind (vgl. Kap. 5).

Trotz allem gibt es einige Autoren, die früher schon Anhänger des Wachstums um jeden Preis waren und weiterhin ihre alten Ideen verbreiten: zu diesen gehören Babajew et al. (1991). Sie stellen die Methoden vor, mit denen in ariden Gebieten die Viehzucht ausgeweitet werden kann, und befürworten dann immer noch die Erweiterung von Weideflächen in Verbindung mit Wassersparmaßnahmen in Turkmenistan. Sie sehen vor, die Viehzucht zu verdoppeln oder zu verdreifachen, trotz der geradezu lächerlich niedrigen Erträge und ohne die Kosten für diese Entwicklung zu benennen; auf unbewirtschafteten Flächen soll das *dry farming* ausgeweitet werden und ohne Bewässerung zur Erzeugung von Mais, Weintrauben und Melonen führen.

Trotz der genannten neuerlichen Wasserzufuhr wird der Aralsee selbstverständlich weiterhin absinken; 1993 sank der Wasserspiegel im Großen See noch einmal um 25 cm. Wenn man die Aufnahmen von Spot vom Juni 1993 mit der Bildtafel 19 vergleicht, so wird die Verkleinerung des Aralsees in den letzten Jahren deutlich: Der Golf von Sary-Skaganak südwestlich von Aralsk ist jetzt praktisch völlig ausgetrocknet. Der Westteil des Kleinen Sees ist vom Hauptteil praktisch getrennt. Im Süden ist die große von Nord nach Süd verlaufende Insel, die vom Wosroshdenija-Archipel gebildet wird, in der Höhe von Muinak fast mit der Südküste zusammengewachsen, und die verbleibende Engstelle hat weniger als 1 m Tiefe (Abb. 7.15).

7.3 Der Kampf um die Gesundheit: ein vorrangiges Ziel

Maßnahmen hierzu müssen sofort beginnen. Die Statistiken, die in Kapitel 6 vorgestellt wurden, sind dramatisch, und den Gesundheitsproblemen gilt die vordringliche Aufmerksamkeit der Einwohner, der Umweltschutzverbände und der örtlichen sowie nationalen Behörden .

Es sind mehrere Ursachen für die erhöhte Morbidität rings um den Aralsee zu betrachten:

- die direkten Folgen von Austrocknung und Salzregen;
- die schlechte Trinkwasserqualität durch Salz, Pestizide, Entlaubungsmittel, bakterielle Verunreinigung;

- die unzureichende Ernährung, die unausgewogen und von schlechter Qualität ist.

Der zweite Punkt hängt, wie bereits gezeigt wurde, mit dem fast völligen Fehlen von Systemen zur Trinkwasserversorgung und zur Klärung der Abwässer zusammen. Dringende Sofortmaßnahmen wurden getroffen: So hat man eilig eine Trinkwasserleitung zur Versorgung der Region von Nukus gebaut, die vom Amu-Darja-Stauwehr in Tjujamujun[233] bei Chiwa ausgeht. Ihre Inbetriebnahme wurde 1990 aufgrund von bakterieller Verunreinigung und zu viel gelöstem Eisen (?) ausgesetzt. Ein Wasserwerk muß hinzugebaut werden, in dem das Wasser behandelt wird.

Der dritte Punkt erfordert eine allgemeine Umorganisierung der örtlichen und regionalen Dienstleistungen sowie darüber hinaus eine tiefgreifende Reform der sozialen und wirtschaftlichen Strukturen der ehemaligen Sowjetunion. Man schätzt, daß die Hälfte aller landwirtschaftlich genutzten Flächen künftig dem Weizen- und Reisanbau dienen muß, je nach Region. Wir werden uns nicht näher mit den Schwierigkeiten befassen, die dadurch entstehen. 1992 wurden die Flächen für den Baumwollanbau in Usbekistan um 0,5 Mio. ha verringert; die eine Hälfte wurde den Bauern zur Verfügung gestellt, die andere Hälfte wurde für den Anbau von Lebensmitteln verwendet, darunter Reis. Während dieser dem Salz recht gut widersteht, verträgt der größte Teil der angebauten Lebensmittel Salz sehr schlecht, und der Fruchtwechsel wird problematisch.

Verschiedene andere Maßnahmen wurden bereits 1972 vorgeschlagen (Glasowski, persönliche Mitteilung). Ende 1992 begannen einige von ihnen, Wirkungen zu zeigen:

- Renovierung von Trinkwasserverteilungsnetzen bzw. deren Bau dort, wo es noch keine gibt. Die Wasserleitung von Tjujamujun nach Nukus soll über zwei weitere Bauabschnitte im Jahr 2000 die Stadt Tachtakupyr nordöstlich von Nukus erreichen und dann 550 l/Tag und Einwohner zu einer Bevölkerung von insgesamt 1 900 000 Einwohnern bringen. Es wurde vorgeschlagen, in Termes das noch nicht verschmutzte Wasser aus dem Amu-Darja zu fördern und es dann in der Leitung bis Nukus zu transportieren. Jedoch ist diese Wasserleitung noch nicht in Betrieb[234]. Wäre es aber für das Trinkwasser im engeren Sinne nicht kurzfristig die einfachste Lösung, Wasser an geeigneten Stellen (und davon gibt es viele in den Bergen des südöstlichen Turan) in Flaschen abzufüllen?

- Einrichtung von Anlagen zur bakteriologischen Behandlung und zur Entsalzung durch Ionenaustausch, Elektro-Osmose usw. (lauter in der ehemaligen Sowjetunion bereits wohlbekannte und erprobte Systeme), außerdem zur Entfernung von Pestiziden, die durch Aktivkohle eliminiert werden. Einige kleine Anlagen sind in der Nähe von Taschaus im Versuchsbetrieb. 1990 schätzte man, sofort 150 Entsalzungsanlagen mit einem Durchsatz von jeweils 50 m^3/Tag zu benötigen; mit der Elektrodialyse kann Wasser aufbereitet werden, das bis zu 5

---

[233] ... dessen Vorarbeiten bereits 1932 begonnen worden waren.

[234] "Auf jeden Fall entspricht die Qualtiät des geförderten Wassers nicht den hygienischen Normen" (N. Nowikowa, *wörtlich*).

oder 6 g/l Salze enthält. 1992 hat Deutschland 200 entsprechende Anlagen in Karakalpakstan installiert. Die örtlichen Behörden hatten bereits einige Entsalzungsanlagen eingerichtet, die allerdings auf Meerwasser ausgelegt waren und mit Wasser von einem Salzgehalt von wenigen Gramm pro Liter schlecht funktionierten; außerdem verbrauchten sie sehr viel Energie.

Auch an die Herstellung von Süßwasser durch den Prozeß der sogenannten Umkehr-Osmose wurde gedacht. Das Verfahren hat den Nachteil, daß das Wasser, das dabei herauskommt, so rein ist, daß man noch Mineralien zusetzen muß, darunter Jod. Auf diese Weise werden den 180 000 Einwohnern von Aktau am Nordostufer des Kaspischen Meeres (400 km nördlich von Krasnowodsk) 12 000 m^3/Tag geliefert (Achmedow et al. 1990). Die Anlage sowie die benachbarten Erdölförderfelder sind im übrigen stark vom Anstieg des Kaspischen Meeres bedroht (vgl. Abb. 2.24), der jedoch seit langem vorhersehbar war. Auch hier haben wir wieder ein schönes Beispiel von unüberlegter Planung[235]. Unter den Projekten, die verträumt anmuten, sei das einer großen Entsalzungsfabrik zitiert, die auf der Oberkante des Tschink am Rande des westlichen Aralseegrabens gebaut werden sollte und deren Energie so wie bei der Anlage von Aktau von einem Brutreaktor kommen sollte, welcher Tscherbakow (1991) zufolge seit 1974 problemlos funktioniert. Der Komplex, der in 70 m Tiefe eingegraben wäre, könnte 2 Mio. m^3 Süßwasser pro Tag produzieren und so 8 Mio. Menschen versorgen. Es ist zu hoffen, daß dieses Projekt, ebenso wie zahlreiche andere, nicht aus den Schubladen herauskommt - angesichts der Sicherheitsprobleme, die die Kernkraftwerke der GUS-Länder derzeit aufwerfen.

- Beseitigung der landwirtschaftlichen Abwassereinleitung, Einrichtung von Jauchegruben und ein Einleitungsverbot für alle ungeklärten Abwässer aus Haushalten, Industrie und Landwirtschaft[236]. Eine Choleraepidemie wütete in Usbekistan, als gerade der französische Staatspräsident Mitterand zu Besuch war. Diese Epidemie wurde zwar schnell wieder ausgelöscht, ihre Ursachen wurden jedoch nicht beseitigt.

Schließlich muß man noch an die dringende Notwendigkeit der Gesundheitserziehung erinnern. Micklin bestand vor kurzem darauf, den Kindern (und auch den Erwachsenen) zwei wesentliche Verhaltensweisen beizubringen: sich vor den Mahlzeiten die Hände zu waschen, und kein Toilettenpapier herumzuwerfen (weil es nichts besseres zu werfen gibt ...) oder auch das, was es ersetzt!

---

[235] Das französische Fernsehprogramm FR3 brachte am 17.9.93 eine Reportage über dieses Problem ("alerte salée" von T. Rachmanowa und D. Brosset).

[236] Giroux (1992) berichtet, daß ein Kredit von 2,5 Mio. Rubel, der zum Schutz der Kinder im Bezirk des unteren Syr-Darja bewilligt wurde, von den Behörden, die ihn verwalten sollten, zweckentfremdet wurde.

7.4 Überlegungen

Die möglichen Lösungen für das Problem des Aralsees lassen sich von der Dringlichkeit her in drei verschiedene Zeithorizonte einteilen:

- Um dem Dringendsten abzuhelfen, müssen die von der Krise betroffenen Einwohner mit Trinkwasser versorgt werden, vor allem diejenigen im Bezirk Ksyl-Orda, in Karakalpakstan und im turkmenischen Bezirk Taschaus; dabei kann Oberflächen- oder Grundwasser verwendet werden. Die Ressourcen müssen erfaßt und mit verschiedenen Systemen zur Wasserbehandlung ausgerüstet werden, Wasserleitungssysteme müssen gebaut werden. Zugleich ist ein Netz von Kläranlagen einzurichten. Der Einsatz von Pestiziden ist zu verringern, die ja eine unmittelbare Ursache der erhöhten Morbidität sind, wenn man bedenkt, wie viele Menschen in den Pflanzungen noch mit der Hand arbeiten. Die medizinische Infrastruktur ist modern auszurüsten und auszubauen, ebenso die Gesundheits- und Umwelterziehung. Schließlich muß für die Bevölkerung eine angemessene Ernährung gesichert werden.

- In einer zweiten Stufe sind die Be- und Entwässerungssysteme neu zu überdenken, Land mit geringem Ertrag ist aufzugeben, mit den oben genannten Methoden muß Wasser gespart werden, neue Feldfrüchte oder neue Varietäten der derzeit angebauten Pflanzen sind einzuführen, und die Strukturen müssen grundlegend verändert werden, damit die Leute die Verantwortung für ihre Arbeit erhalten. All das müßte noch vor dem Jahr 2000 verwirklicht sein.

Dringlich ist dies schon deshalb, weil das Verhältnis der Bevölkerung zur Bewässerungsfläche schneller als vorhergesehen ansteigt. Die bewässerten Flächen Turans, die 1917 bei etwa 300 000 ha lagen und 1970 bei 4,3 Mio., dürften 1985 6,2 Mio. und 2000 7,9 Mio. ha erreicht haben, die Wasserentnahmen zu Lasten des Aralsees stiegen von 58 km^3 (1970) wohl auf 67 km^3 (1985), bis 2000 dürften es dann 79 km^3 (Ukrainski, 1972) sein. Zugleich stieg die Bevölkerungszahl von unter 2 Mio. 1917 auf 37 Mio. 1987 und dürfte sich im Jahr 2000 auf etwa 50 Mio. belaufen und im Jahr 2050 vielleicht auf 70 Mio.! Zugleich ist die nutzbare Bewässerungsfläche beträchtlich abgesunken und lag 1993 vielleicht bei nur noch 5 Mio. ha; die Bevölkerung stieg allein 1987-1993 von 32 Mio. auf 35 Mio. an, im Jahr 2000 werden es 44 Mio. sein, die alle ernährt werden müssen (Abb. 7.16): Schon gibt es in den Großstädten Aufruhr wegen der Nahrungsmittel, und die Studenten z.B. beklagen sich bitter über ihre Ernährung, die mengenmäßig und qualitativ unzureichend ist. Die Unterernährung ist nicht mehr allein das Problem der Ärmsten

- Die allgemeine regionale Wirtschaftsstruktur ist zu verbessern, indem man Industrien mit hohem Wertzuwachs ausbaut. Dies kann entweder von den derzeitigen Produktionsanlagen ausgehend geschehen, die dann hochwertige Endprodukte herstellen müßten, oder dadurch, daß neue Wirtschaftszweige eingeführt werden, solche wie sie sich in vielen Ländern des Fernen Ostens entwickelt haben - von Korea bis Papua. Und selbstverständlich ist dabei die Verwaltung

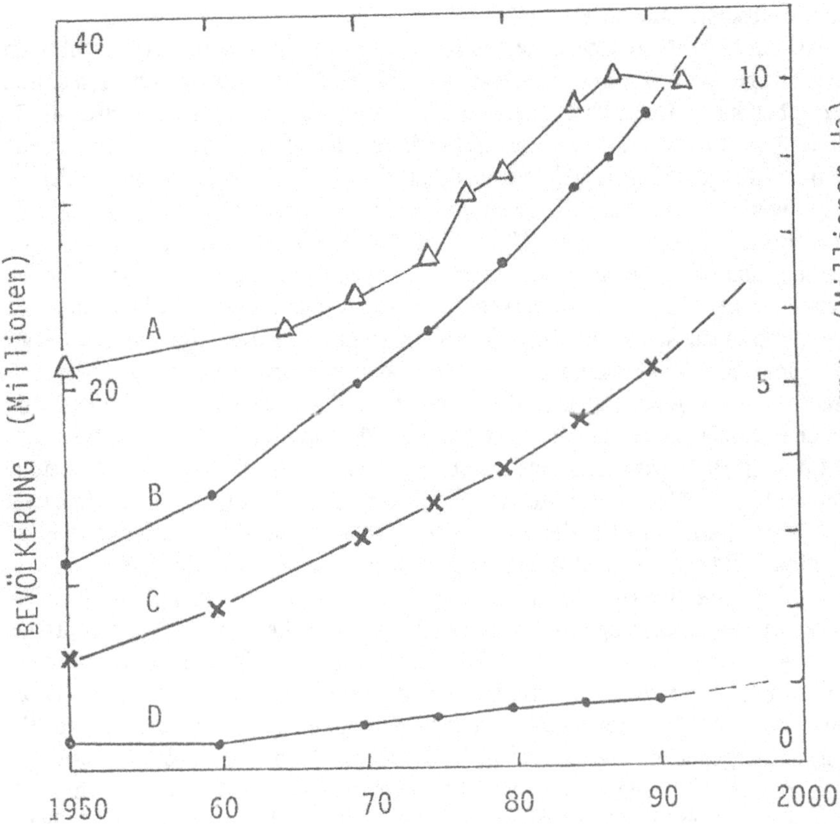

Abb. 7.16. Vergleich der Bevölkerungsentwicklung mit der Bewässerungsfläche: *A* Bewässerungsfläche, *B* Gesamtbevölkerung im Aralbecken, *C* Bevölkerung in Usbekistan, *D* Bevölkerung in Turkmenistan

ganz neu zu überdenken. Das ist es übrigens, was die Weltbank befürwortet (O'Sullivan 1992).

Durch diese Maßnahmen müßten die dem Aralsee eigenen Probleme automatisch, wenn nicht ihre Lösung, so doch zumindest eine Verbesserung erfahren, selbst wenn Schäden entstanden sind, die in einer zeitlichen Größenordnung von einigen Generationen irreparabel sind.

Es bleibt zu hoffen, daß dies verwirklicht wird. Eine Hoffnung besteht darin, daß die Präsidenten der GUS-Republiken bei ihrem Treffen Ende Dezember 1991 die Behandlung des Problems Aralsee auf der Prioritätenliste ganz obenan gestellt haben. Die Stabilität - wenn nicht gar der Fortschritt - dieses gewaltigen

Raumes und die Zukunft seiner Einwohner werden vom Erfolg der neuen Staatengemeinschaft abhängen.

So wurde 1993 zwischen den fünf Republiken ein Abkommen geschlossen, demzufolge die hydrologischen Daten künftig für alle Republiken gemeinsam verfügbar sind. Diese Daten sind für die Steuerung der Wasserwirtschaft des Amu-Darja und des Syr-Darja unerläßlich, da die zentrale Dienststelle der ehemaligen Sowjetunion aufgelöst und durch fünf neue nationale Dienststellen ersetzt wurde. Aus dem Gebiet von zwei der Republiken (Kirgistan und Tadschikistan) kommen etwa 80-90 % der Wasservorräte, die letztlich aus der Schnee- und Gletscherschmelze stammen; die anderen Republiken haben im wesentlichen die Rolle der Verbraucher. Es ist also angebracht, neben einem Informationsaustausch auch Übereinkünfte zu treffen, um zum einen in den Bergen hydrologische Meßsysteme einzurichten oder wiederzuerrichten und diese zu finanzieren sowie zum anderen die räumliche und zeitliche Verteilung des abfließenden Wassers zu regeln. Es sieht derzeit nicht danach aus, daß es dazu kommt.

Im Juni 1993 beschrieb eine Abordnung der Weltbank die Lage. Sie stellte eine völlige Auflösung der Meßnetze fest. Im Aralbecken gab es 900 Meßpegel, 300 Wetterstationen nach den Normen der WMO (World Meteorological Organization), 400 Schneemeßstellen in den Bergen und 3 Forschungsstationen im Hochland. Die finanziellen Probleme haben dazu geführt, daß ein großer Teil dieses Meßnetzes aufgegeben werden mußte, so daß die Zahl der Wetterstationen am oberen Amu-Darja von 25 auf 10 und die Zahl der Meßpegel am Fluß von 7 auf 2 sank. Am Syr-Darja ging die Zahl der Wetterstationen von 20 auf 12 zurück, die Zahl der Meßpegel blieb jedoch erhalten (12). 30 Schneemeßstellen wurden aufgegeben, ebenso wie die Erkundungsflüge mit Hubschraubern. Das Hydrometeorologische Zentralinstitut in Taschkent (SAGIMI), in dem die Daten zentral erfaßt und die Vorhersagen erstellt werden, erhält von den verbliebenen Stationen nur noch bruchstückhafte Datensätze und überhaupt keine Satellitenaufnahmen mehr. Es ist nunmehr gezwungen, mit qualitativ und quantitativ reduzierten Informationen zu arbeiten, daher sind auch die Vorhersagen unsicherer geworden. So konnten gewaltige Hochwasser im Mai 1993 oberhalb von Duschanbe nicht vorhergesehen werden, die 75 % des Kanalsystems der Stadt für Trinkwasser zerstört haben, außerdem ein in Bau befindliches Stauwehr, 80 000 ha fruchtbaren Bodens wurden überflutet - es fehlte an Informationen aus den Gebieten flußaufwärts. Im Sommer 1993 sollte ein neuer russischer Wettersatellit in die Umlaufbahn gebracht werden, der Mittelasien abdecken sollte, dazu scheint es allerdings bis 1994 nicht gekommen zu sein.

Die Wiederherstellung und Verbesserung der hydrometeorologischen Netze ist natürlich eine unerläßliche Voraussetzung für die vollständige Wiederinbetriebnahme der Bewässerungssysteme flußabwärts und für alle möglichen Maßnahmen zur Verbesserung der Lage, die in diesem Kapitel aufgezählt wurden. Der Bericht der Weltbank-Delegation spricht nachdrücklich von der äußersten Dringlichkeit, mit der das hydrometeorologische Meßnetz instand zu setzen und zu modernisieren sei. Dies setzt Kredite für die

Ausrüstung voraus (Meßstellen und Geräte zur Datenübertragung), die die Republiken derzeit unmöglich selbst gewähren können. Was im Bericht nicht geschrieben werden konnte, ist die Aussage, daß man aufgrund der instabilen politischen Lage in Tadschikistan gegenwärtig auf die Wiederherstellung des hydrometeorologischen Meßnetzes keine zu großen Hoffnungen setzen darf.

Es steht uns nicht an, über die Logik des Wirtschaftssystems zu philosophieren, das zur Katastrophe des Aralsees geführt hat. Auf einer allgemeineren Ebene zeigen uns die Schlußfolgerungen der Fachleute für die sowjetische Wirtschaft, die wir oben zitiert haben, klar, daß die Katastrophe unausweichlich war.

Die Republiken Turans müssen Devisen aus dem Ausland beschaffen. Gegenwärtig können sie in den Westen fast nur Rohstoffe exportieren: Erdöl, Gas, Erze und zusätzlich Baumwolle (Abb. 7.17). Die Verantwortlichen hatten nicht begriffen, daß die Baumwolle den Unwägbarkeiten des internationalen Marktes ausgesetzt war und daß Kunstfasertextilien (hergestellt aus Erdöl!) ihnen seit über 30 Jahren hartnäckig Konkurrenz machten. Die Polymerindustrie war in der UdSSR erheblich im Rückstand und ist es noch heute: Sowjetische Patente werden im Westen genutzt, aber nicht in den GUS-Ländern. Die Ware Baumwolle ist also ein riskantes Handelsgut auf einem Markt mit geringem Wertzuwachs. Der Baumwollpreis ist in den letzten Jahren drastisch gesunken. Die mittelasiatischen Staaten steuern ihren Baumwollverkauf nun selbst. Aus diesem Markt, der sich auch 1992 noch in Schwierigkeiten befand[237], versucht sich Usbekistan zurückzuziehen: Verringerung des Anteils der Baumwollproduktion an den Bewässerungsflächen von 70 auf 40 % aus nicht nur wirtschaftlichen Gründen; Aufruf an ausländische Investoren und schließlich Privatisierung - aber diese ist zu einem späteren Zeitpunkt an der Reihe. Die USA, die auf diesem Markt der Hauptkonkurrent der GUS-Länder sind, machen hinsichtlich der Anbauflächen eine sehr flexible Politik, die es ihnen erlaubt, ihre Baumwollerzeugung im Laufe der Jahre problemlos zu variieren.

Hinsichtlich der großen Weltmärkte sind die neuen Republiken durch ihre geographische Lage benachteiligt: So ist Turkmenistan reich an Erdgas, kann es jedoch angesichts seiner Lage im Abseits schwer exportieren; in bezug auf seine Wasserversorgung und seine Baumwollproduktion (12 000 ha, 380 000 t 1993 und damit weltweit achtgrößter Baumwollproduzent) wird dieses Land im übrigen immer stark von Usbekistan abhängig bleiben.

Aber auch Usbekistan kämpft mit den gleichen Problemen beim Export: Die Baumwollernte betrug 1 350 000 t, was 60 % der gesamten Ernte Mittelasiens ausmacht: Es war eine "gute" Ernte, sie scheint sich stabilisiert zu haben (vgl. Abb. 5.3), aber ihr Verkauf gestaltete sich schwierig. Das internationale Umfeld war angespannt, denn das Fehlen von Verkehrsmitteln führte zu zwangsweisen Verzögerungen bei der Auslieferung von 2-3 Monaten, während die Käufer nach dem Just-in-time-Prinzip und ohne Lagerhaltung arbeiten[238]. Wahrscheinlich

---

[237] C. Petit, "Le coton poursuit sa chute" in *Le Monde* vom 1.3.1992, S.19.

[238] vgl. den Zeitungsartikel "Le coton retrouvé" von M. de Varney in *Le Monde* (Paris), 13.2.1994

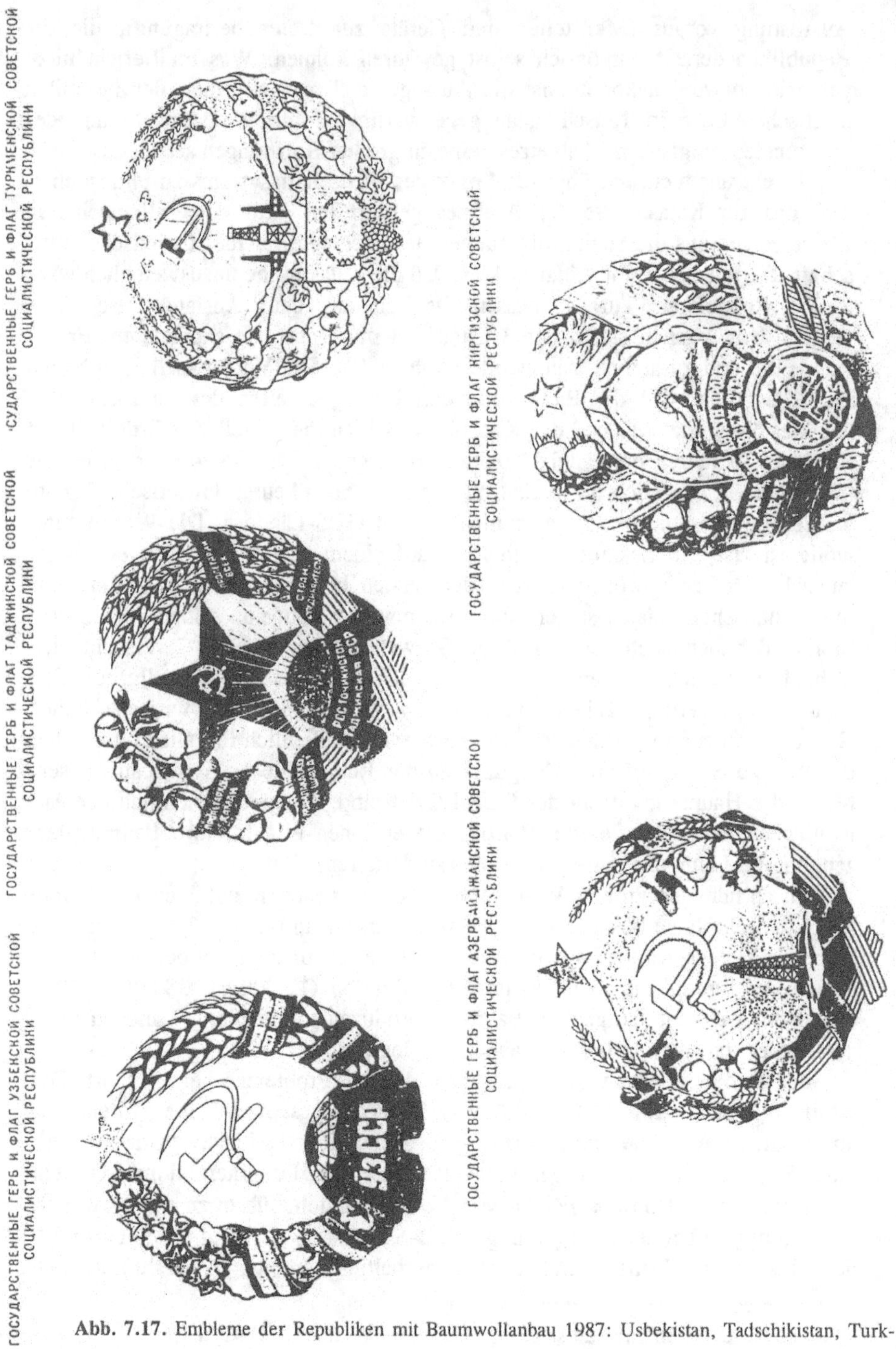

Abb. 7.17. Embleme der Republiken mit Baumwollanbau 1987: Usbekistan, Tadschikistan, Turkmenistan (*oben*), Aserbeidschan, Kirgistan (*unten*). Das Wappen von Kasachstan enthielt keine Darstellung von Baumwolle.

bringen die Produkte aus dem Hanf- (und Mohn-)Anbau, von dem es heißt, daß er Tausende Hektar umfasse, der Region nicht unbeträchtliche inoffizielle Einnahmen[239].

Im Bereich der Arbeiten zum Wiederaufbau und der erneuten Anpassung scheint die Situation recht durcheinander zu sein. Ratkowitsch (1992), Budagowski (1992), Iwanowa (1992) und Woropajew (1992) sind relativ pessimistisch und erklären unter anderem, daß die geplanten Arbeiten seit 1991 nicht vorankommen: In einem Jahr wurden weniger als 100 000 ha Bewässerungsfläche umgestellt, während 300 000-500 000 notwendig wären. Sie beanstanden die Verschwendung durch die erneute Speisung des Aralsees mit Wasser, das teilweise aus der Entwässerung stammt, ansonsten aber nur gering verschmutzt ist, obwohl der See sich in jedem Fall doch nur auf einem noch niedrigeren Pegel als derzeit stabilisieren kann, um dann eine Kloake zu werden. Weiter wird kritisiert, daß man einerseits Bewässerungsflächen aufgibt, die mittlerweile unproduktiv geworden sind, während man andererseits damit fortfährt, andernorts neue Bewässerungsflächen auf schlechtem Gelände zu erschließen (200 000 ha 1991), anstatt die Bemühungen darauf zu richten, die guten Böden zu schützen und zu entwickeln. Hinzu kommt, daß die Arbeiten zum Aufstauen von Flußwasser fortgesetzt werden, obwohl dadurch Landstriche unwiederbringlich überflutet werden (Staudamm von Rugun); außerdem versteift man sich auf die Produktion von Baumwolle, obwohl mindestens 40 % der in der Landwirtschaft tätigen Bevölkerung immer noch unterernährt sind usw. Kritisiert wird auch auch die stillschweigende Übereinkunft, in den Rest-Aralsee alle Abwässer Mittelasiens zu leiten. All das zeigt, daß jenseits aller offiziellen Verlautbarungen der übertriebene sowjetische Zentralismus einer Art "geplanten Anarchie" Platz gemacht hat.

Auch das Argument der Stromerzeugung, das im Zusammenhang mit der industriellen Entwicklung vorgebracht wurde, rechtfertigte kaum die 13 großen Stauseen und die 40 GW installierter Leistung sowie 540 TWh Stromerzeugung in den Wasserkraftwerk en; wesentlich eher war auch hier, einmal mehr, die Baumwollproduktion die Ursache: Einerseits war es ein Wasservorrat für den Anbau, sicher, aber es sei daran erinnert, daß ein bedeutender Teil der Industrie unmittelbar mit der Baumwolle zu tun hatte (in Karakalpakstan 40 %): Fabriken zur Behandlung, zum Spinnen, zur Herstellung von Landmaschinen usw. Das Kraftwerk von Nurek versorgt mit einer 500 000-Volt-Leitung außer Tadschikistan auch noch die Region von Karschi und sogar Samarkand mit Elektrizität. Man hat geschrieben, die Baumwollfelder machten sich nach 2 oder 3 Jahren Anbau für den Staat bezahlt. Niemals würde ein Unternehmer in einem liberalen Wirtschaftssystem es wagen, eine solche Behauptung für den Bereich der Grundstoffproduktion aufzustellen. Denn in diesen Bilanzen wurden niemals die gewaltigen Investitionen berücksichtigt, die der Staat im Hinblick auf diesen Nutzen abzuschreiben hatte (vorausgesetzt, daß es wirklich einen gab), und jene

239 Mit dem bereits zitierten Observatoire Géopolitique de la Drogue (OGD), s. Grimal (1993).

sinnlosen Ausgaben, die mit diesen gewaltigen Baumaßnahmen verbunden waren. Und wer wird das ganze künftig unterhalten, selbst wenn die örtlichen Techniker gut qualifiziert sind, was ihnen selbst die Weltbank bescheinigt?

In der UdSSR war das System vollkommen starr, von oben nach unten gesteuert, mit einem Programm, das den Markt nicht berücksichtigte, mit verschiedenen Investitionen, die in den Gesamtgestehungskosten nicht berücksichtigt wurden, mit Zusatzkosten, die z.B. dadurch entstanden, daß Nahrung vom Norden und Nordosten zu den Zentren des Baumwollanbaus transportiert werden mußte. Bei der Abschreibung der Anlagen wurde dies nicht berücksichtigt. Das Desinteresse der Bauern, die unterbezahlt, unterernährt und ohne Zukunftsperspektiven waren, kam zu all dem noch dazu. Und in der Sowjetunion wurden die Auswirkungen auf die Umwelt niemals näher betrachtet, vielleicht noch weniger als anderswo. Kurzum, alles was zu Verschwendung, Durcheinander und Skandalen Anlaß gab, war seit langem an der Tagesordnung, auch wenn die Skandale schließlich angezeigt (oft ist dafür viel Zeit nötig) und vielleicht sogar bestraft werden. Und man kann sich fragen, warum.

Nach Ansicht fast aller Experten ist es das grundlegende Zusammentreffen zweier Gedanken: Der erste ist der des verschärften Wettbewerbs, bei dem die USA der Todfeind waren, der mit allen Mitteln übertroffen werden mußte. Es wurde gezeigt, daß die friedliche Koexistenz, die hierzulande wie eine Öffnung hin zu mehr Kontakten und Austausch erschien, für die sowjetischen Herrscher lediglich eine Art Ruhepause war, die es ihnen erlaubte, ihren Rückstand etwas aufzuholen. Der zweite Gedanke, der weniger ausgesprochen wurde, jedoch unterschwellig stets vorhanden war, war der alte Eroberungsgeist der Zaren, der im Traum von der Weltrevolution seine Fortsetzung fand und seit 1920 nie verheimlicht wurde. Ein sowjetischer Freund sagte uns - es war nach dem Erscheinen des Buchs von H. d'Encausse, *L'empire éclaté* -, als wir mit ihm über die Entkolonialisierung und den Sturz der westlichen Kolonialreiche sprachen: "Aber bei uns ist das anders! Wir haben 'ihnen' den Frieden gebracht usw."; und das war nicht falsch. Trotzdem blieb der Kontrast zwischen dem Lebensstandard in Rußland, wie bescheiden er auch war, und dem der armen Bauern in Usbekistan oder Kasachstan noch vor 6 Jahren auffällig (Tabelle 7.7). Und es sind auch nicht die Republiken Mittelasiens mit ihrem raschen Bevölkerungswachstum oder der zunehmenden islamischen Ideologie, von denen die zweite Revolution ausgegangen wäre, zumindest bisher nicht[240].

Hätte eine andere Entwicklung zu anderen Ergebnissen geführt? Und vor allem: Hätte sie die Katastrophe des Aralsees verhindern können (Tabelle 7.8)? Nichts ist gewiß. Die Monokultur hat ihre Pleite erlebt, auch bei uns.

---

[240] s. Vadrot (1991), Gresh (1992), Lemercier-Quelquejay (1991); ferner die Fernsehsendung: *Asie Centrale, Etats d'urgence* von Luc Segarra im Fernsehprogramm FR3 (vgl. auch Kommentar von B. Karlinsky in *Libération* vom 4.3.1992).

Tabelle 7.7. Reichtum von sowjetischen Republiken im Vergleich (Zahlen für 1988 und 1989 aus *Le Monde* vom 27.8.91 zitiert und ergänzt)

	Fläche in 1000 km²	Bevölkerung in Mio. Ew.	Säuglingssterblichkeit (Promille)	Anteil am landwirtschaftl. Einkommen (%)	Anteil an der Industrieproduktion (%)	Anteil an der Erdölförderung (%)[a]	Anteil an der Erdgasförderung (%)[a]	Anteil an der Kohleförderung (%)	Anteil an der Stromerzeugung (%)	Pro-Kopf-Einkommen in % des sowj. Mittels	Verhältnis Produktion zu Verbrauch
Rußland	22 403	148,0	17,8	50,3	63,7	89,4	74,25	56,2	62,6	110	1,46
Ukraine	604	51,8	13	17,9	21	0,96	2,6	24	17,6	96	1,48
Kasachstan	2717	16,7	25,9	6,4	2,5	5,16	5,2	18,7		93	1,27
Turkmenistan	488	3,6	54,7	1,3	0,5	1,58	9,8	2		71	0,95
Usbekistan	447	20,3	37,7	5,5	2,4	0,54	5,2	1		62	0,85
Tadschikistan	143	5,2	43,2	1,3	0,6	0,02	-	-		54	0,76
Kirgistan	199	4,3	32,2	1,4	0,6	0,03	-	1		72	1

[a] Nach *CIS* (ehem. *Rev. Soviet Oil*), 37: 2, 1992; Werte für 1991.

Tabelle 7.8. Der politisch-wirtschaftliche Mechanismus der Katastrophe am Aralsee

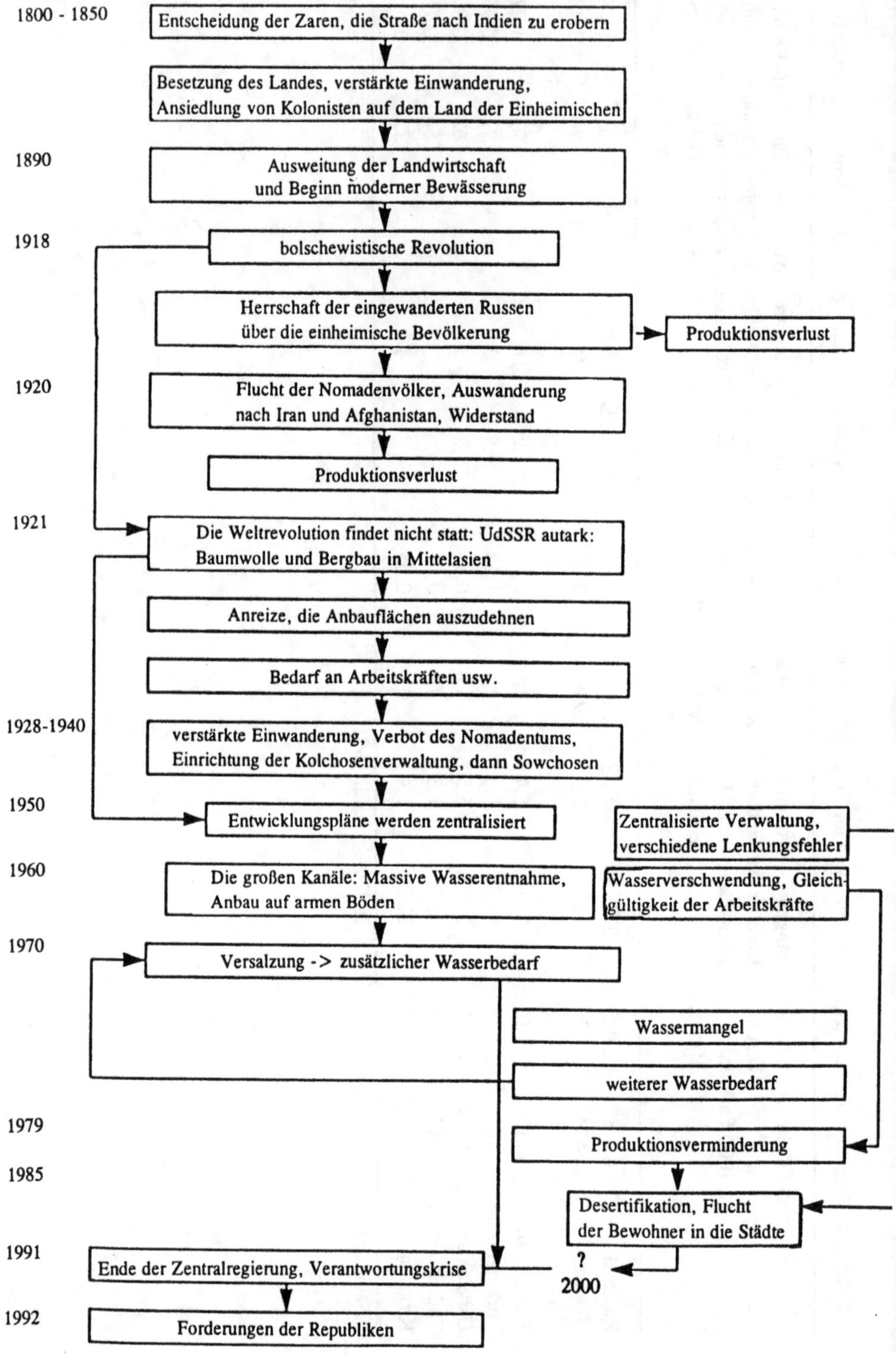

7.5 Die Fortschritte der internationalen Zusammenarbeit

Einige Formen punktueller Zusammenarbeit wurden weiter oben erwähnt. Sie waren im wesentlichen humanitärer Art. Als sich die Sowjetunion auflöste, hatte die neugegründete GUS im Dezember 1991 beschlossen, eine gemeinsame Organisation zu gründen, um die Folgen der großen Katastrophen (Tschernobyl, Aralseegebiet und Erdbeben in Armenien) zu regeln. Die Unabhängigkeit der neuen Staaten Turans hinterließ ihnen das Problem Aralsee "am Hals". Sie verfügten über zwei Strukturen, die zur Zeit der Sowjetunion geschaffen worden waren, die Agenturen der Einzugsbereiche von Amu-Darja und Syr-Darja (BWO), und verständigten sich am 18.2.1992 darauf, sie im Intergovernmental Coordination Committee for Water Supply (ICCWS) zu koordinieren. Kurz darauf richteten sie eine Agentur für den Aralsee ein (ICCAS) sowie eine Kommission für die Umgebung des Aralsees (ASEC). Experten der UNEP (United Nations Environment Program) trafen sich vom 31.8. - 4.9.1992 in Genf und brachten die Idee einer internationalen Zusammenarbeit zum Thema Aralsee auf. Es nahm auch ein Vertreter der Weltbank (WB) teil. Die usbekische Regierung bestand darauf, erneut die Umleitung sibirischer Flüsse zu untersuchen. Eine Abordnung der UNEP wurde zur Erkundung ausgeschickt und besichtigte die geschädigten Landstriche von Aralsk bis zum Kara-Kum-Kanal, dann stellte sie ihre Schlußfolgerungen auf einer Abschlußsitzung in Taschkent am 29.9.1992 vor. Sie kam unter Berücksichtigung ihrer Gesprächspartner auf folgende Punkte, die den Leser nicht überraschen werden:

1. Die unzusammenhängenden vorherigen Projekte zur Wiederherstellung betrafen vor allem den Aralsee selbst, und die vorgesehenen Maßnahmen hatten lediglich zum Ziel, dem Aralsee wieder zu Wasser zu verhelfen, verbesserten die allgemeine Lage jedoch nicht. Zu diesen Maßnahmen zählten v.a. die Verminderung des Baumwollanbaus (den Moskau aufgezwungen hatte und der die Entwicklung in der Region behinderte) und das Optimieren des Einsatzes sowie das Einsparen von Wasser. Sie hatten keine wirtschaftliche, finanzielle oder politische Grundlage.

2. Ein einziges Programm wäre nicht in der Lage, die Gesamtheit der Probleme in den Griff zu bekommen, die durch die Katastrophe aufgeworfen wurden.

3. Die Wasserzufuhr aus sibirischen Flüssen oder aus dem Kaspischen Meer ist unrealistisch.

4. Die direkten Folgen der Austrocknung des Aralsees - die umstritten sind - sind vielleicht leichter zu beheben, als man dachte.

5. Es ist nicht möglich, den Aralsee in seinen ursprünglichen Zustand zurückzuversetzen, aber die Stabilisierung seines Wasserspiegels ist vorstellbar und vielleicht notwendig[241].

6. Die wirtschaftlichen und sanitären Bedingungen im Bereich um den Aralsee sind beklagenswert[242]. Es erscheint wesentlich eher erstrebenswert, der Bevölkerung vor Ort zu helfen, als sie umzusiedeln, denn sowohl die freiwilligen als auch die organisierten Migrationen, die in der jüngsten Vergangenheit stattfanden, haben weder die Probleme vor Ort noch die der Bevölkerung gelöst.

7. Es ist nötig, die Strukturen und Institutionen zu überprüfen, die den Wasserverbrauch kontrollieren, und die zwischenstaatliche Zusammenarbeit zu verbessern.

8. Vor allem ist die "Krise des Aralsees" global und beschränkt sich nicht auf den See.

Nach einiger Überlegung akzeptierte Usbekistan zögernd die vier Zeilen eines Aktionsprogramms, die die Abordnung der Weltbank befürwortet hatte:

1. "Stabilisierung" der Umgebung des Aralsees;
2. Wiederherstellung der geschädigten Gebiete;
3. Internationale Steuerung der Wasserverteilung;
4. Einrichtung supranationaler Institutionen, um die Punkte 1-3 umzusetzen.

Ebenfalls im September 1992 organisierte der japanische GIF (Global Infrastructure Fund) ein Kolloquium in Tokio, um die Aufmerksamkeit der Regierung, der Öffentlichkeit, und der japanischen Industriellen auf die Probleme des Aralsees zu lenken.

Am 4.1.1993 trafen sich die Präsidenten der fünf Republiken in Taschkent, anschließend im April in Aschchabad, um eine gemeinsame Stellungnahme auszuarbeiten. Am 26. April 1993 versammelten WB, UNEP und UNDP (United Nations Development Program) die potentiellen Geldgeber.

Die neuen Republiken waren durch ihre Minister für Umwelt oder Wasserwirtschaft vertreten. Rußland willigte ein, sich an der Finanzierung etwaiger Projekte zu beteiligen, teilte aber nicht den wiederholt vorgetragenen Wunsch, Wasser aus Sibirien zu liefern.

Im Mai 1993 verbrachte eine neue gemischte Abordnung aus WB und UNEP einige Wochen in Mittelasien, um die betreffenden Orte zu besichtigen und mit den örtlichen Experten zu konferieren. Bei ihrer Rückkehr schlug sie 20 genau benannte Projekte vor. Ein Ausschuß aus den fünf Republiken untersuchte diese Projekte am 13.7.1993 und stellte auf der Grundlage neuer Gutachten einen langfristigen Plan auf, der von ihren Präsidenten am 11.1.1994 angenommen

---

[241] Es sei angemerkt, daß die damals in Betracht gezogenen Maßnahmen (WB-Bericht 1993) in der ersten Phase des endgültigen Programms (WB-Bericht 1994) nicht berücksichtigt wurden.

[242] Kasachstan hat durch Gesetz drei geschädigte Zonen definiert: Eine Zone als "Vorstufe zur ökologischen Krise", eine als "ökologische Krise" und eine als "Katastrophe". 100 000 Einwohner rings um den Aralsee entfallen auf diese letzte Zone und werden als "die Ärmsten der Armen" beschrieben.

wurde. Dieser Plan übernahm das gesamte WB/UNEP-Projekt außer der Assoziierung Afghanistans, und zwar aus folgenden drei Gründen:

1. Dieser Staat ist kein Syr-Darja-Anrainer.
2. Das Projekt befindet sich erst in einer Vorstufe.
3. Der derzeitige politische Zustand Afghanistans erlaubt keine fruchtbare Zusammenarbeit.

Eine neue Abordnung kehrte im Februar 1994 in die betroffenen Regionen zurück, um die erste Phase des Gesamtprojekts abzustecken (die sich wiederum in drei Teile gliedert) und fertigte einen Bericht für das Exekutivkomitee des Aralsee-Programms (ASP) der Weltbank. Schließlich trafen am 23. und 24.6. in Paris Vertreter von Weltbank, UNEP und UNDP zusammen und stimmten dieser ersten Phase des Programms und ihrer Finanzierung zu (s. Anhang IX). 31 Mio. US-Dollar wurden von der Weltbank bewilligt, 7 Mio. sind von den 5 beteiligten Staaten aufzubringen (die möglicherweise auf direkte Spenden anderer Staaten und Organisationen zurückgreifen können).

Es ist an dieser Stelle nicht möglich, auf alle 19 Projekte genauer einzugehen[243], deren Umsetzung sich über 6-36 Monate erstreckt. Zwei Organisationen unter der Schirmherrschaft des Exekutivkomitees wurden geschaffen, das ICAS (International Committee for the Aral Sea), das mit wissenschaftlichen und technischen Aufgaben beauftragt wird, sowie der IFAS (International Fund for the Aral Sea), der die Finanzierungsquellen sammeln und verwalten soll. Das Exekutivkomitee hat die Vorrechte einer Regierung, was es auf eine Stufe mit den fünf Republiken stellt. Zu diesen Organisationen kommen noch die ICWR (Interstate Commission for Water Coordination, eine Nachfolgeorganisation der ICCWS) und die ICSDSTEC (Interstate Commission for Socio-Economic Development and Scientific, Technical and Ecological Cooperation) sowie die beiden BWO. Diese Organisationen hängen ausschließlich von den 5 Republiken ab.

Die 19 Projekte der ersten Phase des ASP sollen gleichzeitig begonnen werden und sich bei ihrer Umsetzung auf die aus der sowjetischen Zeit überkommenen Strukturen stützen wie etwa die des SIRC (Scientific Information and Research Center) sowie des SANIIRI (Wissenschaftliches Bewässerungsforschungsinstitut von Mittelasien), von dem bereits die Rede war.

Diese erste Phase nimmt den größten Teil der Anregungen auf, die Glasowski (1991) zusammenfaßte, und gliedert sich ihrerseits in 3 Abschnitte:

1. Der erste (Einrichtung der oben genannten Institutionen) ist abgeschlossen.
2. Der zweite umfaßt Umweltverträglichkeitsprüfungen und Machbarkeitsuntersuchungen der vorgesehenen Projekte und das Anlaufen der Arbeit bei den regionalen Institutionen. Diese wurde nun finanziert. Ein bedeutender Teil der Kredite wird für Reisekosten, Gutachten und die Ausbildung von Spezialisten aufgewandt. Die Ausgaben für Infrastruktur, Büroeinrichtung und Verwaltung werden vom IFAS getrennt behandelt (vgl. Anhang IX).
3. Der dritte, der noch nicht finanziert ist (vorgesehen sind 220 000 US-Dollar) wird die bauliche Verwirklichung der ersten als wirksam erachteten Projekte

[243] Zwei der Vorprojekte wurden zu einem zusammengefaßt.

umfassen. Außerdem wird die nachfolgende zweite Phase vorbereitet, die etwa 7 Jahre dauern soll und in der bereits größere Bauarbeiten geplant sind[244]; das Programm für die dritte Phase wurde noch nicht erstellt.

Die WMO und das UNDP haben großen Wert auf die großräumige Steuerung des Aralbeckens gelegt (vgl. World Meteorolical Oraganization/UNDP 1994). Dadurch soll in der ersten Phase wieder ein Mindestnetz von Meßstationen eingerichtet werden; in der zweiten Phase sollen das Meßsystem vor Ort sowie die Methoden zur Berechnung und Modellbildung auf den Standard des World Hydrological Cycle Observing System (WHYCOS) angehoben werden - ohne dabei das Grundwasser zu vergessen. Die Konferenz im März 1994 hat den Bedarf an hydrologischer Ausrüstung auf 2,26 Mio. sowie den für die Meteorologie auf 1,808 Mio. US-$ geschätzt.

Die ersten Ergebnisse des ASP dürften also im Laufe des Jahres 1995 sichtbar werden. Die offensichtlich niedrige Höhe der bewilligten Kredite ist ein Zeichen für die Vorsicht der Weltbank, die betont, mit welchen Schwierigkeiten dieses gewaltige Projekt behaftet ist:

1. Die Komplexität der zu untersuchenden Erscheinungen sowie die Interdependenz der 19 Projekte: Der Erfolg jedes einzelnen hängt von dem der anderen ab.

2. Die Notwendigkeit einer offenen und starken Zusammenarbeit der fünf Staaten; welche Positionen sie auch immer zu anderen Problemen vertreten, bei der Raumordnung im Becken von Turan müssen sie sich einig sein.

3. Die Geldgeber (angefangen bei den 5 Republiken) müssen ihre Versprechungen einhalten. Genau hier treten bereits Probleme auf - Ende 1994 scheinen einige Republiken ihre Beiträge noch nicht gezahlt zu haben.

4. Die Tatsache, daß Usbekistan zum einen das erste vom ASP betroffene Land sein wird und zum anderen die am weitesten entwickelten und aktivsten Forschungsorganisationen auf seinem Territorium angesiedelt sind.

Die utopischen Projekte hat die Weltbank definitiv abgelehnt, da sie weiß, daß sie sie niemals finanzieren könnte, selbst wenn Rußland einverstanden wäre, was unwahrscheinlich ist (der Kanal vom Irtysch zum Aralsee würde nach Ansicht der Weltbank etwa 2,5 Mrd. Dollar kosten). Dagegen hat sie endgültig

---

[244] Es handelt sich dabei um die folgenden Bauprojekte: 1. Den Bau zweier Entwässerungskanäle, von denen einer in der Region von Termes beginnt und am rechten Ufer des Amu-Darja entlang bis Tjujamujun führt, von dort aus führt er weiter nach Norden durch die Kysyl-Kum bis zum ehemaligen See von Daukara, 200 km östlich von Nukus. Der andere soll etwa 50 km flußabwärts von Tschardshou vom Amu-Darja abzweigen, durch das Urtal des Ungus führen und dann im Gebiet der Takyrs etwa 100 km nordöstlich von Aschchabad enden. 2. Die Verlegung des Syr-Darja nach links von 50 km nördlich des Tschardara-Stausees bis in die Höhe von Turkestan, anschließend weiter auf der linken Seite von Ksyl-Orda aus 100 km nach Westen und von dort bis Dshusali nach Norden. Eine dritte Umlenkung soll das Drainageabwasser von Kasalinsk bis in die Mitte des östlichen Teilbeckens des verbleibenden Aralsees leiten. 3. Die Automatisierung der Be- und Entwässerungssysteme (veranschlagte Kosten für 4 Bauabschnitte: 350 Mio. US-$).

festgelegt, daß es zu einem schrittweisen Vorankommen der Wiederaufbauarbeiten kommen muß. Insbesondere besteht sie auf der Tatsache, daß es sich um einen globalen Entwicklungsplan handelt, dessen Dauer sich, wenn alles gut geht, über 20-25 Jahre erstrecken wird.

Im besten Fall wird der Aralsee die brackige Kloake der schädlichen Produkte aus 4 Jahrzehnten Mißwirtschaft bleiben. Weder kann man sich darüber als Richter aufspielen noch ironisch werden. Derartige Katastrophen sind auch andernorts nicht unmöglich.

So ist etwa der Tschadsee von 20 000 km^2 1970 auf 3000 km^2 1994 geschrumpft, während sein Zufluß von 40 auf 16 km^3 abgenommen hat. Die Ursachen dieser Verlandung sind teilweise klimatisch, teilweise anthropogen bedingt, ohne daß man beiden Seiten klar ihren Anteil zuordnen könnte. Obwohl die Katastrophe am Tschadsee nicht solche Ausmaße wie am Aralsee hat, so stellt sie doch die Anrainervölkern und die ganze Republik Tschad vor zahlreiche Probleme.

Im März 1995 trafen sich die Präsidenten der fünf Republiken Turans in Taschaus. Eine AFP-Pressemitteilung meldete von dort: "Besonders wichtig ist es, daß die nationalen Behörden überprüfen, daß das Geld sinnvoll eingesetzt wird und nicht in die Kanäle der allgemeinen Bestechung gerät."

8 Zusammenfassung

"Was dieses Volk kennzeichnet, ist etwas in jeder Hinsicht Gigantisches: Die gewöhnlichen Dimensionen passen bei ihm nirgends. Ich will hier nicht behaupten, daß weder die wahre Größe noch die Stabilität bei ihm zusammentreffen; jedoch die Kühnheit und das Vorstellungsvermögen der Russen sind grenzenlos; bei ihnen ist alles eher kolossal als ausgeglichen, eher wagemutig als überlegt, und wenn das Ziel nicht erreicht wird, dann deshalb, weil es übertroffen wird" (Germaine de Staël, 1821, *Zehn Jahre im Exil*).

"Die Theorie des Sozialismus in einem Lande führt unweigerlich dazu, die Schwierigkeiten, die man überwinden muß, zu unterschätzen und die Errungenschaften zu übertreiben" (Leo Trotzki 1926).

Im Herzen von Turan (Turkestan), das etwa 3,5 Mrd. km^2 umfaßt, ist das Aralbecken unter fünf Republiken aufgeteilt: Kasachstan, Kirgistan, Usbekistan, Tadschikistan und Turkmenistan, die 1991 ihre Unabhängigkeit erklärt haben, wie auch Karakalpakstan;.

Das Tiefland von Turan ist nach Süden fast abgeschlossen, da es dort von den nördlichen Gebirgsketten der höchsten Gebirgsmassive der Erde begrenzt wird (Kaukasus 5640 m, Kurdistan und Armenien 4100 m, Elburs 5604 m, Hindukusch, Pamir, 7495 m und Tien-Schan 7440 m). Nach Norden ist es jedoch weit nach Sibirien hin geöffnet.

Die Geschichte der Senke um den Aralsee und das Kaspische Meer, einem gewaltigen abflußlosen Gebiet, beginnt beim Tethysmeer, der vor etwa 200 Mio. Jahren den zusammenhängenden arabisch-indisch-afrikanischen Block von den älteren Platten im Norden trennte. Im Tertiär stieg der arabisch-indisch-afrikanische Block auf und verdrängte das Tethysmeer, bis es verschwand und nur die Vorläufer des Mittelmeers und seiner östlichen Verlängerungen hinterließ. Nach dem Oligozän erstreckte sich das sogenannte Sarmatische Meer vom Mittelmeer über das Schwarze Meer bis zum Kaspischen Meer, die vereinigt waren, über den größten Teil der mittelasiatischen Senke bis zu den Gebirgszügen an der chinesischen Grenze (Altai, Tien Schan). Im Pliozän (vor 6-4 Mio. Jahren), wurden in einem anderen Kapitel der Meeresgeschichte noch einmal das Schwarze und das Kaspische Meer miteinander verbunden, und ein alter Strom, der Paläo-Oxus, verband den Aralsee mit dem Kaspischen Meer.

Turan ist ein Mosaik flacher Gebiete aus Sedimentgesteinen (80 % des Beckens), die auf einem etwa 2000 m tief reichenden Sockel aufliegen und von Ketten aus gefalteten Sedimentflächen getrennt werden, welche ein Gerüst aus alten Gesteinen aufweisen. So lassen sich die gewaltigen Erdgas- und Erdölvorkommen der Region erklären. Durch die Ölsuche wurden auch die unterirdischen Wasservorräte bekannt: Die größte Grundwasserschicht im Sandstein der oberen Kreide erstreckt sich vom Fuße der Gebirgsketten im Südosten bis zum Kaspischen Meer. Die wasserführenden Schichten aus dem Norden des Aralbeckens fließen nach Süden und Südosten hin ab, während die aus dem Süden symmetrisch dazu nach Nordwesten fließen. Diese unterirdischen Wasservorräte sind um so wertvoller, als das Aralbecken mit seinen lediglich 200 mm Niederschlägen pro Jahr in einem trockenen Ökosystem liegt.

Der Aralsee ist ein thermisch geschichtetes System. Die Wassertemperatur erreicht an der Oberfläche im Sommer 26,5 °C und in 23 m Tiefe 10 °C weniger. Dieser See fror auf der Nord- und Nordostseite ab Dezember 140-180 Tage lang zu und unterbrach so jegliche Schiffahrt. Vor 1960 maß der Aralsee als viertgrößter See der Welt 66 458 km^2 (davon entfielen 2345 km^2 auf die Inseln), seine mittlere Tiefe lag bei 16 m, die größte Tiefe im Bereich des westlichen Grabens bei 68 m. Der Seespiegel lag bei 53 m ü.NN und schwankte, jahreszeitlich bedingt, um 0,30-0,35 m.

Die Beweise für bedeutende Veränderungen des Aralsees sind zahlreich vorhanden: eine Schicht aus Gips und Steinsalz unter den neueren Sedimenten, Muschelschalen an den Hängen des Tschink, dem Steilhang, der den See im Westen begrenzt. Ist der Aralsee, der tatsächlich ein großer, aber von Natur aus leicht verletzlicher See ist und dessen natürliche Gefährdung mit der Einführung moderner Landwirtschaftstechnologie gewachsen ist, dazu verdammt, zu verschwinden, weil die Menschen so ungeschickt sind? Das ist die Hauptfrage, auf die dieses Buch eine Antwort zu geben versucht hat, indem es die Wasserbilanz des Einzugsgebiets, seine Erschließung und deren Folgen näher untersucht.

Der Amu-Darja und der Syr-Darja, zwei große allochthone Flüsse, sind das Kernstück des hydrologischen Systems um den Aralsee. Der 2500 km lange Amu-Darja, der in etwa 4900 m Höhe im Pamir entspringt, hat einen Einzugsbereich von 309 000 km^2 (dies entspricht der Fläche von ganz Deutschland ohne Niedersachsen); er wird vorwiegend aus Gletschern gespeist. Hinsichtlich seiner Feststofffracht steht er weltweit an zweiter Stelle, dabei werden 92 % der 294 Mio. m^3 im Sommer transportiert. Seine Sedimente erreichen eine jährliche Mächtigkeit von 25 cm. Er besitzt drei alte Terrassen, die jedoch leider nicht besonders stabil sind. 1978 erreichte der Abfluß an der afghanischen Grenze 2010 m^3/s, 22,6 Mio. t gelöste Stoffe wurden in jenem Jahr mitgeführt, was einem Anteil von 0,6 g/l entspricht, der Hauptbestandteil war Kalziumkarbonat. Der Serafschan, bedeutendster Nebenfluß des Amu-Darja in Turan, ist 870 km lang und fließt durch Samarkand und Buchara.

In Nukus, 120 km vom Aralsee entfernt und unmittelbar flußaufwärts vom alten Delta gelegen, betrug 1880 der Abfluß 1600 m^3/s. Bis 1980 sank er auf

Null ab, stieg dann bis 1985 wieder auf 10-15 m^3/s an. Der Amu-Darja war nur sehr eingeschränkt schiffbar, als Verkehrsweg wurde er durch die Eisenbahn abgelöst. Der Traum von Peter dem Großen, aus dem Amu-Darja eine große Wasserstraße zu machen, wurde nie verwirklicht.

Der Syr-Darja ist 2212 km lang bzw. 3019 km, wenn man seinen Nebenfluß Naryn mitberücksichtigt. Sein Einzugsbereich umfaßt 219 000 km^2. Er durchquert das große Ferganatal und besitzt zahlreiche trockengefallene Seitenarme, an denen antike Städte lagen. Er konnte früher auch in den Amu-Darja fließen, eine alte Stromrinne läuft nach Süden um den Aralsee herum. Ein Netz weiterer Stromrinnen konnte mit Hilfe von Satellitenbildern noch in der Sandwüste Kysyl-Kum aufgespürt werden.

Die Archäologie und Geschichte des Aralbeckens gehören zu den vielleicht vielfältigsten Kapiteln der Menschheitsgeschichte, weil dort die mesopotamischen und iranischen Zivilisationen aus dem Süden mit den anatolischen aus dem Westen und den chinesischen aus dem Osten zusammentrafen.

Die ersten Spuren menschlicher Besiedlung sind altsteinzeitliche Werkzeuge (300 000-100 000 Jahre alt), ihre Datierung erfolgte durch die Thermolumineszenz-Technik. Zwischen 6000 und 8000 v.Chr. begann sich am Fuße des Kopet-Dag und im späteren Sogdien und Baktrien die Viehzucht zu entwickeln. Dann trat an den gleichen Orten im 5. Jahrtausend v.Chr. der seßhafte Ackerbau mit Bewässerung der Dsheitun-Kultur auf. Spuren von Urstädten, die fast 6000 Jahre alt sind, sind uns erhalten geblieben, anschließend erschien im Umfeld des Aralsees in der Jungsteinzeit die Kelteminar-Kultur der Jäger, Fischer und Töpfer. In der Nähe von Buchara am Serafschan stellt die Kultur von Saman-Baba den Übergang zwischen Jungsteinzeit und Bronzezeit her. Im 3. Jahrtausend v.Chr. leiteten die nachgewiesene Domestizierung des Pferdes und (weiter östlich) des Kamels den Hirtennomadismus ein. Die Andronowo-Kultur in Nordwest-Kasachstan führte die Reiterei ein (1700-1200 v.Chr.); Herodot bestätigte die Existenz von Nomadengruppen ab dem 7.Jh., bevor Kyros der Große, Kaiser von Persien (558-520), Turan eroberte. Ihm folgte Darius, der seinerseits von Alexander dem Großen (um 330-326 v.Chr.) besiegt wured. Letzterer eroberte die Region südlich des Aralsees mit Ausnahme des berühmten Königreichs Choresm im ehemaligen Amu-Darja-Delta. Die Hauptstadt des Königreichs Choresm, Toprak-Kala (3. Jh. n.Chr.), besaß einen Palast, der mit monumentalen Skulpturen und Gemälden ausgeschmückt war. Dieses Reich verschwand unter dem Druck der Sassaniden oder der Hunnen Ende des 4. Jh.. Die arabische Eroberung im 7./ 8. Jh. ermöglichte das gewaltlose Eindringen des Islam, der sich neben dem Kult des Zarathustra und dem orthodoxen Christentum ausbreitete.

Ende des 12. Jh. wurde Choresm eine Großmacht, die das Gebiet vom Jaxartes (Syr-Darja) bis zum Iran eroberte. Im 13. Jh. vernichtete Dschingis Khan Choresm und zerstörte seine Deiche, Kanäle und Städte (das alte Urgentsch), bei der Eroberung durch Tamerlan im 14. Jh. ging das chorasmische Reich endgültig unter. Bei diesen beiden Gelegenheiten wurde der Amu-Darja wieder zum

Kaspischen Meer hin umgelenkt und der Aralsee trocknete vermutlich zu einem großen Teil aus.

Mit dem Beginn der russischen Eroberung und Kolonialisierung und der Suche nach Verbindungen nach Indien Ende des 17. Jh. unter Peter dem Großen begann das Interesse am Aralsee im Abendland zu erwachen, nachdem man von Reiseberichten russischer Kaufleute gehört hatte, die nach Chiwa, Buchara und Indien zogen. Ein Streit entstand bei der Entdeckung eines Wadis, dem Usboi, dem ehemaligen Oxus zwischen dem Amu-Darja und dem Kaspischen Meer. Hatte der Usboi den Amu-Darja vom Aralsee weg umgelenkt? Die abendländische Kartographie zeigte stets zwei Flüsse, Oxus und Jaxartes, die ins Kaspische Meer fließen. Der Aralsee erschien auf den Karten erst im 17. Jh., als sich herausstellte, daß die Verbindung zwischen Amu-Darja und Kaspischem Meer existiert hatte, jedoch inzwischen keine mehr war. Der alte russische Traum bestand lange Zeit darin, den Usboi wieder fließen zu lassen. Obrutschew bewies 1890, daß diese Abflußlinie tatsächlich bestanden hatte, wovon auch ehemalige Wasserfälle, Ruinen von Karawansereien und Bewässerungskanäle zeugten. Man weiß heute, daß der Usboi in der Jungsteinzeit floß, dann wieder um das 3. und 5. Jh. n.Chr., sowie mit Unterbrechungen vom 9.-16. Jh..

Wie in jedem trockenen Ökosystem ist in Turan das Wasser der Faktor, der die wirklichen Grenzen setzt: Auf den 150 Mio. ha verfügbaren Ackerlands werden 90 % der Nutzfläche bewässert. Aber der Mensch hat es verstanden, in diesem Mittelasien eine eigenständige Anbauweise zu entwickeln, die auf dem kontrollierten Umgang mit dem kostbaren Naß beruhte. Im 20. Jh., als die industrielle Bewässerungs-Landwirtschaft, v.a. von Baumwolle, den traditionellen Ackerbau ersetzte, brach ein Ungleichgewicht durch, das mit Problemen der Bodenstabilität und -fruchtbarkeit sowie der Verschmutzung von Wasser, Luft und Böden einherging. Um das Voranschreiten hin zu einem solchen Ungleichgewicht besser verständlich zu machen, wurden in diesem Werk alle für die Entwicklung vorteilhafen oder nachteiligen Faktoren nach und nach beleuchtet, wobei sich für die Planer die grundlegende Frage nach dem räumlichen Maßstab und nach der Standortwahl stellt: Die Weiträumigkeit des Gebiets und die Kontinentalität bilden die Kernfrage bei der Raumordnung von Turan.

Seit dem Beginn der Zarenherrschaft waren die gewaltigen Flächen des Aralbeckens Gegenstand von Erschließungsprojekten. Eines der anfänglichen Entwicklungsziele war es, die Völker seßhaft zu machen. Dafür versuchten bereits die Zaren, das Bewässerungssystem zu verbessern. Das gleiche Problem im Hinblick auf die Bevölkerung stellte sich für die neuentstehende Sowjetunion. Um eine Lösung zu finden, mußten Ressourcen geschaffen werden. Die Wahl fiel auf Baumwolle und Kautschuk, letzterer wurde schnell wieder aufgegeben. Diese ganze Erschließung stützte sich auf drei falsche Vorstellungen: unbegrenzte Flächen jungfräulichen Bodens, gute Bodenqualität und unbegrenzte Wassermengen. Unter den Bodenarten Mittelasiens - Tschernosem, Kaschtanosem, Solonez, Solontschak, Takyr, Löß, Kieselboden und Sandboden - sind die letztgenannten am unfruchtbarsten (arm an Humus und an essentiellen Mineralien) und herrschen vor. Die Vielfalt der Pflanzen- und Tierwelt des Aralbeckens an der Übergangsstelle von den tropischen Wüsten zu den Wüsten der gemäßigten Zone in China könnte auch einen Eindruck von Reichhaltigkeit vermitteln, aber abgesehen von der Sumpfvegetation und den Tugaiwäldern herrscht die semiaride Steppe vor. Zu diesen beiden eher ungünstigen Faktoren kommt eine hohe Verdunstung hinzu, durch welche die gelösten Stoffe an die Oberfläche dringen, so daß eine allgemeine Versalzung in Gang kommt. Der traditionelle Ackerbau konnte diesen Problemen durch eine feine Steuerung der Wasserzufuhr Herr werden, wenn auch schon um die Mitte des 20 Jh. auf den bebauten Böden Versalzungserscheiunungen auftraten - allerdings in einer Größenordnung, die sich überhaupt nicht mit dem Zustand am Ende der 80er Jahre vergleichen läßt. Die moderne Landwirtschaft in Turan lieferte der ehemaligen Sowjetunion 95 % der Baumwolle, 40 % der Reis- und 30 % der Obsterträge.

Baumwolle, Viehzucht und Fischfang sind die drei Säulen der modernen Wirtschaft in diesem trockenen Ökosystem. Alle drei entwickelten sich zum Fehlschlag, die beiden ersteren führten außerdem zu einer schweren Schädigung der Umwelt. Die Baumwolle, eine Pflanze der feuchten Tropen, die viel Wasser benötigt, hätte niemals zur Inwertsetzung dieser trockenen Ökosysteme gewählt werden dürfen. Ihr Anbau führt zu übermäßiger Bewässerung (20-100 % mehr, als nötig wäre) und so zur Versalzung, außerdem zum übertriebenen Einsatz von Düngemitteln und Pestiziden und so zur Umweltverschmutzung - d.h., zu einer vielleicht unumkehrbaren Schädigung in bestimmten Bereichen und schließlich zu einer Verwüstung im wahrsten Sinne des Wortes.

Der Fischfang, der bis in die 70er Jahre wohl gedieh, fiel dem abgesunkenen Seespiegel, der zunehmenden Versalzung des Aralsees und dem Verschwinden seiner Tierwelt zum Opfer.

Die Betrachtung der Wasserbauten zeigt einmal mehr, wie sehr diese Gebiete ein Opfer ihrer eigenen Dimensionen sind. Auf die Riesenhaftigkeit des Geländes, der Flußnetze und auf den ursprünglichen Überfluß an Oberflächenwasser folgte als Antwort die Gigantomanie der Erschließungsprojekte, noch übertroffen von der flachen Topographie, in der sich das Wasser in viele kaum eingetiefte Abflußrinnen am Fuße nicht sehr stabiler Terrassen verteilt. Der Höhepunkt aller Bauarbeiten war in den 50er und 60er Jahren der Bau des turkmenischen sogenannten Kara-Kum-Kanals, eine Verbindung zwischen dem Amu-Darja und dem Kaspischen Meer. Er wurde mit 1600 km Länge und einer jährlichen Wasserzufuhr von 17,1 km^3 der größte Kanal der Welt. Zugleich wurden weitere Kanäle für die Bewässerung gebaut. Alle diese Bauten führten dazu, daß die Wasserzufuhr aus den beiden großen Flüssen, dem Amu-Darja und dem Syr-Darja, in den Aralsee zum Erliegen kam. In den Kanälen selbst ist der Wasserverlust durch Versickerung und Verdunstung (7 km^3/Jahr) verantwortlich für ein hohes Maß an Verschmutzung der Böden und des Oberflächenwassers. Am Ende der 80er Jahre sind 30 % der Böden Turans unfruchtbar geworden, und die Welt wacht auf, aufgerüttelt vom Drama eines großen Sees, der dabei ist zu verschwinden.

Einige Fehler wurden auch schon vor den 1960er Jahren begangen: die Überweidung der Steppen oder etwa das Einsetzen fremder Fischarten in den See, die einheimische Arten verdrängten. Aber erst nach den 1960er Jahren begann als Folge von Chruschtschows Plänen und den gigantischen Ausmaßen der Bewässerung die wirkliche Katastrophe des Aralsees mit dem Rückgang des Seespiegels und der Verlandung, dem Austrocknen der Seen und zahlreicher Flußarme in den Deltas von Amu-Darja und Syr-Darja. Die beiden Häfen von Aralsk und Muinak trockneten aus. Die Vegetation der Sümpfe am Seeufer verarmte: Der Aralsee wurde zum Salzsumpf; seine Tier- und Pflanzenwelt änderte sich. Auf dem verlandeten ehemaligen Seegrund bildeten sich neue Uferböden und Solontschaks, die nun einer starken Windabtragung ausgesetzt sind und so die Luft verschmutzen, da aus ihnen Salz bis in große Entfernungen ausgeweht wird. Die Anzahl der Tage mit Staubstürmen hat sich seit den Ende der sechziger Jahre verdoppelt, teilweise sogar verdreifacht. Die Grundwasserschichten im Umkreis des Sees sinken ab. Auf der anderen Seite machen sich in den bewässerten Gebiete schwere Fälle von Verstopfung der Bodenporen bemerkbar. Alle diese Probleme, zu denen sich noch die Verschmutzung des Fluß- und des Grundwassers gesellen, führen noch zu einem anderen Ergebnis: Es gibt erhebliche Gesundheitsprobleme, die eine Bevölkerung treffen, welche bereits durch den wirtschaftlichen Niedergang (Ruin des Fischfangs und stetiger Rückgang der landwirtschaftlichen Erträge) hart getroffen ist: Die Säuglingssterblichkeit liegt bei 51 Promille und damit doppelt so hoch wie im Mittel der ehemaligen Sowjetunion, 70 % der Erwachsenen und 60 % der Kinder haben Gesundheitsprobleme.

Was ist geschehen? Was war denn der Aralsee? Welche Katastrophe hat ihn innerhalb von drei Jahrzehnten verschwinden lassen? Das Anliegen dieses Buches war es, Dokumente zusammenzuführen und zugänglich zu machen, die von der sehr langen Geschichte dieses großen empfindlichen Sees berichten, den die moderne Technik aus Gründen, die man vielleicht verteidigen kann, fast zum Verschwinden gebracht hat, und zwar mit kurzfristig dramatischen Folgen für die Bevölkerung seiner Umgebung. Einige dieser Folgen waren von den sowjetischen Planern vorhergesehen worden, aber es scheint nicht so, als ob man Rettungsmaßnahmen in Betracht gezogen hätte. Hinzu kamen in dieser unbekannten Gegend der Dritten Welt schwere unvorhergesehene Schäden (Pestizide, Düngemittel, Herbizide, Entlaubungsmittel), die man hier überhaupt nicht kennt - und auch dort noch nicht kannte, als die Austrocknung des Sees vorprogrammiert wurde. Die offiziellen Behörden der Republiken haben die Verantwortung in dieser Angelegenheit öffentlich auf das *Unionsministerium für Wasserwirtschaft und Bodenerschließung* geschoben, aber sie selbst haben nichts unternommen, um ihre Meinung bei der Zentralregierung vorzutragen, und keinerlei Maßnahme auf regionaler oder örtlicher Ebene getroffen, um auch nur dem Allerdringendsten abzuhelfen. 1990 - 1991 immer noch an der Macht, versuchen diese Leute heute, ihre Westen reinzuwaschen. Aber die Angelegenheit des Aralsees ist, wie man sehen soll, nur eine Seite eines größeren Problems, das ganz

Mittelasien betrifft und darüber hinaus alle trockenen, ariden und semiariden Gebiete der Erde: die Desertifikation (Mainguet 1991).

Sicherlich ist die Katastrophe des Aralsees das Ergebnis der Umleitung des Wassers seiner beiden Hauptzuflüsse Amu-Darja und Syr-Darja. Aber das ist nicht die einzige Ursache, jahrzehntelange Mißwirtschaft ist anzuklagen und vor allem der beispiellose Fehlschlag der Kolonisierung - soweit sie zum Ziel hatte, Völker und alle ihre Methoden zur Landerschließung in unangemessenen Gegenden anzusiedeln, insbesondere in trockenen Ökosystemen.

Das vorrangige Gegenmittel ist es natürlich, wieder Ordnung in die Landwirtschaft zu bringen, vor allem aber darf man sich nicht vornehmen, die Fehler der Gigantomanie durch andere gigantische Projekte zu beheben, die in dieser Region bereits eine altbekannte Versuchung sind. Muß man nicht die Gigantomanie insgesamt verurteilen, weil die Planer nicht in der Lage sind, die Folgen auf die Umwelt vorherzusehen und zu beherrschen? Jedwede Entwicklung in einer solchen Region - wie auch in jedem anderen trockenen Ökosystem - muß dafür Sorge tragen, ein Gleichgewicht zwischen Erschließungsprojekten und einer sparsamen Verwaltung des Wassers herzustellen, im Bewußtsein der Tatsache, daß die Wiederauffüllung unterirdischer Ressourcen nur auf Hypothesen beruht oder zumindest sehr langsam erfolgt, da sie Jahrhunderte wenn nicht gar Jahrtausende dauern kann.

Mit der Frage nach der Wiederherstellung des ländlichen Raumes wurde auch das Problem der Erhaltung des Aralsees behandelt. Berechnungen haben gezeigt, daß man nicht nur die entsprechende Wassermenge (also die fehlenden 800-900 km^3) wiederauffüllen müßte, wenn man erreichen will, um den Stand des Aralsees von 1960 wieder zu erreichen, sondern zugleich noch die Verdunstung auszugleichen hätte. Es wäre sogar nötig, daß die zahlreichen Dichter sich der Tatsache beugten, daß sie diesen See mit seinem so einzigartigen Blau nicht mehr besingen können! Unrealistische Projekte einer erneuten Wasserzufuhr für den See wurden erarbeitet. Zu nennen wäre hier das Pumpen von Wasser aus dem Kaspischen Meer, das seinerseits ein See mit Wasserdefizit ist, der Wassertransport aus der Wolga zum Ural über die Wüste Ust-Urt, der Sibaral-Kanal, Polder, um den Grundwasserspiegel im Delta des Aralsees wieder anzuheben, die Abriegelung des westlichen Grabens im Aralsee. Um die örtlichen Wasserressourcen zu vergrößern, wurden folgende Lösungen vorgeschlagen: verstärktes Heraufpumpen von Grundwasser, das künstlich hervorgerufene Abschmelzen von Gletschern des Pamir, das Erzeugen von künstlichem Regen, die Umlenkung von Luftströmungen und, was einfacher ist, das Zurückleiten der Drainageabwässer in den Aralsee, unabhängig von ihrem Verschmutzungsgrad. Eine solche Bestandsaufnahme kann eigentlich nur dazu führen, eine wesentlich einfachere Lösung vorzuschlagen, in der die vielfältigen Möglichkeiten zusammengefaßt sind, an vielen Stellen etwas Wasser zu sparen. Eine Vielzahl kleiner Taten ist möglich, um Schlendrian und Verluste zu vermeiden: Verbesserung des Zustands und der Trassenführung von Kanälen, Auswahl von Pflanzenarten mit gutem Ertrag und geringem Wasserverbrauch (unter Forschern sind diese Arten bereits bekannt), Verringerung des Einsatzes von Chemikalien. Auch müßte bei jedem zukünftigen Erschließungsprogramm von Anbeginn an eine geordnete Müllentsorgung vorgesehen werden, die anscheinend bis heute nicht berücksichtigt wurde.

Von den Aktionen, die unternommen wurden und die wir oben aufgeführt haben, ist die spektakulärste wohl die Überschwemmung der Deltas, um das Salz aus ihnen herauszuspülen. Wenn alles gut geht, können vielleicht Hunderttausende Hektar wieder zu ihrer einstigen Pflanzendecke kommen, sie werden sich jedoch in keinem Fall wieder für den Ackerbau eignen. Was den Aralsee angeht, so wurde er endgültig geopfert, er dient als letzter Müllschlucker und kann nicht auf eine Wiederherstellung hoffen.

Durch Gigantomanie läßt sich eine Situation nicht wieder herrichten, selbst wenn die Komplexität des Problems Aralsee an seiner Größenordnung liegt. Die Menschheit besitzt bis zu diesem Tag - glücklicherweise, könnte man sagen! - kein Rezept, um ein so kompliziertes ökologisches Drama zu lösen, das 35 Mio. Menschen direkt oder indirekt betrifft. Das Problem der Bevölkerungsexplosion in diesen Republiken - in Verbindung mit dem Islam oder nicht - sowie die Unterstützung der fünf GUS-Republiken durch den Westen (neben den afrikanischen Entwicklungsländern) müssen auch berücksichtigt werden.

Das Beispiel des Aralsees sollte ein zusätzliches deutliches Alarmsignal für unseren kranken Planeten sein. Läßt sich das Ausmaß von drohenden oder bereits eingetretenen Umweltkatastrophen in Deutschland und in der übrigen westlichen Welt mit dem am Aralsee vergleichen?

Chronologie zu den Gebieten um den Aralsee

Dieser Versuch einer Chronologie soll es dem Leser ermöglichen, sich eine Vorstellung der Komplexität und Verflechtung der Ereignisse zu machen, welche diese Weltgegend über mehrere Jahrtausende geprägt haben. Sie umfaßt die wesentlichen politischen, wirtschaftlichen und sozialen Ereignisse in Turan sowie einige Episoden von untergeordneter Bedeutung.

-4 000 000	Beginn des Quartärs
-2 700 000	Beginn der Eiszeiten
-18 000	Höhepunkt der letzten Vereisung
-30 000 bis -10 000	Erste Spuren altsteinzeitlicher Tätigkeit auf dem Piedmont des Kopet-Dag und in den Bergen im Südosten Turans
-15 000	Abschmelzen des sibirischen Inlandeises; Eisablagerungen in der Turgai-Senke, Abfluß des Aralsees zum Kaspischen Meer
-8000 bis -6000	Sogenannte Namasga-I-Zivilisation: Fundstätte Dsheitun am Piedmont des Kopet-Dag: zwei Arten Weizen, Steinobst; landwirtschaftliche Werkzeuge (Sicheln und Hacken) machen 40 % des Werkzeugs aus; Ziegenzucht, anschließend Schaf- und Rinderzucht; Bewässerung durch Umlenkung der Bäche, die auf den Schwemmkegeln fließen
-7000 bis -6000	Feuchterer Klimaabschnitt, "Lavlyakian" genannt
-5500 bis -4000	Kulturstadium Namasga I (Anau I): Verlagerung der Landwirtschaft an die unteren Bereiche der Hänge (kleine Oasen); Felder bis zu 10 ha Größe; Umlenkung von Hochwasser
-4500	Dsheitun-Zivilisation
Anfang 4. Jahrt.	Namasga II: Kultur von Geoxjur im Tedshen-Delta; Beginn der Verwendung von Kupferwerkzeugen; Bewässerung durch Kanäle, die zu den Flüssen im rechten Winkel verlaufen, Nutzung trockengefallener Mäander als Wasserspeicher; Fruchtbarkeitsgöttin; keine Deiche gegen Überschwemmungen; Oasen um 2500 v.Chr. aufgegeben
-4000 bis -2000	Vergleichbare Spuren im Serafschan-Tal

-3000 bis -2500	Namasga III: Übergang von der Kupferzeit zur Bronzezeit. Domestizierung des Pferdes als Reittier in den Steppen und vielleicht auch des Kamels
-2500	Altyn Tepe
um -2500	Namasga IV: Altyn-Tepe: Urstadt; (runde) Tholosgräber; miteinander verbundene bewässerte Parzellen
um -2000	Ende des Lavlyakian; Umlenkung des Oxus zum Aralsee, Absinken des Sary-Kamysch-Sees Wanderung der Völker aus dem Kopet-Dag nach Osten Ausdehung des seßhaften Ackerbaus am Atrek (südöstlich des Kaspischen Meeres), im Murgabdelta, am mittleren und oberen Aralsee; Serafschan
-2000/-1600	Stadium Namasga V
-1800 bis -1300	Zivilisation von Andronowo auf der Nordostseite des Aralsees
-1500	Menschliche Wanderungen zum Murgab-Delta; einer großen Oase mit Urstädten; Abholzung der Wälder
-2000/-1000	Sujargan-Kultur (Hafer und Weizen) am unteren Amu-Darja; Kontakt zwischen den örtlichen jungsteinzeitlichen Völkern, Jägern, Fischern und Sammlern (Kelteminar-Zivilisation). Tasabagjab-Kultur (am Akscha-Darja, dem Nordostarm des Amu-Darja) in Verbindung mit den Nomadenvölkern südlich des Ural und aus der Steppe nördlich des Aralsees: Variante der sibirischen Andronowo-Kultur; große Kanalsysteme mit mehreren km Länge, Hochwasserauffangbehälter in den Mäandern; Einrichtung von Wasserentnahmestellen, Erfindung des Schaufelrades (Schigir), das die Bewässerung von Gebieten erlaubt, die höher als die Kanäle liegen; Verwendung von Pferdewagen
-1000	Umlenkung des Oxus nach Westen; der Usboi fließt wieder; in Igdy an dessen Mittellauf erste Festung. Gründung von Merw (Stätte von Giauk-Kala): Antiochia von Margien
-1300 bis -900	Entstehung der Amirabad-Kultur durch die Aufnahme der Tasabagjab-Kultur durch die Sujargan-Kultur: Viehzucht, Ackerbau und Fischfang in den Kanälen; Existenz dauerhafter Boote, Regulierung der Verschlammung; Ende der Tätigkeit gegen 800; Namasga VI im Südwesten; Ende der Bronzezeit
um das 13. - 8. Jh.	Bronzezeitkultur von Karasuk am unteren Syr-Darja
-950/-800	Festung von Prebtjasor an der Mündung des Syr-Darja; Nutzung natürlicher Hochwasser, kein Bewässerungsnetz

um -700	Berichte von Zarathustra bei den *Aswesta*, in denen die Flüsse und Kanäle des Amu-Darja und die Kämpfe zwischen Nomaden und Seßhaften beschrieben werden
-600 bis -500	Neues Bewässerungssystem an den Fundstätten von Aminabad; größere Kanäle; Einführung der Baumwolle?
um -600	erste Spuren von Samarkand (Maracanda)
um -500	Austrocknung des Sary-Kamysch (Umlenkung des Oxus nach Norden); Technik der Eindeichung der Flüsse, um sich vor den Hochwassern zu schützen
-558 bis -528 ?	Kyros II der Große erobert Turkestan
-521 bis -486	Das persische Reich von Darius erstreckt sich bis zum Choresm und zum Jaxartes (Charismien = Satrapie Nr. 16)
um -440	Die Geschichten von Herodot: Beschreibung der Skythen, Sarmaten und anderer Völker aus dem Tiefland von Turan, vom Araxos (=Amu-Darja) und von einem großen See in der Ebene: dem Aralsee?
-400	Fundstätte Koy-Krylan-Kala aus der Changi-Zeit, besetzt bis zum 4. Jh. v.Chr.; nach Aufständen gegen die Perser wird Choresm unabhängig
-400 bis -300	Fundstätten Dshanbas-Kala und Koschka östlich von Nukus, Werkzeuge aus der späten Bronzezeit; häufiger Wechsel der bewässerten Parzellen; Getreide, Viehfutter, Obst
-400 bis -200	Die Zivilisation am unteren Syr-Darja, die später als am Amu-Darja erschien, ist im Vergleich noch nicht so ausgefeilt; bedeutende Bauarbeiten am Südarm Jana-Darja (Festung Schirik-Rabat)
-330 bis -326	Alexander der Große erobert Turkestan bis zum Westufer des Jaxartes, erreicht jedoch nicht den Aralsee
-328	Alexander empfängt Pharasmanes, den König von Choresm
-323	Tod Alexanders des Großen
Anfang 3.Jh.	Partherreich zwischen dem Kaspischen Meer und der Kara-Kum; Dynastie der Arsakiden regiert von 256 v.Chr. - 224 n.Chr.; griechisch-baktrische Königreiche: Margien (Merw), Baktrien (Balch), Sogdien (Marakanda = Samarkand) bestehen bis zum Eindringen der Araber; einzelne Fürstentümer im Pamir sollen bis Ende des 19. Jh. n.Chr. bestanden haben
4./3.Jh. v.Chr.	Gründung von Tok-Kala NW von Nukus; bis zum 2. Jh. n.Chr. bewohnt; wurde später eine Kushana-Stadt
um -200	Verschmelzung der Skythen (Steppenvölker von der Ukraine bis Sibirien) mit den von Osten gekommenen Völkern
-209	Eroberung von Baktra (Balch) durch die Parther

-200/+200	Andauerendes Einfallen von Nomaden über die Ostgrenze von Parthien
-126	Reise des Chinesen Zhang-Khiang, dem Botschafter bei den Fürsten von Sogdien und Baktrien; Beginn der Ausfuhr von Pferden nach China
-53	Schlacht von Sinnaca oder Carrhae (Harran in der Türkei) zwischen Römern und Parthern; Tod des Crassus; 10 000 Römer kommen nach Merw in die Sklaverei, wo sie Nachkommen haben
1. Jh. n.Chr.	Strabo beschreibt Mittelasien; Beginn der Bewässerung in Otrar nordöstlich des Oxus
73	Versuch der Alanen (Aorsen, Arces: weiße Nomaden mit blauen Augen von der Nordseite des Aralsees), das Königreich der Parther zu erobern
90 bis 168	Ptolemäus stellt ein Verzeichnis des Städte Mittelasiens auf
um 100	Entstehung von Toprak-Kala, Hauptstadt der Könige von Choresm (die Changi); wird zugunsten von Kat aufgegeben und im 8. Jh. von den Arabern zerstört. Handel zwischen dem Römischen Reich und China über Persien, Turkestan und Sin-Kiang: "die Seidenstraße"
2.Jh.	Arrianus: Beschreibung von Mittelasien und *Anabasis*
100 bis 376	Kaum bekanntes Kushana-Reich vom Aralsee bis Indien; Ursprung: Stämme vom Süden des Sees Issyk-Kul; Einführung des Buddhismus in Mittelasien
224	Ende des Partherreiches (Arataban V.) unter dem Druck des ersten sassanidischen Persers, dessen Dynastie bis zur Invasion durch die Araber Bestand hatte
282	Hunneninvasion nach Persien (Priscus zufolge)
304	Bau der Stadt Kat am unteren Oxus (dem Geschichtsschreiber Al Biruni zufolge). Niedergang der Stadt Tok-Kala nordwestlich von Nukus, die im 11. Jh. endgültig aufgegeben wird
um 380/400	Invasion der Hunnen (anderes Volk, Shuan-Shuan genannt) im Norden Turkestans; Zerstörung der Wasserbauten
400 bis 440	Invasion der Hephtaliten-Hunnen (oder weißen Hunnen), von denen auch nur wenig bekannt ist: ihr Reich umfaßt Baktrien, Sogdien, Margien und Choresm bis zu den Indern
552	Entstehung des türkischen Ogusenreichs (chinesisch: die "Tu-Kie"), das vom Altai kam, in Transoxien (nordöstlich des Oxus); es verdrängt die Hephtaliten und verschwindet seinerseits im 8. Jh. unter dem Druck anderer Türken und der uigurischen Chinesen aus dem Osten

568	Gesandtschaft des Byzantiners Zemarchos bei den Türken im Altai; bis 580 folgen die Gesandtschaften von Eutychios, Valentinos, Herodian und Paulus von Kilikien
674	Überquerung des Amu-Darja durch die Araber; sie belagern Buchara 676 ohne Erfolg
8.Jh.	Weiterentwicklung von Bewässerungssystemen: schmalere und tiefere Kanäle, die die Verschlammung verringern
712	Eroberung Choresms durch die Araber unter Kuteiba; recht friedliche Einführung des Islam im Choresm; trotz Verfolgungen überdauert der Zarathustra-Kult bis zum 14. Jh.; Vertreibung der Juden, einige von ihnen wandern nach Rußland aus (Chasar-Reich); formal wird die Macht der örtlichen Dynastie überlassen
728	Aufstand der Charismier gegen die Araber
751	Schlacht am Talas (südwestlicher Zufluß des Tschu), die die Chinesen gegen die Araber verlieren; das Vorrücken der Araber nach Nordosten ist jedoch endgültig beendet
um 75	Erste Papierfabrik in Samarkand
9. Jh.	Wiederherstellung der alten Kanäle nach Kat: neuer Kanal von Gawkore (150 km lang); viermal bedeutendere Bauarbeiten als ein Jahrhundert später, zur Zeit der Afrigiden
9./10. Jh.	Vollkommene Austrocknung des Sary-Kamysch; der arabische Autor Ibn-Churdabi spricht zum ersten Mal von "*rus*ischen" Kaufleuten, die aus dem "Lande der Slawen" ("Saklaba") kommen; Ibn-Faki spricht vom Weg, der von der Stadt Sarai (Haupstadt der Goldenen Horde am linken Ufer der unteren Wolga) bis Balch (Baktra) südlich der Kara-Kum führt
820 bis 876	Eine persische Dynastie, die Tahiriden, bemächtigt sich des gesamten Gebiets vom Jaxartes, Aralsee und Choresm bis zum Golf von Oman; sie muß die Macht einer anderen Familie, den Saffariden überlassen, die dann bis zum Ende des 9. Jh. fast genau das gleiche Gebiet besitzen
874 bis 999	Dynastie der Samaniden, Nachfahren des Sassanidengenerals Bahram VI. in Buchara; dieses Königreich umfaßt das ganze südliche Mittelasien
900	Eroberung von Choresm durch die Karahaniden-Türken
um 1000	Entwicklung der Oasen von Turkestan und Tschimkent: die Bäche des Karatau werden abgefangen; große Steindämme am Serafschan (Stausee im 12. Jh. aufgefüllt). Russische Kaufleute gelangen nach Mittelasien
1077	Choresm wird unabhängig (Afrigiden-Dynastie)
1127 bis 1138 ?	König Azis von Choresm erobert die Halbinsel Mangischlak (NE des Kaspischen Meers), ein turkmenisches Gebiet, das

	den seldschukischen Persern lehenspflichtig ist: Verschwinden der russischen Handelsniederlassungen
12./13. Jh.	Landwirtschaftliche Erschließung des Syr-Darja-Deltas: Bewässerung, Festungen
1154	Karte von Al-Idrisi, auf der der Aralsee zu erkennen ist, der Oxus, der ins Kaspische Meer fließt, sowie die großen Bewässerungsnetze Turans
1210	größte Ausdehnung von Choresm; Einnahme von Otrar, dem großen Karwanenzentrum am mittleren Jaxartes, Eigentum der orientalischen Kara-Kitai-Stämme
1218	Höhepunkt des chorasmischen Königreichs; der Choresmschah (Mohammed I.) empfängt in Otrar eine große Gesandtschaft von Dschingis-Khan; er läßt sie niedermetzeln, ebenso wie den Boten, der auf diese Neuigkeit hin anschließend herbeikommt
1219	Belagerung und Einnahme von Otrar durch Dschingis-Khan, der die dortige Bevölkerung niedermetzelt
1220	Zerstörung von Urgentsch, Kat und Choresm durch Dschingis-Khan; Zerstörung von Buchara, Samarkand und Balch; Bewässerungssysteme zerstört; Oxus fließt wieder in den Usboi; teilweise Austrocknung des Aralsees
1227	Tod von Dschingis-Khan; seine Nachkommen (die Timuriden) schwärmen in die Staaten aus, die sich aus dem zerfallenen Mongolenreich gebildet haben, darunter das mongolische Perserreich
1246/47	Reise von Plan Carpin von Sarai in die Mongolei durch die kasachische Steppe
um 1250	Bau von Neu-Urgentsch südlich von Alt-Urgentsch. Die Brüder de Longjumeau und J. de Carcassonne werden von Ludwig IX. von Frankreich (Ludwig der Heilige) zum großen Mongolen geschickt
1253/54	Guillaume de Rubrouck reist von Rußland über die Steppe und den Balchaschsee in die Mongolei
1254 bis 1259	Reise der Onkel von Marco Polo (Wolga, Urgentsch, Buchara)
1333	Ibn Battuta reist von Sarai nach Urgentsch und Buchara
1339 ?	Pigoletti beschreibt für die venezianischen Kaufleute den Weg von Sarai nach Urgentsch
1339	lang andauernde Pestepidemie
um 1350	Wiederherstellung der Bewässerungssysteme von Otrar
1375	Karte aus dem *Katalanischen Atlas*
1379	1. Feldzug von Timur-Leng (Tamerlan) nach Choresm, das er zerstört; Massaker; Deportierung der Handwerker nach

	Osten; Zerstörung der Deiche: der Usboi fließt wieder, der Sary-Kamysch-See und die benachbarte Senke von Assake-Audan füllen sich; erneuter Rückzug des Aralsees
1388	2. Feldzug von Tamerlan nach Choresm nach örtlichen Aufständen; Zerstörung von Neu-Urgentsch
1402 bis 1427	Erzwungener Aufenthalt von Schilberger als Gefangener in Turan und Bericht
1404	Reise von de Clavijo, der vom König von Kastilien zu Tamerlan nach Samarkand geschickt wird; ihmzufolge fließt der Usboi noch
1405	Tamerlan stirbt in Otrar; danach verkleinert sich sein Reich bis auf die Einzugsbereiche des Oxus und des Jaxartes, dann wird es in mehrere Fürstentümer oder Khanate geteilt, die von seinen Nachkommen (den Timuriden) beherrscht werden
1428 bis 1468	Abdul-Khair (Gründer der Dynastie der Scheibaniden) vereinigt die mongolischen Horden wieder, die von Tamerlan unabhängig geblieben waren; er wird Khan der Kasachen-Kirgisen
1430	Abdul-Khair erobert Choresm: Urgentsch wird erneut zerstört
um 1450	Erste Karten von Mittelasien nach Ptolemäus: ein kleiner See (*lacus oxianus*) an der Stelle des Aralsees; der Oxus fließt ins Kaspische Meer und in diesen See
1468	Scheibani, Enkel von Abdul-Khair, übernimmt die Führung der Horde; sie spaltet sich auf, Scheibani geht fort, um sich im Süden der Tatarensteppen ein Reich zu schaffen
1494	Babur (1483 - 1530) folgt seinem Vater Omar Schaik als Khan von Buchara
16. Jh.	Staudamm aus Stein am Syr-Darja nahe Chodshend; Bewässerung in den Bereichen südlich der Hungersteppe (Dshisak); Babur zufolge verliert sich der Sihun (Syr-Darja) im Sand
1500	Scheibani erobert Buchara und Samarkand; Beginn der Scheibaniden-Dynastie im Khanat von Buchara (das auch Taschkent und das Ferganatal umfaßt), die bis 1875 überdauern wird
1502	Babus wird von Scheibani aus Buchara vertrieben; nachdem er nach Kabul geflüchtet ist, versucht er vergeblich, seinen Thron wiederzuerlangen; er erobert dann Afghanistan und Indien und schafft so das mongolische Reich der Inder, das bis zur Eroberung durch England bestehen bleibt; er hinterläßt Aufzeichnungen seiner Erinnerungen
1511/12	Die Perser besetzen Chiwa und Choresm

1512	Unabhängige Dynastie der Ilbars (Seitenlinie der Scheibaniden) im Choresm, die sich bis Januar 1920 hält
1525	Tod von Ilbars I.
um 1550	Die westliche Grenze des Choresm reicht bis zum Atrek an der Südostecke des Kaspischen Meeres
1552	Zar Iwan der Schreckliche erobert Kasan, die Hauptstadt des islamischen Khanats an der Wolga; Eroberung von Baschkirien zwischen der Wolga und dem mittleren Ural
1554	Iwan erobert Astrachan und den ersten Zugang der Russen zum Kaspischen Meer
1559	Reise des Engländers Jenkinson auf Kosten der englischen "Moskauer Kompanie"; von Archangelsk aus gelangt er über Nowgorod, Astrachan, Mangischlak, Urgentsch und Chiwa bis nach Buchara
1561 bis 1581	10 Handelsfahrten von Jenkinson sowie von Richard und Robert Johnson nach Persien
1586/87	Gründung von Saratow, Samara und Zarizyn an der unteren Wolga durch die Russen
1589	Bau der russischen Festung von Astrachan
1594 bis 1596	Khan Abdallah II. von Buchara erobert Choresm, läßt dem Khan von Chiwa jedoch formal die Herrschaft
17. Jh.	Auftreten des Namens "Karakalpaken" in der Literatur; diese Nomaden werden nach und nach im unteren Tal des Syr-Darja seßhaft, wo sie dann das Bewässerungsnetz, das seit Timur-Leng aufgegeben war, wiederherstellen
1602	Erfolglose Razzia der Kosaken (Führer: Nitschaj) auf Chiwa
1603	Der Einfall der von Nordosten kommenden Kalmücken (Khan Aiomka) auf Urgentsch und Chiwa (Khan Mohammed I.) wird zurückgeschlagen, weitere Einfälle dorthin folgen 1623 - 1643 (Khan Isfendjar)
1606 bis 1611	Erste Kontakte der Kalmücken (Mongolen), die vom Osten kamen, mit Zar Wassilij Tschuski, mit dem Ziel, östlich der Wolga zu siedeln
1610	Urgentsch wird zugunsten von Chiwa als Hauptstadt aufgegeben, weil der Arm des Oxus, der durch die Stadt floß, austrocknete
1615	Russische Siedlung an der Mündung des Ural (Gurjew)
1627	Erste russische Karte, die den Aralsee zeigt ("das dunkelblaue Meer")
1632	Der (kasachische) Stamm Torgut siedelt sich an der unteren Wolga an
1639	Der Kalmücken-Khan Urluk unterwirft die Turkmenen von Mangischlak

1642	Urluk (Khan der kleinen Horde) richtet sich gegenüber von Astrachan ein (50 000 Zelte); Wiedereinführung des Buddhismus an der Wolga
1651/52	Erneuter Kalmückeneinfall nach Chiwa (Einnahme der Festung Hasarasp)
1656 bis 1662	Anerkennung der russischen Hoheit durch die Kalmücken
1661	Abd-el-Asis, der Khan von Buchara, plündert die Umgebung von Chiwa
1663 bis 1667	Wiederaufbau von Kat durch Khan Anuscha von Chiwa
1670	Deportation dreier turkmenischer Stämme von der Halbinsel Mangischlak zum Kaukasus
1673	Der Khan der Kalmücken besucht Astrachan
1691	Die Eroberung der Straße nach Buchara wird das geheime Ziel der Russen (Katharina und ihr Berater Sankt Genius)
1693	Die russischen Buddhisten setzen die Kalmücken gegen die aufständischen Baschkiren ein
1706	Aufstand von Zar-Saltan gegen die Russen im Ural
1714/15	Erkundungszug von Bekowitsch zum Usboi-Tal bis nach Chiwa
1716	Erster russischer Feldzug unter Bekowitsch zum Kaspischen Meer und nach Chiwa (Nefes und Kitai)
1717	Feldzug von Bekowitsch nach Chiwa, der mit der völligen Zerschlagung seines Heeres und dem Tod von dessen Führer endet; Bau von Fort Bekowitsch in der Nähe der Stelle von Krasnowodsk; das Fort wird jedoch rasch wieder aufgegeben; Peter der Große in Paris: Bericht von den russischen Entdeckungen in Mittelasien
1718	Reise von Benverini nach Chiwa, 1723 von Unkowski
1722	Feldzug Peters des Großen an der Westküste des Kaspischen Meeres; Einnahme von Derbent, Baku, Rescht und der Provinz Masanderan in Persien; die Russen annektieren das ganze Südufer des Kaspischen Meers bis Astrabad an dessen Südostecke; Vertrag von Peter dem Großen mit Abu El Musafar, dem Khan der Karakalpaken; die Karakalpaken leben im Winter am Unterlauf des Jaxartes und ziehen ansonsten im Gebiet der Kalmücken zwischen Ural und Wolga als Nomaden umher, sie leben auch von Räuberei und Fischfang am Nordostufer des Aralsees; Peter der Große empfängt Ajuka, den Khan der Kasachen in Saratow an der Wolga; Benverini, der offizielle russische Gesandte in Chiwa, be-

	richtet, daß "der Amu-Darja zur Hälfte in den Aralsee fließt"
1724	Der Khan der Wolga-Kalmücken wird von den Russen als Gouverneur betrachtet
1726/27	Die Baschkiren verbünden sich mit den Horden und den Karakalpaken gegen die Russen
1727	Basilios reist von Astrachan nach Chiwa
1728	Pakt zwischen Rußland und den Kalmücken
1732	Gründung von Orsk am Ural
1734	Anerkennung der Oberlehensherrschaft der Russen durch die Kirgisen-Kasachen anerkannt; Aufstände in ganz Baschkirien und im Südosten des Ural
1735	Zarin Anna von Rußland gibt dem Schah die persischen Provinzen am Kaspischen Meer zurück; Kirilow, der die Aufstände der Einheimischen gewaltsam beendet hat, gründet Orenburg am mittleren Ural; Rußland plant, die Gold- und Rubinminen des oberen Oxus einzunehmen
1739 bis 1741	Erste wissenschaftliche Forschungsreise zum Aralsee von Murawin und Gladischew; erste moderne Karte
1740	Neue Aufstände in Baschkirien (Saltan Girei). Ilbars II., der Khan von Chiwa metzelt eine persische Gesandtschaft nieder; zur Vergeltung erobert Nadirschah Choresm; Ilbars II. bittet die Russen gegen die Perser um Schutz, welche Choresm annektieren und Ilbars hinrichten; die Russen stellen sich taub; Choresm bleibt bis 1747 den Persern lehenspflichtig; der Südarm des Syr-Darja (Jani-Darja) wird trockengelegt
um 1750	der Süden von Turkestan löst sich allmählich vom Khan von Buchara; es bilden sich iranischsprachige Fürstentümer, die sich über beide Seiten der heutigen afghanischen Grenze erstrecken
1755	Aufstand von Abdullah Miagsaldin am Ural; die Karakalpaken werden von den Kasachen aus ihrem Gebiet am Unterlauf des Syr-Darja vertrieben und erhalten das Einverständnis von Atalik, dem Khan von Buchara, sich auf dessen Gebiet anzusiedeln; sie siedeln außerdem im unteren Oxus-Delta, das bis dahin praktisch unbewohnt ist
1760	Chiwa umfaßt nur noch 60 Haushalte. Der Jana-Darja wird bis 1770 wieder mit Wasser gefüllt
1771	Zarin Katharina beseitigt den Titel des "Großen Khan der Kalmücken"; die Kalmücken, die im übrigen die Wehrerfassung ablehnen, wandern in das Ili-Tal im Osten, ihr Herkunftsgebiet, aus (200 000 Personen); die Hälfte von ihnen

	wird von den Kasachen-Kirgisen niedergemetzelt, bevor die Mandschus, die den Ili im Auftrag des Kaisers von China besetzen, ihnen erlauben, dort zu siedeln
1773/74	Aufstand von Pugatschow am Ural
1781	Erfolgloser Versuch der Russen, sich in Aschur-Ade im Südosten des Kaspischen Meeres festzusetzen
1795	Invasion des Khans von Buchara in Turkmenien, um die Einfälle der Plünderer zu unterbinden: Zerstörung von Merw und des Staudamms am Murgab; Zehntausende Einwohner von Merw werden nach Buchara verschleppt, wohin sie die Techniken der Seidenarbeit mitbringen
1800	Offizielle russische Abordnung von Pospolow in Taschkent, die die Möglichkeiten untersucht, die Steppe zu bevölkern
1801	Feldzug von Denisow von Orenburg nach Chiwa: er entkommt der Katastrophe, da ihm aus Rußland der Tod Zar Pauls I. mitgeteilt wird
1807	Beim Treffen von Tilsit schlägt Zar Alexander I. Napoleon einen gemeinsamen Feldzug über Mittelasien nach Indien vor; eine französische Abordnung erkundet daraufhin den Weg vom Schwarzen zum Kaspischen Meer; sie übermittelt Napoleon dann eine negative Stellungnahme
1807 bis 1811	Feldzüge von Muhamed Rahim, dem Khan von Chiwa gegen den Khan der Karakalpaken in Kungrad, den er vertreibt; die Karakalpaken flüchten weiter nach Osten, insbesondere an den Jana-Darja
1809 bis 1813	Entwicklung des Handels zwischen Sibirien (Omsk, Semipalatinsk) und Taschkent und von dort nach Ost-Turkestan (Sinkiang)
1814	3 kasachische Regimenter nehmen mit ihren Kamelen am Frankreich-Feldzug teil, ebenso ein turkmenischer Trupp: sie ziehen in Paris ein
1819	Murawiew schlägt dem Khan von Chiwa (Muhamed Rahim) vor, die Karawanenstraße von Mangischlak über den Ust-Urt durch diejenige durch das Usboi-Tal zu ersetzen; Ablehnung, weil das Gebiet der Turkmenen offiziell der persischen Hoheit untersteht
1820	Offizielle Reise von Negri und Meyendorff von Orsk nach Buchara über das Jaxartes-Tal; die meisten Kirgisen verlassen die Wolga, da sie Wehrerfassung und Besteuerung ablehnen; nordöstlich von Mangischlak wird der Vorposten Nowo-Alexandrowsk errichtet, der 1840 wieder aufgegeben wird; der Khan von Buchara schneidet dem Jana-Darja das Wasser

	ab, um die Karakalpaken loszuwerden; Muhamed Rahim vollendet die Vereinigung des Choresm
1823	Aufstand der Karakalpaken gegen den Khan von Chiwa; sie nehmen Kungrad im Delta ein
1824	Die Russen siedeln am Irtysch; Beginn der russischen Expansion von Sibirien aus nach Süden
1825	Bau von Fort-Uralsk (=Irgis) in der tatarischen Steppe der Mittleren Horde
1826 bis 1829	F. Berg unternimmt zwei Forschungsreisen von Mangischlak bis zum Westufer des Aralsees
1827	Aufstand der Karakalpaken gegen den Khan von Kungrad (Oxus-Delta); sie werden besiegt, ein Teil wandert ins Ferganatal aus
1830	Die Russen siedeln sich in Aschur-Ade an, um gegen die turkmenischen Piraten auf dem Kaspischen Meer zu kämpfen
1832	Der Engländer Barnes reist von Sibirien nach Buchara, anschließend nach Balch und nach Persien
1834	Merw wird die Hauptstadt der Turkmenen
1836	Das Wasser des Aralsees fließt in den Usboi
1837	Erstmaliges Einziehen von Steuern (*aissak*) seitens der Russen bei den Tataren; Aufruhr
1839	Erster kommerzieller Fischereibetrieb aus Orenburg an der Stelle der Stadt Aralsk; Verlegung von Nowo-Alexandrowsk nach Fort Alexandrowsk im äußersten Nordwesten von Mangischlak; die Turkmenen werden von den Kasachen allmählich aus dem Ust-Urt nach Süden vertrieben
1839/40	Die Engländer befestigen Herat (Afghanistan), da sie die Russen fürchten; Reise von Abbott von Persien nach Buchara, Chiwa und Mangischlak
1840	Hochwasser des Amu-Darja gelangt in die Sary-Kamysch-Senke
1840/41	Winterfeldzug zum Aralsee (General Perowsk), der dann geschlagen nach Orenburg zurückkehren muß
1842	Hinrichtung des englischen Reisenden Connolly in Buchara
1845	Gründung von Fort Orenburg in der tatarischen Steppe
1847	Gründung des ersten russischen Forts an der Syr-Darja-Mündung: Fort Raim
1848	Der Staudamm, der 1820 am Jana-Darja gebaut wurde, wird von Buchara eingerissen und der Flußarm fließt wieder
1848/49	Butakow erforscht den Aralsee vollständig; Entdeckung des Archipels Nikolaus I. (=Wosroshdenija); erste Erforschung

	der Ostseite des Amu-Darja-Deltas, moderne Landkarte des Aralsees
1851	Fort Raim wird nach Kasalinsk, 100 km flußaufwärts, verlegt (Fort Nr.1)
1852	Fort Nr.2 (Kamartschi=Dshusali) oberhalb von Kasalinsk
1853	Eroberung der Stadt Ak-Masshed (die dann Fort Nr. 3 wird), Fort-Perowsk, dann Ksyl-Orda ("die rote Horde") am Syr-Darja; ein Feldzug von Jakub-Bey, dem Stellvertreter des Khans von Buchara gegen die Kosakendörfer am Unterlauf des Syr-Darja (100 Dörfer zerstört) provoziert im gleichen Jahr eine Gegenoffensive des Generals Blaremberg, die fehlschlägt; Perowsk nimmt die Stadt dann im folgenden Jahr nach einem blutigen Kampf ein
1854	Butakow erforscht das Syr-Darja-Tal bis Taschkent und östlich des Amu-Darja-Deltas; Schaffung der kleinen Militärflotte auf dem Aralsee, die mit Kohle aus heimischem Holz (Saxaul) angetrieben wird, später mit Kohle aus dem Donez-Becken 2000 km weiter westlich, die über den Ust-Urt herbeigeschafft wird! Choresm bittet die Russen wieder ohne Erfolg um Beistand gegen die Turkmenen und die Perser; es schneidet die Kanäle zum Sary-Kamysch ab; der Karakalpakenführer Ir-Nasarbi rebelliert gegen den Khan von Chiwa, nimmt selbst den Titel eines Khan an und baut eine Festung im Delta, die 1856 fällt; das Delta wird endgülig von Chiwa annektiert
1856	Der Amu-Darja fließt in den Sary-Kamysch
1859	Erste russische Siedlung in Krasnowodsk in der Balchan-Bucht, die für große Schiffe zugänglich ist und zum zukünftigen Ausgangspunkt der transkaspischen Eisenbahnlinie wird
um 1860	Die Russen haben das gesamte Westufer des Aralsees besetzt
1860	Vorstellung der ersten Fotografien des Aralsees in St.Petersburg (Russische Geographische Gesellschaft) durch Kulewein; die Russen verlangen von Chiwa die freie Schiffahrt auf dem Amu-Darja
1863	Der ungarische Sprachforscher Vambery reist von Gurgand (Persien) nach Chiwa und Buchara; er ist als Derwisch verkleidet; die Russen annektieren die Gebiete nördlich des Balchaschsees auf dem Gebiet der Mittleren Horde

1864	Eroberung der Städte Turkestan und Tschimkent; Annexion des Semiritsche-Gebiets nordöstlich von Fergana; Gründung von Wernye (Almaty) und von Pipschek (Bischkek); Gründung von Aulie-Ata am Talas, der ersten Hauptstadt des Gebiets von Turkestan; Vertrag von Tugunschak: China muß alle Gebiete südöstlich des Balchaschsees an Rußland abtreten
1865	Fehlschlag von Tschernajew vor Taschkent, das von Jakub-Bey verteidigt wird; Eroberung von Taschkent durch General de Batek; das Ferganatal und Buchara sind von da an durch russisches Gebiet getrennt
1866	Eroberung von Samarkand; Vertrag mit dem Khan von Buchara
1867	Verlegung der Hauptstadt des Militärbezirks Turkestan von Aulie-Ata nach Taschkent
1868	Nach einem Aufstand nimmt General Kauffmann Samarkand wieder ein, er wird praktisch unumschränkter Herrscher über Turkestan bis zu seinem Tod 1882; Einnahme von Buchara und russisches Protektorat; in Chodshend wird ein Khan eingesetzt, der den Russen ergeben ist
1869	Massaker der Kasachen in Kuldja am Oberlauf des Ili
1870	Letzter Aufstand der Kasachen in Fort Alexandrowsk; Erforschung des oberen Serafschan-Tals östlich von Samarkand; nachdem sich Jakub-Bey des östlichen Turkestan bemächtigt hat, besetzen die Russen "als Vorsichtsmaßnahme" das fruchtbare obere Ili-Tal
1872	Schaffung der zivilen Provinzen von Uralsk und Turgai; Baubeginn für eine Syr-Darja-Umleitung, um einen Teil der Hungersteppe zu bewässern (südwestlich von Taschkent), die Arbeiten werden 1874 eingestellt, 1881 dann endgültig aufgegeben; 5./ 18. Oktober: Englisch-russischer Vertrag über die Grenze am Oxus und die Einflußbereiche in Persien und Afghanistan
1873	Englische Reisende am Aralsee: Burnaby, Wood 12./ 24. Aug.: Vertrag mit dem Khan von Chiwa 28.Sept./ 10.Okt.: Vertrag mit dem Khan von Buchara; militärische Kundschaftertrupps kommen von Krasnowodsk in die Nähe von Chiwa
1873/74	Erste moderne topographische Geländeaufnahme durch Tillo; Winterfeldzug von General Kauffmann nach Chiwa; das

	Khanat fällt schnell und wird russisches Protektorat; Kriegsentschädigungen für Rußland
1874	Zahlreiche wissenschaftliche Forschungsreisen rund um den Aralsee: vom Kaspischen Meer zum Aralsee, Amu-Darja-Delta, Kysyl-Kum, Usboi; Auflösung der kleinen Aralseeflotte
1875	Aufruhr im Ferganatal, der hart niedergeschlagen wird; der Khan flieht nach Moskau, und das Ferganatal wird dem russischen Reich angegliedert
1878	Großes Hochwasser des Amu-Darja, das sich in die Sary-Kamysch-Senke ergießt
1879	Vertrag von Livadia (Krim), der Kuldja im Gebietstausch mit großen Territorien an China zurückgibt
1880	Feldzug der Russen gegen die Turkmenen; sie werden vor Geok-Tepe besiegt
1881	Erneuter Feldzug des Generals Annenkow; Skobelew nimmt mit Mühe Geok-Tepe ein, das die Engländer befestigt hatten: 15 000 Turkmenen kommen ums Leben; Vertrag von St.Petersburg, der den Vertrag von Livadia korrigiert
1884	Kampflose Einnahme von Merw nach Verhandlungen
1885	Die Eisenbahn erreicht Merw; Pendsheh-Konflikt südlich von Merw zwischen Russen und Afghanen; Gefahr eines Krieges gegen die Engländer; Festlegung der Grenzen mit den Persern und Afghanen vom Kaspischen Meer bis zum Amu-Darja (Termes); Großherzog Romanow bewässert bei Taschkent 4.500 ha
1886	Die Transkaspische erreicht Tschardshou am Amu-Darja; das Oberflächenwasser in Turkestan wird Staatseigentum
1887	Eisenbahn nahe Buchara; Wiederherstellung der Bewässerungssysteme im Murgab, die Oase Bajram-Ali wird Eigentum des Zaren (35 000 ha)
1888	Die Eisenbahn erreicht Samarkand; Festlegung der Hierarchie des für die Bewässerung zuständigen Verwaltungspersonals
1889	Wieder Hochwasser des Amu-Darja in die Sary-Kamysch-Senke
1891	Großherzog Romanow baut einen neuen Kanal zur Hungersteppe; nach verschiedenen Veränderungen wird der Kanalbau 1899 vom Staat fortgeführt und 1915 vollendet (Bewässerungsfläche wächst von 10 000 ha 1914 auf 35 000 ha 1917); Eisenbahn in Taschkent

1892	Gründung von Pamirski-Post südlich des Pamir in der Nähe der chinesischen und afghanischen Grenze; Schaffung der Stelle eines Hauptverantwortlichen für landwirtschaftliche Angelegenheiten in Turkestan
1895	Festlegung der Grenze mit Afghanistan am oberen Amu-Darja; die örtlichen Fürstentümer werden dadurch zerschnitten; Bau einer Festung in Pamirski-Post (heute Murgab)
1897	Die Dienststellen für Landwirtschaft und Bewässerung werden dem Generalgouverneur von Turkestan unmittelbar untergeordnet
1898	Eisenbahn von Merw nach Kuschka an der persischen Grenze
1899	Eisenbahn nach Andishan im hinteren Ferganatal
1906	Die Regierung de Witte lehnt ein Projekt ab, nach dem Turkestan für 40 Jahre gegen 400 Mio. Goldrubel an einen amerikanischen Konzern verpachtet worden wäre (Februar)
1907	Vertrag zwischen England und Rußland, der die Grenzen und Einflußbereiche in Persien (und bis zur chinesischen Grenze) festlegt
1908	Berg schreibt ein bedeutendes wissenschaftliches Werk über den Aralsee
1910/17	Forschungsarbeiten von Risenkampf für einen Seitenkanal, der vom Amu-Darja in den Süden der Wüste Kara-Kum abzweigt; sie finden dann in den 1950er Jahren Verwendung
1911	Neues Projekt von Matisen, den Usboi wieder fließen zu lassen
1913	Die transaralische Bahn von Orenburg erreicht Taschkent
1913/14	Hochwasser des Amu-Darja in die Sary-Kamysch-Senke
1914	In Taschkent bilden sich heimliche islamistische Bewegungen
1915	Neues Projekt von Morgunenkow zur Umlenkung des Amu-Darja, um die Region von Kisyl-Arwat an der Südostseite des Kaspischen Meeres zu bewässern
1916	Die Eisenbahn erreicht Termes
1915/17	Zunahme der Baumwollflächen bis 1916, aber Rückgang der Produktion um 27 %; Rückgang der Getreideproduktion um 47 %
1916	Die Einheimischen, die bis dahin vom Militärdienst freigestellt sind, werden von Kuropatkin zu zivilen Arbeiten auf den Feldern der russischen Siedler herangezogen
1917	Wahlen im Juli; die regionale Macht geht an islamische Organisationen; im September übernehmen die russischen Soldaten und Zivilisten für einige Zeit die Macht;

	Oktoberrevolution; Dekret von Lenin (8. November): "Die Erde dem, der sie bearbeitet", mit dem die Russen in Turkestan es rechtfertigen, wieder die Macht zu ergreifen und die Einheimischen zu berauben; Hungersnöte bei diesen; Rückkehr des russischen Militärs, das nach dem Waffenstillstand mobilisiert wurde; Zunahme der Spannungen, Verschärfung der Ernährungslage; Aufstände der Einheimischen und Unterdrückung
1918	Durch Dekret vom 17. Mai werden für die Entwicklung von Turkestan 50 Mio. Goldrubel freigegeben (19. August) Die Engländer (2 Bataillone) kommen aus Meschhed in Persien, um die Konterrevolutionäre zu unterstützen und besetzen Turkestan von Krasnowodsk bis Taschkent; ein Sonderkommando besetzt Taschaus und Chiwa; Erdöl und Baumwolle werden nach Persien umgeleitet
1918/19	Bemühungen von Lenin und Stalin, die Revolution nach Mittelasien und darüber hinaus in die ganze asiatische Welt auszuweiten
1918 bis 1921	Wiederaufrüstung der kleinen Kriegsflotte in Aralsk durch die Bolschewiken; 1927 wird sie wieder abgetakelt
1920	Sturz des Khans von Chiwa (Seyyd Abdallah) durch die "Jungen Charismier" im Februar und Bildung der Sowjetrepublik Choresm; Mai: allmählicher Rückzug der Engländer aus dem russischen Turkestan, aus Baku, dem Kaukasus und aus Transkaukasien, England zieht sich nach Persien zurück - die Sowjets schätzen die gesamten Verluste, die durch die englische Besatzung direkt oder indirekt entstanden sind, auf eine halbe Milliarde Goldrubel; Dekret von Lenin (13. Mai), das 256 Mio. Rubel für die Bewässerung der Hungersteppe freigibt; Republik Buchara im September; Rückgang der Baumwollproduktion um 92 % im Vergleich zu 1915; (September:) Beistandspakt zwischen Rußland und Choresm; (2. November:) Dekret, das die Wiederaufnahme des Baumwollanbaus vorschreibt
1921	Dekret zur Errichtung der "grünen Barrieren" entlang der Bahnlinien; 10. März: die Macht geht in die Hände der roten Armee über;

	Schaffung der Kirgisischen SSR (1924 wird der Name nur noch auf den Südteil angewandt, das übrige Kirgisien wird dadurch zu Kasachstan); (21. November:) Ankunft von Enwer Pascha in Chiwa
1922	Staatsmonopol über den Baumwollhandel; Fusion der chorasmischen KP mit der russischen KP; erstes Wasserflugzeug auf dem Aralsee
1923	Oktober: Bildung der Usbekischen und der Turkmenischen SSR; die Republik Choresm wird zwischen diesen beiden nach ethnischen und sprachlichen Kriterien aufgeteilt
1924	Erster Fünfjahresplan; Kredite zur Erschließung neuer Anbauflächen für Baumwolle
1925	Schaffung der Nationalsprachen, die auf angestammten Mundarten beruhen (türkisch, tadschikisch, uigurisch)
1926	Das arabische Alphabet wird durch das lateinische ersetzt; erster Staudamm am Tedshen; Volkszählung
1927	(Februar) Exil von Trotzki in Alma-Ata
1928	Festnahme des Nationalisten S. Galijew, Beginn der Verfolgung geheimer anti-russischer Gesellschaften
1929	Die tadschikische SSR wird von Usbekistan abgetrennt
1929/30	Beginn der Umsiedlung der Nomaden und Verbot des Nomadismus; Aufstände und Guerillas; die "Basmatschi" werden von der Roten Armee unter Budjenny verfolgt; privater Grundbesitz wird beschlagnahmt; Einrichtung von Genossenschaften, dann von Sowchosen und Kolchosen, die die traditionelle Organisationsform der Stämme ersetzen; Flucht zahlreicher Nomaden nach Persien, Afghanistan und China: Einfall sowjetischer Truppen in diese Länder, um die Verfolgung fortzusetzen
1930	Einweihung der Turksib-Eisenbahn, mit der Getreide von Sibirien nach Turkestan gebracht werden soll; Inbetriebnahme des Stauwehrs "1. Mai" am Serafschan; Beginn der Erschließung des Wachsch, dem großen Nebenfluß von rechts des Amu-Darja
1931	Dekret zur Waldbewirtschaftung
1932	Die Hälfte der Herden der Nomaden ist verschwunden, die Umsiedlung wird weniger streng
1933	Ende der letzten Basmatschi in Tadschikistan; die Entkommenen dienen den "Kriegsherren" in Sinkiang
1933 bis 1937	Wasserbaumaßnahmen am Serafschan, Murgab, Tedshen und in Kerki am Amu-Darja

1936	Die autonomen Republiken Kirgisien und Kasachien werden zu Sowjetrepubliken
1937	Über 95 % der landwirtschaftlichen Flächen sind kollektiviert
1937 bis 1940	150 000 Koreaner aus der Region von Wladiwostok werden nach Turkmenistan und Usbekistan ins Exil geschickt
1938	Inbetriebnahme des Kys-Kethen-Kanals in Karakalpakien
1939	Die vom Kyrillischen abgeleiteten Alphabete ersetzen das lateinische Alphabet; neue Volkszählung: Kasachstan hat 1/3 seiner Einwohner verloren; Rückhaltebecken von Taschkepri am Murgab
1939/40	Inbetriebnahme von Kanälen im Ferganatal
1940	Einweihung des großen Fergana-Kanals, der fast vollständig von Menschenhand gegraben wurde
1941	Invasion des Dritten Reichs in die Sowjetunion; die Wolgadeutschen werden nach Kasachstan deportiert
1942	Ansiedlung von Rüstungs- und Luftfahrzeugfabriken in Usbekistan; 2. Fergana-Kanal
1943	Einige Hundert kasachische Familien folgen den Deutschen bei deren Rückzug
1944	(Mai) Stalin schickt die Krimtataren nach Kasachstan ins Exil; 150 000 sterben unterwegs; Baubeginn des Farchad-Staudamms südwestlich von Taschkent zur Regulierung des Syr-Darja
1946	Grenzvertrag mit Afghanistan
1948	Erste Fahrwege auf dem Sand
1950	Inbetriebnahme der Jugsib, der Bahnlinie von Omsk nach Taschkent; Beginn der Bauarbeiten zu den Staudämmen an den Oberläufen von Syr-Darja und Amu-Darja; (12. September:) Erlaß der Zentralregierung, mit dem der Bau eines Kanals vom Aralsee zum Kaspischen Meer beschlossen wird
1951	Einweihung des Tedshen-Staudamms
1951 bis 1965	Bau des Amu-Buchara-Kanals und des Amu-Karschi-Kanals
1954	Plan der "Erschließung jungfräulichen Bodens" von Chruschtschow
1955	Die Eisenbahn von Tschardshou nach Kungrad befreit Choresm aus dem Verkehrsschatten; Beginn der Erdölförderung; die Bewässerung wird ausgeweitet; die Sary-Kamysch-Senke erhält von da an Drainageabwässer

1957	Einweihung des Staudamms von Ksyl-Orda am Syr-Darja und des Staudamms von Tjujamujun am Amu-Darja; Auffüllung der Stauseen mit Drainageabwässern aus der Katta-Schor-Senke weiter südöstlich
1960	Beginn von massiven Wasserumlenkungen aus dem Amu-Darja und dem Syr-Darja
1962	Einweihung des Amu-Karschi-Kanals
1970	Das Erdgas aus Turan gelangt mit Pipelines nach Rußland; der Aralsee beginnt abzusinken
1979	Als Folge der Bodenversalzung beginnt die Baumwollproduktion trotz Ausweitung der Bewässerungsflächen abzunehmen
1980	Der 11. Fünfjahresplan sieht die Umlenkung sibirischer Flüsse nach Turan vor; erste Demonstrationen von Umweltschützern
1984	Aufstände in Alma-Ata
1985	Gorbatschow und die *Perestroika*; Säuberungsaktionen in der usbekischen KP (Baumwollmafia, Raschidow-Affäre); Streichung des Sibaral-Projekts
1987	Der Kara-Kum-Kanal erreicht Kisyl-Arwat; die Zuflüsse des Aralsees führen kein Wasser mehr
1988	In Taschkent wird die nationalistische Bewegung "Birlik" gegründet
1989	Der Aralsee teilt sich in zwei getrennte Seen; erstmals gelangt die Katastrophe des Aralsees in die westlichen Medien
1990	Anschluß der Turksib an das chinesische Eisenbahnnetz (Beginn der Bauarbeiten war 1961); internationales Kolloquium von Nukus, auf dem die dramatischen Folgen dargestellt werden, die die Veränderungen der Flußregimes nach sich ziehen
1991	Unabhängigkeitserklärung der mittelasiatischen Republiken: Die Unabhängigkeit von Karakalpakstan wird von Usbekistan nicht anerkannt; Gründung der GUS; Abkommen zwischen den Republiken zur Wiederherstellung des Aralsees
1992	Kasachstan beginnt den Bau eines Damms, durch den der Nordteil des Aralsees (Kleiner See) wieder durch den Syr-Darja gespeist werden kann; vorläufiger Baustopp des Projekts 1994
1994	(Juni:) Die Weltbank nimmt einen Plan zum wirtschaftlichen Wiederaufbau in Turan an; mittlerweile erfolgt eine spektakuläre Entwicklung beim Anbau von Alkaloidpflanzen

Dank

Wir danken ganz besonders allen Kolleginnen und Kollegen, Freundinnen und Freunden, die aus verschiedenen Gründen die Vollendung dieser Monographie möglich gemacht haben: R. Besenval, M. Birot, H. Bocherens, F. Cesbron, T. Dindeleux, G.Gohau, J. Kindler, P. Labbé, S. Mainguet, M. Meybeck, R. Moreau, Y. Rebeyrol, F. Slawny für das Ausleihen seltener Dokumente und ihre verständnisvolle Beurteilung; A. Chesterikoff, P. Hubert, B. Juldaschchodjajew, A. Klamecki, S. Kolnikowa, D. Lintner, Y. Lutschkin, H. Le Damany, H. Molicova, W. Nesteroff, O. Pawlowa, G. Sokoloff für ihre Hilfe bei der Übersetzung und Interpretation von Dokumenten in russischer Sprache; unseren Kolleginnen und Kollegen in der Université Pierre et Marie Curie in Paris und in der Université de Reims, die die Verwirklichung dieser Arbeit aus verschiedenen Gründen erleichtert haben, insbesondere I. Mercier, A. Jauzein und A. Mariotti; außerdem den Bibliothekaren und Bibliothekarinnen, den Dokumentalisten und Dokumentalistinnen zahlreicher Organisationen, die bei teilweise schwierigen Recherchen keinen Zeitaufwand gescheut haben. Die Hilfe von N. Glasowski, A. Kitoh und N. Nowikowa war uns ganz besonders wertvoll. Nicht zuletzt sei A. Dindeleux gedankt, die lange Stunden auf die Ordnung und Endredaktion des Buches verwandt hat, das ihr viel verdankt. Schließlich sind wir M. Reichmuth dankbar für seine Hilfe bei der Korrektur der ersten französischen Auflage und für die Übertragung ins Deutsche.

Paris, im September 1994

Literatur

Abbott, J. 1843: Narrative of a journey from Heraut to Khiva, Moscow and St.Petersburgh during the late Russian invasion of Khiva, 2 Bände, James Madden, London.

Abduasisow, A. 1991: (ohne Titel), Etudes Soviétiques, 515, S. 72-73.

Abich, H. 1855: Lettre à la société, Bull. Soc. Geol. Fr., 2. Reihe, 12, S. 115-116.

Abramowa, T.A. et al. 1989: Ursachen der Pegelschwankungen des Sary-Kamysch-Sees in historischen Zeiten. in: Probl. Ows. Pustyn, 1, S. 36-41 (russisch)

Abramowa, T.A.; Drenowa, A.N.; Prischtschewa, A.W. 1989: Ursachen der letzten Veränderungen des Seespiegels des Sary-Kamysch in historischer Zeit, Probl. Ows. Pustyn, 5, S. 67-70 (russisch).

Abratow, A.A. et al. 1975: Tectonic zonation of young plates, such as the Scythian and Turanian plates, Int. Geol. Rev., 17, S. 1137-1160.

Achmedow, A.E. 1990: Agrochemische Besonderheiten der Böden im verlandeten Bereich des Aralsees, naturwiss. Konf. "Erhöhung der Bodenfruchtbarkeit unter den Bedingungen intensiver Bodenkontrolle", S. 112, Taschkent (russisch).

Achmedow, R.B. et al. 1990: Desalinization of saline water in the Aral region for drinking water supply, in: "Colloque de Noukous", 8 S.

Achmedow, T.K.; Spitsyn, L.W. 1992: Restoration of the Aral Sea, Hydrotechnical Construction (Übers. aus Gidrotechn. Stroitjelstwo), 25, 11, S. 31-33.

Achmedsanowa, S.K. 1970: Geschichte des Eisenbahnbaus in Mittelasien, FAN, Taschkent, 199 S. (russisch).

Agachanjanz, O.; Breckle, S.W. 1994: Umweltsituation in der ehemaligen Sowjetunion. Naturwissensch. Rundschau, 47, 3, S. 99-105.

Akischew, K.A. 1990: Les nomades à cheval du Kazakhstan dans l'antiquité, in: "Colloque d'Alma-Ata", Francfort Ed., CNRS, Paris, S. 15-18.

Akramow, S; Rafikow, A. 1990: Vergangenheit, Gegenwart und Zukunft des Aralsees, naturwiss. Konf. "Erhöhung der Bodenfruchtbarkeit unter den Bedingungen intensiver Bodenkontrolle", S. 110 , Taschkent (russisch).

Akulow, W.W. 1967: Geologie des Amu-Darja-Deltas Trudy Tash. Gu, neue Folge, Nr. 175, geog. Nk., kn. 18 (russisch)

Aladin, N.W. 1982: Anpassung der Wasserflöhe an den Salzgehalt II. Formen des Kaspischen Meers und des Aralsees, Zool. Shurn., 61 (4), 507-514 (russisch).

Aladin, N.W. 1983: Anpassung der Muschelkrebse des Kaspischen Meers und des Aralsees an den Salzgehalt, Zool. Shurn., 62, 1, S. 51-57 (russisch).

Aladin, N.W. 1983: Veränderungen der Toleranzgrenze des Salzgehalts bei den Blattfüßlern und Muschelkrebsen im Kaspischen Meer und im Aralsee, Zool. Shurn., 62 (5), S. 689-694 (russisch).

Aladin, N.W. 1990: Limnetic systems and how they function under excessive anthropogenic loads; In: "Colloque de Nukus", 8 S.

Aladin, N.W. 1990: The changing of biota of the Aral Sea, in: "Colloque de Nukus", 24 S.

Aladin, N.W. 1990: The present day state and changes in biota of the Aral region in conditions of the ecological crisis, in: "Colloque de Nukus", Kap.13, 33 S.

Aladin, N.W.; Andrejew, N.k. 1984: Influence of the salinity of the Aral Sea on the composition of Cladoceran fauna, Hydrobiol. J., 3, S. 22-27.

Aladin, N.W.; Andrejew, N.k. 1984: The influence of salinity of the Aral Sea on composition of Cladoceran fauna, Hydrobiol.i., 3, S. 22-27.

Aladin, N.W.; Chlebowitsch, W.W. (Hrsg.) 1989: Hydrobiologische Probleme des Aralsees (8 Artikel), Trudy Zool. Inst. Ak. Nauk SSSR, 199, S. 152 (russisch).

Aladin, N.W.; Kotow, S.W.; Glasowski, N.k. 1991: Der gegenwärtige Zustand der Buchten, Trudy Zool. Inst. Ak. Nauk SSSR, 223, S. 153 (russisch).

Aladin, N.W.; Kuznezow, N.W. 1990: Der Aralsee in seinem gegenwärtigen Zustand der Übersalzung, Trudy Zool. Inst. Ak. Nauk SSSR, 223, 153 S. (russisch).

Aladin, N.W.; Potts, W.T.W. 1992: Veränderungen im Ökosystem des Aralsees während des Zeitraums 1960-1990, Gidrobiologija, 237, 2, S. 67-79 (russisch).

Alampijew, P.M. 1959: Entwicklungstendenzen der wirtschaftsgeographischen Regionen, Isw. Ak. Nauk SSSR, 3, S. 55-60 (russisch).

Alder, G. 1985: Beyond Bokhara, in: "The life of William Moorcroft", London.

Alechin, O.A. 1947: Zur Frage der Quelle der Salzbestandteile im Wasser des Aralsees. Meteorol. Gidrologija, 4 (russisch).

Alechin, O.A. 1953: Grundlagen der Hydrochemie, Gidrometeoisdat, Leningrad, 296 S. (russisch)

Alechin, O.A.; Brajnikowa, L.W. 1964: Gelöste Stoffe und Schwebstoffe in den Flüssen auf dem Gebiet der UdSSR, Gidrochem. Gidrometeorol. Inst. Leningrad, Nauka (russisch).

Aleksin, A.A. 1957: Das Problem der Herkunft des unterirdischen Süßwassers in der Karakum. Isw. Akad. Nauk Turkmen. 1, S. 22-31 (russisch).

Alexeeva, N.M. 1993: Holocene evolution of ecotones in marginal zones of arid Asia, Int. Conf. on Surface Water Ecotones, Lyon, Frankreich, 9.5.1993.

Alexejew, F.A.; Wetschteyn, W.i.; Maljuk, G.A. 1974: Wasserstoff- und Sauerstoffisotopengehalt des Grundwassers im Einzugsgebiet des Amu-Darja in "Nukleargeologie", Onti Bniiya Geol. Geoph., Moskau (russisch).

Allschin, B. (Hrsg.) 1984: South Asian archeology 1981, Cambridge Univ. Press.

Allsworth, E.A. 1990: The modern Usbeks (From the fourteeth to the Present), Hoover Institution Press, Stanford ed., 410 S.

Allworth, E. 1975: Soviet Asia, Bibliographies. A compilation of social science and humanities sources of the Iranian, Mongolian and Turkish nationalities, with an essay of the Soviet-Asian controversy. Praeger, New York, Washington, London, 686 S.

Altunin, W.S. 1989: Preservation and restoration of the water resources of the Aral Sea: An urgent national economic problem, Hydrotechnical Construction (Übers. aus Gidrotechn. Stroitjelstwo), 23, 2, S. 65-72.

Altunin, W.S. et al. 1990: Evaluation of Saving the Aral Sea. Hydrotechn. Construction, 24, 5, S. 324-329.

Altunin, W.S.; Kuprijanowa, E.k.; Tursunow, A.A. 1991: Innere Quellen der Stabilisierung des Aralsees und Wiederherstellung seines ökologischen Gleichgewichts, Isw. Ak. Nauk SSSR, S. 118-124 (russisch).

Amann, R.; Cooper, J. (Hrsg.) 1982: Industrial innovation in the Soviet Union, Yale Univ. Press, 526 S. (bedeutende Bibliographie).

Amann, R.; Cooper, J.; Davis, R.W. (Hrsg.) 1977: The technological level of Soviet industry, Yale Univ. Press, 575 S. (bedeutende Bibliographie).
Amanow, A.A. et al. 1987: Zur Ökologie der "Shemaya aral" (Chalcaburnus chalc. aralensis) in den Seen im Süden Usbekistans, Usb. Biol. Shurn., 2, S. 40-43 (russisch).
Amsler, J. 1968: Les Russes au seuil de l'Asie, in: "Histoire universelle des explorations", Band II, S. 397-403, Nouvelle Librairie de France, Paris.
Andrejew, N.k. et al. 1992: The fauna of the Aral Sea in 1989. I. The benthos, Int.i. Salt Lake Res., 1, S. 103-110.
Andrejew, N.k. et al. 1992: The fauna of the Aral Sea in 1989. II. The zooplankton, Int.i. Salt Lake Res., 1, S. 111-116.
Andrejewa, S.k.; Andrejew, N.k. 1990: Trophische Struktur der Benthos-Gesellschaften des Aralsees unter ihren neuen Bedingungen, Ekolog., 2, S. 61-67 (russisch).
Andrianow, B.W. 1969: Frühere Bewässerungssysteme in der Region des Aralsees, Isd. Nauka, Moskau, 255 S. (russisch) (bedeutende Bibliographie).
Andrianow, B.W. 1985: History of irrigation Central Asia, part I, in: History of irrigation and drainage in the USSR", UNESCO, Neu Delhi, S. 36-113.
Andrianow, B.W. 1990: History of development of Aral region economy and its influence on nature, in: "Kolloquium von Nukus", Kapitel 2-02, 26 S.
Andrianow, B.W. 1991: Geschichte der Bewässerung im Einzugsbereich des Amu-Darja, in: "Aral Krisis", Ak. Nauk SSSR (307 S.), S. 101-122 (russisch).
Andrianow, B.W.; Itina, M.A.; Kes, A.S. 1975: Ehemalige Bewässerungsflächen... Wopr. Geogr., Moskau, S. 99 (russisch).
Andrianow, B.W.; Kes, A.S. 1967: Ausweitung der Systeme zur Hydrographie und zur Bewässerung der Ebenen Mittelasiens, in: "Problemy Preobrasowanija Prirody Srednii Asii", Isd. Ak. Nauk SSSR, Moskau (russisch).
Andrianow, W.W. 1991: Geschichte der Auswirkung der Landwirtschaft auf die Natur der Aralregion, Isw.Ak. Nauk SSSR (Geogr.), 4, S. 47-61 (russisch).
Andrisow, N. 1905: Materialien zur Geologie des transkaspischen Gebiets, Trudy Eksp. Aral.-Kasp., Band VII, Jurbew (russisch).
Annajew, S.A. 1973: Auswirkungen des Trübungsgrades auf die morphologischen Eigenschaften der Stromrinne des Lenin-/Karakum-Kanals, in: "Probleme des Wasser-Managements in Turkestan", Ylim, Aschchabad (russisch).
Annenkoff, M. 1886: Le chemin de fer transcaspien et le pays qu'il traverse, C.R. Soc. Géogr. Fr., S. 127-135.
Annenkoff, M. 1890: Des ressources que l'Asie Centrale pourrait fournir à la colonisation russe, Bull. Soc. Fr. Geogr., 237.
Anonymus 1882: (Bericht der Expedition Gluchowski), Peterm. Mitt., S. 64
Anonymus 1896: Exploration of the Amu Daria... (zitiert in Gluchowski, 1893, Geogr. J.)
Anonymus 1962. Interdepartmental conference on the Quaternary of Central Asia and Kazakhstan. Int. Geol. Rev., 4 (12), S. 1357-1362.
Anonymus 1964: Physisch-geographischer Weltaltlas, GUGK, Moskau (russisch).
Anonymus 1967: World Atlas, GUGK, Moskau (englisch).
Anonymus 1973: Führer der Pflanzungen zur Rehabilitierung..., Usbek. Ak. Nauk, Sozialwiss. und Landwirtsch., Taschkent, 54 S. (russisch).
Anonymus 1973: The Irtysh-Karaganda canal, Hydrotechn. Constr., 2, S. 7-12.
Anonymus 1975: Bewässerung in Usbekistan, Taschkent (russisch).
Anonymus 1983: Archäologie (Übersicht) in: Istor. Filolog. Shurn., S. 153-158 (russisch).
Anonymus 1983: Reversing the flow o soviet rivers, Int. Water Power and Dam Construction, 35, (5), S. 53-57.

Anonymus 1985: Atlas der UdSSR, GUGK, Moskau (russisch).
Anonymus 1990: The transformations of the Aral Sea biota, in: "Colloque de Noukous", 18 S.
Antipow-Karatajew, I.N.; Kersum, P.A. 1954: Berichte des interdisziplinären Forschungsfeldzugs Aralsee-Kaspisches Meer, Teil 1, Isd.Ak.Nauk SSSR (russisch).
Antschiferowa, O.N.; Dowrin, L.G.; Prischtschepa, A.W. 1984: Zu erschließendes Neuland in den Schluffgebieten des Kelif-Usboi, Probl. Ows. Pustyn, 6, S. 65-71 (russisch).
Archangelskij, A.D. 1915: Anmerkungen zu den post-tertiären Schilf-Formationen in den Gegenden um Aralsee und Kaspisches Meer." Isw. Geol. Komitet, Band XXXIV (russisch).
Archangelskij, A.D. 1931: Geologische Studien am unteren Amu-Darja, Trudy Glawnogo Geol. upraw Lenija, WSNCh SSSR, Nr.12 (russisch).
Archangelskij, J.A.; Dunin-barkowski, L.W. 1974: Mathematical model of Water Resources Utilization in a river basin, in: "Mathematical models..." IAHS-UNESCO Sympos., 1974, S. 926-935.
Aristarchowa, L.B.; Turikeschew, G.T. 1990: Mesorelief und Veränderung der Gewässernetze in der Region nördlich des Aralsees während der letzten 40 bis 45 Jahre, Wjestnik Mosk. Univ. Reihe 5, Geogr., 4, S. 71-76 (russisch).
Arrianus, um 100: Der Feldzug (die Anabasis) Alexanders (frz.: Ed. de Minuit, Paris).
Arsch, I.E. 1961: Atmosphärische Versalzung des Grundwassers der sowjetischen Wüsten: Das Beispiel des Turgai, Wopros. Gidrogeol. insh. Geol., 19, S. 33-40, (russisch).
Asarin, A.i. 1973: Komponenten der Wasserbilanz des Aralsees und ihre Wirkung auf die langfristigen Schwankungen des Seespiegels, Wodn. Res. (5), S. 29-40 (russisch).
Asarin, A.i. 1975: Niederschläge an der Oberfläche des Aralsees, Probl. Ows. Pustyn, 1, S. 58-62 (russisch).
Asenow, G.A. et al. 1989: Untersuchung der Nagetiere, die sich auf dem ausgetrockneten Seegrund des Aralsees angesiedelt haben, Probl. Ows. Pustyn, I, S. 79-82 (russisch).
Askarow, A.A., 180/81: Süd-Usbekistan im zweiten Jahrtausend v.Chr., Sow. Anthrop. Archäol., 19, 3-4, S. 256-272 (russisch).
Astapowitsch, I.S. 1955: Staubstürme über Mittelasien, Priroda Nr. 7 (russisch).
Atajew, E.A. 1988: Lufterkennung der anthropogenen Veränderungen der Ökosysteme der Bewässerungsregionen Turkmenistans, Ekologija, Moskau, 4, S. 65-67 (russisch).
Atkinson, L., 148-53: Recollections of Tatar Steppes and their inhabitants, Freeman and Cassell, London, 351 S. (veröff. 1971).
Atlas 1968: Methodischer Atlas des Aralsees, Ak.Nauk, Moskau (russisch).
Atlas Eco 1992-1993: Atlas économique mondial, Ed. du Serail, Paris (jährlich), 307 S.
Autorenkollektiv (Francfort, H.P. und Besenval, R. Hrsg.), 1993: Découverte des civilisations d'Asie Centrale, Dossiers d'Archéologie, 185, 92 S. (Sammlung von 13 Artikeln).
Autorenkollektiv 1960: Sonderausgabe zur Hungersteppe (14 Artikel: Geologie, Pedologie, Hydrologie, ...), Materialy prois. Usb. (Materialien für die Produktivkräfte Usbekistans), Nr.15, 290 S.
Autorenkollektiv 1963: Geologische Probleme von Mittelasien und Kasachstan, Usb.Ak.Nauk, Taschkent, Nr. R1 04 (russisch).
Autorenkollektiv 1968: Regionale hydrogeologische Forschung in Kasachstan, Isdat. Ak. Nauk Kasach., 250 S. (russisch).
Autorenkollektiv 1969: Böden von Reisfeldern, Nauka, Alma-Ata, 103 S. (russisch).
Autorenkollektiv 1985: L'archéologie de la Bactriane ancienne, Ed. CNRS, Paris, 362 S.

Autorenkollektiv 1988: Routes d'Asie, Marchands et voyageurs aux XV-XVIIe siècles, Coll.Bibl.Int.Langues Orient., Isis éd., Paris, 205 S.
Autorenkollektiv 1990: Gidrometeorologija i Gidrochimia Morjej, Band 7: Aralskoje Morje, 196 S. (russisch).
Autorenkollektiv 1991: Die Aralsee-Angelegenheit, Alma-Ata, 230 S. (kasachisch).
Autorenkollektiv 1991: Die Krise des Aralsees (historisch-geographischer Rückblick), 309 S., Koord.-Zentrum f. wiss. Studien zum Aralsee und Ethol. und Anthropol. Inst. N.N. Miklowo-Maklai, Ak. Nauk SSSR, Moskau (18 Artikel)(russisch).
Autorenkollektiv 1991: En Asie soviétique, ethnies, nations, états, Cah. Monde Russe et Sov., 32, S. 61-77.
Autorenkollektiv 1991: Sonderausgabe zum Aralsee. Isw. Ak. Nauk (Geogr.), Nr.4, 144 S. (15 Artikel) (russisch).
Awsjuk, G.A. 1953: Künstliche Beschleunigung des Schmelzens von Eis und Schnee von Berggletschern, Trudy Geogr.Inst. Ak. Nauk SSSR, 56, S. 10-25 (russisch).
Awsjuk, G.A. 1962: Künstliche Verstärkung der Gletscherschmelze zur Erhöhung des Wasserabflusses in den mittelasiatischen Flüssen, Isw. Ak. Nauk SSSR, 5, S. 83-89 (russisch).
Babajew, A.G. 1980: siehe UNEP-UNEPCOM 1980.
Babajew, A.G. 1986: Grundsätze und Methoden zur Fixierung von Sand, Intern. Projektzentrum GKNT, Moskau, S. 33 (russisch).
Babajew, A.G. 1986: Strategie für den Wüstenforschungs- und -entwicklungs-Komplex der UdSSR im Lichte der Resolutionen der KPdSU, Probl. Ows. Pustyn, 5, S. 3-11 (russisch).
Babajew, A.G.; Nikolajew, W.N.; Orlowski, N.S. 1991: Der jüngste Zustand und die Perspektiven von natürlichem Weideland und nicht bewässertem Anbau im Einzugsbereich des Aralbeckens, Probl. Ows. Pustyn, 6, S. 3-11 (russisch).
Babajew, A.G.; Oweslijew, A.O. 1994: Reclamation of sands by crop cultivation near oases in Turkmenistan, Arid Soils Res. and Rehabilitation, 8, S. 93-99.
Babajew, N.S. 1977: Die biologischen Eigenschaften von Aspius aspius iblioides vom Unterlauf des Amu-Darja, Wopr. Ichtio., 2, S. 232-239 (russisch).
Bachijew, A. 1979: Pflanzliche Indikatoren der Versalzung von Böden und Grundwasser im Delta des Amu-Darja, FAN, Taschkent (russisch).
Bachtijarow, R.k. et al. 1980: Abschätzung der Wasserressourcen der Flüsse Amu-Darja und Syr-Darja, Wodn.Res., 2, S. 193-196 (russisch).
Bagrow, L. 1947: Sparwenfeld's map of Siberia, Imago Mundi, IV, S. 65-70.
Bagrow, L. 1952: The first russian maps of Siberia..., Imago Mundi, IX, S. 83-93.
Bagrow, L. 1954: Seymon Remezov, a siberian cartographer, Imago Mundi, XI, S. 111-124.
Bailey, F.M. 1921: A visit to Bokhara in 1919, Geogr. J., S. 75-95.
Bailey, F.M. 1921: In russian Turkestan under the Bolscheviks, Scott.Geogr. Mag., April, S. 31-98.
Bailey, F.M. 1946: Mission to Taschkent, Jonathan Cape, London.
Bairakow, K.; Groschew, W. 1991: Historische Dynamik der Bewässerung am Mittellauf des Syr-Darja, in: "Aral Krisis", Ak. Nauk SSSR (307 S.), S. 173-185 (russisch).
Bajdal, M.; Kijaschin, A. 1972: Gegenwart und Zukunft des Aralsee-Problems. Trudy Kasach. NIGMI, 44, S. 5-20 (russisch).
Bajdar, H.K. 1972: Gegenwärtige und zukünftige Probleme der Klimatologie des Aralsee-Beckens. Trudy Kasach. NIGMI, 44, S. 21-29 (russisch).
Bajpakow, K.M. 1990: La ville et la steppe au Moyen-Age (d'après les matériaux du Kazakhstan et du Semireche), in Francfort Ed., CNRS, Paris, S. 49-52.

Bajramowa, E. et al. 1990: Derzeitiger Zustand der Bodenressourcen in Karakalpakstan sowie deren Schutz gegen Salz und Staub, Berichte d. 1. Usb. Kongresses f. Pedologie, 2, S. 279, Taschkent (russisch).

Bakirowa, N.A.; Kabduschewa, N.F. 1988: Hydropedologische Bedingungen in den Böden der Region Turgai und Süd-Kasachstan, Isw. Ak. Nauk Kasach., Geol., 4, S. 34-39 (russisch).

Balajew, L.G.; Kats, D.M. 1984: Hydrogeological and ingenieering-geologic studies for the purpose of land reclamation in: "Proc. 27th int. Geol. Congress", 16, S. 263-273. V.N.U. Science Press, Moskau.

Balakajew, B.K. 1978: Regulation of the sediment regime of the Lenins Kara-Kum-Canal, Hydrotech. Constr., 5, S. 454-461.

Balakirjew, E.K. 1988: Der zerstörerische Tornado in Turkmenien am 19. März 1987, Meteor. Gidrologia, 8, S. 124-126 (russisch).

Balaschowa, E.N.; Sabina, I.G.; Semjonowa, O.A. 1961: Das Klima der Wüste Kysyl-Kum, Sb. Rabot, Taschkent G.M.O., 1, S. 5-69 (russisch).

Balaschowa, E.N.; Shitomirskaja, O.M.; Semenowa, O.A. 1960: Abhandlung über die Klimatologie der Republiken Mittelasiens, Gidrometeoisdat, Leningrad, 241 S. (russisch).

Baldauf, I. 1991: Quelques pensées sur la formation des nations ouzbèkes, Cah. Monde Russe et Sov., 32, S. 79-96.

Balnokin, J.W. et al. 1990: Prolin, usw.... in den Geweben der Salzpflanzen Salicornia, usw.... am ausgetrockneten Grund des Aralsees, Probl.Ows.Pustyn, 2, S. 70-78 (russisch).

Barbot de Marny, N. 1874: Geologie Mitelasiens, Neue Jahrb., 7, S. 858-861.

Barbot de Marny, N. 1875: Geologische Grundzüge der Ufer des Amu-Darja, Isw. Russk. Geogr. Obschtschestwa, Band 11.

Barchanskowa, G.M. 1979: Aralski Sherech, FAN, éd., Taschkent, 96 S. (russisch).

Barchanskowa, G.M. 1979: Die Viper des Aralsees. FAN, Taschkent, 96 S. (russisch).

Barel, J. 1968: Le développement économique de la Russie tsariste, Mouton, Paris/Den Haag, 272 S.

Baron, S.H. 1967: The travels of Olearius in Seventeenth Century, in Stanford U.P., "Relation du voyage... en Moskovie, Tartarie et Perse".

Baron, W.A. et al. 1981: Vorhersage der Bodenwasserverhältnisse in den bewässerten Regionen, Nedra ed., Moskau, 386 S. (russisch).

Barrande, J. 1879: L'Amou et l'Ouzboï, Bull.Soc.fr.Géogr., 18, S. 401-408.

Barrande, J.; Constantinovitch, N. 1879: Le chemin de fer de l'Asie Centrale, Bull.Soc.Fr.Géogr., XVII, S. 367-379.

Barrow, C. 1991: Land degradation, development and breakdown of terrestrial environments, Cambridge Univ. Press, 295 S.

Barthold, V.V. 1928: Turkestan down to the Mongol invasion, Gibbs Memorial series, Kap. I, London.

Barthold, V.V. 1947: La découverte de l'Asie, Payot, Paris, 362 S.

Barthold, W. 1909-1937: die Artikel Aral, Amou-Daria, Syr-Daria, Balkhan usw. in "Encyclopédie de l'Islam", Ed. Brill (Leiden) et Maisonneuve et Larose (Paris), 2.Aufl. 1994.

Barthold, W. 1910: Nachrichten über den Aralsee und den unteren Lauf des Amu-Darja, Geogr. J., 36, S. 332

Barthold, W. 1914: Gistorii oroschenija Turkestana (Geschichte der Bewässerung Turkestans), St.Petersburg (russisch).

Barthold, W. 1914: Nachrichten über den Aral-See und den unteren Lauf des Amu-Darja von den ältesten Zeiten bis zum XVII Jahrhundert, O.Wiegand (Hrsg.), Leipzig, 80 S. (Übers. aus d. Russischen).
Barthold, W. 1945: Histoire des Turcs d'Asie Centrale. Adrien-Maisonneuve, Paris.
Barthold, W. 1965: Geschichte der Bewässerung in Turkestan. Vollständige Werke, Nauk, Moskau, Band III, S. 95-233 (russisch).
Barthold, W.W. 1978: Khiwa, in Encycl. Islam, Band 5 (2.Aufl.), Brill, Den Haag, S. 24-25 und Bibliogr.
Barykina, W.W.; Kljukanowa, I.A. et al. 1980: Nationale Konferenz: Wissenschaftliche Grundlagen der Maßnahmen zur Vorbeugung der negativen Einflüssen des Absinkens des Aralsees (abgehalten vom 26. bis 28. Nov. 1979)", Probl. Ows. Pustyn, , 3, S. 91-95 (russisch).
Barykina, W.W.; Panfilow, D.W.; Timoschkina, W.A. 1979: Aktuelle Tendenzen der Umformung von Biokomplexen in der Gegend des Aralsees, Probl. Ows. Pustyn, 2, S. 34-40 (russisch).
Bashenkow, N.K.; Penkow, O.G. 1968: Origin of central asian and transcaucasian meadow sodium carbonate solonetzes, Sov.Soil. Sci., S. 1341-1349.
Basiner, A. 1873: Beiträge zur Kenntnis des Russischen Reiches, Band XV.
Basiner, T. 1848: Naturwissenschaftliche Reise durch die Kirgisensteppe nach China, Beiträge zur Kenntnis des Russischen Reichs, XV, St.Petersburg.
Basow, W.G. 1986: Biologische Produktivität und Nährstoffkreislauf in den Biogeozönosen der Sande in der Steppenzone, Ekologija, Moskau, 5, S. 3-5 (russisch).
Batirow, A. 1985: Urbarmachung der Böden im Bereich des Kara-Kum-Kanals, Probl. Ows. Pustyn, 6, S. 33-38 (russisch).
Becker, S. 1968: Russia's protectorates in Central Asia: Bukhara and Khiva, 1865-1924, Cambridge Un. Press ed., USA.
Beder, B.A. 1961: Das artesische Becken des Serafschan, Sh. Usb. Geol., 5, S. 85-91 (russisch).
Bekimbetow, N.B.; Baimanow, K.k. 1982: Effect on suspended sediments on hydraulic resistance of a channel, Hydrotechn.Constr., 1, S. 37-39.
Bekmursajew, B. 1973: Population, Dynamik der Biomasse im Südteil des Aralsees und Veränderung bei der Nahrungsgrundlage der Benthos-Fische, Usb. Biol. Shurn., 17, 6, S. 49-51 (russisch).
Belenizkij, A.M. 1968: Central Asia, World pub., Cleveland & New York.
Belgibajew, M.E. 1982: Geochemische Stoffbewegungen in den ausgetrockneten Bereichen des Aralsees. In: Biochemischer Stoffkreislauf, Nauka, Moskau, S. 49-51 (russisch).
Belgibajew, M.E. 1991: Äolische Reliefformen auf dem ausgetrockneten Gelände des Uferbereichs des östlichen Aralsees, Probl. Ows. Pustyn, 1, S. 22-26 (russisch).
Beligibajew, M.E. 1991: Äolische Reliefformen und Austrocknung der Gebiete um den Aralsee im Osten, Probl. Ows. Pustyn, 1, S. 28-34 (russisch).
Benningsen, A., Carrere d'Encausse, h. 1958: La littérature antireligieuse dans les républiques soviétiques musulmanes, Rev. Etudes islam., S. 73-85.
Benningsen, A.; Lemercier-Quelquejay, C. 1968: L'Islam en Union Soviétique, Payot éd., Paris.
Benningsen, A.; Lemercier-Quelquejay, C. 1981: Les musulmans oubliés, Maspéro éd., Paris.
Benningsen, A.; Lemercier-Quelquejay, C. 1986: Sultan Galiev, Ed. La Découverte, Paris.
Benoist Mechin (baron) 1885: Voyage á travers le Turkestan, Bull. Soc. Géogr., 25-55.
Beresford, C.E. 1906: Russian Railways towards India, Proc. Centr. Asian Soc.

Beresin, P.N. 1968: Sov.Soil Sci., S. 1857-1862, 1869-1874 (und Bibliographie).
Berg, L.S. 1901: Analyse in Geogr.i., 18, S. 619.
Berg, L.S. 1908: Der Aralsee. Versuch einer physischen und geographischen Monographie, Berichte der Abteilung Turkestan der kaiserl.-russ.Gesellschaft f. Geographie, Band 5 (russisch).
Berg, L.S. 1932: Über die absolute Höhe des Aralsees, Sapiski gosudarstwenogo Gidrologitscheskogo Instituta, 6, S. 74-78 (russisch).
Berg, L.S. 1939: Zwei Karten vom Aralsee aus der ersten Hälfte des 13. Jhd., Isw. Geogr. Ob., 71, 10 (russisch).
Berg, L.S. 1962 bis 1965: Freshwater fishes of the USSR and adjacent countries, Israel Prog.Sci. Translations, 3 Bände.
Berg, W.N. 1829: Sammlung der Schriften Peters I. und Antworten auf verschiedene Fragen, 2.Teil, St.Petersburg (russisch).
Bernard, P. 1987: Les nomades conquérants de l'empire gréco-bactrien. Réflexions sur leur identité ethnique et culturelle, Comptes Rendus Ac. Inscr. Belles Lettres, p.758-768.
Bernard, P.; Grenet, F. (Hrsg.) 1991: Histoire et cultes de l'Asie Centrale pré-islamique. Sources écrites et documents archéologiques, Ed. CNRS, Paris.
Beshanbek, E.; Koscherga, F. 1951: Stabilisierung und Aufforstung der Sandflächen in der usbekischen SSR, Goslesbumisdat Publ., 64 S. (russisch).
Bespalow, N.F. 1990: Gegenwärtiger Stand der Nutzbarmachung von Bewässerungsflächen in Mittelasien und Möglichkeiten zur Verbesserung, Ber. d. 1. Usbek. Pedol. Kongr., 1, S. 103-112, Taschkent (russisch).
Bessey, E.A. 1905: Vegetationsbilder aus Russisch-Turkestan, in: G.Karsten und H.Schwenk, "Vegetationsbilder", 3.Reihe, Nr.2, Jena, S. 1-123.
Beurdeley, C. 1986: Sur les routes de la soie, Ed. Olizanne, Paris.
Bishanow, E.B. 1985: Eine neolithische Grabstätte im Ust-Urt, Sowj. Archäol., 1, S. 250-252 (russisch).
Bitkowskaja, T.P.; Mansimow, M.; Shekter, L.G. 1985: Dynamik der Entwicklung des Sary-Kamysch-Sees auf der Grundlage von Satellitenfotos, Probl. Ows. Pustyn, 6, S. 38-43.
Bjeliegibajew, M.E. 1991: Äolische Reliefs und Austrocknung der Gebiete östlich des Aralsees., Probl.Ows.Pustyn, 1, S. 28-33 (russisch).
Bjeljajew, A.W. 1990: Freshwater, in: World Resources 1990-1991, Oxford University Press, New York/Oxford.
Bjeljajew, A.W. 1990: Water balance of the Aral Sea basin and its man-induced changes, in: "Colloque de Noukous", Kap. 31, 31 S.
Bjeljajew, N.A. 1967: Das Wachstum der Industrie in der Wüste von West-Turkmenistan, Probl. Ows. Pustyn, 6, S. 49-56 (russisch).
Bjelowa, L.A. 1982: Neue Fundstätten aus der Steinzeit in der Region von Nishnij Udinsk. Isw. Ak. Nauk Turkm., Reihe "Obschtschestwenny", I, S. 53-62 (russisch).
Blacherer, R.; Darmaun, H. 1957: Géographes arabes du Moyen-Age. Klinsieck éd., Paris (Nachwort P.Vidal-Naquet).
Blagoweschenski, E.N.; Nunnajew, A. 1967: Versalzung des Bodenwassers in den Pflanzungen der Wüste Karakum, Probl. Ows. Pustyn, 1.Jg., 4, S. 3-14 (russisch).
Blanc, E. 1891: Sur la configuration du périmètre de la mer d'Aral, Bull. Soc. Géogr., 135-143.
Blanc, E. 1892: L'hydrographie du bassin de l'ancien Oxus, Bull. Soc. Géogr., S. 281-315.
Blanc, E. 1916: Le nouveau réseau de chemins de fer de l'Asie russe, Ann. Géogr., XXV, S. 263-290.

Blanford, W.T. 1874: On the physical geography of the deserts of Persia and Central Asia, Rept. Brit. Assoc. for 1873, section Geogr., S. 162-163.

Blinow, L.K. 1947: Zur Frage des Ursprungs der Salzbestandteile von Meerwasser. Meteorol. Gidrologija, 4 und 7 (russisch).

Blinow, L.K. 1956: Die Salzbilanz des Aralsees, Gidrometeo Isdat., Aralskogo Morja, Kap. III, S. 80-104, 1956.

Blinow, L.K. 1956: Hydrochemie des Aralsees, Gidrometeo Isd., Nauk, Moskau (russisch).

Blinow, P.K. 1956: Hydrologie des Aralsees, Gidrometeoisdat, Leningrad, 200 S. (russisch).

Boehm, G. 1899: Reiseskizzen aus Transkaspien, Geogr. Zeitschrift.

Bogdanow, K.A. 1954: Meereskartographie, Isdat. Hydrogr., Nauk, St.Petersburg (russisch).

Bogdanow, M.N. 1874: Isw. russk. Imp. ob. Geogr.; 1875: Russ. Rev.; 1878: Peterm. Mitt., 8 (russisch).

Bogdanow, M.N. 1875: Übersicht über die geschichtlich-wissenschaftlichen Expeditionen und Erforschungen in der aralisch kaspischen Region von 1720 bis 1874. Arb. aralisch-kasp. Exp., Band I, St.Petersburg (russisch).

Bogdanowa, N.M.; Kabulow, S.K 1980: Umweltveränderungen im Zusammenhang mit dem Absinken des Seespiegels im Südosten des Aralsees, Probl. Ows. Pustyn, 3, S. 3-9 (russisch).

Bogdanowa, N.M.; Kostjuschenko, W.P. 1978: Bildung von Evaporiten an der Küste des Aralsees im Zusammenspiel mit Geomorphologie und Lithologie, Isw.Ak. Nauk SSSR (Geogr.), 3, S. 44-56 (russisch).

Bogdanowa, N.M.; Kostjuschenko, W.P. 1978: Versalzung der beim Austrocknen des Aralsees verlandeten Böden, Isw. Ak. Nauk SSSR (Geogr.), 2, S. 35-45 (russisch).

Bond, A.; Belkindas, B.; Treywitsch, A. 1990: Economic development trends in the USSR, Sov.Geogr., 12, S. 705-731.

Bonvalot, G., 184/85: En Asie Centrale, 2 Bände, Plon éd., Paris.

Bonytyon, C.W.; Mason, B. 1953: The filling and drying of Lake Eyre, Geogr. Journal, S. 21.

Boomer, I. 1993: Paleoenvironmental indicators from late Holocene and contemporary Ostracoda of the Aral Sea, Paleogeography, Paleoclimatology, Paleoecology, 103 (3/4), S. 141-153.

Boomer, I. 1993: Sub-fossils Ostracoda and the death of the Aral Sea, Geology today, 1, S. 18-22.

Borodin, L.F. et al. 1987: Bedeutende Veränderungen bei der Modellierung des hydrologischen und geologischen Systems des Aralsees, Probl. Ows. Pustyn, 1, S. 71-79 (russisch).

Borowski, W.M. 1969: Kriterien zur Einschätzung des Bodenversalzungsgrades für die Bewässerung, Wjestnik Ak. Nauk SSSR, 9, S. 85-90.

Borowski, W.M. 1978: Lowering of the Aral Sea level and its cosequences, Sov.Geogr., 21 (2), S. 63-77.

Borowski, W.M. 1980: The drying-out of the Aral Sea and its consequences, Sov.Geol., 1, S. 63-67.

Borowski, W.M.; Kornienko, V.A. 1979: Probleme des Aralsees heute, Probl. Ows. Pustyn, 2, S. 7-12 (russisch).

Borowski, W.M.; Kuznezow, N.T. 1979: Die Verlagerung der sibirischen Flüsse als Lösung für die Probleme des Aralsees, Probl. Ows. Pustyn, 2, S. 18-24 (russisch).

Bortnik, W.N. 1980: Balance of biogenic elements in the Aral Sea upon a drop of its level, Water Resources, 7, 5, S. 457-462.

Bortnik, W.N. 1983: Gegenwärtige und mögliche Veränderungen der hydrologischen, hydrochemischen und hydrobiologischen Bedingungen im Aralsee, Wodn.Res., 5, S. 3-16.

Bortnik, W.N.; Kuksa, W.k.; Tsytsarin, A.G. 1992: Present status and possible future of the Aral Sea. Post Soviet Geography, 33, 5, S. 315-323.

Boschkarewa, W.A. et al. 1976: Unterirdisches Wasser in "Bildung von unterirdischen Wasserressourcen im Norden und Westen Kasachstans", Shapiro, S. M. (Hrsg.), Isd. Nk. Kas. SSSR, Alma-Ata, S. 29-94 (russisch).

Boschkarewa, W.A.; Sydykow, S.S.; Dsangirjants, D.A. 1973: Unterirdisches Wasser im Bereich des Kaspischen Meeres und seiner östlichen Randbereiche, Isdat. Nauka, Alma-Ata (russisch).

Bosworth, C.E. 1979/80: Kharazm, in: Encycl. Islam, Band 5 (II.Auflage), S. 1092 und Bibliogr.

Bouche, B. 1992: Tribus d'autrefois, kolkhozes d'aujourd'hui, Revue Monde Musulman et Médit., 59/60, S. 55-69.

Boulangier, E. 1887: Voyage à Merv, Le tour du Monde, 1, S. 145-208.

Boulnois, L. 1987: La route de la soie, Payot éd., Paris (2.Aufl.).

Boutroue, A. 1897: En Transcaspie, notes de voyage, Auszug aus "Annuaire du club Alpin Fr.", 36 S., Paris.

Brentjes, B. 1987: Neue Daten zur Turkmenischen Frühzeit, Central-Asiat. J., 3/4, S. 196-198.

Brentjes, B. 1988: Die Baktrische Bronze" und Vorderasien", Irania Antiqua, 23, S. 163-168.

Broc, N. 1992: Dictionnaire illustré des explorateurs français, vol. II, Asie, Ed. du Comité des Travaux Historiques et Scientifiques, Paris, 452 S.

Brodskaja, L.K. 1956: Ausfällungs- und Sedimentbildungsprozesse im Aralsee, Isdat. Ak. Nauk SSSR (Geol.), 115, Nr.7, Moskau (russisch).

Brodskaja, L.K. 1956: Prozesse des Niederschlags und der Sedimentbildung im Aralsee, Isdat. Ak. Nauk SSSR (Geol.), 115, Nr.7, Moskau (russisch).

Bronguljejew, S.W.; Pschenin, G.N.; Rosanow, L.L. 1978: Mechanismus der Bildung des Reliefs der Böschung und der Hochebene des Ust-Urt, Geomorphologia, 2, S. 52-60 (russisch).

Bronguljejew, W.W.; Pschenin, G.N.; Rosanow, L.L. 1978: Der Mechanismus der Reliefbildung an der Böschung des Ust-Urt, Geomorfologija, 2, S. 52-60 (russisch).

Brown, L. 1991: The global competition for land, Journal Soil and water Conserv., 18, S. 394-397.

Brown, L.R. 1991: The Aral Sea, going, World Watch, Jan/Feb.91, S. 20-27.

Brujewitsch, S.W.; Gudkow, M.P. 1955: Atmosphärischer Staub über dem Kaspischen Meer, Isw. Ak. Nauk (Geogr.), 4, S. 18-28 (russisch).

Brush, V.A. et al. 1971: Tectonics of the Syr-Daria syneclise, Int. Geol. J., 13, S. 730.739.

Buache, P. 1753: Parallèle des fleuves des quatre parties du monde, Mém. Ac. Sc., Paris, S. 586-588.

Bubnoff, S. von 1924: Der Gebirgsbau vom Osten Europas, Geol. Rundschau, 15, S. 147-174.

Budagowski, A.k. 1992: Hydro-ecological aspects of the problems in the Aral and Pre-Aral region, Water resources, 19 (2), S. 110-121.

Bugajew, W.A. 1946: Klima von Mittelasien und Kasachstan, Isd.Ak.Nauk, Usb., Taschkent, 23 S. (russisch).

Bugajew, W.A. et al. 1957: Synoptic processes in Central Asia. Isd. Akad. Nauk Usb., 477 S. (russisch).

Bujanowski, M.S.; Kriwitski, A.k.; Mudrik, W.k. 1960: Geographische Verteilung und zukünftige Nutzung von Schilfrohr in der UdSSR, Isw.Ak. Nauk SSSR (Geogr.), 2, S. 70-78 (russisch).

Bulekbajew, S.i. et al. 1970: Geologische Struktur und Vorkommen von Gas und Öl im nördlichen Ust-Urt und dem Norden des Aralsees Isdat. Nauka, Moskau, 350 S. (russisch).

Burdelow, A.S.; Pole, S.B. 1984: Einfluß der menschlichen Tätigkeit auf die natürlichen Pestherde der Wüsten um den Aralsee, Ekologija, Moskau, 3, S. 48-52 (russisch).

Burdelow, L.A. et al. 1985: Besonderheiten beim Vordringen von nicht-synanthropischen Säugetieren in die Siedlungen und Gebiete in der Nähe des Aralsees, Ekologija, Moskau, 6, S. 65-68 (russisch).

Burnaby, F. 1877: Une visite à Khiva. Aventures de voyage dans l'Asie centrale, Plon, Paris.

Burnes, A. 1834: Travels into Bokhara, 3 Bände, London.

Burnes, A. Gerard 1833: Voyages à Boukhara, Nouvelles Annales de Géographie, 60, S. 215.

Butakow, A. 1853: Survey of the Aral Sea. Journal Royal Geogr. Soc., 23, S. 93-101.

Butakow, A. 1867: The delta and mouths of the Amu-Daria or Oxus, Journ.Royal Geogr.Soc., 37, S. 152-160.

Butakow, A. 1872: Die Ufer des Aralsees, Turk. Wjedomosti, Taschkent, 410 S. (russisch) und Royal Geol. Soc., 1853, 23, S. 93-101.

Butakow, A. 1953: Erforschung des Aralsees (1848-49). Usbek. Akad. Nauk, Taschkent (russisch).

Buttino, M 1991: Turkestan 1917. La révolution des Russes, Cahiers du Monde Russe et Sov., 32, S. 61-77.

Bykow, B.A. et al. 1982: Analyse struktureller und funktioneller Eigenschaften der Vegetation in der Region nördlich des Aralsees, Probl. Ows. Pustyn, 5, S. 42-48 (russisch).

Cagnat, R.; Jan, M. 1990: Le Milieu des Empires. R. Laffont éd., Paris, 438 S.

Camena d'Almeida, P. 1932: L'Asie centrale russe in Géographie Universelle, Band V, Armand Colin éd., S. 267-319.

Capus, G. 1892: A travers le royaume de Tamerlan (Asie Centrale), Hennuyer, Paris, 440 S.

Carnegie Institute 1930: eine Reihe von Bänden, die Rußland im ersten Weltkrieg behandeln, darunter insbesondere:
Nole, B.: Russia in the economic war (Yale, 1927)
Braikewitsh, A.: "Transportation in Russia during the war" (Yale, 1930).

Carrere d'Encausse, H. 1963: La politique cuturelle du pouvoir tsariste au Turkestan (1867-1913), Cahiers du Monde russe et soviétique, Nr.3.

Carrere d'Encausse, H. 1978: L'empire éclaté. La révolte des nations en URSS, Flammarion, Paris.

Carrere D'Encausse, H. 1991: La gloire des nations ou la fin de l'empire soviétique, Fayard, Paris.

Castagne, J. 1925: La latinisation de l'alphabet turk dans les républiques turco-tartares de l'URSS, Rev. Etudes islam., III, S. 322-357.

Castagné, J. 1927: Mise en valeur de la mer d'Aral, L'Asie française (Dezember).

Castagne, J. 1928: Le mouvement de latinisation dans les républiques soviétiques musulmanes et les pays voisins, Rev. Etudes islam., IV, S. 561-594.

Castagné, J. 1928: Le politique ferroviaire des Soviets en Asie Centrale, Le monde Colonial Illustré, S. 200-201.

Chain, W.E. 1985: Geology of the USSR, vol. I, Gebrüder-Bornträger-Verlag, Berlin, Frankfurt.

Chakimow, F.k. 1989: Voraussetzungen zur Verbesserung der Böden während der Desertifikation der Deltas, Puschino, Moskau, 218 S., (russisch).

Chamarew, N.R. 1988: Entwicklungsprobleme und Ausweitung des hydrologischen Systems des unteren Amu-Darja, Probl. Ows. Pustyn, 1, S. 11-16 (russisch).

Chambre, H. 1952: Le développement économique de l'Asie soviétique, Rev. Action Populaire, S. 17-21 (Juni/Juli).

Chanasarow, A.A. 1986: Perspektiven zur Verbesserung der Wälder in den Wüsten Mittelasiens, Probl. Ows. Pustyn, 5, S. 55-58 (russisch).

Charin, N.G. 1985: Desertifikation in den Ländern Westasiens, Probl. Ows. Pustyn, 3, S. 41-47 (russisch).

Charin, N.G. 1986: Gegenwärtiger Stand und Vorhersagen für die Desertifikation in der ariden Zone der UdSSR, Probl. Ows. Pustyn, 5, S. 58-68 (russisch).

Charin, N.G.; Kalenow, G.S.; Kuroshkin, V.A. 1993: Map of human induced landscape degradation in the Aral Sea basin. UNEP Desertif. Control Bull. 23.

Charschenko, S.k. et al. 1980: Schwankungen der Wasserressourcen des Aralsees [...] und die Umlenkung eines Teils der Abflußmengen aus den sibirischen Flüssen, in: "Interzonale Umverteilung der Wasserressourcen", Gidrometeoisdat, Leningrad, S. 312-322 (russisch).

Cherrier, J.P. 1856: Caravan Journeys... , Neuaufl. South Asian publ., Karatschi, 1981, 534 S.

Chiorrin, I.k. 1940: General Michail Dmitrijewitsch Skobelew, Isdanie Shurnala illjustrirowannaja Rossija, Paris, 286 S. (russisch).

Chlopin, I.N. 1990: Historische Gesetze der Entstehung von Kulturen in der Steppe Mittelasiens, in: "Colloque de Noukous", Francfort éd., CNRS, Paris, S. 169-177.

Chlopin, I.N.; Chlopina, L.i. 1983: Das entwickelte Neolithikum von Südwest-Turkmenien, Isw.Ak.Nauk Turkm., Reihe "Obschtschestwennyj", 4, S. 83-87 (russisch).

Chodsajew, A.A. 1947: Kontrolle von wanderdem Sand auf den Eisenbahnenlinien, Moskau (russisch).

Chodsibajew, N.N. 1968: Ausflüsse unter der Oberfläche und das Problem des Aralsees, Ber.d.Konf.f.techn.Wiss.Hydrogeol. u.Ingen.-Geol., Isdat. Nedra, 11, Moskau (russisch).

Chrustaljow, J.P. 1977: Regelhaftigkeiten bei der Sedimentierung der Binnenmeere im Süden der UdSSR, in Kaplin et al., s.o., S. 84-91 (russisch).

Chrustaljow, J.P. et al. 1977: Holozäne Sedimente des Aralsees und Bedingungen der Ablagerung, Litolog. Mineral. Res., 12 (1), 18-26 (russisch).

Chrustaljow, J.P.; Artjuchin, J.W. 1988: Massive Sedimentierung in den südlichen Meeren, Priroda, 9, S. 31-33 (russisch).

Chrustaljow, J.P.; Artjuchin, J.W. 1992: Sedimentation in the southern inland seas of the arid zone of the USSR, Mar. Geol., 103, S. 503-512.

Chrustaljow, J.P.; Turowskij, D.S.; Resnikow, S.A. 1977: Lithologische und stratigraphische Eigenschaften sowie Geschichte der Ablagerungen des oberen Quartär im Aralsee, in Kaplin et al., s.o., S. 119-124 (russisch).

Chuldsajew, N.K. 1974: Origin of the Yashkan freshwater lens in Karakumy. Int. Geol. Rev. 16, 3, S. 247-254.

Chylinski, E.A. 1986: Soviet Central Asia: continuity and change. South Jutland University Press, Esbjerg (Dänemark).

Cole, J. 1990: Changes in the population of larger cities of USSR 1979-89, Sov.Geogr., 3, S. 160-172.

Couliboeuf de Blocqueville, H. D. 1865: Note sur une partie du Turkestan méridional. Bull. Soc. Géogr., 424-432.

Curzon, G.N. 1889: Russia in Central Asia in 1889, London.

Curzon, G.N. 1896: The Pamir and the source of the Oxus", Geogr. J., VIII, S. 15-54, 97-119, 239-260.

Dabaddie, D.; Meynaud, H. 1980: Asie centrale in "Guide Bleu URSS", Hachette, Paris.

Danielow, S.A.; Gringow, I.G. 1990: Einflüsse der klimatischen Bedingungen auf die Schafproduktion in Turkmenien, Probl. Ows. Pustyn, 1 oder 2 (?), S. 39-45 (russisch).

Danilin, A.L. 1990: Intensität von äolischen Erosionsprozessen im Sand und in den Bewässerungsflächen Mittelasiens, Berichte des 1. Usbek. Pedol.-Kongresses, S. 246-248, Taschkent (russisch).

Darschenkowa, N.N. 1970: Bedeutung der Pflanzen-Mesokomplexe der großen Wüsten der Region nördlich des Aralsees, Mosk. Obschtsch. Ispyt. Prir. (Geogr.), 36, S. 167-177 (russisch).

yDarst, R.G. 1988: Environmentalism in thc USSR: The opposition to the river diversion projects, Sov. Economy, 4, S. 223-252.

Davis, A.P. 1932: Irrigation in Turkestan. Civil Engineering, 2, S. 1-5.

Davis, R.S., Ranov, V.A.; Dobonov, A.E. 1980: Early man in Soviet Central Asia, Sci.American (Dez.), S. 130-137.

De Goeje, M.i. 1875: Das alte Bett des Oxus Amou Darja, Brill ed., Leiden.

Debaine-Francfort, C. 1990: Les Saka du Xinjiang avant les Han... in: "Colloque d'Alma-Ata", Francfort Ed., S. 81-95.

Delamarche, F. 1825: Atlas de géographie ancienne et moderne, F. Délamarche éd. Paris.

Demtschenko, J.k., Kaplinskij, M.k. 1989: Effect of the ameliorative state of irrigated lands of the Chu River valley on the salt-water regime on yield, Sov.Soil Sci., 12, S. 130-135.

Diamanti, O. 1893: L'Asie centrale russe, C.R. Soc.Géogr.Fr., S. 160-165.

Dickey, P.A. 1968: Contemporary non-marine sedimentation in Soviet Central Asia. Am.Ass.Petrol.Geol. Bull., 52, S. 2396-2421.

Dickmers, W.R. 1913: The Duab of Turkestan, a physiographic sketch and account of some travels", Cambridge Univ. Press, 564 S.

Digard, J.P. 1990: Les relations nomades-sédentaires au Moyen-Orient... in: "Colloque de Noukous", Francfort Ec., S. 97-111.

Dikariova, T. 1993: Monitoring of riparian systems necessary conditions for management of water objects, Int. Conf. on Surface Water Ecotones, Lyon, Frankreich, 9.5.1993 (soll bei Academic Press erscheinen).

Dimajejewa, L.A. 1991: Grundzüge der marinen geographischen Bezirke im Aralsee, Probl. Ows. Pustyn, 5, S. 66-69 (russisch).

Dindeleux, T. 1982: Les Musulmans de l'URSS. Quel droit á la différence? Aufsatz zu "Öffentlichen Freiheiten (Libertés Publiques)", juristische Fakultät, Université de Paris-Sud.

Djedkow, A.P. 1990: Erosion in den Wüsten, Probl. Ows. Pustyn, 6, S. 39-45 (russisch).

Djedkow, W.P. 1987: Beziehungen zwischen den Biogeozönosen in einer Sandwüste (Besipiel des Schutzgebiets von Repetek), Ekologija, Moskau, 4, S. 55-58 (russisch).

Djedkow, W.P. 1990: Koeffizienten der Pflanzenatmung in der östlichen Kara-Kum, Probl.Ows. Pustyn, 2, S. 27-31 (russisch).

Djedkow, W.P. 1990: Temperaturen verschiedener Organe des Ammodendrum conollji in der östlichen Kara-Kum, Ekologija, 3, S. 67-68 (russisch).

Djedkow, W.P. 1990: Untersuchungen des Wasserhaushalts der Wüstenpflanzen von Mittelasien und Süd-Kasachstan, Probl.Ows. Pustyn, 1 (2?), S. 51-58 (russisch).

Dmitrijew-Mamonow, A.k. 1903: Führer durch Russisch-Turkestan, St.Petersburg (russisch).

Dmitrowski, W.k. 1968: Das unterirdische Wasser des Senonian, Hauptwasserquelle in der Region östlicher Aralsee, Trudy Ak. Nauk Kasach. (Gidrol.), 1, S. 124-129 (russisch).

Dobrin, L.G. 1960: Strudel von Flugsand, Struktur und Bewegung, Trudy Wsjes. neft Nautschno issl. Inst., 23, S. 37-41 (russisch).

Dobrin, L.G. 1978: Anthropogene Veränderungen der Landschaften der Kara-Kum, Probl. Ows. Pustyn, 4, S. 14-17 (russisch).

Dobson, G. 1890: Russia's railway advance into Central Asia, London.

Dodonov, A.E., Ranov, V.A. 1984: Anthropogene of the USSR Central Asia. Stratigraphy, correlation, paleolithology, Proc. 27th Int. Geol. Congress, 3, S. 154-182.

Doluchanow, P.M. 1979: Paläogeographie und ursprüngliche Bevölkerung des Kaukasus und Mittelasiens im Verlauf von Pleistozän und Holozän, Istoriko-Filologitscheskij Sh., 2, S. 62-87 (russisch).

Dor, R. (Hrsg.) 1990: L'Asie centrale et ses voisins: influences réciproques, Ed. INALCO, Paris, 230 S.

Draier, A.A. 1962: Priroda Nr.3 (über den Boden des Aralsees), (russisch).

Drege, J.P. 1986: La route de la soie, Bibliothèque des Arts, Lausanne.

Drege, J.P. 1989: Marco Polo et la route de la soie, Coll. découvertes Nr.53, Gallimard, Paris.

Droubi, A; Cheverry, C.; Fritz, B; Tardy, Y. 1976: Géochimie des eaux et des sels... (Tchad), Chem. Geol. 17, S. 165-177.

Drumewa, L.A.; Zuzarin, A.G. 1984: Heutige Zusammensetzung der Salze im Asowschen Meer und im Aralsee, Meteorol. Gidrol., 3, S. 100-103 (russisch).

Dsangirjants, D.A.; Sumagaljew, T.N.; Akschulakow, U.A. 1982: Hydrogeologic and geothermal conditions in the Kalamkas oil-gas field, Int. Geol. Rev., 25 (5), S. 79-82.

Dshanpejisow, R.; Dshamalbekow, J. 1978: Probleme der Bodenerhaltung in Kasachstan, Probl.Ows. Pustyn, 4, S. 63-69 (russisch).

Dubajanskaja, L.D. et al. 1985: Ekologija, Moskau, 1, S. 72-75 (russisch).

Duchaufour, P. 1991: Traité de pédologie, Masson Ed., Paris, 2 Bände.

Duchownyj, W.; Rasakow, R. 1988: Der Aralsee - der Wahrheit in die Augen sehen, Melior. i Wodnoje Chosjajstwo, 9, S. 27-32 (russisch).

Duchownyj, W.A. 1980: Die Hungersteppe: Ein Beispiel für die komplizierte Entwicklung der Wüsten in der UdSSR, Probl. Ows. Pustyn, 6, S. 3-10 (russisch).

Duchownyj, W.A. et al. 1984: Probleme des Aralsees und Maßnahmen zum Schutz der Natur, Probl. Ows. Pustyn, 6, S. 3-15 (russisch).

Duchownyj, W.A.; Jakubow, H.k.; Nasonow, W.G. (Hrsg.) 1988: Wiederherstellung von Böden entlang der Unterläufe der Flüsse im Einzugsbereich des Aralsees, Sredneasiatskij nautschno-issledowatjelskij Institut, Taschkent, 157 S. (russisch).

Duchownyj, W.A.; Rasakow, R.M.; Rusijew, B.; Kosnasarow, K.A. 1984: Die Probleme des Aralsees und Maßnahmen zum Schutz der Natur, Probl. Ows. Pustyn, 6, S. 2-15 (russisch).

Dunin-Barkowski, L.W. 1967: Das Problem des Wassers in den Wüsten der UdSSR, Probl. Ows. Pustyn, 1, S-13-23 (russisch).

Dunin-Barkowski, L.W., Kunin, W.N. 1961: Veränderungen der Natur der Wüsten Mittelasiens, Isw. Ak. Nauk SSSR (Geogr.), 5, S. 70-75 (russisch).

Durand, J.H. 1988: Arrêter le désert, Presses Universitaires de France, 416 S.

Dzhalilov, M.R. 1988: Marine transgressions and species diversity of bottom communities in the Late Cretaceous basins of South-East-Central Asia, Int. Geol. Rev., 30, 7, S. 727-733.

Eckholm, E.; Brown, K.R. 1977: Spreading deserts, the hand of man, World Wartch Inst., Washington.

Eeckaute-Bardery, D. 1988: Les grandes routes d'Asie, in: "Routes d'Asie" (s.o.), S. 13-24.

Eichwald, E. 1838: Alte Geographie des Kaspischen Meeres, des Kaukasus und des südlichen Rußlands, Berlin.

El Muratow, A.E. 1981: Das Phytoplankton des südlichen Aralsees, Taschkent, Isdat. FAN, 144 S. (russisch).

El-Tayeb, O.M.; Skujins, J. 1989: Potential of biological processes in desertification control, Arid Soil Res. Rehabil., 3, S. 91-98.

Ellis, C.H. 1963: The british intervention in Transcaspia, 1918-1919, California Univ. Press (Berkeley), 176 S.

Ellis-Williams, S. 1990: A soviet sea lies dying in "National Geographic", 177 (2), S. 73-93.

Epifanow, M.k. 1961: Terrassen des Aralsees, Trudy Sojus. Geol. Kont., 2, S. 164-169 (russisch).

Epilinew, L.k.; Delischin, W.M. 1991: Medizinisch-biologische Aspekte der Katastrophe des Aralsees, Isw. Ak. Nauk SSSR, Geogr., 4, S. 103-112.

Ergaschew, A.E. 1979: The origin and typology of the Central Asian lakes and their algal flora, Int.Rev.Ges.Hydrobiol., 64, 5, S. 629-642.

Ergaschew, S.E. 1973: Hydrogeothermale Eigenschaften der Oberen Kreide in der Region südwestlich des Aralsees, Sh. Usb. Geol., 1, S. 76-78 (russisch).

Eschimbajew, D. 1975: Hydrochemischer Zustand der Seen von Karakalpakien in Anbetracht der Bewässerung und der Nutzbarmachung des Amu-Darja-Systems, Isd. FAN, Usb., Taschkent (russisch).

Eugster, H.P.; Hardie, L.A. 1978: Saline Lakes in "Lakes", A. Lerman, Springer-Verlag, S. 237-293.

Fairbridge, R.W. 1968: Encyclopedia of Geomorphology. Reinhold pub., New York, 1296 S. (Artikel "Aral").

Faisow, K.S. 1985: Takyrböden in den Schwemmmlandebenen Kasachstans, Probl.Ows.Pustyn, 6, S. 21-27 (russisch).

Falk, I.P. 1824: Reiseerinnerungen des Akademikers Falk, St.Petersburg (russisch).

Fedin, W.P.; Krasilnikow, W.A.; Tjunow, K.W. 1986: Karst-Zonierung der turkmenischen Territoriums, Probl. Ows. Pustyn, 6, S. 49-53 (russisch).

Fedschina, W.N. 1967: Wie die Karte von Mittelasien erstellt wurde, Nauka, Moskau, 132 S. (russisch).

Fesbach, M.; Friendly, A. 1992: Ecocide in the USSR, Basic books, Aurum Press Ed., 376 S.

Ficker, H. von 1908: Zur Meteorlogie von West-Turkestan, Denkschr. Ak.Wiss., Wien.

Field, N.C. 1954: The Amu-Darya, a study in resource, Geogr.Rev., 44, S. 528-544.

Filanovic, M.k. 1991: Les relations historiques, culturelles et idéologiques entre les Sas, la Sogdiane et la Chorasmie au début du Moyen-Age, in: Bernard & Grenet (s.o.), S. 205-212.

Finsterwalder, R. 1932: Geodätische, topographische und glaziologische Ergebnisse (Wissenschaftliche Ergebnisse der Alaï-Pamir-Expedition 1928, Band I), Berlin.

Fjodorow, I.A. 1992: Isotopenzusammensetzung von Oberflächen- und Grundwasser und deren Veränderung unter äußeren Einflüssen und anthropogenen Prozessen, Dissertation, Rostow na Donu, 56 S. (russisch).

Fjodorow, I.A. et al. 1993: Massentransporte von Salzen in der Region des Aralsees durch Isotopeneigenschaften von Sulfaten, Dokl. Ak. Nauk, Band 328, 2, S. 246-249 (russisch).

Fjodorow, P.W. 1959: Quartäre Ablagerungen in West-Turkmenien und ihre Lage in der stratigraphischen Reihe der Region des Kaspischen Meers, Trudy turkmen. SSR Geol. Inst., Band 2, (russisch).

Fjodorowitsch, B.A. 1930: Informationen über die Morphologie der Kara-Kum, in "Kara-Kum", Materialy K.E.k. Ak. Nauk SSSR, Turkm., Band 29 (russisch).

Fjodorowitsch, B.A. 1952: Ehemalige Flüsse in den Wüsten Turans, in "Materialy po tschetwertitschnomu periodu w SSSR" Nr.3, Isd. Ak. Nauk SSSR, Moskau (russisch).

Fjodorowitsch, B.A. 1956: Entstehung des Reliefs der jüngeren Wüsten, Woprosy Geogr. M.L., S. 114-126 (russisch).

Florinsky, M.T. (Hrsg.) 1961: Mc Graw-Hill Encyclopedia of Russia and the Soviet Union. Mc Graw-Hill, New York.

Fomin, W.M.; Ostrowskij, L.F. 1969: Das unterirdische Wasser der Ebenen Mittelasiens, Nedra ed., Moskau, Nr.61 (russisch).

Fortunatow, M.A.; Sergijenkow, D. 1950: Neue Daten über die Morphometrie des Aralsees, Bjull. Geogr. Obschtsch. SSSR, 82, S. 51-53 (russisch).

Fourniau, V. 1988: Les routes de conquête des Özbek, in: "Routes d'Asie" (s.o.), S. 55-63.

Fourniau, V. 1992: Les Arabes d'Asie Centrale Soviétique; maintenance et mutation de l'identité ethnique, Rev. Monde Musulman et Médit., 59/60, S. 83-100.

Francfort, H.P. (Hrsg.) 1990: Nomades et sédentaires en Asie Centrale, Actes coll.franco-soviétique, Alma-Ata (1987), CNRS, Paris, 240 S.

Frazer, D. 1907: The marches of Hindustan, Blackwood, Edinburgh & London publ.

Gabejew, W.S. et al. 1971: Anwendung von Kerosin zur Kontrolle der Abtragung von Flugsand, Probl. Ows. Pustyn, 4, S. 42-48 (russisch).

Gaber, F.; Delon, M. 1991: En train jusqu'à la mer d'Aral, La Vie du Rail, 22323 (12.12.91), S. 27-30.

Gac, J.C.; Droubi, A.; Fritz, B.; Tardy, Y. 1977: Geochemical behaviour of silica and magnesium during the evaporation of waters in Chad, Chem. Geol., 19, S. 215-228.

Gajel, A.G. 1948: Hydrogeologische Eigenschaften des unterirdischen Wassers in den Sanden rund um den Aralsee, Wsesojus Geogr. Sjesd., 2.Aufl., Band II, S. 255-263 (russisch).

Galabov, M.M. 1984: Bases et problèmes du pronostic scientifique des ressources et de la composition chimique des eaux souterraines in "Proc. 27th int. Geol. Congress", 16, S. 49-69, V.N.U. Science Press, Moskau (französisch).

Garkowetsch, W.G.; Shelesnow, W.M.; Fusashilow, I.A. 1972: Einige Grundzüge der tektonischen Struktur des Sockels von Usbekistan (südlich des Aralsees), Usbek. Geol. Shurnal, 1, S. 3-10 (russisch).

Gejer, I.k. 1910: Turkestan, Taschkent (russisch).

Geldjewa, G.W., DISHAROWA, K.S., 1987: Landschaften am Ufer des Aralsees und ihre landwirtschaftliche Ausbeutung, Woprosy Geografii, 124, S. 130-133 (russisch).

Gelman, C.W. 1891: Beobachtungen zur Bewegung von Flugsand im Khanat von Chiwa, Dokl. Russk. Geogr. Obschtsch., 27, S. 384-416, St.Petersburg (russisch).

Genner, S.k., 1969: Einige Aspekte der Probleme des Aralsees, in: "Probleme des Aralsees", Nauk ed., Moskau (russisch).

Genusow, A.S. 1983: Böden und Bodenressourcen im sowjetischen Mittelasien", FAN, Taschkent (russisch).
George, P. 1947: URSS, Presses Univ. de France éd., 534 S.
Gerardi, I.A. 1975: Ein national gesteuertes System zur Verteilung von Wasserressourcen zwischen den Einzugsbecken. Gidrotechn. Meliorazii, 7, S. 22-28 (russisch).
Gerasimow, I.P. 1937: Grundlegende Eigenschaften der Entwicklung der gegenwärtigen Oberfläche der Region von Turan, Trudy Inst. Geogr. Ak. nauk SSSR, Nr. 25, Moskau, Leningrad (russisch).
Gerasimow, I.P. 1940: Übersicht über die physische Geographie des Sary-Kamysch, Trudy geogr. Ak. Nauk SSSR, Band 35.
Gerasimow, I.P. et al, 1976: Large Scale research and engineering programs for the transformation of nature... Sov. Geogr., 17, S. 235-245.
Gerasimow, I.P., 1971: Ancient rivers in the Desert of Soviet Central Asia, in: "The environment history of the Near and Middle East", W.C.Brice ed., Academic Press, S. 319-334.
Gerasimow, I.P.; Kuznezow, N.T.; Gorodetschkaja, M.E. 1980: Aktuelle Arbeiten der wissenschaftlichen Forschung über das Problem des Aralsees, Isw. Ak. Nauk SSSR (Geogr.), Nr.4 (russisch).
Gerasimow, I.P.; Kuznezow, N.T.; Kes, A.S.; Gorodetschkaja, M.E. 1983: The Aral Sea problem and anthropogenic desertification of the Aral Sea region, Probl.Des.Develop., 6, S. 22-32.
Gerasimow, J.P.; Markow, K.K. 1939: Eiszeiten auf dem Gebiet der UdSSR, Isd. Ak. Nauk SSSR, Moskau (russisch).
Germain, G.R. 1990: Mer d'Aral, Autopsie d'une catastrophe, Science et Vie, 876 (Sept.), S. 42-49 u. 162-163.
Gibbon, E. 1787: Histoire du déclin et de la chute de l'Empire Romain, tome II, S. 756 ff. Coll. "Bouquins", Laffont, Paris, 1983.
Giroux, A. 1985: La maîtrise de l'eau en URSS: Un défi pour l'an 2000, Le courrier des Pays de l'Est, 294, S. 3-28.
Giroux, A. 1992: Le Kazakhstan, Courrier des pays de l'Est, 372, S. 3-36
Glantz, M.H.; Rubinstein, A.Z.; Zonn, I. 1993: Tragedy in the Aral Sea basin. Global environment change, June, S. 174-198.
Glaser, M.P. 1968: Forschungen über die Möglichkeiten zur Stabilisierung von Flugsand mit einer Kunstharzemulsion, Probl. Ows. Pustyn, 4, S. 18-21 (russisch).
Glasowski, N.F. 1976: Grundwasserausfluß und gelöste Transporte im Aralsee sowie im Kaspischen und Schwarzen Meer. Dokl. Akad. Nauk SSSR, 227 Nr. 4 (russisch).
Glasowski, N.F. 1983: Unterirdischer Abfluß von Salz zum Aralsee, Probl. Ows. Pustyn, 5, S. 41-47 (russisch).
Glasowski, N.F. 1990: Die Krise des Aralsees, Ak. Nauk, Moskau, 136 S. (russisch).
Glasowski, N.F. 1990: Die Krise des Aralsees, ihr Ursprung, die gegenwärtige Lage und die Mittel, sie zu lösen (zusammengefaßte Fassung englisch), in: "Colloque de Noukous", Schlußbetrachtung.
Glasowski, N.F. 1991: Ideas on an escape from the Aral Crisis, Sov.Geogr., 32, S. 73-89.
Glasowski, N.F. 1992: The Aral Sea basin (unveröff., für Casperson (Hrsg.): "Regional Crises"), 53 S.
Glasowski, N.F.; Golubow, B.N. 1973: Regulierung des Wasserhaushalts des Kaspischen Meeres, Isw. Ak. Nauk SSSR (Geogr.), 6, S. 49-52 (russisch).
Glasowski, N.F.; Mainguet, M. 1992: Das Becken des Aralsees: Eine ökologische Wüste, Sécheresse Science, 3. Jg., Sonderausgabe über den Aralsee, Mainguet M. (Hrsg.), S. 143-154.

Glasse, C. 1991: Dictionnaire encyclopédique de l'Islam, Bordas, Paris, 455 S.
Glin, A.M. 1959: Veränderungen beim Abfluß des Syr-Darja im Zusammenhang mit der Ausweitung der Bewässerung im Ferganatal, Isw. Ak. Nauk SSSR (Geogr.), 3, S. 89-93 (russisch).
Gluschko, J.W. 1990: Überwachung der Desertifikation der Region um den Aralsee und von Mesopotamien vom Satelliten aus. Historische Aspekte, Wjestnik Mosk. Univ. 5, Geogr. 3, S. 21-27 (russisch).
Glushko, T. 1933: Soils of the north-eastern coast of the Caspian Sea as the zone of sea water/ground water interaction, Intern. Conf. on Surface Water Ecotones, Lyon, Frankreich, 9.5.1993
Godin, J.N. et al. 1959: Principal features of the tectonic structure of Turkmen SSR, Int. Geol. Rev., S. 1-17.
Goldenberg, L.A. 1959: Neue Daten über die Forschungsreise Aralsee-Kaspisches Meer unter der Leitung von W.N.Berg, 1826-1827, Isw.Ak.Nauk (Geogr.), 4, S. 102-104 (russisch).
Golokow, L. 1861: Reisen des Regiments von Preobrashensk nach Chiwa 1717, unter dem Befehl von Fürst Alexander Bekowitsch-Tscherkassy, Kriegstagebuch, Band 21, Otd. (nicht offiziell), St.Petersburg (russisch).
Golosomenyje, T.k. (Hrsg.) 1949: Bäume und Sträucher der UdSSR, Isd.Ak.Nauk SSSR, Moskau (russisch).
Golub, W.B.; Sawtschenko, I.W.; Losew, G.A. 1986: Die Rolle der Wechselwirkung zwischen Ionen und deren Giftigkeit als phytologischer Indikator der Bodenversalzung, Ekologija, Moskau, 2, S. 113-116 (russisch).
Golubzow, W.W.; Morosowa, O.A. 1972: Zur gegenwärtigen Entwicklung der Wasserbilanz des Aralsees, Trudy Kas. N.k.G.M.k., 44, S. 78-100 (russisch).
Goptarew, N.P. (Hrsg.) 1986: Studien zur Hydrologie, Trudy Gos.Okean.Inst., 128, 124 S., Gidrometeoisdat, Moskau (russisch).
Goretskij, R.G. et al. 1975: Deep structures of Northern Ust-Yurt and adjacent areas, Int. Geol. Rev., 17, 4 S. 469-479.
Gorjekin, N.E.; Nikitin, A.M. 1976: Wasserbilanz des Arnassai-Sees, Trud. SARNIGM., I., S. 39-120 (russisch).
Gorkelin, N.E., Nikitin, A.M. 1985: Verdunstung aus den Seen Mittelasiens, Proc. Middle Asia's Regl. Sci. Res. Inst., 102, S. 3-24 (russisch).
Gorodetschkaja, M.E.; Kes, A.S. 1986: Topographie der Küsten des Aralsees und Entwicklungsperspektiven, Probl. Ows. Pustyn, 3, S. 35-43 (russisch).
Gorodetskaja, M.E. 1970: Geomorphologie der Turgaisenke in Bezug auf den geplanten Wassertransfer von Westsibirien nach Mittelasien, Geomorfologija, 3, S. 219-228 (russisch).
Gorodetskaja, M.E.; Kes, A.S. 1978: Der Einfluß der Absenkung des Pegels des Aralsees auf die Umwelt in den Ebenen, die dem Aralsee vorgelagert sind, Isw.Ak. Nauk (Geogr.), Nr.5 (russisch).
Gorodetskaja, M.E.; Kes, A.S. 1986: Topographie der Küstenregionen des Aralsees und die Aussicht auf wirtschaftliche Entwicklung, Probl. Ows. Pustyn, 3, S. 35-43 (russisch).
Grabe, M.K. 1990: Anthropogene Veränderungen der Piedmonts in Mittelasien Probl. Ows. Pustyn, 6, S. 33-39 (russisch).
Grave, L.M. 1976: Technogene und komplexe Massen-Austauschvorgänge im Bereich des Kara-Kum-Kanals, Probl. Ows. Pustyn, 3/4, S. 155-163 (russisch).
Grave, M.C. et al. 1976: Analyse der lithogeomorphologischen Bedingungen des Geländes für die Umleitung sibirischen Wassers nach Süden, Proc. 23rd Int.Geol.Congr., I., S. 273-276 (russisch).

Grave, M.K.; Grave, L.M. 1986: Typical arid regions of the USSR... (C) Kara-Kum-Kanal, UNEP-UNEPCOM, Moskau, S. 129-132.
Gregory, W. 1914: Is the earth drying up? Geogr. J., 1913, S. 172 und 293 (Bibliographie zur Theorie der allgemeinen Austrocknung der Erde).
Grekow, W.k. 1959: Über die `Übersichtskarte ganz Sibiriens bis zum Chinesischen Reich und zum Königreich Nikask', Isw. Ak. Nauk (Geogr.), 2, S. 80-90 (russisch).
Gresh, A. 1992: Lendemains indécis en Asie Centrale, Le Monde Diplomatique, Nr.454 (Jan.), S. 6-7 (und Bibliographie)
Gridnew, N.k. 1959: Facies der quartären fluvialen Ablagerungen des Amu-Darja-Deltas, Dokl. Ak. Nauk SSSR (Geol.), 127, 1, S. 162-165 (russisch) (Übers. Int. Geol. Review, 59 (60?), 632-634).
Grignaschi, M. 1980: La chute de l'empire hephthalite, Acta antiq.Ac.Sc.Hung., 28. S. 219-248.
Grigorjew, A.A. 1987: Große Veränderungen der Umwelt des Aralsees, vom Weltraum aus beobachtet, Probl. Ows. Pustyn, 1, S. 16-22 (russisch).
Grigorjew, A.A.; Budyko, M.k. 1959: Klassifizierung der Klimate der UdSSR, Isw. Ak. Nauk SSSR (Geogr.), 3 (russisch).
Grigorjew, A.A.; Lipatow, W.B. 1977: Dust storms in the coastal regions of the Aral Sea from space imagery, in: "Remote sensing of Earth resources", Tullahoma, Band 6.
Grigorjew, A.A.; Lipatow, W.B. 1982: Fernerkundung von Staubstürmen, ihre Dynamik und ihre Entstehungsorte in der Region des Aralsees, Isw. Ak. Nauk SSSR (Geogr.), 5, S. 93-98 (russisch).
Grigorjew, A.A.; Lipatow, W.B. 1983: Fernerkundung der Staubanhäufungen in der Region des Aralsees, Isw. Ak. Nauk SSSR (Geogr.), 4, S. 73-77 (russisch).
Grimal, J.P. 1993: L'économie mondiale de la drogue, Le Monde-Poche, Paris.
Grin, A.M. 1959: Veränderungen des Syr-Darja Abflusses im Zuge der Ausweitung der Bewässerung im Ferganatal, Usb. Ak. Nauk, Geogr. Reihe, 3, S. 89-93 (russisch).
Grjasnowa, T.P. 1979: Geomorphologische Bedingungen der ausgetrockneten Seeböden im südöstlichen Umfeld des Aralsees, Probl. Ows. Pustyn, 2, S. 52-57 (russisch).
Grjasnowa, T.P. 1986: Morphogenetische Prozesse an der verlandeten Küste des Aralsees in der Region des ehemaligen Syr-Darja-Deltas von Kasalinsk, Geomorfologija, 1, S. 47-54 (russisch).
Grjasnowa, T.P. 1990: Vorhersage von aktuellen geomorphologischen Prozessen auf dem ausgetrockneten Seegrund des Aralsees anhand von Daten aus der Fernerkundung, Probl. Ows. Pustyn, 6, S. 57-62 (russisch).
Gromyko, K.W. 1976: Mikro- und Mesobenthos einiger Wasserflächen im Syr-Darja-Becken, Gidrobiologia, 6, S. 80-84 (russisch).
Große sowjetische Enzyklopädie, 1959, Artikel Aralsee, Band 2, S. 609-611, ebd. Ausg. 1970, Band 3, S. 159 (russisch, eine englische Übersetzung existiert in den USA).
Grousset, P.; Grousset, R. 1963: "Les Russiatiques". L'empire de Tamerlan à l'heure du Kremlin. Julliard ed., Paris, 324 S.
Grousset, R. 1939: L'empire des steppes, in: "Histoire de l'Asie Centrale", Payot, 656 S. (Neuaufl. 1989).
Guilcher, A. 1964: Quelques caractères de la mer d'Aral, Annales Géogr., 5/6.
Guljamow, Ja. 1957: Geschichte der Bewässerung im Choresm, vom Altertum bis in unsere Zeit, Ylim, Taschkent (russisch).
Gunin, P.D.; Djedkow, W.P. 1991: Prizipien der funktionellen Organisation ökologischer Systeme (das Beispiel der Kara-Kum), Probl.Ows. Pustyn, 3/4, S. 48-56 (russisch).

Gurtmuradow, D. 1982: Anthropogene Einwirkungen auf die Struktur der Böden des unteren und mittleren Amu-Darja, Probl. Ows. Pustyn, 5, S. 17-23 (russisch).

Gwosdetskij, N.A.; Michailow, N.E. 1978: Physische Geographie der UdSSR, MISL, Moskau, 3.Aufl., S. 28 (russisch).

Hamblin, D.i. 1973: Les cités primitives, Ed. Time Life, 160 S.

Hammer, U.H. 1986: Saline lake ecosystems of the world", Junk ed., Boston.

Harmatta, J. (Hrsg.) 1984: From Hecateus to Al Kuwarizmi. Bactrian, Sogdian, Persian, Sanskrit, Syriac, Arabic, Chinese, Grek and Latine sources for the History of Pre-Islamic Central Asia, Akademiai Kiado (Budapest).

Harris, C.D. 1975: Guide to geographaphical bibliographies and reference works in Russia or on the Soviet Union. Univ. Chicago Press, 477 S.

Haussig, H.W. 1980: Die Ältesten Nachrichten der Griechischen und Lateinischen Quellen über die Routen der Seidenstraße nach Zentral- und Ostasien, Ac.Sc.Hung., 28, S. 9-24.

Hayit, B. 1956: Turkestan im XX. Jahrhundert, C.W. Leske Verlag, Darmstadt.

Hedin, S. 1898: A travers les glaces et les sables de l'Asie Centrale, Le Tour du Monde, IV (neue Folge), S. 504-600.

Heers, J. 1983: Marco Polo, Fayard éd., Paris.

Helmann, von 1879: Sapiski Kawkaskogo Otdjela, X (Hochwasser von 1878) (russisch).

Hermann, A. 1913: Die alte Verbindung zwischen dem Oxus und dem Kaspischen Meer, Peterm.Mitt., S. 70-75 (1 Karte).

Hermann, A. 1914: Alte Geographie des unteren Oxus Gebiets, Abh. Kön.Ges. Wiss. Göttingen, NF XV, 4, S. 1-35.

Herodot um 430 v.Chr.: Histoires (Anm. v. A.Dain), frz.Ausgabe: Ed. Club Français du Livre (1975), 983 S.

Hicks, J. 1975: Die Perser, Ed. Time Life, 160 S.

Hlobystina, M.D. 1982: Die übereinanderliegenden Gräber der eurasischen Steppe in der Bronzezeit, Krakic Soobschtschenija, 169, S. 13-20 (russisch).

Hoang, M. 1988: Gengis Khan, Fayard éd., Paris, 417 S.

Hoffman, G.i. 1985: Drainage required to manage salinity, Journal Irr. Drainage Eng., 111, 3, S. 199-206.

Holdsworth, M. 1959: Turkestan in the nineteenth century, a brief history of the khanates of Bukhara, Kokand and Khiva, London.

Hollis, G.E. 1978: The falling level of Caspian and Aral Seas, Geogr. J., 144, S. 62-80.

Hopkirk 1990: The great game. On secret service in high Asia, J. Murray ed., London, 558 S.

Huart, C. 1913: Histoire des Arabes, Geuthner, Paris, 2 Bände.

Huart, C. 1923: La littérature arabe, Armand Colin, Paris, 403 S.

Hulsen, K. 1911: Wissenschaftliche Berichte der Aralsee-Expedition, organisiert von der Turkestan-Abteilung der Kaiserl. Russ. Geographischen Gesellschaft (S.10: die Bodenproben aus dem Aralsee / Petrographische Beschreibung der Bodenproben der Aralsees, M. Sodorenko), Isw. Russk. Geogr. Ob., Turkestan, 8, S. 1-64 (russisch).

Humboldt, A. von 1831: Fragments de géologie et de climatologie asiatiques. Gide éd., Paris.

Humboldt, A. von 1843: L'Asie Centrale, Paris (Gide éd.), 3 Bände (570 + 558 + 614 S.).

Ibn Battuta 1360: Voyages, vol. II, Ed. Maspero, S. 261 ff., 1982.

IEA, 1990: Use of nuclear reactors for seawater desalinization, Tec.Doc., 574, Wien, 450 S.

Ikramow, S. 1987: Some physical properties of desert soils of Uzbekistan, Sov.Soil Sci., 4, S. 48-53.

Iliaschenko, W.k. 1960: Senonische Sedimente am rechten Ufer des unteren Amu-Darja, Trudy Usb. Geol. upr. Usb. SSR, 1, S. 51-56 (russisch).
Ilyn, M.M. 1950: Die Natur der Wüstenpflanzen. Berichte der Konf. über d. Erforschg. der Wüsten und ihre Erschließung, Isd. Ak. Nauk, Moskau (russisch).
Isamatow, E.E.; Kulmatow, R.A.; Kist, A.A. 1988: Gegenwärtiger Zustand der Wasser- und Bodenverschmutzung durch Giftstoffe in der ariden Zone der UdSSR, in: ISAMATOW et al. (Hrsg.): "Theorie und Praxis der geochemischen Forschung", Band 6, S. 43 (russisch).
Isamatow, E.E.; Kulmatow, R.A.; Kist, A.A. 1988: Régularités de la migration des éléments traces dans les eaux naturelles de la zone aride..., Water Res., 15, 4, S. 372-378.
Ischankulow, M.C. 1980: Klassifizierung von Landschaftstypen an den verlandeten Ufern des Aralsees, Probl. Ows. Pustyn, 5, S. 18-23.
Ischankulow, M.C.; Wuchrer, W.W. 1984: Natürliche Komplexe des Ostufers des Aralsees, Probl. Ows. Pustyn, 1, S. 53-58 (russisch).
Ischankulow, M.Ch.; Kurotschina, L.Ja. et al. 1979: Die Dynamik der Landbildungsprozesse am Südostufer des Aralsees (Bosai-Reihe), Probl. Ows. Pustyn, 2, S. 40-51 (russisch).
Ismailow, F.K.; Ositschkina, R.G. 1988: Regelhaftigkeit des Verhaltens einiger Spurenelemente bei zunehmender Konzentration im Wasser des Aralsees, Usb. Chim. Shurn., 4, S. 5-10 (russisch).
Israehl, J.A. et al. 1988: Gegenwärtiger Zustand und Aussichten auf Verbesserung der ökologischen Situation..., Meteorol. Gidrol., 9, S. 5-22 (russisch).
Iwanova, L.W. 1992: Hydrological aspects of the Aral Sea problems, Water res., 19 (2), S. 121-129.
Iwanowa, J.E.; Gerasimow, I.P.; Neustrujew, S.S.; Knorring-neustrujewa, O.E. 19..: Pedologische und botanische Untersuchungen in der ASSR Karakalpakien, Trudy potschw. Inst. im. W.W.Dokutschajewa, Band 3 und 4 (russisch).
Iwanowa, L.W. 1992: Hydrological aspects of Aral Sea problems, Water Resources, 19 (2), S. 121-129.
Iwtschenko, A.F. 1916: Durch die Kysyl-Kum, Isw. Imp. Russk. G. Ob., 52, S. 71-92 (russisch).
Jablonskaja, E.A. 1979: Studies of the trophic relationships in bottom communities in the Southern Seas of the USSR, in: "Marine production mechanisms", Dunbar ed., Cambridge Univ.Press, S. 285-316.
Jakovlew, ? 1821: Voyages en Boukharie, Nouvelles Annales des Voyages (Paris), 18, S. 157.
Jamnow, A.A., Kunin, W.N. 1953: Einige theoretische Ergebnisse neuerer Forschungen im Usboi-Bezirk auf dem Gebiet der Paläogeographie und der Morphologie, Isw. Ak. Nauk (Geogr.), 3 (russisch).
Jan, M. 1992: Le voyage en Asie Centrale et au Tibet; anthologie.... Coll. Bouquins, Laffont éd., Paris, 1490 S.
Janin, Gen. 1933: Ma mission en Sibérie (1918-1920). Payot éd. Paris, 307 S.
Janschin, A.L. 1953: Geologie des Nordteils der Aralseeregion: Stratigraphie und geologische Entwicklung, Mater. Posnaniju Geol. Strojen. SSSR, 15 (19), 736 S. (russisch).
Janschin, A.L. 1963: Geologie der nördlichen Aralsee-Region, in: "Daten zur geologischen Struktur der UdSSR", Moskow. Obsch. Ispyt. Prir. Bjull., S. 11-35 (russisch).
Jarmoljuk, W.W. 1986: The structural position of the continent rift zones of Central Asia, Int. Geol. Rev., 28, 8, S. 886-894 (Übers. Isw. Ak. Nauk SSSR (Geol.), 9, S. 3-12, 1986).

Jaubert de Passa, M. 1845: Recherches sur les arrosages chez les peuples anciens, Mem. Soc. royale et centrale d'agriculture, Paris, 4 Bände (Neuauflage 1981, Les Editions d'aujourd'hui, Paris).

Jauzein, A. 1984: Sur la valeur de quelques hypothèses relatives à la génèse des séries salines, Rev. Géol. dyn. Géogr. phys., 25, 3, S. 149-156.

Jauzein, A.; Hubert, P. 1984: Les bassins oscillants: un modèle de genèse des séries salines, Sci.Géologiques, 337, S. 267-282.

Jegorkin, A.W.; Matuschkin, B.A. 1970: Crustal structure of the Caucasus and western Central Asia based on geophysical sounding data, Int.Geol.Rev., 12, S. 281-290.

Jenkinson, A. 1558: The voyage of Master Anthony Jenkinson, made from the city of Mosco [sic] in russia to the city of Boghara in Bactria in the yeree 1558. Written by himself to the Merchants of London of the Moscovie Companie, Hakluyt pr., Nachdr. Dutton, New York, 1962.

Jermachanow, S.; Rasulow, A.K. 1983: Analysis of spawning population and characteristics of spawners of the Aral Asp" from the lower reaches of the Syr-Daria river", J.Ichthyol., 23, 6, S. 39-47.

Jones, B.F. et al. 1969: Interstitial brines in playa sediments, Chem. Geol., 4, S. 253-262.

Jurewitsch, A.L. 1966: Die Zusammensetzung der Gesteine und die Bildung von Akschagylischen Ablagerungen der Region um den Balchan im Südwesten Turkmenistans, Trudy Ak. Nauk SSSR, Band 164, 201 S. (russisch).

Jussupow, K. 1990: Die Frage des Usboi in früheren Zeiten, Probl. Ows. Pustyn, 4, S.60-63 (russisch).

Kabulow, S.K. 1979: Veränderungen der Ökosysteme im Süden der Küstenzone des Aralsees in Beziehung zur Absenkung des Pegels des Aralsees, Probl. Ows. Pustyn, 2, S. 77-84 (russisch).

Kabulow, S.K. 1984: Austrocknung des Aralsees in Abhängigkeit von den Bedingungen der Phytozönose bei gleichzeitiger Versalzung und äolischen Prozessen, Probl. Ows. Pustyn, 3, S. 16-20 (russisch).

Kabulow, S.K. 1984: Phytozönosen-Bedingungen des ausgetrockneten Aralsee-Bodens in Verbindung mit Versalzung und äolischen Prozessen, Probl. Ows. Pustyn, 3, S. 17-22 (russisch, engl. Übersetzung: "Phytocenotic conditions of the dried Aral sea bed in connection with salinization and aeolian processes", Probl. Des. Dev., 3, S. 17-22).

Kabulow, S.K. 1985: Hydrothermische Verhältnisse im Umkreis des Aralsees und deren Problematik, Probl. Ows. Pustyn, 2, S. 95-101 (russisch).

Kabulow, S.K. 1990: Die Veränderung der Phytozönosen in den Wüsten bei zunehmender Aridität, FAN, Taschkent, 236 S. (russisch).

Kabulow, S.K.; Scheripow, K. 1983: Veränderungen von Wüsten-Ökosystemen bei zunehmender Aridität, Probl. Ows. Pustyn, 2, S. 21-28 (russisch).

Kachkarov, D.N.; Korovine, E.P. 1942: La vie dans les déserts (Übers.Th. Monod), Payot éd., Paris, 310 S.

Kajdalow, E. 1826: Karawanen-Notizen, Band I, S. 70 (russisch).

Kaldarow, M.K. 1961: Die Beteiligung des Amu-Darja an der Wasserzufuhr für das Grundwasser an den östlichen Rändern der Kara-Kum und des Saungus, Isw.Ak.Nauk Turk. SSR, 1, S. 110-114 (russisch).

Kalenow, G.S. 1986: Ökologische Eigenschaften des Saxaul (H. ammodendron) in den Bereichen der tektonischen Bruchlinien der Turan-Provinz, Ekologija, Moskau, 1, S. 7-12 (russisch).

Kalfin, N.A. 1974: Rußland und Mittelasien, erste Hälfte des 19. Jahrhunderts, Nauka, Moskau, 406 S. (russisch).

Kalinin, G.P.; Klige, R.K. 1973: Some problems of the theory of water-level fluctuations in water bodies without outlets, in "Hydrology of lakes", Ass. Int. Hydrol. Sci., S. 123-130.

Kaniekow, I.A. 1851: Erklärende Darstellung und Karte des Aralsees, des Khanats von Chiwa und seiner Umgebung, Sap. Imp. Russk. Geogr. Ob., Band 5, St.Petersburg (russisch).

Kaplin, P.A., Tscherbakow, F.A. (Hrsg.) 1977 : Paläogeographie und Ablagerungen der pleistozänen Meere im Süden der Sowjetunion, Isd. Nauk, Moskau, 252 S. (russisch).

Kapustin, I.N.; Prshjalgowski, J.S.; Trofimow, D.M., Woltschegurski, L.F. 1978: The use of satellite information in compiling the tectonic map of the Caspian basin and its surroundings (I), Int. Geol. Rev., 10, S. 40-46.

Kapustin, I.N.; Prshjalgowski, J.S.; Trofimow, D.M., Woltschegurski, L.F. 1983: Use of space information in compiling a tectonic map of the Caspian basin and its surroundings, II. The problem of multi-level geological interpretation, Int. Geol. Rev., 25, 4, S. 477-482 (trad. Geologija i Raswjedka, 82, 3, S. 36-43, 1983).

Karin, N.G.; Orlowskij, N.C.; Kogaij, N.A.; Makuliekowa, G.B. 1986: Gegenwärtige Lage und Vorhersage der Degradierung der ariden Zonen der UdSSR, Probl. Ows. Pustyn, 5, S. 58-68 (russisch).

Karl, A. 1859: Die Ausrichtung der Handelswege in Mittelasien", Wjestnik Imp. Ross. Geogr. Obschtsch., 12.

Karpewitsch, A.F. 1968: Ergebnisse und Perspektiven der Arbeiten zur Eingewöhnung von Fischen und Wirbellosen in den Meeren im Süden der UdSSR, in: "Akklimat. ryb i bjesposwon. w. wodojom.", Isd. Nauka, Moskau, S. 50-69 (russisch).

Karpytschew, J.A. 1990: Fluctuations of the Caspian level... , Nuclear Geophysics, 4, S. 57-70.

Karpytschew, J.A. 1993: Reconstruction of Caspian Sea level fluctuations: Radiocarbon dating of coastal and bottom deposits, Radiocarbon, 35, 3, S. 409-420.

Kasjanowa, M.S. 1956: Aerovisual geobotanical observations in deserts and semiarid regions, Int.Geol.Rev., S. 623-634.

Kats, D.M. 1980: Hydrogeologische Klassifizierung der bewässerten Bereiche in ariden Gebieten. in C.R. 26° Congrès géol., Moskau, Nauka ed. (russisch).

Katz, A.; Kolodny, Y.; Nissenbaum, A. 1977: The geochemical evolution of the Pleistocene Lake Lisan-Dead Sea system, Geochim. Cosmochim. Acta, 141, S. 1609-1621.

Kaulsbars, A.W. von 1881: Beschreibung des Gebiets des unteren Amu-Darja, Sapiski Imp. Russk. Geogr. Ob., IX, 630 S., (vgl. Monatsnachrichten von Peterm. Mitt. 1881, S. 274) (russisch).

Kehren, L. 1988: La relation de l'ambassade de Clavijo auprès de Tamerlan, Coll. "Voyages et Découvertes", Imprimerie Nationale, Paris.

Keller, B. 1988: A disappearing soviet sea: The Aral ecological calamity, Int.Herald Tribune, 21.12.88, S. 2.

Kelly, P.M. et al. 1983: Large scale water transfers in the USSR, Geogr. J., 7, S. 201-214.

Kelly, P.M.; Campbell, D.A. 1985: Large scale water-transfer in Siberia, in: "Sibérie I", IMSECO, Paris, S. 209-222.

Kerbabejew, B. 1950: Große Veränderungen. Sowjetunion, Moskau, 12, 8 (russisch).

Kerbanow, P.A. 1990: Bioökologische Besonderheiten einiger einjähriger Sommerpflanzen der Kara-Kum, Probl.Ows.Pustyn, 2, S. 31-36 (russisch).

Kerblay, B. 1985: Du mir aux agrovilles, Institut d'Etudes Slaves, Paris, 422 S.

Kerblay, B.H. 1968: Les marchés paysans en URSS (Thèse Doct. Etat), Mouton éd., Paris.

Kes, A.S. 1952: Der Ursprung des Usboi, Isw.Ak.Nauk (Geogr.), Nr. 1 (russisch).

Kes, A.S. 1959: Fluctuations of the Aral sea level, Int.Geol. Rev., S. 623-627 (Übers. aus Priroda, 1, S. 95-99, 1958).

Kes, A.S. 1959: Verwendung von Luftbildern zur Erkundung der Paläogeographie des Amu-Darja, Trud. Lab. Aerometody, 8, S.193-204 (russisch).

Kes, A.S. 1961: Aspekte der Paläogeographie des Quartärs im Flachland von Amu-Darja und Syr-Darja, in: "Materialien der Konferenz der Union zur Erfoschung des Quartärs", Band 3, Isd. Ak. Nauk SSSR, Moskau (russisch).

Kes, A.S. 1969: Die wesentlichen Entwicklungsstadien des Aralsees, in: "Problema Aralskogo Morja", Geogr. Inst. Ak. Nauk SSSR, Moskau (russisch).

Kes, A.S. 1983: Untersuchung der Deflationsprozesse und des Salz- und Staubtransports, Probl. Ows. Pustyn, 1, S. 3-15 (russisch).

Kes, A.S. 1987: Geschichte des Sary-Kamysch im Licht neuer Ergebnisse der Fernerkundung, Probl. Ows. Pustyn, 1, S. 36-41 (russisch).

Kes, A.S. 1991: Naturgeschichte des Aralsees und seiner Region, Isw. Ak. Nauk, Geogr., 4, S. 36-46 (russisch).

Kes, A.S. et al. 1970: Geschichte des Sary-Kamysch-Sees während des Mittelalters, Isw. Ak. Nauk SSSR (Geogr.), 1, S. 45-50 (russisch).

Kes, A.S.; Kljukanowa, I.A. 1990: Der Grund für die Schwankungen des Aralsee-Pegels in der Vergangenheit, Isw. Ak. Nauk SSSR (Geogr.), 1, S. 78-86 (russisch).

Khanikoff, M.N. de 1844: On the dessication of the Tanghi-Daria, a branch of the Jaxartes, J. Royal Geog. Soc., 14, S. 333-335.

Khitrowo, B. de 1889: Itinéraires russes en Orient, Band I, Fick, Genf (Neuaufl. Publ. Soc. Orient. Lat., Reihe Geogr., 5, Osnabrück, 1966).

Kiepert, H. 1874: Z. Ges. Erdkunde, Berlin, IX, p.268-275.

Kiewskaja, R.K. et al. 1980: Auswirkung der zunehmenden Aridität auf die salzigen geochemischen Prozesse in den Syr-Darja-Flachländern, Probl. Ows. Pustyn, 6. S. 23-28 (russisch).

Kijatkin, A.K. 1989: Problems of the Aral Sea and region, Hydrotechnical construction (Übers. aus Gidrotechn. Stroitjelstwo), 6, S. 20-22.

Kijatkin, A.K.; Schaporenko, S.k.; Sanin, M.W. 1990: Water and salt regime of the Arnassai lakes, Hydrotechnical Construction (Übers. aus Gidrotechn. Stroitjelstwo), 24, 3, S. 172-177.

Kikischew, K.G. et al. 1990: Assessment of evaporation of the surface of the Sary-Kamysch lake from radioisotope data., Nucl. Geophys., 4, 1, S. 91-98.

Kim, J.U. 1971: Karst bauxite region of Turgay, Int. Geol. Rev., 13 (6), S. 981-989.

Kimberg, N.W. 1974: Wüstenböden von Usbekistan, FAN, Taschkent (russisch).

Kirby, E.S. 1972: Environmental spoilage in USSR, New Scientist, 53, (777), S. 28-29.

Kirjuchin, L.G.; Klejner, J.M.; Chondkarian, S.O. 1966: Recent sediments of the region east of the Aral Sea and their relationship to the tectonic structure, Sov. Geol., 11, S. 113-116.

Kirjuchin, L.G.; Krawtschuk, W.N.; Fjodorow, P.W. 1966: Neue Ergebnisse über die Terrassen des Aralsees, Isw. Ak. Nauk SSSR (Geogr.), 1, S. 68-72 (russisch).

Kirsta, B.T. 1990: Wasserressourcen und Niederschläge über Turkmenistan, Probl. Ows. Pustyn, 4, 3-11 (russisch).

Kirsta, B.T. 1991: Ressourcen an Oberflächenwasser der Wüsten von Mittelasien und die Probleme, sie zu schützen, Probl. Ows. Pustyn, 3/4, S. 107-114 (russisch).

Kitoh, A.; Yamazaki, K.; Tokioka, T. 1993: Moisture flux climatology in the desert region of western China, Japan-China International Symposium on the Study of the Mechanism of Desertification, (6-8), S. 149-150 (Zusammenfassung), STA, Tsukuba, Japan.

Kjatrina, T.P. 1979: Die Bevölkerung von Altyn Tepe in der Bronzezeit, Isw.Ak.Nauk Turkmen., 6, S. 9-10 (russisch).

Klejner, J.M. 1968: Plioquartäre Ablagerungen und geologische Geschichte von Ust-Urt und Mangischlak, Mosk. Obschtsch. Ispyt. Prir. Bjull. (Geol.), 43, 3, S. 5-15 (russisch).

Klejner, J.M.; Kondkarian, S.O. 1972: Morphostrukturelle Zonierung der Region östlich des Aralsees, Geomorfologija, 2, S. 62-68 (russisch).

Klejner, J.M.; Krawtschuk, W.N. 1966: Frühere Terrassen des Aralsees. Isw. wistich utsch. Geologija i Raswjedka, 9, S. 144-146 (russisch).

Kljukanowa, I.A.; Minajewa, E.N. 1985: Veränderung des Wasser- und Schwebstoffkreislaufs in den Flüssen und Bewässerungssystemen des Einzugsgebietes des Aralsees, Wodn. Res., 2, S. 36-43 (russisch).

Kljukanowa, I.A.; Minajewa, E.N. 1985: Veränderungen im Wasserhaushalt und die Schwebstoffe in den Flüssen und Bewässerungssystemen des Einzugsbereichs des Aralsees, Probl. Ows. Pustyn, 2, S. 36-43 (russisch).

Kljukanowa, I.A.; Minajewa, E.N. 1986: Hydrologische und Ökologische Eigenschaften der Regionen, in denen es auf den Wasserverbrauch ankommt; der Fall der Deltas von Amu-Darja und Syr-Darja, Isw. Ak. Nauk SSSR (Geogr.), 1, S. 50-58 (russisch).

Kljukanowa, I.A.; Minajewa, E.N. 1986: Veränderungen der Feststofffracht in den Deltas von Amu-Darja und Syr-Darja, Wodn. Res., 3, S. 113-117 (russisch).

Kljukanowa, I.A.; Nikolajewa, R.W. 1978: Anthropogene Veränderungen des Wasserabflusses im Einzugsbereich des Aralsees, Isw. Ak. Nauk, SSSR (Geogr.), 6, S. 57-64 (russisch).

Kljukanowa, I.A.; Nikolajewa, R.W. 1979: Man-induced changes in overall runoff in the Aral Sea basin, Sov.Geogr., 20, 9, S. 551-559.

Kljukanowa, I.A.; Sanin, S.A. 1979: Der Kreislauf von organischen Stoffen, Karbonaten und Pflanzennährstoffen in einem System vom Aralsee-Typ. Probl.Ows.Pustyn, 5, S. 25-30 (russisch).

Knjashetschkaja, E.A. 1960: Neue Daten über die Forschungsreise von Alexander Bekowitsch-Tscherkassy in Mittelasien, Isw. Akad. Nauk, Geogr., 1, S. 91-100 (russisch).

Kogan, S.k. 1972: Algen in den Becken Turkmenistans", Ylim, Aschchabad, 250 S. (russisch).

Kohl, P.L. 1984: Central Asia: paleolithic beginnings to the iron age, Ed. Recherche sur les Civilisations, Paris, 315 S.

Kohl, P.L. 1988: The Northern Frontier of the Ancient Near East: Transcaucasia and Central Asia compared, Chronologies in old world archeology, 1985/87, Amer.i.Arch., 92, 4, S. 591-596.

Kokschtscharowa, N.E.; Isakow, G.k. 1985: Aufforstung des ausgetrockneten Seebodens des Aralsees, Probl. Ows. Pustyn, 5, S. 48-55 (russisch).

Kolobow, I.k. 1900: Die Sande an der transkaspischen Bahnlinie und ihre Kontrolle, Inshen. Zhurn., 8, S. 1051-1100 (russisch).

Kolodin, M.W. 1984: Zustand und Perspektiven der Entsalzung mit dem Ziel, das Wasserproblem in der Wüste zu lösen, Probl. Ows. Pustyn, 5, S. 75-82 (russisch).

Komeriki, I.W. 1969: Die `Monte-Carlo'-Methode und Forschungen zum Aralsee, Arbeiten der Konferenz über die M.C.-Methode, Tiflis, Metsireba (russisch).

Komeriki, I.W. 1978: Modellierung der Wasserbilanz des Aralsees, Meteor.Gidrologija, 5 (russisch).

Kondraschew, S.R. 1931: Bewässerung im Choresm. Bewässerung und Arbeitsorganisation in den landwirtschaftlichen Betrieben des Khants des unteren Amu-Darja, Moskau (russisch).

Kondratjew, K.k. et al. 1985: Umfassende Untersuchung der Staubtornados in der Region des Aralsees, Meteor.Gidrologija, 4, S. 25-30 (russisch).

Kondratjew, K.k.; Grigorjew, A.A.; Swalew, W.F.; Melentijew, O.W. 1985: Umfassende Untersuchung der Staubstürme in der Region, die an den Aralsee grenzt, Meteorol. Gidrologija, 4, S. 32-38 (russisch).

Kononowa, M.M. 1975: in: Soils components, vol.1, J.E.Giesenking, Springer, New York, S. 475-526.

Konschkin, A.M. 1885: Aufklärung über das alte Bett des Amu-Darja, Doklady Imp. Russk. Geogr. Ob., XXIII (zitiert in den Monatsnachrichten von Peterm. Mitt., 1886, S. 26) (russisch).

Konschkin, A.M. 1897: Die Erhellung der Frage der früheren Betten des Amu-Darja, ausgehend von aktuellen geologischen und geographischen Ergebnissen, Veröff. allgemeine Geographie Russk. Geogr. Obschtsch., XXXIII, 256 S., St. Petersburg (russisch).

Konstantinowa, L.G. 1980: Einfluß der Nutzung des Amu-Darja auf den Chemismus und die mikrobiologischen Prozesse, Wodn.Res., 1, S. 74-78 (russisch).

Kopanew, G.V. 1986: Soziale und wirtschaftliche Aspekte der Ausweitung der Wüsten in der UdSSR, Probl. Ows. Pustyn, 5, S. 49-55 (russisch).

Kopanew, G.W. 1991: Die Verhaltensänderung gegenüber der Natur als Grundlage zur Erhaltung des Aralbeckens, Probl. Ows. Pustyn, 6, S. 11-16 (russisch).

Köppen, W.; Geiger, R. 1927: Das Klima von Russisch-Mittelasien, Petermanns Mitteilungen, S. 274-276.

Korenitsow, D.W.; Krizkij, S.N. 1972: Das Problem des Aralsees, Wodn. Res., 1, S. 35-39 (russisch).

Kornbljum, E.A. 1981: Hydrochemical conditions of the formation of soil of solonetz complexes and solids, Sov.Soil Sci., 6, S. 5-15.

Korschunowa, W.S. 1987: Chemische Zusammensetzung der Pflanzen und der Böden in den ausgetrockneten Bereichen des Amu-Darja, Probl. Ows. Pustyn, 6, S. 19-24 (russisch).

Korschunowa, W.S.; Nowikowa, N.M. 1990: Dymamik der Salze im Amu-Darja-Delta bei zunehmender Aridität, Probl. Ows. Pustyn, 2, S. 43-49 (russisch).

Kosarew, A.N. 1975: Hydrologie der Kaspischen Meeres und des Aralsees, Isdat. MGU (russisch).

Kosarew, A.N. 1975: Hydrologie des Aralsees und des Kaspischen Meeres, MGU (Hrsg.), Moskau (russisch).

Kosarew, A.N. 1975: The problem of the southern seas of the USSR, 3rd Int. Conf. Ocean Developm., Tokio, 5, S. 271-276.

Kostenko, A. 1880: Turkestan, St.Petersburg (russisch).

Kostenko, L. 1874: Khiva en 1873, Bull. Soc. Fr. Geogr., VIII, S. 467-492.

Kostiaieff, F. 1926: Intervention des puissances étrangères en Russie Méridionale et dans les régions du Caucase et du Turkestan de 1918 à 1920, in: Autorenkollektiv: "Les Alliés contre la Russie", A.Delpeuch éd., Paris.

Kostjenko, L. 1873: Von Chiwa nach Kasalinsk, Wojennyj Sbornik (November), S. 151-166 (russisch).

Kostjuschenko, W.P. 1984: Versalzung des Untergrunds des Aralsees im Zuge der Austrocknung als Ursachen für den äolischen Transport von Salzstaub, Probl. Ows. Pustyn, , 2, S. 27-33 (russisch).

Kotljakow, W.M. 1991: Die Krise des Aralsees; wissenschaftliche und soziale Aspekte des Problems sowie wesentliche Gedanken..., Isw. Ak. Nauk SSSR, 4, S. 5-8 u. 9-21 (russisch).

Kotljakow, W.M. 1991: The Aral Sea Basin, a critical environmental zone, Environment, 33, 1, S. 4-9 und 36.
Kotljakow, W.M. 1992: Concept for preserving and restoring the Aral Sea and normalizing the ecological, public health and socioeconomic situation in the Aral Region. Post Soviet Geography, 33, 5, S. 283-295.
Kotwicki, V. 1986: Floods of Lake Eyre, Eng. Ware supply Dep., Adelaide (Australien), 98 S.
Kowalewski, I.A. 1933: Das Bild des Kaspischen Meeres, Trud. geol. Ras. Kont. Asnefti, 2, 129 S. (russisch).
Kowalewski, I.A. 1934: Beitrag zur Geschichte des südlichen Kaspischen Meeres, Trudy Aserb. Neftia. Geol. Tresta, S. 141-143.
Kowalewski, W.S.; Goldberg 1984: Prediction of groundwater changes and groundwater content in: Proc. 27th int. Geol. Congress, 16, S. 35-48, V.N.U. Science Press, Moskau.
Kowda, W.A. 1947: Solontschaks und Solonezböden, Isd.Ak.Nauk SSSR (russisch).
Kowda, W.A. 1977: Zunehmende Aridität und Kontrolle der Trockenheit, Nauka, Moskau, 272 S. (russisch).
Kowda, W.A. 1983: Loss of productive land due to salinization, Ambio. 12, S. 91-93.
Kraft, H. 1902: A travers le Turkestan russe, Paris; Hachette éd., 228 S.
Krapilskaja, N.M.; Sadow, A.W. 1987: Überwachung des Zustands der hydrogeologischen Wiederherstellung des Landes südlich des Aralsees mit Hilfe der Fernerkundung, Probl. Ows. Pustyn, 1, S. 22-27 (russisch).
Krapilskaja, N.M.; Sadow, A.W. 1992: Using remote methods for studying groundwater regime, Water Resources, 19, 3, S. 261-269.
Krascheninnikow, W.G. 1971: Probleme des Verkehrs auf dem Wasserwege in Mittelasien in Verbindung mit den Wasserbauarbeiten am Amu-Darja und dem Kara-Kum-Kanal, Isw. Wsjesojusnogo Geogr.Obschtsch., 103, 4, S. 326-334 (russisch).
Krenke, A.N. 1982: Role of Glaciers in Water Exchange in the USSR, Water Resources, 9 (3), S. 254-262.
Krjuger, T.P. 1960: Bilanz des Bodenwassers in den Solontschakböden mit Reisanbau, Usb.Geol.Shurn., 37, S. 47-54 (russisch).
Kropotkin, P. 1904: The desiccation of Eurasia, Geogr. J., 23, S. 722-741.
Kropotkin, P. 1914: On the desiccation... , Geogr. J., 43, S. 451-459.
Kudinow, A.G.; Mesteschkin, W.B. 1987: Predicting water demands for irrigation, in: "Irrigation and water allocation", IAHS, publ. 169, Wallingford (Großbrit.), S. 163-173.
Kukla, G.: Loess stratigraphy in Central China, Quat. Sci. Rev., 6 (3-4), S. 191-219.
Kuldshajew, N.K. 1974: Origin of the Yashkan freshwater lens in Karakumy, Int. Geol. Rev., 16 (3), S. 247-254.
Kultjasow, M.W. 1946: Untersuchung der Entwicklung der Pflanzendecke in den Wüsten und Steppen Mittelasiens. Beitrag zur Vegetationsgeschichte der UdSSR, Nr.2, Ak. Nauk SSSR, Moskau/Leningrad (russisch).
Kunin, M.A. 1980: Biological indices of the eastern bream, J.Ichthyol., 20, 4, S. 42-50.
Kunin, M.A. 1980: Biologische Eigenschaften der orientalischen Brasse Abramis brama orientalis in Beziehung zu ihrer Ernährungsweise, Wopr. Ichthiol., 4, S. 635-643. (russisch).
Kunin, W.N.; Letschinskij, G.T. 1960: Speicherung von Wasser an der Oberfläche und künstliche Bildung von Grundwasser in den Wüsten, Isdat. Ak. Nauk, Moskau, 159 S. (russisch).
Kupzow, V.M.; Rubanow, I.W.; Seldina, B.B. 1982: Radiokarbondatierung der Sedimente vom Grund des Aralsees, Isw. Ak.Nauk, Geogr., (1), S. 103-108 (russisch).

Kuropatkin, A.N. 1885: Les confins anglo-russes dans l'Asie Centrale, Paris.

Kurotschkina, L.i. 1978: Sandpflanzen der Wüsten Kasachstans, Nauka, Alma-Ata (russisch).

Kurotschkina, L.i. et al. 1979: Einfluß des Absinkens des Aralsees auf seine Umgebung, Probl. Ows. Pustyn, 2, S. 25-33 (russisch).

Kurotschkina, L.i.; Ischankulow, M.S.; Kornienko, W.A. 1979: Das Ausmaß der Umweltfolgen der Absenkung des Aralsees, Probl. Ows. Pustyn, 2, S. 25-33 (russisch).

Kurotschkina, L.i.; Kuznezow, N.T. 1986: Ökologische Aspekte der anthropogenen Desertifikation im Umkreis des Aralsees, Probl. Ows. Pustyn, 5, S. 68-74 (russisch).

Kurotschkina, L.i.; Makulbjekowa, G.B. 1984: Fragen der Verbesserung der Vegetation im verlandeten Bereich des Aralsees, Probl. Ows. Pustyn, 4, S. 27-31 (russisch).

Kurotschkina, L.i.; Makulbjekowa, G.B.; Terekow, W.k. 1985: Methodische Diagnose der ökologischen Degradierung (Wüste von Turan), Ekologija, Moskau, 1, S. 10-18 (russisch).

Kusmin, I.A.; Wikulowa, L.k. 1975: Probleme mit Prozessen in Flußbetten im Fall der Umlenkung, Wodn. Res., 1 (2), S. 192-201 (russisch).

Kusmina, O.A. 1960: Geologie am linken Ufer des Amu-Darja in der Region Kungrad-Taschaus, Trudy Sojus. Geol. Kontora, 1, S. 41-53 (russisch).

Kusnezow, N.T. 1991: Geographische/ökologische Aspekte des hydrologischen Funktionen des Aralsees, Isw. Ak. Nauk, Geogr., 4, S. 82-88 (russisch).

Kust, G.S. 1992: Dégradation des sols à l'aval de l'Amou Daria. Sécheresse-Sciences 3, Sept. 1992, Paris, S. 169-182.

Kuwischnowa, K.B. 1982: Thermische Bedingungen im Aralsee-Umland aufgrund anthropogener Aktivitäten. Mag. Meteorol. Issledowanii, 5, S. 86-91 (russisch).

Kuwsinowa, K.W.; Susjumowa, G.N.; Utina, S.M. 1976: Vorhersagen hinsichtlich der Klimaschwankungen im Küstenbereich des Aralsees im Falle seiner Austrocknung, Isw. Ak. Nauk SSSR (Geogr.), 3, S. 110-115 (russisch).

Kuzneschowa, L.P. et al. 1980: Einfluß des Aralsees auf den lokalen und regionalen Wasserkreislauf, Isw. Ak. Nauk SSSR, (Geogr.), 6, S. 57-64 (russisch).

Kuznezow, A.N. 1986: Probleme, die durch den Aralsee und seine Umgebung auftreten, Isw. Ak. Nauk (Geogr.), 3, S. 56-62 (russisch).

Kuznezow, N.T. 1970: Zusammensetzung der Schwebstoffe in den Flüssen, die das Becken des Aralsees speisen, Isw. Ak. Nauk (Geogr.), 3, S. 91-93 (russisch).

Kuznezow, N.T. 1986: Einige Aspekte der Probleme des Aralsees und seiner Umgebung, Isw.Ak. Nauk SSSR, Geogr., 3, S. 56-62 (russisch).

Kuznezow, N.T. 1990: Aktuelle Aspekte des gegenwärtigen Zustands der Probleme des Aralsees und seines Umfelds, Probl. Ows. Pustyn, 2, S. 10-19 (russisch).

Kuznezow, N.T. 1992: Geographical and ecological aspects of Aral Sea hydrological functions. Post Soviet Geography, 33, 5, S. 324-331.

Kuznezow, N.T. et al. 1986: Natrium und Kalium im Wasser der Flüsse und Bewässerungssysteme Mittelasiens, Probl. Ows. Pustyn, , 6, S. 25-33 (russisch).

Kuznezow, N.T.; Grajasnowa, T.P. 1987: Das in der Entwicklung befindliche multifunktionelle Luftlaboratorium zur langfristigen Vorhersage physiogeographischer Veränderungen, Probl. Ows. Pustyn, , 1, S. 10-15 (russisch).

Kuznezowa, L.P.; Iwanowa, L.i.; Nechotscheninowa, W.k. 1980: Einfluß des Aralsees auf den lokalen und regionalen Wasserkreislauf, Isw. Ak. Nauk (Geogr.), 6, S. 57-64 (russisch).

Kwasow, D.D. 1973: Konzepte der Paläolimnologie in: "Woprosy sowremennoj limnologii (Fragen der heutigen Limnologie)", Kalesnik S.W. ed., Isd. Nauka, Leningrad, S. 208-218 (russisch).

Kwasow, D.D. 1978: Jüngere Quartär-Geschichte des Aralsees, Pol.Arch. Hydrobiol., 25 (1-2), S. 223-227 (polnisch).
Kwasow, D.D.; Trofimez, L.N. 1976: Probleme der Geschichte des Aralsees Mosk. Obschtsch. Ispyt. Prir. Bjull., Otd. Geol., 51, S. 77-92 (russisch).
Lambert-Karlowski, C.C. 1973: Prehistoric Central Asia, a review, Antiquitiy, 47, S. 43-46.
Larskaja, J.E.; Sorokin, W.M.; Suchowa, A.N. 1991: Microcomponent composition of organic matter in sediments of White and Aral seas, Moscow-Univ. Geology Bull. 46 (2), S. 48-53.
Lasarenko, A.A.; Bolichowskaja, N.S.; Semenow, W.W. 1981: An attempt at a detailed stratigraphic subdivision of the loess association of the Taschkent region, Int. Geol. Rev., 23, S. 1335-1346.
Lasarew, K.G. 1957: Hydrochemische Untersuchung eines Teils des Einzugsbereichs des Flusses Amu-Darja, Isdatjelstwo Ak. Nauk SSSR, 108 S. (russisch).
Lawrow, A.P. 1991: Sandböden in der südöstlichen Kara-Kum, Probl. Ows. Pustyn, 5, S. 73-75 (russisch).
Lebadnjuk, A.T. 1990: Forschungen zur angewandten Geomorphologie in Sandwüsten-Ländern und Probleme der Umweltoptimierung, Probl. Ows. Pustyn, , 6, S. 18-25 (russisch).
Lebadtschow, A.T. 1990: Technisch-geomorphologische Methoden zum Kampf gegen die Versandung durch Barchane, Probl. Ows. Pustyn, 6, S. 18-25 (russisch).
Lebedejewa, I.M. 1982: Paläoglaziologische Abschätzung des Vorrückens der Pamir-Gletscher. Isw. Akad. Nauk, Geogr. 3, S. 12-22 (russisch).
Lebedew, D.M. 1956: Aufsatz über die Geschichte der russischen Geographie: 16. und 17. Jhd., Isdat. Ak. Nauk, Moskau, 239 S. (russisch).
Lebedew, D.M. 1957: Aufsatz über die Geschichte der russischen Geographie: 18. Jhd., Isdat. Ak. Nauk, Moskau, 271 S. (russisch).
Leclercq, J. 1890: Du Caucase aux monts Alai, Plon éd., Paris.
Lemercier-Quelquejay, C. 1991: Le monde musulman soviétique d'Asie Centrale après Alma-Ata (Dez. 1986), Cah. Monde Russe et Soviét., 32, S. 117-122 (Bibliographie).
Lenz, R. 1870: Unsere Kenntnisse über den früheren Lauf des Amu Darja, Sap. Ak. Imp. St.Petersburg, VII, Band 16, 24 (Analyse in Petermanns Mitteilungen, 1871, S. 158).
Leonard, J.N. 1973: Les premiers cultivateurs, Ed. Time Life, 160 S.
Leontijew, A.A. 1967: Die Sandwüsten Mittelasiens und ihre Entwicklung durch das Pflanzen von Bäumen (russisch).
Lepeschkow, I.N.; Bodalewa, N.W. 1952: Reihenfolge der Kristallisierung der Salze bei der Verdunstung des Wassers aus dem Aralsee, Dokl. Ak. Nauk SSSR, 83, S. 583-584 (russisch).
Lerman, A. (Hrsg.) 1978: Lakes: Chemistry, Geology, Physics, Springer Verlag, New York, 364 S.
Leschinskij, G.T.; Balakajew, B.K. 1961: Erosion durch den Fluß Tedshen unterhalb seines ersten Staudamms, Isw. Ak. Nauk Turkmen., 5, S. 67-72 (russisch).
Leschtschinski, G.T. 1967: Methode zur Berechnung der Furchen und der Wasser-ansammlung zur Erschließung von Takyrs und Takyrböden, Probl. Ows. Pustyn (russisch).
Létolle, R.; Mainguet, M. 1995: The holocene history of Lake Aral (Central Asia), Quarternary Science Reviews (in Druck).
Leuchs, K. 1935: Der Block von Ust-Urt, Geol. Rundschau, 26 (4), S. 248-258.
Levat, E.D. 1902: Turkestan et Boukharie, Bull. Soc. Ing. Civils Fr., Paris, S. 336-357.

Levat, E.D. 1903: Les richesses minérales de l'Asie Centrale Russe, Ann. Mines Mem. III-189-364.
Levintanus, A. 1992: Saving the Aral Sea, Journ. Env. Management, 36, S. 193-199.
Lewechine 1841: Notice historique et géographique sur le Sihouen, Revue des deux Mondes, 28, S. 982.
Lewin, M. 1976: La paysannerie et le pouvoir soviétique (1928-1930), Mouton éd., Paris-Den Haag.
Lewina, L.M.; Ptitschnikow, A.W. 1991: Dynamik der Bewässerung und des alten Flusses Kuwan-Darja in der Region von Dshetyassar, in: "Aralskij Krisis", Ak. Nauk Moskau, S. 142-161 (russisch).
Limitaris 1923: Turkestan since the revolution, Asiat.Rev., S. 601-604.
Lisistina, G.N. 1978: Bildung und Ausweitung bewässerter Anbauflächen in Süd-Turkmenien, Nauka, Moskau (russisch).
Lisitsina, G.N. 1969: The earliest irrigation in Turkmenia, Antiquity, 43, S. 279-288.
Ljapin, A.A. 1990: Paläogeographische Aspekte der Deltas von Murgab und Tedshen, Probl. Ovs. Pustyn, 2, S. 63-70 (russisch).
Ljubin, W.P. 1984: Turkmenisches Paläolithikum, Sov. Archeol., 1, 26, 45 (russisch).
Lobowa, J.W. 1960: Die Böden der Wüstenzonen in der UdSSR, Isd.Ak. Nauk SSSR (russisch).
Lopatin, G.W. (Hrsg.) 1958: Das Delta des Amu-Darja. Gidromet. Leningrad, Moskau (russisch).
Lopatin, G.W.; Dengina, R.S.; Jegorow, W.W. 1958: Das Delta des Amu-Darja. Ak. Nauk SSSR, populärwissenschaftlich, 158 S., Moskau, Leningrad (russisch).
Loponizina, W.A. et al. 1969: Photosynthetic bacteria isolated from the Aral Sea, Microbiology, 38, S. 299-303.
Lozet, J.; Mathieu, C. 1986: Dictionnaire des sciences du sol, Tech. & Doc., Paris, 269 S.
Lubtschenko, I.i.; Turowskij, D.S. 1976: Verteilung von Blei in den oberflächennahen Sedimentschichten des Aralsees, Dokl. Ak. Nauk (Geol.), 226, S. 191-194 (russisch).
Luppow, N. 1931: Geologische Struktur der Region nordöstlich von Krasnowodsk, Bulletin d. Geolog. Prosp. Gesellsch. d. UdSSR, 50, S. 54 (russisch).
Luppow, N.N. 1963: Das Stockwerk des mittleren Miozän in der geologischen Geschichte des östlichen Kaspikums, Probl. neftegasnosti Srednjei Asii, 14 (russisch).
Lurije, P.M. 1978: Die Wasserbilanz von Turkmenistan und ihre Veränderung unter dem Einfluß landwirtschaftlicher Tätigkeit, Trudy gidrometeor. Obserw. Aschchabad, Band 1, Ylim ed. (russisch).
Lwow, W.P. 1959: Fluktuation des Aralseepegels in den letzten 100 Jahren, Trudy Gos. Okean. Instituta, 46 (russisch).
Lwowitsch, M.k. 1977: Geographische Aspekte einer territorialen Umverteilung von Wasserressourcen in der UdSSR. Isw. Akad. Nauk SSSR, Geogr. 2, S. 22-37 (russisch).
Lwowitsch, M.k.; Tschigelnaja, I.D. 1973: Control of water balance of drainless lakes in the future, Helsinki Symp. on Lakes, IAHS Publ., 109, S. 511-515.
Lwowitsch, M.k.; Tschigelnaja, I.D. 1978: Korrektur der Steuerung der Wasserbilanz des Aralsees, Isw. Ak. Nauk (Geogr.), 1, S. 42 (russisch).
Lwowitsch, M.k.; Tschigelnaja, I.D. 1979: Steuerung der Wasserbilanz des Aralsees, Sow.Geogr., 20, 3, S. 140-153.
Lydolph, P.E. 1977: Central Asia in "Climates of the Soviet Union", Kap. 6, S. 151-185. "World Survey of Climatology", Band 7, Elsevier.
Lymarew, W. 1957: Die Küstenformen des Aralsees, Trudy Okean. Komiss. Ak. Nauk SSSR, 2 (russisch).

Lymarew, W.k. 1967: Die Ufer des Aralsees, eines Binnenmeers der ariden Zone, Nauka ed., Leningrad (russisch).
Lyonnet, B 1991: Les nomades et la chute de l'empire gréco-bactrien, in Bernard & Grenet (s.o.), S. 153-162.
Maas, E.V.; Hoffman, G.i. 1977: Crop salt tolerance. Current assessment, Journ. Irrig. Drainage Div.ASCE, 103-2, S. 115-134.
Macgahan, J.A. 1874: Campaigning on the Oxus and the fall of Khiva, New York (Reportage).
Machatschek, F.k. 1921: Landeskunde von Russisch-Turkestan, Stuttgart.
Machutschek, F. 1918: Die russische Herrschaft in Turkestan, Geogr. Zeitschr., S. 1-12.
Maillard, E. 1932: Des monts célestes aux sables rouges, Grasset, Paris.
Maillart, E. 1943: Des monts célestes aux sables rouges: Payot éd., Paris, 340 S. (Neuauflage 1990).
Maillart, E. 1951: Croisières et Caravanes, Neuauflage Payot Paris 1993.
Mainguet, M. 1991 (neue Ausgabe 1994): Desertification. Natural Background and Human Mismanagement. Springer-Verlag, Berlin, 306 S.
Mainguet, M. 1991: Desertification through wind erosion and its control in Asia and the Pacific, United Nations, ESCAP-UNEP, Nr.1049, 139 S.
Mainguet, M. 1992: Stratégies de combat contre la dégradation de l'environnement dans les écosystèmes secs..., Bull. Ass. Géogr. fr., 5, S. 422-433.
Mainguet, M.M.; Glazowsky, N.F. 1992: Le bassin de l'Aral: quelques aspects d'un désastre écologique. Sécheresse 3, 3, S. 143-152.
Majew, J.G., Majew, S.A. 1977: Paläogeographische Analyse der Veränderlichkeit der Seespiegel im Kaspischen Meer und im Aralsee, in: Kaplin et al., s.o., S. 69-74 (russisch).
Majewa, S.A.; Kosarew, A.N.; Majew, J.G. 1975: Verhältnis zwischen den Pegelschwankungen des Aralsees und des Kaspischen Meeres, Vodn. Res., 1 (2), S. 186-191 (russisch).
Makarenko, O.W. 1985: Einfluß der Wasser-Salz-Verhältnisse der Küstenböden des Aralsees auf die Verteilung von Mikroorganismen, Ekologija, Moskau, 1, S. 18-23 (russisch).
Makarenko, O.W. 1985: Influence of water-salt regimes of sandy soils of the Aral Sea shore on the distribution of microorganismes, Sov. Journal Ecology, 16 (1), S. 14-18.
Makarenko, P.A. 1960: Ursprung und Bedeutung des Salzgehalts des Usboi, Woprosy gidrogeol. Ak.Nauk SSSR, XXX, S. 29-47 (russisch).
Makejew, P.S. 1952: Alte Bewässerungsflächen an den ausgetrockneten Flußläufen des Kunja-Darja und des Dshani-Darja, Isw. Wsjesojusnogo Geografitsch. Obschtschestwa, 6, S. 552-563.
Makulbjekowa, G.B.; Kurotschina, L.k.; Wuchrer, W.W.; Dumejewa, L.k. 1990: Ausdehnung von Strukturen und Kartographie der Solontschak-Weiden. In: Komplexe Eigenschaften von Wüstenweideland in den Zonen von Kasachstan. Alma-Ata, Nauka, S. 139-151 (russisch).
Malleson, W. 1923: The british mission in Turkistan, Journal Royal Central Asia Society, IX, p. 96-110.
Mamedow, A.M. 1967: Ausweitung der Bewässerung in Usbekistan, F. Ak. Nauk, Taschkent (russisch).
Mamedow, E.D. 1980: Klimatische Veränderungen in den Wüsten Mittelasiens im Holozän in "Holozäne Schwankungen der aralisch-kaspischen Region". B.W. Andrianow, L.W. Sorin und R.W. Nikolajewa Hrsg., S. 170-174, Nauka, Moskau (russisch).

Mansimow, M.R. 1987: Der Sary-Kamysch-See und sein Einfluß auf die Umgebung, Probl. Ows. Pustyn, 2, S. 65-68 (russisch, engl. Übersetzung: "Sary-Kamysh and its influence on surroundings", Problems of Desert Dev. 2, S.65-68).

Marabini, J. 1969: Cavaliers rouges et dragons d'acier, Solar éd., Paris, 350 S.

Markewitsch, N.B. 1977: Morphophysiologische Kennzeichen der Atherina pontica im Zusammenhang mit dem Alter der Populationen, Wopr. Ichthiol., 17, 4, S. 618-626 (russisch).

Markewitsch, N.B. 1977: Some morphophysiological indices of the Silverside Atherina mochronpontica in the Aral Sea, J.Ichthyol., 17, 4, S. 618-620.

Markow, E. 1911: The sea of Aral, Geogr. J., 38, S. 515-519 (genaue Analyse von Berg, 1908).

Markow, E. 1911: The Sea of Aral, Geogr. Journ., Nov.

Maroth, M. 1980: Ptolemaic elements and geographical actuality in Al-Huwarzim's description of Central Asia, Ac.Sc.Hung., 28, S. 317-352.

Martynow, A.i. 1990: La civilisation pastorale des steppes du 1er millénaire avant notre ère, in: "Colloque d'Alma-Ata", Francfort Ed., CNRS, Paris, S. 187-191.

Masalski, W. 1914: Das Land Turkestan, Rossija, Band 19, St. Petersburg (russisch).

Masin, W.N. 1979: Ein Beitrag zur Untersuchung der Fauna und zur Anzahl der Säugetiere am ausgetrockneten Aralsee-Ufer, Probl. Ows. Pustyn, 2, S. 64-66 (russisch).

Maslianow, G.A. 1958: Genetische Typen von Löß und ähnlichen Gesteinen im mittleren Süden Mittelasiens, Shurn. Usbek. Geol., Taschkent, 4, S. 61-62 (russisch).

Maslowa, O.W. 1955: Verzeichnis der Reisen und Expeditionen nach Mittelasien, 1715-1856, Taschkent, 83 S. (russisch).

Masow, R., Dsumajew, F. 1992: Vers une fédération de l'Asie Centrale?, Rev. Monde Musulman et Médit., 59/60, S. 157-162.

Massalski, W.k. 1892: Der Baumwollanbau in Mittelasien und seine Zukunft, St.Petersburg, 220 S. (russisch).

Masson, V.M. 1986: Nouvelles découvertes des archéologues de Leningrad, Paleorient, 12, S.101-102.

Masson, V.M. 1988: The proto-Bactrian group of civilizations in the ancient East, Antiquity, 62, 236, S. 536-540.

Masson, V.M. 1989: The rise of civilizations, Inst.Arch.Bull., 25, S. 1-8.

Masson, V.M.; Sariandini, V.k. 1972: Central Asia, Turkmenia before the Acheminids, Thames & Hudson, London.

Matley, I.M. 1970: The Golodnaya Steppe: a russian irrigation venture in central Asia, Geographical review, 60, 3, S. 328-346.

Matthesius, M. 1904: Russische Eisenbahnpolitik im 19 Jahrhundert, Archiv für Eisenbahnwesen, S. 562.

Mazaheri, A. 1983: La route de la soie, Papyrus éd., Paris.

Meakin. A.M.B. 1903: In Russian Turkestan, G.Allen ed., London, 332 S.

Mesnard 1953: La navigation intérieure en URSS, Rev. Génie Civil, S. 341-345.

Meyendorff, G. Baron de 1826: Voyage d'Orenbourg à Boukhara fait en 1820 à travers les steppes qui s'étendent à l'Est de la Mer d'Aral et au-delà de l'ancien Jaxartes, Librairie orientale de Dondey-Dupré éd., Paris.

Meyendorff, M. 1878: Reise nach Bokhara, Peterm. Mitt., Nr.8.

Meyer, C.A. 1830: Reise durch die Soongorische Kirghisen-Steppe, Berlin.

Michailow, N. 1935: Soviet Geography, Methuen, London (frz. Übers.: "Nouvelle géographie de l'URSS", 1936, Payot, Paris, 271 S.)

Michell, R. 1868: The Iaxartes or Syr-Daria, from russian sources in: Journal of the Geographical Society of London, Band 38, S. 423-459.

Micklin, P. 1978: Irrigation development in the USSR during the 10th Five Year Plan (1976-80), Soviet Geogr., 19 (1), S. 1-24.
Micklin, P. 1982: Soviet water diversion plans: implications for Kazakhstan and Central Asia, Central Asian Survey, 1, S. 9-43.
Micklin, P. 1991: Touring the Aral: visit to an ecologic disaster zone, Soc.Geogr. 32 (2), S. 90-105.
Micklin, P.P. 1988: Desiccation of the Aral Sea, a water management disaster in the Soviet Union, Science, 241, S. 1170-1176.
Micklin, P.P. 1991: The water crisis in Soviet Central Asia in "Environmental management in the Soviet Union", P.R. Pryde (ed.), Kap.12, Cambridge University Press.
Micklin, P.P. 1991: The water management crisis in Soviet Central Asia, Center for Russian and East European Studies, Pittsburgh Univ., USA.
Micklin, P.P. 1993: The shrinking Aral, Geotimes, 38 (4), S. 14-18.
Middendorff, A. 1860: Sibirische Reisen, Band IV, St.Petersburg.
Miller, G.H. 1985: Besprechung von: Welitschko, A.A. et al.: Late Quaternary environment of the Soviet Union, Univ. Minnesota Press, 1984. in "Science, 228, S. 1306-1307.
Milsoserdow, N.W. 1986: Wirksamkeit von Schutzgürteln zum Schutz landwirtschaftlicher Böden, Ljesnoje Chosjajstwo, 7, S. 31-37 (russisch).
Minajewa, E.N. 1980: Bilanz des Flußwassers, das dem Aralsee zwischen 1961 und 1965 durch landwirtschaftliche Tätigkeit entzogen wurde, Wodn. Res., 5, S. 82-88 (russisch).
Minajewa, E.N. 1980: Use of river waters that did not reach the Aral sea as a consequence of economic activity during 1961-1975, Water Resources, 7, 5, S. 418-422.
Minajewa, E.N.; Kuznezow, N.T. 1977: Veränderung der Verdunstungsstruktur in Einzugsbereich des Aralsees, Sow.Geogr., 77, 18, 10, S. 769-778.
Minajewa, E.N.; Kuznezow, N.T. 1977: Veränderungen der Verdunstung über dem Aralsee, Isw. Ak. Nauk (Geogr.), 2, S. 38 (russisch).
Minaschina, N.G.; Chamrajew, T.R., Jallajew, S. 1983: Effect of gypsum in soils on cotton quality and yield, Sov. Soil Sci., 15, S. 34-40.
Ministerium für Bodenerschließung und Bewässerung, 1980: USSR Golodnaya (hungry) steppe: a case study for desertification, in: "Desertification", Hrsg. M.R. Biswas und A.K. Biswas, Pergamon Press, S. 427-473.
Miroschnitschenko, J. 1985: Regenerierung von Haloxylon (Saxaul) in der Kara-Kum, Probl. Ows. Pustyn (russisch).
Mirsaatow, T.M. 1988: Des puits d'extraction du silex en Ouzbekistan, Paleorient, S. 169-176.
Mischenkow, K. 1871: Sapiski Geogr. Obschtschestwa, 4 (üb. d. Ufer des Aralsees)
Mohammedianov, A.P. 1985: Popular irrigation practices. Kap. 7 und 8 in "History of irrigation and drainage in the USSR", UNESCO, Neu Delhi, S. 80-94.
Mojajtschewa, N.M.; Nekrasowa, T.F. 1984: Das Messen der Salzabtragung vom ausgetrockneten Seegrund des Aralsees, Probl. Ows. Pustyn, 6, S. 15-21 (russisch).
Mollat, M. 1968: Le Moyen-Age, in: "Histoire Universelle des Explorations", Nouvelle Librairie de France, Paris, Band I, S. 353-387.
Mollat, M. 1984: Les explorateurs du XIIIe au XVe siècle, J.C. Lattès, Paris.
Mollat, M.; Desanges, J. 1988: Les routes millénaires, Nathan éd., Paris, 306 S.
Molodtschow, W.A. 1980: Möglichkeiten der Nutzung von Be- und Entwässerungswasser des neuen bewässerten Gebiets der Hungersteppe, Wodn. Res., 5, S. 89-99 (russisch).
Molosnowa, T.k.; Subbotina, O.k.; Schanitsewa, S.G. 1987: Klimatische Folgen der wirtschaftlichen Tätigkeit im Bereich des Aralsees, Gidrometeoisdat, Moskau, 119 S.

Molschanow, L.A. 1923: Anmerkungen zu den Schwankungen des Aralsees, Wjestnik oroschen., 2 (russisch).
Mommsen, T. 1885: Histoire romaine, livres V-VI, neu aufgelegt von C. Nicollet, R.Laffont éd., Paris, 2 Bände, 1985.
Montandon, G. 1923: Deux ans chez Koltchak et chez les Bolcheviks pour la Croix-rouge de Genève. F. Alcan ed. Paris, 270 S.
Morduchai-Boltowskoj, P.D. 1964: Caspian fauna beyond the Caspian Sea, Int.Rev.Ges.Hydrolbiol., 49, S.139-170.
Morduchai-Boltowskoj, P.D. 1979: Composition and distribution of caspian fauna in the light of modern data; Int.Rev. Gesamt. Hydrobiol., 64 (1), S. 1-38.
Morelle, H.; Pineye, D., (Hrsg.) 1993: Après l'URSS, Editions du Felin, Paris, 163 S.
Morgan, E.D. 1878: The old channel of the lower Oxus, in: Journal of the Geographical Society of London, Band 48, S. 301-320.
Morgan, E.D. 1884: Geography of Central Asia from Russian Sources, Suppl. Papers Royal Geogr. Soc.
Morgan, E.D. 1892: The old channel of the Oxus, J.Manchester Geogr. Soc., 4, S. 236-237.
Morgan, E.D.; Coote, C.H. (Hrsg.) 1886: Early voyages and travels to Russia and Persia by Jenkinson and other Englishmen, Hakluyt Soc., London, Nr. 72.
Morosowa, G.F. 1987: Entstehung des Migrationsverhaltens der Bevölkerung der mittelasiatischen Republiken, in: "Probleme der Sozial-Demographie", Inst. f.Sozialforschg., Ak. Nauk SSSR, S. 22 (russisch).
Morosowa, O.k. 1959: Wüstengebiete und wüstenhafte Piedmontgegenden, Selkogis-Verlag, Moskau, 302 S. (russisch).
Mosajtschewa, N.F. 1979: Entwicklung der Böden, die bei der Austrocknung des Ostufers des Aralsees in Folge des abgesunkenen Seespiegels entstanden, Probl. Ows. Pustyn, , 3, S. 18-24 (russisch).
Mosajtschewa, N.M.; Nekrasowa, T.F. 1984: Berechnungsmethode zur Salzabtragung aus der verlandeten Uferzone des Aralsees, Probl. Ows. Pustyn, 6, S. 15-21 (russisch).
Moser, H. 1885: A travers l'Asie Centrale, Ed. Plon-Nourrit, in 4, Paris, 464 S.
Moser, H. 1885: Voyages en Asie Centrale, Plon et Nourrit, Paris, in 4, 464 S.
Motraye (Motteraie), A. de la 1727: Voyages en Europe, Asie et Afrique, Band II, Den Haag.
Muchamedjanow, A. 1991: Der untere Serafschan und der Kaschka-Darja: historisch-geographischer Rückblick, in: "Aral Krisis", Ak. Nauk SSSR (307 S.), S. 161-173 (russisch).
Muchamedow, A.M. 1992: Some problems on the efficient and economic use of water in Central Asian republics..., Hydrotechnical Construction (Übers. aus Gidrotechn. Stroitjelstwo), 25, 11, S. 29-31.
Muchamedow, A.M.; Ismaghilow, H.A. 1969: Some morphometrical relationships in the middle and lower reaches of the Amu-Darya, Proceedings 13th Congress Int.Ass.Hydraulic res., Band 5-1, S. 191-194, Kyoto.
Muchin, P.A.; Abdullajew, K.A.; Minajew, W.E.; Christow, S.i.; Egambardyjew, S.A. 1989: The paleozoic geodynamics of Central Asia, Int. Geol. Rev., 31 (11), S. 1073-1083 (Übers. Sowj. Geologija, 10, S. 47-58, 1989).
Mukschetow, I.W. 1886: Turkestan, St.Petersburg, 800 S. (russisch).
Muradow, S.N. 1967: Einsparung von Wasser in Turkmenien während der Zeit der Sowjetmacht, Probl. Ows. Pustyn, 6, S. 25-32 (russisch).
Murawiew, N. 1823: Voyage en Turcomanie et à Chiwa en 1820, Paris (Neuaufl. in engl., London 1871 und Oguz publ., London 1977).

Murawiew, N. 1871: Journey to Khiva through the Turkoman country 1819-1820.
Mursajew E.M.: Resaerch on the Aral Sea and Aral region. Post Soviet Geogr. 33, 5, S. 296-314.
Mursajew, E.M. 1956: Dans l'Asie profonde, Ed. en langues étrangères, Moskau (frz.).
Mursajew, E.M. 1958: Der große arabische Geograph und Geschichtsschreiber des 10. Jhd. Al Masudi, Isw.Ak. Nauk SSSR, 2, S. 107-109 (russisch).
Mursajew, E.M. 1992: Research on the Aral and the Aral Sea region. Post Sov. Geography, 33, 5, S. 296-314.
Muschketow, D.k. 1886-1906: Turkestan, Petrograd (russisch).
Muschketow, D.k. 1928: Geologische Übersicht von Turkestan, Leningrad, 295 S. (russisch).
Naginskij, N.A.; Amurskij, G.k. 1961: Geschichte des alten Amu-Darja, Isw. wys. Utscheb. Saw., Geol., S. 32-37 (russisch).
Naliwkin, D.W. 1953: The geology of USSR, a short outline. Pergamon Press.
Naliwkin, D.W. 1962: Geologija SSSR, Isw. Ak. Nauk, Moskau, 814 S. (russisch).
Nasar, R. 1987: Reflexions on the Aral Sea tragedy in the national literature of Turkistan, Central Asia Survey, 8, S. 49-58.
Naydin, D.P. 1986: The Cretaceous-Paleogene boundary in the Mangyshlak region and inferred events at the Maastrichtian-Danian transition, Int. Geol. Rev., 28, 8, S. 920-930 (Übers. Geologija i Raswjedka, 9, S. 3-13, 1986).
Nepesow, W. 1962: Von der Geschichte der Revolution im Choresm, 1920 bis 1924, Taschkent (russisch).
Neschajewa, E.T.; Nikolajew 1983: Futtermittel-Ressourcen in den Wüsten und ihre rationelle Nutzung, Probl. Ows. Pustyn, 6, S. 14-21 (russisch).
Neschajewa, N.T. 1979: Das Problem der Indikatoren für die Ausweitung der Desertifikation, Probl. Ows. Pustyn, , 4, S. 18-24 (russisch).
Neschajewa, N.T. 1979: Probleme der Indikatoren für die Ausweitung der Desertifikation, Probl.Ows.Pustyn, 4, S. 18-24 (russisch).
Neumann, K.i. 1884: Die Fahrt des Patrocles auf dem Kaspischen Meer und der alte Lauf des Oxus, Hermes, XIX, S. 165-185.
Neustrujew, S. 1939: Über den Ursprung der aralischen Kara-Kum und anderer Sandwüsten in Turkestan, Isw. Geol. Ob. SSSR, 71 (5), S. 651-657 (russisch).
Nikitin, A.M. 1985: Wasser-Salz-Gleichgewicht des Sary-Kamysch-Sees, Trud. Sredne As. Reg. Nautschno-Issl. Instituta, 102, S. 40-44.
Nikitin, B.P. 1934: Le coton en URSS, Supplément au "Bull. Quotidien de la Société détudes et d'informations économiques", 39 S.
Nikolajew, W.N. 1972: Die natürlichen Futtermittel-Ressourcen Turkmenistans, Ylim, Aschchabad (russisch).
Nikolajew, W.N. 1982: Experience of development and rational management of desert rangelands, in: "Combating deserts in USSR... ", Int. Proj. Zentr., UNEPCOM, S. 120 (russisch).
Nikolajew, W.N. et al. 1977: Wüstengebiete; Abschätzung des Futters, Nauka, Moskau (russisch).
Nikolajewa, R.W. 1969: Wesentliche morphometrische Eigenschaften des Aralsees, in: "Problema Aralskogo Morja", Nauk, Moskau, S. 25-38 (russisch).
Nikolajewa, R.W. 1971: Morphometrische Aspekte des Aralsees und seiner verschiedenen Teile, Mosk. Obschtsch. Ispyt. Prirod. Bjull., Geol., 46, 1, S. 156 (russisch).
Nikolskaja, G.W. 1929: zitiert in Rogow, M.M. 1957.
Nikonow, A.A.; Penkow, A.W. 1974: Pliocene and early Pleistocene geochronology of Central Asia and Kazakhstan, Int. Geol. Rev. 16 (10), S. 1087-1110.

Nolde, B. 1927: La formation de l'empire russe, Institut d'Etudes Slaves éd., CNRS (1953), 2 Bände.

Nordyke, M.D. 1970: Peaceful uses of nuclear explosions, in: "Peaceful nuclear explosions", IAEA, STI, Nr.273, S. 49-107.

Norris, D. 1923: Caspian naval Expedition, Royal Central Asian Journal, X.

Nowikowa, N.M. 1990: Problems of conservation of the ecosystems of river deltas in Central Asia, in: "Colloque de Noukous", Kap. S2-20-00, 18 S.

Nowikowa, N.M. 1992: La dégradation de la végétation dans l'actuel delta de l'Amou-Daria. Sécheresse 3, 3, S. 155-168.

Nowikowa, N.M. et al. 1981: Pflanzenkartographie des Amu-Darja-Deltas, Probl. Ows. Pustyn, 5, S. 21-27 (russisch).

Nowikowa, N.M.; Sabolotski, M. 1993: Water regime management of desertified ecotone systems in the Amou-Darya Delta, Int. Conf. on Surface Water Ecotones, Lyon, Frankreich, 9.5.1993 (soll 1995 bei Acedemic Press erscheinen).

Nowoshilowa, M.k. 1985: Die Mikroflora des Aralsees, beeinträchtigt durch die Veränderung der ökologischen Bedingungen, Nauka (Alma-Ata), 220 S. (russisch).

Nowoshilowa, M.k. et al. 1980: Mikrobiologische Eigenschaften des Aralsees unter dem Einfluß der Veränderung der hydrologischen Verhältnisse, Probl. Ows. Pustyn, 1, S. 50-54 (russisch).

Nowoshilowa, M.k. et al. 1982: Marine Mikroorganismen, die Kohlenwasserstoffe oxidieren, Okeanologija, 22, 2, S. 281-286 (russisch).

Nowoshilowa, M.k. et al. 1985: Die Mikroflora des Aralsees, beeinträchtigt durch die Veränderung der hydrologischen Bedingungen, Nauka, Alma-Ata, 220 S. (russisch).

Nurembetow, T.i. 1991: Ertrag der Zucht des Karakul-Schafs in ariden Regionen..., Probl. Ows. Pustyn, 1, S. 8-14 (russisch).

O'Sullivan, R. 1992: Irrigation in the USSR, World Bank technical paper, 178, S. 79-88.

Obrutschew, W. 1890: Die Senken jenseits des Kaspischen Meeres, Sapiski Imp. russk. Geogr. Ob., Band 3, 270 S. (russisch).

Obrutschew, W. 1890: Transkaspien, Sapiski Imper. Russk. Geogr. Obschtsch. (russisch).

Obrutschew, W. 1895: Veränderung und Windabtragung in Mittelasien, Sapiski Imper. Russk. Geogr. Obschtsch. (russisch).

Obrutschew, W. 1914: Zur Geschichte des Oxus Problems, Pet. Mitt., S.87-88.

Obrutschew, W.A. 1948: Durch die Berge und Wüsten Mittelasiens, Moskau (russisch, Reisen von 1886 bis 1888).

Odjekow, O.A.; Kubasow, I.M. 1990: Faktoren, die die Veränderungen des Wasserstands im Kaspischen Meer und im Aralsee beeinflussen, Isw. Ak. Nauk Turkmen., Phys.-Reihe, 1, S. 65-70 (russisch).

Oldenburg von S. 1914: Russkaja turkestanskaja äkspedizija (die russische Turkestan-Expedition), St.Petersburg (russisch).

Oleksenko, W.P. et al. 1960: Die Geschichte der Täler im westlichen Teil der Sary-Su-Tengis-Senke, Isw. Ak. Nauk Kasach. SSR (Geol.), 1, S. 34-47.

Olufsen, O. 1911: The emir of Boukhara and his country, Heinemann, London.

Oreschki, D.B. 1990: Die Aralsee-Katastrophe. Reihe: "Nauki o Semlje" Nr.2, ISWN, 48 S. (russisch), dazu auch ein französischer Artikel in "La Recherche" 1990, S. 1380-1388.

Oreschkin, W.N.; Chaitow, I.G.; Rubanow, I.W. 1993: Cadmium in the bottom sediments of the Aral Sea, Water res., (trad. aus Wodnye Res.), 20 (3), S. 328-331.

Orlow, B.P. 1940: Die Sande der Halbwüste von Astrachan und Methoden zu ihrer Stabilisierung und Nutzung, Geolestechnisdat, Moskau, 136 S. (russisch).

Orlow, W.k.; Sokolowa, N.W. 1991: Problems of preserving the Aral Sea, Hydrotechnical Construction (Übers. aus Gidrotechn. Stroitjelstwo), 11, S. 34-37.
Orlowa, M.A. 1980: Die Rolle des Faktors Wind beim Salzhaushalt der Solontschak-Wüsten, Probl. Ows. Pustyn, 3, S. 69-72 (russisch).
Orlowski, N.S. 1962: Über die Staubstürme in Turkmenien, Sbornik rabot Aschchabad, Geogr. Mosk. Obschtsch., 3, S. 17-41 (russisch).
Orlowski, N.S. 1971: Verdunstung kleiner Wassermassen in Turkmenien, Ylim, Aschchabad, S. 96 (russisch).
Orlowski, N.S. 1982: Natürliche Bedingungen der Wüsten in der UdSSR und Desertifikationsprozesse, in: "Kampf gegen die Desertifikation: Probleme und Erfahrungen", Intern.Proj.Zentr., UNEP-UNEPCOM, Moskau, 120 S. (russisch).
Orudshewa, D.S.; Silitsch, A.M. 1972: Hydrodynamische Merkmale des Ust-Urt in Verbindung mit einer Abschätzung seiner Erdölhöffigkeit, Nefta i Gas, Serie Geol. Geoph., 6 (russisch).
Oschowskij, L.A.; Chodsibajew, N.N. 1962: Nochmals zu den artesischen Brunnen in der Region des Aralsees, Shurn. Usbek. Geol., 6 (1), S. 71-72 (russisch).
Osmanow, S.O.; Jusupow, O. 1985: Auswirkungen der Zunahme des Salzgehalts auf die Parasitenfauna der Fische, Parasitol., 33, S. 14-43 (russisch).
Ostrowskij, I.M. 1953: Paläogeographie und Geomorphologie der Insel Barsa-Kelmes im Aralsee, Isw. Ak. Nauk (Geogr.), 58, S. 195-233 (russisch).
Ostrowskij, I.M. 1976: Die Bildung von Grundwasser in den ariden Regionen Kasachstans, Gidrometeoisdat, Leningrad (russisch).
Ostrumow, N.W. 1891: Geographie von Turkestan, Samarkand (russisch).
Oweslijew, A.O.; Swinzow, I.P. 1972: Der Schutz der geplanten Trasse für den 4. Bauabschnitt des Karakum-Kanals vor Flugsanden und Windabtragung, Probl. Ows. Pustyn, 4, S. 70-75 (russisch).
Paduina, W.M., Berkowitsch, B.W. 1987: Phytomasse und biologischer Kreislauf von Mineralstoffen und Stickstoff bei zwei Arten von Artemisia im Südwesten der Kysyl-Kum, Probl.Ows.Pustyn, 3, S. 71-73 (russisch).
Pagani, L. 1990: Claudii Ptolemaei cosmographia tabulae, Booking Int, éd., Paris.
Pahlen, K.K. 1964: Mission to Turkestan, London (Erinnerungen an 1908/09, geschrieben 1922).
Palwaniasow, M. 1989: Der Einfluß der Staubstürme auf die Behausungen kleiner Säugetiere des Aralsee-Uferbereichs, Probl. Ows. Pustyn, 1, S. 55-59 (russisch).
Paraillous, E. 1989: Les anciens systèmes d'irrigation de la région de la mer d'Aral, Etudes rurales, 115/119, S. 177-198.
Park, A.G. 1957: Bolshevism in Turkistan, 1917-1927, Columbia University press, New York.
Parry, G. 1981: Le cotonnier et ses produits, Maisonneuve et Larose, Paris, 502 S.
Paschkowski, I.S. 1969: Unterirdische Zuflüsse zum Aralsee in Gegenwart und Zukunft, Mosk. Obschtsch. Ispyt. Prir. Bjull. (Geol.), 44, 4, S. 110-118 (russisch).
Paschkowski, I.S. 1969: Unterirdischer Wasserzufluß in den Aralsee: Gegenwart und Zukunft, Mosk. Obschtsch. Ispyt. Prir. Bjull. (Geol.), 44 (4), S. 110-118 (russisch).
Paul, J. 1991: Le village en Asie Centrale aux XVe et XVIe siècles, Cahiers du Monde Russe et Soviétique, 32, 1, S. 9-16.
Pawlenko, W.F. 1961: Haupttendenzen der Entwicklung der Produktivkräfte in Mittelasien, Isw. Ak. Nauk (Geogr.), 2, S. 53-60 (russisch).
Pawlowskaja, L.P. 1982: Einfluß der Wasserbauwerke am unteren Amu-Darja auf den industriellen Fischfang, Taschkent, isd. FAN, 100 S. (russisch).
Pegoletti, F. 1866: Informations..., in: Yule, H., "Cathay and the way thiter", London.

Pelliot, P. 1973: Recherches sur les Chrétiens d'Asie Centrale et d'Extrême-Orient, Imprimerie Nationale, Paris.

Petr, T. 1992: Lake Balkash, Kazakhstan, Int. J. Salt Lake Res., 1, S. 21-46.

Petrov, M.P. 1962: Types de déserts de l'Asie Centrale, Ann. Géographie (Paris), S. 131-155.

Petrov, M.P. 1971: Composition of eolian dust in southern Turkmenia, Int. Geol. Rev., 13 (8), S. 1178-1182.

Petrow, M.P. 1972: Desertifikationsprozesse in ariden Regionen und Schutzmaßnahmen, Dokl. K. 22. MGK, Leningrad, S. 69-88 (russisch).

Petrow, M.P. 1973: Die Wüsten der Welt. Nauka, Leningrad, 435 S. (russisch).

Petrow, M.P. et al. 1972: Die Wüsten Turkmenistans und ihre wirtschaftliche Erschließung, Bibliographie 1950-1965, Ak. Nauk Aschchabad, 434 S. (russisch).

Petrow, N. 1894: Bewässerung im Gebiet von Turkestan, Taschkent (russisch).

Petrowa, A.W. 1982: Veränderungen beim Humus- und Stickstoffgehalt der kalkhaltigen Tschernosems in Verbindung mit der Winderosion, Agrochim., 1, S. 76-80 (russisch).

Pierce, R. 1966: Soviet Central Asia. A bibliography; part 1: 1558-1866; part 2: 1867-1917, part 3: 1917-1966. Center for Slavian and East European Studies, Califronia Univ. Press, Berkeley.

Pierce, R.A. 1960: Russian Central Asia 1867-1917, a study in colonial rule, Berkeley Univ. Press, Los Angeles, USA.

Pjotrowski, B.; Schultz, P.; Golowina, W.; Tolstow, W.S. 1955: Ourartou, Neapolis des Scythes, Kharezm, Maisonneuve, Paris, 172 S.

Plan-Carpin, J. de 1248: Histoire des Mongols (aufbereitet von C. Schmitt, Ed. Franciscaines, Paris, 1961).

Plan-Carpin, J. de 1248: Histoire des Mongols (aufbereitet von J. Becquet & L. Hambis (Hrsg.), Adrieu-Maisonneuve, Paris, 1965).

Plaschew, A.W.; Schekmarew, W.A. 1978: Gidrografija SSSR, Gidrometeoisdat, Moskau (russisch).

Plinius d. Ältere, um 50: Histoire Naturelle, VI (frz. Ausgabe: éd. Les Belles Lettres, Paris, 1975).

Plotnikov, Y. 1993: Ecotones of irrigated lands at the Amou-Darya estuary, Int. Conf. on Surface Water Ecotones, Lyon, Frankreich, 9.5.93.

Plotnikow, J.A. 1990: Landschaftsstrukturelle Analyse der Bedingungen der Reliefbildung in urbar gemachten Landschaften in der Region des Aralsee-Südufers, Probl. Ows. Pustyn, 6, S. 63-67 (russisch).

Polotsoff, A. 1932: The land of Timur, London.

Poltoratsky, Col. 1869: Esquisse générale de la contrée située à l'ouest du pays transilien..., Bull. Soc. fr. Geog., XVIII, S. 433-454.

Popow, A.N. 1855: Die Beziehungen Rußlands mit Chiwa, St.Petersburg (russisch).

Popow, W.A. 1990: Probleme des Aralsees und der Landschaften des Amu-Darja-Deltas, Taschkent, Isdat. FAN, 110 S. (russisch).

Popow, W.A.; Winogradow, B.W. 1982: Kleinmaßstäbige Satelliten-Kartographie der Region südlich des Aralsees, Probl. Ows. Pustyn, 3, S. 40-48 (russisch).

Poujol, C. 1988: Les voyageurs russes en Asie Centrale au XVIIIe siècle..., in: "Routes d'Asie" (s.o.), S. 37-48 (bedeutende Bibliographie).

Poujol, C. 1992: Culture officielle et contre-culture à Boukhara au XIXe siècle, Rev.Monde Musulman et Médit., 59/60, S. 37-53.

Pouliquen, A. 1990: L'agriculture soviétique: de la crise à la décollectivisation problématique, in Sapir J., S. 65-106.

Pouquet, J. 1951: Les déserts, Sammlung "Que sais-je?", Nr.500, Presses Univ. de France, Paris.
Precoda, N. 1991: Requiem for the Aral Sea, Ambio, 20 (3-4), S. 109-114.
Presley, B.i.; Kaplan, I.R. 1969: Changes in dissolved sulfate, calcium and carbonate from interstitial water of near shore sediments, Geochim. Cosmochim. Acta, 32, S. 1037-1048.
Price, M. 1918: War and revolution in Asiatic Russia, London.
Prinz, R.N. 1940: Morphologie und Entstehung des Ergs Großer Barsuki, Semlewedenije, Neue Reihe, 1 (41), S. 101-113 (russisch).
Prioux, A. 1886: Les Russes dans l'Asie Centrale; la dernière campagne de Skobelef, in: Revue Militaire de l'Etranger (1884/85), Paris, 184 S.
Prischtschepa, A.W. 1991: Geomorphologische Faktoren für die Verteilung hydromorpher Böden in den Einflußbereichen des Kara-Kum-Kanals, Probl.Ows.Pustyn, 1, S. 39-45 (russisch).
Prochorow, I.k. 1972: Mögliche Veränderungen einzelner Klimaeigenschaften in Verbindung mit der Oberfläche des Aralsees. Trudy Kasach. NIGMI, 44, S. 30-48 (russisch).
Pronin, W.G. 1971: Geologic structure of Mynsoualmas chinks, Int. Geol. Rev., 13 (6), S. 894-898.
Proschkina-Laurenko, A.k. 1974: Diatomeen in den heutigen Seen und Meeren, in: Gleser, S.k., et al. (Hrsg.): "Diatomeen der Gewässer der UdSSR", Isd.Nauka, Leningrad, Band 1, S. 274-351 (russisch).
Proskurina, E.S. 1978: Die Nahrung junger Fische im Aralsee, Wopr.Ichtiol., 3, S. 460-466 (russisch).
Proskurina, E.S. 1979: Heutige und zukünftige Verteilung von Lebewesen, die sich im Aralsee angepaßt haben, Gidrobiol. Shurn., 15 (3), S. 37-41 (russisch).
Prowst, A.E. 1961: Über das Fortschreiten der Spezialisierung der Produktion in den sowjetischen Regionen Mittelasiens, Isw. Ak. Nauk SSSR, 5, S. 76-84 (russisch).
Pryde, P.R. (Hrsg.) 1991: Environmental mangement in the Soviet Union, Cambridge Univ. Press (Kap.8: Soviet nature reserves; Kap. 9: National parks; Kap. 10: Managing wild life and endangered species; Kap.11: Protecting the land).
Pschenin, G.N.; Steklenkow, A.P.; Tscherkinskij, A.E. 1984: Ursprung und Entstehung der abgetragenen Terrassen des Aralsees. Dokl. Akad. Nauk (Geogr.), 1, S. 45-50 (russisch).
Ptitschnikow A.W.: Die physiogeographischen Folgen der Desertifikation der Gegend am Aralsee, in: "Aral Krisis", Ak. Nauk SSSR, 307 S., S. 28-47 (russisch).
Ptolemaeus, C., um 200: Geographia (II); Einl. A.Diller, G.Olms Hrsg., Hildesheim (1966); Blanchard éd. Paris, 210 S. (1987).
Pugaschenowa, G.A.; Rempel, L.k. 1949: Die historischen Monumente des Islam in der UdSSR, Nauk, Taschkent (russisch).
Pumpelly, R. 1908: Explorations in Turkestan, Carnegy Institute, Washington, 2 Bände.
Pusyrewski, N. 1902: Der Syr-Darja, seine physischen Besonderheiten und seine Schiffbarkeit, Isw. Imp. Russk. Geogr. Ob., 38, S. 503-545 (russisch).
Rachet, G. 1983: Dictionnaire de l'Archéologie, Laffont éd., coll. "Bouquins", 1052 S.
Rachimajew, F.M. 1962: Verdunstung von Grundwasser im Süden der Provinz Choresm, Shurn. Usb. Geol., 6 (4), S. 36-39 (russisch).
Rachmatow, O. et al. 1985: Experimenteller Versuch von Hg, Cd und Zn im Grenzbereich Süßwasser / Aralsee, Dokl. Ak. Nauk (Geol.), 273, S. 1-6, 147-149 (russisch).
Radde, G. 1898: Transkaspien und Nordchorassen, Peterm. Mitt. Egh 126.

Radkowitsch, D.i.; Kuksa, W.k.; Iwanowa, L.W. 1987: Probleme großer Binnenwasserflächen in der Zone mit niedriger Luftfeuchtigkeit, Wodn. Res., 6, S. 38-53.
Radvanyj, J. 1990: L'URSS: régions et nations. Masson, Paris, 293 S.
Rafikow, A.A. 1982: Die natürlichen Bedingungen des ausgetrockneten Südufers des Aralsees, Taschkent, Isdat. FAN, 148 S. (russisch).
Rafikow, A.A. 1982: Effect of a drop of the Aral Sea level on the ameliorative state of lands of the Amu Darya delta, Probl. Ows. Pustyn, 6, S. 45-53 (russisch).
Rafikow, A.A. 1982: Wirkungen der Absenkung des Aralseespiegels auf die Erschließung benachbarter Flächen, Probl. Ows. Pustyn, 6, 53-61 (russisch).
Rafikow, A.A. 1983: Veränderung der natürlichen Umwelt am Südufer des Aralsees in Zusammenhang mit dem Absinken des Pegels., Sow.Geogr., 24, 5, S. 344-353 (russisch).
Rafikow, A.A. 1984: Vorhersage über die Veränderung der bewirtschafteten und natürlichen Komplexe im Amu-Darja-Delta beim Absinken des Seespiegels, Geografia Prirodnie Res., 3, S. 34-43 (russisch).
Rafikow, A.A. 1985: Vorhersage des Desertifikationsprozesses in der Region südlich der Aralseeküste, Probl. Ows. Pustyn, 5, S. 42 -48 (russisch).
Rafikow, A.A.; Tetjuchin, G.F. 1981: Das Absinken des Aralsee-Spiegels und die Veränderung der natürlichen Bedingungen am unteren Amu-Darja, Taschkent, Isdat. FAN, 200 S. (russisch).
Ramade, F. 1987: Les catastrophes écologiques, McGraw-Hill, Paris, 317 S.
Ramasanow, A.; Nasonow, W. 1991: Aussicht auf die Weiterentwicklung von Bewässerungslandwirtschaft im Einzugsbereich des Aralsees, Probl. Ows. Pustyn, 6, S. 28-31.
Ramasanow, A.; Nasonow, W. 1991: Perspektiven der Bewässerung im Einzugsbereich des Aralsees, Probl. Ows. Pustyn, 6, S. 28-31 (russisch).
Rasakow, R. 1990: The Aral Sea and Aral Zone: ways and means of stabilizing the situation, in: "Colloque de Noukous", 23 S.
Raskin, P.; Hansen, E.; Zhu, Z. 1992: Simulation of water supply and demand in the Aral Sea region, Water international, 17, S. 55-67.
Ratkowitsch, D.i. 1992: Problem of water supply to the Aral Sea basin with allowance for requirements of environmental preservation, Water Resources, 19 (2), S. 102-109 (Übers. aus Wodnye Res.).
Rawlinson, H. 1872: Monograph on the Oxus, Journal Roy. Geogr. Soc., 42, S. 482-513.
Reclus, E. 1873: Note relative à l'histoire de la mer d'Aral, Bull. Soc. Géogr., Fr., VI, S. 113-118.
Reclus, E. 1881: L'Asie russe, in "Géographie Universelle", Band 5, S. 390-418.
Redsherbajew, K.; Annasakatow, A. 1984: Versalzungsprozesse im Gebiet des Kara-Kum-Kanals, Probl. Ows. Pustyn, 6, S. 46-54 (russisch).
Reiners, W.A. 1973: in: Carbon and the biosphere, US AEC Conf. 720510, Washington, USA, S. 317-327.
Renfrew, C. 1990: L'énigme indo-européenne, Flammarion, 400 S.
Resanow, I.A.; Schewtschenko, W.k. 1974: Deep structure of certain foredeeps of the Alpine folded region", Int. Geol. Rev., 16(8), S. 944-952.
Resnikow, S.A.; Turowskij, D.S. 1974: Neue Daten über die Karbonate im Aralsees, Usb. Geol. Shurnal, 3, S. 44-47 (russisch).
Revue du Monde Arabe et Méditerranéen, 1992: Sonderausgabe Des ethnies aux nations en Asie Centrale, EdiSud, 59/60.

Rewina, S.K. 1970: Metamorphismus des Salzes im Aralsee zu Zeiten seiner natürlichen Konzentration, Resursy Morjej i Okeanow, S. 12-17, Ak. Nauk SSSR, Moskau (russisch).
Rhoades, J.D. 1985: Salt problems from increased irrigation efficiency, Journal Irr. Drainage Eng., 111, 3, S. 218-229.
Rich, V. 1991: A new life for the sea that died? New Scientist, 13.4.91, S. 15.
Risenkampf, G.K. 1921: Der transkaspische Kanal, Moskau (russisch).
Ro'i, Y. 1991: The Soviet and Russian context of the development of nationalism in sovietic Central Asia, Cah.Monde Russe et Sov., 32, S. 123-142.
Rocca de F. 1896: De l'Alaï à l'Amou-Daria, P. Ollendorff, Paris éd., 441 S.
Rodin, L.E. 1961: Dynamik der Vegetation in den Wüsten, Isd. Ak. Nauk SSSR, 227 S. (russisch).
Rodin, L.E. 1973: Coastal deserts of the old world and their reclamation, in: "Coastal deserts, their natural and human environments", Teil 3, S. 157-158, Univ. Ariz. Press.
Rogow, M.M. 1957: Hydrologie des Aralsee-Deltas, Gidrometeoisdat, Leningrad, 256 S. (reichhaltige Bibliographie über den Amu-Darja und Nachbarregionen) (russisch).
Romanow, N. (Großherzog) 1879: Übersetzung seines Berichts an den Zaren ins Französische, Bull.Soc.fr.Géogr., 18, S. 409-429 u.533.
Romanow, N.N. 1960: Staubstürme in Mittelasien, Trudy Taschk. G.U., S. 174-198 (russisch).
Romanowski, G. 1879: Materialien für die Geologie von Turkestan; St. Petersburg, 167 S. (russisch).
Rosanow, B.G. 1984: Principles of the doctrine on the environment, Int. Geogr. Union, Moskau.
Rosanow, B.G.; Somn, I.S., 1981: Der Plan zum Kampf gegen die Desertifikation in der UdSSR: Einschätzung, Überwachung, Vorhersage und Bekämpfung, Probl. Ows. Pustyn, 6, S. 22-31 (russisch).
Ross, N.M. 1971: L'image du monde physique en Russie à la fin du XIVe siècle. Cahiers du Monde Russe et Soviétique, XV, 3-4, S. 247-277.
Rostkowski, J.; Ciprut, M. 1979: Les Turkmèmes, hommes du vent, Maisonneuve éd., Paris, 93 S.
Röther, R. 1873: Die Aralseefrage, Sitzungsberichte Kön.Ak.Wissenschaften Wien, Phil. hist. Klasse, 54 (1), S. 173-260.
Rousseau, J.P. 1992: L'URSS de M.Gorbatchev, 2. Les aspects géoéconomiques, HEG-Prepacours éd., Nantes, 120 S.
Routes d'Asie: siehe Autorenkollektiv 1988
Roux, J.P. 1984: Les explorateurs au Moyen-Age, Fayard éd., Paris.
Roux, J.P. 1986: Les Turcs, Fayard éd., Paris.
Roux, J.P. 1991: Tamerlan, Fayard éd., Paris.
Roy, O. 1992: Ethnies et politique en Asie Centrale, Rev. Monde Musulman et Médit., 59/60, S. 17-36.
Roy, O. 1992: Le renouveau islamique en URSS, Rev. Monde Musulman et Médit., 59/60, S. 133-143.
Rubanow, I.W. 1982: Neue Ergebnisse zur Struktur der Ablagerungen am Boden des Aralsees, Probl. Ows. Pustyn, 2, S. 35-44 (russisch).
Rubanow, I.W.; Bogdanowa, N.M 1987: Bilanz der Salzabtragung an der verlandeten Küste des Aralsees, Probl. Ows. Pustyn, 3, S. 9-16 (russisch).
Rubanow, I.W.; Ischnjasow, D.P.; Baskakowa, M.A.; Tschistjakow, P.A. 1987: Geologie des Aralsees, Isd. FAN, Taschkent, 248 S. (russisch).

Rubrouck, G. de 1257: Voyage dans l'empire mongol, von C. und R. Kappler (Hrsg.) aufbereitete Ausgabe, Payot, 1985, 318 S.

Russow, S. 1839: Die Reise des Kaufmanns Danilo Rukawkin aus Samara von Orenburg nach Chiwa im Jahre 1753, Shurn. Ministerstwa Wnutr. Djel., XXXIV, 12, S. 351-401 (russisch).

Ryschkow, A.M.; Wetschteyn, W.J; Je, W.E. 1977: Veränderungen der Verhältnisse D/H und 18 O/16 O in den Niederschlägen bestimmter Klimazonen der Sowjetunion in Asien. Isdat. Ak. Nauk SSSR (Atmosph.-Physik Ozean.), 12, 7, S. 451-454 (russisch).

Sabitowa, N.k. 1980: Anwendung der Dimensionsanalyse bei der Suche nach natürlichen Ähnlichkeitskriterien für die Urbarmachung bewässerter Trockengebiete, Wodn. Res., 2, S. 116-122 (russisch).

Sabsoub, J.P. 1988: Die Reise des Kaufmanns Nikitin von der Rus' nach Indien (1466-1472). Ein Beitrag zur Begegnung mit dem Anderen, Holos Pub., Bonn, 184 S.

Sachanpeisow, R.; Shamabekow, J. 1978: Probleme des Bodenschutzes in Kasachstan, Probl. Ows. Pustyn, 4, S. 63-69 (russisch).

Sadneprowskij, J.A. 1990: Action réciproque des nomades et des civilisations anciennes..., in: "Colloque d'Alma-Ata", Francfort éd., CNRS, Paris, S. 233-240.

Sadow, A.W., Krapilskaja, N.M., Rewson, A.L. 1980: Aerospace methods of examining aeration zones in sandy desert, Int. Geol. Rev., 23 (3), S. 297-301.

Sadow, A.W., Krasnikow, W.W. 1987: Infrarot-Fernerkundung des Einströmens von Grundwasser in den Aralsee, Probl. Ows. Pustyn, 1, S. 31-36 (russisch).

Sagers, M.i. 1990: Review of soviet energy industries, Sov.Geogr., 4.

Sagidullajew, N.S., Nowoshilowa, M.k. 1971: Heterotrophe Mikroflora der Stauseen des Amu-Darja und ihre Rolle bei der Mineralisierung organischer Substanz, Mikrobiologija, 40, 4, S. 714-717 (russisch).

Sagitow, N.k.; Pirnijasow, T. 1981: Biologie des Steinbeißers des unteren Amu-Darja, Bjul.Mosk.Ob.Ispyt.Prir. (biol.), 86, 6, S. 46-51 (russisch).

Sagitow, N.k.; Pirnijasow, T. 1981: Biologie des Steinbeißers des unteren Amu-Darja, Bjul.Mosk.Ob.Ispyt.Prir. (biol.), 86, 6, S. 46-51 (russisch).

Saint-George, G. 1974: Déserts et montagnes de Russie. Int. Time Life Verlag (zahlreiche Abbildungen).

Saint-George, G. 1978: Deserts et montagnes de Russie, Ed.Int.Time Life (3.frz. Auflage, zahlreiche Abbildungen).

Saint-Quentin, S. de: Histoire des Tartares (aufbereitet von J.Richard, Geuthner éd., Paris, 1965).

Sajkow, B.D. 1946: Derzeitige und zukünftige Bilanz des Aralsees, Trudy Nautschno-Issledow. Utschreshdenij GUMS, Reihe 4, Nr.39, S. 25-29 (russisch).

Sajzew, I.K. 1960: Principal types of hydrogeological structures in the USSR, Int.Geol.i., 2, S. 1085-1094.

Sakirow, R.S. 1982: Prevention of sand drifts on railways, roads and irrigation systems, UNEP-UNESCO, Int. Projects Support Progr. USSR, Moskau, 182 S.

Sakirow, R.S. et al. 1990: Organisierung von Landstraßen und Befestigung beweglichen Sandes unter Eisenbahnschienen, Probl. Ows. Pustyn, 3, S. 83-87 (russisch).

Saletajew, W. 1993: Ecotones and their management in irrigation regions, Int. Conf. on Surface Water Ecotones, Lyon, 9.5.1993 (soll bei Academic Press 1995 erscheinen).

Saletajew, W.S. 1989: Ein ökologisch destabilisiertes Umfeld: Die Ökosysteme arider Regionen bei sich wandelnden hydrologischen Verhältnissen, Nauka, Moskau, 148 S. (russisch).

Saletajew, W.S.; Koirska, W.k.; Nowikowa, W.W. 1990: some ecological aspects of the Aral problem, Wat.Res., 18 (3), S. 502-511.

Saletajew, W.S.; Nowikowa, N.M. 1990: Changes in biota of the Aral region as results of anthropogenic impacts, in: "Colloque de Noukous".

Salijew, A.S.; Batirow, A.B. 1991: Prinzipien und Tendenzen der Entwicklung der ariden Zonen Mittelasiens, Probl. Ows. Pustyn, 3/4, S. 127-132 (russisch).

Samanow, S. et al. 1971: Geologie und Erzwirtschaft von Karakalpakien, Ak. Nauk Usbek., FAN, Nr.72, Taschkent, 170 S. (russisch).

Samsonow, S.K. 1963: Paläogeographie des westlichen Turkestan; Pflanzenanalyse, Geol. Ak. Nauk, Aschchabad, Buch Nr. 645 (russisch).

Sapir, J. (Hrsg.) 1990: L'URSS au tournant. Une économie en transition, Ed. L'Harmattan, 266 S.

Saposhnikowa, S.A. 1970: Schematische Karte der Tage mit Sandstürmen in der ariden Zone der UdSSR und der Nachbarländer, Trudy N.k.I. Ak. Nauk, 65, S. 61-69 (russisch).

Sarjew, D. 1990: Methoden zur Bekämpfung der Kielwasserwellen auf dem Amu-Darja und dem Kara-Kum-Kanal, Probl. Ows. Pustyn, 1 oder 2 (?), S. 76-79 (russisch).

Sarudnyj, N. 1913: Reise im Sommer 1912 in die östliche Kysyl-Kum, Isw. Imp. Russk. G. Ob., 49, S. 315-394 (russisch).

Sattarow, D.S.; Sektimenko, W.E.; Popow, W.G. 1992: State of soil cover in the Aral region in conjunction with the dying of the Aral Sea, Eurasian Soil Science, 24 (6), S. 1-5.

Sborischuk, N.G.; Dronowa, T.i.; Popowa, T.W. 1988: Formation and properties of irrigation crusts on chernozems, Sov. Soil Sci., 3, 1988.

Schachunjanz, G.D. 1969: Eisenbahnen, Öffentl. Verkehr Veröff., Moskau, 615 S. (russisch).

Schafranowskij, K.k.; Knjashetschkaja, E.A. 1952: Karten des Kaspischen Meeres und des Aralsees, die bei der Expedition von Alexander Bekowitsch-Tscherkassy erstellt wurden, Usb. Wsjesojus. Geograf. Obschtschestwa, 6, S. 539-551 (russisch).

Schagojants, S.A.; Tschernenko, J.M. 1967: Die Rolle der Verdunstung bei der Ausweitung der förderbaren Reserven an Grundwasser. Das Beispiel der ariden Zonen Kasachstans, Dokl. Ak. Nauk SSSR (Geol.), 173, S. 17-19 (russisch).

Schalidse, F.N. 1973: Vegetationsdynamik der natürlichen Anhöhen und Stromrinnen der früheren und heutigen Deltas des Syr-Darja, Ekologija, 4, 3, S. 24-30 (russisch).

Schalja, A.A. et al. 1973: Geological and hydrogeological indications of gas in Mesozoic sediments North-West of the Aral Sea and in Northern Ust-Urt, Int. Geol. Rev., 15 (9), S. 1025-1032.

Schalow, P.k.; Merkulowa, K.k., Tusowa, T.W., 1966: The 234U/238U ratio in water and bottom sediments of the Aral Sea and the absolute age of the basin. Geoch. intern. (Übers. aus Geochimia, 12, S. 1431-1438, 1966).

Schanyschewa, S.G. 1966: Lokale Winde in Mittelasien", Gidrometeoisdat, Leningrad, 120 S. (russisch).

Schapiro, K.S. 1963: Methoden zur Berechnung der Verstopfung hydraulischer Einrichtungen entlang des Amu-Darja, Gidrotechnitscheskoje Stroitjelstwo, 2, S. 104-109 (russisch).

Schaposchnikow, L.W.; Werschtschagin, N.K., 1931: Les lacs du cours moyen du Syr-Darya, Isw. Gos. Geogr. Obschtsch., 63, S. 402-432 (russisch).

Scheglowa, O.P. 1961: Klassifizierung der mittelasiatischen Flüsse nach der Art ihrer Speisung, Isw. Ak. Nauk SSSR (Geogr.), 3, S. 19-27 (russisch).

Scheklina, E.A. 1961: Eigenschaften der quartären Sedimente des Amu-Darja-Tals im Hinblick auf den Bau von Bewässerungskanälen, Wopros. Gidrogeol. insh. Geol., 19, S. 59-71 (russisch).

Schelajew, A.F.; Wailert, G.k. 1956: Vertiefung und Erosion des Amu-Darja-Deltas. Isw. Ak. Nauk Usb. SSR, 4, S. 33-42 (russisch).

Schepurko, N.L.; Machowa, N.N. 1970: Biogeochemistry of soils in the USSR desert zone, in: "Int. Symp. Hydrogeoch. Biogeoch.", Tokio, Zusammenfassungen S. 104, Int.Ass.Geoch.Cosmoch. Hrsg.

Scherednischenko, W.P. 1973: Die Morphologie äolischer Reliefs und der Bau von Pipelines in der Wüste, Ilym, Aschchabad, 130 S. (russisch).

Scherednischenko, W.P. 1980: Die Rolle anthropogener Faktoren bei der äolischen Reliefbildung der nördlichen Karakorum, Probl. Ows. Pustyn, , 3, S. 20-23 (russisch).

Scherednischenko, W.P. 1987: Geomorphologische Zonierung der Wüsten von Nord-Turkmenistan für die Bedürfnisse öffentlicher Bauvorhaben, Probl. Ows. Pustyn, 4, S. 25-32 (russisch).

Schewtschenko, A.k. 1961: Hydrogeologische Klassifizierung der bewässerten Zonen Turkmenistans, Isdat. Ak. Nauk Usb., 164 S. (russisch).

Schilow, I.A. et al. 1987: Aktuelle Probleme des anthropogenen Einflusses auf biologische Systeme und ökologische Probleme, Ekologija, Moskau, 5, S. 3-8 (russisch).

Schiltberger, J. 1879: The bondage and travels of Johann Schiltberger (1396-1427), The Hakluyt Society, London.

Schiltz, V. 1991: Histoire des Kourganes. Gallimard éd. Paris, 144 S.

Schistajewa, S.P.; Pawlenko, W.N. 1987: Salzwasserhaushalt des Aralsees, Selewyje potoki 97, S. 49-60 (russisch).

Schistjajewa, S.P.; Pawlenko, W.N. 1987: Salzhaushalt des Aralsees, in: "Gidrologitscheskije rastschoty i prognosy", Selewyje Potoki, 97, S. 49-60 (russisch).

Schmick, J.H. 1874: Die Aralo-Kaspi-Niederung und ihre Befunde im Lichte der Lehre von den säkularen Schwankungen des Seespiegels und der Wärmezonen, Leipzig, 125 S.

Schmidt, C.; Dohrandt 1879: Wassermenge und Suspensionsschlamm des Amu-Darja in seinem Unterlaufe, Sap. Akad. Imp. St. Petersburg, (7), 25, S. 4-8.

Schnitnikow, A.V. 1973: Water balance variability of lakes Aral, Balkash, Issyk-Kul and Chany, in "Hydrology of lakes" (Helsinki Symposium on lakes, 1972), Int. Ass. Hydrol. Sci. publ. 109, S. 130-140.

Scholasky, J. de 1909: Le niveau des lacs de l'Asie Centrale Russe et les changements de climat, Ann. Geogr. (Paris), 18, S. 407-420.

Schornikow, E.k. 1973: Muschelkrebse des Aralsees, Zool.Shurn., 52, 9, S. 1304-1314 (russisch).

Schternenberg, L.k. et al 1975: Mechanismus der rezenten Bildung von kohlensauren Oolithen, Isw. Ak. Nauk SSSR (Geol.), 9, S. 113-122 (russisch).

Schtscherbakow, F.A.; Switosch, A.A. 1991: Paläogeographie und pleistozäne Geomorphologie der kaspischen Region, Isd. Nauka, Moskau, 157 S. (russisch).

Schtscherbatschow, W. 1960: Travaux d'irrigation dans le désert du Kara-Koum, Ann. Géogr., Paris, S. 312-313.

Schubenkyna, E.i. 1990: Natürliche Saxaul-Vorkommen in der Senke des Syr-Darja und ihre Schädigung, Probl. Ows. Pustyn, 4, S. 39-44 (russisch).

Schults, V.L. 1975: Die Wasserbilanz des Aralsees. Trudy Sredn. Reg. Nautschno-Issl. Gidrom. Inst., 23, 104, S. 3-28 (russisch).

Schults, W.L. 1965: Flüsse von Mittelasien, Gidrometeoisdat, Leningrad (russisch).

Schults, W.P. 1948: Wasserbilanz des Amu-Darja, Trudy Usb. Geogr. Obsch., 2, 21 (russisch).

Schumakow, I.S.; Bysowa, S.L.; Gansej, S.S. 1988: Meotianisch-Pontische Geochronologie des östlichen Paratethys, Dokl.Ak.Nauk, 303, 1, S. 178-181 (russisch).

Sécheresse, 1992. Sonderausgabe über den Aralsee, 3, 3, S. 189-202.
Seiberlik, N.E. 1992: Centers supplying groundwaters to the Sarmatian limestones of Ust-Urt. Water Res. 2, S. 163-165.
Sellier, J.; Sellier, A. 1993: Atlas des Peuples d'Orient, La Découverte, Paris, 200 S.
Semenow, A.D.; Nemzewa, L.k.; Kischkinowa, T.S.; Paschanowa, A.P.; Generalowa, W.A. 1966: Chemical nature of organic substances in water of the main rivers of the USSR, Dokl. Ak. Nauk (Geol.), 170, S. 216-218.
Semenow, P.P. 1888: Turkestan i Sakaspijskij Kraj w 1888 godu (Turkestan und das Land jenseits des Kaspischen Meers im Jahre 1888), Isw. Imp. Russk. G. Ob., XXIV, S. 289-326 (russisch).
Senkewitsch, L.A. 1957: Caspian and Aral Seas, Mem.Geol.Soc.Amer., 67 (1), S. 869-917.
Senkewitsch, L.A. 1977: Ausgewählte Artikel: 1. Biologie der nörlichen und südlichen Meere der UdSSR, Band 1, Nauka, Moskau, 339 S. (russisch).
Senkowitsch, W.P. 1947: Die Ablagerungen am Grunde des Aralsees, Mosk. Obschtsch. Ispyt. Priroda Bjull. (Geogr.), Moskau, 22, 4, 39-60 (russisch).
Serebrennikow, A.G. (Hrsg.) 1912-1916: Die Region von Turkestan. Materialien zur Geschichte seiner Eroberung, 14 Bände, Taschkent (russisch).
Sergejew, W.A. 1936: Materialien zur hydrochemischen Charakterisierung der freien Grundwasserschicht im Norden der Region des Aralsees, Isw. Russk. Geogr. Ob., 68, 5, S. 677-691.
Serjakowa, L.P. 1957: Bestimmung der Verdunstung und Abschätzung der Bewässerungsanteile, Isw. Ak. Nauk SSSR (Geogr.), 6, S. 112-117 (russisch).
Shakespear, R. 1842: A personal narrative of a journey from Herat to Orenburg, on the Caspian, in 1840, Blackwood's Magazine, Juni 1842.
Sheehy, A. 1963: Irrigation: Process since 1960, Central Asia Rev., XI, 2, S. 138-154.
Sheehy, A. 1963: The enigma of the main Turkmen Canal, Central Asia Rev., XI, 2, S. 279-281.
Sheely, A. 1967: Irrigation in the Amu-Darya basin: progress report, Central Asia Rev., 15 (4), S. 342-353.
Shein, V.S. 1985: A geodynamic model for the petroliferous regions of the Southern USSR, Int. Geol. Rev., S. 253-266 (Bibliogr.).
Shiwotowskaja, A.k.; Popow, G.k. 1967: Das Akschagylian des westlichen Usbekistans, Dokl. Ak. NaukSSR (Geol.), 172, 6, S. 1397-1400 (russisch).
Shlikhter, S.B. 1986: The role of basic infrastructure in integrated development of arid regions, UNEP-UNEPCOM, Moskau, S. 48-53.
Shollybekow, W. 1987: Umwandlung der Böden auf der Meerseite des Amu-Darja-Deltas in Verbindung mit anthropogener Desertifikation, Probl. Ows. Pustyn, 2, S. 26-33 (russisch).
Shollybekow, W. 1988: Soil mantle of the dry bottom of the Southern part of the Aral Sea, Sov.Soil Sci., 20, 3, S. 28-34.
Sidorenko, A.W. (Leitg.) 1957: Geologie der UdSSR, Band 22: Turkmenische SSR, Nedra, Moskau, 618 S. (russisch).
Sidorenko, A.W. (Leitg.) 1972: Geologie der UdSSR, Band 24: Usbekische SSR, Nedra, Moskau, 718 S. (russisch).
Sidorenko, A.W. 1953: Kontinentale Ablagerungen in der östlichen Kara-Kum, Dokl. Ak. Nauk SSSR, 92, 3, S. 653-657 (russisch).
Sievers, G. 1873: Die russische militärische Expedition nach dem alten Oxus-Bette, Peterm. Mitt., S. 287-292.
Sigalow, W.M. 1986: Dynamische Kartographie des Aralsees, Geodesija i Kartogr., 4, S. 39-42 (russisch).

Sijadulajew, S. 1989: Der Aralsee und seine Region; Wege die zu einer Veränderung führen können, Planowoje Chosjajstwo (Planwirtschaft), 9, S. 1 (russisch).
Simonow, A.k. 1971: Aktuelle und langfristige Bilanz des Wassers und des Salzes in den südlichen Meeren der UdSSR (Asowsches Meer, Kaspisches Meer, Aralsee) und mögliche Veränderungen ihres Wasserhaushalts und ihrer hydrochemischen Verhältnisse, Meteorol. Gidrologija, 6, S. 92-101 (russisch).
Simonow, A.k. 1971: Aktuelle und langfristige Bilanz des Wassers und des Salzes in den südlichen Meeren der UdSSR (Asowsches Meer, Kaspisches Meer, Aralsee) und mögliche Veränderungen ihres Wasserhaushalts und ihrer hydrochemischen Verhältnisse, Meteorol. Gidrologija, 6, S. 92-101 (russisch).
Sinor, D. (Hrsg.) 1990: The Cambridge history of early inner Asia, Cambridge Univ. Press, 518 S.
Sirashew, N.D. 1989: Geologic history and oil and gas potential of the South Turgay syneclise, Int. Geol. Rev., 12, S. 1173-1178.
Siroshidinow, K.S. 1991: Die Ursachen des Absinkens des Aralsees, Probl. Ows. Pustyn, 6, S. 23-28 (russisch).
Sjörgen, H. 1888: Über das diluviale Aralokaspische Meer, Jahrb. K.K.Geol. Reichsanst., Wien.
Sjuganow, W.W. 1984: The penetration of Aral stickleback, Pungitius platygaster aralensis [Stichling], into the Ob basin, J.Ichthyol., 24, 3, S. 126-135.
Skwortsow, Ju.A. 1962: Materialien für ein funktionierendes stratigraphisches Unterscheidungsschema für quartäre Ablagerungen in Usbekistan, Sow. Geol., 1, S. 146-155 (russisch).
Smolko, A.k. 1934: Betrachtungen über die Region westlich des Aralsees und den Ostteil des Ust-Urt (Karakalpakien), Ak. Nauk SSSI, Sow. po Isutschen. Proiswod. Sil, Karakalpakia, Band 1, S. 153-169 (russisch).
Sokolow, W.P. 1962: Übersicht über Geochemie der Steppen und Wüsten; Erkundung von Erzlagerstätten, Int. Geol. Rev., 5 (6), S.737-738 (englisch).
Sokolowa, T.A. et al. 1985: Salt neoformation in solonchakic solonetzes of the northern Caspian region, Sov. Soil Sci., 17, S. 99-108.
Sokolowskaja, L.G., Sedletschy, V.k. 1989: The hydrogeological significance of saltbeds in Southern Central Asia. Int. Geol. Rev., S. 806-814.
Sokolowskaja, L.G.; Dawydow, I.i. 1963: Eigenschaften des artesischen Beckens der Kara-Kum, Isw. Ak. Nauk Turkmen. SSR (Phys.), 6, S. 94-100 (russisch).
Sokolowskaja, L.G.; Sedlezkij 1989: The hydrogeological significance of salt beds in southern Central Asia, Int. Geol. Rev., S. 806-814.
Sokolowski, L.G. 1973: Verwendung der Isotopenzusammensetzung der natürlichen Gewässer aus dem Westen der Turkmenischen SSR zur Bestimmung von deren Ursprung, Wodn. Res., (1), S. 33-38 (russisch).
Sokolowski, L.G. 1993: Evaluation of the origins and movements of underground waters of the central Kopet-Dag and the adjacent regions of the Karakum mountains as analyzed by an isotope method, Water Resources, 20, 2, S. 198-210.
Sokolowski, L.G.; Esghowa, M.P. 1982: Use of the isotopic composition of natural waters of Western Turkmen SSR for the determination of their origin, Water Res. (Übers. Wodnye Res.), 1, S. 10-15.
Sokolowski, L.G.; Romanow, W.W. 1993: Evaluation of the origins and movements of underground waters of the Central Kopet-Dag... Water Res. 2, S. 198-211.
Solotokrilin, A.N.; Tokarenko, A.A. 1991: Über Klimaänderungen in der Region des Aralsees während der letzten 40 Jahre. Isw. Akad. Nauk SSSR, 4, S. 69-75 (russisch).

Solowjewa, N.F. 1958: Zufluß von Salz und biogenen Substanzen aus dem Syr-Darja, Trudy lab. limnol., Band 8 (russisch).
Sonn, I.S. 1986: Land use and water resources in arid areas, in: "Arid lands...", UNEP-UNEPCOM, Moskau.
Sotnikow, A.W. 1957: Probleme und hydrochemische Eigenschaften des Abflusses der Flüsse Turgai und Irgis, Wjestnik Ak. Nauk Kasach., Nr.6 (russisch).
Sowmarkowa, W.W.; Zyzenko, K.W. 1978: Verringerung der Abflußmengen der Flüsse im Einzugsgebiet des Aralsees, Trudy Gosud. Gidrol. Inst., 251 (russisch).
Spuler, B. 1977: Amu-Darya, in: Encdycl. Islam, Band 1 (2.Aufl.), S. 467-470 und Bibliogr.
Spuler, B. 1977: Aral, ebd., S. 626-628.
Stadnyk, Y.V. 1974: Hydro-gas-biochemical criteria for petroleum occurences in the North Ust-Yurt basin, Int.Geol.Rev., 18 (7), S. 795.
Starobogatow, J.k.; Andrejewa, S.k. 1981: Neue Pyrgulidae-Arten (Bauchfüßler) des Aralsees", Zool. Shurn., 60 (1), S. 29-35 (russisch).
Starobogatow, J.k.; Andrejewa, S.k. 1981: Neue Weichtier-Arten aus der Familie der Pyrgulidae im Aralsee, Zool. Shurn., 60 (1), S. 29-35 (russisch).
Starodubzew, W.M. 1990: Versalzung der Böden der ausgetrockneten Ostküste des Aralsees, Probl. Ows. Pustyn, 5, S. 43-47 (russisch).
Stebnitzki, V.k.; Radde, H. 1871: Notizen über Turkmenien, Kaiserl.Russ.Geogr.Ges., Tiflis.
Stepanow, N.N.; Schembarisow, E.k. 1978: Einfluß der Bewässerung auf die Mineralisierung der Flüsse, Nauk, Moskau, 120 S. (russisch).
Stepanow, W.W. 1990: Realistische Projekte zur Rettung des Aralsees und seiner Region, Wjestnik Karakalp. fil. Akad. Nauk SSSR, 1, S. 3-17 (russisch).
Stepanowa, K.M. 1948: Stoffe, die über den Amu-Darja und den Syr-Darja in den Aralsee eingeleitet werden, Dokl. Ak. Nauk Usb. Nr.2 (russisch).
Strabo, 3 bis 19 n.Chr.: Geographie, Buch XI (Anm. und Register von F. Lasserre, frz. Ausgabe: Ed. Les Belles Lettres, Band 8 (1975)).
Strachow, N.M.; Brodskaja, A.N.; Ratejew, M.A.; Saposhnikow, D.G.; Schischowa, E.S. 1954: Die Bildung von Sedimenten in rezenten Becken, Isd. Ak. Nauk SSSR, 791 S. (genauere Analyse in Tschilingar, G.W., 1954, Int.Geol.Rev., 434-444 (russisch)).
Stredansky, J. 1978: Soil damage due to wind erosion, Acta Fytotechnica, 33, S. 282-291 (russisch).
Stumm 1874, Zeitschr. f. Erdkunde, Berlin.
Suavi, Ali 1873: A propos de la mer d'Aral, Bull. Soc. Fr. Géogr., VI, S. 528-536 (Antwort von E.Reclus).
Subenok, L.k. 1977: Verdunstungskapazität in den Wüsten der Welt, Probl. Ows. Pustyn, 4, S. 48-54 (russisch).
Suess, E. 1894: Beiträge zur Stratigraphie Zentralasiens, Denkschr. Kaiserl. Akad. Wiss. Wien, LXI.
Sujewa, O.W. 1987: Umweltveränderungen und ihre Untersuchung in den Schutzgebieten des Aralbeckens, Probl. Ows. Pustyn, 3. S. 40-46 (russisch).
Sumanjasow, K.D. 1978: Der Sary-Kamysch-See (russisch). Proc. Middle Asia's Regl.Sci.Res.Inst., 59, S. 67-74.
Suslow, S.P. 1961: Physical geography of Asiatic Russia. Freeman & Co. ed., San Francisco & London (Übersetzung aus dem russischen Original von 1947).
Swjerew, N.E.; Seijdowa, R.D. 1990: Unterirdische Masse der Sträucher und Halb-Sträucher der Kara-Kum, Probl.Ows.Pustyn, 1 oder 2 (?), S. 58-63 (russisch).

Sydykow, P. (Hrsg.) 1969: Hydrochemie und Wassertemperaturen der Grundwässer von Kasachstan, Isdat. Nauk Kasach. SSR, Alma-Ata, 196 S. (russisch).

Sydykow, S.S.; Schapiro, S.M. 1990: Significance of groundwater in improving the ecological situation in the Aral and Balkash basin under intensive technogenic action, Sov. Engineering Geol., 2, S. 70-74.

Syjadullew, S.K. 1990: Nutzung von Land und Wasser in Mittelasien und Kasachstan, Probl. Ows. Pustyn, 2, S. 3-7 (russisch).

Tagajew, I.S., Amanow, A.A. 1989: Morphometric characteristics of the Aral roach [Plötze] ..., J.Ichthyol., 29, 5, S. 103-105.

Tagajew, I.S.; Amanow, A.A. 1989: Morphologie der Aralsee-Plötze..., Shurn. Ichtiol., 29, 5, S. 103-105.

Taris, E. 1912: Lettre à la Société de Géographie. La Géographie, 26, S. 351-352.

Tarn, W.W. 1951: The Greeks in Bactria and India, Cambridge Univ. Press éd.

Tavernier, P. 1993: Les nouveaux Etats sans littoral d'Europe et d'Asie et l'accès à la mer, Revue générale de droit public, (3), S. 728-744.

Teilhard de Chardin, P. 1933: The significance of piedmont gravels in continental geology, in: "Proc. Int. Geol. Congress, Washington", Band II (veröff. 1936), S. 1031-1039.

Ten Hak Mun, T.A.; Kasatschek, T.A. 1990: Regelhaftigkeiten bei der Zerstörung des restlichen Röhrichts in den Überschwemmungsebenen des Amu-Darja, Ekologija, Moskau, 2, S. 72-73 (russisch).

Terentiew, M.A. 1876: Geschichte der Eroberung Mittelasiens, SPB, 3 Bände (russisch); Neuauflage 1906.

Terentiew, M.A. 1876: Russia and England in Central Asia, 2 Bände, Kalkutta (übersetzt von der russischen Ausgabe von 1875).

Tetjuchin, G.F. 1970: Paläogeographie des Aralsees, Isw. Ak. Nauk (Geogr.), 5, S. 67-69 (russisch).

Thevenot, M. 1664: Relation de divers voyageurs curieux..., Cl. Barbin, Paris.

Tichwinskij, I.N. 1987: The principal factors in the formation of potassium sulfate salts, Int.Geol.Rev., 29, 12, S. 1463-1472 (Übers. Sow.Geol., 1, S. 39-48, 1988).

Timaschew, I.E. 1991: Der Aralsee und das Gebiet jenseits davon: Wie kann man der ökologischen Katastophe steuern?, Probl. Ows. Pustyn, 6, S. 16-23 (russisch).

Tleowow, R.T. 1981: Die jüngsten Verhältnisse im Aralsee und ihre Wirkungen auf die Fauna der Fische, FAN, Taschkent. 190 S. (russisch).

Tleowow, R.T., 1981: Die jüngsten Verhältnisse im Aralsee und ihre Auswirkungen auf die Fischfauna, FAN, Taschkent, 190 S. (russisch).

Toeplitz-Mrozowska, E. 1931: Lacs et montagnes des Pamirs, La Géographie, 55 (1), S. 97-120.

Tolchelnikov, Y.S. 1968: Caracteristic reflexion curves and the interpretation of desert soils from aerial survey photographs, Int., Geol. Rev., S. 1493-1504.

Tolstow, S.P. (Hrsg.) 1960: Die Niederungen des Amu-Darja, des Sary-Kamysch und des Usboi. Materialien der Choresm-Feldforschung, Isd.Ak. Nauk, Moskau (russisch).

Tolstow, S.P. 1962: Über die früheren Deltas des Oxus und des Jaxartes, Isd. Wost. Lit., 322 S. (russisch).

Toltschelnikow, J.U. 1968: Characteristic reflection curves of desert soils, Sov.Soil Sci., S. 1493-1504.

Toum, P.P. 1960: zitiert in Rogow, M.M. 1957.

Treskinski, S.A. 1957: Landstraßen durch den Sand, Awtotransport Publ., Moskau, 116 S. (russisch).

Trumkin, G. 1957/58: Archéologie soviétique en Asie, Etudes soviétiques, 11, S. 73-96.

Trumkin, G. 1970: Archeology in Soviet Central Asia, Brill éd., Leiden.
Tschemjarisow, E.k. 1989: Abflußmengen und Mineralisierung des Wassers der großen Sammelkanäle, Wodn. Res., 1, S. 49-53 (russisch).
Tscherbakow, J.A. 1991: L'atome et l'écologie: sauver la mer d'Aral et ses affluents, AIEA Bulletin, 33 (4), S. 15-17.
Tschernenko, I.M 1965: Unterirdischer Abfluß in den Aralsee und seine Beziehung zum Seespiegel, Geol.Geofis.Gidrogeol., 46, Isdat. Nedra, Moskau (russisch).
Tschernenko, I.M. 1968: Das Problem des Aralsees und seine Lösung, Probl. Ows. Pustyn, 1 (russisch, engl.Übers.: The aral sea problem and its solution" in Sov. Geogr. Review P.OP 9, 6, S. 489-492).
Tschernenko, I.M. 1968: The Aral Sea problem and its solution, Sov.Geog., 9, S. 489-492.
Tschernenko, I.M. 1970: Zufluß von Grundwasser in den Aralsee, Probl. Ows. Pustyn, 4 (russisch).
Tschernenko, I.M. 1972: Der Zufluß von Grundwasser, die Salzbilanz und das Problem des Aralsees, Probl. Ows. Pustyn, 2 (russisch).
Tschernenko, I.M. 1983: The water salt balance and the utilization of the drying Aral Sea", Probl. Des. Develop., 3, S. 18-25 .
Tschernenko, I.M. 1983: Simulation of artesian water seepage into the Aral Sea basin, Int. Geol. Rev., 25, 2, S. 211-215 (Übers. Geol. i Raswjedka, 10, S. 82-88, 1981).
Tschernenko, I.M. 1986: Überlegungen zur Regulierung der Wasser- und Salzbilanz des Aralsees, Probl. Ows. Pustyn, 1, S. 3-11 (russisch).
Tschernenko, I.M. 1987: Nochmals etwas zum Aralsee-Problem, Probl. Ows. Pustyn, 4, S. 53-56 (russisch).
Tsepkin, E.A. 1987: On the Aral trout, Salmo trutta aralensis, J.Ichthyol., 27, 6, S. 104-106.
Tsigelnaja, I.D. 1973: Role of ice run-off in the water balance of the mountain area of Central Asia, Symp. "The Hydrology of Glaciers 1963", AIHS pub. 95, S. 227-238.
Tugolesow, D.A. 1955: Geologische Beschreibung des Sary-Kamysch-Beckens und der Gegend um die Quellen des Usboi, in: "Woprosy geologii Asii (Fragen der Geologie Asiens)", Band 2, Isd. Ak. Nauk SSSR, Moskau (russisch).
Turowskij, D.S., Resnikow, S.A. 1974: Karbonate der Sedimente des Aralseebodens, Litol. Miner. Res., 9 (5), S. 605-608 (russisch).
Turowskij, D.S., Resnikow, S.A. 1974: Karbonate in den Sedimenten des Aralseebodens, Litol. Poles. Iskop., 5, S. 118-122 (russisch).
Tursunow, A.A. 1989: Aral Sea and the ecological situation in Central Asia and Kazakhstan, Hydrotechnical Construction 23, S. 319-325.
U.N.E.P., 1977: Desertification: an overview presented to the UN Conference on D., UN Environment prog., Nairobi (Kenia).
Ubanow, I.W. 1981: Salz-Akkumulationen im Süden der Küstenregion des Aralsees, Isw. Ak. Nauk SSSR (Geogr.), 3, S. 98-106 (russisch).
Ujfalvy, M. de 1879: D'Orenbourg à Samarkande, Le Tour du Monde, 37, S. 1-96 und 38, S. 49-96.
Ukrainskij, F.i. 1972: Mögliche Mittel zur Ausweitung der Bewässerungslandwirtschaft im sowjetischen Mittelasien und die Zukunft des Aralsees, Isw. Akad. Nauk, Geogr., 1, S. 60-70 (russisch).
Umarow, N.M.; Kacharow, A.S. 1987: Organisierung von Überwachungssystemen für Grundwasser entlang des Südufers des Aralsees, Usb. Geol. Shurn., 6, S. 58-61 (russisch).
UNEP, 1987: Rolling back the desert: ten years after UNCOD. Desert Control Activ. Centre, United Nations Environment Programme, Nairobi (Bibliographie).

UNEP-UNEPCOM 1986: Arid land development and the combat against desertification: an integrated approach, Intern. Proj. Zentr., Moskau, 146 S.

UNEP-UNEPCOM, 1980: Mobile Sande in den Wüsten der UdSSR; Versandung und Aufforstung", Babajew ed., Int. Proj. Zentr., Moskau, 318 S. (russisch).

UNEP-UNEPCOM, 1982, Combating desertification in the USSR: problems and experience, Babajew A.G. (Hrsg.), Int.Proj.Zentr., Moskau, 120 S.

Urjewicz, Ch. 1989: Pogroms en Ouzbekistan, Herodote, Nr.54-55, S. 271-276.

Uschkin, L.B. 1937: Geologische Erkundungsarbeiten des nordwestlichen Teils der Region des Aralsees, Sapiski russk. ob. Mineral., Reihe 2, 66 (Teil 1), S. 170-184 (russisch).

Uspenski, A.P. 1950: Über die Hydrochemie des Aralsees, Bjull. Geogr. Obschtsch. SSSR, 82, 1, S-59-64 (russisch).

USSR National Committee on irrigation and drainage, 1960: Irrigation development in the Soviet Union from 1949 to 1959, Giprowodchos, Moskau, 110 S.

Uteschew, A.S. (Hrsg.) 1959: Das Klima von Kasachstan, Gidrometeoisdat, Leningrad, 368 S. (russisch).

Utkin, G.N. 1986: Problems of industrial development of arid lands, in: "Arid Lands...", UNEP-UNEPCOM, Moskau, 146 S.

Utschankylow, M.C.; Kurotschina, L.Ja.; Makulbjekowa, G.B.; Nekrasowa, T.F. 1979: Die Dynamik der Landschaftsbildungsprozesse am Südostufer des Aralsees, Probl. Ows. Pustyn, 2, S. 40-51 (russisch).

Vadrot, C.M. 1991: L'URSS, la roulette russe des nationalismes, Bayard éd., Paris, 443 S.

Vambery, A. 1863: Voyage d'un faux derviche en Asie Centrale, Als Serie in "Le Tour du Monde" erschienen, dann als Buch, Hachette, 2.Aufl., 1873 (Neuauflage von You-Feng, Paris, 1987).

Vambery, A. 1864: Travels in Central Asia, London.

Vambery, A. 1868: Sketches of Central Asia, London.

Vambery, H. 1906: Westlicher Kultureinfluß im Osten, Reimer, Berlin, 440 S.

Vereschaguine, B. 1873: Voyages dans l'Asie Centrale, Le Tour du Monde, S. 193-272.

Verma-Rameshwar, D. 1973: Interbasin transfer of water, in: "Water for the human environment", Chow, V.T. et al. Hrsg., Congress papers, Band I, S. 249-259, Int. Wat. Res. Ass.

Vidal de la Blache, P. 1894: Atlas classique. Armand Colin ed. Paris.

Vivien de St.Martin, L. 1879: Note sur la question de l'Oxus, Bull.Soc.fr.Géogr., 18, S. 272-274.

Vostokov, P. 1937: L'histoire soviétique des peuples eurasiens, Le monde slave (Paris), III, S. 290-317 und 418-436.

Vronskyj, V.A. 1987: The holocene stratigraphy and paleogeography of the Caspian Sea, Int. Geol. Rev., 29, 1, S. 14-24 (Übers. Isw. Ak. Nauk SSSR (Geol.), 2, S. 73-82, 1987).

Vucinich, W.S. (Hrsg.) 1968: The peasant in nineteenth century in Russia, Stanford Univ.Press.

Wadjunina, A.F.; Beresin, P.N. 1968: (zur Elektro-Osmose), Sov.Soil Sci., S. 92-98.

Wagner, H. 1885: Patrokles am Kara-Bugas, Nachr. Kgl. Ges. Wiss. Göttingen, S. 209 (zitiert bei V.Kampen in Peterm. Mitt., 1885, S. 480).

Wallace, H.A. 1947: Ma mission en Asie Soviétique, R.Julliard, Paris, 266 S. (Übersetzg. aus dem Amerikan.)

Walter, H.; Box, E., 1983: Semi-deserts and deserts of Central Khazakhstan, in: WEST, N.E.: "Temperate deserts and semi-deserts", Ecosystems of the world, Series, 5-43-78.

Walther, J. 1898: Das Oxusproblem in historischer und geologischer Beleuchtung, Peterm. Mitt., 44, S. 204-214; vgl. auch Geogr. Rev., 1899, 13. S. 66.
Walther, J. 1898: Geologische Studien in Transkaspien, Bulletin der Kaiserl. Ges. der Naturforscher v. Moskau, Nr.1.
Walther, J. 1898: Vergleichende Wüstenstudien in Transkaspien und Buchara, Verh. Gesellschaft f. Erdkunde zu Berlin, I.
Ward, T. 1879: The salt lakes, deserts and salt districts of Asia, Proc. Lit. Phil. Soc., Liverpool, 32, S. 235-255.
Wassiljenko, W.N.; Nasarow, I.M.; Fridman, S.D. 1988: Verschmutzung des Gebiets der UdSSR mit Schwefel- und Stickstoffablagerungen, Meteorol. Gidrologija, 8, S. 49-56 (russisch).
Wassiltschikowa, S.k.; Kersum, P.A. 1968: Sodium carbonate sonlonchaks of southern Tadzhikistan, Sov.Soil Sci., S. 1505-1513.
Weijsow, S.W.; Kushenko, W.D.; Radsiminski, P.S. 1987: Sukkzessionsgeschwindigkeit der Floren in den Sanddünen der östlichen Kara-Kum, Probl.Ows.Pustyn, 5, S. 61-67 (russisch).
Weinberg, B.k. 1991: Geschichte der Bewässerung des Deltas am Sary-Kamysch..., in: "Aral Krisis", Ak. Nauk SSSR (307 S.), S. 123-141 (russisch).
Weinberg, I.G.; Ulist, W.G.; Rose, W.K 1972: Zu den früheren Uferlinien und den Seespiegelschwankungen des Aralsees, Wopros. Tschetw. Geol., Riga, 4. (russisch).
Weischtein, I.G. 1976: Gegenwärtige Morphologie und Dynamik der Ufer des Aralsees, Woprosy Tschetwert. Geol. Riga, Band 6 (russisch).
Weischtein, I.G.; Weinsberg, A.F. 1982: Besonderheiten der Küstenbildung in den Bereichen des Aralsees nach dem neuerlichen Absinken des Seespiegels, in: "Ismenjaja urownja Morja", Isdat. MGU (Hrsg.) (russisch).
Wejnsberg, I.G.; Ulst, W.G.; Rose, W.K. 1972: Frühere Uferlinien und Veränderungen des Seespiegels des Aralsees, Wopr. Tschetwert. Geol., 6, S. 69-89 (russisch).
Welikij, N.M. 1973: Paläoböden der Turgai-Formation nördlich des Aralsees und ihre praktische Anwendung, Mosk. Obschtsch. Ispyt. Prir. Bjull. (Geol.), 48, 5, S. 153 (russisch).
Welikij, N.M. 1973: Paläoböden nördlich des Aralsees, Dokl. Ak. Nauk (Geol.), 212, S. 687-689 (russisch).
Wenjukow, A. 1886: Le dessèchement des lacs en Asie Centrale, Rev. Géogr., Paris, X, 81.
Wenjukow, M. 1869: The Pamir and the sources of the Amu-Darja, Journal Royal Geogr. Soc., 36, S. 248-263.
Wenjukow, M. 1873: Khiwa, Bull. Soc. Fr. Geogr., V, S. 349-384 und 592-630.
Wenjukow, P. 1890: Excursion dans les monts Mougodjar (Sud-Est d'Orenbourg), C.R. Soc. Géogr. Fr., S. 45-50.
Werth, N. 1981: La vie quotidienne des paysans russes de la Révolution à la collectivisation. Hachette éd. Paris, 420 S.
Westwood, J.N. 1964: A history of Russian railways, Allen & Unwin, London, 326 S.
Wetschteyn, W.i.; Artemtschuk, W.G.; Gurjewitsch, M.S. 1983: Distribution of H and O isotope waters of the Amu Darya Artesian basin, Int.Geol.Rev., 25 (11), S. 1328-1337 (Übers. Sow. Geologia, 10, S. 108-119, 1981).
Wiedemann, E. 1920: Über Gesetzmäßigkeiten bei Pflanzen nach Al Biruni, Biolog. Zentralblatt, 40, S. 413-416.
Wiktorow, A.S. 1976: Indices zur Abgrenzung zwischen geographischen Regionen; das Beispiel der Region Aralsee - Kara-Kum, Semlewedenije, 1 (51), S. 36-41 (russisch).
Wiktorow, S.W. 1968: Die Oasen im Ust-Urt und ihre Erschließung, Isw. Wsjesojusnogo geogr. Obschtsch., 4, S. 289-298 (russisch).

Wiktorow, S.W. 1970: Der Schutz menschlicher Siedlungen vor den Wüsten, Probl.Geogr.Mjol., Moskau, 82, S. 95-102 (russisch).

Wiktorow, S.W. 1971: Anbau in den Wüsten des Ust-Urt, Isdat. Nauka, Moskau (russisch).

Wiktorow, S.W. 1978: Schutz der Vegetation und ihre Wiederherstellung im Ust-Urt, Probl. Ows. Pustyn, 4, S. 77-82 (russisch).

Wiktorow, S.W. 1983: Botanische Indikatoren für den Zerfall der Ruinen von Schajtan-Kala (Ust-Urt), Ekologija, Moskau, 2, S. 65-66 (russisch).

Wilfort, F. 1930: Turkestanisches Tagebuch, Wien.

Winogradow, A.W. 1968: Neolithische Entdeckungen im Choresm, Nauka, Moskau (russisch).

Winogradow, B.W.; Frolow, D.E.; Popow, W.A. 1991: Luftüberwachung und Dynamik der Ökosysteme des Amu-Darja-Deltas, Ekologija, 5, S. 3-8 (russisch).

Witkowskaja, T.P. 1990: Die Takyrs als Element der Wasserspeicherung von Oberflächenwasser in den Wüsten, Probl. Ows. Pustyn, 6, S. 54-59 (russisch).

Witkowskaja, T.P. et al. 1985: Wachstumsdynamik des Sary-Kamysch-Sees auf der Grundlage von Satellitenfotos, Probl. Ows. Pustyn, 6, S. 38-43 (russisch).

Witowskaja, T.P.; Mansimow, M.; Tschekter, L.G. 1985: Dynamik des Sary-Kamysch-Sees, Probl. Ows. Pustyn, 6, S. 38-43 (russisch).

Wjalow, O. 1931: Hydrogeologische Forschungen in der Steppe südlich des Emba und nördlich des Ust-Urt, Trudy Geol. Prosp. Slu. SSSR, 61 (russisch).

Wjalow, O. 1933: Über die Tektonik des Ust-Urt, Sapiski Russk. Miner. Obschtsch., 62 (russisch).

Wjalow, O.S. 1934: Materialien zur Geologie der Region des Großen Barsuki (nördl. des Aralsees, Kasachstan), Arb. d. Nat. Ges., Leningrad, 63 (2), S. 139-163 (russisch).

Wjalow, O.S. 1935: Hydrogeologische Übersicht des Ust-Urt, Trudy Geol. Prosp. Slu. SSSR, 319, 71 S. (russisch).

Wojekow, A. 1909: Der Aralsee und sein Gebiet nach den neuesten Forschungen, Peterm. Mitteil., 55, S. 82-86

Wojekow, A. 1914: Le Turkestan russe, A.Colin éd., Paris, 360 S.

Wojekow, A.k. 1879: La question de l'Oxus, Bull.Soc.Geogr., 18, S. 262-274.

Wojekow, A.k. 1909: Der Aralsee und sein Gebiet nach den neuesten Forschungen, Peterm. Mitt., 55, S. 82-86.

Wolff, J. 1845: Narrative of a mission to Bokhara, 2 Bände, London, 1845.

Wolftsun, I.B. 1986: Variation of the annual flow of the Amu-Dar'ya and Syr Dar'ya under the influence of natural and anthropogenic factors, Soviet meteorology and hydrology, 7, 5 S.

Wolftsun, I.B. 1987: Abschätzung möglicher Wassereinsparungen in der Bewässerungszone des Amu-Darja, Meteorol. Gidrolog., 2, S. 104-107 (russisch).

Wolownik, W.W. 1992: Die wesentlichen Etappen der anthropogenen Veränderung der Landschaften von Nord-Turkmenistan, Probl. Ows. Pustyn, 1, S. 27-34 (russisch).

Wolski, J. 1991: L'époque parthe entre l'hellenisme et l'iranisme, in: Bernard & Grenet (s.o.), S. 49-56.

Wood, H. 1875: Notes on the lower Amu-Darya, Syr-Darya and Lake Aral in 1874, J. Roy. Geogr. Soc., 14, S. 367-413.

Wood, H. 1876: Geological exploration of the Amu-Darya district, Geogr. Mag., 3, S. 22-23, 34-48.

Wood, H. 1876: The shores of the Aral. Smith & Elder pub., London, 352 S.

World Bank 1993: The Aral Sea Crisis; proposed framework of activities, Intern. Report, 45 S., 29.3.93.

World Bank 1994: Aral Sea Program. Phase I, Internal Report, 54 S., 23.6.94.
World Meteorological Organization / UNDP 1994: Donor conference, Genf, 17./18.März 1994, 108 S.
Woropajew, G.W. 1982: Probleme der Wasserlieferung für das Land und räumliche Umverteilung der Wasserressourcen, Wodn. Res., 6, S. 3-28 (russisch).
Woropajew, G.W. 1992: Can the Aral Sea be recovered today? Water res., 19, 2, S. 97-101.
Woropajew, G.W.; Bostandchoglo, A.A. 1984: Probleme der Förderung, des Transports und der Verteilung eines Teils der Abflußmenge der sibirischen Flüsse, Nauk, Moskau, 375 S. (russisch).
Woropajew, G.W.; Ismailow, G.K.; Fjodorow, W.M. 1980: Konstruktionsprinzipien eines Simulationsmodells und seine Anwendung auf die Wasserressourcen der Einzugsbereiche von Amu-Darja und Syr-Darja, Wodn. Res., 4, S. 55-81 (russisch).
Wosnesenski, A.N.; Gangardt, G.G.; Gerardi, I.A. 1975: Principal trends and prospect of the use of water resources in the USSR. Sov. Geogr. 16, S. 291-301.
Wostokowa, J.A.; Abrasimow, I.K. 1969: Geomorphologische Indikatoren für artesische Quellen nördlich des Aralsees, Univ. Moskau, Wjestnik, Reihe 5 (Geogr.), 24 (2), S. 57-62 (russisch).
Wostokowa, J.E. 1956: Applications of the geobotanical method..., Int.Geol.Rev., S. 485-494.
Wostokowa, J.E.; Shdanowa, G.k. 1956: Utilization of geobotanical indicators, Int.Geol.Rev., S. 412-416.
Wronskij, W.A.; Klimanow, W.A. 1989: Korrelationsanalyse der Sporen-Pollen-Spektren in den rezenten Sedimenten des Aralsees, Iswestija wsjesojusnogo Geogr. Obschtsch. 120, 4, S. 338-344 (russisch).
Wuchrer, W.W. 1979: Wachstum von Primärvegetation auf dem ausgetrockneten Boden des Aralsees, Probl. Ows. Pustyn, 2, S. 66-70 (russisch).
Wyschiwskin, D.D. 1956: Compilation of soil salinity maps from geobotanical data, Int.Geol.Rev., S. 501-506.
Yablonskaja, E.A. 1979: Studies of trophic relationships in bottom communities in the southern seas of the USSR, in: "Marine productions mechanisms", Dumbar M.i.ed., Cambridge Univ.Press (UK), S. 285-310.
Yermachanow, Z.; Rasulow, A.K. 1983: Anasysis of spawning population and characteristics of the Aral Asp" A. aspius", J.Ichthyol., 23, 6, S. 39-47.
Yule, H. 1867: Cathay and the way thither, The Hakluyt Society, London.
Yule, H. 1879: Geographical notes on the basins of the Oxus and the Zarafshan, Geogr. Mag. (Juni, S. 49-53)
Zeiberlik, N.E. 1992: Centers supplying ground waters to the Sarmatian", Water Resources, 19, 2, S. 175-177.
Zepkin, E.A. 1987: Über die Forelle im Aralsee, Ichtiol. 27, 6, S. 104-106 (russisch).
Zinserling, V. 1927: Bewässerung am Amu-Darja: Ergebnisse des Baus von Bewässerungssystemen; Flächennutzungspläne; dringende Vorhaben, Moskau, 800 S. (russisch).
Zuber, S. 1933: Note on the age of the Caspian delta of the Amu-Daria, in:"Rept.16th Int.Geol. Congress, Washington", vol. 16.
Zyzenko, K.W.; Wonsowskaja, O.G. 1984: Abschätzung des aktuellen und zukünftigen nicht umkehrbaren Wasserverbrauchs und der Wasserrückführung im Einzugsbereich des Syr-Darja, Trudy Glawnogo Geol. I., 298 (russisch).

[illegible] The [illegible]

[illegible] 1987 [illegible]

Anhang 1

Resolution des Obersten Sowjet der UdSSR zur Umsetzung der Resolution des Obersten Sowjet der UdSSR zu den "dringenden Maßnahmen der ökologischen Sanierung des Landes" hinsichtlich der Probleme des Aralsees

(vollständige Übersetzung des offiziellen Textes)

Der Oberste Sowjet der UdSSR stellt fest, daß sich das Problem des Aralsees, einer bedeutenden ökologischen Krise unseres Planeten, zugespitzt hat. Die Verschlechterung der gesundheitlich-epidemiologischen, sozioökonomischen und ökologischen Lage in diesem weiträumigen Landstrich setzt sich fort. In der autonomen Republik Karakalpakien sowie in den Gebieten von Ksyl-Orda, Choresm und Taschaus ist eine in allen Lebensbereichen äußerst schwierige Lage entstanden; man stellt eine erhebliche Verschlechterung der Lebensbedingungen und der Gesundheit der Bevölkerung fest; die allgemeine Sterblichkeit sowie die Kindersterblichkeit steigen.

Die ökologische Situation in der Region gerät außerhalb menschlicher Kontrolle. Das Klima der Region des Aralsees verschlechtert sich merklich. Der Transport von Salz und Staub aus dem Bereich des ausgetrockneten Seegrundes nimmt zu. Die gefährliche Verschmutzung durch Pestizide und die Versalzuung der wichtigsten Quellen der Trinkwasserversorgung in der Region - des Amu-Darja und des Syr-Darja - gehen weiter. Der Pegel ätzenden Grundwassers hat sich erhöht; Gärten und Weingärten sterben ab; Gebäude werden zerstört. Die Bodenfruchtbarkeit sinkt; die Weiden verschlechtern sich. Aufgrund des zu hoch gewordenen Salzgehalts hat der See seine Bedeutung für die Fischindustrie völlig verloren; der Verlust des Erbgutsder genetischen Information wertvoller Fischarten ist zu beobachten. Die Zerstörungskraft der Desertifikation an kulturellen, historischen und architektonischen Denkmälern von Weltrang hat sich verstärkt. Der ökonomische Schaden, der der Volkswirtschaft durch diese ökologische Katastrophe entstanden ist, beläuft sich für die Gesamtregion des Aralsees auf mehrere Milliarden Rubel jährlich.

Die Desertifikation des Bodens erfaßt ständig neue Gegenden: Außer den Gebieten der Region des Aralsees, die sich an den Grenzen der Republik Karakalpakien und den Regionen von Ksyl-Orda, Taschaus und Choresm befinden, betrifft sie mittlerweile auch das Gebiet mehrerer Landkreise der Regionen von Aktjubinsk (Republik Kasachstan), Buchara (Republik Usbekistan) und von

Tschardshou (Republik Turkmenien). Die Verschlechterung der Umweltqualität wird durch den niedrigen Entwicklungsstand der Produktivkräfte sowie der sozialen Bedingungen und Lebensbedingungen der Bevölkerung in der Region noch verschlimmert.

Die Austrocknung des Aralsees und die Verwüstung der Region des Aralsees sind das Ergebnis einer schlechten strategischen Entscheidung zur Entwicklung der Produktivkräfte im Einzugsbereich dieses Sees, die durch die staatlichen und wirtschaftlichen Organe des Landes und der Unionsrepubliken getroffen wurde, des ausgedehnten Verbrauchs von Boden- und Wasserressourcen und der Vorherrschaft der Baumwoll- und Reismonokulturen.

Erhebliche Fehler wurden beim Entwurf, beim Bau und bei der Nutzung der Bewässerungssysteme begangen. Der Wasserverbrauch pro Einheit ist höher als vorgesehen, was angesichts der offenkundigen Unzulänglichkeit und dem verwahrlosten Zustand des Entwässerungsnetzes zu einer großmaßstäbigen Versalzung der Böden führt, auf denen kein Fruchtwechsel mehr stattfinden kann.

Seitdem die Perestroika begonnen hat, wurde der Schleier des Schweigens über der Krise des Aralsees gelüftet; Maßnahmen zur Verringerung der Verwüstungskraft, zur Verbesserung der Lebensbedingungen und des gesundheitlich-epidemiologischen Umfeldes werden ergriffen. Im Verlauf der drei letzten Jahre wurden 1900 Großkanalisationen und gebündelte Kanalisationen im Rahmen der betriebsübergreifenden, städtischen oder dörflichen Netze errichtet; etwa 300 Wasserentsalzungsanlagen wurden eingerichtet, die 580 000 Personen versorgen können; Krankenhäuser mit einer Aufnahmekapazität von 2200 Betten und Polykliniken für die Aufnahme von 1500 Personen wurden gebaut. Eine allgemeine vorbeugende medizinische Untersuchung wurde eingeleitet; Maßnahmen zur Verbesserung des Gesundheitszustands der Bevölkerung und zur teilweisen Wiederherstellung der natürlichen Umwelt im Amu-Darja-Delta werden in die Tat umgesetzt.

Im Rahmen der Umsetzung der Resolution des Obersten Sowjet des UdSSR vom 27. November 1989 über "Die dringenden ökologischen Sanierungsmaßnahmen des Landes" wurden eine Regierungskommission, die Bundesgenossenschaft der Republiken "Aralsee", das Forschungs- und Koordinationszentrum "Aralsee" und eine Zweigstelle des letzteren (in Nukus) eingerichtet. Ein Wettbewerb zur Erarbeitung verschiedener Entwürfe zur Wiederherstellung des Sees wurde organisiert. Ein Projekt von UdSSR und UNEP (dem UNO-Programm für den Bereich der Umwelt) - "Teilnahme an der Vorbereitung des Aktionsplans zur Wiederherstellung des Aralsees" - wurde zuwegegebracht. Wissenschaftler unseres Landes und eine Arbeitsgruppe aus Experten des UNO-Programms für die Umwelt (UNESCO) sind zu der Erkenntnis gelangt, daß ein Gleichgewicht des Ökosystems der Region nicht erreicht werden kann, ohne den Aralsee wiederherzustellen.

Jedoch betrachtet der oberste Sowjet die getroffenen Maßnahmen als unzureichend. In den Unionsrepubliken Usbekistan, Kasachstan und Turkmenien sowie in der autonomen Republik Karakalpakien werden die bisher getroffenen Entscheidungen zu den Problemen des Aralsees nicht zufriedenstellend umgesetzt. Die Zeitpläne zur Inbetriebnahme der meisten Bauwerke, die sowohl für den produktiven als auch für den nichtproduktiven Sektor bestimmt sind, werden nicht beachtet. Für die Bevölkerung verschärft sich das Problem der Beschäftigung, soziale Spannungen wachsen.

Die schlechte Angewohnheit, Wasserressourcen der Region zu verschwenden, hat nicht aufgehört; die Probleme im Zusammenhang mit der Versorgung der Bevölkerung mit hochwertigem Trinkwasser werden nur langsam gelöst; man fährt damit fort, verschmutztes Wasser in die Flüsse Amu-Darja und Syr-Darja einzuleiten; die komplexe Modernisierung der Bewässerungssysteme, der Bau von Wasserversorgungseinrichtungen, Kanalisationssystemen und Kläranlagen kommen nur langsam voran, ebenso die Arbeiten zum Schutz der Böden und der Verbesserung mittels Pflanzen. Die Ausarbeitung eines zusammenhängenden Entwurfs für die Nutzung und den Schutz der natürlichen Wasser-, Boden- und anderer Ressourcen im Becken des Aralsees zieht sich in die Länge. In den Haushalten der Union und der Republiken werden nicht genug finanzielle und materielle Mittel zur Verfügung gestellt. Die Probleme im Zusammenhang mit dem Schutz der Volksgesundheit, insbesondere hinsichtlich des Baus von Kur- und Vorsorgeeinrichtungen, der Schaffung der erforderlichen materiellen und technischen Grundlagen und der Zuweisung medizinischen Personals sind nicht auf zufriedenstellende Weise gelöst. Der Verbrauch von Nahrungsmitteln liegt in Karakalpakien sowie in den Regionen von Ksyl-Orda, Taschaus und Choresm deutlich niedriger als im Mittel der entsprechenden Republiken und als in der gesamten UdSSR. Die Situation wird auch dadurch erschwert, daß der Anteil derjenigen Nahrungsmittel im Steigen begriffen ist, bei denen der Gehalt an Pestiziden und anderen Schadstoffen die Grenzwerte übersteigt.

Der Oberste Sowjet der UdSSR verfügt:

1. Das Ziel der radikalen Verbesserung der gesundheitlich-epidemiologischen Bedingungen der Bevölkerung und der sozioökonomischen Situation in der Region des Aralsees ist als ein objektives nationales Programm zu betrachten, ebenso die Stabilisierung und anschließende allmähliche Wiederherstellung des Aralsees.

Dem Kabinett der Minister der UdSSR, gemeinsam mit den höchsten staatlichen Leitungsorganen der Unionsrepubliken Usbekistan, Kasachstan, Turkmenien, Tadschikistan und Kirgisien sowie der autonomen Republik Karakalpakien wird verordnet, in der ersten Hälfte des Jahres 1991 ein Projekt zum Schutz und zur allmählichen Wiederherstellung des Aralsees auszuarbeiten, das mit den sozioökonomischen Entwicklungsbedingungen der Republiken Mittelasiens und der Region von Ksyl-Orda in Kasachstan eng verknüpft ist, und es dem Obersten Sowjet der UdSSR vorzustellen.

Es ist angebracht, im dritten Quartal 1991 ein langfristiges Unionsprogramm der Republiken für 1991 - 1995 und für den Zeitraum bis 2005 auszuarbeiten und zu genehmigen, mit dem die sozioökonomischen und gesundheitlich-epidemiologischen Lebensbedingungen der Bevölkerung im Umkreis des Aralsees grundlegend verbessert werden sollen. Angesichts der Verschärfung und der erheblichen Verschlechterung der ökologischen Situation in der Region ist es angebracht, als ersten Schritt des obengenannten langfristigen Programms in einem Zeitraum von etwa einem Monat ein Unionsprogramm der Republiken mit dringenden Sofortmaßnahmen für 1991/1992 zu genehmigen, mit dem die medizinisch-gesundheitlichen Verhältnisse der Bevölkerung sowie die sozioökonomische und ökologische Situation in der Region des Aralsees verbessert werden können. Es ist angebracht, eine Kontrolle zur Durchführung dieses Programms einzurichten.

Es ist angebracht, die Finanzierung der Arbeiten, die das Problem des Aralsees betreffen, insgesamt abzusichern - einschließlich der wissenschaftlichen Studien, wobei die Haushaltsmittel der Union un der Republiken zusammenzuführen sind, die im wesentlichen aus zentral verteilten materiellen und technischen Ressourcen stammen.

2. Das Kabinett der Minister der UdSSR muß gemeinsam mit den obersten Organen der Staatsleitungen der Republiken der Region in der ersten Jahreshälfte 1991 rechtsverbindliche Urkunden erarbeiten, mit denen die Grenzen und der Status der ökologisch geschädigten Zone des Aralsees festgelegt werden; es muß auch Vorschläge für zusätzliche Ausgleichsmaßnahmen formulieren, die der Bevölkerung der Region des Aralsees zugute kommen sollen, je nach dem Grad der Auswirkung der Desertifikation und anderer Faktoren, die einen negativen Einfluß auf die Gesundheit dieser Personen ausüben, dazu gehört auch die Einführung und Erhöhung regionaler Lohnzuschlagsfaktoren.

Es ist angebracht, 1991 einen Gesetzentwurf für den sozialen Schutz der Bürger zu vorzulegen, die Opfer der ökologischen Katastrophe in der Region des Aralsees geworden sind.

Um den Aralsee als Naturgut zu erhalten und auch um normale Lebensbedingungen an den Unterläufen von Amu-Darja und Syr-Darja zu schaffen, ist es angebracht, Maßnahmen zu treffen, um die Menge der garantierten Wasserversorgung von 1991 bis zum Jahr 2000 zu erhöhen.

3. Es ist angebracht, dem Vorschlag der Republiken Mittelasiens und Kasachstans hinsichtlich der Schaffung einer republikenübergreifenden Kommission zur Wiederherstellung des Aralsees und zur Einrichtung eines Hilfsfonds für die Bevölkerung der Region des Aralsees beizupflichten. Es erscheint vernünftig, 1991 auch einen republikenübergreifenden langfristigen Vertrag auszuarbeiten und abzuschließen, der die rationelle Verwendung der Wasserressourcen im Einzugsbereich des Aralsees regelt.

4. Die leitenden Staatsorgane der Unionsrepubliken müssen Maßnahmen treffen, um der Bevölkerung der Region des Aralsees hochwertige Nahrungsmittel zu liefern und um die Verwirklichung der ergriffenen Maßnahmen zur Stabilisierung der Gesundheit der Menschen zu beschleunigen. Es ist unverzichtbar, im Rahmen des langfristigen Programms zu den Problemen des Aralsees ein Kapitel "Ernährung der Bevölkerung im Gebiet des Aralsees" auszuarbeiten, ebenso wie ein Sanierungs- und Behandlungsprogramm "Kinder des Aralsees". Es ist ange-

bracht, besondere Aufmerksamkeit auf den Ausbau des Gesundheitswesens, die Verstärkung des medizinischen Personals, die Versorgung mit Arzneimitteln und medizinischen Geräten sowie auf den Ausbau der wissenschaftlichen Forschung zu richten, die die medizinisch-biologischen Aspekte der Vorbeugung von Beschwerden untersucht.

Es ist angebracht, praktische Maßnahmen einzuleiten, um die Versorgung der Bevölkerung am Unterlauf des Syr-Darja und des Amu-Darja mit qualitativ hochwertigem Trinkwasser zu beschleunigen, dabei ist die Möglichkeit zu untersuchen, sauberes Wasser von außerhalb gelegenen Quellen herbeizuführen sowie Trinkwasseraufbereitungsanlagen zu bauen.

Das Kabinett der Minister der UdSSR muß bei der Lösung dieser Probleme helfen.

5. Es wird den Obersten Sowjets der Unionsrepubliken und demjenigen der autonomen Republik Karakalpakien empfohlen, ihre Kontrolle über die Ausführung der zuvor getroffenen Entscheidungen zu verstärken, insoweit sie den Übergang der landwirtschaftlichen Produktion im Einzugsbereich des Aralsees zu einer streng wissenschaftlichen Grundlage betreffen, welche eine hohe ökologische Qualität der Nutzung der Natur, eine rationelle Verwendung der Ressourcen an Wasser, Boden und Pflanzen garantiert. Es ist angebracht, Maßnahmen zu verwirklichen, die darauf abzielen, die Einleitung von verschmutztem Wasser in die Flüsse Amu-Darja und Syr-Darja zu verbieten, den Einsatz der Pestizide zu verringern und ordnungsgemäß durchzuführen und die Gesundheit der Bevölkerung zu verbessern. Ein ganzes Bündel von Maßnahmen zum Bodenschutz und zur Verbesserung des Bodens muß verwirklicht werden. Zu diesen Fragen ist es angebracht, den Wirtschaftsorganen der Sowjets und denjenigen, die für Naturschutz zuständig sind, sowie den wissenschaftlichen Organisationen alle mögliche Hilfe zukommen zu lassen.

6. Die Akademie der Wissenschaften der UdSSR und das Staatskomitee der UdSSR für Wissenschaft und Technik sollen 1991 auf der Grundlage der Zweigstelle Nukus des Forschungs- und Koordinationsszentrums "Aralsee" die Schaffung eines Instituts der Akademie der Wissenschaften der UdSSR in Nukus für Ökologie und Wasserprobleme im Einzugsbereich des Aralsees vollenden. Es ist angebracht, die wissenschaftlichen Grundlagen und die Information über die regionale sozioökonomische Entwicklung und über die Koordinierung der Tätigkeit der Forschungseinrichtungen der Republiken Mittelasiens und Kasachstans in diesen Fragen zu verstärken. Es scheint vernünftig zu sein, Unterabteilungen dieses Instituts in den Städten Taschaus, Aralsk und Urgentsch einzurichten. Es ist angebracht, gemeinsam mit den Ministerien und Verwaltungen der UdSSR Maßnahmen zu ergreifen, die darauf abzielen, im Rahmen der Konversion gewisser Zweige der Rüstungsindustrie moderne Umweltüberwachungssysteme für die Region des Aralsees zu entwickeln, wobei die bereits vorhandenen Möglichkeiten des Weltraumbahnhofs Baikonur und die wissenschaftlichen Kräfte der Republiken auszunutzen sind.

Es ist angebracht, ein umfassendes Unionsprogramm mehrerer Ministerien zur wissenschaftlichen Erforschung der Probleme des Aralsees auszuarbeiten.

7. Es ist angebracht, die Rolle der Wassernutzungsverbände des Einzugsbereichs "Amu-Darja" und "Syr-Darja" bei der Steuerung der Wasserressourcen im Becken des Aralsees aufzuwerten, indem in großem Umfang automatisierte Steuerungssysteme eingeführt werden. Als Anpassung an die Aufwertung des Status dieser Verbände muß vorgesehen werden, dem Personal dieser Unternehmen die Rechte eines Staatsinspektors zu verleihen. Es ist angebracht sicherzustellen, daß 1991 die Anlagen zur Wasserförderung, die Wasserknotenpunkte und die Rückhaltebecken der Flüsse Amu-Darja und Syr-Darja an die Wassernutzungsverbände des Einzugsbereichs übergehen, so wie es die zuvor von der Regierung des Landes getroffenen Entscheidungen vorsehen.

8. Dem Kabinett der Minister der UdSSR und den obersten Staatsorganen der Unionsrepubliken wird empfohlen, die Frage der Schaffung eines staatlichen Lenkungsorgans zu prüfen, dem die Aufgabe übertragen würde, die Verteilung der Wasserressourcen unter den Republiken vorzunehmen und die Verwendung des Wassers im Land zu kontrollieren.

9. Der Generalstaatsanwalt der UdSSR soll 1991 eine republikenübergreifende Staatsanwaltschaft zum Schutz der Natur im Becken des Aralsees schaffen.

10. Das Komitee des Obersten Sowjet, das mit den Problemen der Ökologie und der rationellen Verwendung von Naturressourcen befaßt ist, und das Komitee des Obersten Sowjet der UdSSR für internationale Angelegenheiten müssen gemeinsam mit dem Außenministerium der UdSSR bei der Leitung des UNO-Programms für die Umwelt (UNESCO) Hilfe beantragen, um die Projekte zur Wiederherstellung des Aralsees auszuarbeiten und zu verwirklichen und um das Problem der Region um den Aralsee in das UNO-Programm zum Kampf gegen die Desertifikation miteinzubeziehen.

11. Das Komitee des Obersten Sowjet, das mit den Problemen der Ökologie und der rationellen Verwendung von Naturressourcen befaßt ist, und das Komitee des Obersten Sowjet der UdSSR, das mit dem Schutz der Volksgesundheit befaßt ist, müssen regelmäßig die Umsetzung der vorliegenden Entschließung kontrollieren.

Der Präsident des Obersten Sowjet der UdSSR
A. Lukjanow
Moskau, Kreml, 4. März 1991

Nachrichtenagentur Nowosti

Anhang 2

Zur Umlenkung von Flüssen aus dem Norden zur Wiederversorgung des Aralsees

1. Interwiew mit K.Salykow, Präsident des Obersten Rates der UdSSR für Probleme der Ökologie und rationelle Verwendung von Naturressourcen bei der Nachrichtenagentur Nowosti (1990)

..."- Und all das nur wegen menschlicher Fehler?"

- "Ja, die Tragödie des Aralsees ist es, daß wir sie herbeigeführt haben. Die Ausweitung der Bewässerung, der wachsende Wasserbedarf, die Hinwendung zum Anbau von Baumwolle und Reis, der erhebliche Wassermengen erfordert, haben wirklich zu einem Austrocknen dieses Sees geführt. Zu all dem sollte man noch den intensiven Einsatz von Herbiziden und Entlaubungsmitteln mit erwähnen. Zugleich hat sich die Umweltqualität spürbar verschlechtert; die Sterblichkeitsrate der Bevölkerung in Usbekistan und Kasachstan ist angestiegen, insbesondere in der autonomen Republik Karakalpakien. Eine echte Desertifikations-Erscheinung hat in der Region des Aralsees begonnen, durch die sich die Weideflächen verkleinert haben. Muß man da noch sagen, daß es keine Fische aus dem Aralsee mehr gibt, was für die beiden Fischkonservenfabriken, die etwa 10 Fischfabriken und die 17 örtlichen Fischereikolchosen eine Katastrophe darstellt?"

-"Wann wurde auf nationaler Ebene der Alarm ausgelöst?"

-"Wie üblich, leider viel zu spät. Das Ministerium für Wasserwirtschaft, das gemeinsam mit anderen Verwaltungsstellen erheblich zur Tragödie des Aralsees beigetragen hat, hat die Idee einer Umlenkung von sibirischen Flüssen in dieses Gebiet verteidigt, um diesen ausgetrockneten See mit Wasser zu versorgen. Jedoch ist es der öffentlichen Meinung und in erster Linie den Wissenschaftlern gelungen nachzuweisen, daß es sich dabei um nicht nur finanziell ruinöse Projekte handelte, sondern auch ökologisch gesehen, denn der Ob und der Irtysch (um diese beiden ging es ja) würden die Lage nicht nur nicht verbessern, sondern könnten sie in gewisser Weise sogar verschlechtern, wenn sie etwa eine Moorbildung mit sich bringen..."

2. Interview mit N. Glasowski, stellvertretender Direktor des Instituts für Geographie an der Akademie der Wissenschaften der UdSSR (Nowosti, 1990)

..."Bis in die 60er Jahre sind die Ökosysteme dieser Gegend im ganzen gesehen stabil geblieben. Zu dieser Zeit hat man begonnen, die Bewässerung intensiv auszuweiten. Die Bewässerungsgebiete Mittelasiens lieferten der Sowjetunion 95 % ihrer Baumwolle, etwa 40 % ihrer Reisproduktion und ein Drittel von ihrem Obst und Gemüse. Aber die Zunahme der landwirtschaftlichen Produktion geschah extensiv, d.h. dadurch, daß die Bewässerungsflächen ausgedehnt wurden, und nicht dadurch, daß die Arbeitsproduktivität stieg. Diese Politik hatte zur Folge, daß die Flüsse sich in den Bewässerungssystemen zerliefen und der Aralsee seiner beiden Hauptzuflüsse beraubt wurde. Die ökologische Rechnung, die der Fortschritt der Wirtschaftsindikatoren hinterläßt, erweist sich daher als besonders schwer bezahlbar: Erhebliche Verschlechterung der Umwelt im Einzugsgebiet des Aralsees, Zunahme der Morbiditätsrate bei der Bevölkerung, sehr hohe Säuglingssterblichkeit.

Es gibt heute eine Vielzahl von Projekten zur Rettung des Aralsees. Es wird meiner Meinung nach aber nicht möglich sein, die Probleme dieser Region zu lösen, wenn man nicht die Investitionspolitik ändert, die landwirtschaflichen Techniken, und wenn man nicht den Übergang von einer extensiven Bewässerungsmonokultur zu einer ausgeglichenen Landwirtschaft vollzieht.

Die Projekte, mit denen ein Teil des Wassers der sibirischen Flüsse nach Mittelasien gebracht werden sollte, waren Gegenstand berechtigter Kritik. Es besteht aller Anlaß zu der Meinung, daß diese Umlenkung lediglich gewaltige Mittel und materielle Ressourcen in Beschlag nehmen würde und in Mittelasien doch nur die Ausdehnung der extensiven Herstellung von Rohstoffen (Baumwolle) begünstigen würde, und das alles auf der Grundlage von überalterten Bewässerungssystemen. Und dieser Wassertransfer aus den sibirischen Flüssen brächte letzten Endes nur sehr wenig Wasser für den Aralsee selbst ein.

Es gibt auch Projekte zur Umleitung von Wolgawassser in den Aralsee. Aber dieser Fluß verfügt ja selbst kaum über ausreichend Wasser für die wirtschaftlichen Bedürfnisse der angrenzenden Regionen und für die Aufrechterhaltung der ökologischen Rahmenbedingungen, die für den einzigartigen Störbestand im Kaspischen Meer unerläßlich sind..."

3. Kurzmeldung von TASS-Nowosti:

Aralsee: Zurück zu alten Zeiten?

"Die Einstellung des Projekts zur Umlenkung sibirischer Flüsse nach Süden wird unter dem Druck der Verfechter der Bewässerung immer häufiger in Frage gestellt, sehr zum Schaden der meisten Wissenschaftler. Die Nachrichtenagentur TASS hat vor einigen Wochen wiedergegeben, wie sich der Generaldirektor eines usbekischen Ingenieur- und Bewässerungsunternehmens, Wadim Antonow, in einer örtlichen usbekischen Zeitung zugunsten einer erneuten Untersuchung der Umlenkung von einem Teil des sibirischen Flußwassers nach Süden zu Wort gemeldet hat.

Wadim Antonow widerlegt die These, nach der die Austrocknung des Aralsees und die dadurch ausgelöste ökologische Katastrophe sowie die wirtschaftlichen und sozialen Probleme der umliegenden Regionen ausschließlich von der übermäßigen Nutzung des Wassers aus Amu-Darja und Syr-Darja verursacht seien. Eine wieder normalisierte Lenkung des Wassers und die Umstrukturierung der Landwirtschaft würden seiner Ansicht nach weder genügen, um die ökologische Lage zu verbessern, noch um den Lebensstandard der Bevölkerung anzuheben.

Seit 1985, so unterstreicht er, ist die Bevölkerung Usbekistans auf das Doppelte angewachsen, und liegt mittlerweile in der Größenordnung von 21 Mio. Einwohnern. 2010 dürfte sie sich bei 36 Mio. Einwohnern bewegen, im gesamten Einzugsbereich des Aralsees dürften es dann 60 Mio. sein. Im Hinblick darauf ist es unfaßbar, daß man eine wie auch immer geartete Verkleinerung der Bewässerungsflächen in Betracht zieht, meint Wadim Antonow, vor allem, wenn man weiß, daß man derzeit nur 0,21 ha Bewässerungsfläche pro Einwohner zählt, während mindestens 0,30 ha notwendig wären, um eine normale Nahrungsmittelversorgung sicherzustellen. Daher die Schlußfolgerung von Wadim Antonow: Nur wenn die Flüsse Amu-Darja und Syr-Darja mit Hilfe einer externen Wasserzufuhr wieder in Gang gebracht werden, gibt es eine Überlebenschance für den Aralsee und für die Völker der umliegenden Regionen."

TASS-Nowosti, 1990

Anhang 3

To the President of the USSR
To the President of the Kazakh SSR
To the President of the Tajik SSR
To the President of the Turkmen SSR
To the President of the Uzbek SSR
To the President of the Karakalpak ASSR
To the Executive Director UNICEF
To the Director of the World Health Organization
To the Executive Director UNEP

Appeal of women scientist for immediate action to save children in the region of Aral ecological crisis

We, participants of the First International Symposium on the "Aral Crisis : causes and means of solution" (Nukus, Karakalpak ASSR, October 1990), mothers and women specialists in ecology, medicine, geography, sociology and demography, as a result of field observations, analysis of the information what we have received, conclude that the Aral Region is a region of ecological calamity and the situation in it is especially dangerous for children.

Infant mortality in the Karakalpak ASSR is one of the highest in the world and growing with each year : from 47.3 ‰ in 1978 to 59.8 ‰ in 1989. Over the last 5 years the mathernal death-rate in Karakalpakia has grown 3 times. Over 80 % of women suffer from anemia, every third women miscarriages. As a result of clinical observation in 1989/1990 it became clear that nearly 70 % of children in Karakalpakia are ill. For the last 2 years the number of children, suffering from nervous and physiological disorders grew 3 times.

The main reason for a rapid deterioration of the population's health conditions, which is threatening the survival of the people, is environmental deterioration, qualitative and quantitative exhaustion of drinking water, microbial infection of water, pesticidal pollution and a protein and vitamin deficiency.

Lack of the elementary health system and ecological education worsense the situation. We are gravely concerned with the slow action which borders on a crime. There is already sufficient knowledge to justify urgent action. We demand quick action for saving children in the Aral and other regions of ecological crisis.

We call on the Government and the peoples of the Karakalpak ASSR, the USSR, the republics of Central Asia and Kazakhstan, all administrative levels of the country and of the regions.

We call on the UN and its specialized organizations - UNICEF, WHO, UNEP, all the organizations connected with the problem of health and survival.

We call on the women of the world :

– to render immediate help for saving the lives of children of the Aral region and to declare this region a zone of Ecological Calamity ;

– to provide the local population in 1990/1991 with the sources of clean drinking water, products and also necessary medical help ;

– to accelerate the preparation and implementation of the Action Plan for solving the Aral Problem ;

– to introduce a strict control and reduction of the use of all pollutants, poisons and pesticides ;

– to disseminate water-saving technologies ;

– to ensure a complete ecological glastnost ;

– to prohibit child labour in the cotton fields.

We are sending our appeal from Nukus — the flash point of ecological calamity, but we know that similar problems are occurring in an ever-growing number of regions which embrace the whole planet.

Working women from all fields and positions — teachers, physicians, engineers, writers, artists — we must all become active and work for the preservation of the normal living conditions which ensure the health of our children.

From Nukus we propose that a committee of women scientists and other specialists be created with the title of "Mothers to Save Children of Aral Region".

The chief aim of the committee is accumulation and dissemination of knowledge which is necessary for immediate action to restore the environment in the Aral region and in the most endangered regions of the world.

We should not permit the killing of our children.

Your wish to be a member of the Committee "Mothers to Save Children of Aral Region" (MSCAR) and any suggestions how to make MSCAR's activities most effective are welcome at the address of the Co-ordinator : Dr. N. Novikova, Moscow 103064, Sadovaja-Tchernogrjazskaja, 13/3.

Anhang 4

Brief von E. Taris, dem Beauftragten der Abordnung der französischen Regierung an die Französische Gesellschaft für Geographie

(La Géographie, 26: 351-352, 30. August 1912)

"Ich bin bei 45°C durch die Kara-Kum nach Aschchabad gereist. Von meinen Abstechern in den Bereich nördlich von Taschkent komme ich mit dem Eindruck zurück, daß die Erschließung des Landes keinen Fortschritt gemacht hat, die Russen haben hier nur Beamte, Soldaten und einige landwirtschaftliche Versuchsstationen. Weder Landstraßen noch Telegrafen oder neue Bewässerungskanäle, abgesehen von zwei oder drei schon vergleichsweise alten. Ich will gleich hinzufügen, daß andererseits die Transkaspische Bahn von Krasnowodsk nach Orenburg und auch die Bahn von Orenburg nach Taschkent zwei wirklich bewundernswerte Bauwerke sind, die ihren Urhebern die allergrößte Ehre erweisen. Vor allem die erstgenannte, die die ältere ist, sollte uns Anlaß zum Nachdenken geben. Ich habe daraus persönlich eine neue Überzeugung gewonnen, und zwar die, daß wir so schnell wie möglich die Transafrikanische Bahn beginnen müssen. Ich weiß nicht, wie weit das Projekt ist und ob es ernsthaft vorangekommen ist, wünsche aber sehr, daß die öffentliche Meinung sich des Themas annimmt und es aus der undankbaren Stufe der Kommissionen und Untersuchungen heraustreten läßt.

Es ist bekannt, daß es General Annenkoff ist, der die Eisenbahn von Mittelasien gebaut hat, zumindest von Krasnowodsk bis zum Amu-Darja, und das fast in Feindesland, da ja der erste Bauabschnitt Geok-Tepe gerade einmal 8 Monate nach dem blutigen Sturmangriff erreicht hat, bei dem sich Oberst Kuropatkin ausgezeichnet hat. Die Wüste ist seitdem um keinen Zollbreit kleiner; die Dünen branden gegen die Strecke, die mit Barrieren aus Zweigen und Stroh geschützt wird. Auf Streckenabschnitten von über 100 km gibt es weder einen Brunnen noch eine Kirgisisenjurte. Die Stationsvorsteher, die 30 - 40 Werst voneinander entfernt sind, erhalten das Wasser und die Lebensmittel aus Oasen, die mehrere hundert Werst entfernt sind. Indessen versteht man es sofort, sobald man diese Oasen durchquert, daß die gewaltige Arbeit, die das Verlegen der Schienen in dieser Einsamkeit erfordert hat, weder unnütz ist noch zu den künftigen Ergebnissen in einem Mißverhältnis steht.

Die Zukunft ist das Stichwort, denn wenn man diese undeutlich als großartig erkennt, so ist sie doch immer noch nicht da, abgesehen von der politischen und militärischen Seite. Zwar haben die Politik und die Einnahme des Landes die Eisenbahn verlangt, aber das alles ist weit, und der Marsch der russischen Truppen auf den Spuren Alexanders des Großen nimmt schon Züge einer Legende an. Wir befinden uns in der Zeit wirtschaftlicher Leistungen, und diese lassen in Mittelasien auf sich warten: Es ist einfacher, zu siegen als diesen Sieg auszunutzen, wenn man reicher an Menschen ist als an Geld.

Ich war bestrebt, alle Informationen zusammenzubringen, die möglicherweise etwas Licht auf die Möglichkeiten werfen können, welche sich bieten, um die gewaltigen Wüstenregionen des Aralbeckens zu verringern. Ich glaube, daß man auf diesem Weg sehr weit und sehr schnell vorankommen wird, sobald man die Hindernisse beseitigt, die man der Ansiedlung von Ausländern in Turkestan in den Weg stellt. Diese Hindernisse sind umso unerklärlicher als Rußland Mittelasien nicht ganz allein ausbeuten kann. Sich hier zu verweigern, wird nur die Zivilisation verlangsamen und dabei die Größe der Rolle Rußlands beträchtlich schmälern. Es gibt einen Mann, der diese Rolle auf großartige Weise ausgefüllt hat und sie selbständig und mit Ausdauer gespielt hat; es ist der Großherzog Nikolaus Konstantinowitsch, der es unternommen hat, die Hungersteppe, 100 Werst von Taschkent entfernt, zu bewässern, und dem es zu verdanken ist, daß sich bereits eine ernsthafte Keimzelle von russischen Siedlern gebildet hat. Zusammen mit dem Gut Jurgab, das dem Zaren gehört, ist dies ungefähr die einzige ernsthafte Bemühung, die bisher unternommen wurde.

Der Beginn der Bauarbeiten für die Bahnlinie Taschkent-Arys-Wernji, die in Semipalatinsk den Irtysch erreichen soll, soll unmittelbar bevorstehen. Diese Linie muß eine ganz bedeutende Rolle spielen, und zwar nicht so sehr in der Gegend, die sie unmittelbar andienen wird, als vielmehr dadurch, daß sich der Zustrom von Weizen aus dem Osten zum Amu-Darja auf den Getreideanbau auswirken wird. Jener wird durch zahlreiche Hemmnisse an seinem Aufschwung gehindert; eines der wesentlichen ist jedoch der hohe Preis für Weizen am Amu-Darja, wohin er von Taschkent her nur belastet mit teuren Transportpreisen kommt, die im Durchschnitt 15 Francs auf 100 kg erreichen. Man sät daher Weizen auf die Felder, die in Chiwa, in Petro-Alexandrowsk usw. leicht 150 - 200 Pfund Baumwolle pro Hektar erbrächten, was bei den derzeitigen Preisen Einnahmen von 1100 - 1600 Francs entspicht. Diese Situation wird sich in dem Maße ändern, wie man die Verkehrsverbindungen zwischen Tschardshou und dem Aralsee verbessern wird, sei es über den Amu-Darja, sei es durch den Bau einer neuen Bahnlinie.

Der Amu-Darja hat die ganze Zeit einen äußerst beschwerlichen Verlauf und man braucht 48 Stunden, um Petro-Alexandrowsk zu erreichen, wo man immer noch eineinhalb Tage von Chiwa entfernt ist. Diese Region hat den Vorzug, daß sie wahrscheinlich die wärmste von Asien und, von der Landwirtschaft her gesehen, die günstigste für die Baumwollpflanze ist. Diese Pflanze, die am Kaukasus bereits gute Zukunftsaussichten hat, muß das Instrument zur Wiederbelebung der Ufer des Aralsees werden. Werden wir es noch erleben oder wird dies unseren Nachfolgern vorbehalten sein, diese Frage werde nicht ich entscheiden. Mögen wir doch zuvor bei uns sehen, wie die Eisenbahn die Plantagen des Sudan über die Sahara mit denen Algeriens verbindet."

Anhang 5

Titelseite der Zeitung Sowjetskaja Karakalpakia (25.4.1992) mit dem Appell an die Präsidenten der mittelasiatischen Staaten zur Rettung des Aralsees

Суббота, 25 апреля 1992 года

№ 77 (15597)

Цена 50 коп.

ИЗДАЕТСЯ С ИЮНЯ 1919 г.

СОВЕТСКАЯ КАРАКАЛПАКИЯ

Общественно-политическая газета

ВОЗВРАЩЕНИЕ В ТАШКЕНТ

[illegible]

ОТКРЫТОЕ ПИСЬМО ПЯТИ ПРЕЗИДЕНТАМ

Президенту Республики Узбекистан Исламу КАРИМОВУ,
Президенту Республики Казахстан Нурсултану НАЗАРБАЕВУ,
Президенту Республики Туркменистан Сапармураду НИЯЗОВУ,
Президенту Республики Таджикистан Рахмону НАБИЕВУ,
Президенту Республики Кыргызстан Аскару АКАЕВУ.

[illegible]

К НАШИМ ЧИТАТЕЛЯМ

Дорогие друзья, авторы, подписчики!

Вы, верно, заметили, что «Советская Каракалпакия» снова начала выходить через день — по вторникам, четвергам и субботам.

Это уже было в текущем году. В течение февраля мы тоже встречались с вами в два раза реже. Тогда к этому побудила нехватка бумаги.

Теперь причины посерьезнее. Рынок в том виде, в каком мы его сегодня имеем, все туже затягивает на прессе финансовую удавку. Число газет и журналов, выходящих в Республике Каракалпакстан, начало сокращаться. А те, что выходят, вынуждены уменьшать периодичность, так как прибыль от реализации сейчас значительно ниже расходов, а получаемые дотации недостаточны. Кроме того, необходимо учитывать, что из-за финансовых трудностей почтовая связь тоже перешла на аналогичный график работы.

Себестоимость каждого номера нашей газеты ныне выросла десятикратно. Чтобы снизить ее, редакционный коллектив пошел на сокращение штатов, уменьшение периодичности, одновременно вынужден повышать цену номера, рекламы, объявлений.

В то же время мы разделяем тревогу наших многочисленных читателей по этому поводу. Газета — не обычный товар. Это важный элемент общественной жизни, неотъемлемая ее духовная часть, связующая нить общения для всех, кто говорит и читает на русском языке.

Чтобы не ограничивать ваше право на информацию, [illegible] газету [illegible] весь 1992 год, смогли получать ее все остальные месяцы, не доплачивая ничего сверх установленной прежде суммы. Если же вы подписались только на первое полугодие, то поспешите в отделение «Союзпечать». Во всех городах и районах республики продолжается подписка на нашу газету по новым ценам.

Мы признательны тем, кто в эту трудную пору словом и делом поддерживает газету. Каждое письмо, каждое слово в защиту издания, каждый [illegible]

Anhang 6

Zusammenfassung des Briefs von Alexej Butakow, Kapitän zur See, an die Londoner Gesellschaft für Geographie von 1852 sowie Auszüge aus seinem Bericht, der 1872 in Taschkent veröffentlicht wurde; 1953 wurde er erneut verlegt.

"Vor 1848 beruhten die Karten des Aralsees nur auf oberflächlichen und unvollständigen Informationen, die von den Kirgisen stammten. 1846 wurde der Astronom Lemm beauftragt, die astronomische Position der Punkte in der Steppe zu bestimmen, die zwischen der Festung Orsk und den Ufern des Jaxartes lagen. 1847 wurde in Orenburg nach dem Vorbild von Fischereibooten des Kaspischen Meers der Schoner Nikolaus gebaut und in Teile zerlegt zur Mündung des Syr-Darja gebracht. In jenem Jahr blieb nur noch die Zeit, etwa 100 Werst an der Küste südlich des Syr-Darja zu vermessen.

Im Frühsommer 1848 vermaßen Akischew und Golow an Bord der Nikolaus die ganze Nordküste des Aralsees bis zu den Kaps Issende-Aral und Kum Suat.

Ich begann am 5. März in Orenburg den Bau eines flachen Schoners mit 18 m Länge, der Konstantin, der, nachdem er am 28. April fertiggestellt war, nach Fort Raim (Mündung des Syr-Darja) transportiert und dort am 20. Juli vom Stapel gelassen wurde.

25. Juli 1848: Abfahrt zweier Schiffe von der Insel Koss-Aral, der Konstantin und der Nikolaus. Wir haben einen Nahrungsvorrat für drei Monate.

26. Juli: Wir kommen wegen Gegenwind nur mühsam voran.

Am 3. August fahren wir an der Insel Kokaral (Kug-Aral) entlang, am 4. erreichen wir die Halbinsel Kulandy, bis zum Kap Usunkair. Die darauffolgenden Tage fahren wir am Nordwestufer entlang, das von Schilf bedeckt ist, bei 1,50 m Wassertiefe, dabei machen wir geologische (Entdeckung dünner Kohleschichten) und botanische Studien. Ich lasse Brunnen graben, aus denen Süßwasser kommt. Wir nehmen zahlreiche Peilungen und machen zahlreiche Lotungen. Wir treffen Kasachen, die in dieser Gegend wohnen. Wir erstellen eine Landkarte der Insel Barsa-Kelmes.

10. September: Entdeckung einer Inselgruppe, die die Kasachen nicht kennen, die "Zareninseln", die aus drei flachen Inseln bestehen, von denen ich die nördlichste "Zarewitsch-Insel", die mittlere und größte "Nikolaus I.-Insel" und die südlichste "Konstantin-Insel" taufe.

Die Nikolaus-Insel ist ganz von Gestrüpp bedeckt (Saxaul, Anabasis ammodendron, pinus orientalis...). Es gibt Füchse, Ziegen und sogar Wölfe, vor allem aber unzählige Saiga-Antilopen, die sich vor den Menschen nicht fürchten, was ein Beweis dafür ist, daß diese Inseln noch nie besucht wurden. Auch ansonsten gibt es keinerlei Spuren menschlicher Besiedlung. Nach zwei Monaten schwieriger Schiffahrt mit eingesalzenen Lebensmittelrationen, bei der wir dauernder

Hitze ausgesetzt waren und mühsame Arbeiten durchführten, waren wir nur allzu glücklich, daß wir uns von dem köstlichen Fleisch dieser unschuldigen Tiere ernähren durften. Das Wasser ist brackig.

Im Sommer ist die Temperatur an den Stränden unerträglich, aber die vorherrschenden Winde aus WNW und ESE vertreiben die Ausdünstungen...

Das Meer ist reich an Fischen. Die vorherrschenden Fischarten sind der Katzenwels und der Stör. Andere Fische, die es im Ural und im Kaspischen Meer reichlich gibt, kommen nicht vor. Die kleinen Arten sind die gleichen wie im Kaspischen Meer.

Nachdem wir weiter südlich noch die Inseln Bellingshausen und Lasarew entdeckt hatten, entscheide ich am 21. September kehrt zu machen und zur Insel Koss-Aral und nach Fort Raim zurückzufahren, um in einem kleinen Fischerei-Schutzfort zu überwintern, das einer Gesellschaft aus Orenburg gehört...

Der Südarm des Syr-Darja hat nur wenig Strömung, die Mündung ist flach und von Rohrkolben und Schilf zugewachsen. In der nördlichen Mündung gibt es zahlreiche Inseln. Der Kuwan Darja [Südarm des Deltas] wurde 50 Werst von seiner Mündung entfernt für Zwecke der Bewässerung und Viehzucht abgeriegelt. Sechzig Jahre zuvor war die Strömung stark genug, um "Steine zu wälzen" sagte mir ein alter Aksalal ("Weißbart"). Er sagte mir, daß es früher noch eine andere Mündung weiter südlich gegeben habe [Jangi-Darja], die ich nicht gefunden habe.

Die Fröste haben am 22. Oktober begonnen, und auf den kleinen Seen des unteren Syr-Darja kann man Schlittschuh fahren. Am 26. Dezember ist der Syr-Darja vollständig festgefroren, und man kann auf dem Syr-Darja mit dem Schlitten fahren. Das Eis bedeckt zahlreiche Stellen, darunter arbeitet die Strömung und gräbt die Stromrinnen ein, die im Herbst von Sand verstopft werden. Die Temperatur ist bis auf minus 18 Grad Reaumur [-22,5°C] abgesunken. Die häufig auftretenden Schneestürme sind sehr heftig. Der Eisbruch begann am 3.April...

Ich begann meine nächste Forschungsfahrt am 17.Mai. Mein erster Offizier auf der "Nikolaus", M. Pospelow, hat die Aufgabe, die Küste und ihre Inseln zu vermessen und die Nordküste auszuloten; ich werde meinerseits den Rest der Küsten vermessen und den See draußen loten.

Im Mai werden die topographischen Vermessungen mit der Entdeckung weiterer Inseln fortgesetzt. Die Untersuchungen der Flora und der Fauna gehen weiter. Die Ostküste südlich des Armes Kuwan-Darja, die heute ausgetrocknet ist, wird von flachen Stromrinnen mit sehr salzigen Seen durchschnitten. Die Brunnen, die ich an zahlreichen Stellen graben lasse, geben lediglich sehr bitteres Salzwasser; das erklärt, warum die Karawanen diese Strecke meiden. Süßwasser findet man nur auf den Inseln Kusch-Dshitmess, Tschutschka-Bass und Menschikow. Diese Insel wird (am 22. Mai) nach dem Namen des Stabschefs von Orenburg getauft. Diese Inseln und die ganze benachbarte Küste sind von Gebüsch bedeckt (Saxaul, Dshankil, Kujan-Sujuk), mit Schilf an den Ufern... Es gibt eine gewaltige Menge an Pelikanen, Kormoranen, Möwen und Seeschwalben; die

Vögel auf dem Durchzug sind Schwäne, rote oder gemeine Gänse und Enten. Es gibt zahlreiche Igel im Schilf und Spuren von Tigern an den Stränden...

Am 25. Mai wird die Mündung des Jana-Darja entdeckt...

Die Mündung der Flüsse wird von Sand und Schlamm verstopft. Die tiefste ist noch die des Syr-Darja, die selten tiefer ist als vier Fuß, im Frühjahr und Sommer sind es nur zweieinhalb.

Vermessung der Südküste des Aralsees und der Insel Takmak-Atyk (Halbinsel Muinak), dann wieder die Westküste entlang. Die Steilwand des Ust-Urt ist schroff und setzt sich aus Tonschiefer, Sandstein und Kalkstein zusammen, sie ist 60 - 100 m hoch und von zahlreichen engen Schluchten zerschnitten, die bis zum See hinunterführen. In einigen von ihnen lassen kleine grüne Vegetationsbüschel, die an den Hängen verstreut sind, auf das Vorhandensein von Süßwasser schließen. Auf dem Kamm des Tschink sieht man eine kirgisische Karawane aus etwa 500 Kamelen vorbeiziehen, diese Tiere sind aber darauf angewiesen, Brackwasser zu trinken.

Am 21. Juni trifft man wieder die Nikolaus und Pospelow. Die Kreuzfahrt endet am 22. Juli.

Dank der Vorsehung und dem beispielhaften Fleiß aller meiner Untergebenen waren unsere Arbeiten von einem Erfolg auf der ganzen Linie gekrönt; trotz zahlreicher und verschiedener Gefahren, die bei einer Forschungsfahrt auf einem unruhigen und vollkommen unbekannten Gewässer unvermeidlich sind. Trotz zahlreicher Entbehrungen sind wir mit unserer gesamten Ausrüstung und in guter gesundheitlicher Verfassung wieder zurückgekommen, obwohl die Schiffe undicht waren. Im allgemeinen ist niemand für solche Expeditionen geeigneter als der russische Seemann oder Soldat: Denn er ist tatkräftig, intelligent, gehorsam und abenteuerlustig. Er ist nicht leicht zu entmutigen, er macht sich nichts aus Entbehrungen, und die Gefahren haben in seinen Augen einen besonderen Reiz."

A.I. Butakow (1816-1869) mit dem Spitznamen "Magellan des Aralsees" wurde zum Konteradmiral ernannt, und nachdem er anschließend den Verlauf des Amu-Darja und des Syr-Darja erforscht hatte, beendete er seine Laufbahn als Gouverneur der Provinz des unteren Syr-Darja nach deren Eroberung.

Anhang 7

Auszug aus dem Brief von W.I.Uljanow (Lenin) vom 7.10.1921 an die "Genossen Arbeiter und Fischer des Aralsees"

(Gesammelte Werke, Band 45)

Lenin spricht erregt von der Hungersnot, die die Regionen an Wolga und Ural erfaßt hat. Er warnt vor den westlichen Ländern wie den Vereinigten Staaten, Großbritannien und Frankreich, die Bedingungen für ihre Zusammenarbeit aufstellen. Die Hungersnot war im Jahre 1921 im Wolgatal besonders schrecklich; er fügt hinzu:

"... Die ganze Hoffnung der Ausgehungerten in Kasan, Ufa, Samara und Astrachan ruht auf der großen proletarischen Solidarität all derer, die wie sie mit schwieligen Händen und im Schweiße ihres Angesichts mühsam ihren Lebensunterhalt verdienen, ohne irgendjemandes Blut zu saugen. Bei Euch im Aralsee gibt es recht ergiebige Fischfänge, und ihr seid vor Mangel geschützt. Stellt einen Teil Eurer Fänge den alten Menschen, die von der Hungersnot verfolgt werden, zur Verfügung, den 8 Millionen Werktätigen am Ende ihrer Kräfte, die fast das ganze Jahr mit leerem Magen harte Feldarbeit verrichten müssen und schließlich den 7 Millionen Kindern, denen der Tod droht.

Zeigt Euch großzügig, liebe Genossen, Fischer und Arbeiter des Aralsees. Ihr leistet so ein gutes humanitäres Werk und zudem verstärkt Ihr die Sache der Arbeiterrevolution... Ich bitte Euch, Werktätige des Aralsees, den russischen Proletariern eine Soforthilfe zu leisten, diese wäre das Unterpfand für den Sieg der Arbeiterklasse über den Weltkapitalismus."

Ein Gedenkstein an diese Erklärung befindet (befand?) sich in Aralsk.

Anhang 8

Pflanzenassoziationen an den kasachischen Ufern des Aralsees

nach Dimejewa et al. (1991): "Basic features of maritime botanical geographic district of the aral sea." Probl. Ows. Pustyn, 5, 75-78

◂ Zeichenerklärung der Abbildung: Zonen *1* - *4*: frühere Küsten; Zonen *5* - *9*: verlandete Flächen (vgl. Abb. 2.4 zu deren Lage).

1 Region Buktau-Woskol: Saxaul und Büsche in der Ebene sowie in Sandanhäufungen; *Halocnemum* und *Tamarix* um und auf Solontschaks. Südliche Arten vorhanden: *Ephedra strobilacea*, *Eucalligonum* und *Pterigobasis*, *Ammodendrum conollyi*

2 Region Agurme-Allol: Vielfalt und Unterschiedlichkeit der Arten. Auf den Solontschaks entwickeln sich die Pflanzenassoziationen in folgender Reihe: *Halocnemum, Halimodendron, Nitraria, Tamarix, Halostachys* und *Suaeda* mit angeschwollenen Früchten; Büsche aus grauem Beifuß und aus Gräsern auf den Sandhügelchen; selten auch Saxaul auf den Sandebenen.

3 Region des Syr-Darja-Deltas und des ehemaligen Deltas: Schwemmland-Wiesenboden, Torfboden und Solontschak-Wiesenboden; Gesellschaften aus Schilf, Schilfrohr, *Puccinellia*, Zwergweidensträuchern, *Oleaster, Tamarix* und *Halimodendron*; Gemeinschaften von Sandpflanzen (Psammophyten) auf dem Sand: grauer Beifuß, Büsche; *Salsola* und Sandjaks aus den ausgetrockneten hydromorphen Böden.

4 Psammophytenformationen, die durch den Menschen verändert wurden, mit einigen halophilen Arten (*Tamarix, Salsola arbuscula*); Zwergsträucher auf den kleinen Sandanhäufungen; *Eurotica*, grauer Beifuß; Vorkommen von *Pterococcius (Calligonum)* und *Ammodendrum bifolium.*

5 Allmählicher Übergang von *Suaeda* zu *Climacoptera* ("Orasch"), dann *Halostachys*, *Halocnemum* und *Nitraria*. *a* Vorherrschen von Psammophyten (*Calligonum, Eremosparton*, Saxaul). *b* Region von Boskol: Vorherrschen von Schilfrohr und Tamarisken (ehemlige Syr-Darja-Mündung). *c* Region von Akkol: ebenso.

6 Region Bajan-Altykuduk: Psammophytensträucher und -gräser, die von *Suaeda* zu *Petrosimonia (Climacoptera)* übergehen, dann *Halostachys*, mit *Calligonum aphyllum, Eremosparton aphyllum, Astragalus brachypus, Stipagrostis pennati)*; auf dem Grund der Buchten befinden sich *Halocnemum*-Gemeinschaften.

7 Große Vielfalt an Lebensformen, je nach Gefälle und Austrocknungszustand der Seeböden. Die vorherrschenden Halophytenreihen reichen von *Suaeda*, Salzkräutern und *Astra* bis *Petrosimonia, Tamarix, Halocnemum* und Meerlavendel, dann zu *Tamarix* und *Suaeda* mit angeschwollenen Früchten. Keine nenenswerten Psammophytengesellschaften. Besondere vorherrschende Arten: *Limonium caspium* und *Tripolium vulgare*.

8 Reihe von *Petrosimonia* (Orasch, *Suaeda*), dann Tamarisken und *Stipagrostis*, anschließend Tamarisken mit Schilfrohr und *Suaeda* mit angeschwollenen Früchten. Endzustand der Endwicklung ist die Gesellschaft Tamariske-Schilfrohr.

9 Orasch mit *Suaeda* und Salzkraut, Übergang zu *Stipagrostis vectamaris, Calligonum, Eremosparton* und *Halocnemum*. Örtliches Vorherrschen von *Mausolea eriocarpia*.

Anhang 9

Finanzierung der ersten Phase des Aralseeprogramms durch die Weltbank

Programm Finanzierung: (in Mio. US-Dollar)	Eigen-mittel	aus-ländisch	gesamt	Dauer (Monate)
I. Untersuchung der regionalen Verwaltung der Wasserressourcen	0,08	0,30	0,38	6
Verbesserung der Steuerung der Staudämme	0,04	0,16	0,20	6
Unterhaltung der Staudämme und Rückhaltebecken	0,04	0,16	0,29	6
Zwischensumme	0,16	0,62	0,78	
II. Hydrometeorologische Dienste	0,22	1,29	1,51	6
Einrichtung von Datenbanken für Wasserqualität und Umwelt	0,13	0,88	1,01	6
Zwischensumme	0,35	2,17	2,52	
III. Überwachung der Wasserqualität				
a) Bewertung und Überwachung	0,03	0,10	0,13	6
b) Wasserqualität der Landwirtschaft	0,09	0,20	0,29	6
Entwässerungskanäle (Kredite bereits bewilligt)				
Umbau des Syr-Darja-Flußbetts und Kontrolleinheiten am Tschardara-Stausee	0,10	0,42	0,52	6
Zwischensumme	0,22	0,72	0,94	
IV. Wiederherstellung hydromorpher Böden	0,10	0,85	0,95	8
Wiederherstellung des nördlichen Aralsees	0,10	0,62	0,72	7
Umweltstudien im Einzugsbereich des Aralsees	0,14	0,96	1,10	12
Zwischensumme	0,34	2,43	2,77	

V. Trinkwasser und Gesundheitswesen (Usbekistan)	0,10	0,73	0,83	9
Trinkwasser und Gesundheitswesen (Turkmenistan)	0,10	0,73	0,83	9
Trinkwasser und Gesundheitswesen (Kasachstan)	0,16	1,10	1,26	9
Trinkwasservorräte (mittelfristig)	2,00	6,25	8,25	24
" (langfristig sowie Abwasserentsorgung)	0,70	6,30	7	30
VI. Integrierte Steuerung der Böden und des Wassers aus den oberen Einzugsbereichen	0,04	0,16	0,20	6
VII. Automatische Kontrollsysteme und Bauarbeiten im Amu-Darja-Becken, einschließlich der Agentur des Einzugsbereichs (BVO) des Amu-Darja	0,35	2,65	3,00	18
gleiches für den Syr-Darja	0,35	2,65	3,00	18
Summe	0,70	5,30	6,00	
Zusatzprogramm:				
Einrichtung des Exekutivkomitees des IFAS	2,1	7,00	9,10	36
Gesamtsumme	**6,97**	**33,51**	**40,48**	

Verzeichnis der zitierten Ortsnamen

Adshibai	Bucht SW von Muinak
Aguspe	Stadt an der Nordküste des Aralsees
Aibugir	ehemalige südwestliche Bucht des Aralsees (100 km südwestlich von Muinak verblieb ein See gleichen Namens)
Aiengiew	Dorf nahe Paktamor (Hungersteppe)
Ajdarkul	große trockene Salzsenke, 100 km SW von Taschkent und NW der Hungersteppe
Aksajkin	kleiner temporärer See 100 km östlich von Ksyl-Orda, gespeist vom Tschu
Akscha-Darja	fossiler Arm des Amu-Darja, zweigt von der Region Turktul zur Südostecke des Aralsees ab
Akschakaja	s. Akskaja
Akskaja	Trockensenke (-82 m) 70 km SSE von Sary-Kamysch
Ala-Tau	Bergkette an der Nordgrenze Kirgistans, begrenzt den Issyk-Kul-See im Süden
Alai	lange Bergkette zwischen Samarkand im Westen bis zur chinesischen Grenze, begrenzt das Ferganatal nach Süden hin
Almaty	Stadt nördlich des Issyk-Kul-Sees, Haupstadt von Kasachstan (zuvor Alma-Ata)
Aminabad	archäologische Stätte am Akscha-Darja
Amu-Darja	Zufluß des Aralsees, entspringt im Pamir, an der afghanisch-tadschikischen Grenze
Andronowo	archäologische Stätte SE des Uralgebirges
Aralsee	der See (46° N, 60° E)
Aralsk	Stadt NE des früheren Aralsees, ausgetrockneter Hafen
Aralsulfat	Stadt, 30 km NE von Aralsk
Arnassai	künstlicher See, nimmt die Senke von Ajdarkul ein
Aryk-Darja	s. Darja-Lyk
Aschchabad	Hauptstadt von Turkmenistan
Aschikol	kleiner temporärer See 100 km östlich von Ksyl-Orda, gespeist vom Tschu

Assake-Audan	Trockensenke NW des Sary-Kamysch-Sees
Astrabad	Stadt an der Südostecke des Kaspischen Meeres, auch Gorgan oder Gurgand genannt
Bajram-Ali	Stadt im Murgab-Delta, 35 östlich von Mary
Bakaly-Kona	früherer Sumpf, 50 km NE von Ksyl-Orda
Baktra	ehemalige Stadt, westlich von Balch, Afghanistan, südlich des Amu-Darja
Baktrien	früherer griechisch-indischer Staat, Haupstadt Baktra
Balch	s. Baktra
Balchan (Großer)	Bergkette (1886 m), setzt den Kopet-Dag bis zum Kaspischen Meer fort
Balchan (Kleiner)	Bergkette (970 m), verläuft 50 km südlich auf der anderen Seite des Usboi parallel zum Großen Balkan
Balchasch-See	großer See 900 km östlich des Aralsees
Barsa-Kelmes	abflußlose Senke des Ust-Urt, 100 km westlich von Kungrad
Barsa-Kelmes	Insel im Aralsee (45° N, 60° E)
Barsuki (Großer)	Sandwüste NW des Aralsees
Barsuki (Kleiner)	Sandwüste nördlich des Aralsees (nördlich von Aguspe)
Batumi	türkische Stadt, Ostecke des Schwarzen Meeres
Bejneu	Stadt im Ust-Urt, (45°N, 55°E)
Bekawad	Stadt am Syr-Darja, Westausgang des Ferganatals
Bellingshausen	Insel im Aralsee, nördlich von Muinak
Biruni (Beruni)	Stadt im Choresm, 5 km rechts des Amu-Darja
Bischkek	Haupstadt von Kirgistan, ehemals Frunse, vor 1925 Pipschek
Buchara	Stadt 100 km östlich des Amu-Darja und 250 km von Taschkent
Bukantau	Bergkette (764 m), verlängert den Alai bis auf 250 km zum Aralsee hin
Butantau	kleine Hügelkette südlich des Tschink, nahe Sary-Kamysch (120 m)
Chatm	Fluß, ehemaliger afghanischer Zufluß des Amu-Darja (36°N, 68°E)
Chiwa	Stadt, ehemalige Hauptstadt von Choresm, 200 km südlich des Aralsees und 50 km südlich des Amu-Darja
Chodshend	Stadt im Ferganatal (ehemaliges Leninabad)
Choresm	Region südlich des Amu-Darja-Deltas und Name ehemaliger örtlicher Königreiche
Chuldsur-Tau	Bergkette, 150 km NNW von Buchara, parallel zum Amu-Darja

Dagestan	autonome Republik in Rußland, Westufer des Kaspischen Meeres nördlich von Aserbeidschan
Darja-Lyk	westlicher Arm des Amu-Darja, durch den das Wasser aus Choresm und aus der turkmenischen Region Taschaus in den Sary-Kamish-See fließt
Darwasa	Stadt in der Ungus-Senke (mittlere Kara-Kum), Schwefel- und Erdölförderung
Dau-Kara	künstlicher See 20 km NW von Kungrad
Djana-Darja	s. Jana-Darja
Djand (Djankent)	antike Stadt, 25 km SW von Kasalinsk
Djeitun	archäologische Stätte NW von Aschchabad
Dodaun-Darja	ausgetrockneter ehemaliger Arm des Amu-Darja, 100 km südlich von Darja-Lyk
Dshisak	bedeutendste Stadt der Hungersteppe
Dshusali	Stadt am Syr-Darja, zwischen Ksyl-Orda und dem Delta
Dsungarei	chinesisches Wüstengebiet, 600 km östlich des Balchasch-Sees, nördlich von Sinkiang
Duschanbe	Hauptstadt von Tadschikistan
Emba	Fluß zum Kaspischen Meer, östlich des Flusses Ural
Erbent	Siedlung 250 km NW von Aschchabad
Farchad	künstlicher See am Westende des Ferganatals
Fergana	großes ebenes Tal des oberen Syr-Darja, 150 km SE von Taschkent
Gaslik	Stadt, Gasvorkommen, 100 km SW von Taschkent
Geok-Tepe	Stadt NW von Aschchabad, 30 km von der Südostecke des Kaspischen Meers
Goklenkui	längliche Senke, erstreckt sich von NW nach SE, 28 m unter NN, 100 km vom Sary-Kamysch-See entfernt
Golkartenis	Brackwassersenke, 250 km NNE des Aralsees
Gorgan	iranische Stadt, 30 km von der Südostecke des Kaspischen Meeres
Gurgendsh	s. Urgentsch
Gurjew	Stadt im Ural-Delta, nach der kasachischen Unabhängigkeit umbenannt in Aterau
Hindukusch	NE-SW-verlaufende Bergkette, von Kabul bis zum Pamir (7750 m)
Hungersteppe	Piedmont-Ebene 100 km SW von Taschkent
Hyrkanien	altpersische Gegend südlich und südöstlich des Kaspischen Meeres
Igdy	Ort am Mittellauf des Usboi, 250 km östlich des Kaspischen Meeres
Ilek	südöstlicher Zufluß des Ural

Ili	Fluß, Hauptzufluß des Balchasch-Sees, nördlich von Alma-Ata
Irtysch	Hauptzufluß des Ob, 1500 km NW des Aralsees
Issyk-Kul	Bergsee 100 km südlich von Alma-Ata
Jana-Darja	(Jani-Darja, Djana-Darja, Shana-Darja): Gruppe ehemaliger Verzweigungen des Syr-Darja zwischen Ksyl-Orda und dem Delta, die von Südosten zum Aralsee führen
Jaxartes	früherer Name des Syr-Darja
Kabul	Hauptstadt von Afghanistan
Kadus-Chan	See am Kara-Kum-Kanal, 60 km südlich von Tedshen
Kafirnigan	Zufluß von rechts des Amu-Darja, versorgt Duschanbe (37°N, 68°E) mit Wasser
Kairakum	Stadt und Staustufe am Syr-Darja, SW des Fergana
Kamsybash (Kamysylbas)	ehemaliger See nördlich des Syr-Darja-Deltas, 50 km südlich von Aralsk
Kara-Darja	Zufluß des Syr-Darja, östlich des Ferganatals
Kara-Kum	allgemeiner Name der großen Wüste südlich von Aralsee und Amu-Darja
Karabogas (Gol)	große Bucht an der Ostseite des Kaspischen Meeres, SW des Ust-Urt
Karaganda	Stadt in Kasachstan, 100 km NE des Aralsees
Karagije	Senke (-132 m) südlich der Halbinsel Mangischlak (NE des Kaspischen Meeres)
Karakalpakstan (Karakalpakien)	autonome Republik in Usbekistan am Delta des Amu-Darja
Karakorum	äußerstes Nordwestende des Himalaya, an der Grenze zwischen Indien und Afghanistan
Karakul	Stadt und Staustufe am Naryn in Kirgistan
Karasu	Fluß, indirekter Nebenfluß des Syr-Darja (über den Naryn) (42°N, 72°E)
Karatau	Bergkette, verlängert den Alai entlang des Ostufers des Syr-Darja bis Ksyl-Orda nach Nordwesten (2176 m); auch Bergkette 150 km NNW von Samarkand
Karschi	Bezirkshaupstadt 150 km SE von Buchara und 120 km SW von Samarkand
Kasalinsk	Stadt am Beginn des Deltas des früheren Syr-Darja
Kasandschik	Stadt am Nordende des Kopet-Dag, 300 km NW von Aschchabad
Kascha-Darja	altes fossiles Bett des Serafschan, parallel zum Amu-Darja
Kaspisches Meer	See westlich von Turan
Kat	ehemalige Stadt zwischen Biruni und Turtkul

Kelif-Darja	Fluß im ehemaligen Bett des Amu-Darja, von Kerki aus nach Nordwesten bis zum Ungus verlaufend
Kelteminar	archäologische Stätte NE des Aralsees
Kerki	Stadt am Amu-Darja, 60 km von der afghanischen Grenze entfernt
Khorasan	Region im Nordost-Iran, Hauptort: Meshhed (36° 30' N, 59° 30' E)
Kipschak	am Amu-Darja, NE von Taschaus (ca. 70 km)
Kirgistan	(zuvor Kirgisien): mittelasiatische GUS-Republik an der chinesischen Grenze
Kisyl-Arwat	Stadt 250 km NW von Aschchabad
Kodsherli	Stadt am Amu-Darja-Delta, 30 km SSE von Nukus
Kok-Darja	ausgetrockneter östlicher Flußarm des Amu-Darja-Deltas
Kokaral	hochaufragende Insel im Norden des Aralsees (46°15' N, 59°30' E), heute Halbinsel
Kokscha	alte Stadt am Amu-Darja-Delta
Kokscha	Zufluß von links des Amu-Darja (37°N, 70°E)
Koktschak	Bucht des Kaspischen Meeres, NE der Halbinsel von Mangischlak
Komsomol	frühere Insel im Aralsee, heute mit Wosroshdenija verbunden
Konstantin	Insel im Aralsee, heute mit Wosroshdenija verbunden
Kopet-Dag	Bergkette an der Südwestgrenze Turkmenistans zum Iran (3117 m), Begrenzung des iranischen Hochlands
Koschtschak	ausgetrocknete Bucht am Nordufer der Halbinsel Mangischlak
Krasnowodsk	Stadt am Kaspischen Meer (40°N, 53°E), heute Turkmanbashi
Ksyl-Orda	Stadt in Kasachstan am Syr-Darja, 300 km östlich des ehemaligen Aralsees, Bezirkshauptstadt, nach der kasachischen Unabhängigkeit wieder "Ak-Meschad" genannt
Kuktscha-Dengis	ehemalige Bucht des Aralsees nördlich des Syr-Darja-Deltas
Kundus	Zufluß von links des Amu-Darja (36°30' N, 69°E)
Kungrad	Stadt im Amu-Darja-Delta, 100 km NNW von Nukus
Kunja-Urgentsch	Stadt, ehemalige Hauptstadt von Choresm, 50 km westlich von Nukus
Kurdar	alte Stadt in Choresm, nahe Kunja-Urgentsch
Kurtish	ehemalige Station am Usboi, 200 km südlich von Sary-Kamysch

Kysyl-Kum	Wüste zwischen Aralsee, Amu-Darja und Syr-Darja
Kysyl-Su	Zufluß von rechts des Amu-Darja (39°N, 70°E)
Kysylajak	Stadt am Amu-Darja, südlich von Kerki, Ausgangspunkt des Kara-Kum-Kanals
Lasarew	ehemalige Insel im Aralsee, heute mit Bellingshausen verbunden
Makat	Stadt in Kasachstan (47°30'N, 53°E)
Maloje Morje	"Kleiner See", nördlicher isolierter Teil des Aralsees
Mangischlak	bergige Halbinsel im Nordosten des Kaspischen Meeres
Manytsch	Verbindungstal zwischen dem nordöstlichen Asowschen Meer und dem Kaspischen Meer
Mary	Stadt, s. Merw
Merw	Stadt, ehemaliger Name von Mary, am Westarm des inneren Murgabdeltas, 300 km östlich von Aschchabad
Michailowsk	aufgegebene Stadt, 100 km SE von Krasnowodsk
Mogoltau	isolierter Gebirgsvorsprung, schließt das Ferganatal im Südwesten (100 km südlich von Taschkent) ab
Muinak	Stadt, ausgetrockneter ehemaliger Hafen im Amu-Darja-Delta
Mujunkum	Wüste zwischen Syr-Darja und Tschu im Südosten Kasachstans
Mukry	Stadt an der Stelle, an der der Amu-Darja Afghanistan verläßt
Murgab	Wasserlauf, entspringt in Afghanistan und verliert sich im Nordwesten in der Karakum-Wüste jenseits von Mary
Mynbulak	Senke (12 m unter NN), 250 km östlich von Nukus
Naryn	bedeutender Zufluß des Syr-Darja, im Nordosten des Fergana-Tals
Nebit-Dag	Stadt am Unterlauf des Usboi, 130 km SE von Krasnowodsk
Nowi-Usen	Bergbaustadt 15 km SW von Usen
Nowo-Alexandrowsk	ehemalige russische Siedlung auf der Halbinsel Mangischlak
Nowokasalinsk	Stadt am unteren Syr-Darja, 100 km vom ehemaligen Ufer des Aralsees entfernt, 10 km südlich von Kasalinsk
Nukus	Haupstadt von Karakalpakstan, am Ausgangspunkt des Amu-Darja-Deltas
Nurata	Bergbaustadt 120 km NNW von Samarkand
Nurek	Staustufe am Wachsch, 70 km SE von Duschanbe
Orenburg	russische Stadt (51°45'N, 55°E)

Orsk	russische Stadt (58°30'E)
Oxus	(Oxos, Ataxes): alter Name des Amu-Darja
Pakta-Aral	Sowchose in der Region von Nukus
Paktamor	Stadt in der Hungersteppe (40°30'N, 68°15'E)
Pamir	Gebirgsmassiv im Westen des Hindukusch an der Grenze zwischen China und Afghanistan
Parthien	altes Königreich im Südwesten des heutigen Turkmenistan
Pitnjak	Stadt am unteren Amu-Darja, vor Choresm, Hügelland (248 m; 41°N, 62°E)
Pjandsh	Fluß, Name des Amu-Darja vor seinem Zusammenfluß mit dem Wachsch (37°N, 68°E)
Predschinkow	im See verlaufender Graben zwischen den Barsa-Kelmes-Inseln (45°30'N, 60°E) und Wosroshdenija (45°N, 59°E)
Repetek	Stadt in der Kara-Kum, 70 km SW von Tschardshou
Safed-Darja	ehemaliger Zufluß von links des Amu-Darja (36°N, 66°E)
Saman-Baba	archäologische Stätte 100 km SW von Buchara
Samarkand	Stadt, zweitgrößtes Zentrum von Usbekistan (39°30'N, 66°45'E)
Samarsk	russische Stadt, 30 km nördlich von Orenburg
Sarafschan	Bergbaustadt 200 km nördlich von Buchara
Sarbas	ehemalige Südostbucht des Aralsees
Sares	See am Murgab (Zufluß von rechts des Amu-Darja)(38°N, 73°E)
Sary-Kamysch	Senke (42 m unter NN) und künstlicher See 200 km WSW von Nukus
Sary-Siganak	ehemaliger Golf im Nordosten des Aralsees, auf dessen Grund Aralsk liegt
Saungus	Nordteil der Kara-Kum zwischen dem Amu-Darja-Delta und dem Ungus-Tal
Schatli	Meßstation am Mittellauf des Amu-Darja
Schelif-Darja	ehemaliger Lauf des Amu-Darja, von der afghanischen Grenze bis zum Usboi
Schewtschenko	Industriestadt südlich der Halbinsel von Mangischlak (44°N, 51°E), heute Aktau, Bezirk Mangistau
Schirschik	östlicher Zufluß des Syr-Darja, verläuft durch Taschkent
Segis	salzige Lagune, 50 km NE von Ksyl-Orda
Semiritsche	Piedmont-Gegend, erstreckt sich von 44°N 68°E bis 44°N 76°E
Serafschan	ehemaliger Zufluß von rechts des Amu-Darja, bewässert Samarkand und Buchara

Sernjy-Sawod	Bergbaustadt am Ungus, 250 km nördlich von Aschchabad
Shana-Darja	s. Jana-Darja
Shiringtagao	ehemaliger Zufluß von links des Amu-Darja (36°N, 65°E)
Sineje Morje	das "blaue Meer", der Aralsee
Sinkiang	chinesische Grenzregion, SE von Turan
Sogdiane	früherer Name der Region, welche den Gebieten von Buchara und Samarkand entspricht
Sudotsche (Sudoschbe)	See im Amu-Darja-Delta, 50 km NW von Kungrad
Sultan-Uis-Dag (Sultan-Dag)	kleines Massiv (473 m) am rechten Ufer des unteren Aralsees, 60 km östlich von Nukus
Surchan-Darja (Surchab)	Zufluß von links des Amu-Darja (36°N, 68°30'E), gemeinsamer Unterlauf mit dem Kundus
Surschan-Darja	Zufluß von rechts des Amu-Darja (38°N, 68°E)
Syr-Darja	zweitgrößter Zufluß des Aralsees, entspringt in den Bergen von Tien-Schan
Tachiatasch	Stadt, Ort und Staudamm am unteren Amu-Darja, 20 km südlich von Nukus
Tadschikistan	die südöstlichste Republik von Turan
Tagisken	alte Stadt am Jana-Darja (Südwestarm des Syr-Darja)
Tasabagjab	alte Stadt am Akscha-Darja (Nordarm des Amu-Darja)
Taschaus	Stadt, Hauptstadt der Provinz Nord-Turkmenistan (42°N, 60°E)
Taschkent	Hauptstadt von Usbekistan (41°N, 69°E)
Tedshen	Grenzfluß zwischen Iran und Turkmenistan, entspringt in Afghanistan, versickert im Süden der Kara-Kum
Tedshen	Stadt am Ausgangspunkt des inneren Deltas des gleichnamigen Flusses
Teldyk-Darja	ehemaliger Westarm des Amu-Darja-Deltas
Terekol (Telekol)	Senke 700 km östlich des Aralsees, in die sich der Sary-Su ergießt (46°N, 67°E), mit dem Syr-Darja durch einen Bewässerungskanal verbunden
Termes	Stadt am Amu-Darja, an der usbekisch-afghanischen Grenze (37°15'N, 67°15'E)
Tien-Schan	große Bergkette, reicht von 43°N88°E bis 42°N, 75°E, ihre Westausläufer prägen Taschkent
Tjujamujun	(Tjujamuju): Ort und Lage eines Stauwehrs am Amu-Darja flußaufwärts vom Delta aus
Tobol	Nebenfluß des Irtysch (55°N, 60°E)
Tokmak-Ata	Halbinsel im Süden des Aralsees mit der Stadt Muinak

Ton-Darja	ehemaliger Arm des Amu-Darja, südlich des Darja-Lyk
Toprak-Kala	Stadt 200 km NE von Nukus, ehemalige Hauptstadt von Choresm
Tschardara	Stadt am Syr-Darja (100 km westlich von Taschkent); Stauwehr
Tschardshou	Stadt am Amu-Darja, auf halbem Weg zwischen dem Delta und der afghanischen Grenze, Übergang der Bahnlinie zwischen Kaspischen Meer und Taschkent
Tscharschili	Flurname am Südufer des Sees Sary-Kamysch, an der Ableitung des Usboi
Tschili	Stadt an einem Arm des Syr-Darja (44°15'N, 67°E)
Tschimbai	Stadt im Amu-Darja-Delta, 50 km nördlich von Nukus
Tschimkent	Stadt rechts des Syr-Darja, 100 km nördlich von Taschkent
Tschink	östlicher und südöstlicher Rand der Ust-Urt-Hochebene zum Aralsee und zur Kara-Kum hin
Tschu	Fluß, entspringt in der Nähe des Issyk-Kul-Sees und versickert 200 km östlich von Ksyl-Orda
Tuarkir	Hügellandschaft (208 m) 60 km SE von Turtkul
Turan	geographischer Name der gesamten Senke zwischen Sibirien, dem Kaspischen Meer und der chinesischen Senke mit dem Aralsee in der Mitte
Turfan	Stadt in Sinkiang (43°N, 89°E) und Senke (-154 m)
Turgai	Senke im NNE des Aralsees und Tal des gleichnamigen ehemaligen Zuflusses zum Aralsee
Turkestan	historische Bezeichnung einer russischen Provinz, umfaßte zur Zarenzeit Turan
Turkestan	Stadt 30 km rechts des Syr-Darja, 300 km nördlich von Taschkent
Turkmenistan	Republik im Südwesten Turans zwischen dem Kaspischen Meer, Kasachstan, Usbekistan, Afghanistan und Iran
Turtkul	Stadt am unteren Amu-Darja, 30 km SE von Urgentsch
Ujali	Insel und Dorf am Ostufer des Aralsees
Ulkum-Darja	ehemaliger Westarm des Amu-Darja-Deltas
Ungus	West-Ost-verlaufende Senke in der Kara-Kum, am 40. Breitengrad, ehemaliges Tal des Amu-Darja
Uralsk	Stadt im Westen Kasachstans (51°N, 51°30'E), nach der kasachischen Unabhängigkeit umbenannt in Oral
Urgentsch	Stadt im Choresm, 20 km links des Amu-Darja und 40 km von Chiwa

Usbekistan	Republik in Turan, zwischen dem Aralsee und der chinesischen Grenze
Usboi	ehemaliges Tal des Amu-Darja im Quartär, vom Sary-Kamysch-See bis zum Kaspischen Meer südlich der Berge des Großen Balkan
Usen	Bergbaustadt auf der Halbinsel Mangischlak (43°N, 53°E)
Ust-Urt	Region zwischen Aralsee, Kaspischem Meer, Usboi und dem Fluß Emba
Utschkuduk	Bergbaustadt im Kysyl-Kum, 300 km östlich von Nukus
Utschsai	ehemaliger Fischereihafen, 10 km NW von Muinak
Wachsch	Zufluß von rechts des Amu-Darja (39°N, 70°E)
Wosroshdenija	ehemalige Insel im Aralsee

Verzeichnis der zitierten Eigennamen

(F: Fluß, I: Insel, S: See, St.: Stadt)
(a: Autor, g: geographischer Name, h: historischer Name)

Sachverzeichnis

Springer-Verlag und Umwelt

Als internationaler wissenschaftlicher Verlag sind wir uns unserer besonderen Verpflichtung der Umwelt gegenüber bewußt und beziehen umweltorientierte Grundsätze in Unternehmensentscheidungen mit ein.

Von unseren Geschäftspartnern (Druckereien, Papierfabriken, Verpakkungsherstellern usw.) verlangen wir, daß sie sowohl beim Herstellungsprozeß selbst als auch beim Einsatz der zur Verwendung kommenden Materialien ökologische Gesichtspunkte berücksichtigen.

Das für dieses Buch verwendete Papier ist aus chlorfrei bzw. chlorarm hergestelltem Zellstoff gefertigt und im pH-Wert neutral.

GPSR Compliance
The European Union's (EU) General Product Safety Regulation (GPSR) is a set of rules that requires consumer products to be safe and our obligations to ensure this.

If you have any concerns about our products, you can contact us on

ProductSafety@springernature.com

In case Publisher is established outside the EU, the EU authorized representative is:

Springer Nature Customer Service Center GmbH
Europaplatz 3
69115 Heidelberg, Germany

www.ingramcontent.com/pod-product-compliance
Lightning Source LLC
LaVergne TN
LVHW012024041026
849558LV00003B/144
* 9 7 8 3 5 4 0 5 8 7 3 0 9 *